2024年版

第一種 電気工事士

過去11年間
問題&解答
全14回分
収録

学科試験 模範解答集

CBT方式・筆記方式どちらにも対応

電気書院 編

2023～2013年度の学科試験問題・解答と
(筆記試験・筆記方式)
わかりやすい解説を収録

◆巻頭の重要マスタ事項で頻出内容をチェック！

電気書院

[本書の正誤に関するお問い合せ方法は，最終ページをご覧ください]

2024年版　第一種電気工事士 学科試験 模範解答集 目次

まとめ

試験問題

解答と解説

第一種電気工事士試験
【2024年度（令和6年度）】受験の手引き

第一種電気工事士試験は，電気工事士法に基づく国家試験です．試験に関する事務は，経済産業大臣指定の一般財団法人電気技術者試験センター（指定試験機関）が行います．

2024 年度（令和 6 年度）の試験に関する日程は下記の通りです．

受験手数料

インターネット申込み
10,900 円

原則，インターネット申込みとなります．インターネットをご利用になれない等，やむを得ない場合で書面申込みを希望される方は，一般財団法人電気技術者試験センター本部事務局（TEL：03-3552-7691）までご連絡ください．

郵送による**書面申込みの受験手数料は 11,300 円**です．また，書面申込みは，申込期間最終日の消印有効となります．

受験申込受付

上期試験：2024 年 2 月　9 日（金）～ 2 月 29 日（木）

下期試験：2024 年 7 月 29 日（月）～ 8 月 15 日（木）

申込期間は，CBT 方式・筆記方式・学科免除者ともに同じです．
インターネットによる申込みは初日 10 時から最終日の 17 時までになります．

試験実施日

◆上期試験◆　＊上期学科試験は CBT 方式のみ実施されます．

【学科試験】（CBT 方式）2024 年　4 月　1 日（月）～ 5 月 9 日（木）
【技能試験】　2024 年　7 月　6 日（土）

◆下期試験◆

【学科試験】（CBT 方式）2024 年　9 月　2 日（月）～ 9 月 19 日（木）
（筆記方式）2024 年 10 月　6 日（日）
【技能試験】　2024 年 11 月 24 日（日）

試験の詳細につきましては，一般財団法人電気技術者試験センターのホームページ（https://www.shiken.or.jp）をご確認ください．

申込みから資格取得までの流れ

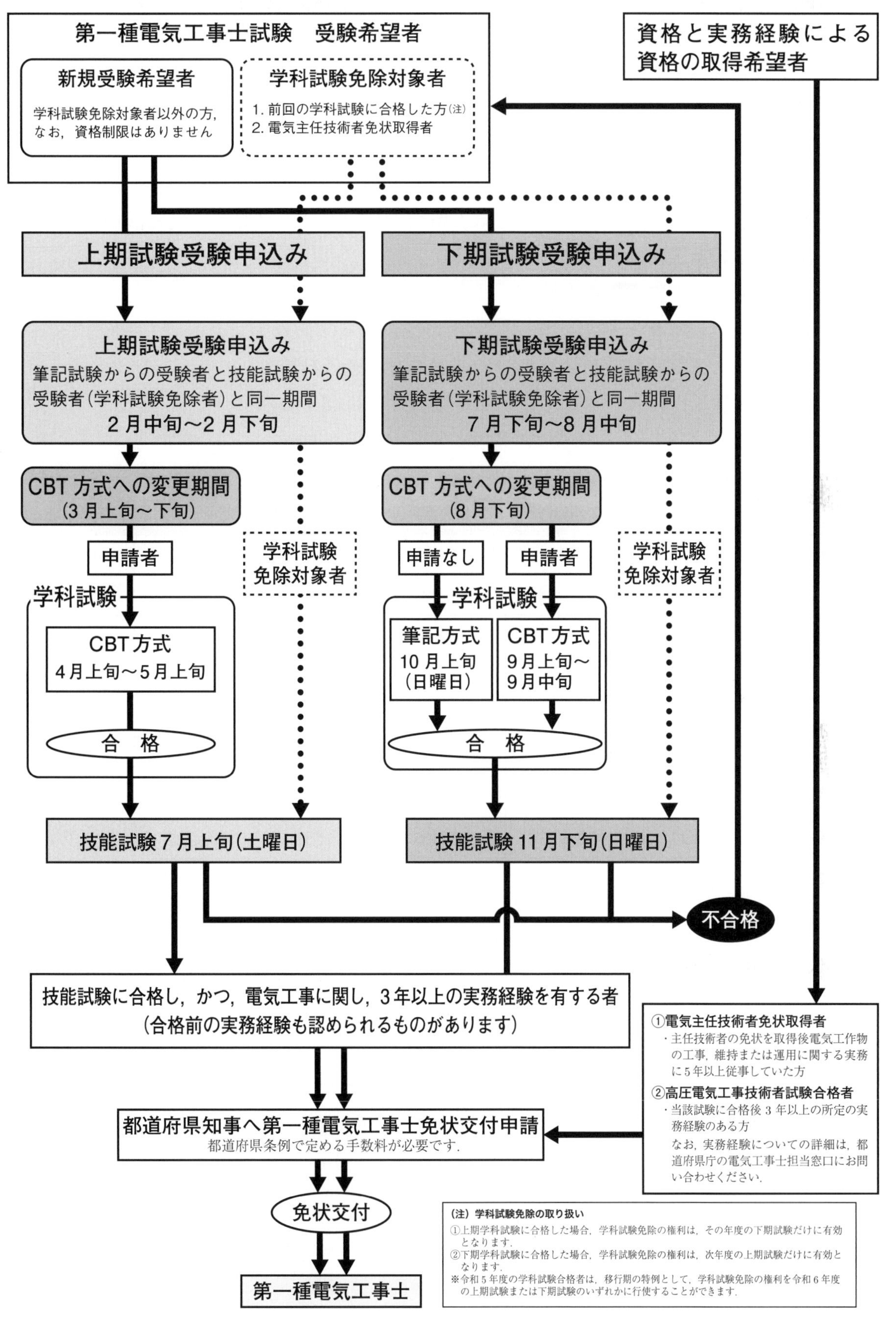
第一種電気工事士試験　受験希望者
新規受験希望者
学科試験免除対象者以外の方，
なお，資格制限はありません
学科試験免除対象者
1. 前回の学科試験に合格した方(注)
2. 電気主任技術者免状取得者
資格と実務経験による
資格の取得希望者
上期試験受験申込み
下期試験受験申込み
上期試験受験申込み
筆記試験からの受験者と技能試験からの
受験者(学科試験免除者)と同一期間
2 月中旬～2 月下旬
下期試験受験申込み
筆記試験からの受験者と技能試験からの
受験者(学科試験免除者)と同一期間
7 月下旬～8 月中旬
CBT 方式への変更期間
(3 月上旬～下旬)
CBT 方式への変更期間
(8 月下旬)
申請者
学科試験
免除対象者
申請なし
申請者
学科試験
免除対象者
学科試験
CBT方式
4 月上旬～5 月上旬
合　格
学科試験
筆記方式
10 月上旬
(日曜日)
CBT方式
9月上旬～
9月中旬
合　格
技能試験 7 月上旬(土曜日)
技能試験 11 月下旬(日曜日)
不合格
技能試験に合格し，かつ，電気工事に関し，3 年以上の実務経験を有する者
(合格前の実務経験も認められるものがあります)
①電気主任技術者免状取得者
・主任技術者の免状を取得後電気工作物の工事，維持または運用に関する実務に5年以上従事していた方
②高圧電気工事技術者試験合格者
・当該試験に合格後 3 年以上の所定の実務経験のある方
なお，実務経験についての詳細は，都道府県庁の電気工事士担当窓口にお問い合わせください．
都道府県知事へ第一種電気工事士免状交付申請
都道府県条例で定める手数料が必要です．
免状交付
第一種電気工事士
(注) 学科試験免除の取り扱い
①上期学科試験に合格した場合，学科試験免除の権利は，その年度の下期試験だけに有効となります．
②下期学科試験に合格した場合，学科試験免除の権利は，次年度の上期試験だけに有効となります．
※令和 5 年度の学科試験合格者は，移行期の特例として，学科試験免除の権利を令和 6 年度の上期試験または下期試験のいずれかに行使することができます．

学科試験概要と過去の試験状況

●科　目

試験は次に掲げる内容について行われ，CBT 方式・筆記方式ともに四肢択一方式によります．試験時間は 140 分です．

(1)　電気に関する基礎理論
(2)　配電理論及び配線設計
(3)　電気応用
(4)　電気機器・蓄電池・配線器具・電気工事用の材料及び工具並びに受電設備
(5)　電気工事の施工方法
(6)　自家用電気工作物の検査方法
(7)　配線図
(8)　発電施設・送電施設及び変電施設の基礎的な構造及び特性
(9)　一般用電気工作物及び自家用電気工作物の保安に関する法令

※令和 4 年までは「筆記試験」，令和 5 年以降は「学科試験」

年　度	学科試験※			技能試験		
	受験者数	合格者数	合格率	受験者数※	合格者数	合格率
R5年度	33,035	20,361	61.6%	26,143	15,834	60.6%
R4年度	37,247	21,686	58.2%	26,578	16,672	62.7%
R3年度	40,244	21,542	53.5%	25,751	17,260	67.0%
R2年度	30,520	15,876	52.0%	21,162	13,558	64.1%
R1年度	37,610	20,350	54.1%	23,816	15,410	64.7%
H30年度	36,048	14,598	40.5%	19,815	12,434	62.8%
H29年度	38,427	18,076	47.0%	24,188	15,368	63.5%
H28年度	39,013	19,627	50.3%	23,677	14,602	61.7%
H27年度	37,808	16,153	42.7%	21,739	15,419	70.9%
H26年度	38,776	16,649	42.9%	19,645	11,404	58.1%
H25年度	36,460	14,619	40.1%	19,911	15,083	75.8%

※筆記免除者＋筆記合格者

2023 年度（令和 5 年度）の第一種電気工事士試験全国高校生・高専生合格者ランキングは，弊社ホームページ（https://www.denkishoin.co.jp）にて，2024 年 2 月下旬～ 3 月上旬頃に公開予定です．

弊社 HP はこちら！

第一種電気工事士 筆記試験で覚える 重要マスタ事項

直列合成抵抗

$$R_0 = R_1 + R_2 + R_3 \text{ [Ω]}$$

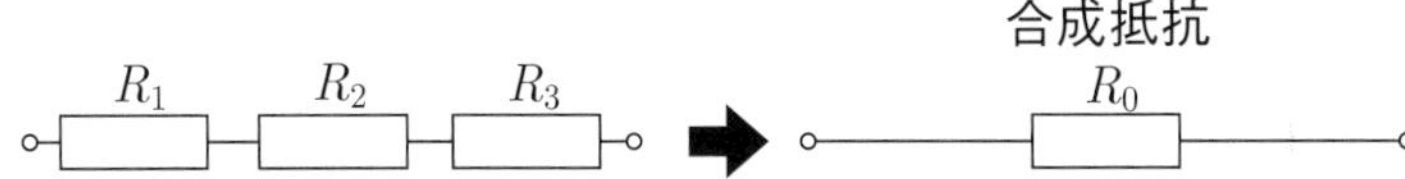

並列合成抵抗

$$\frac{1}{R_0} = \frac{1}{R_1} + \frac{1}{R_2} + \frac{1}{R_3} \text{ [Ω]}$$

または，

$$R_0 = \frac{1}{\frac{1}{R_1} + \frac{1}{R_2} + \frac{1}{R_3}} \text{ [Ω]}$$

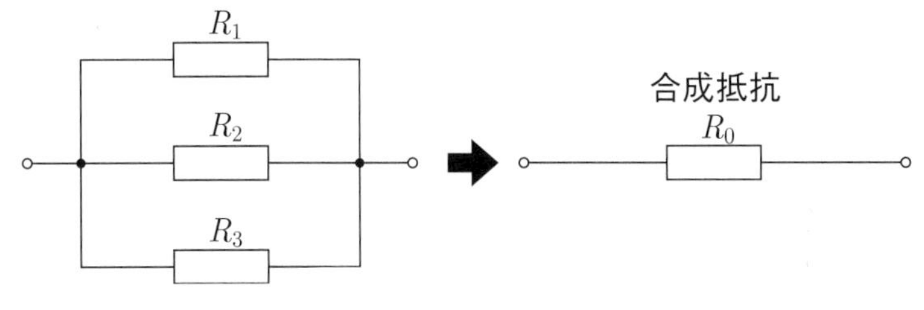

合成コンダクタンス

$$G_0 = G_1 + G_2 + G_3 \text{ [S]} \quad \text{ただし，} G_1 = \frac{1}{R_1},\ G_2 = \frac{1}{R_2},\ G_3 = \frac{1}{R_3}$$

電流とは

t 秒間に，Q［C］の電荷が通過したとすれば，電流 I［A］は，

$$I = \frac{Q}{t} \text{ [A]}$$

電圧とは

1［V］とは，1［C］の電気量を移動するのに，1［J］の仕事量を要するときの2点間の電位差をいう．

電流の分流

$$I_1 = I \times \frac{R_2}{R_1 + R_2} \text{ [A]}$$

$$I_2 = I \times \frac{R_1}{R_1 + R_2} \text{ [A]}$$

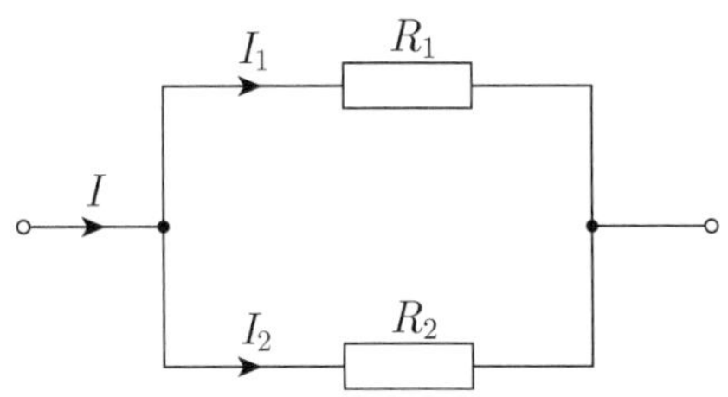

分流器と倍率器

分流器

$$I' = I\left(1 + \frac{r_a}{R_s}\right) \text{ [A]}$$

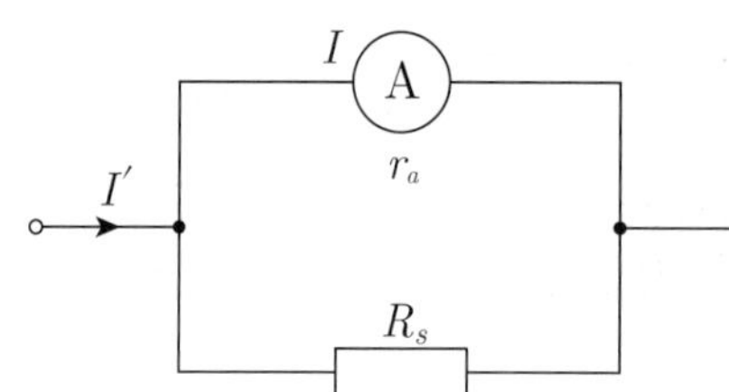

R_s：分流器の抵抗
r_a：電流計の内部抵抗
I：電流計の指示
I'：測定する電流

倍率器

$$V' = V\left(1 + \frac{R_m}{r_v}\right) \text{ [V]}$$

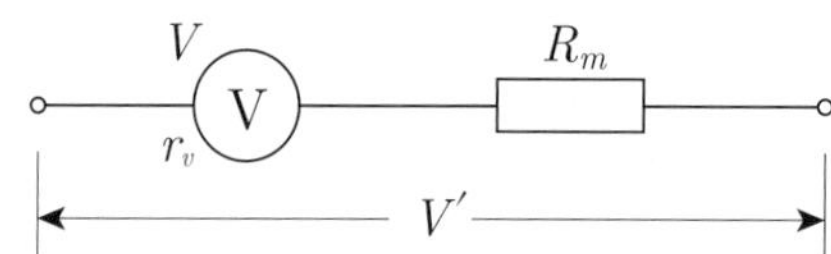

R_m：倍率器の抵抗
r_v：電圧計の内部抵抗
V：電圧計の指示
V'：測定する電圧

電気抵抗

抵抗率 ρ [Ω·m]，導体の長さ l [m]，導体断面積 A [m^2] の電気抵抗 R [Ω] は，

$$R = \rho\frac{l}{A} \text{ [Ω]}$$

導電率とパーセント導電率

導電率 σ は，

$$\sigma = \frac{1}{\rho} \text{ [S/m]}$$

パーセント導電率 $\%\sigma$ は，

$$\%\sigma = \frac{\sigma}{\sigma_s} \times 100 \text{ [\%]}$$

ただし，σ_s は軟銅の導電率

ホイートストンブリッジの平衡条件

$$R_1 \times R_4 = R_2 \times R_3$$

平衡条件が成り立つと，検流計 G には電流が流れない．

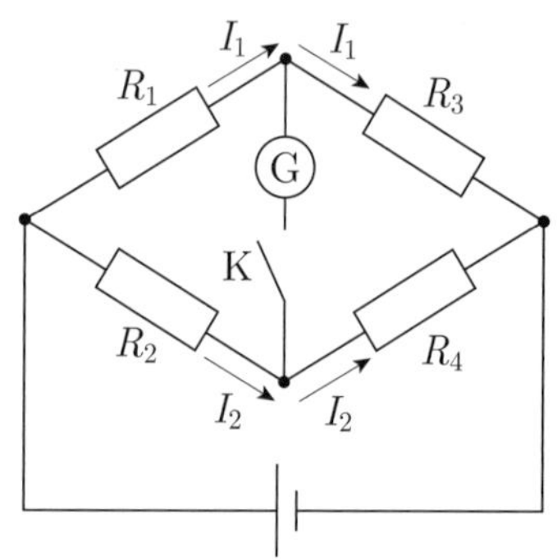

直流電力

$$P = VI = I^2R = \frac{V^2}{R} \text{ [W]}$$

熱量⇄仕事量

1 [J] = 1 [W·s]

1 [J] = 0.24 [cal]

1 [kW·h] = 3 600 [kJ]

クーロンの法則

二つの電荷間に働く力 F は，その大きさは両電荷 Q_1，Q_2 の積に比例し，電荷間の距離 r の 2 乗に反比例する．

$F = k\dfrac{Q_1Q_2}{r^2}$　　ただし，k：比例定数

平行板電極の静電容量

面積が A［m²］の導体板（電極）2 枚を d［m］の距離に平行に置き，両電極間の媒質の比誘電率が ε_s であるときの，両電極間の静電容量 C［F］は，

$C = \dfrac{\varepsilon_0\varepsilon_s A}{d}$［F］　　ただし，$\varepsilon_0$：真空の誘電率［F/m］

コンデンサの電荷とエネルギー

C［F］のコンデンサに，V［V］の電圧を加えた場合，コンデンサに蓄えられる電荷 Q［C］とエネルギー W［J］は，

$Q = CV$［C］

$W = \dfrac{1}{2}QV = \dfrac{1}{2}CV^2$［J］

コンデンサの合成静電容量

直列合成静電容量　$C = \dfrac{1}{\dfrac{1}{C_1}+\dfrac{1}{C_2}+\dfrac{1}{C_3}+\cdots}$［F］

並列合成静電容量　$C = C_1 + C_2 + C_3 + \cdots$［F］

実効値・平均値

交流電流の大きさを，それと同じ仕事をする直流電流の大きさに置き換えて表し，これを交流の実効値という．また，交流の正または負の半周期の平均の値を平均値という．

正弦波交流の実効値と平均値

$\text{実効値} = \dfrac{\text{最大値}}{\sqrt{2}} \fallingdotseq 0.707 \times \text{最大値}$

$\text{平均値} = \dfrac{2}{\pi} \times \text{最大値} \fallingdotseq 0.637 \times \text{最大値}$

正弦波交流の表し方

正弦波交流電圧 e［V］は，

$e = E_m \sin\omega t = \sqrt{2}E\sin 2\pi ft$［V］

と表される．E_m を最大値，E を実効値という．

波形率・波高率

$$波形率 = \frac{実効値}{平均値},\quad 波高率 = \frac{最大値}{実効値}$$

抵抗回路

同相電流　$I_R = \dfrac{E}{R}$

誘導回路

90 度遅れ電流　$I_L = \dfrac{E}{X_L} = \dfrac{E}{\omega L}$

コンデンサ回路

90 度進み電流　$I_C = \dfrac{E}{X_C} = \omega CE$

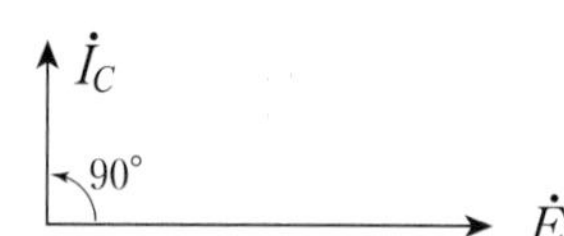

RL 直列回路

インピーダンス Z は，

$$Z = \sqrt{R^2 + X_L^2} = \sqrt{R^2 + (\omega L)^2} = \sqrt{R^2 + (2\pi fL)^2}\quad [\Omega]$$

RLC 直列回路

インピーダンス Z は，

$$Z = \sqrt{R^2 + (X_L - X_C)^2} = \sqrt{R^2 + \left(\omega L - \frac{1}{\omega C}\right)^2} = \sqrt{R^2 + \left(2\pi fL - \frac{1}{2\pi fC}\right)^2}\quad [\Omega]$$

直列共振回路

共振インピーダンス $\dot{Z}$

$$\dot{Z} = R^2 + j\left(\omega L - \frac{1}{\omega C}\right) = R \quad \left(\omega L = \frac{1}{\omega C}\text{ のとき共振}\right)$$

共振時電流 $I = \dfrac{V}{R}$　　共振したとき，電流と電圧は同相.

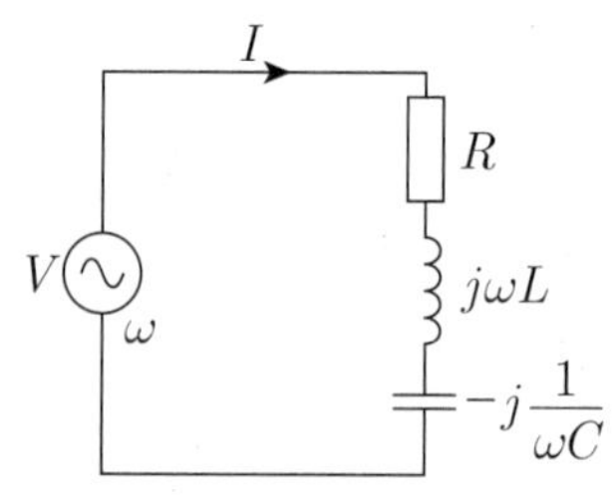

並列共振回路

共振アドミタンス $\dot{Y}$

$$\dot{Y} = \frac{1}{R} + j\left(\omega C - \frac{1}{\omega L}\right) = \frac{1}{R} \quad \left(\omega C = \frac{1}{\omega L}\text{ のとき共振}\right)$$

共振時電流 $I = \dfrac{V}{R}$　　共振したとき，電流と電圧は同相.

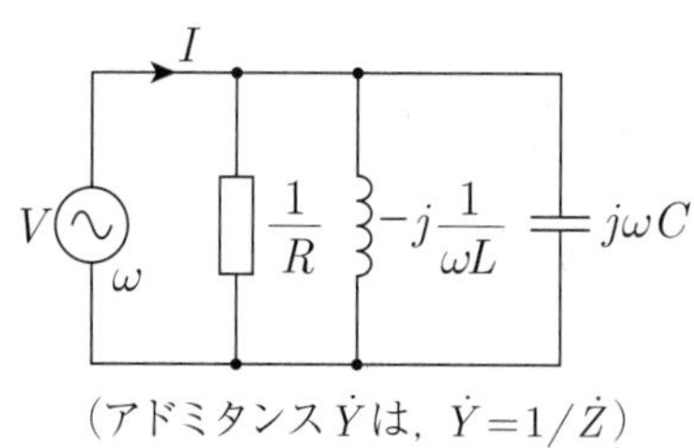

（アドミタンス $\dot{Y}$ は，$\dot{Y} = 1/\dot{Z}$）

直列回路の力率

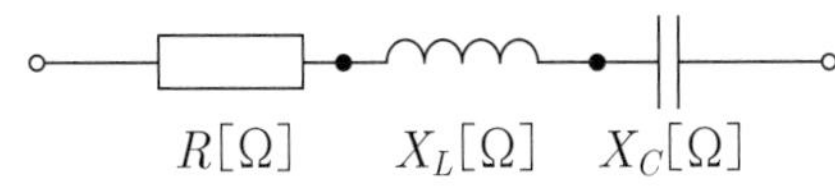

$$力率\cos\theta=\frac{R}{Z}=\frac{R}{\sqrt{R^2+X^2}}=\frac{R}{\sqrt{R^2+(X_L-X_C)^2}}$$

並列回路の力率

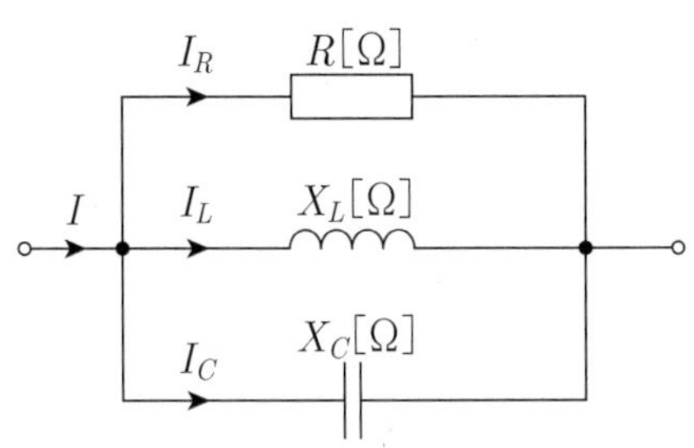

$$力率\cos\theta=\frac{I_R}{I}=\frac{I_R}{\sqrt{{I_R}^2+(I_L-I_C)^2}}$$

交流の電力

皮相電力 S [V·A]，有効電力 P [W]，無効電力 Q [var] の関係

$S=VI$ [V·A]

$P=VI\cos\theta$ [W]

$Q=VI\sin\theta$ [var]

$S=\sqrt{P^2+Q^2}$ [V·A]

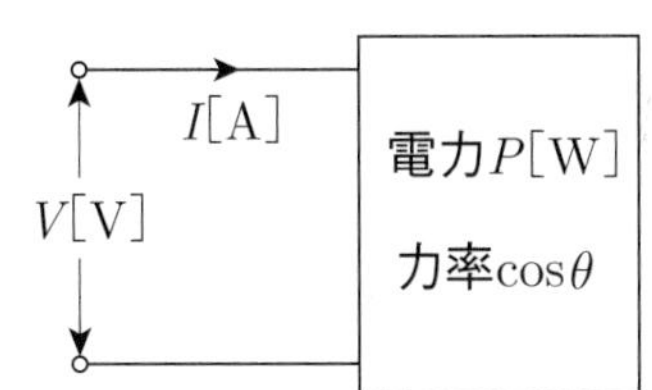

Y 結線回路

線間電圧 $V=\sqrt{3}\times$相電圧 E

線電流 $I_l=$相電流 $I=\dfrac{相電圧}{相インピーダンス\ Z}$

△結線回路

線間電圧 $V=$ 相電圧 E

線電流 $I_l=\sqrt{3}\times$ 相電流 $I=\sqrt{3}\cdot\dfrac{相電圧}{相インピーダンス\ Z}$

△−Y 変換と Y−△ 変換

△−Y変換

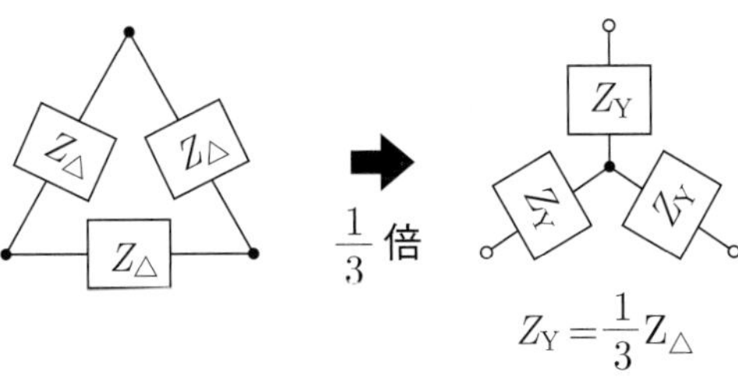

$Z_Y=\frac{1}{3}Z_\triangle$

Y−△変換

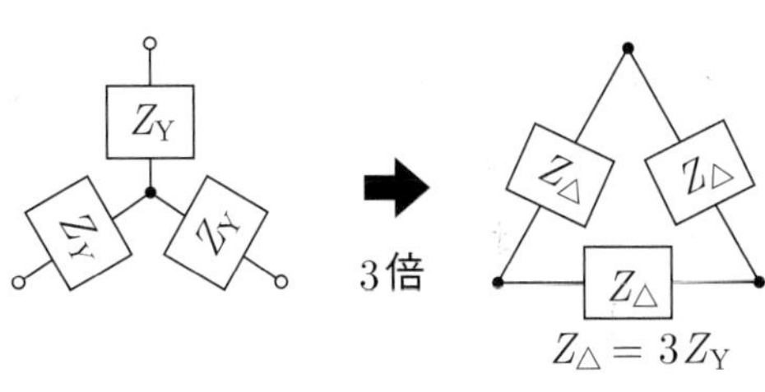

$Z_\triangle=3Z_Y$

電力の測定法

一電力計法

三相電力 $= 3\times W$

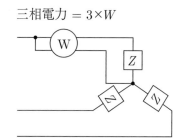

二電力計法

三相電力 $= W_1 + W_2$

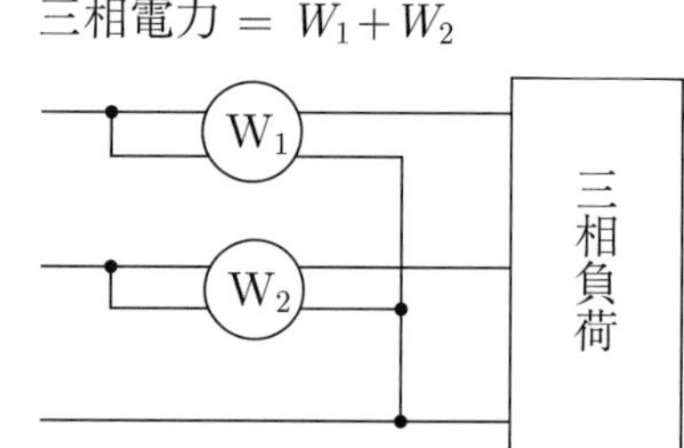

電力量[kW・h]=電力[kW]× 時間[h]

E[kW・h]= P[kW]× T[h]

△結線負荷

$$P = \sqrt{3}VI\cos\theta = \sqrt{3}V\sqrt{3}\frac{V}{Z}\frac{R}{Z} = 3\frac{R}{Z^2}V^2$$

Y 結線負荷

$$P = \sqrt{3}VI\cos\theta = \sqrt{3}V\frac{V}{\sqrt{3}Z}\frac{R}{Z} = \frac{R}{Z^2}V^2$$

水力発電の基本公式(1)

理論出力，水車出力，発電機出力の関係を図示すると次のようになる．

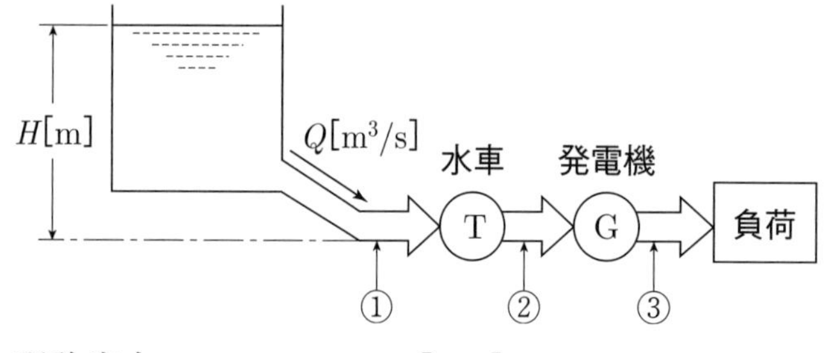

H：有効落差［m］
Q：使用水量［m^3/s］
η_t：水車効率（小数）
η_g：発電機効率（小数）

① 理論出力 $P = 9.8QH$［kW］

② 水車出力 $P_t = 9.8QH\eta_t$［kW］

③ 発電機出力 $P_g = 9.8QH\eta_t \cdot \eta_g$［kW］

総合効率 $\eta = \eta_t \cdot \eta_g$

発電所の出力は，P_gのことである．

P_gを P［kW］とすると，

$P = 9.8QH\eta$

となる．

水力発電の基本公式(2)

発電機出力を求める公式

$$P_g = 9.8QH\eta_t \cdot \eta_g = 9.8QH\eta \text{ [kW]}$$

発電機容量を求める公式

$$P_G = \frac{P_g}{\cos\theta} = \frac{9.8QH\eta}{\cos\theta} \text{ [kV·A]}$$

P_g：発電機出力［kW］　η_g：発電機効率（小数）
Q：使用水量［m^3/s］　η：総合効率（小数）
H：有効落差［m］　P_G：発電機容量［kV·A］
η_t：水車効率（小数）　$\cos\theta$：負荷力率

揚水ポンプ用電動機の所要動力の公式

$$P = \frac{9.8QH}{\eta_p \cdot \eta_m} \text{ [kW]}$$

P：所要動力［kW］　η_p：ポンプ効率（小数）
H：揚程［m］　η_m：電動機効率（小数）
Q：揚水量［m^3/s］

1線当たりの電圧降下とベクトル図

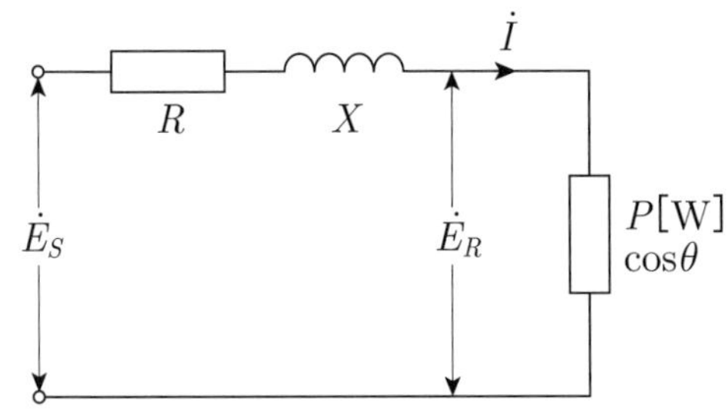

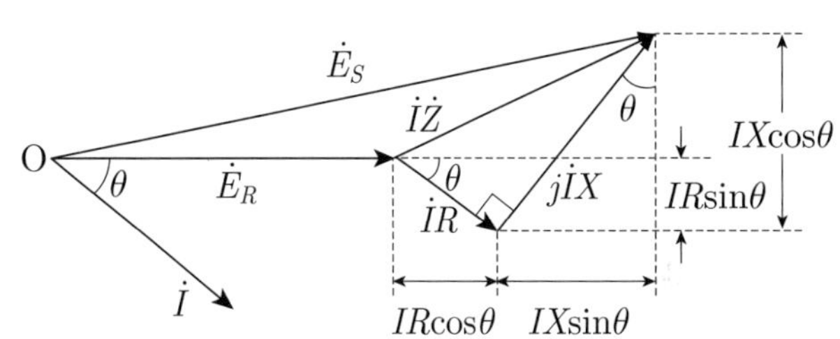

E_S：送電端電圧［V］　E_R：受電端電圧［V］　I：線電流［A］　R：1線当たりの電線抵抗［Ω］
X：1線当たりの誘導リアクタンス［Ω］　$\cos\theta$：負荷力率

負荷電力 $P = E_R I\cos\theta$ ［W］

送電端電圧 $E_S = \sqrt{(E_R + IR\cos\theta + IX\sin\theta)^2 + (IX\cos\theta - IR\sin\theta)^2} \fallingdotseq E_R + IR\cos\theta + \sin\theta$［V］

電圧降下 $e = E_S - E_R = I(R\cos\theta + X\sin\theta) = IZ_l$ ［V］

等価抵抗 $Z_l = R\cos\theta + X\sin\theta$ ［Ω］

単相3線式の電圧降下

① $I_1 \geqq I_2$ のとき

$V_1 = V - I_1 r - (I_1 - I_2) r_N$ ［V］

$V_2 = V + (I_1 - I_2) r_N - I_2 r$ ［V］

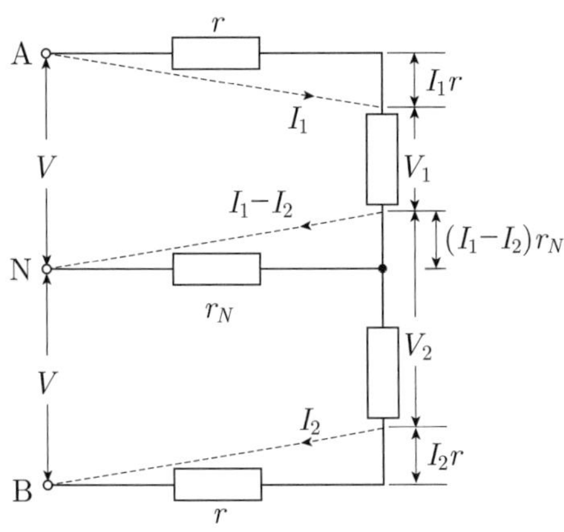

② $I_1 < I_2$ のとき

$V_1 = V - I_1 r + (I_2 - I_1) r_N$ ［V］

$V_2 = V - (I_2 - I_1) r_N - I_2 r$ ［V］

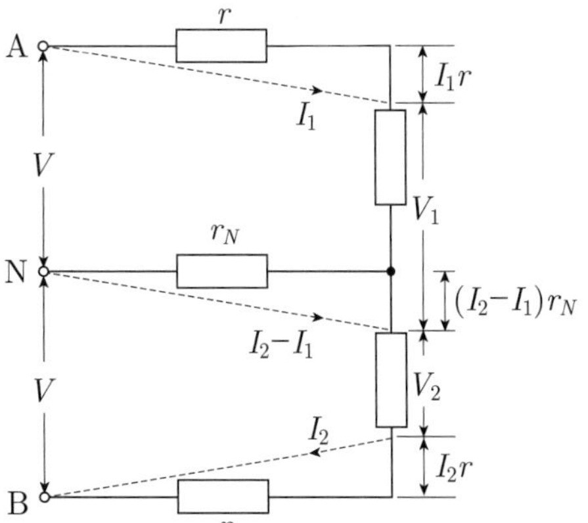

● 単相3線式の電力損失

$$P_l = I_1^2 r + (I_1 - I_2)^2 r_N + I_2^2 r \text{ [W]}$$

中性線が断線したときの負荷の電圧分担

$$V_1 = \frac{200}{R_1 + R_2} \times R_1 = \frac{200}{P_1 + P_2} \times P_2 \ [\mathrm{V}]$$

$$V_2 = \frac{200}{R_1 + R_2} \times R_2 = \frac{200}{P_1 + P_2} \times P_1 \ [\mathrm{V}]$$

中性線にヒューズを入れてはいけない．

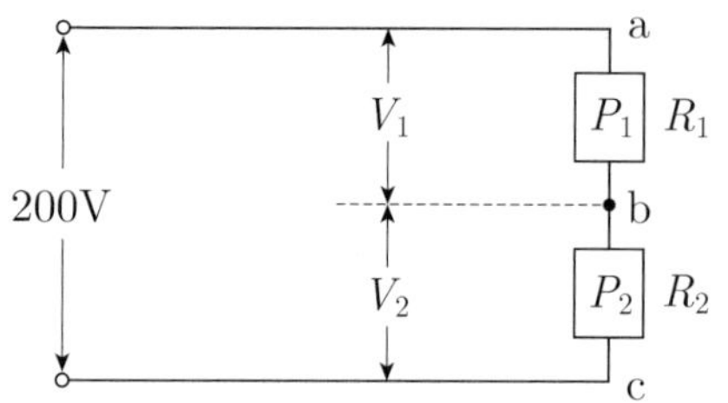

三相配電線の送電受電端電圧

三相配電線における送電受電端電圧の関係は図1のように1相分で表すことができる．ベクトル図は図2のようになる．

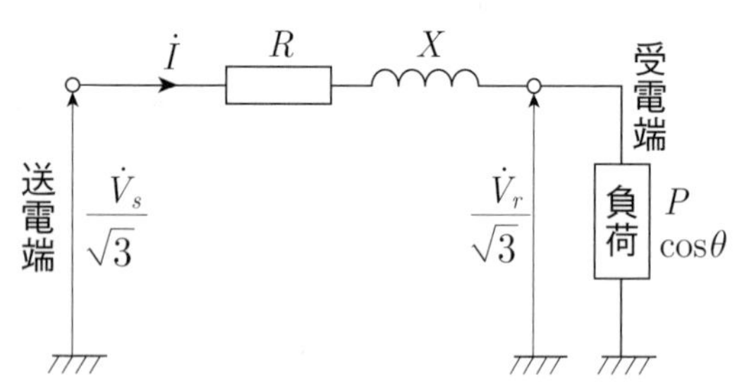

図1 三相3線式配電線路の1相分

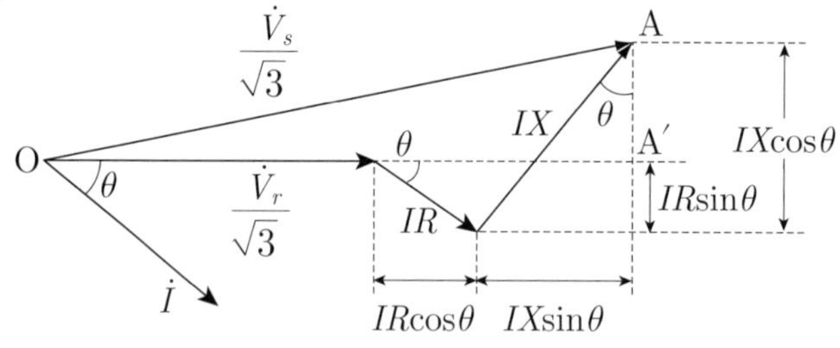

図2 ベクトル図

V_s：送電端線間電圧［V］　P：負荷電力［W］
V_r：受電端線間電圧［V］　R：線路1条当たりの抵抗［Ω］
I：線路電流［A］　X：線路1条当たりのリアクタンス［Ω］
θ：負荷の力率角

送電端電圧

$$V_s \fallingdotseq V_r + \sqrt{3}I(R\cos\theta + X\sin\theta)[\mathrm{V}]$$

電圧降下

$$e = V_s - V_r = \sqrt{3}\,I(R\cos\theta + X\sin\theta)[\mathrm{V}]$$

需要率

需要家の電源設備の容量を決めるための係数であり，また設備の利用されている程度を表す係数でもある．

$$需要率 = \frac{最大需要電力［\mathrm{kW}］}{総設備容量［\mathrm{kW}］} \times 100\ [\%]$$

不等率

需要家相互間，配電用変圧器相互間など，総合した配電設備の容量［kV·A］を決めるための係数である．

$$不等率 = \frac{各需要家の最大需要電力の和［\mathrm{kW}］}{配電設備の最大需要電力［\mathrm{kW}］} = \frac{最大需要電力の和［\mathrm{kW}］}{合成最大需要電力［\mathrm{kW}］} \geqq 1$$

支線の張力

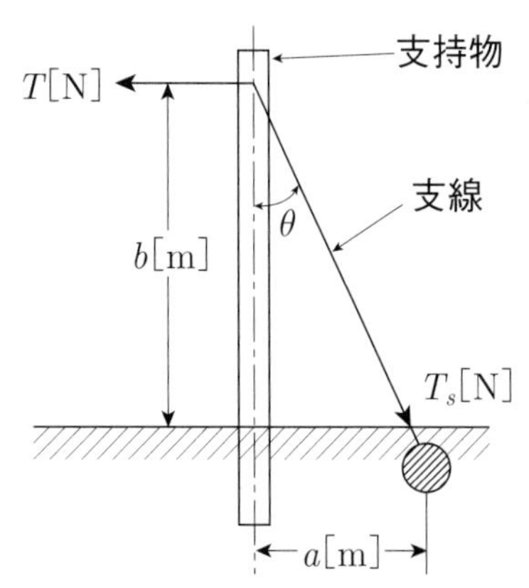

$$T_s = \frac{T}{\sin\theta} = \frac{T}{\dfrac{a}{\sqrt{a^2+b^2}}} = \frac{T\sqrt{a^2+b^2}}{a} \quad [\mathrm{N}]$$

T_s：支線に加わる張力［N］

T：電線に加わる水平方向の張力［N］

θ：支持物と支線のなす角度［℃］

支線の必要条数

$$支線条数\ N \geqq \frac{支線の許容引張荷重 \times 支線の安全率}{単位面積当たりの引張強さ \times 断面積 \times 引張荷重減少係数} \quad [本]$$

$$\geqq \frac{支線の引張荷重 \times 安全率}{1\,条の素線の引張荷重 \times 引張荷重減少係数} \quad [本]$$

ただし，Nは整数でなければならない．

V 結線

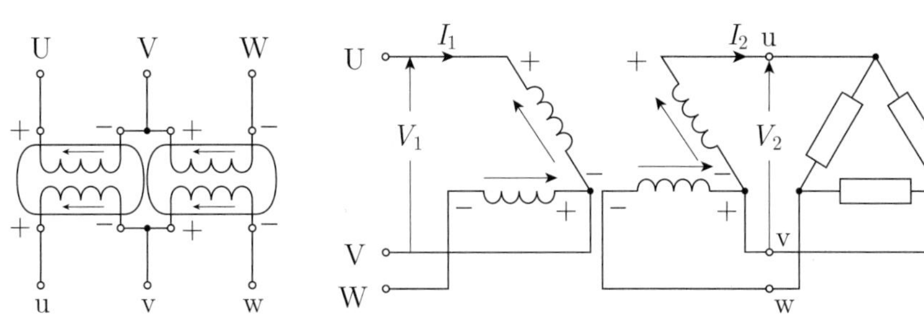

相電圧＝線間電圧

相電流＝線電流

変圧器 1 台の容量＝$V_2 I_2 \times 10^{-3}$［kV・A］

変圧器バンク容量＝$\sqrt{3}\, V_2 I_2 \times 10^{-3}$［kV・A］

変圧器利用率＝$\dfrac{\sqrt{3}}{2}$（86.6［％］）

発熱量

質量 M［kg］，比熱 c［kJ/(kg・K)］の物体を温度 θ［K］上昇させるのに必要な熱量 Q

$Q = cM\theta$［kJ］

物質が水の場合は $c = 4.186$

仕事の熱当量

1［kW・h］＝3 600［kJ］

容量 P［kW］，効率 η［％］，使用時間 T［h］の電熱器で得られる熱量

$$Q = \left(\frac{\eta}{100}\right) PT \times 3600 \ [\mathrm{kJ}]$$

照明の単位

光度 I [cd（カンデラ）], 光束 F [lm（ルーメン）], 照度 E [lx（ルックス）], 輝度 B [cd/m²]

照明の公式

$E=\frac{F}{S}$ [lx]　　$E=\frac{I}{l^2}$ [lx] ……逆2乗の法則

S：受光面の面積 [m²]
l：光源までの距離 [m]

ディーゼル発電

(1) ディーゼル発電の動作行程

吸入→圧縮→爆発（燃焼）→排気の4行程を2回転の間に行う4サイクル機関（右図）と1回転の間に行う2サイクル機関がある.

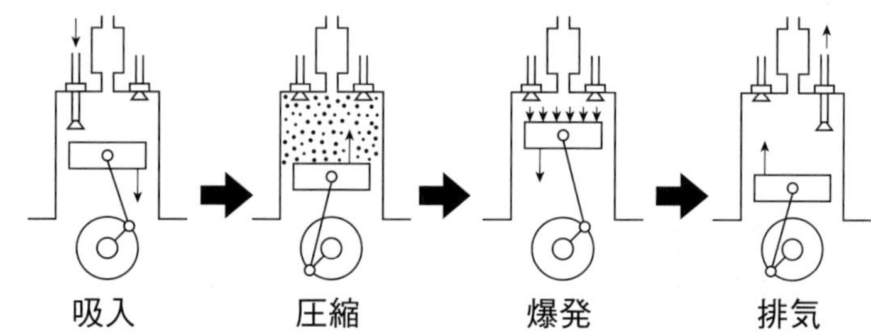

(2) ディーゼル発電の付帯設備

・はずみ車（フライホイール）：往復運動を回転力としているので, 回転むらをなくすため, 軸に取り付ける

・始動装置

圧縮空気始動：空気だめよりの圧縮空気をシリンダ内に入れて始動

電気始動：蓄電池と始動電動機により始動（小容量機に適用）

・非常停止装置：出力500kWを超える機関には定格速度の1.16倍で動作する非常調速機を設置する

・計測装置：回転速度計, 潤滑油の圧力計・温度計, 冷却水の温度計

その他の発電設備

(1) ガスタービン発電

圧縮空気中に燃料を挿入燃焼させ, その高圧高温のガスによってタービンを回転させる. オープン（開放）サイクルとクローズド（密閉）サイクルの2種類がある.

(2) 複合サイクル発電（コンバインド発電）

ガスタービン発電と蒸気タービン発電とを結合し, 熱効率の向上を図った発電方式

(3) 熱併給発電（コージェネレーション発電）

ガスタービン, ディーゼルエンジン, 燃料電池などを用いて発電を行うとともに, 排ガスおよび冷却水の排熱で給湯等の熱供給を行う.

(4) 太陽電池（太陽光発電）

シリコン, ガリウム・ヒ素, 硫化カドミウムなどからp形とn形の半導体を作り, その接触面に太陽光を当て, 直接電気に変換する.

(5) 燃料電池

天然ガス, ナフサなどの燃料中の水素を空気中の酸素と電気化学的に反応させ発電させるもので, 熱効率は高い（40～60%）. 熱併給発電方式が採用されている.

高圧回路の遮断装置

主遮断装置の形式と施設場所の方式により，受電設備容量が制限されている．

主遮断装置の形式	施設場所の方式	
	開放形	キュービクル式受電
CB 形：高圧交流遮断器 （AC Circuit Breaker）	容量の制限なし	4000 kV·A
PF・S 形：PF＋高圧交流負荷開閉器 （AC Load Break Switches）	屋上 150 kV·A 以下 柱上 100 kV·A 以下 地上 150 kV·A 以下 屋内 300 kV·A 以下	300 kV·A 以下

高圧回路の開閉装置

開閉装置とその機能

・遮断器：負荷電流の開閉，過負荷電流および短絡電流の遮断

・開閉器：負荷電流の開閉

・断路器：無負荷の状態での回路開閉

	開閉装置	遮断器（CB）	高圧負荷開閉器（LBS）	高圧カットアウト（PC）
変圧器容量	300 kV·A 以下	○	○	○
	300 kV·A 超過	○	○	×
コンデンサの容量	50 kvar 以下	○	○	○
	50 kvar 超過	○	○	×

○：使用できる　×：使用できない

三相短絡電流と遮断器容量

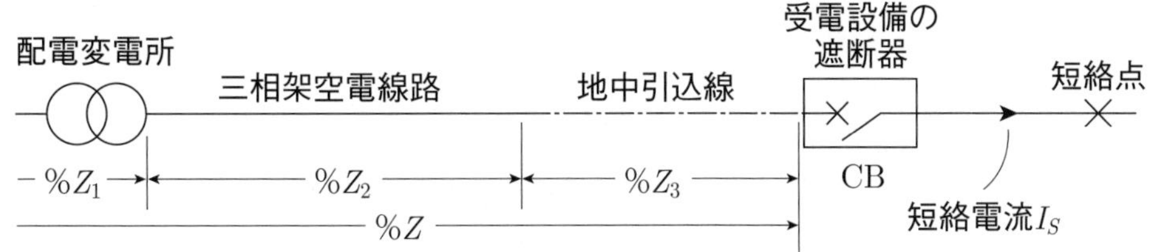

(1)　三相短絡電流 I_S=定格電流 $I_n \times \dfrac{100}{\%Z}$ [A]

　$\%Z$：短絡点からみた合成インピーダンス [%]

定格電流 $I_n = \dfrac{\text{基準容量 } P_n \text{ [MV·A]}}{\sqrt{3} \times \text{受電電圧 } V \text{ [kV]}}$ [kA]

(2)　三相短絡容量 P_S = 基準容量 $P_n \times \dfrac{100}{\%Z}$ [MV·A]

(3)　定格遮断容量 $P_N = \sqrt{3}\ V_N I_N$ [MV·A]

　V_N：定格電圧 [kV]，I_N：定格遮断電流 [kA]

★遮断器は受電点における三相短絡電流を確実に遮断できる容量のものを→ $P_N \geqq P_S$

計器用変成器

(1) 変流器（CT）

$$変流比\ K_c = \frac{定格一次電流\ I_1}{定格二次電流\ I_2} = \frac{二次巻数\ N_2}{一次巻数\ N_1}$$

★定格二次電流の標準は 5 A

$$定格過電流強度 \geqq \frac{保証する過電流（三相短絡電流）}{定格一次電流}$$

★定格過電流強度は，40，75，150，300

・取扱い注意事項

① 使用状態の CT 二次側は絶対開放しないこと．

② 二次側の一線は D 種接地工事をする．

CT回路

(2) 計器用変圧器（VT）

$$変圧比\ K_v = \frac{定格一次電圧\ V_1}{定格二次電圧\ V_2} = \frac{N_1}{N_2}$$

★定格二次電圧の標準は 110 V

・取扱い注意事項

① 二次側は短絡しないこと．

② V 結線の極性を間違えないこと．

③ 二次側の一線は D 種接地工事をする．

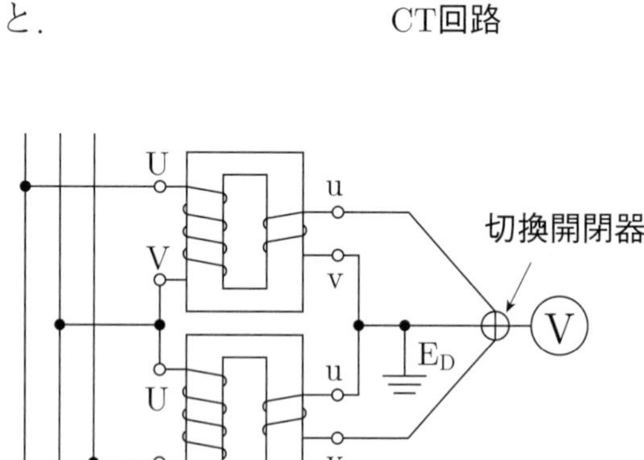

VT回路

高圧進相コンデンサ（SC）

負荷の遅相無効電力をコンデンサの進相無効電力で打ち消し，力率を改善して電力損失の低減，電圧降下の減少，電力供給設備の利用率を向上させる．

(1) 放電コイルおよび放電抵抗

コンデンサを回路から切り離したときの残留電荷を短時間に放電させるもので，放電開始後，放電コイルは 5 秒以内に，放電抵抗は 5 分以内にコンデンサの端子電圧を 50 V 以下にする．

(2) 直列リアクトル

コンデンサに直列に接続してコンデンサの高調波電流およびコンデンサ投入時の突入電流を制御する．直列リアクトルの容量は，コンデンサ容量の 6 ～ 13 %の範囲が適当とされている．

避雷器（LA）

高圧架空配電線路への落雷などにより異常過電圧が生じた場合，これを大地に放電して電気機器を絶縁破壊から保護するために用いられる．酸化亜鉛形，弁抵抗形などがある．

電力ヒューズ（PF）

高圧回路および高圧機器の短絡保護用として，需要家の受電点，変圧器・コンデンサ・高圧電動機の回路などに設置して，短絡電流を遮断する目的で使用される．電力ヒューズは消弧方式によって限流形と非限流形がある．

保護継電器の種類

過電流継電器（OCR）	$I>$	過負荷による過電流，高圧機器・配線の短絡等による事故電流を変流器と組み合わせて検出し，遮断器を遮断する．
地絡過電流継電器（GR）	$I\underset{-}{\perp}>$	高圧配線・機器に地絡事故が生じたとき，この地絡電流を零相変流器（ZCT）と組み合わせて検出し，遮断器を遮断する．
地絡方向継電器（DGR）	$I\underset{-}{\perp}>$	構内の高圧ケーブル等が長い場合，他の需要家の地絡事故によるGRの不必要動作を防ぐため，ZPDと零相電圧を検出するコンデンサを組み合わせる．
不足電圧継電器（UVR）	$U<$	受電電圧が短絡事故などで定められた値以下となったとき，遮断器を遮断したり，非常用予備発電設備へ始動信号を出す．

過電流継電器の動作特性

継電器に故障電流が流れ始めてから主接点が閉じるまでの時間を動作時間という．電流と動作時間の関係から，図に示す種類がある．高圧受電設備用としては反限時特性およびこれに瞬時特性を組み合わせたものが主として使用されている．

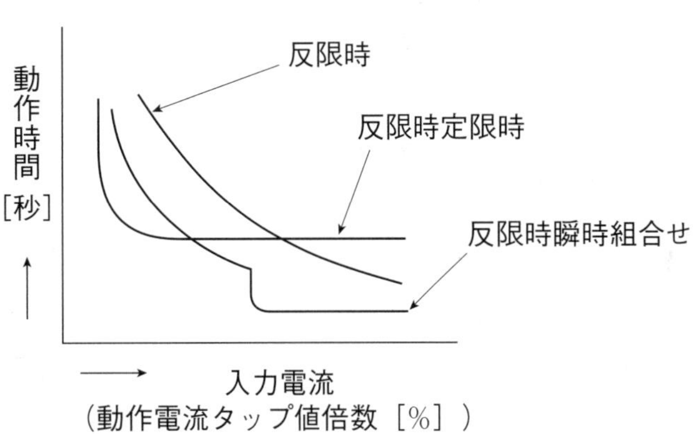

保護協調

(1) 過電流保護協調

高圧需要家の主遮断装置と変電所の配電線保護用遮断器との過電流協調を図るため，過電流継電器と遮断器を含めた動作特性が図のようになるように，受電用主遮断装置の過電流継電器の時限を選定する．

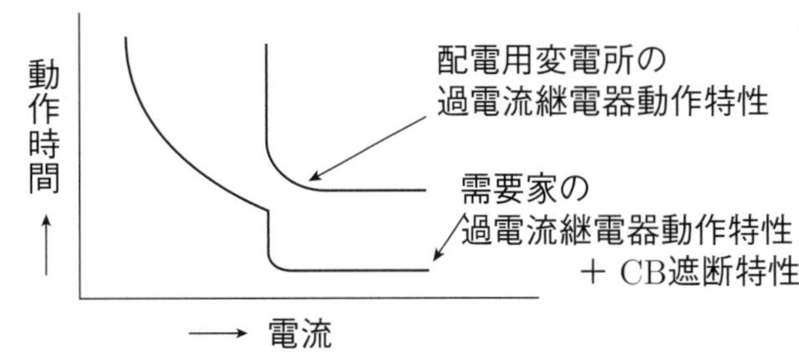

・全領域にわたって，次の式を満足すればよい．

配電用変電所の過電流継電器の動作時間 ＞ 需要家受電用の過電流継電器の動作時間 ＋遮断器の動作時間

(2) 地絡保護協調

高圧受電設備の地絡継電装置と配電用変電所の地絡継電装置とで，時限協調と地絡電流協調をとる．

・時限協調

配電用変電所の地絡継電装置の動作時間＞需要家の地絡継電装置の動作時間＋遮断器の動作時間

・地絡電流協調（感度電流タップの選定）

変電所継電装置の動作値＞需要家の地絡継電装置の整定値＞需要家回線の充電電流値

電路の絶縁抵抗

(1) 低圧配線の絶縁抵抗は，引込口・屋内幹線・分岐回路の開閉器または過電流遮断器で区分できる電路ごとに，電路と大地間および電線相互間の絶縁抵抗値は下表に示した値以上でなければならない．（電技省令第 58 条）

電路の使用電圧の区分		絶縁抵抗値	適用電線路
300 V 以下	対地電圧 150 V 以下	0.1 MΩ	単 2－100 V，単 3－100/200 V
	対地電圧 150 V 超過	0.2 MΩ	三相 3 線－200 V
300 V 超過 600 V 以下		0.4 MΩ	三相 4 線－400 V

(2) 低圧電線路の絶縁抵抗（電技省令第 22 条）

電線と大地間の絶縁抵抗は，使用電圧に対する漏れ電流 I_g が最大供給電流の 1/2 000（電線 1 条当たり）を超えないこと．

$$\text{漏れ電流 } I_g \leqq \frac{\text{最大供給電流}}{2000} \qquad \therefore\ \text{絶縁抵抗値} \geqq \frac{\text{使用電圧 } V}{\text{漏れ電流 } I_g}$$

絶縁抵抗の測定

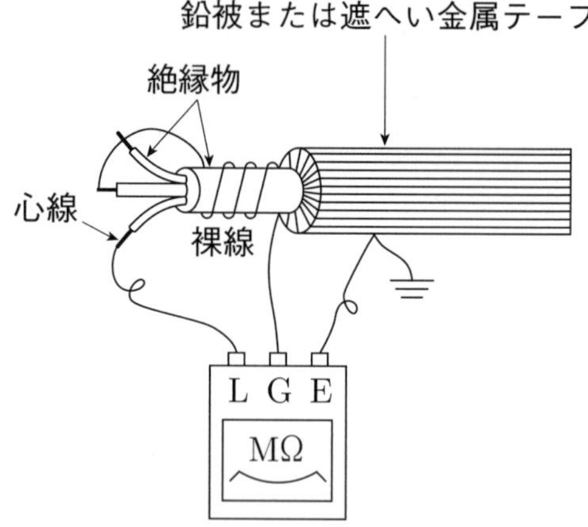

配線，ケーブル，機器の被測定絶縁に直流電圧を印加して，そこに流れる漏れ電流を抵抗値［MΩ］で指示させる絶縁抵抗計（メガ）を用いて測定する．

・測定での留意事項

① 低圧の電路・機器には 250 V または 500 V，高圧には 1 000 V 以上の定格電圧を用いる．

② メガの L(線路)端子と E(接地)端子を短絡し，スイッチを入れて指針 0 を確認する（零チェック）．

③ メガの L 端子と E 端子を開放し，スイッチを入れて指針∞を確認する(無限大チェック)．

④ G（保護）端子：高圧ケーブルの絶縁抵抗を測定する場合，表面漏れ電流による測定誤差を防ぐために用いる．

高圧電路・機器の絶縁耐力

$$\text{最大使用電圧} = \text{公称電圧} \times \frac{1.15}{1.1}$$

$$\ast\ \text{高圧電路・機器の最大使用電圧} = 6600 \times \frac{1.15}{1.1} = 6900\ \text{V}$$

交流耐圧試験電圧 $= 6\,900 \times 1.5 = 10\,350$ V

直流耐圧試験電圧 $= 6\,900 \times 1.5 \times 2 = 6\,900 \times 3 = 20\,700$ V

対象物	課電部分	試験電圧 (最大使用電圧の倍数)	試験時間 (連続して)
高圧の電路	電路と大地間	1.5 倍の交流電圧	10 分間
高圧ケーブル	心線相互間 心線と大地間	3 倍の直流電圧 1.5 倍の交流電圧	10 分間
変圧器	巻線と他の巻線および 鉄心・外箱間	1.5 倍の交流電圧	10 分間

接地工事の種類

（電技解釈第 17 条）

種類	接地抵抗値	接地線の種類
A 種	10 Ω 以下	引張強さ 1.04 kN 以上の金属線または直径 2.6 mm 以上の軟銅線
B 種	$\frac{150^*}{1\text{ 線地絡電流 [A]}}$ [Ω] 以下 *1 秒を超え 2 秒以内に遮断する装置がある場合 → 300 [V] 1 秒以内に遮断する装置がある場合→ 600 [V]	引張強さ 2.46 kN 以上の金属線または直径 4.0 mm 以上の軟銅線 （高圧電路または 15 000 V 以下の電路と変圧器で結合する場合は，引張強さ 1.04 kN 以上の金属線または直径 2.6 mm 以上の軟銅線）
C 種	10 Ω 以下 （500 Ω 以下）**	引張強さ 0.39 kN 以上の金属線または直径 1.6 mm 以上の軟銅線
D 種	100 Ω 以下 （500 Ω 以下）**	

** 0.5 秒以内に自動的に動作する漏電遮断器を設置したとき．

接地工事の施設箇所

接地工事	主な施設箇所
A 種	高圧用または特別高圧用機器の鉄台・金属製外箱，避雷器，特別高圧計器用変成器の二次側電路
B 種	変圧器の低圧側の中性点（ただし，使用電圧 300 V 以下で中性点に施し難い場合は低圧側の一端子でもよい）
C 種	300 V を超える低圧電路の機器の鉄台・金属製外箱および金属管・配管等の金属製部分
D 種	300 V 以下の電路の機器の鉄台・金属製外箱および金属管・金属製部分，高圧計器用変成器の二次側電路

（電技解釈第 24，28，29，37）

接地工事の省略

（電技解釈第 17，29 条）

(a) C 種接地工事を施すべき金属体と大地との間の電気抵抗値が 10 Ω 以下である場合

(b) D 種接地工事を施すべき金属体と大地との間の電気抵抗値が 100 Ω 以下である場合

(c) 低圧用電気機械器具の鉄台等が次のように施設される場合

- 対地電圧 150 V 以下のものを乾燥した場所に施設する場合
- 低圧用機器を乾燥した木製の床等の絶縁性の物の上で取扱うように施設する場合
- 鉄台・外箱の周囲に適当な絶縁台を設ける場合
- 水気のある場所以外の場所で，定格感度電流が 15 mA 以下，動作時間 0.1 秒以下の電流動作形の漏電遮断器を施設する場合

(d) 電気用品安全法の適用を受ける二重絶縁構造の機械器具を施設する場合

接地工事の施設方法

(1) **A種およびB種接地工事の施設**（電技解釈第17条）

人が触れるおそれがある場所に施設する場合は右図のように施設する.

① 接地極は，地下75 cm以上の深さに埋設する.

② 接地線を鉄柱などに沿って施設する場合は，接地極を鉄柱の底面から30 cm以上の深さに埋設する場合(a)を除き，1 m以上離して埋設する(b).

接地線には，絶縁電線（OW線を除く），または通信用ケーブル以外のケーブルを使用する.

③ 接地線を木柱に沿って施設する場合は，地表上60 cmまでの接地線は絶縁電線（OW線を除く），または通信用ケーブル以外のケーブルを使用する.

④ 接地線の地下75 cmから地表上2 mまでの部分は合成樹脂管（厚さ2 mm未満の合成樹脂製電線管およびCD管を除く）などで覆う.

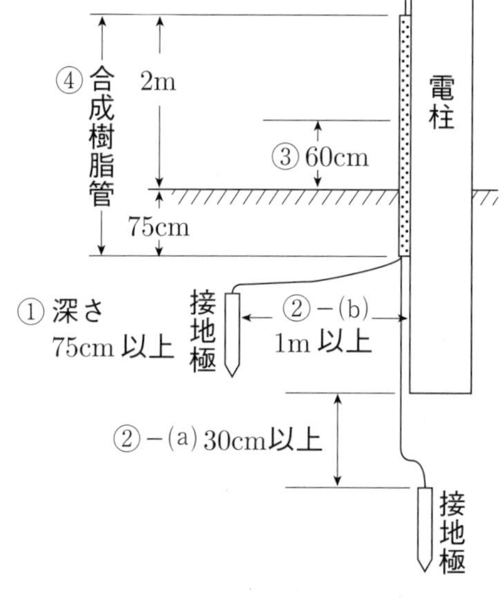

(2) **接地工事の特例**（電技解釈第18条）

建物の鉄骨などの金属体で，その接地抵抗値が2Ω以下に保たれている場合は，非接地式高圧電路の機器の鉄台・外箱のA種接地工事および低圧に変成する変圧器のB種接地工事の接地極に使用することができる.

接地抵抗の測定

・接地抵抗計（アーステスタ）による測定

測定する接地極と補助接地棒2本を一直線上に順次10 m以上離して打ち込み，E端子を接地極に，第1補助接地棒をP（電圧）端子に，第2補助接地棒をC（電流）端子に接続する.

ダイヤルを回し，検流計が0になるよう調整したときのダイヤルの読み（倍率のある場合は倍率を掛ける）から，接地極の接地抵抗値が直読で求まる.

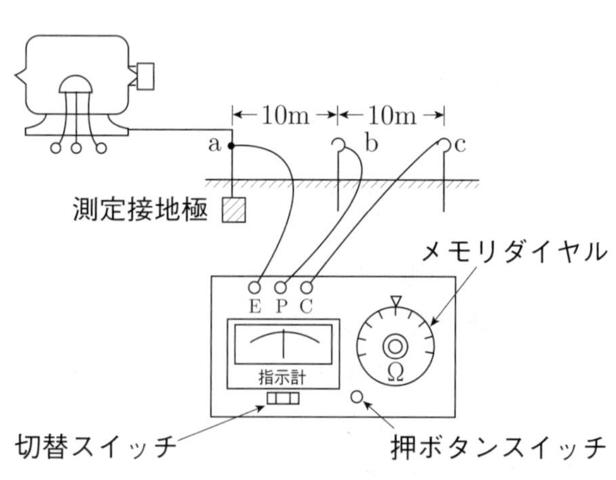

接地抵抗値と漏電時の対地電圧との関係

低圧機器のケースで地絡事故が起きた場合，図のようになり，ケースの対地電圧 E は，

$$E = V \times \frac{R_D}{R_B + R_D} \quad [\mathrm{V}]$$

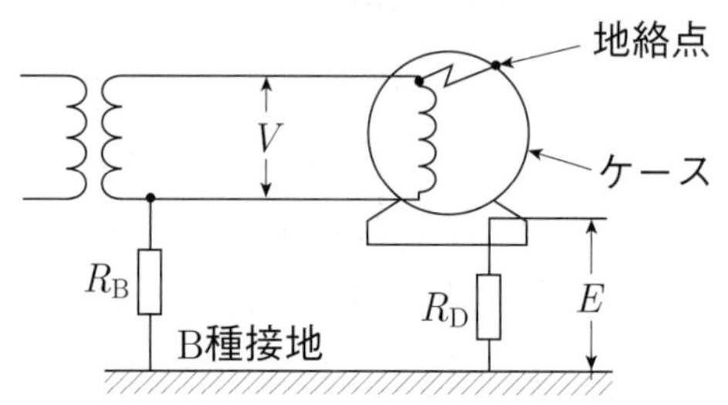

高圧用の機械器具の施設

（電技解釈第21条）

(1) 地上設置

周囲に人が触れるおそれがないように適当なさくを設け，（さくの高さ）＋（さくから充電部分までの距離）を5m以上とし，かつ危険である旨の表示をする．

(2) 柱上設置

地表上4.5m（市街地外4m）以上の高さに設置し，人が触れるおそれがないように施設する．機械器具のリード線にはケーブルまたは引下げ用高圧絶縁電線を使用する．

(3) 工場等の構内

周囲に人が触れるおそれがないように適当なさくを設ける．

アークを生ずる器具の施設

（電技解釈第23条）

高圧用の開閉器，遮断器，避雷器等，動作時にアークを生ずるものは木製の壁または天井その他の可燃性のものから1m以上離す．

過電流遮断器の施設

（電技解釈第33，34条）

(1) 低圧用配線用遮断器の規格

① 定格電流の1倍の電流で，自動的に動作しないこと．

② 定格電流の1.25倍および2倍の電流を通じた場合，規定の時間内に自動的に動作すること．

(2) 低圧用ヒューズの規格

① 定格電流の1.1倍の電流に耐えること．

② 定格電流の1.6倍および2倍の電流を通じた場合，規定の時間内に溶断すること．

(3) 高圧用ヒューズの規格

① 包装ヒューズ

定格電流の1.3倍の電流に耐え，かつ，2倍の電流で120分以内に溶断すること．

② 非包装ヒューズ

定格電流の1.25倍の電流に耐え，かつ，2倍の電流で2分以内に溶断すること．

漏電遮断器の施設

（電技解釈第36条）

(1) 簡易接触防護措置を施していない場所に施設する金属製外箱を有する使用電圧60V超過の低圧機器に供給する電路

ただし，次の場合には省略できる．

① 機器を発変電所等に設置する場合

② 機器を乾燥した場所に施設する場合

③ 水気のある場所以外の場所に対地電圧150V以下の機器を施設する場合

④　3Ω以下の接地抵抗値で接地した機器の場合

⑤　電気用品安全法の適用を受ける二重絶縁構造の機器である場合

⑥　ゴム，合成樹脂その他の絶縁物で被覆した機器の場合

⑦　絶縁変圧器（二次電圧300V以下，非接地）の負荷側電路の場合

(2)　**高圧または特別高圧と変圧器で結合される300V超過の低圧電路**

架空電線路の施設

(1)　**電線の太さと種類**（電技解釈第65条）

電線（硬銅線）の最小太さ［mm］

使用電圧		市街地	市街地外
低圧	300V以下	3.2*	3.2*
	300V超過	5	4
高　圧		5	4

*絶縁電線である場合は2.6

絶縁電線の種類（文字記号）

・屋外用ビニル絶縁電線（OW）

・引込用ビニル絶縁電線（DV）

・600Vビニル絶縁電線（IV）

・屋外用ポリエチレン絶縁電線（OE）

・屋外用架橋ポリエチレン絶縁電線（OC）

(2)　**地表上の高さ**（電技解釈第68，116，117条）

最小値［m］

施設場所	低圧線	高圧線	引込線	
			低圧	高圧
道路横断	6	6	5*	6
鉄道・軌道横断	レール面上5.5			
横断歩道橋	3	3.5	3	3.5
その他	5*	5	4*	5*

*原則の数値であり，例外規定がある

(3)　**他の工作物との離隔**（電技解釈第71，74，76，77，79条）

最小値［m］

		高圧線	低圧線
建造物	上部造営材	2.0 (1.0)	
	その他	1.2 (0.4)0.8*	
架空弱電流電線		0.8 (0.4)**	0.6 (0.3)
低圧架空電線		0.8 (0.4)**	0.6 (0.3)
アンテナ		0.8 (0.4)**	0.6 (0.3)
植物		接触しない	接触しない

（　）：電線が高圧絶縁電線，特別高圧絶縁電線またはケーブルである場合

*人が建築物の外へ手を伸ばす又は身を乗り出すことができない部分

**高圧線がケーブルである場合

地中電線路の施設

（電技解釈第 120，123，125 条）

電線にはケーブルを使用し，直接埋設式，管路式，暗きょ式の施設方式がある．高圧地中配線では直接埋設式がほとんどである．

直接埋設式では，

埋設深さ

車両その他の重量物の圧力を受ける場合→ 1.2 m 以上，その他の場合→ 0.6 m 以上とし，かつ，堅ろうな管またはトラフで防護する（CD ケーブルでは不要）．

埋設表示

「物件の名称」「管理者名」「電圧」の表示事項を約 2 m の間隔で表示する．需要場所に施設する場合は「電圧」のみの表示でよい．また電線路の長さが 15 m 以下の場合は省略できる．

離隔距離

地中電線と地中弱電流電線等とが接近または交さする場合において，相互の離隔距離が低圧または高圧の地中電線にあっては 0.3 m 以下，特別高圧地中電線にあっては 0.6 m 以下のときは，地中電線と地中弱電流電線等との間に堅ろうな耐火性の隔壁を設けること．

接地工事

ケーブルの金属被覆，金属製の防護管・電線接続箱には D 種接地工事を施す．

屋内電路の対地電圧の制限

（電技解釈第 143，185 条）

原則として 150 V 以下であるが，次の各項目を条件に対地電圧が 300 V まで緩和されている．

(1) 白熱電灯に供給する電路

白熱電灯およびこれに付属する電線には接触防護措置を施し，屋内配線と直接接続して施設すること．

(2) 放電灯に供給する電路

放電灯およびこれに附属する電線には接触防護措置を施し，放電灯用安定器を配線と直接接続すること．

(3) 住宅屋内で定格消費電力 2 kW 以上の機器のみに供給する電路

使用電圧は 300 V 以下で，機器と配線は直接接続して簡易接触防護措置を施し，専用の開閉器および過電流遮断器並びに漏電遮断器を施設する．

低圧屋内幹線の施設

（電技解釈第 148 条）

(1)　**幹線の許容電流**

・電動機を含まない負荷

許容電流 I［A］≧ 負荷の定格電流の合計［A］

・電動機が含まれる負荷の場合

各電動機の定格電流の合計：I_M［A］

その他の機器の定格電流の合計：I_H［A］

①　$I_M \leqq I_H$ のときは

$I \geqq I_M + I_H$

②　$I_M > I_H$ のときで，

$I_M \leqq 50$［A］では，$I \geqq I_M \times 1.25 + I_H$［A］

$I_M > 50$［A］では，$I \geqq I_M \times 1.1 + I_H$［A］

(2)　**幹線を保護する過電流遮断器の定格電流**

幹線の電源側に，幹線の許容電流以下の定格電流の過電流遮断器を施設する．ただし，電動機が含まれる場合の過電流遮断器の定格電流 I_B［A］は，

$I_B \leqq 3I_M + I_H$［A］

ただし，幹線の許容電流の 2.5 倍以下．

分岐幹線および分岐回路の過電流遮断器の取付位置

幹線の過電流遮断器の定格電流 I_B に対して，

①　55 %以上の許容電流 I_1 がある場合

→位置の制限なし

②　35 %以上の許容電流 I_2 がある場合

→ 8 m 以内

③　35 %未満の許容電流 I_3 がある場合

→ 3 m 以内

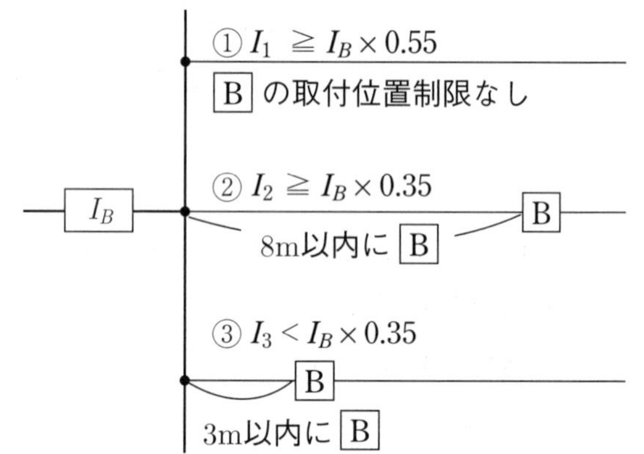

分岐回路の種類

（電技解釈第 149 条）

分岐回路の種類	過電流遮断器の定格電流	電線の最小太さ（直径）	コンセントの定格電流
15 A 分岐回路	15 A 以下	1.6 mm	15 A 以下
20 A 配線用遮断器分岐回路 B 20A	20 A（配線用遮断器に限る）		20 A 以下
20 A 分岐回路	20 A（ヒューズに限る）	2.0 mm	20 A
30 A 分岐回路	30 A	2.6 mm	20 A 以上 30 A 以下

一般の場所における低圧の屋内配線工事

（電技解釈第 156 条）

施設場所の区分		使用電圧の区分	工事の種類											
			がいし引き工事	合成樹脂管工事	金属管工事	金属可とう電線管工事	金属線ぴ工事	金属ダクト工事	バスダクト工事	ケーブル工事	フロアダクト工事	セルラダクト工事	ライティングダクト工事	平形保護層工事
展開した場所	乾燥した場所	300V 以下	○	○	○	○	○	○	○	○			○	
		300V 超過	○	○	○	○		○	○	○				
	湿気の多い場所又は水気のある場所	300V 以下	○	○	○	○			○	○				
		300V 超過	○	○	○	○				○				
点検できる隠ぺい場所	乾燥した場所	300V 以下	○	○	○	○	○	○	○	○		○	○	○
		300V 超過	○	○	○	○		○	○	○				
	湿気の多い場所又は水気のある場所	−	○	○	○	○				○				
点検できない隠ぺい場所	乾燥した場所	300V 以下		○	○	○				○	○	○		
		300V 超過		○	○	○				○				
	湿気の多い場所又は水気のある場所	−		○	○	○				○				

○は使用できることを示す.

特殊場所における低圧屋内配線工事の種類

（電技解釈第 175 ～ 178 条）

・爆燃性粉じん（マグネシウム，アルミニウム等の粉じん）の多い場所，火薬類の粉末のある場所 ・可燃性ガス・引火性物質の蒸気が充満している場所 配線→金属管工事，ケーブル工事（キャブタイヤケーブルを除く） 移動電線→3 種以上のキャブタイヤケーブル
・可燃性粉じん（小麦粉，でん粉，石炭等の粉じん）のある場所 ・危険物（セルロイド，マッチ，石油類等）のある場所 配線→金属管工事，ケーブル工事，合成樹脂管工事（CD 管除く） 移動電線→1 種以外のキャブタイヤケーブル
・火薬庫内は原則として施設できないが，対地電圧 150 V 以下で照明器具に電気を供給する場合に限り施設できる 配線→金属管工事，ケーブル工事（キャブタイヤケーブルを除く）

屋側，屋外における低圧配線工事

（電技解釈第 166 条）

屋側や屋外で使用する機械器具，屋外灯に電気を供給するための配線は合成樹脂管工事，金属管工事，ケーブル工事，2 種金属製可とう電線管工事により施設できる．

また，がいし引き工事およびバスダクト工事は次の場合に限り施設できる．

・がいし引き工事：600 V 以下の展開した場所，300 V 以下の点検できる隠ぺい場所

・バスダクト工事：600 V 以下の展開した場所および点検できる隠ぺい場所

合成樹脂管，金属管，金属可とう電線管工事

（電技解釈第 158，159，160 条）

(1) **共通事項**

・電線は屋外用ビニル絶縁電線を除く絶縁電線で，より線であること．単線では直径 3.2 mm 以下のものを使用する．

・管内には，電線の接続点を設けないこと．

・湿気の多い場所または水気のある場所では，防湿装置を施すこと．

(2) **施設上のポイント**

・合成樹脂管工事

① 管の接続は管の外径の 1.2 倍（接着剤使用は 0.8 倍）以上差し込む．合成樹脂製可とう管相互の接続はカップリング等で行う．

② 管の支持点間距離は 1.5 m 以下．

③ CD 管はコンクリートに直接埋設する以外は，専用の難燃性のある管などに収める．

・金属管工事

① コンクリートに埋込むものは厚さ 1.2 mm 以上，その他は 1 mm 以上．

② 管相互，管とボックスとは堅ろうに電気的に完全に接続する．

・金属可とう電線管工事

① 1 種金属製可とう電線管は，展開した場所または点検できる隠ぺい場所で乾燥した場所（300 V 超過の場合は電動機の接続部分に限る）で使用できる．

ケーブル工事

（電技解釈第 164 条）

・使用電線

ケーブル，3 種･4 種のキャブタイヤケーブル．ただし，コンクリート埋設にはコンクリート直埋用ケーブル，MI ケーブル

・支持点間距離

造営材の下面または側面は 2 m 以下，接触防護措置を施した場所の垂直取付は 6 m 以下，キャブタイヤケーブルは 1 m 以下．

各種のダクト工事

（電技解釈第 162，163，165 条）

(1)　**共通事項**

・ダクトの終端部

閉そくする．ライティングダクトの開口部は下向きに，造営材を貫通させない．

・電線

屋外用ビニル絶縁電線を除く絶縁電線で，フロアダクト，セルラダクトはより線（3.2 mm 以下は単線可）を使用する．

なお，バスダクト，ライティングダクトは専用のダクトを使用する．

・支持点間距離

金属ダクト，バスダクトは 3 m（垂直取付けは 6 m）以下，ライティングダクトは 2 m 以下

(2)　**施設上のポイント**

・金属ダクト工事

①　電線の占積率は 20 %以下．

②　幅 5 cm 超過，厚さ 1.2 mm 以上の鋼板製．

③　電線を分岐する場合，その接続点が容易に点検できるときに限り電線の接続ができる．

・フロアダクト，セルラダクト工事

引出口は床面より突出しないように施設し，終端部は閉そくし，また水が浸入しないよう密封する．

平形保護層工事

（電技解釈第 165 条）

・対地電圧 150 V 以下の電路で，漏電遮断器を設置し，30 A 以下の分岐回路とする．宿泊室，教室，病室等は施設できない．

高圧屋内配線の工事方法

（電技解釈第 168 条）

(1)　**がいし引き工事**

乾燥し展開した場所に限る．接触防護措置を施す．

・電線：軟銅線で直径 2.6 mm 以上の高圧絶縁電線

・支持点間距離
- 造営材の面に沿う配線 → 2 m 以下
- 造営材に沿わない配線 → 6 m 以下

・離隔距離
- 電線相互の間隔 → 8 cm 以上
- 電線と造営材 → 5 cm 以上
- 弱電流電線，水道管，ガス管 → 15 cm 以上

・電線が造営材を貫通する場合は，電線ごとに別個の難燃性および耐水性のある堅ろうな絶縁管に収める．

(2) ケーブル工事

・支持点間距離 ── 造営材の面に沿う配線 → 2 m 以下
　　　　　　　 └ 接触防護措置を施した場所の垂直配線 → 6 m 以下

・離隔距離 ──── 弱電流電線，水道管，ガス管 → 15 cm 以上
（耐火性のある堅ろうな隔壁や管に収めた場合を除く）

・接地工事

ケーブルの金属被覆，金属製の防護管，金属製の電線接続箱は A 種接地工事．ただし，接触防護措置を施して施設するときは D 種接地工事でもよい．

高圧架空ケーブルの施設

（電技解釈第 67 条）

ハンガーによりちょう架する場合は，

・ちょう架用線

断面積 22 mm² 以上の亜鉛めっき鉄より線

・ハンガー間隔

50 cm 以下

・接地工事

ちょう架用線およびケーブルの金属製被覆には D 種接地工事

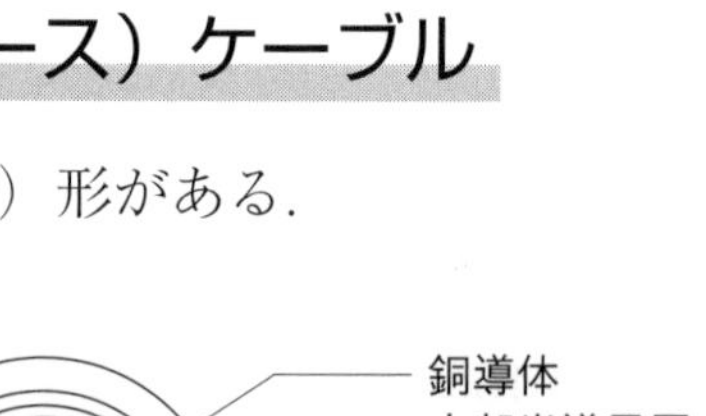

CV（高圧架橋ポリエチレン絶縁ビニルシース）ケーブル

単心形，3 心一括シース形，トリプレックス（CVT）形がある．

(1) 構成要素

絶縁体に架橋ポリエチレンを使用し，金属テープによる遮へい層を設けた上にビニルシースを施し，絶縁体の内外に半導電層を設け，電位傾度を均一化している．

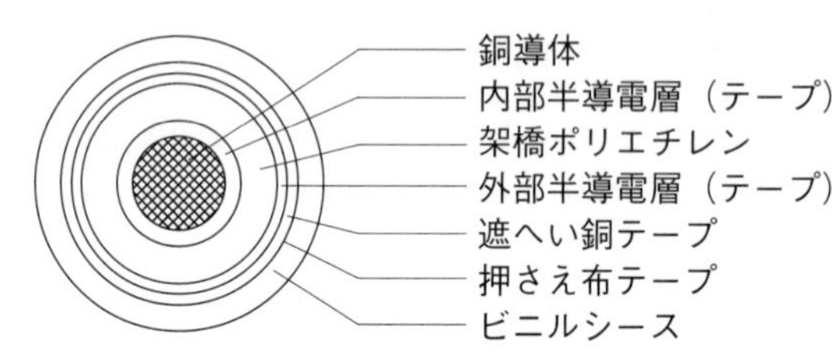

(2) ケーブルの劣化と診断法

・絶縁劣化要因には，ケーブル内部への水の浸入，絶縁体中の気泡・異物の混入，絶縁体内外の隙間等によりトリー（樹枝状）の進展で劣化．

・絶縁劣化診断には，メガによる絶縁抵抗測定，導体と遮へい層間に直流高電圧を印加して電流の波形を観測する直流高圧法，$\tan\delta$ 計による $\tan\delta$ 法，部分放電測定法などがある．

電気工作物の種類（電気事業法，施行規則）

電気工作物は電気事業用電気工作物，自家用電気工作物，一般用電気工作物に区分される．

① 一般用電気工作物

(a) 低圧で受電するもの

(b) 低圧受電で同一構内に発電電圧 600V 以下で次に示す出力の小規模発電設備を有するもの

・水力発電設備　20 kW 未満

およびび最大使用水量 $1\,m^3/s$ 未満（ダムを伴うものを除く）

・太陽電池発電設備　10 kW 未満

・内燃力発電設備　10 kW 未満

・燃料電池発電設備　10 kW 未満

（ただし，上記設備の出力合計が 50 kW 以上になるものを除く）

※出力が 100 kW 以上 50 kW 未満の太陽電池発電設備，20 kW 未満の風力発電設備は「小規模事業用電気工作物」となるが，第二種電気工事士が扱う範囲である．

② 自家用電気工作物

(a) 高圧，特別高圧で受電するもの

(b) 発電設備（①で取り上げたもの以外）を有するもの

(c) 構外にわたる電線路を有するもの

(d) 火薬類を製造する事業所に設置するもの

自家用電気工作物の新増設手続き（電気事業法）

需要設備を設置する場合は対象設備に応じて所轄経済産業局長に，

① 工事計画の事前届出（工事着手の 30 日前提出）

・受電電圧 10 kV 以上の需要設備

自家用電気工作物の事故報告（電気関係報告規則）

事故の種類 （第 3 条第 1 項）	報告の方式と期限（第 3 項第 2 項）		報告先
	概要	詳細	
(1)感電死傷事故（死亡又は病院等に治療のため入院した場合）（第 1 号） (2)電気火災事故（工作物にあっては，半焼以上の場合）（第 2 号） (3)電気工作物の破損事故など（第 3 号） (4)電圧 3 000 V 以上の自家用電気工作物の破損，誤操作などにより一般送配電事業者または特定送配電事業者に供給支障を発生させた事故（第 11 号）	事故の発生を知ったときから24時間以内，可能な限り速やかに電話等の方法で行う．	事故の発生を知った日から起算して30日以内に所定の様式の報告書を提出して行う．	所轄の産業保安監督部長

適正電圧の維持（電気事業法施行規則）

一般送配電事業者が，その供給地点で維持しなければならない電圧の範囲

・標準電圧 100 V 供給では，101 ± 6 V

200 V 供給では，202 ± 20 V

電気工事士法の目的

電気工事の作業に従事する者の資格及び義務を定めて，電気工事の欠陥による災害の発生の防止に寄与する．

電気工事士の資格と電気工事の範囲

・第二種工事士

一般用電気工作物の工事

・第一種工事士

最大電力 500 kW 未満の自家用電気工作物の需要設備（特殊電気工事を除く）および，一般用電気工作物の工事

・特種電気工事資格者

ネオン工事資格者…上記自家用電気設備のネオン工事

非常用予備発電装置工事資格者…非常用予備発電装置工事

電気工事士の資格がなければできない作業

① 電線相互を接続する作業（電気さくの電線を接続するものを除く）

② がいしに電線（電気さくの電線及びそれに接続するものを除く）を取り付け，又はこれを取り外す作業

③ 電線を直接造営材その他の物件（がいしを除く）に取り付け，又はこれを取り外す作業

④ 電線管，線ぴ，ダクトその他これらに類する物に電線を収める作業

⑤ 配線器具を造営材その他の物件に取り付け又は取り外し，又はこれに電線を接続する作業（露出形点滅器又は露出形コンセントを取り換える作業を除く）

⑥ 電線管を曲げ，若しくはねじ切りし，又は電線管相互若しくは電線管とボックスその他の附属品とを接続する作業

⑦ 金属製のボックスを造営材その他の物件に取り付け，又はこれを取り外す作業

⑧ 電線，電線管，線ぴ，ダクトその他これらに類する物が造営材を貫通する部分に防護装置を取り付け，又はこれを取り外す作業

⑨ 金属製の電線管，線ぴ，ダクトその他これらに類する物又はこれらの附属品を，建造物のメタルラス張り，ワイヤラス張り又は金属板張りの部分に取り付け，又はこれを取り外す作業

⑩ 配電盤を造営材に取り付け，又はこれを取り外す作業

⑪ 接地線を一般用電気工作物（電圧 600V 以下で使用する電気機器を除く）に取り付け，若しくはこれを取り外し，接地線相互若しくは接地線と接地極とを接続し，又は接地極を地面に埋設する作業

⑫ 電圧 600V を超えて使用する電気機器（電気さく用電源装置を除く）に電線を接続する作業

電気工事士の義務

① 法の遵守

電気設備技術基準に適合した工事の施工，電気用品安全法の適用を受ける電気用品は，所定の表示のあるものを使用

② 電気工事士免状の携帯

電気工事の作業に従事するとき

③ 免状の再交付・書換え

免状の交付を受けた都道府県知事に申請

④ 報告

都道府県知事から報告を求められたとき

＊第一種工事士は上記の他に，自家用電気工作物の保安に関する定期講習の受講

免状の交付を受けた日から5年以内，その後も5年以内ごとに受講．なお，特別の事情があるときは期限外でも受講しなければならない．

電気工事業法（電気工事業の業務の適正化に関する法律）

(1) **電気工事業者の登録制度と有効期間**

二つ以上の都道府県に営業所を設置する場合は経済産業大臣に，一つの都道府県の場合は所轄の都道府県知事に申請して登録を受ける．

★登録の有効期間：5年

引き続き営業するときは更新の登録を受ける．

(2) **業務の規制事項**

① 営業所ごとに主任電気工事士の設置

主任電気工事士は，第一種電気工事士であるか，または第二種電気工事士の免状を取得後3年以上の実務経験を有する第二種電気工事士．

主任電気工事士を2週間以内に選任する．

② 営業所ごとに測定器具の備付

回路計，絶縁抵抗計，接地抵抗計

・自家用（500 kW 未満）電気工事を行う営業所には上記の他に高低圧検電器，継電器試験装置，絶縁耐力試験装置

③ 営業所および電気工事の施工場所ごとに標識の掲示

氏名または名称および法人にあっては，その代表者の氏名．営業所の名称および電気工事の種類，登録の年月日および登録番号，主任電気工事士等の氏名

④ 営業所ごとに帳簿の備付

下記事項を記載して，5年間保存

・注文者の氏名または名称および住所，電気工事の種類および施工場所，施工年月日，主任電気工事士および作業者の氏名，配線図，検査結果

電気用品安全法

電気用品の製造，販売等を規制するとともに，電気用品の安全性の確保につき民間事業者の自主的な活動を促進することにより，電気用品による危険および障害の発生を防止することを目的としている．

(1) 電気用品の範囲

特定電気用品（◇PSEマークのもの）と特定電気用品以外の電気用品に区別されている．

特定電気用品は長時間無監視状態で使用し，特に危険または障害の発生するおそれが多い電気用品で，電線（600 V 以下，100 mm^2 以下の絶縁電線，ケーブル，コード），ヒューズ・配線用遮断器・開閉器（定格電流 100 A 以下），点滅器（30 A 以下），接続器（50 A 以下），などがある．

特定電気用品以外の電気用品には，電線管類とその附属品，白熱電球，蛍光ランプ，家電製品などがある．

(2) 製造に関する規制内容

	特定電気用品	特定電気用品以外の電気用品
登録または届出	事業の開始の日から 30 日以内に経済産業大臣に届け出る	
表示義務	①◇PSEマーク ②適合検査を実施した機関名 ③届出事業者名 ④定格電圧・容量等	①○PSEマーク ②届出事業者名 ③定格電圧・容量等

第一種電気工事士

2023年度午前
（令和5年度）

（筆記方式）
学科試験問題

※2023年度（令和5年度）の第一種電気工事士学科試験（筆記方式）は，新型コロナウイルス感染防止対策として同日の午前と午後にそれぞれ実施された．

問題１．一般問題（問題数 40，配点は１問当たり２点）

次の各問いには４通りの答え（**イ**，**ロ**，**ハ**，**ニ**）が書いてある。それぞれの問いに対して答えを１つ選びなさい。

なお，選択肢が数値の場合は最も近い値を選びなさい。

	問い	答え			
1	図のような直流回路において，電源電圧 20 V，R=2 Ω，L=4 mH 及び C=2 mF で，R と L に電流 10 A が流れている。L に蓄えられているエネルギーW_L[J]の値と，C に蓄えられているエネルギーW_C[J]の値の組合せとして，**正しいものは**。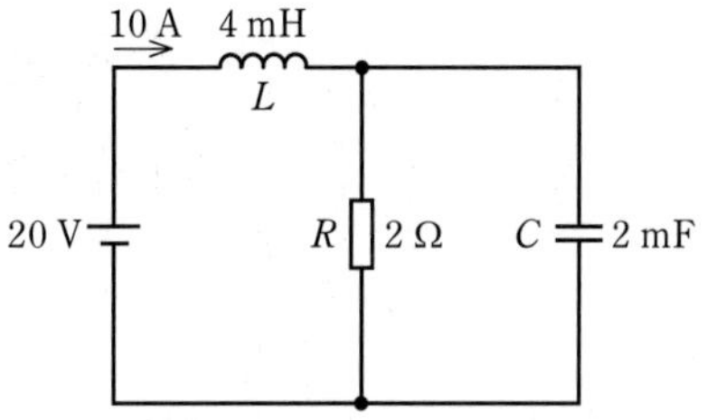	**イ**．W_L=0.2 W_C=0.4	**ロ**．W_L=0.4 W_C=0.2	**ハ**．W_L=0.6 W_C=0.8	**ニ**．W_L=0.8 W_C=0.6
2	図のような直流回路において，抵抗 3 Ω には 4 A の電流が流れている。抵抗 R における消費電力[W]は。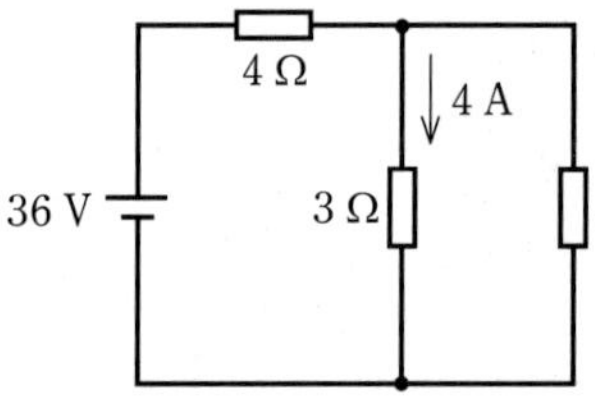	**イ**．6	**ロ**．12	**ハ**．24	**ニ**．36
3	図のような交流回路において，抵抗 12 Ω，リアクタンス 16 Ω，電源電圧は 96 V である。この回路の皮相電力[V･A]は。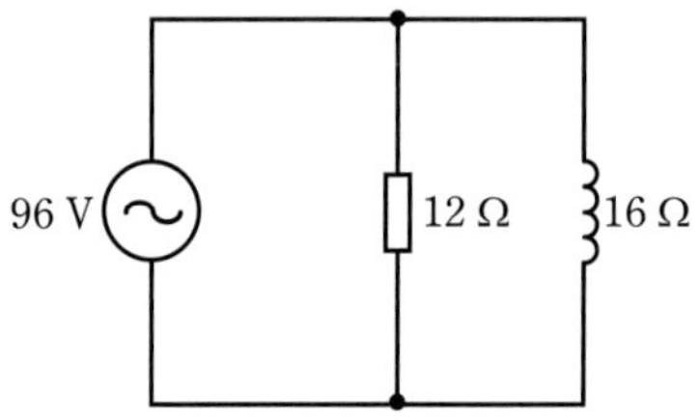	**イ**．576	**ロ**．768	**ハ**．960	**ニ**．1 344
4	図のような交流回路において，電流 I=10 A，抵抗 R における消費電力は 800 W，誘導性リアクタンス X_L=16 Ω，容量性リアクタンス X_C=10 Ωである。この回路の電源電圧 V [V]は。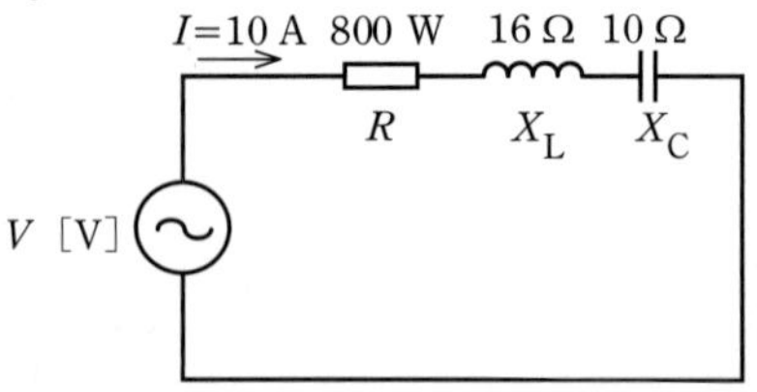	**イ**．80	**ロ**．100	**ハ**．120	**ニ**．200

	問い	答え
5	図のような三相交流回路において，電源電圧は200 V，抵抗は8 Ω，リアクタンスは6 Ωである。この回路に関して**誤っているものは**。 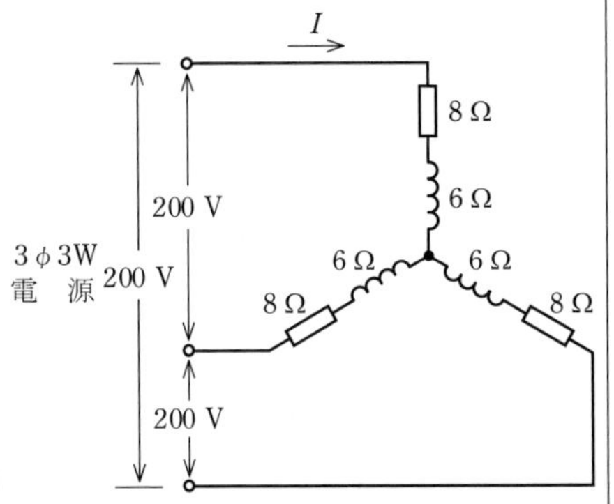	イ．1相当たりのインピーダンスは，10 Ωである。 ロ．線電流 I は，10 A である。 ハ．回路の消費電力は，3 200 W である。 ニ．回路の無効電力は，2 400 varである。
6	図のような，三相3線式配電線路で，受電端電圧が6 700 V，負荷電流が20 A，深夜で軽負荷のため力率が0.9(進み力率)のとき，配電線路の送電端の線間電圧［V］は。 ただし，配電線路の抵抗は1線当たり0.8 Ω，リアクタンスは1.0 Ωであるとする。 なお，$\cos\theta = 0.9$ のとき $\sin\theta = 0.436$ であるとし，適切な近似式を用いるものとする。 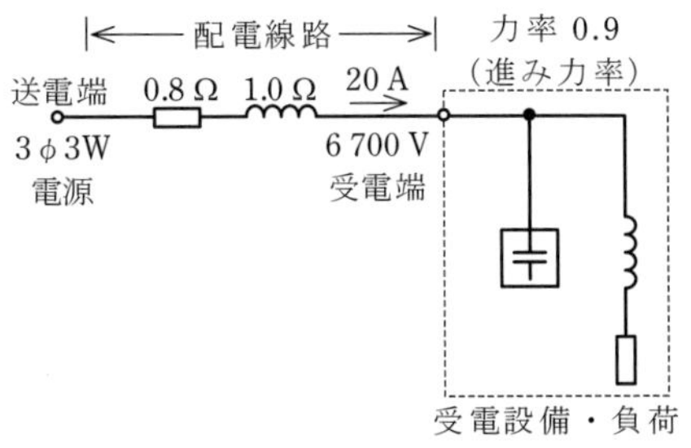	イ．6 700　　ロ．6 710　　ハ．6 800　　ニ．6 900
7	図のような単相3線式電路（電源電圧210 / 105 V）において，抵抗負荷A 50 Ω，B 25 Ω，C 20 Ωを使用中に，図中の ✕ 印点Pで中性線が断線した。断線後の抵抗負荷Aに加わる電圧[V]は。 ただし，どの配線用遮断器も動作しなかったとする。 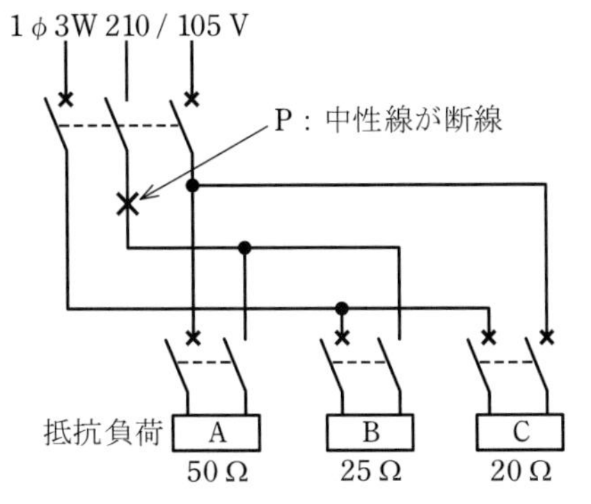	イ．0　　ロ．60　　ハ．140　　ニ．210

	問　い	答　え			
8	図のように，変圧比が 6 300 / 210 V の単相変圧器の二次側に抵抗負荷が接続され，その負荷電流は 300 A であった。このとき，変圧器の一次側に設置された変流器の二次側に流れる電流 I [A]は。 ただし，変流器の変流比は 20 / 5 A とし，負荷抵抗以外のインピーダンスは無視する。 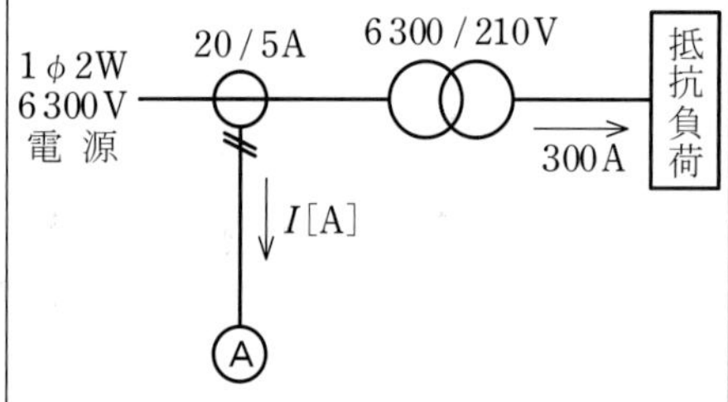 1φ2W 6 300 V 電源　20 / 5A　6 300 / 210V　300 A　抵抗負荷　I [A]　Ⓐ	イ．2.5	ロ．2.8	ハ．3.0	ニ．3.2
9	図のように，三相 3 線式高圧配電線路の末端に，負荷容量 100 kV·A(遅れ力率 0.8)の負荷 A と，負荷容量 50 kV·A（遅れ力率 0.6）の負荷 B に受電している需要家がある。 需要家全体の合成力率(受電端における力率)を 1 にするために必要な力率改善用コンデンサ設備の容量[kvar]は。 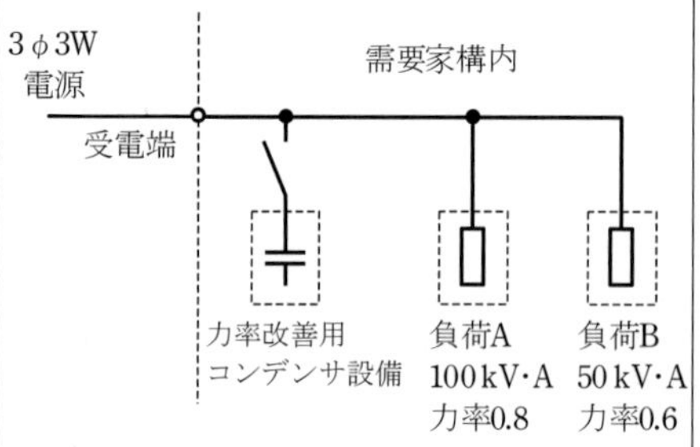 3φ3W 電源　受電端　需要家構内　力率改善用コンデンサ設備　負荷A 100 kV·A 力率0.8　負荷B 50 kV·A 力率0.6	イ．40	ロ．60	ハ．100	ニ．110
10	巻上荷重 W[kN]の物体を毎秒 v[m]の速度で巻き上げているとき，この巻上用電動機の出力[kW]を示す式は。 ただし，巻上機の効率は η[%]であるとする。	イ．$\dfrac{100W\cdot v}{\eta}$	ロ．$\dfrac{100W\cdot v^2}{\eta}$	ハ．$100\eta W\cdot v$	ニ．$100\eta W^2\cdot v^2$
11	同容量の単相変圧器 2 台を V 結線し，三相負荷に電力を供給する場合の変圧器 1 台当たりの最大の利用率は。	イ．$\dfrac{1}{2}$	ロ．$\dfrac{\sqrt{2}}{2}$	ハ．$\dfrac{\sqrt{3}}{2}$	ニ．$\dfrac{2}{\sqrt{3}}$
12	照度に関する記述として，**正しいものは**。	イ．被照面に当たる光束を一定としたとき，被照面が黒色の場合の照度は，白色の場合の照度より小さい。 ロ．屋内照明では，光源から出る光束が2倍になると，照度は4倍になる。 ハ．1 m^{2}の被照面に1 lmの光束が当たっているときの照度が1 lxである。 ニ．光源から出る光度を一定としたとき，光源から被照面までの距離が2倍になると，照度は $\dfrac{1}{2}$ 倍になる。			

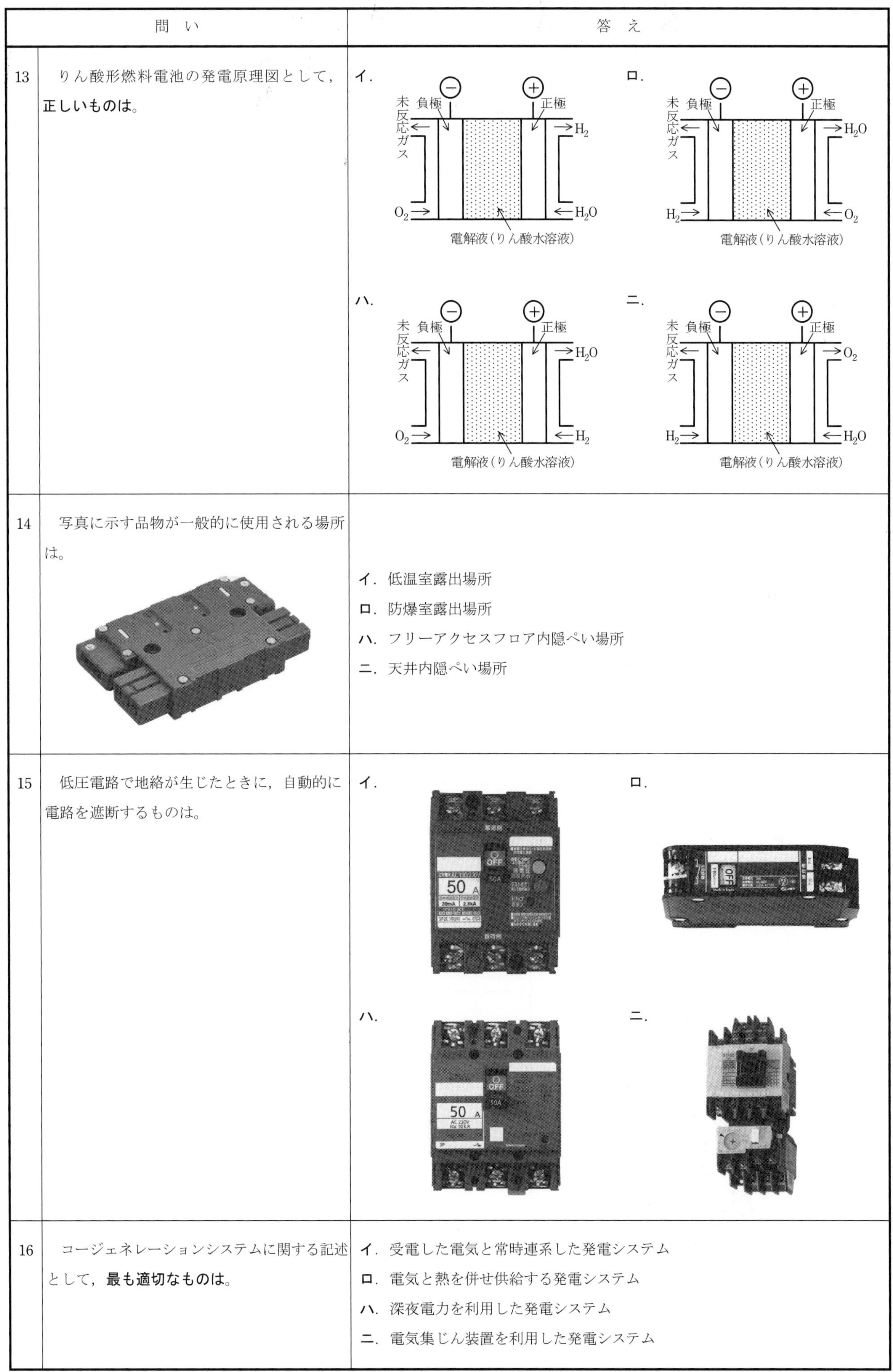

	問　い	答　え
13	りん酸形燃料電池の発電原理図として，**正しいものは**。	イ．　ロ．　ハ．　ニ．（図）
14	写真に示す品物が一般的に使用される場所は。	イ．低温室露出場所 ロ．防爆室露出場所 ハ．フリーアクセスフロア内隠ぺい場所 ニ．天井内隠ぺい場所
15	低圧電路で地絡が生じたときに，自動的に電路を遮断するものは。	イ．　ロ．　ハ．　ニ．（写真）
16	コージェネレーションシステムに関する記述として，**最も適切なものは**。	イ．受電した電気と常時連系した発電システム ロ．電気と熱を併せ供給する発電システム ハ．深夜電力を利用した発電システム ニ．電気集じん装置を利用した発電システム

	問い	答え
17	風力発電に関する記述として，**誤っているものは。**	イ．風力発電装置は，風速等の自然条件の変化により発電出力の変動が大きい。 ロ．一般に使用されているプロペラ形風車は，垂直軸形風車である。 ハ．風力発電装置は，風の運動エネルギーを電気エネルギーに変換する装置である。 ニ．プロペラ形風車は，一般に風速によって翼の角度を変えるなど風の強弱に合わせて出力を調整することができる。
18	単導体方式と比較して，多導体方式を採用した架空送電線路の特徴として，**誤っているものは。**	イ．電流容量が大きく，送電容量が増加する。 ロ．電線表面の電位の傾きが下がり，コロナ放電が発生しやすい。 ハ．電線のインダクタンスが減少する。 ニ．電線の静電容量が増加する。
19	高調波に関する記述として，**誤っているものは。**	イ．電力系統の電圧，電流に含まれる高調波は，第 5 次，第 7 次などの比較的周波数の低い成分が大半である。 ロ．インバータは高調波の発生源にならない。 ハ．高圧進相コンデンサには高調波対策として，直列リアクトルを設置することが望ましい。 ニ．高調波は，電動機に過熱などの影響を与えることがある。
20	高圧受電設備における遮断器と断路器の記述に関して，**誤っているものは。**	イ．断路器が閉の状態で，遮断器を開にする操作を行った。 ロ．断路器が閉の状態で，遮断器を閉にする操作を行った。 ハ．遮断器が閉の状態で，負荷電流が流れているとき，断路器を開にする操作を行った。 ニ．断路器を，開路状態において自然に閉路するおそれがないように施設した。
21	次の文章は，「電気設備の技術基準」で定義されている調相設備についての記述である。「調相設備とは，［　　　］を調整する電気機械器具をいう。」 上記の空欄にあてはまる語句として，**正しいものは。**	イ．受電電力 ロ．最大電力 ハ．無効電力 ニ．皮相電力
22	写真に示す機器の名称は。	イ．電力需給用計器用変成器 ロ．高圧交流負荷開閉器 ハ．三相変圧器 ニ．直列リアクトル

	問い	答え
23	写真に示す機器の文字記号(略号)は。	イ．DS ロ．PAS ハ．LBS ニ．VCB
24	600 V ビニル絶縁電線の許容電流(連続使用時)に関する記述として，**適切なものは**。	イ．電流による発熱により，電線の絶縁物が著しい劣化をきたさないようにするための限界の電流値。 ロ．電流による発熱により，絶縁物の温度が 80℃となる時の電流値。 ハ．電流による発熱により，電線が溶断する時の電流値。 ニ．電圧降下を許容範囲に収めるための最大の電流値。
25	写真はシーリングフィッチングの外観で，図は防爆工事のシーリングフィッチングの施設例である。①の部分に使用する材料の名称は。 	イ．シリコンコーキング ロ．耐火パテ ハ．シーリングコンパウンド ニ．ボンドコーキング

問い	答え
26　次に示す工具と材料の組合せで，**誤っているものは。**	（下表参照）
27　低圧又は高圧架空電線の高さの記述として，**不適切なものは。**	**イ**．高圧架空電線が道路（車両の往来がまれであるもの及び歩行の用にのみ供される部分を除く。）を横断する場合は，路面上5m以上とする。 **ロ**．低圧架空電線を横断歩道橋の上に施設する場合は，横断歩道橋の路面上3m以上とする。 **ハ**．高圧架空電線を横断歩道橋の上に施設する場合は，横断歩道橋の路面上3.5m以上とする。 **ニ**．屋外照明用であって，ケーブルを使用し対地電圧150V以下の低圧架空電線を交通に支障のないよう施設する場合は，地表上4m以上とする。
28　合成樹脂管工事に使用できない絶縁電線の種類は。	**イ**．600V ビニル絶縁電線 **ロ**．600V 二種ビニル絶縁電線 **ハ**．600V 耐燃性ポリエチレン絶縁電線 **ニ**．屋外用ビニル絶縁電線
29　可燃性ガスが存在する場所に低圧屋内電気設備を施設する施工方法として，**不適切なものは。**	**イ**．スイッチ，コンセントは，電気機械器具防爆構造規格に適合するものを使用した。 **ロ**．可搬形機器の移動電線には，接続点のない3種クロロプレンキャブタイヤケーブルを使用した。 **ハ**．金属管工事により施工し，厚鋼電線管を使用した。 **ニ**．金属管工事により施工し，電動機の端子箱との可とう性を必要とする接続部に金属製可とう電線管を使用した。

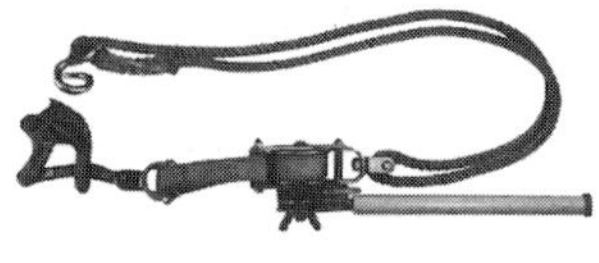

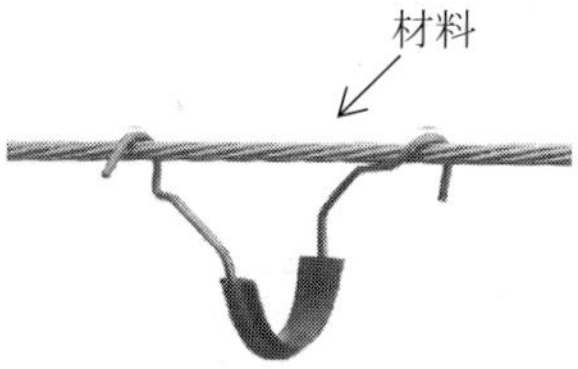

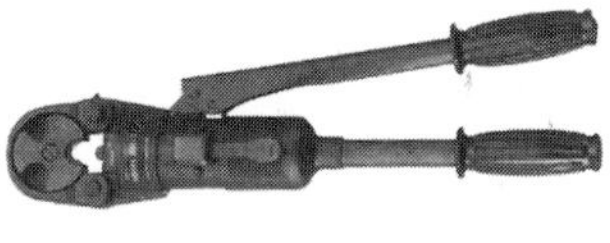

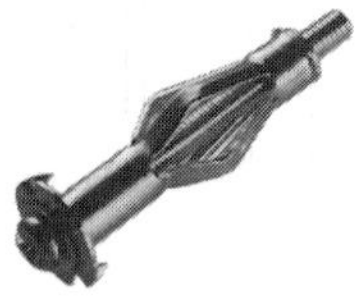

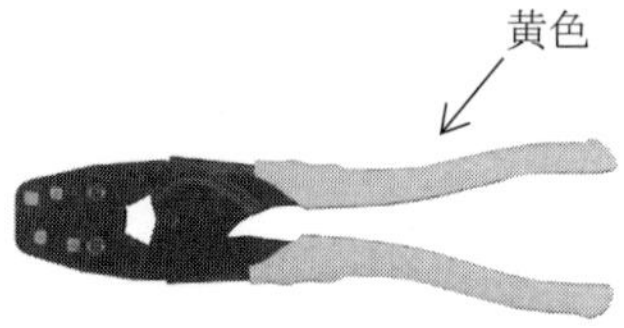

問26

	工具	材料
イ		材料
ロ		
ハ		
ニ	黄色	

問い30から問い34までは，下の図に関する問いである。

図は，自家用電気工作物構内の受電設備を表した図である。この図に関する各問いには，4 通りの答え（**イ**，**ロ**，**ハ**，**ニ**）が書いてある。それぞれの問いに対して，答えを1つ選びなさい。

〔注〕図において，問いに直接関係のない部分等は，省略又は簡略化してある。

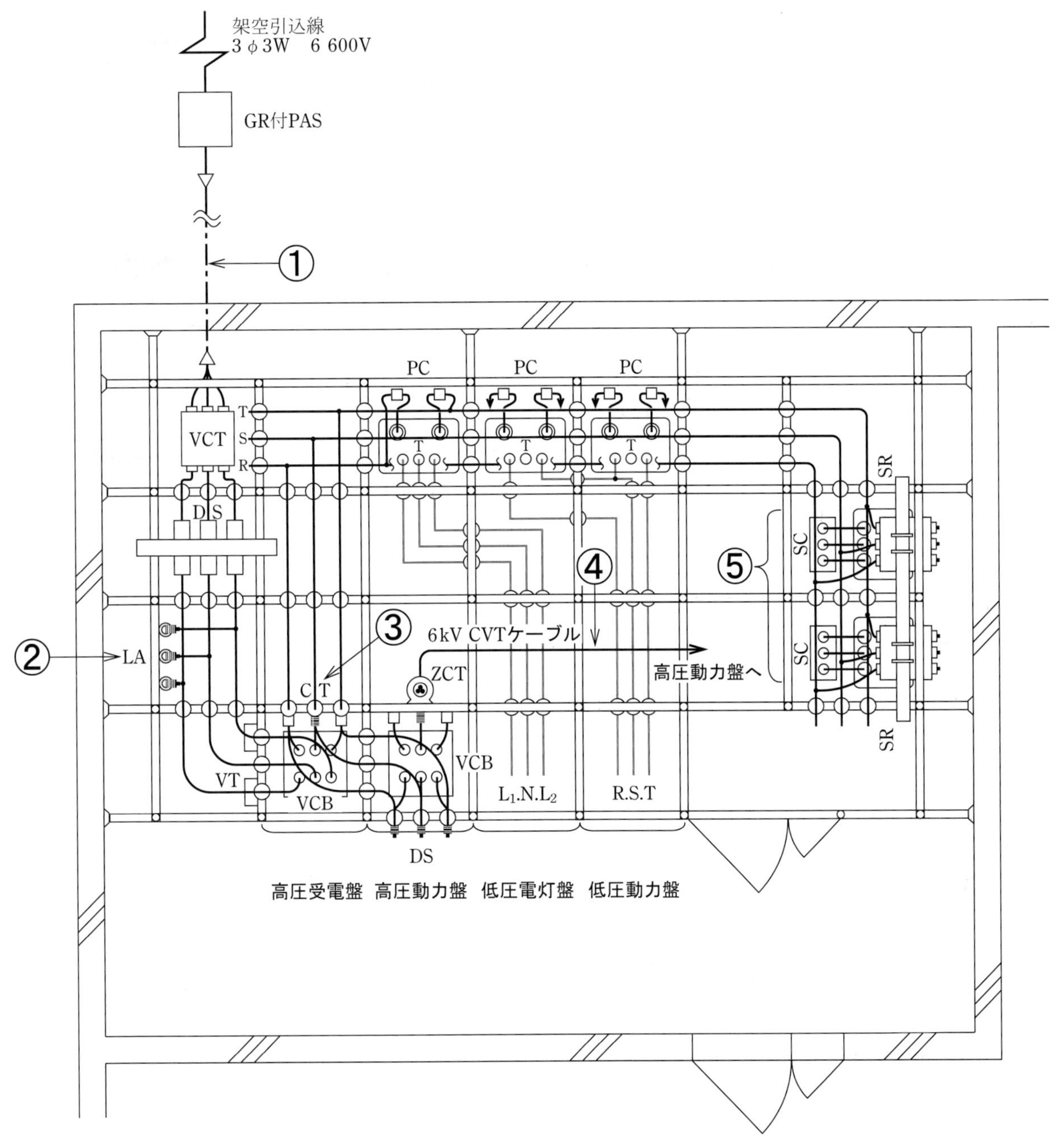

	問 い	答 え
30	①に示す高圧引込ケーブルに関する施工方法等で，**不適切なものは**。	**イ**．ケーブルには，トリプレックス形6 600V 架橋ポリエチレン絶縁ビニルシースケーブルを使用して施工した。 **ロ**．施設場所が重汚損を受けるおそれのある塩害地区なので，屋外部分の終端処理はゴムとう管形屋外終端処理とした。 **ハ**．電線の太さは，受電する電流，短時間耐電流などを考慮し，一般送配電事業者と協議して選定した。 **ニ**．ケーブルの引込口は，水の浸入を防止するためケーブルの太さ，種類に適合した防水処理を施した。

	問い	答え
31	②に示す避雷器の設置に関する記述として，**不適切なものは**。	イ．受電電力 500 kW 未満の需要場所では避雷器の設置義務はないが，雷害の多い地区であり，電路が架空電線路に接続されているので，引込口の近くに避雷器を設置した。 ロ．保安上必要なため，避雷器には電路から切り離せるように断路器を施設した。 ハ．避雷器の接地はA種接地工事とし，サージインピーダンスをできるだけ低くするため，接地線を太く短くした。 ニ．避雷器には電路を保護するため，その電源側に限流ヒューズを施設した。
32	③に示す機器(CT)に関する記述として，**不適切なものは**。	イ．CTには定格負担(単位[V･A])が定められており，計器類の皮相電力[V･A]，二次側電路の損失などの皮相電力[V･A]の総和以上のものを選定した。 ロ．CTの二次側電路に，電路の保護のため定格電流5 Aのヒューズを設けた。 ハ．CTの二次側に，過電流継電器と電流計を接続した。 ニ．CTの二次側電路に，D種接地工事を施した。
33	④に示す高圧ケーブル内で地絡が発生した場合，確実に地絡事故を検出できるケーブルシールドの接地方法として，**正しいものは**。	イ．電源側 ZCT 負荷側 ロ．電源側 ZCT 負荷側 ハ．電源側 ZCT 負荷側 ニ．電源側 ZCT 負荷側 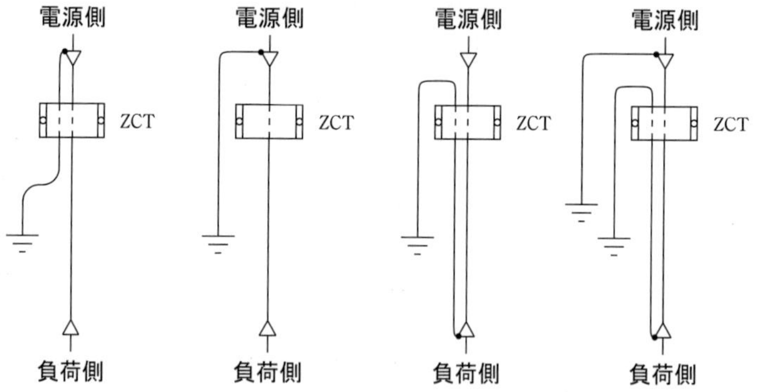
34	⑤に示す高圧進相コンデンサ設備は，自動力率調整装置によって自動的に力率調整を行うものである。この設備に関する記述として，**不適切なものは**。	イ．負荷の力率変動に対してできるだけ最適な調整を行うよう，コンデンサは異容量の2群構成とした。 ロ．開閉装置は，開閉能力に優れ自動で開閉できる，高圧交流真空電磁接触器を使用した。 ハ．進相コンデンサの一次側には，限流ヒューズを設けた。 ニ．進相コンデンサに，コンデンサリアクタンスの5 %の直列リアクトルを設けた。

問い		答え
35	「電気設備の技術基準の解釈」では，C種接地工事について「接地抵抗値は，10 Ω（低圧電路において，地絡を生じた場合に0.5秒以内に当該電路を自動的に遮断する装置を施設するときは，［　　］Ω）以下であること。」と規定されている。上記の空欄にあてはまる数値として，**正しいものは。**	イ．50　ロ．150　ハ．300　ニ．500
36	最大使用電圧 6 900 V の高圧受電設備の高圧電路を一括して，交流で絶縁耐力試験を行う場合の試験電圧と試験時間の組合せとして，**適切なものは。**	イ．試験電圧：8 625 V　試験時間：連続1分間 ロ．試験電圧：8 625 V　試験時間：連続10分間 ハ．試験電圧：10 350 V　試験時間：連続1分間 ニ．試験電圧：10 350 V　試験時間：連続10分間
37	6 600 V CVT ケーブルの直流漏れ電流測定の結果として，ケーブルが正常であることを示す測定チャートは。	イ．ロ．ハ．ニ．（縦軸：漏れ電流，横軸：0 測定時間→）
38	「電気工事士法」において，第一種電気工事士に関する記述として，**誤っているものは。**	イ．第一種電気工事士試験に合格したが所定の実務経験がなかったので，第一種電気工事士免状は，交付されなかった。 ロ．自家用電気工作物で最大電力 500 kW 未満の需要設備の電気工事の作業に従事するときに，第一種電気工事士免状を携帯した。 ハ．第一種電気工事士免状の交付を受けた日から 4 年目に，自家用電気工作物の保安に関する講習を受けた。 ニ．第一種電気工事士の免状を持っているので，自家用電気工作物で最大電力500 kW 未満の需要設備の非常用予備発電装置工事の作業に従事した。
39	「電気用品安全法」の適用を受ける特定電気用品は。	イ．交流 60 Hz 用の定格電圧 100 V の電力量計 ロ．交流 50 Hz 用の定格電圧 100 V，定格消費電力 56 W の電気便座 ハ．フロアダクト ニ．定格電圧 200 V の進相コンデンサ
40	「電気工事業の業務の適正化に関する法律」において，電気工事業者が，一般用電気工事のみの業務を行う営業所に**備え付けなくてもよい器具は。**	イ．絶縁抵抗計 ロ．接地抵抗計 ハ．抵抗及び交流電圧を測定することができる回路計 ニ．低圧検電器

問題２．配線図 (問題数 10，配点は 1 問当たり 2 点)

図は，高圧受電設備の単線結線図である。この図の矢印で示す 10 箇所に関する各問いには，4 通りの答え（**イ**，**ロ**，**ハ**，**ニ**）が書いてある。それぞれの問いに対して，答えを 1 つ選びなさい。

〔注〕図において，問いに直接関係のない部分等は，省略又は簡略化してある。

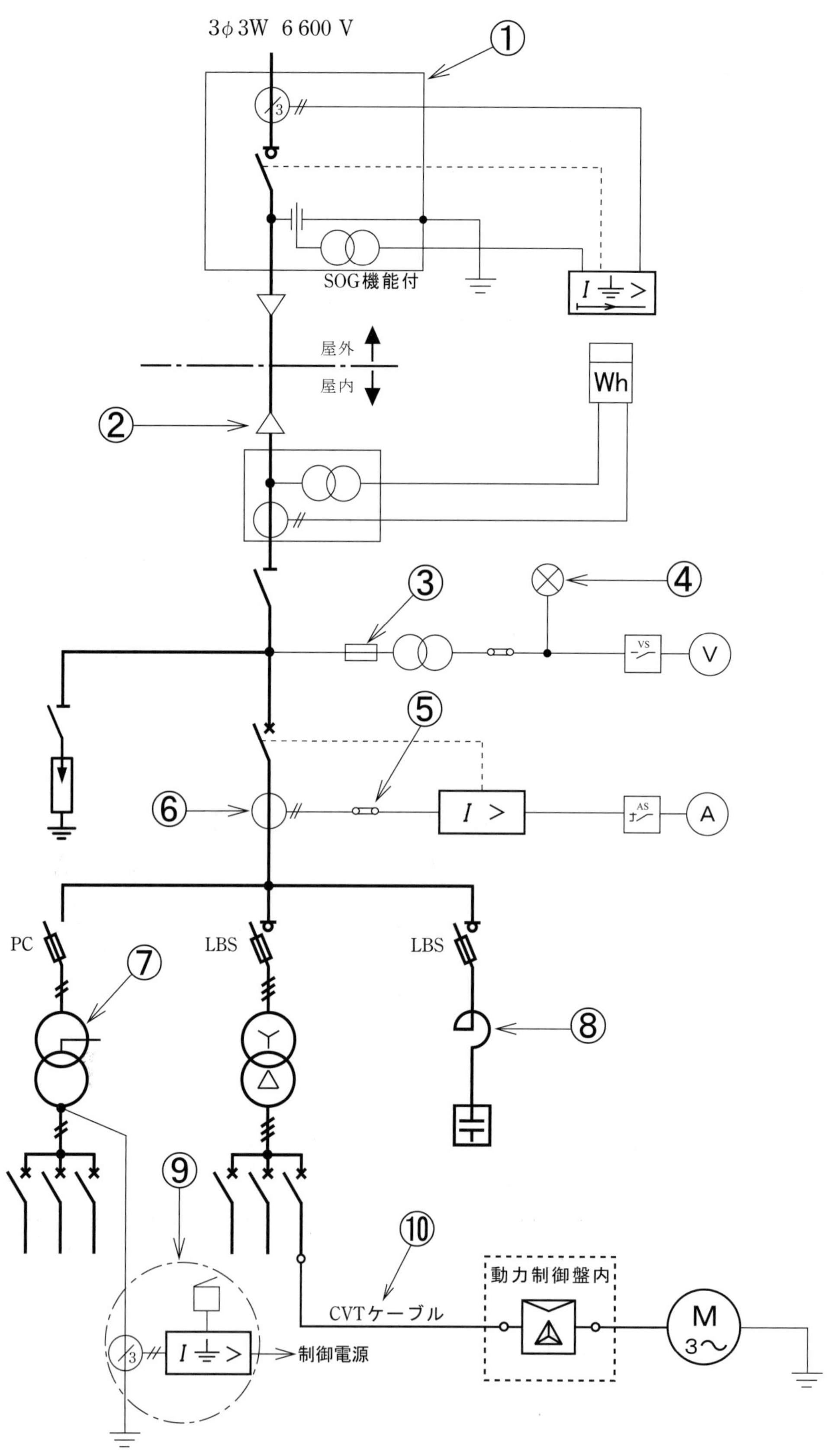

	問い	答え
41	①で示す機器の役割は。	イ．需要家側高圧電路の地絡電流を検出し，事故電流による高圧交流負荷開閉器の遮断命令を一旦記憶する。その後，一般送配電事業者側からの送電が停止され，無充電を検知することで自動的に負荷開閉器を開路する。 ロ．需要家側高圧電路の短絡電流を検出し，高圧交流負荷開閉器を瞬時に開路する。 ハ．一般送配電事業者側の地絡電流を検出し，高圧交流負荷開閉器を瞬時に開路する。 ニ．需要家側高圧電路の短絡電流を検出し，事故電流による高圧交流負荷開閉器の遮断命令を一旦記憶する。その後，一般送配電事業者側からの送電が停止され，無充電を検知することで自動的に負荷開閉器を開路する。
42	②の端末処理の際に，**不要なものは**。	イ． 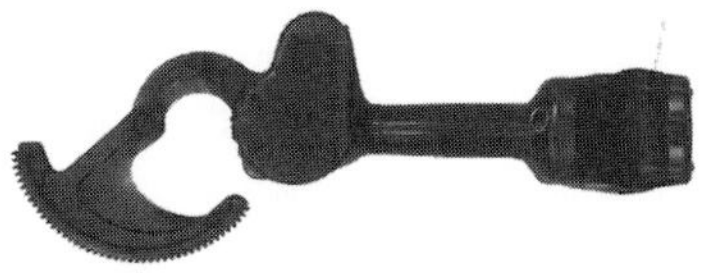 ロ． 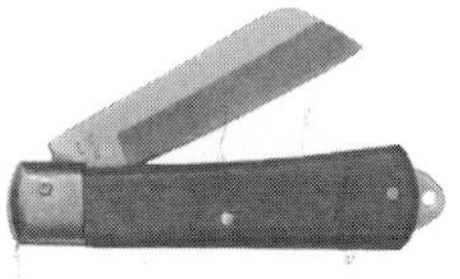 ハ． 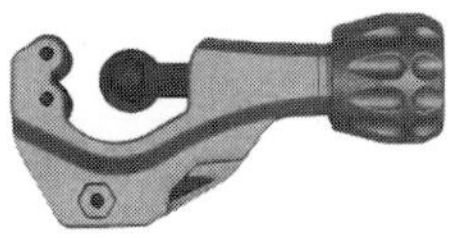 ニ． 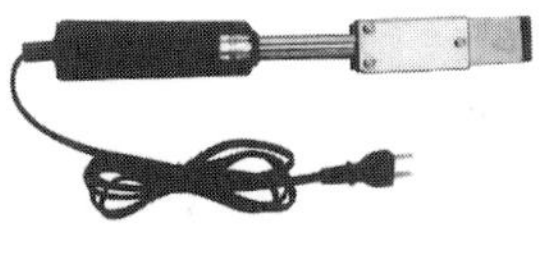
43	③で示す装置を使用する主な目的は。	イ．計器用変圧器を雷サージから保護する。 ロ．計器用変圧器の内部短絡事故が主回路に波及することを防止する。 ハ．計器用変圧器の過負荷を防止する。 ニ．計器用変圧器の欠相を防止する。
44	④に設置する機器は。	イ．  ロ．  ハ．  ニ． 
45	⑤で示す機器の役割として，**正しいものは**。	イ．電路の点検時等に試験器を接続し，電圧計の指示校正を行う。 ロ．電路の点検時等に試験器を接続し，電流計切替スイッチの試験を行う。 ハ．電路の点検時等に試験器を接続し，地絡方向継電器の試験を行う。 ニ．電路の点検時等に試験器を接続し，過電流継電器の試験を行う。

	問い	答え
46	⑥で示す部分に施設する機器の複線図として，**正しいものは**。	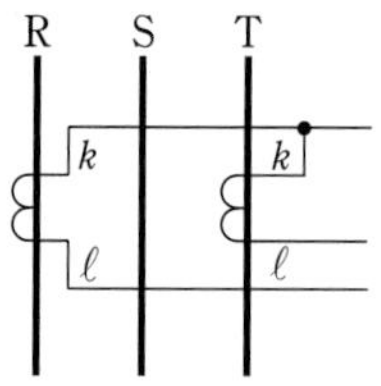 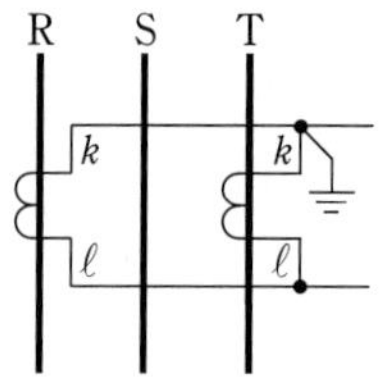 イ．（図）　ロ．（図）　ハ．（図）　ニ．（図） 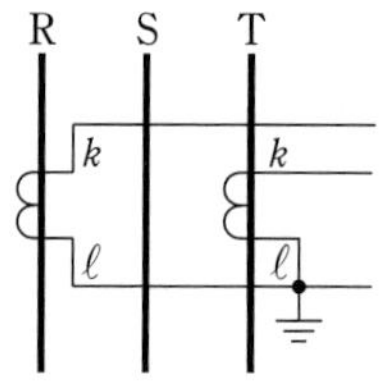 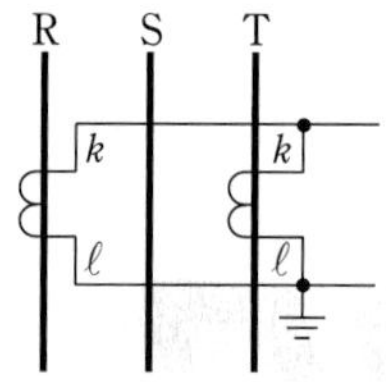
47	⑦で示す部分に使用できる変圧器の最大容量[kV・A]は。	イ．100　ロ．200　ハ．300　ニ．500
48	⑧で示す機器の役割として，**誤っているものは**。	イ．コンデンサ回路の突入電流を抑制する。 ロ．第5調波等の高調波障害の拡大を防止する。 ハ．電圧波形のひずみを改善する。 ニ．コンデンサの残留電荷を放電する。
49	⑨で示す機器の目的は。	イ．変圧器の温度異常を検出して警報する。 ロ．低圧電路の短絡電流を検出して警報する。 ハ．低圧電路の欠相による異常電圧を検出して警報する。 ニ．低圧電路の地絡電流を検出して警報する。
50	⑩で示す部分に使用するCVTケーブルとして，**適切なものは**。	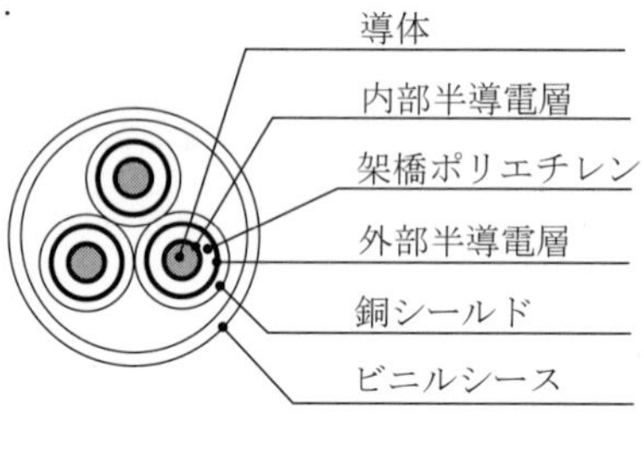 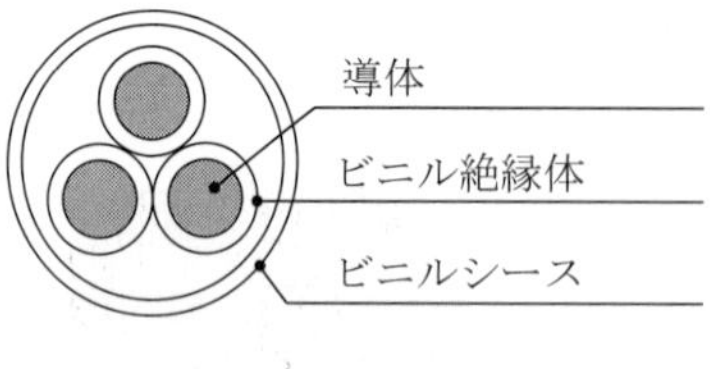 イ．（図）　ロ．（図）　ハ．（図）　ニ．（図） 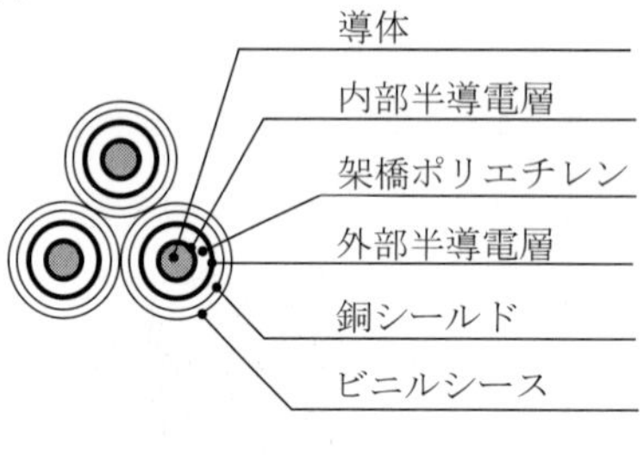 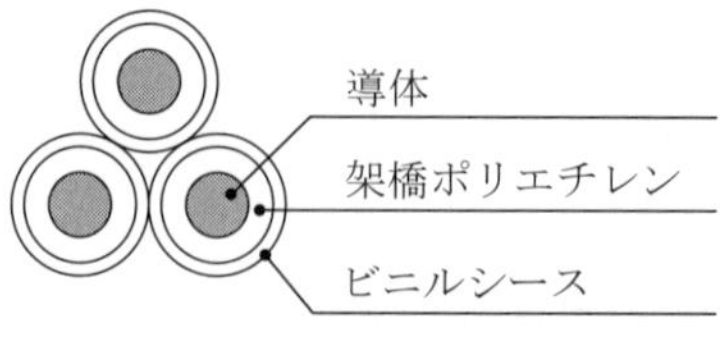

第一種電気工事士

2023年度午後
（令和5年度）

（筆記方式）
学科試験問題

※2023年度（令和5年度）の第一種電気工事士学科試験（筆記方式）は，新型コロナウイルス感染防止対策として同日の午前と午後にそれぞれ実施された．

問題1．一般問題 (問題数 40，配点は1問当たり2点)

次の各問いには4通りの答え（イ，ロ，ハ，ニ）が書いてある。それぞれの問いに対して答えを1つ選びなさい。

なお，選択肢が数値の場合は最も近い値を選びなさい。

	問い	答え			
1	図のような鉄心にコイルを巻き付けたエアギャップのある磁気回路の磁束 ϕ を 2×10^{-3} Wb にするために必要な起磁力 F_m[A]は。 ただし，鉄心の磁気抵抗 $R_1=8\times10^5$ H^{-1}，エアギャップの磁気抵抗 $R_2=6\times10^5$ H^{-1} とする。 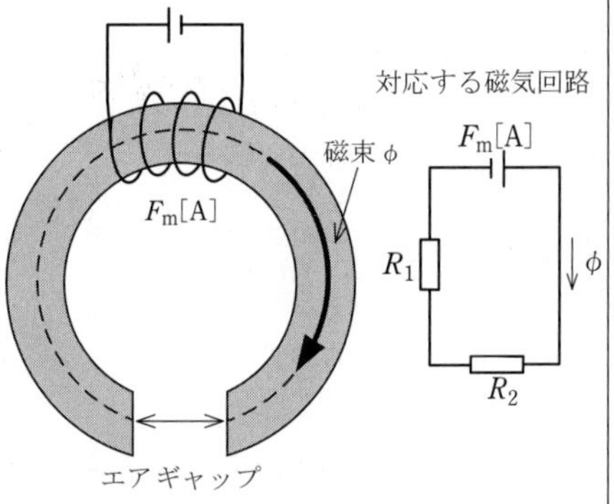 対応する磁気回路 / 磁束 ϕ / F_m[A] / R_1 / R_2 / エアギャップ	イ．1 400	ロ．2 000	ハ．2 800	ニ．3 000
2	図のような回路において，抵抗  ─▭─ は，すべて 2 Ω である。a-b 間の合成抵抗値[Ω]は。 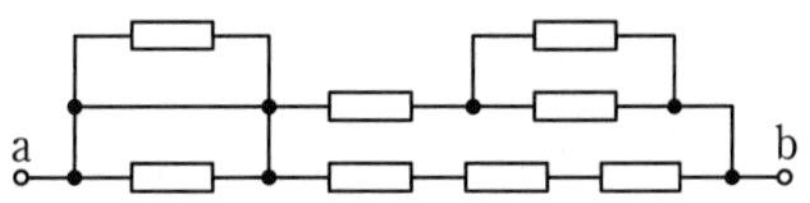 a / b	イ．1	ロ．2	ハ．3	ニ．4
3	図のような交流回路において，電源電圧は 120 V，抵抗は 8 Ω，リアクタンスは 15 Ω，回路電流は 17 A である。この回路の力率［%］は。 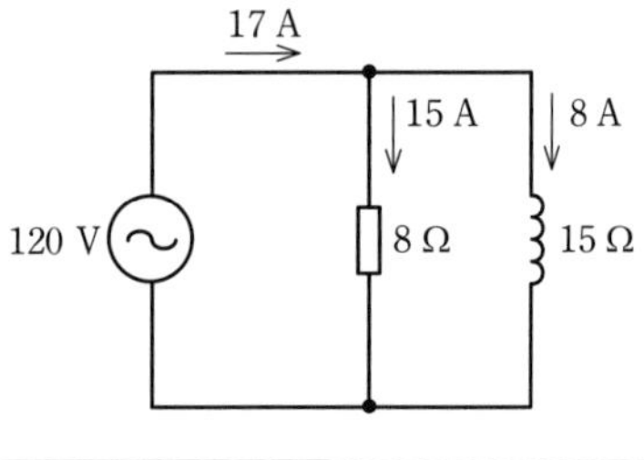 17 A / 15 A / 8 A / 120 V / 8 Ω / 15 Ω	イ．38	ロ．68	ハ．88	ニ．98
4	図のような交流回路において，電源電圧 120 V，抵抗 20 Ω，誘導性リアクタンス 10 Ω，容量性リアクタンス 30 Ω である。図に示す回路の電流 I［A］は。 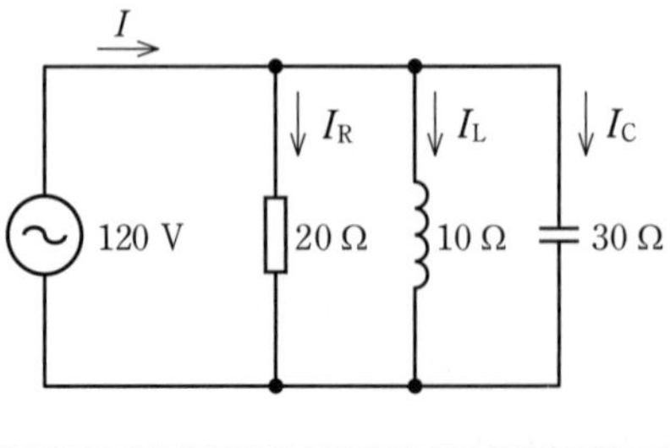 I / I_R / I_L / I_C / 120 V / 20 Ω / 10 Ω / 30 Ω	イ．8	ロ．10	ハ．12	ニ．14

問い	答え

5　図のような三相交流回路において，電流 I の値［A］は。

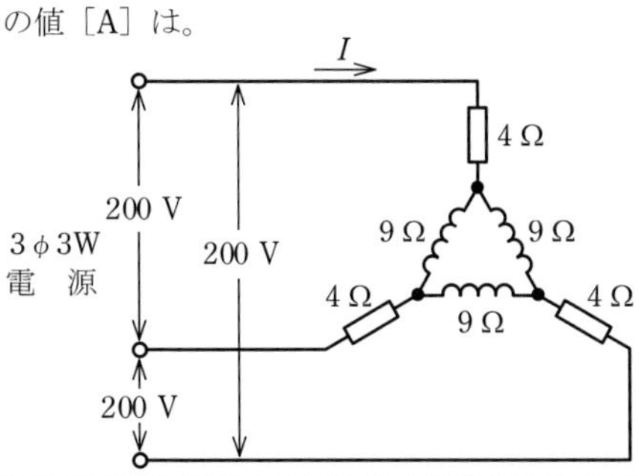

イ．$\frac{200\sqrt{3}}{17}$　　ロ．$\frac{40}{\sqrt{3}}$　　ハ．40　　ニ．$40\sqrt{3}$

6　図aのような単相3線式電路と，図bのような単相2線式電路がある。図aの電線1線当たりの供給電力は，図bの電線1線当たりの供給電力の何倍か。

ただし，Rは定格電圧 V［V］の抵抗負荷であるとする。

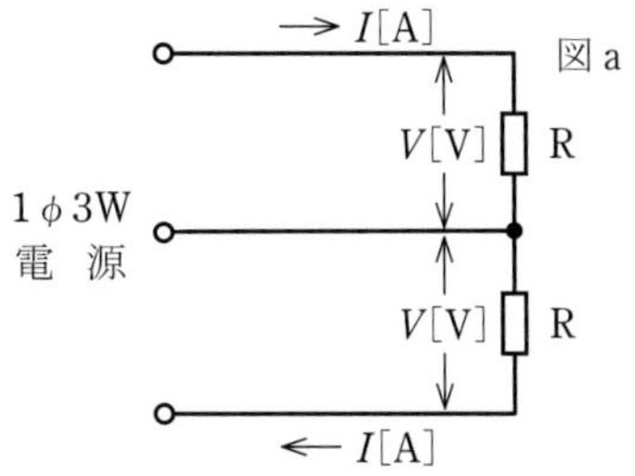

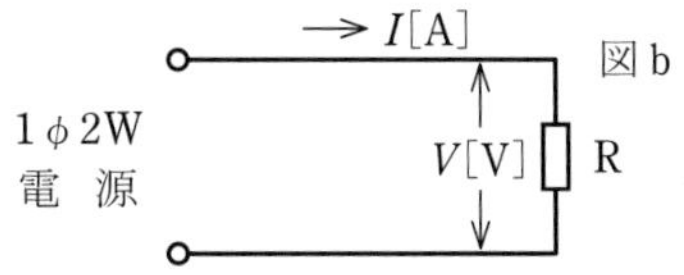

イ．$\frac{1}{3}$　　ロ．$\frac{1}{2}$　　ハ．$\frac{4}{3}$　　ニ．$\frac{5}{3}$

7　図のように，三相3線式構内配電線路の末端に，力率0.8（遅れ）の三相負荷がある。この負荷と並列に電力用コンデンサを設置して，線路の力率を1.0に改善した。コンデンサ設置前の線路損失が2.5 kWであるとすれば，設置後の線路損失の値［kW］は。

ただし，三相負荷の負荷電圧は一定とする。

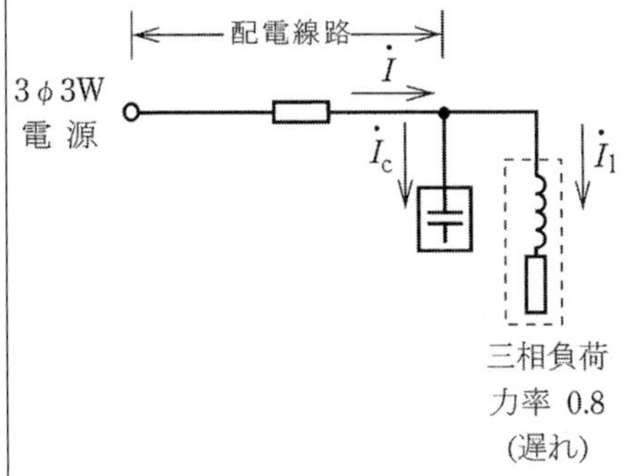

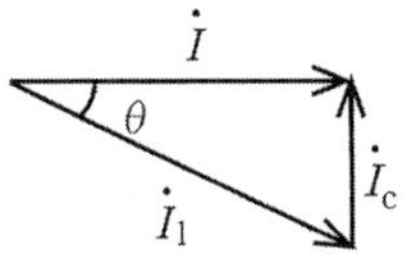

電流のベクトル図

イ．0　　ロ．1.6　　ハ．2.4　　ニ．2.8

	問い	答え			
8	図のように，配電用変電所の変圧器の百分率インピーダンスは21%（定格容量 30 MV·A基準），変電所から電源側の百分率インピーダンスは 2%（系統基準容量 10 MV·A），高圧配電線の百分率インピーダンスは 3%（基準容量 10 MV·A）である。高圧需要家の受電点（A点）から電源側の合成百分率インピーダンスは基準容量 10 MV·A でいくらか。 ただし，百分率インピーダンスの百分率抵抗と百分率リアクタンスの比は，いずれも等しいとする。 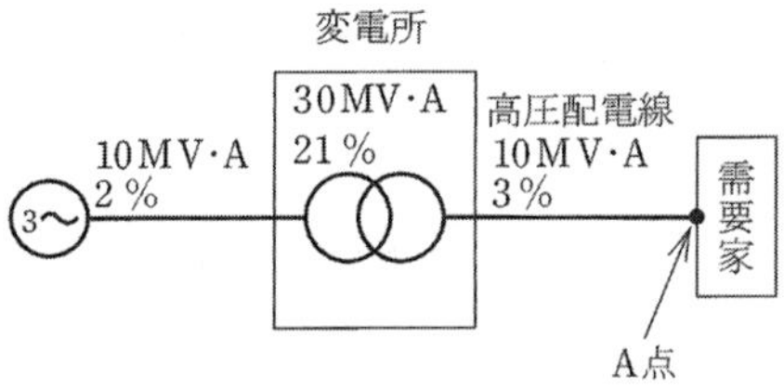 変電所 10MV·A 2% / 30MV·A 21% / 高圧配電線 10MV·A 3% / 需要家 / A点	イ．8 %	ロ．12 %	ハ．20 %	ニ．28 %
9	図のように，直列リアクトルを設けた高圧進相コンデンサがある。この回路の無効電力（設備容量）［var］を示す式は。 ただし，$X_L < X_C$ とする。 3φ3W 電源 / V[V] / X_L[Ω] / X_C[Ω] / 直列リアクトル / 高圧進相コンデンサ 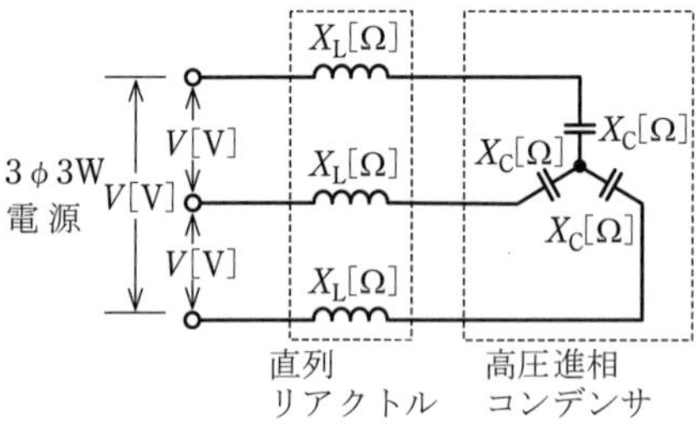	イ．$\dfrac{V^2}{X_C - X_L}$	ロ．$\dfrac{V^2}{X_C + X_L}$	ハ．$\dfrac{X_C V}{X_C - X_L}$	ニ．$\dfrac{V}{X_C - X_L}$
10	図において，一般用低圧三相かご形誘導電動機の回転速度に対するトルク曲線は。 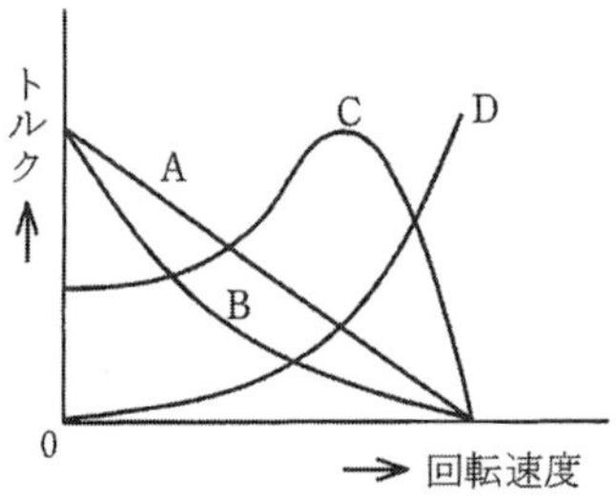 トルク↑ / 0 / → 回転速度 / A / B / C / D	イ．A	ロ．B	ハ．C	ニ．D
11	変圧器の鉄損に関する記述として，**正しいものは**。	イ．一次電圧が高くなると鉄損は増加する。 ロ．鉄損はうず電流損より小さい。 ハ．鉄損はヒステリシス損より小さい。 ニ．電源の周波数が変化しても鉄損は一定である。			

	問　い	答　え
12	「日本産業規格(JIS)」では照明設計基準の一つとして，維持照度の推奨値を示している。同規格で示す学校の教室(机上面)における維持照度の推奨値［lx］は。	イ．30　　ロ．300　　ハ．900　　ニ．1300
13	りん酸形燃料電池の発電原理図として，**正しいものは。**	イ．負極 ⊖，正極 ⊕，未反応ガス←，→H_2，O_2→，←H_2O，電解液(りん酸水溶液) 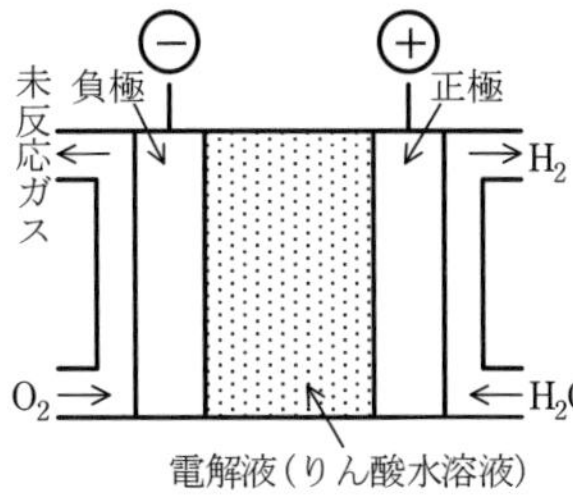 ロ．負極 ⊖，正極 ⊕，未反応ガス←，→H_2O，H_2→，←O_2，電解液(りん酸水溶液) 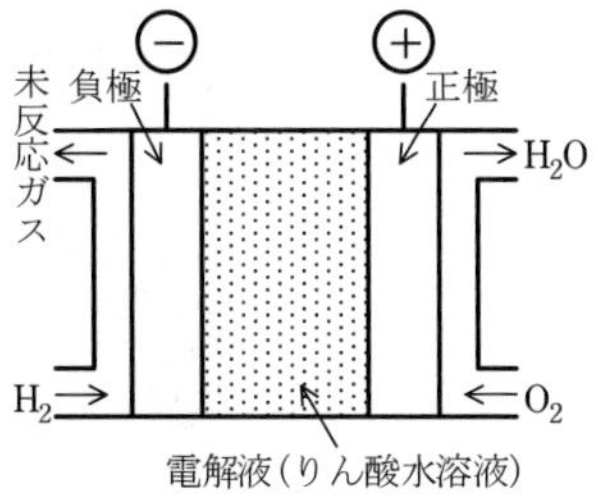 ハ．負極 ⊖，正極 ⊕，未反応ガス←，→H_2O，O_2→，←H_2，電解液(りん酸水溶液) 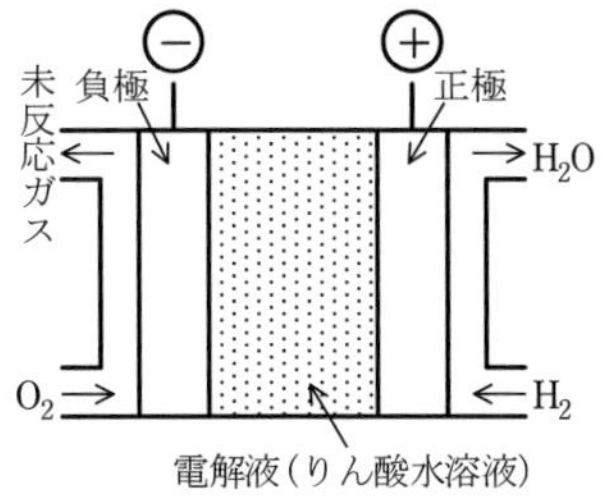 ニ．負極 ⊖，正極 ⊕，未反応ガス←，→O_2，H_2→，←H_2O，電解液(りん酸水溶液) 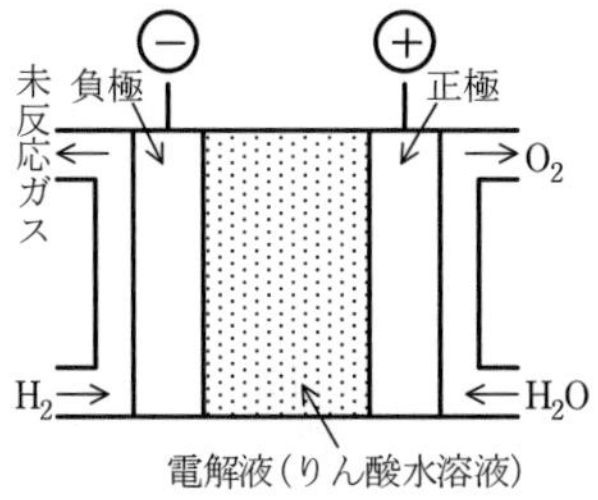
14	写真に示すものの名称は。 	イ．金属ダクト ロ．バスダクト ハ．トロリーバスダクト ニ．銅帯

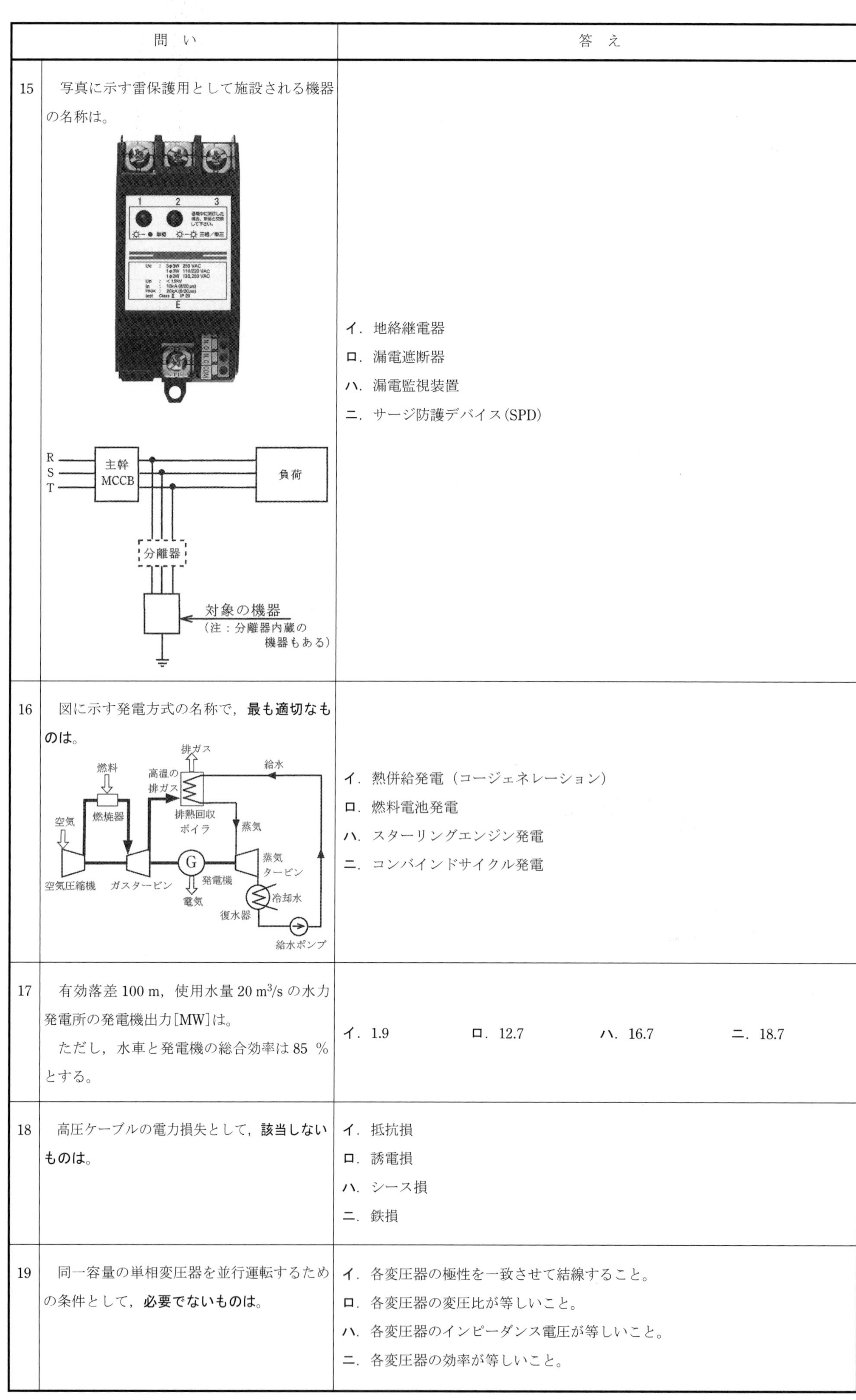

	問　い	答　え
15	写真に示す雷保護用として施設される機器の名称は。	イ．地絡継電器 ロ．漏電遮断器 ハ．漏電監視装置 ニ．サージ防護デバイス(SPD)
16	図に示す発電方式の名称で，**最も適切なものは**。	イ．熱併給発電（コージェネレーション） ロ．燃料電池発電 ハ．スターリングエンジン発電 ニ．コンバインドサイクル発電
17	有効落差 100 m，使用水量 20 m^3/s の水力発電所の発電機出力[MW]は。 ただし，水車と発電機の総合効率は 85 %とする。	イ．1.9　ロ．12.7　ハ．16.7　ニ．18.7
18	高圧ケーブルの電力損失として，**該当しないものは**。	イ．抵抗損 ロ．誘電損 ハ．シース損 ニ．鉄損
19	同一容量の単相変圧器を並行運転するための条件として，**必要でないものは**。	イ．各変圧器の極性を一致させて結線すること。 ロ．各変圧器の変圧比が等しいこと。 ハ．各変圧器のインピーダンス電圧が等しいこと。 ニ．各変圧器の効率が等しいこと。

問い		答え
20	次の機器のうち，高頻度開閉を目的に使用されるものは。	イ．高圧断路器 ロ．高圧交流負荷開閉器 ハ．高圧交流真空電磁接触器 ニ．高圧交流遮断器
21	B 種接地工事の接地抵抗値を求めるのに**必要とするものは。**	イ．変圧器の高圧側電路の 1 線地絡電流［A］ ロ．変圧器の容量［kV·A］ ハ．変圧器の高圧側ヒューズの定格電流［A］ ニ．変圧器の低圧側電路の長さ［m］
22	写真に示す機器の用途は。	イ．高電圧を低電圧に変圧する。 ロ．大電流を小電流に変流する。 ハ．零相電圧を検出する。 ニ．コンデンサ回路投入時の突入電流を抑制する。
23	写真に示す過電流蓄勢トリップ付地絡トリップ形(SOG)の地絡継電装置付高圧交流負荷開閉器(GR 付 PAS)の記述として，**誤っているものは。**	イ．一般送配電事業者の配電線への波及事故の防止に効果がある。 ロ．自家用側の高圧電路に地絡事故が発生したとき，一般送配電事業者の配電線を停止させることなく，自動遮断する。 ハ．自家用側の高圧電路に短絡事故が発生したとき，一般送配電事業者の配電線を停止させることなく，自動遮断する。 ニ．自家用側の高圧電路に短絡事故が発生したとき，一般送配電事業者の配電線を一時停止させることがあるが，配電線の復旧を早期に行うことができる。
24	引込柱の支線工事に使用する材料の組合せとして，**正しいものは。** ケーブル 取付板 電力量計 根かせ	イ．亜鉛めっき鋼より線，玉がいし，アンカ ロ．耐張クランプ，巻付グリップ，スリーブ ハ．耐張クランプ，玉がいし，亜鉛めっき鋼より線 ニ．巻付グリップ，スリーブ，アンカ

	問　い	答　え
25	写真に示す材料の名称は。	**イ**．ボードアンカ **ロ**．インサート **ハ**．ボルト形コネクタ **ニ**．ユニバーサルエルボ
26	写真の器具の使用方法の記述として，**正しいものは**。	**イ**．墜落制止用器具の一種で高所作業時に使用する。 **ロ**．高圧受電設備の工事や点検時に使用し，誤送電による感電事故の防止に使用する。 **ハ**．リレー試験時に使用し，各所のリレーに接続する。 **ニ**．変圧器等の重量物を吊り下げ運搬，揚重に使用する。
27	自家用電気工作物において，低圧の幹線から分岐して，水気のない場所に施設する低圧用の電気機械器具に至る低圧分岐回路を設置する場合において，**不適切なものは**。	**イ**．低圧分岐回路の適切な箇所に開閉器を施設した。 **ロ**．低圧分岐回路に過電流が生じた場合に幹線を保護できるよう，幹線にのみ過電流遮断器を施設した。 **ハ**．低圧分岐回路に，<PS>E の表示のある漏電遮断器(定格感度電流が 15 mA 以下，動作時間が 0.1 秒以下の電流動作型のものに限る。)を施設した。 **ニ**．低圧分岐回路は，他の配線等との混触による火災のおそれがないよう施設した。
28	合成樹脂管工事に**使用できない**絶縁電線の種類は。	**イ**．600V ビニル絶縁電線 **ロ**．600V 二種ビニル絶縁電線 **ハ**．600V 耐燃性ポリエチレン絶縁電線 **ニ**．屋外用ビニル絶縁電線
29	低圧配線と弱電流電線とが接近又は交差する場合，又は同一ボックスに収める場合の施工方法として，**誤っているものは**。	**イ**．埋込形コンセントを収める合成樹脂製ボックス内に，ケーブルと弱電流電線との接触を防ぐため堅ろうな隔壁を設けた。 **ロ**．低圧配線を金属管工事で施設し，弱電流電線と同一の金属製ボックスに収めた場合，ボックス内に堅ろうな隔壁を設け，金属製部分にはD種接地工事を施した。 **ハ**．低圧配線を金属ダクト工事で施設し，弱電流電線と同一ダクトで施設する場合，ダクト内に堅ろうな隔壁を設け，金属製部分にはC種接地工事を施した。 **ニ**．絶縁電線と同等の絶縁効力があるケーブルを使用したリモコンスイッチ用弱電流電線(識別が容易にできるもの)を，低圧配線と同一の配管に収めて施設した。

問い30から問い34までは，下の図に関する問いである。

図は，自家用電気工作物構内の受電設備を表した図である。この図に関する各問いには，4 通りの答え（**イ**，**ロ**，**ハ**，**ニ**）が書いてある。それぞれの問いに対して，答えを1つ選びなさい。

〔注〕図において，問いに直接関係のない部分等は，省略又は簡略化してある。

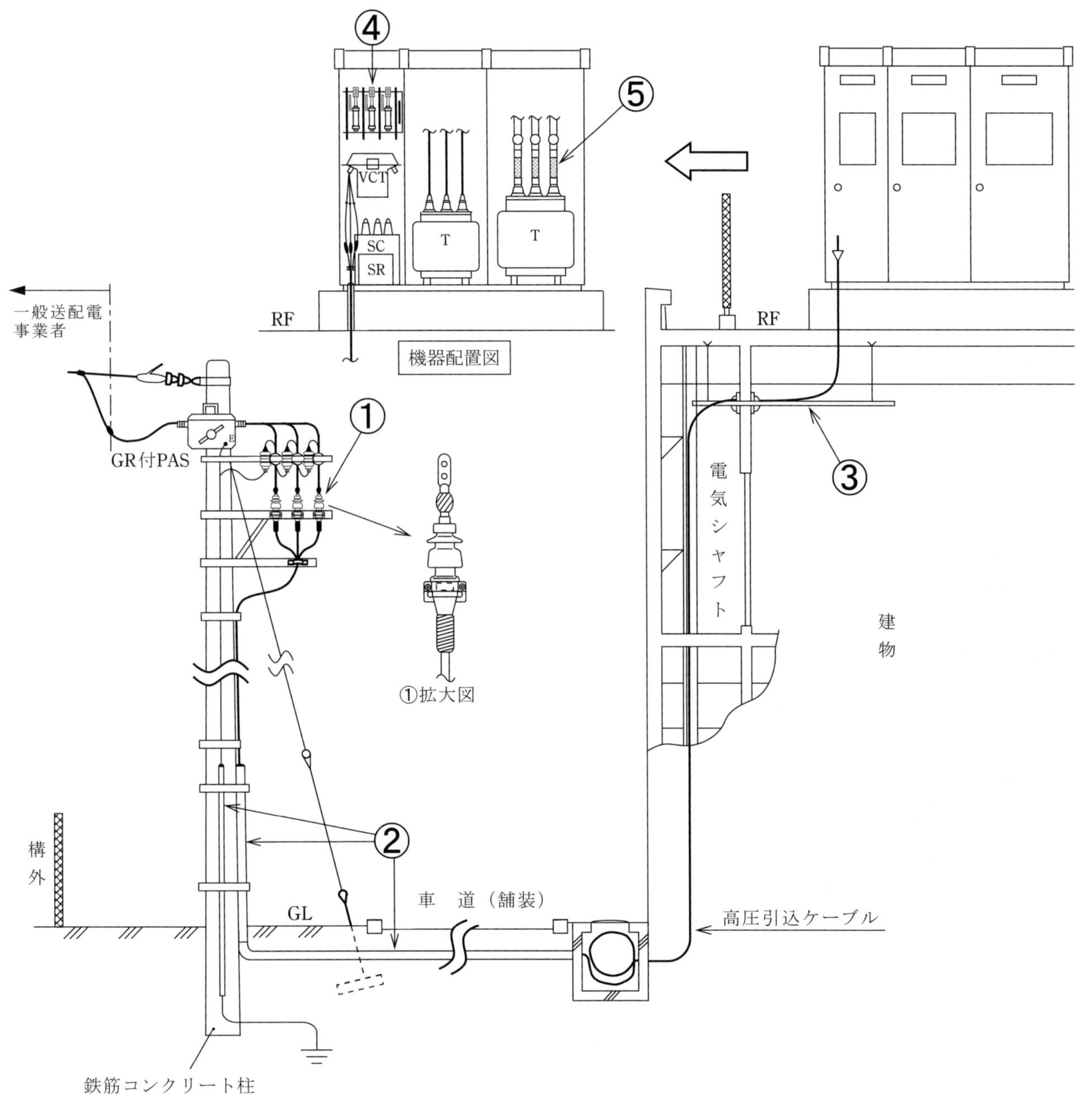

	問　い	答　え
30	①に示すCVTケーブルの終端接続部の名称は。	イ．耐塩害屋外終端接続部 ロ．ゴムとう管形屋外終端接続部 ハ．ゴムストレスコーン形屋外終端接続部 ニ．テープ巻形屋外終端接続部
31	②に示す引込柱及び引込ケーブルの施工に関する記述として，**不適切なものは。**	イ．引込ケーブル立ち上がり部分を防護するため，地表からの高さ2 m，地表下0.2 mの範囲に防護管（鋼管）を施設し，雨水の浸入を防止する措置を行った。 ロ．引込ケーブルの地中埋設部分は，需要設備構内であるので，「電力ケーブルの地中埋設の施工方法（JIS C 3653）」に適合する材料を使用し，舗装下面から30 cm以上の深さに埋設した。 ハ．地中引込ケーブルは，鋼管による管路式としたが，鋼管に防食措置を施してあるので地中電線を収める鋼管の金属製部分の接地工事を省略した。 ニ．引込柱に設置した避雷器を接地するため，接地極からの電線を薄鋼電線管に収めて施設した。
32	③に示すケーブルラックの施工に関する記述として，**誤っているものは。**	イ．長さ3 m，床上2.1 mの高さに設置したケーブルラックを乾燥した場所に施設し，A種接地工事を省略した。 ロ．ケーブルラック上の高圧ケーブルと弱電流電線を15 cm離隔して施設した。 ハ．ケーブルラック上の高圧ケーブルの支持点間の距離を，ケーブルが移動しない距離で施設した。 ニ．電気シャフトの防火壁のケーブルラック貫通部に防火措置を施した。
33	④に示すPF・S形の主遮断装置として，**必要でないものは。**	イ．過電流ロック機能 ロ．ストライカによる引外し装置 ハ．相間，側面の絶縁バリア ニ．高圧限流ヒューズ
34	⑤に示す可とう導体を使用した施設に関する記述として，**不適切なものは。**	イ．可とう導体を使用する主目的は，低圧母線に銅帯を使用したとき，過大な外力によりブッシングやがいし等の損傷を防止しようとするものである。 ロ．可とう導体には，地震による外力等によって，母線が短絡等を起こさないよう，十分な余裕と絶縁セパレータを施設する等の対策が重要である。 ハ．可とう導体は，低圧電路の短絡等によって，母線に異常な過電流が流れたとき，限流作用によって，母線や変圧器の損傷を防止できる。 ニ．可とう導体は，防振装置との組合せ設置により，変圧器の振動による騒音を軽減することができる。ただし，地震による機器等の損傷を防止するためには，耐震ストッパの施設と併せて考慮する必要がある。

	問　い	答　え
35	「電気設備の技術基準の解釈」において，D 種接地工事に関する記述として，**誤っているものは。**	イ．D 種接地工事を施す金属体と大地との間の電気抵抗値が 10 Ω以下でなければ，D 種接地工事を施したものとみなされない。 ロ．接地抵抗値は，低圧電路において，地絡を生じた場合に 0.5 秒以内に当該電路を自動的に遮断する装置を施設するときは，500 Ω以下であること。 ハ．接地抵抗値は，100 Ω以下であること。 ニ．接地線は故障の際に流れる電流を安全に通じることができるものであること。
36	公称電圧 6.6 kV の交流電路に使用するケーブルの絶縁耐力試験を直流電圧で行う場合の試験電圧［V］の計算式は。	イ．$6\,600 \times 1.5 \times 2$ ロ．$6\,600 \times \frac{1.15}{1.1} \times 1.5 \times 2$ ハ．$6\,600 \times 2 \times 2$ ニ．$6\,600 \times \frac{1.15}{1.1} \times 2 \times 2$
37	変圧器の絶縁油の劣化診断に直接関係のないものは。	イ．油中ガス分析 ロ．真空度測定 ハ．絶縁耐力試験 ニ．酸価度試験（全酸価試験）
38	「電気工事士法」において，電圧 600 V 以下で使用する自家用電気工作物に係る電気工事の作業のうち，第一種電気工事士又は認定電気工事従事者でなくても従事できるものは。	イ．ダクトに電線を収める作業 ロ．電線管を曲げ，電線管相互を接続する作業 ハ．金属製の線ぴを，建造物の金属板張りの部分に取り付ける作業 ニ．電気機器に電線を接続する作業
39	「電気用品安全法」において，交流の電路に使用する定格電圧 100 V 以上 300 V 以下の機械器具であって，特定電気用品は。	イ．定格電圧 100 V，定格電流 60 A の配線用遮断器 ロ．定格電圧 100 V，定格出力 0.4 kW の単相電動機 ハ．定格静電容量 100 μF の進相コンデンサ ニ．定格電流 30 A の電力量計
40	「電気工事業の業務の適正化に関する法律」において，**正しいものは。**	イ．電気工事士は，電気工事業者の監督の下で，「電気用品安全法」の表示が付されていない電気用品を電気工事に使用することができる。 ロ．電気工事業者が，電気工事の施工場所に二日間で完了する工事予定であったため，代表者の氏名等を記載した標識を掲げなかった。 ハ．電気工事業者が，電気工事ごとに配線図等を帳簿に記載し，3 年経ったので廃棄した。 ニ．一般用電気工事の作業に従事する者は，主任電気工事士がその職務を行うため必要があると認めてする指示に従わなければならない。

問題2．配線図1（問題数5，配点は1問当たり2点）

図は，三相誘導電動機を，押しボタンの操作により始動させ，タイマの設定時間で停止させる制御回路である。この図の矢印で示す5箇所に関する各問いには，4通りの答え（イ，ロ，ハ，ニ）が書いてある。それぞれの問いに対して，答えを1つ選びなさい。

〔注〕図において，問いに直接関係のない部分等は，省略又は簡略化してある。

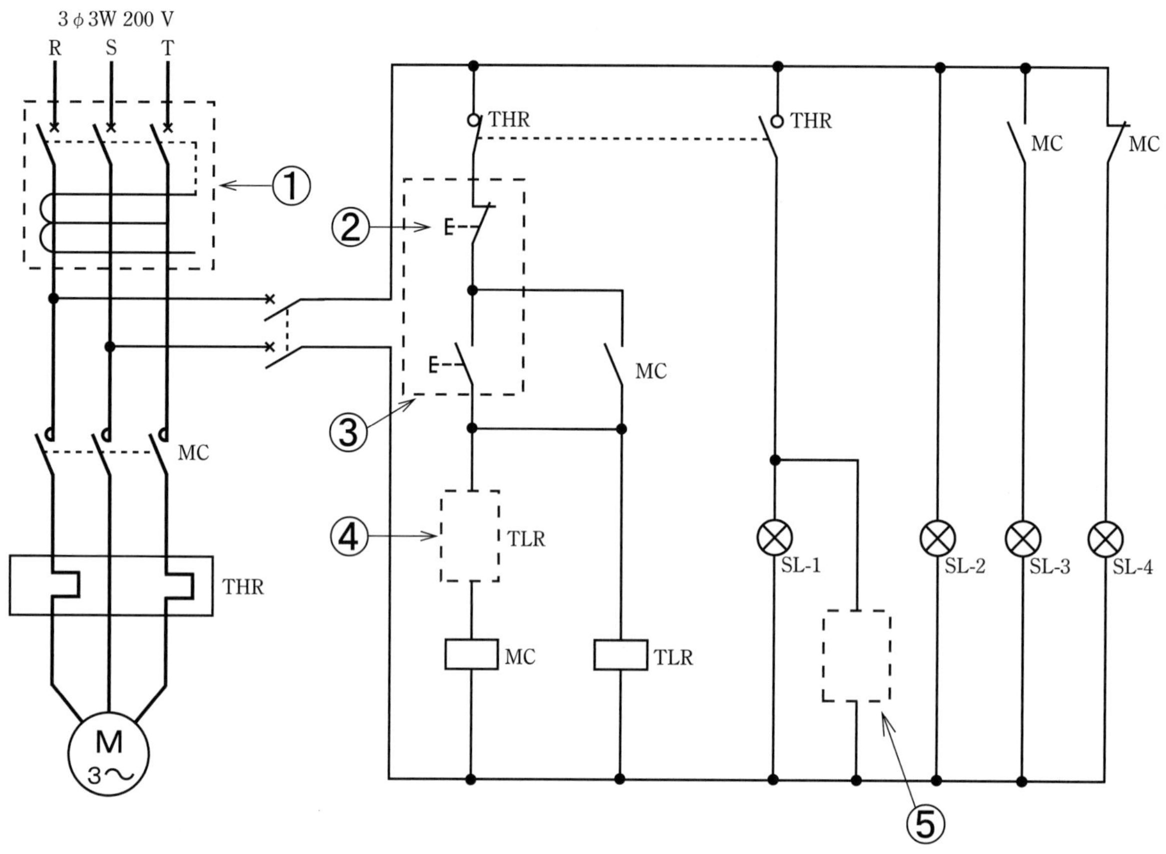

問い		答え
41	①の部分に設置する機器は。	イ．配線用遮断器 ロ．電磁接触器 ハ．電磁開閉器 ニ．漏電遮断器（過負荷保護付）
42	②で示す図記号の接点の機能は。	イ．手動操作手動復帰 ロ．自動操作手動復帰 ハ．手動操作自動復帰 ニ．限時動作自動復帰

	問　い	答　え
43	③で示す機器は。	イ. 　ロ. 　ハ. 　ニ. 
44	④で示す部分に使用される接点の図記号は。	イ. 　ロ. 　ハ. 　ニ. 
45	⑤で示す部分に使用されるブザーの図記号は。	イ. 　ロ. 　ハ. 　ニ. 

問題3．配線図２（問題数５，配点は１問当たり２点）

図は，高圧受電設備の単線結線図である。この図の矢印で示す５箇所に関する各問いには，４通りの答え（**イ**，**ロ**，**ハ**，**ニ**）が書いてある。それぞれの問いに対して，答えを１つ選びなさい。

〔注〕図において，問いに直接関係のない部分等は，省略又は簡略化してある。

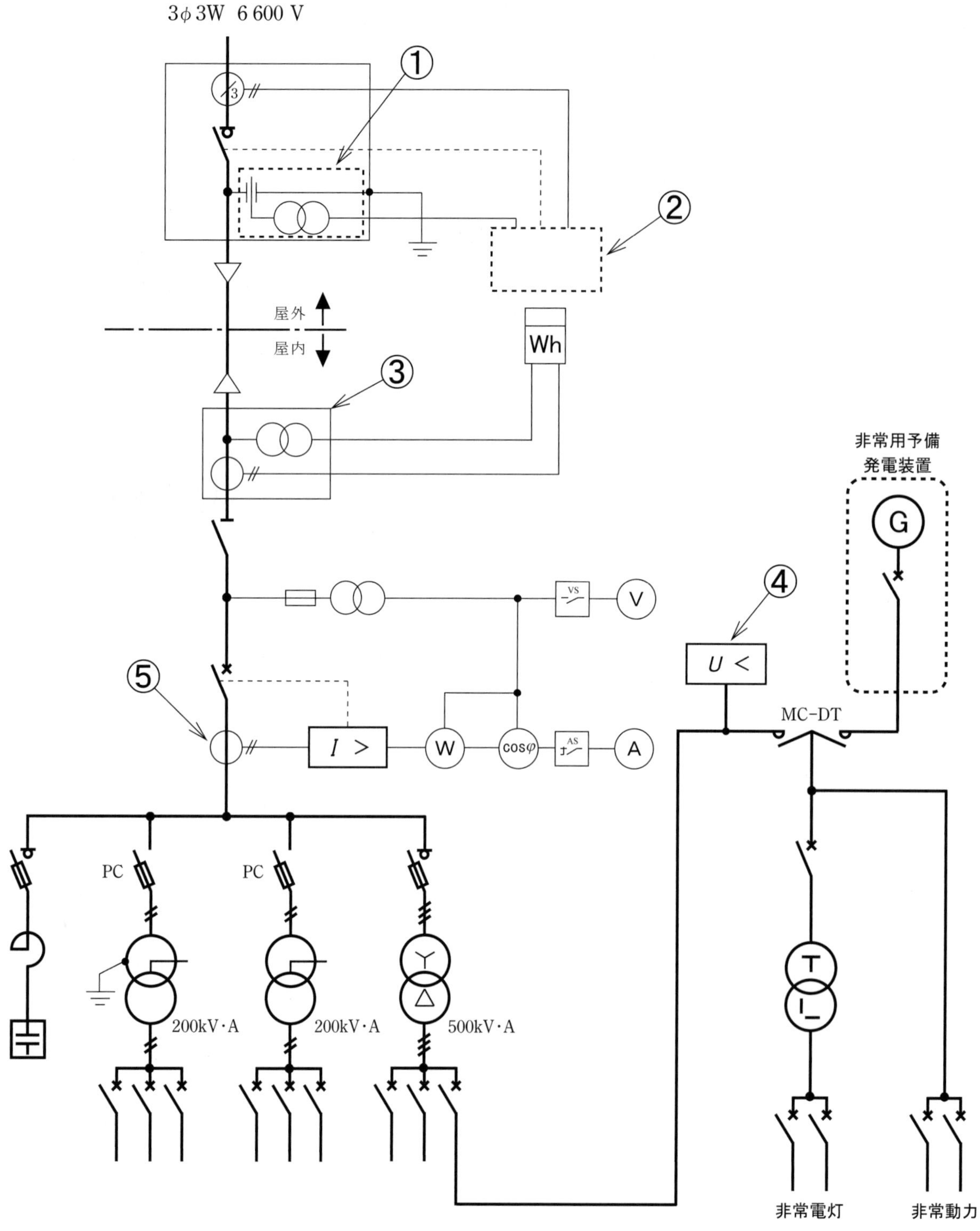

	問い	答え
46	①で示す機器を設置する目的として，**正しいものは。**	イ．零相電流を検出する。 ロ．零相電圧を検出する。 ハ．計器用の電流を検出する。 ニ．計器用の電圧を検出する。
47	②に設置する機器の図記号は。	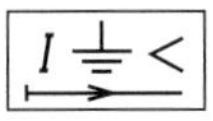 イ．$I \frac{\perp}{=} >$　ロ．$I \frac{\perp}{=} <$（→）　ハ．$I <$　ニ．$I \frac{\perp}{=} >$（→） 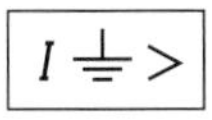 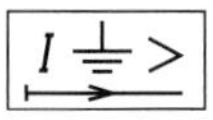
48	③に示す機器と文字記号(略号)の組合せで，**正しいものは。**	イ．VCT　ロ．PAS　ハ．VCT　ニ．VCB 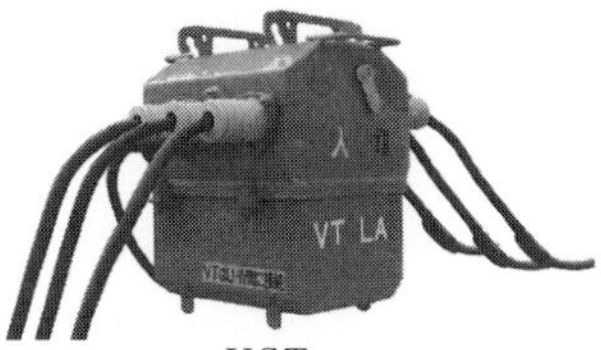   
49	④で示す機器は。	イ．不足電力継電器 ロ．不足電圧継電器 ハ．過電流継電器 ニ．過電圧継電器
50	⑤で示す部分に設置する機器と個数は。	イ．1個　ロ．1個　ハ．2個　ニ．2個    

第一種電気工事士

2022年度午前
（令和4年度）

筆記試験問題

※2022年度（令和4年度）の第一種電気工事士筆記試験は，新型コロナウイルス感染防止対策として，同日の午前と午後にそれぞれ実施された．

問題１．一般問題（問題数 40，配点は 1 問当たり 2 点）

次の各問いには 4 通りの答え（イ，ロ，ハ，ニ）が書いてある。それぞれの問いに対して答えを 1 つ選びなさい。
なお，選択肢が数値の場合は，最も近い値を選びなさい。

	問　い	答　え
1	図のように，面積 A の平板電極間に，厚さが d で誘電率 ε の絶縁物が入っている平行平板コンデンサがあり，直流電圧 V が加わっている。このコンデンサの静電エネルギーに関する記述として，**正しいものは。** 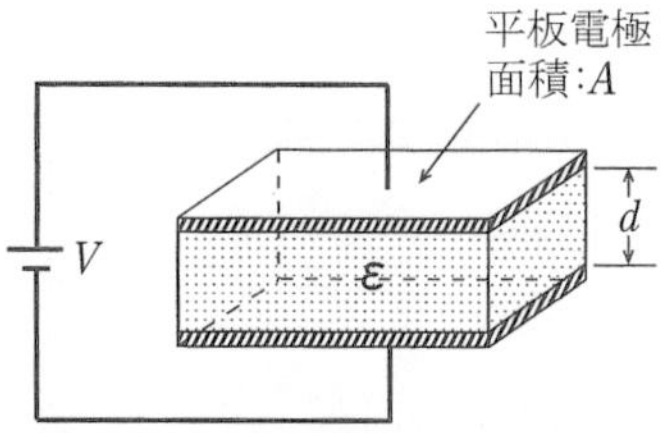	イ．電圧 V の 2 乗に比例する。 ロ．電極の面積 A に反比例する。 ハ．電極間の距離 d に比例する。 ニ．誘電率 ε に反比例する。
2	図のような直流回路において，スイッチ S が開いているとき，抵抗 R の両端の電圧は 36 V であった。スイッチ S を閉じたときの抵抗 R の両端の電圧[V]は。 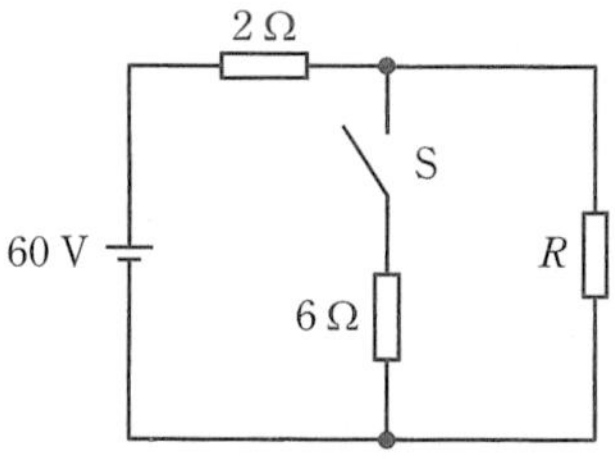	イ．3　　ロ．12　　ハ．24　　ニ．30
3	図のような交流回路において，電源電圧は 200 V，抵抗は 20 Ω，リアクタンスは X [Ω]，回路電流は 20 A である。この回路の力率[%]は。 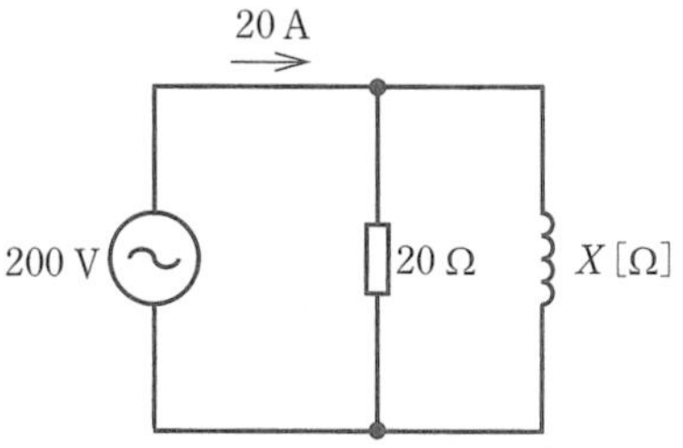	イ．50　　ロ．60　　ハ．80　　ニ．100
4	図のような交流回路において，抵抗 R=15 Ω，誘導性リアクタンス X_L=10 Ω，容量性リアクタンス X_C=2 Ω である。この回路の消費電力[W]は。 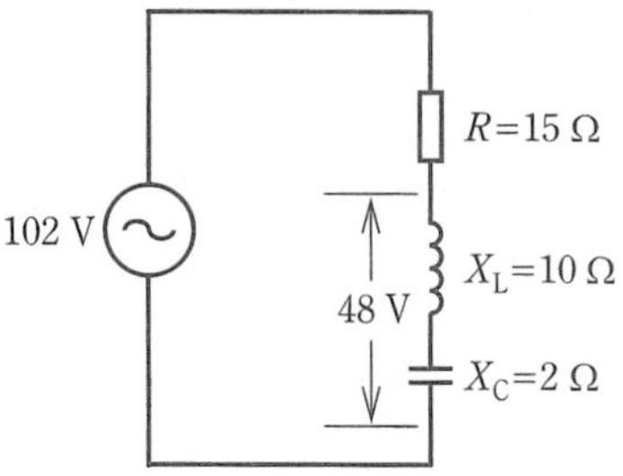	イ．240　　ロ．288　　ハ．505　　ニ．540

問い	答え
5　図のような三相交流回路において，電源電圧は 200 V，抵抗は 8 Ω，リアクタンスは 6 Ω である。この回路に関して**誤っているものは。** 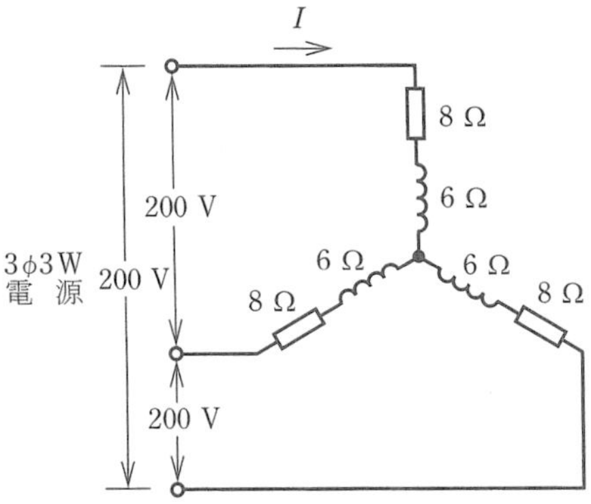	イ．1 相当たりのインピーダンスは，10 Ω である。 ロ．線電流 I は，10 A である。 ハ．回路の消費電力は，3 200 W である。 ニ．回路の無効電力は，2 400 var である。
6　図のように，単相 2 線式の配電線路で，抵抗負荷 A, B, C にそれぞれ負荷電流 10 A, 5 A, 5 A が流れている。電源電圧が 210 V であるとき，抵抗負荷 C の両端の電圧 V_C [V]は。 ただし，電線 1 線当たりの抵抗は 0.1 Ω とし，線路リアクタンスは無視する。 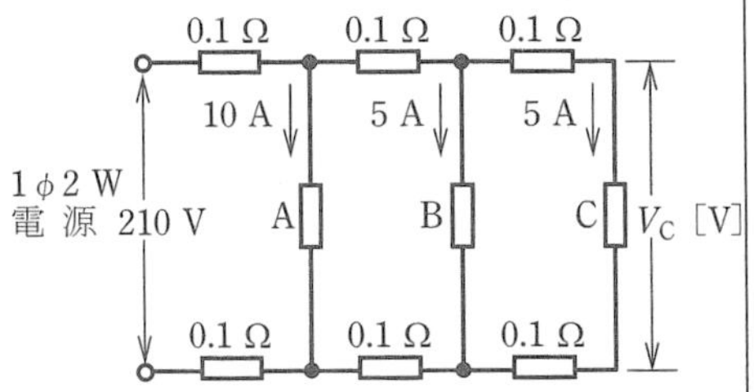	イ．201　ロ．203　ハ．205　ニ．208
7　図のような単相 3 線式電路（電源電圧 210 / 105 V）において，抵抗負荷 A 50 Ω, B 25 Ω，C 20 Ω を使用中に，図中の✖印点 P で中性線が断線した。断線後の抵抗負荷 A に加わる電圧[V]は。 ただし，どの配線用遮断器も動作しなかったとする。 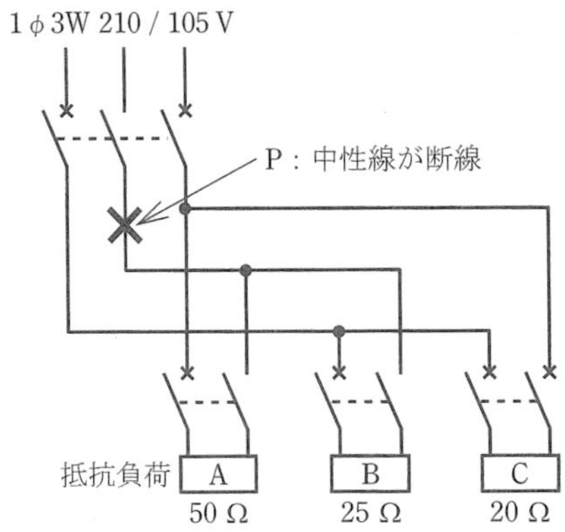	イ．0　ロ．60　ハ．140　ニ．210

	問い	答え
8	設備容量が 400 kW の需要家において，ある 1 日(0~24 時)の需要率が 60 %で，負荷率が 50 %であった。 この需要家のこの日の最大需要電力 P_M[kW] の値と，この日一日の需要電力量 W[kW·h] の値の組合せとして，**正しいものは。**	イ．$P_M = 120$　$W = 5\,760$ ロ．$P_M = 200$　$W = 5\,760$ ハ．$P_M = 240$　$W = 4\,800$ ニ．$P_M = 240$　$W = 2\,880$
9	図のような電路において，変圧器(6 600 / 210 V)の二次側の 1 線が B 種接地工事されている。この B 種接地工事の接地抵抗値が 10 Ω，負荷の金属製外箱の D 種接地工事の接地抵抗値が 40 Ω であった。金属製外箱の A 点で完全地絡を生じたとき，A 点の対地電圧[V]の値は。 ただし，金属製外箱，配線及び変圧器のインピーダンスは無視する。 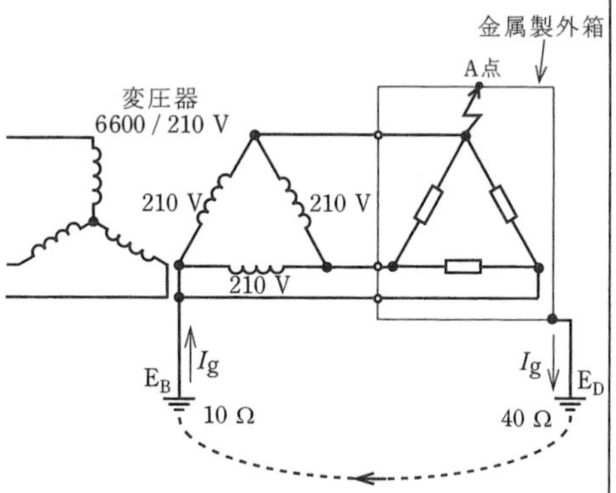 	イ．32 ロ．168 ハ．210 ニ．420
10	かご形誘導電動機のインバータによる速度制御に関する記述として，**正しいものは。**	イ．電動機の入力の周波数を変えることによって速度を制御する。 ロ．電動機の入力の周波数を変えずに電圧を変えることによって速度を制御する。 ハ．電動機の滑りを変えることによって速度を制御する。 ニ．電動機の極数を切り換えることによって速度を制御する。
11	同容量の単相変圧器 2 台を V 結線し，三相負荷に電力を供給する場合の変圧器 1 台当たりの最大の利用率は。	イ．$\frac{1}{2}$ ロ．$\frac{\sqrt{2}}{2}$ ハ．$\frac{\sqrt{3}}{2}$ ニ．$\frac{2}{\sqrt{3}}$
12	床面上 r [m]の高さに，光度 I [cd]の点光源がある。光源直下の床面照度 E [lx]を示す式は。	イ．$E = \frac{I^2}{r}$ ロ．$E = \frac{I^2}{r^2}$ ハ．$E = \frac{I}{r}$ ニ．$E = \frac{I}{r^2}$
13	蓄電池に関する記述として，**正しいものは。**	イ．鉛蓄電池の電解液は，希硫酸である。 ロ．アルカリ蓄電池の放電の程度を知るためには，電解液の比重を測定する。 ハ．アルカリ蓄電池は，過放電すると充電が不可能になる。 ニ．単一セルの起電力は，鉛蓄電池よりアルカリ蓄電池の方が高い。

問　い		答　え
14	写真に示す照明器具の主要な使用場所は。	イ．極低温となる環境の場所 ロ．物が接触し損壊するおそれのある場所 ハ．海岸付近の塩害の影響を受ける場所 ニ．可燃性のガスが滞留するおそれのある場所
15	写真に示す機器の矢印部分の名称は。	イ．熱動継電器 ロ．電磁接触器 ハ．配線用遮断器 ニ．限時継電器
16	コージェネレーションシステムに関する記述として，**最も適切なものは。**	イ．受電した電気と常時連系した発電システム ロ．電気と熱を併せ供給する発電システム ハ．深夜電力を利用した発電システム ニ．電気集じん装置を利用した発電システム
17	有効落差 100 m，使用水量 20 m^3/s の水力発電所の発電機出力[MW]は。 ただし，水車と発電機の総合効率は 85 %とする。	イ．1.9　　ロ．12.7　　ハ．16.7　　ニ．18.7
18	架空送電線のスリートジャンプ現象に対する対策として，**適切なものは。**	イ．アーマロッドにて補強する。 ロ．鉄塔では上下の電線間にオフセットを設ける。 ハ．送電線にトーショナルダンパを取り付ける。 ニ．がいしの連結数を増やす。
19	送電用変圧器の中性点接地方式に関する記述として，**誤っているものは。**	イ．非接地方式は，中性点を接地しない方式で，異常電圧が発生しやすい。 ロ．直接接地方式は，中性点を導線で接地する方式で，地絡電流が大きい。 ハ．抵抗接地方式は，地絡故障時，通信線に対する電磁誘導障害が直接接地方式と比較して大きい。 ニ．消弧リアクトル接地方式は，中性点を送電線路の対地静電容量と並列共振するようなリアクトルで接地する方式である。

問い		答え
20	高圧受電設備の受電用遮断器の遮断容量を決定する場合に，**必要なものは。**	イ．受電点の三相短絡電流 ロ．受電用変圧器の容量 ハ．最大負荷電流 ニ．小売電気事業者との契約電力
21	高圧母線に取り付けられた，通電中の変流器の二次側回路に接続されている電流計を取り外す場合の手順として，**適切なものは。**	イ．変流器の二次側端子の一方を接地した後，電流計を取り外す。 ロ．電流計を取り外した後，変流器の二次側を短絡する。 ハ．変流器の二次側を短絡した後，電流計を取り外す。 ニ．電流計を取り外した後，変流器の二次側端子の一方を接地する。
22	写真に示す品物の用途は。 	イ．容量 300 kV·A 未満の変圧器の一次側保護装置として用いる。 ロ．保護継電器と組み合わせて，遮断器として用いる。 ハ．電力ヒューズと組み合わせて，高圧交流負荷開閉器として用いる。 ニ．停電作業などの際に，電路を開路しておく装置として用いる。
23	写真の機器の矢印で示す部分の主な役割は。 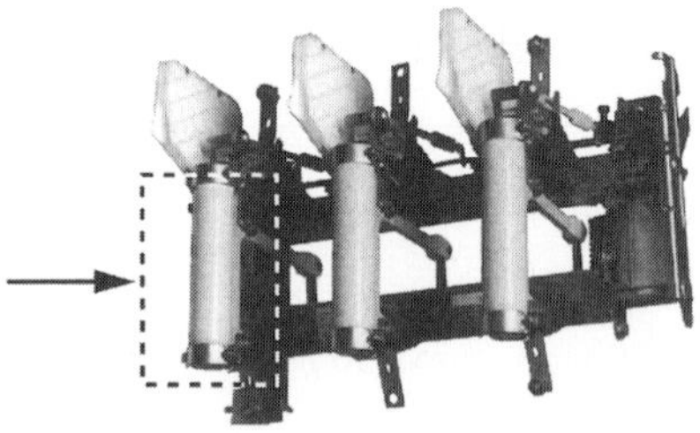	イ．高圧電路の地絡保護 ロ．高圧電路の過電圧保護 ハ．高圧電路の高調波電流抑制 ニ．高圧電路の短絡保護
24	600 V 以下で使用される電線又はケーブルの記号に関する記述として，**誤っているものは。**	イ．IVとは，主に屋内配線に使用する塩化ビニル樹脂を主体としたコンパウンドで絶縁された単心(単線，より線)の絶縁電線である。 ロ．DVとは，主に架空引込線に使用する塩化ビニル樹脂を主体としたコンパウンドで絶縁された多心の絶縁電線である。 ハ．VVFとは，移動用電気機器の電源回路などに使用する塩化ビニル樹脂を主体としたコンパウンドを絶縁体およびシースとするビニル絶縁ビニルキャブタイヤケーブルである。 ニ．CVとは，架橋ポリエチレンで絶縁し，塩化ビニル樹脂を主体としたコンパウンドでシースを施した架橋ポリエチレン絶縁ビニルシースケーブルである。

	問い	答え
25	写真に示す配線器具（コンセント）で 200 V の回路に**使用できないものは**。	イ．  ロ．  ハ．  ニ． 
26	写真に示す工具の名称は。 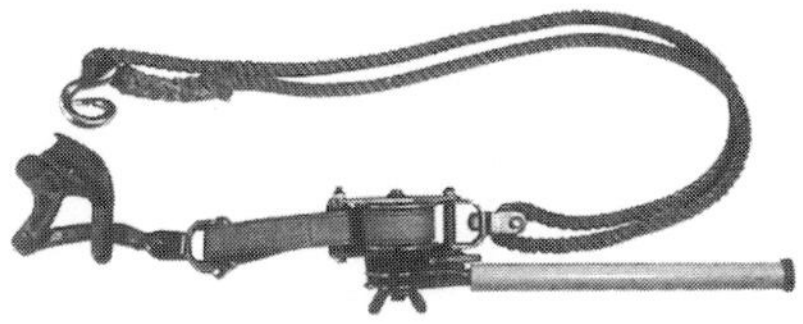	イ．トルクレンチ ロ．呼び線挿入器 ハ．ケーブルジャッキ ニ．張線器
27	平形保護層工事の記述として，**誤っているものは**。	イ．旅館やホテルの宿泊室には施設できない。 ロ．壁などの造営材を貫通させて施設する場合は，適切な防火区画処理等の処理を施さなければならない。 ハ．対地電圧 150 V 以下の電路でなければならない。 ニ．定格電流 20 A の過負荷保護付漏電遮断器に接続して施設できる。
28	合成樹脂管工事に使用する材料と管との施設に関する記述として，**誤っているものは**。	イ．PF 管を直接コンクリートに埋め込んで施設した。 ロ．CD 管を直接コンクリートに埋め込んで施設した。 ハ．PF 管を点検できない二重天井内に施設した。 ニ．CD 管を点検できる二重天井内に施設した。
29	点検できる隠ぺい場所で，湿気の多い場所又は水気のある場所に施す使用電圧 300 V 以下の低圧屋内配線工事で，**施設することができない工事**の種類は。	イ．金属管工事 ロ．金属線び工事 ハ．ケーブル工事 ニ．合成樹脂管工事

問い30から問い34までは，下の図に関する問いである。

図は，一般送配電事業者の供給用配電箱（高圧キャビネット）から自家用構内を経由して，地下１階電気室に施設する屋内キュービクル式高圧受電設備（JIS C 4620 適合品）に至る電線路及び低圧屋内幹線設備の一部を表した図である。

この図に関する各問いには，４通りの答え（**イ**，**ロ**，**ハ**，**ニ**）が書いてある。それぞれの問いに対して，答えを１つ選びなさい。

〔注〕１．図において，問いに直接関係のない部分等は，省略又は簡略化してある。

２．UGS：地中線用地絡継電装置付き高圧交流負荷開閉器

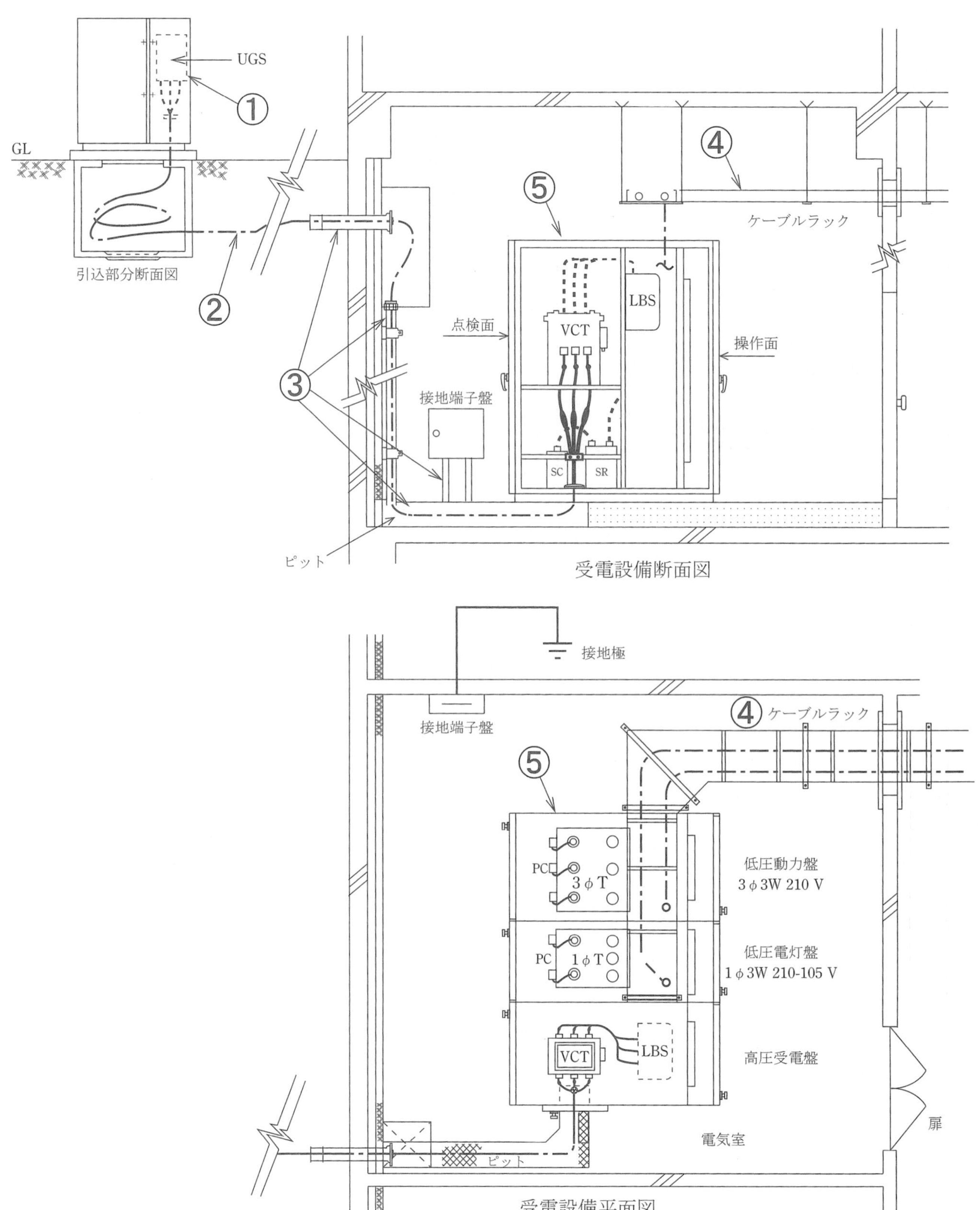

	問　い	答　え
30	①に示す地絡継電装置付き高圧交流負荷開閉器(UGS)に関する記述として，**不適切なものは。**	イ．電路に地絡が生じた場合，自動的に電路を遮断する機能を内蔵している。 ロ．定格短時間耐電流は，系統(受電点)の短絡電流以上のものを選定する。 ハ．短絡事故を遮断する能力を有する必要がある。 ニ．波及事故を防止するため，一般送配電事業者の地絡保護継電装置と動作協調をとる必要がある。
31	②に示す構内の高圧地中引込線を施設する場合の施工方法として，**不適切なものは。**	イ．地中電線に堅ろうながい装を有するケーブルを使用し，埋設深さ(土冠)を1.2 mとした。 ロ．地中電線を収める防護装置に鋼管を使用した管路式とし，管路の接地を省略した。 ハ．地中電線を収める防護装置に波付硬質合成樹脂管(FEP)を使用した。 ニ．地中電線路を直接埋設式により施設し，長さが 20 mであったので電圧の表示を省略した。
32	③に示す電路及び接地工事の施工として，**不適切なものは。**	イ．建物内への地中引込の壁貫通に防水鋳鉄管を使用した。 ロ．電気室内の高圧引込ケーブルの防護管（管の長さが 2 mの厚鋼電線管）の接地工事を省略した。 ハ．ピット内の高圧引込ケーブルの支持に樹脂製のクリートを使用した。 ニ．接地端子盤への接地線の立上りに硬質ポリ塩化ビニル電線管を使用した。
33	④に示すケーブルラックの施工に関する記述として，**誤っているものは。**	イ．ケーブルラックの長さが 15 mであったが，乾燥した場所であったため，D 種接地工事を省略した。 ロ．ケーブルラックは，ケーブル重量に十分耐える構造とし，天井コンクリートスラブからアンカーボルトで吊り，堅固に施設した。 ハ．同一のケーブルラックに電灯幹線と動力幹線のケーブルを布設する場合，両者の間にセパレータを設けなくてもよい。 ニ．ケーブルラックが受電室の壁を貫通する部分は，火災延焼防止に必要な防火措置を施した。
34	⑤に示す高圧受電設備の絶縁耐力試験に関する記述として，**不適切なものは。**	イ．交流絶縁耐力試験は，最大使用電圧の 1.5 倍の電圧を連続して 10 分間加え，これに耐える必要がある。 ロ．ケーブルの絶縁耐力試験を直流で行う場合の試験電圧は，交流の 1.5 倍である。 ハ．ケーブルが長く静電容量が大きいため，リアクトルを使用して試験用電源の容量を軽減した。 ニ．絶縁耐力試験の前後には，1 000 V 以上の絶縁抵抗計による絶縁抵抗測定と安全確認が必要である。

	問　い	答　え
35	「電気設備の技術基準の解釈」において，D種接地工事に関する記述として，**誤っているものは**。	イ．D種接地工事を施す金属体と大地との間の電気抵抗値が10Ω以下でなければ，D種接地工事を施したものとみなされない。 ロ．接地抵抗値は，低圧電路において，地絡を生じた場合に0.5秒以内に当該電路を自動的に遮断する装置を施設するときは，500Ω以下であること。 ハ．接地抵抗値は，100Ω以下であること。 ニ．接地線は故障の際に流れる電流を安全に通じることができるものであること。
36	需要家の月間などの1期間における平均力率を求めるのに必要な計器の組合せは。	イ．電力計 電力量計 ロ．電力量計 無効電力量計 ハ．無効電力量計 最大需要電力計 ニ．最大需要電力計 電力計
37	「電気設備の技術基準の解釈」において，停電が困難なため低圧屋内配線の絶縁性能を，使用電圧が加わった状態における漏えい電流を測定して判定する場合，使用電圧が200Vの電路の漏えい電流の上限値[mA]として，**適切なものは**。	イ．0.1 ロ．0.2 ハ．0.4 ニ．1.0
38	「電気工事士法」において，第一種電気工事士免状の交付を受けている者でなければ**従事できない作業は**。	イ．最大電力800kWの需要設備の6.6kV変圧器に電線を接続する作業 ロ．出力500kWの発電所の配電盤を造営材に取り付ける作業 ハ．最大電力400kWの需要設備の6.6kV受電用ケーブルを電線管に収める作業 ニ．配電電圧6.6kVの配電用変電所内の電線相互を接続する作業
39	「電気事業法」において，電線路維持運用者が行う一般用電気工作物の調査に関する記述として，**不適切なものは**。	イ．一般用電気工作物の調査が4年に1回以上行われている。 ロ．登録点検業務受託法人が点検業務を受託している一般用電気工作物についても調査する必要がある。 ハ．電線路維持運用者は，調査業務を登録調査機関に委託することができる。 ニ．一般用電気工作物が設置された時に調査が行われなかった。

	問　い	答　え
40	「電気工事業の業務の適正化に関する法律」において，**正しいものは**。	**イ**．電気工事士は，電気工事業者の監督の下で，「電気用品安全法」の表示が付されていない電気用品を電気工事に使用することができる。 **ロ**．電気工事業者が，電気工事の施工場所に二日間で完了する工事予定であったため，代表者の氏名等を記載した標識を掲げなかった。 **ハ**．電気工事業者が，電気工事ごとに配線図等を帳簿に記載し，3 年経ったので廃棄した。 **ニ**．一般用電気工事の作業に従事する者は，主任電気工事士がその職務を行うため必要があると認めてする指示に従わなければならない。

問題２．配線図（問題数 10，配点は１問当たり２点）

図は，高圧受電設備の単線結線図である。この図の矢印で示す 10 箇所に関する各問いには，4 通りの答え（イ，ロ，ハ，ニ）が書いてある。それぞれの問いに対して，答えを１つ選びなさい。

〔注〕図において，問いに直接関係のない部分等は，省略又は簡略化してある。

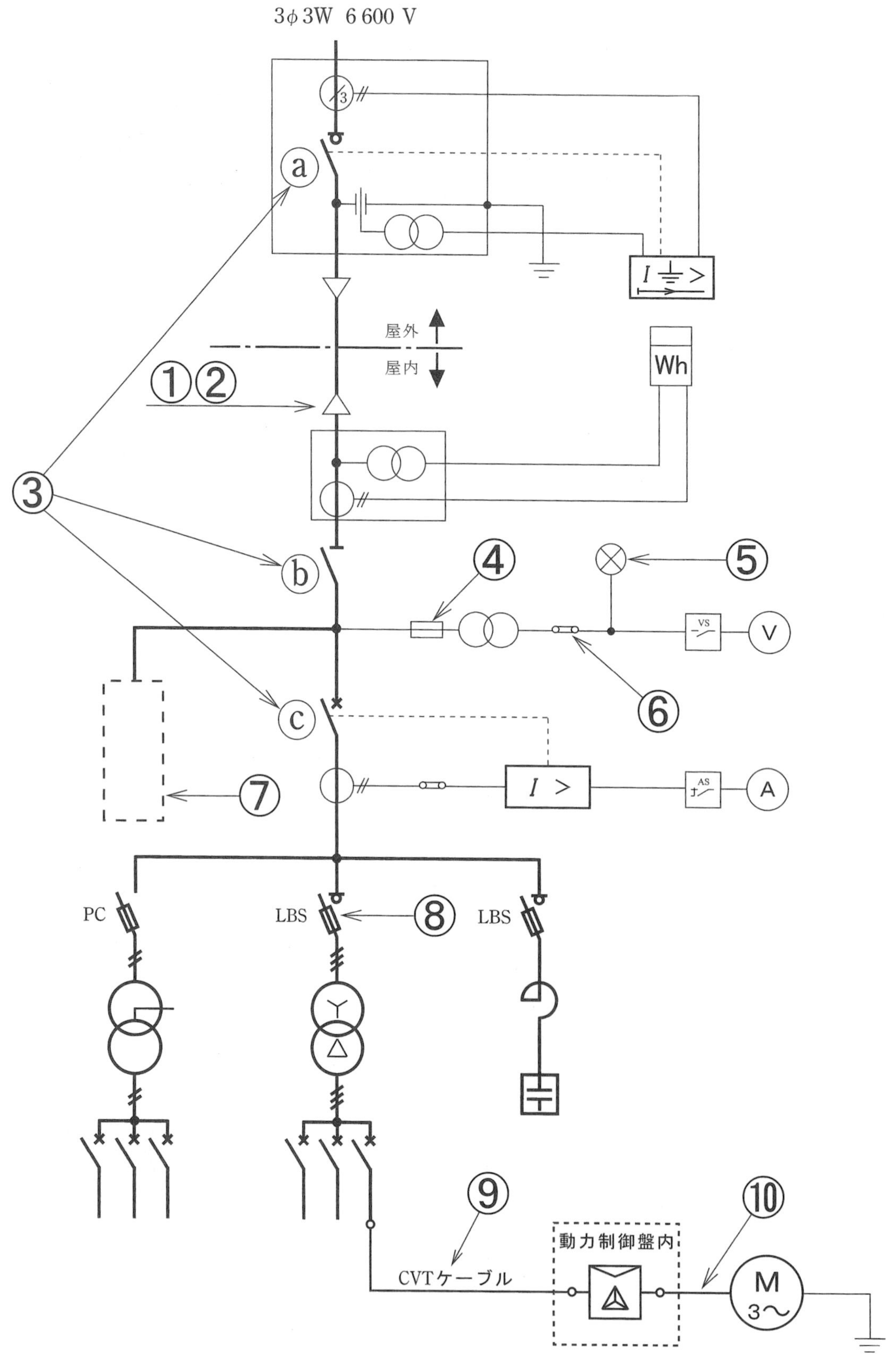

問　い		答　え
41	①の端末処理の際に，**不要なものは。**	イ． 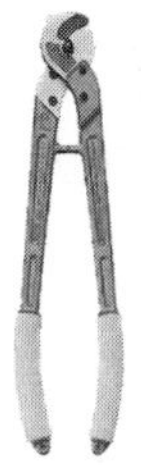　ロ．  ハ． 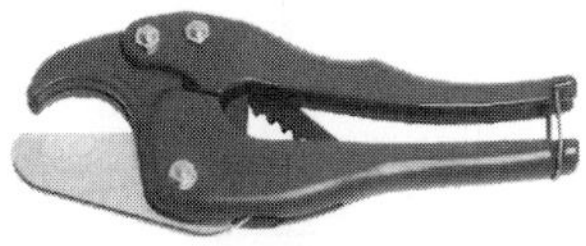　ニ． 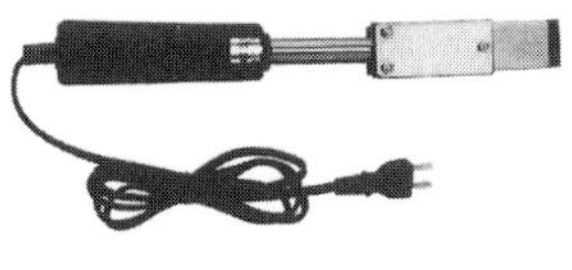
42	②で示すストレスコーン部分の主な役割は。	イ．機械的強度を補強する。 ロ．遮へい端部の電位傾度を緩和する。 ハ．電流の不平衡を防止する。 ニ．高調波電流を吸収する。
43	③で示す ⓐ,ⓑ,ⓒ の機器において，この高圧受電設備を点検時に停電させる為の開路手順として，**最も不適切なものは。**	イ．ⓐ → ⓑ → ⓒ ロ．ⓑ → ⓐ → ⓒ ハ．ⓒ → ⓐ → ⓑ ニ．ⓒ → ⓑ → ⓐ
44	④で示す装置を使用する主な目的は。	イ．計器用変圧器を雷サージから保護する。 ロ．計器用変圧器の内部短絡事故が主回路に波及することを防止する。 ハ．計器用変圧器の過負荷を防止する。 ニ．計器用変圧器の欠相を防止する。
45	⑤に設置する機器は。	イ． 　ロ．  ハ． 　ニ． 

	問　い	答　え
46	⑥で示す図記号の器具の名称は。	イ．試験用端子（電流端子） ロ．試験用電流切換スイッチ ハ．試験用端子（電圧端子） ニ．試験用電圧切換スイッチ
47	⑦に設置する機器として，一般的に使用されるものの図記号は。	イ． 　ロ． 　ハ． 　ニ． 
48	⑧で示す機器の名称は。	イ．限流ヒューズ付高圧交流遮断器 ロ．ヒューズ付高圧カットアウト ハ．限流ヒューズ付高圧交流負荷開閉器 ニ．ヒューズ付断路器
49	⑨で示す部分に使用する CVT ケーブルとして，**適切なものは**。	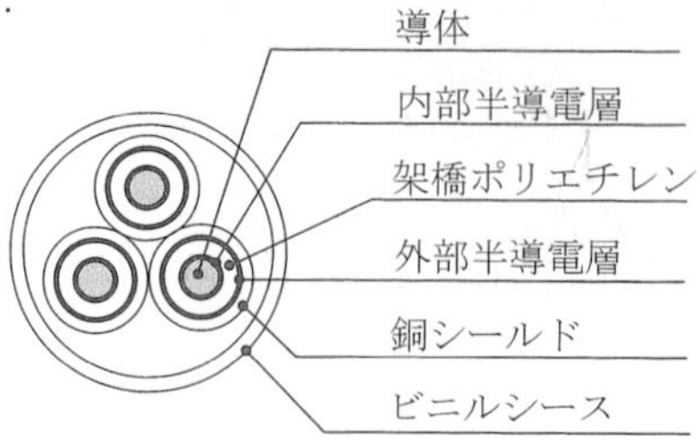 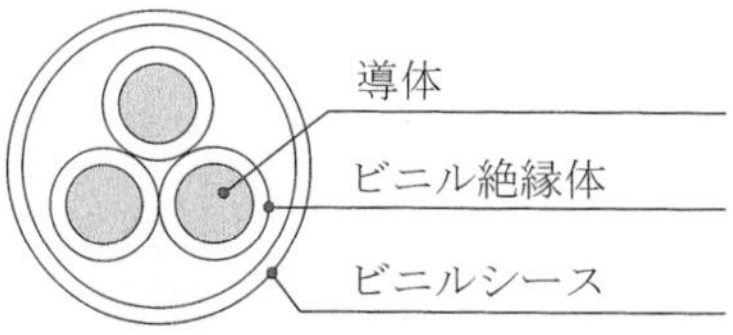 イ．導体／内部半導電層／架橋ポリエチレン／外部半導電層／銅シールド／ビニルシース 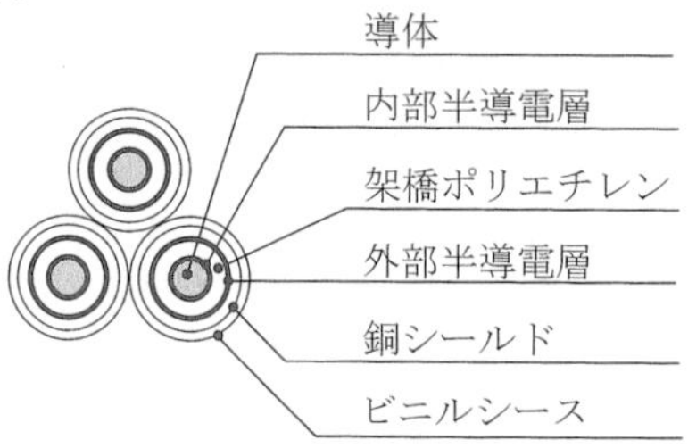 ロ．導体／内部半導電層／架橋ポリエチレン／外部半導電層／銅シールド／ビニルシース ハ．導体／ビニル絶縁体／ビニルシース ニ．導体／架橋ポリエチレン／ビニルシース 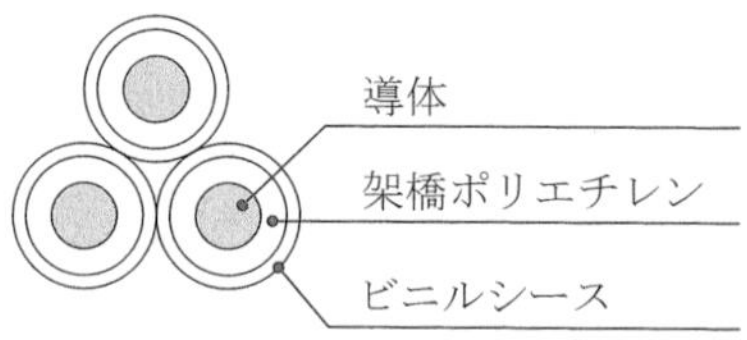
50	⑩で示す動力制御盤内から電動機に至る配線で，必要とする電線本数（心線数）は。	イ．3　ロ．4　ハ．5　ニ．6

第一種電気工事士

2022年度午後
（令和4年度）

筆記試験問題

※2022年度（令和4年度）の第一種電気工事士筆記試験は，新型コロナウイルス感染防止対策として，同日の午前と午後にそれぞれ実施された．

問題１．一般問題（問題数 40，配点は 1 問当たり 2 点）

次の各問いには 4 通りの答え（イ，ロ，ハ，ニ）が書いてある。それぞれの問いに対して答えを 1 つ選びなさい。
なお，選択肢が数値の場合は，最も近い値を選びなさい。

	問　い	答　え			
1	図のような直流回路において，電源電圧 100 V，R=10 Ω，C=20 μF 及び L=2 mH で，L には電流 10 A が流れている。C に蓄えられているエネルギー W_C[J]の値と，L に蓄えられているエネルギー W_L[J]の値の組合せとして，**正しいものは。** 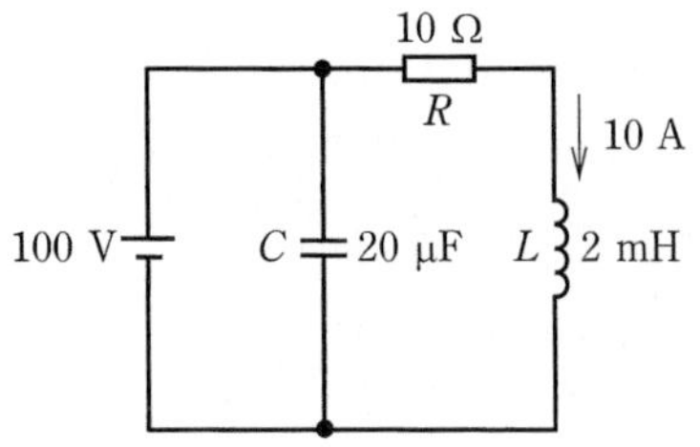 10 Ω　R　10 A　100 V　C　20 μF　L　2 mH	イ．W_C= 0.001 W_L= 0.01	ロ．W_C= 0.2 W_L= 0.01	ハ．W_C= 0.1 W_L= 0.1	ニ．W_C= 0.2 W_L= 0.2
2	図の直流回路において，抵抗 3 Ω に流れる電流 I_3 の値[A]は。 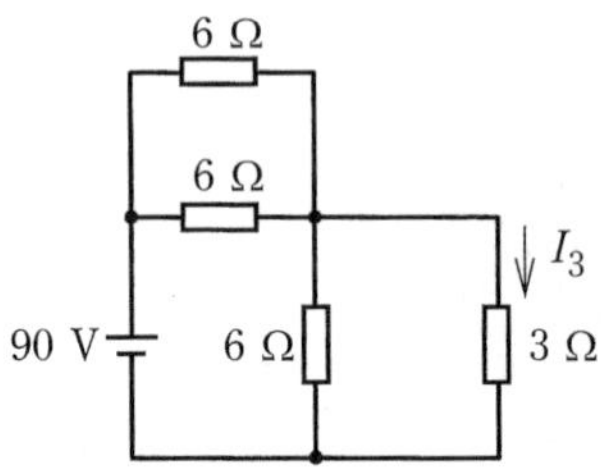 6 Ω　6 Ω　I_3　90 V　6 Ω　3 Ω	イ．3	ロ．9	ハ．12	ニ．18
3	図のような交流回路において，電源電圧は 100 V，電流は 20 A，抵抗 R の両端の電圧は 80 V であった。リアクタンス X[Ω]は。 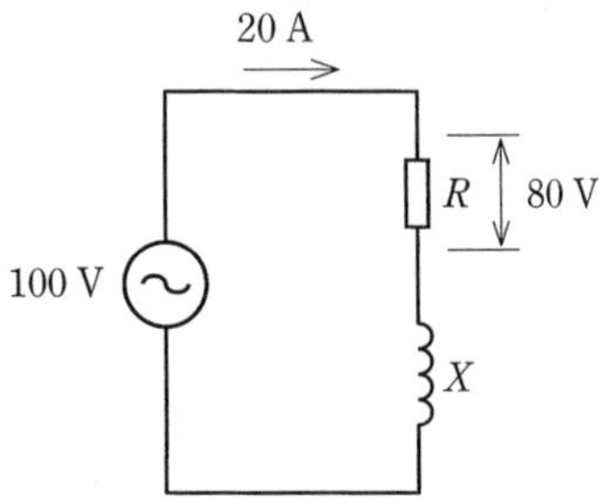 20 A　R　80 V　100 V　X	イ．2	ロ．3	ハ．4	ニ．5
4	図のような交流回路において，抵抗 R=10 Ω，誘導性リアクタンス X_L=10 Ω，容量性リアクタンス X_C=10 Ω である。この回路の力率[%]は。 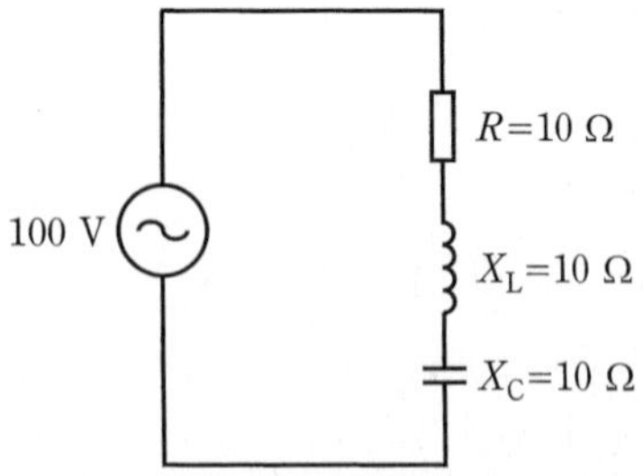 R=10 Ω　100 V　X_L=10 Ω　X_C=10 Ω	イ．30	ロ．50	ハ．70	ニ．100

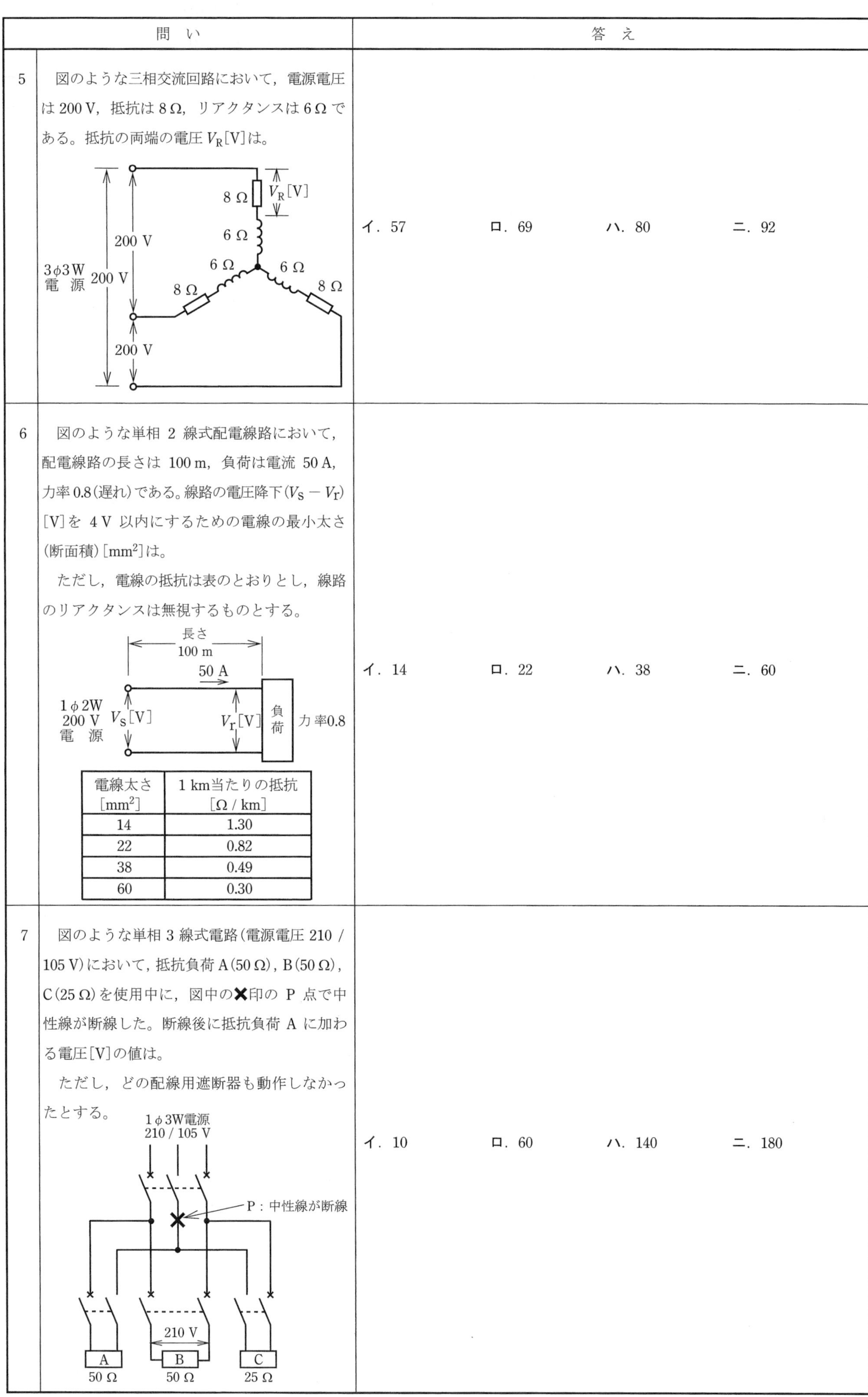

	問い	答え
5	図のような三相交流回路において，電源電圧は 200 V，抵抗は 8 Ω，リアクタンスは 6 Ω である。抵抗の両端の電圧 V_R[V]は。	イ．57　ロ．69　ハ．80　ニ．92

	問い	答え
6	図のような単相 2 線式配電線路において，配電線路の長さは 100 m，負荷は電流 50 A，力率 0.8(遅れ)である。線路の電圧降下($V_S - V_r$)[V]を 4 V 以内にするための電線の最小太さ(断面積)[mm^2]は。 ただし，電線の抵抗は表のとおりとし，線路のリアクタンスは無視するものとする。	イ．14　ロ．22　ハ．38　ニ．60

電線太さ [mm^2]	1 km当たりの抵抗 [Ω / km]
14	1.30
22	0.82
38	0.49
60	0.30

	問い	答え
7	図のような単相 3 線式電路(電源電圧 210 / 105 V)において，抵抗負荷 A(50 Ω)，B(50 Ω)，C(25 Ω)を使用中に，図中の✖印の P 点で中性線が断線した。断線後に抵抗負荷 A に加わる電圧[V]の値は。 ただし，どの配線用遮断器も動作しなかったとする。	イ．10　ロ．60　ハ．140　ニ．180

	問い	答え
8	図のような配電線路において，抵抗負荷 R_1 に 50 A，抵抗負荷 R_2 には 70 A の電流が流れている。変圧器の一次側に流れる電流 I [A]の値は。 ただし，変圧器と配電線路の損失及び変圧器の励磁電流は無視するものとする。 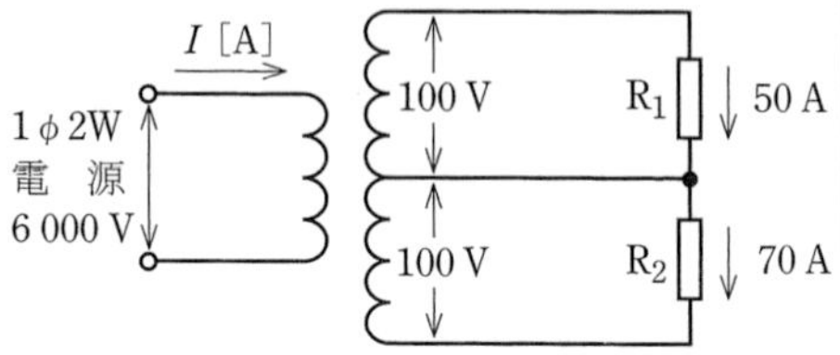	イ．1　ロ．2　ハ．3　ニ．4
9	図のような直列リアクトルを設けた高圧進相コンデンサがある。電源電圧が V[V]，誘導性リアクタンスが 9 Ω，容量性リアクタンスが 150 Ω であるとき，この回路の無効電力(設備容量)[var]を示す式は。 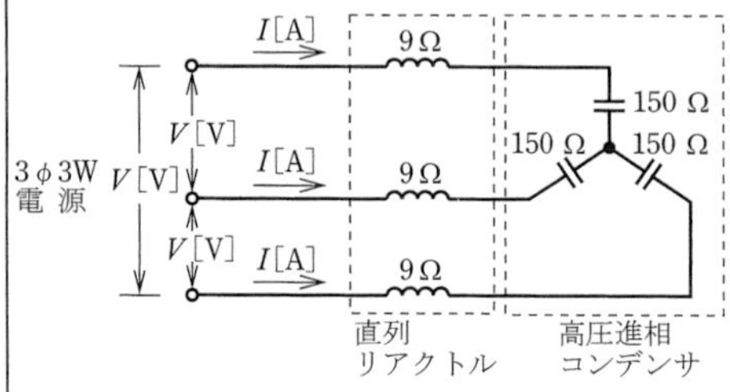	イ．$\frac{V^2}{159^2}$　ロ．$\frac{V^2}{141^2}$　ハ．$\frac{V^2}{159}$　ニ．$\frac{V^2}{141}$
10	6 極の三相かご形誘導電動機があり，その一次周波数がインバータで調整できるようになっている。 この電動機が滑り 5 %，回転速度 1 140 min^{-1} で運転されている場合の一次周波数[Hz]は。	イ．30　ロ．40　ハ．50　ニ．60
11	トップランナー制度に関する記述について，**誤っているものは**。	イ．トップランナー制度では，エネルギー消費効率の向上を目的として省エネルギー基準を導入している。 ロ．トップランナー制度では，エネルギーを多く使用する機器ごとに，省エネルギー性能の向上を促すための目標基準を満たすことを，製造事業者と輸入事業者に対して求めている。 ハ．電気機器として交流電動機は，全てトップランナー制度対象品である。 ニ．電気機器として変圧器は，一部を除きトップランナー制度対象品である。
12	定格電圧 100 V，定格消費電力 1 kW の電熱器を，電源電圧 90 V で 10 分間使用したときの発生熱量[kJ]は。 ただし，電熱器の抵抗の温度による変化は無視するものとする。	イ．292　ロ．324　ハ．486　ニ．540

	問い	答え
13	図に示すサイリスタ(逆阻止３端子サイリスタ)回路の出力電圧 v_0 の波形として，**得ることのできない波形は。** ただし，電源電圧は正弦波交流とする。 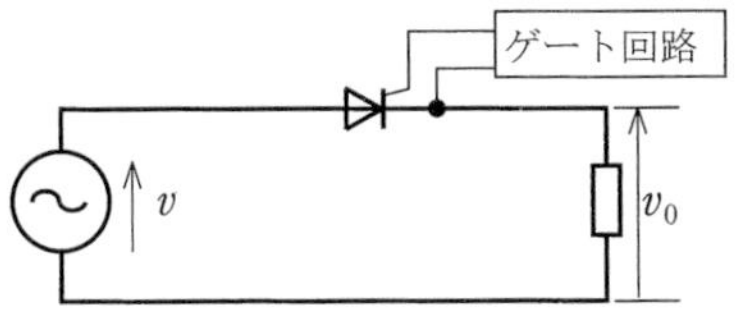 ゲート回路 v v_0	イ． 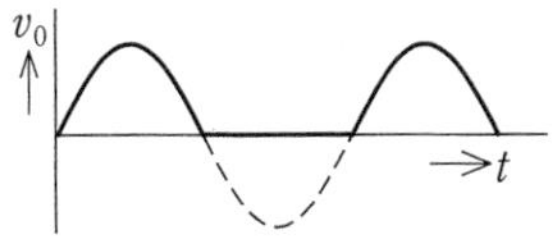　ロ． 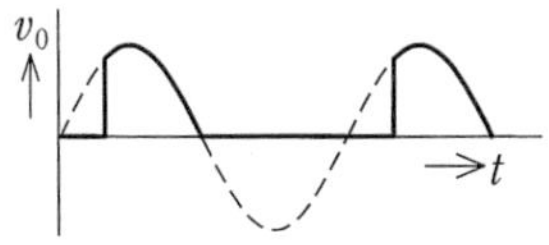　ハ． 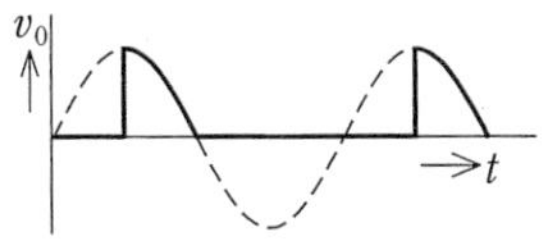　ニ． 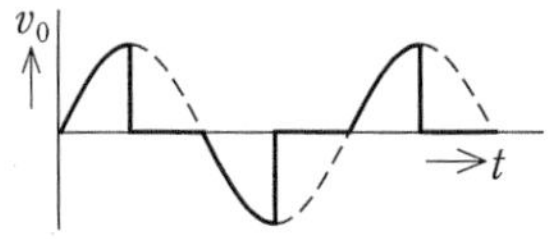 v_0 t
14	写真に示すものの名称は。 	イ．金属ダクト ロ．バスダクト ハ．トロリーバスダクト ニ．銅帯
15	写真に示す住宅用の分電盤において，矢印部分に一般的に設置される機器の名称は。 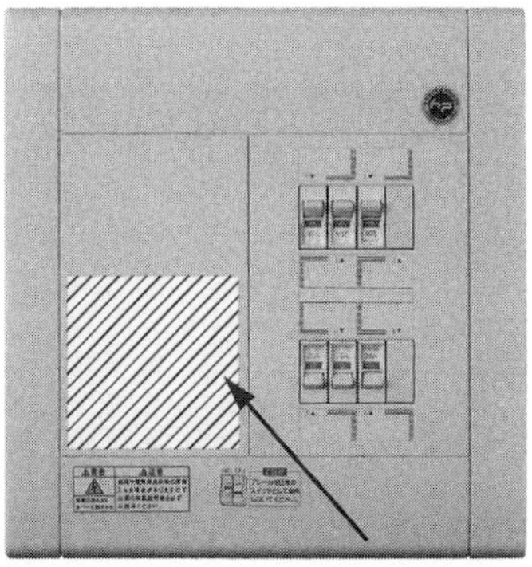	イ．電磁開閉器 ロ．漏電遮断器(過負荷保護付) ハ．配線用遮断器 ニ．避雷器
16	コンバインドサイクル発電の特徴として，**誤っているものは。**	イ．主に，ガスタービン発電と汽力発電を組み合わせた発電方式である。 ロ．同一出力の火力発電に比べ熱効率は劣るが，LNG などの燃料が節約できる。 ハ．短時間で運転・停止が容易にできるので，需要の変化に対応した運転が可能である。 ニ．回転軸には，空気圧縮機とガスタービンが直結している。
17	水力発電の水車の出力 P に関する記述として，**正しいものは。** ただし，H は有効落差，Q は流量とする。	イ．P は QH に比例する。 ロ．P は QH^2 に比例する。 ハ．P は QH に反比例する。 ニ．P は Q^2H に比例する。

2022年度午後(令和4年度) 筆記試験問題

	問　い	答　え
18	架空送電線路に使用されるアークホーンの記述として，**正しいものは。**	**イ**．電線と同種の金属を電線に巻き付けて補強し，電線の振動による素線切れなどを防止する。 **ロ**．電線におもりとして取り付け，微風により生ずる電線の振動を吸収し，電線の損傷などを防止する。 **ハ**．がいしの両端に設け，がいしや電線を雷の異常電圧から保護する。 **ニ**．多導体に使用する間隔材で，強風による電線相互の接近・接触や負荷電流，事故電流による電磁吸引力から素線の損傷を防止する。
19	同一容量の単相変圧器を並行運転するための条件として，**必要でないものは。**	**イ**．各変圧器の極性を一致させて結線すること。 **ロ**．各変圧器の変圧比が等しいこと。 **ハ**．各変圧器のインピーダンス電圧が等しいこと。 **ニ**．各変圧器の効率が等しいこと。
20	高圧受電設備の短絡保護装置として，**適切な組合せは。**	**イ**．過電流継電器 高圧柱上気中開閉器 **ロ**．地絡継電器 高圧真空遮断器 **ハ**．地絡方向継電器 高圧柱上気中開閉器 **ニ**．過電流継電器 高圧真空遮断器
21	高圧 CV ケーブルの絶縁体 a とシース b の材料の組合せは。	**イ**．a　架橋ポリエチレン b　塩化ビニル樹脂 **ロ**．a　架橋ポリエチレン b　ポリエチレン **ハ**．a　エチレンプロピレンゴム b　塩化ビニル樹脂 **ニ**．a　エチレンプロピレンゴム b　ポリクロロプレン
22	写真に示す機器の用途は。 	**イ**．大電流を小電流に変流する。 **ロ**．高調波電流を抑制する。 **ハ**．負荷の力率を改善する。 **ニ**．高電圧を低電圧に変圧する。

	問い	答え
23	写真に示す品物を組み合わせて使用する場合の目的は。	イ．高圧需要家構内における高圧電路の開閉と，短絡事故が発生した場合の高圧電路の遮断。 ロ．高圧需要家の使用電力量を計量するため高圧の電圧，電流を低電圧，小電流に変成。 ハ．高圧需要家構内における高圧電路の開閉と，地絡事故が発生した場合の高圧電路の遮断。 ニ．高圧需要家構内における遠方制御による高圧電路の開閉。
24	600 V 以下で使用される電線又はケーブルの記号に関する記述として，**誤っているものは。**	イ．IVとは，主に屋内配線に使用する塩化ビニル樹脂を主体としたコンパウンドで絶縁された単心(単線，より線)の絶縁電線である。 ロ．DVとは，主に架空引込線に使用する塩化ビニル樹脂を主体としたコンパウンドで絶縁された多心の絶縁電線である。 ハ．VVFとは，移動用電気機器の電源回路などに使用する塩化ビニル樹脂を主体としたコンパウンドを絶縁体およびシースとするビニル絶縁ビニルキャブタイヤケーブルである。 ニ．CVとは，架橋ポリエチレンで絶縁し，塩化ビニル樹脂を主体としたコンパウンドでシースを施した架橋ポリエチレン絶縁ビニルシースケーブルである。
25	写真に示す配線器具を取り付ける施工方法の記述として，**不適切なものは。**	イ．定格電流 20 A の配線用遮断器に保護されている電路に取り付けた。 ロ．単相 200 V の機器用コンセントとして取り付けた。 ハ．三相 400 V の機器用コンセントとしては使用できない。 ニ．接地極には D 種接地工事を施した。
26	低圧配電盤に，CV ケーブル又は CVT ケーブルを接続する作業において，一般に**使用しない工具は。**	イ．電工ナイフ ロ．油圧式圧着工具 ハ．油圧式パイプベンダ ニ．トルクレンチ
27	高圧屋内配線をケーブル工事で施設する場合の記述として，**誤っているものは。**	イ．電線を電気配線用のパイプシャフト内に施設（垂直につり下げる場合を除く）し，8 m の間隔で支持をした。 ロ．他の弱電流電線との離隔距離を 30 cm で施設した。 ハ．低圧屋内配線との間に耐火性の堅ろうな隔壁を設けた。 ニ．ケーブルを耐火性のある堅ろうな管に収め施設した。

	問　い	答　え
28	合成樹脂管工事に使用できない絶縁電線の種類は。	イ．600V ビニル絶縁電線 ロ．600V 二種ビニル絶縁電線 ハ．600V 耐燃性ポリエチレン絶縁電線 ニ．屋外用ビニル絶縁電線
29	点検できる隠ぺい場所で，湿気の多い場所又は水気のある場所に施す使用電圧 300 V 以下の低圧屋内配線工事で，**施設することができない工事**の種類は。	イ．金属管工事 ロ．金属線ぴ工事 ハ．ケーブル工事 ニ．合成樹脂管工事

問い30から問い34までは，下の図に関する問いである。

図は，自家用電気工作物（500 kW 未満）の引込柱から屋内キュービクル式高圧受電設備（JIS C 4620 適合品）に至る施設の見取図である。この図に関する各問いには，4 通りの答え（イ，ロ，ハ，ニ）が書いてある。それぞれの問いに対して，答えを一つ選びなさい。
〔注〕図において，問いに直接関係のない部分等は，省略又は簡略化してある。

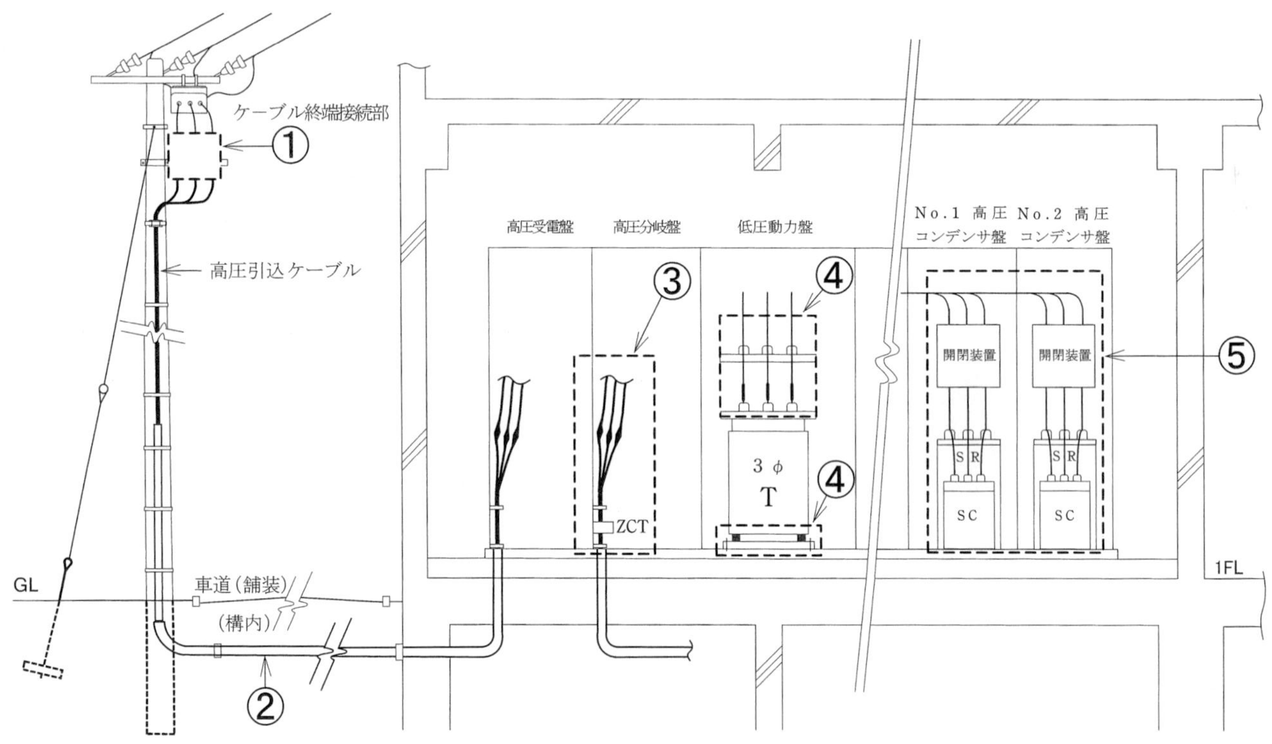

	問　い	答　え
30	①に示すケーブル終端接続部に関する記述として，**不適切なものは。**	イ．ストレスコーンは雷サージ電圧が侵入したとき，ケーブルのストレスを緩和するためのものである。 ロ．終端接続部の処理では端子部から雨水等がケーブル内部に浸入しないように処理する必要がある。 ハ．ゴムとう管形屋外終端接続部にはストレスコーン部が内蔵されているので，あらためてストレスコーンを作る必要はない。 ニ．耐塩害終端接続部の処理は海岸に近い場所等，塩害を受けるおそれがある場所に適用される。
31	②に示す高圧引込の地中電線路の施工として，**不適切なものは。**	イ．地中埋設管路長が 20 m であるため，物件の名称，管理者名及び電圧を表示した埋設表示シートの施設を省略した。 ロ．高圧地中引込線を収める防護装置に鋼管を使用した管路式とし，地中埋設管路長が 20 m であるため，管路の接地を省略した。 ハ．高圧地中引込線と地中弱電流電線との離隔が 20 cm のため，高圧地中引込線を堅ろうな不燃性の管に収め，その管が地中弱電流電線と直接接触しないように施設した。 ニ．高圧地中引込線と低圧地中電線との離隔を 20 cm で施設した。
32	③に示す高圧ケーブルの施工として，**不適切なものは。** ただし，高圧ケーブルは 6 600 V CVT ケーブルを使用するものとする。	イ．高圧ケーブルの終端接続に 6 600 V CVT ケーブル用ゴムストレスコーン形屋内終端接続部の材料を使用した。 ロ．高圧分岐ケーブル系統の地絡電流を検出するための零相変流器を R 相と T 相に設置した。 ハ．高圧ケーブルの銅シールドに，A 種接地工事を施した。 ニ．キュービクル内の高圧ケーブルの支持にケーブルブラケットを使用し，3 線一括で固定した。
33	④に示す変圧器の防振又は，耐震対策等の施工に関する記述として，**適切でないものは。**	イ．低圧母線に銅帯を使用したので，変圧器の振動等を考慮し，変圧器と低圧母線との接続には可とう導体を使用した。 ロ．可とう導体は，地震時の振動でブッシングや母線に異常な力が加わらないよう十分なたるみを持たせ，かつ，振動や負荷側短絡時の電磁力で母線が短絡しないように施設した。 ハ．変圧器を基礎に直接支持する場合のアンカーボルトは，移動，転倒を考慮して引き抜き力，せん断力の両方を検討して支持した。 ニ．変圧器に防振装置を使用する場合は，地震時の移動を防止する耐震ストッパが必要である。耐震ストッパのアンカーボルトには，せん断力が加わるため，せん断力のみを検討して支持した。
34	⑤で示す高圧進相コンデンサに用いる開閉装置は，自動力率調整装置により自動で開閉できるよう施設されている。このコンデンサ用開閉装置として，**最も適切なものは。**	イ．高圧交流真空電磁接触器 ロ．高圧交流真空遮断器 ハ．高圧交流負荷開閉器 ニ．高圧カットアウト

	問　い	答　え
35	一般にB種接地抵抗値の計算式は, $\dfrac{150\,\text{V}}{\text{変圧器高圧側電路の1線地絡電流[A]}}$ [Ω] となる。 ただし，変圧器の高低圧混触により，低圧側電路の対地電圧が 150 V を超えた場合に，1 秒以下で自動的に高圧側電路を遮断する装置を設けるときは，計算式の 150 V は ＿＿ V とすることができる。 上記の空欄にあてはまる数値は。	イ．300　ロ．400　ハ．500　ニ．600
36	高圧受電設備の年次点検において，電路を開放して作業を行う場合は，感電事故防止の観点から，作業箇所に短絡接地器具を取り付けて安全を確保するが，この場合の作業方法として，**誤っているものは。**	イ．取り付けに先立ち，短絡接地器具の取り付け箇所の無充電を検電器で確認する。 ロ．取り付け時には，まず接地側金具を接地線に接続し，次に電路側金具を電路側に接続する。 ハ．取り付け中は，「短絡接地中」の標識をして注意喚起を図る。 ニ．取り外し時には，まず接地側金具を外し，次に電路側金具を外す。
37	高圧受電設備の定期点検で通常**用いないものは。**	イ．高圧検電器 ロ．短絡接地器具 ハ．絶縁抵抗計 ニ．検相器
38	「電気工事士法」において，特殊電気工事を除く工事に関し，政令で定める軽微な工事及び省令で定める軽微な作業について，**誤っているものは。**	イ．軽微な工事については，認定電気工事従事者でなければ従事できない。 ロ．電気工事の軽微な作業については，電気工事士でなくても従事できる。 ハ．自家用電気工作物の軽微な工事の作業については，第一種電気工事士でなくても従事できる。 ニ．使用電圧 600 V を超える自家用電気工作物の電気工事の軽微な作業については，第一種電気工事士でなくても従事できる。
39	「電気工事士法」及び「電気用品安全法」において，**正しいものは。**	イ．電気用品のうち，危険及び障害の発生するおそれが少ないものは，特定電気用品である。 ロ．特定電気用品には，(PS)E と表示されているものがある。 ハ．第一種電気工事士は，「電気用品安全法」に基づいた表示のある電気用品でなければ，一般用電気工作物の工事に使用してはならない。 ニ．定格電圧が 600 V のゴム絶縁電線(公称断面積 22mm^2)は，特定電気用品ではない。
40	「電気設備の技術基準を定める省令」において，電気使用場所における使用電圧が低圧の開閉器又は過電流遮断器で区切ることのできる電路ごとに，電路と大地との間の絶縁抵抗値として，**不適切なものは。**	イ．使用電圧が 300 V 以下で対地電圧が 150 V 以下の場合　0.1 MΩ 以上 ロ．使用電圧が 300 V 以下で対地電圧が 150 V を超える場合　0.2 MΩ 以上 ハ．使用電圧が 300 V を超え 450 V 以下の場合　0.3 MΩ 以上 ニ．使用電圧が 450 V を超える場合　0.4 MΩ 以上

問題２．配線図１ (問題数 5，配点は 1 問当たり 2 点)

図は，三相誘導電動機を，押しボタンの操作により始動させ，タイマの設定時間で停止させる制御回路である。この図の矢印で示す 5 箇所に関する各問いには，4 通りの答え（**イ**，**ロ**，**ハ**，**ニ**）が書いてある。それぞれの問いに対して，答えを 1 つ選びなさい。

〔注〕図において，問いに直接関係のない部分等は，省略又は簡略化してある。

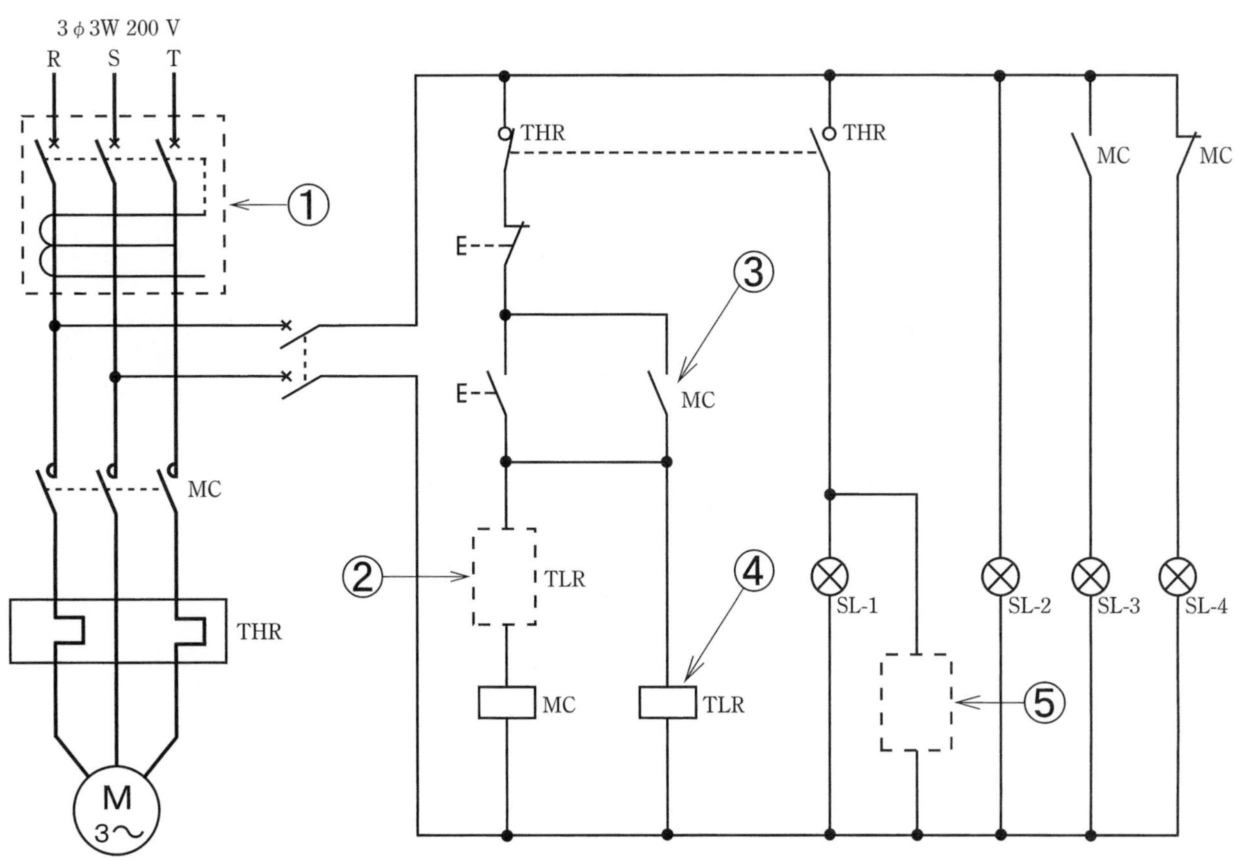

	問　い	答　え
41	①の部分に設置する機器は。	**イ**．配線用遮断器 **ロ**．電磁接触器 **ハ**．電磁開閉器 **ニ**．漏電遮断器（過負荷保護付）
42	②で示す部分に使用される接点の図記号は。	**イ**．　**ロ**．　**ハ**．　**ニ**．

問い		答え
43	③で示す接点の役割は。	イ．押しボタンスイッチのチャタリング防止 ロ．タイマの設定時間経過前に電動機が停止しないためのインタロック ハ．電磁接触器の自己保持 ニ．押しボタンスイッチの故障防止
44	④に設置する機器は。	イ． 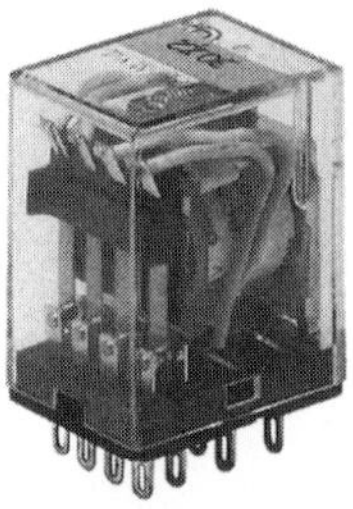 ロ．  ハ．  ニ． 
45	⑤で示す部分に使用されるブザーの図記号は。	イ．  ロ．  ハ．  ニ． 

問題3．配線図２（問題数5，配点は1問当たり２点）

図は，高圧受電設備の単線結線図である。この図の矢印で示す５箇所に関する各問いには，４通りの答え（イ，ロ，ハ，ニ）が書いてある。それぞれの問いに対して，答えを１つ選びなさい。

〔注〕図において，問いに直接関係のない部分等は，省略又は簡略化してある。

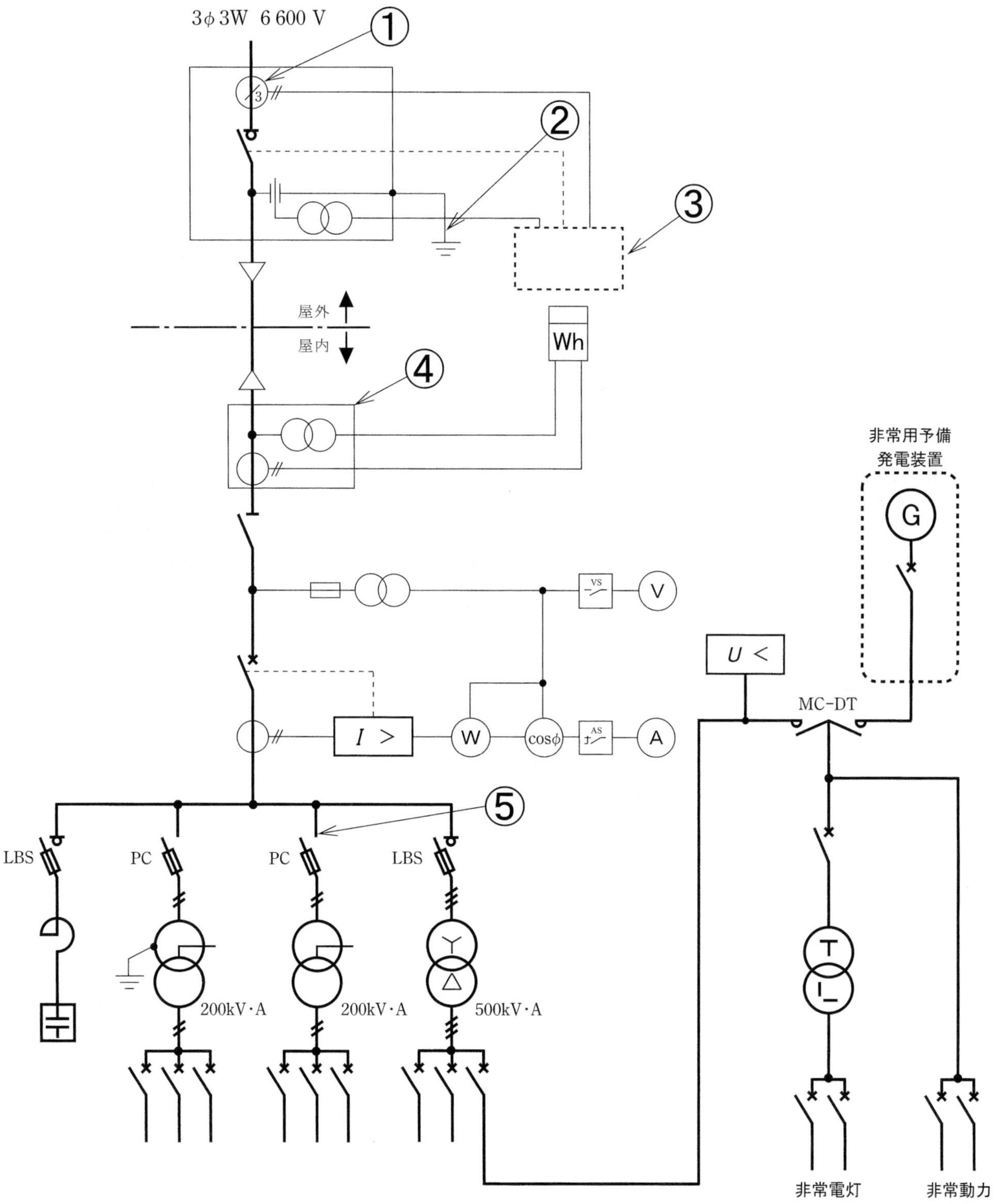

	問い	答え
46	①で示す図記号の機器の名称は。	イ．零相変圧器 ロ．電力需給用変流器 ハ．計器用変流器 ニ．零相変流器
47	②の部分の接地工事に使用する保護管で，**適切なものは。** ただし，接地線に人が触れるおそれがあるものとする。	イ．薄鋼電線管 ロ．厚鋼電線管 ハ．合成樹脂製可とう電線管（CD 管） ニ．硬質ポリ塩化ビニル電線管
48	③に設置する機器の図記号は。	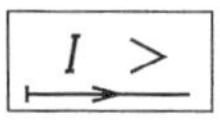 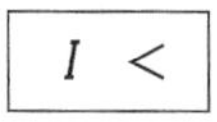 イ．I⏚＞ 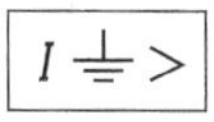 ロ．I＞（下に矢印） ハ．I＜ ニ．I⏚＞（下に矢印） 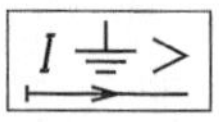
49	④に設置する機器は。	イ．  ロ． 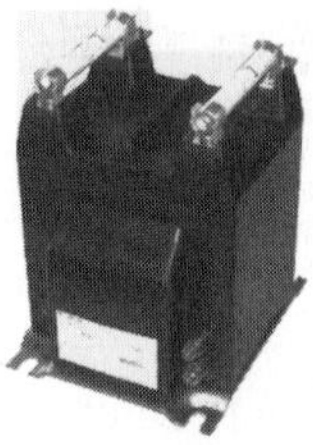 ハ．  ニ． 
50	⑤で示す部分の検電確認に用いるものは。	イ．  ロ． 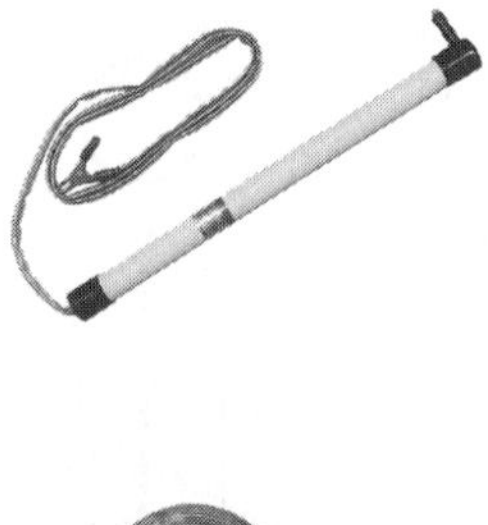 ハ． 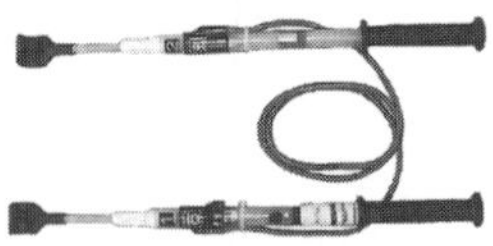 ニ．拡大 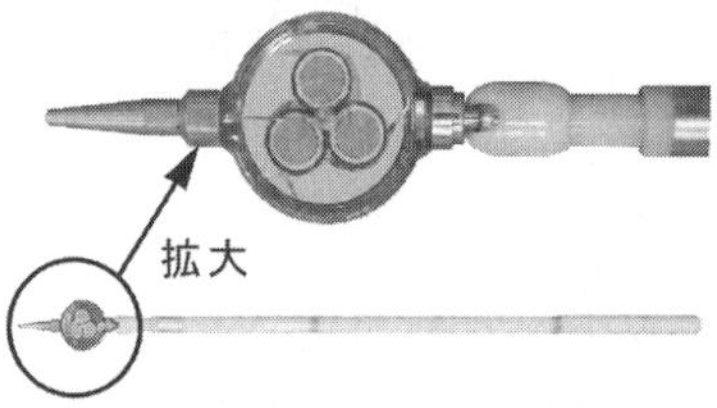

第一種電気工事士

2021年度午前

（令和3年度）

筆記試験問題

※2021年度（令和3年度）の第一種電気工事士筆記試験は，新型コロナウイルス感染防止対策として，同日の午前と午後にそれぞれ実施された．

問題１．一般問題（問題数 40，配点は１問当たり２点）

次の各問いには４通りの答え（**イ**，**ロ**，**ハ**，**ニ**）が書いてある。それぞれの問いに対して答えを１つ選びなさい。
なお，選択肢が数値の場合は，最も近い値を選びなさい。

	問い	答え			
1	図のような直流回路において，電源電圧 20 V，R=2 Ω，L=4 mH 及び C=2 mF で，R と L に電流 10 A が流れている。L に蓄えられているエネルギー W_L [J] の値と，C に蓄えられているエネルギー W_C [J] の値の組合せとして，**正しいものは。** 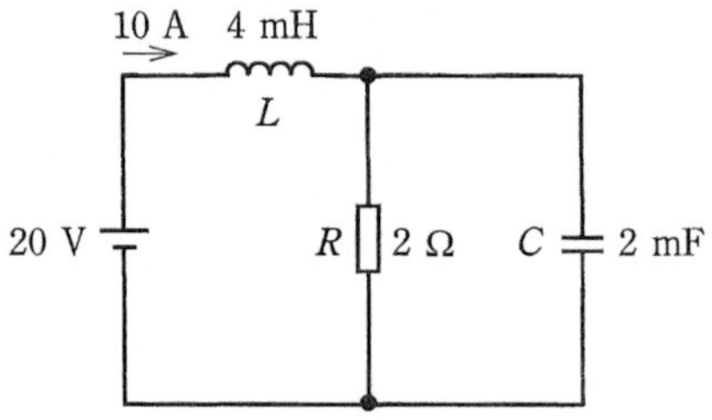 10 A　4 mH　L　20 V　R 2 Ω　C 2 mF	**イ**．W_L= 0.2 W_C= 0.4	**ロ**．W_L= 0.4 W_C= 0.2	**ハ**．W_L= 0.6 W_C= 0.8	**ニ**．W_L= 0.8 W_C= 0.6
2	図のような直流回路において，電流計に流れる電流[A]は。 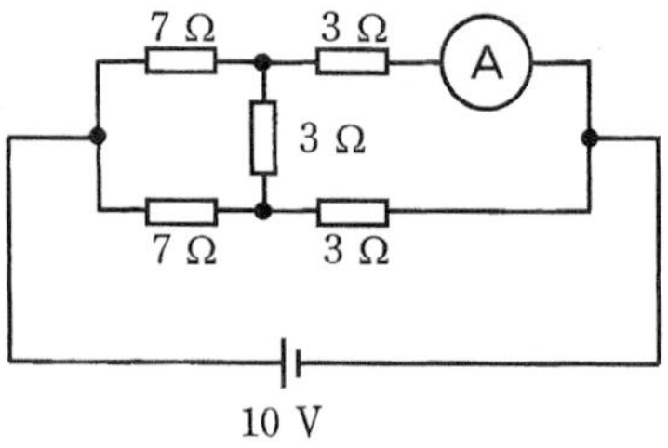 7 Ω　3 Ω　A　3 Ω　7 Ω　3 Ω　10 V	**イ**．0.1	**ロ**．0.5	**ハ**．1.0	**ニ**．2.0
3	定格電圧 100 V，定格消費電力 1 kW の電熱器の電熱線が全長の 10 %のところで断線したので，その部分を除き，残りの 90 %の部分を電圧 100 V で 1 時間使用した場合，発生する熱量[kJ]は。 ただし，電熱線の温度による抵抗の変化は無視するものとする。	**イ**．2 900	**ロ**．3 600	**ハ**．4 000	**ニ**．4 400
4	図のような交流回路の力率[%]は。 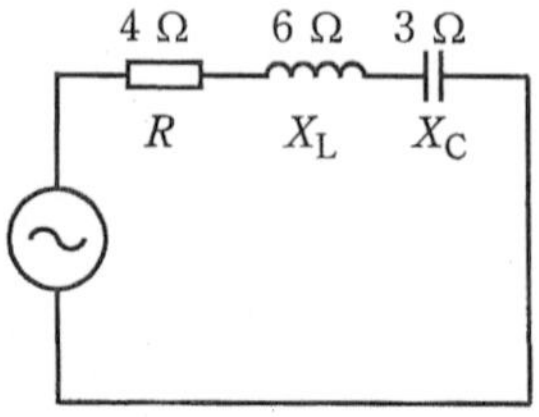 4 Ω　6 Ω　3 Ω　R　X_L　X_C	**イ**．50	**ロ**．60	**ハ**．70	**ニ**．80

	問い	答え
5	図のような三相交流回路において，電流 I の値［A］は。 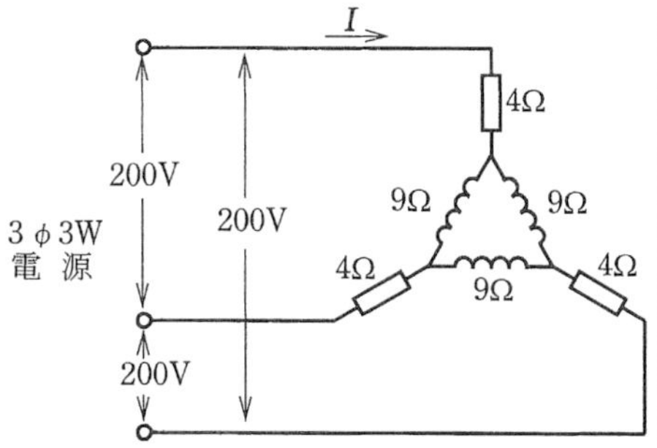 	イ．$\frac{200\sqrt{3}}{17}$　　ロ．$\frac{40}{\sqrt{3}}$　　ハ．40　　ニ．$40\sqrt{3}$
6	図 a のような単相 3 線式電路と，図 b のような単相 2 線式電路がある。図 a の電線 1 線当たりの供給電力は，図 b の電線 1 線当たりの供給電力の何倍か。 ただし，R は定格電圧 V［V］の抵抗負荷であるとする。 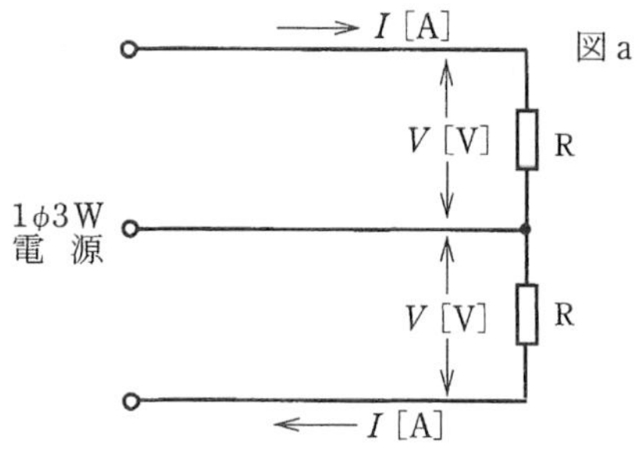 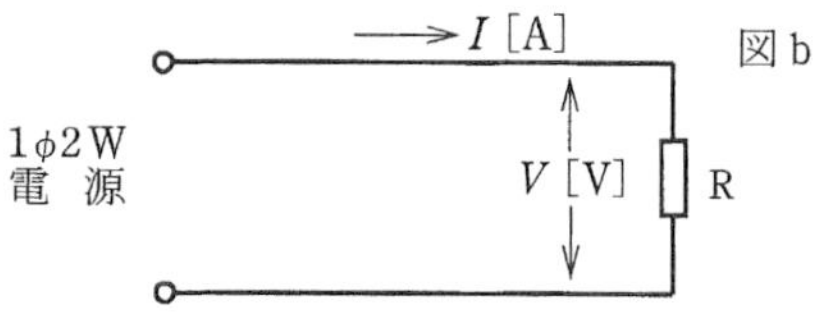 	イ．$\frac{1}{3}$　　ロ．$\frac{1}{2}$　　ハ．$\frac{4}{3}$　　ニ．$\frac{5}{3}$

	問い	答え			
7	三相短絡容量[V·A]を百分率インピーダンス%Z [%]を用いて表した式は。 ただし，V=基準線間電圧[V]，I=基準電流[A]とする。	イ．$\dfrac{VI}{\%Z}\times 100$	ロ．$\dfrac{\sqrt{3}VI}{\%Z}\times 100$	ハ．$\dfrac{2VI}{\%Z}\times 100$	ニ．$\dfrac{3VI}{\%Z}\times 100$
8	図のように取り付け角度が 30° となるように支線を施設する場合，支線の許容張力を T_S=24.8 kN とし，支線の安全率を 2 とすると，電線の水平張力 T の最大値［kN］は。 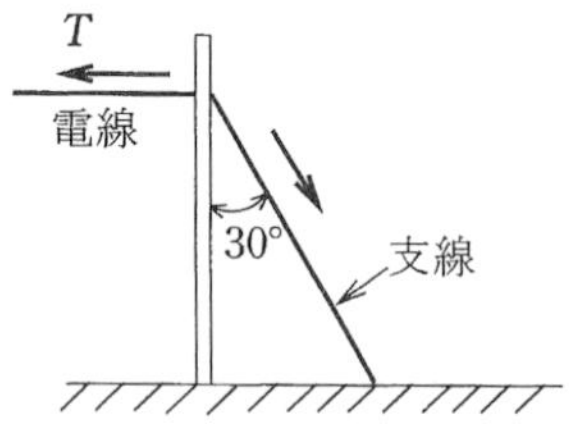 	イ．3.1	ロ．6.2	ハ．10.7	ニ．24.8
9	定格容量 200 kV·A，消費電力 120 kW，遅れ力率 $\cos\theta_1$=0.6 の負荷に電力を供給する高圧受電設備に高圧進相コンデンサを施設して，力率を $\cos\theta_2$=0.8 に改善したい。必要なコンデンサの容量［kvar］は。 ただし，$\tan\theta_1$=1.33，$\tan\theta_2$=0.75 とする。 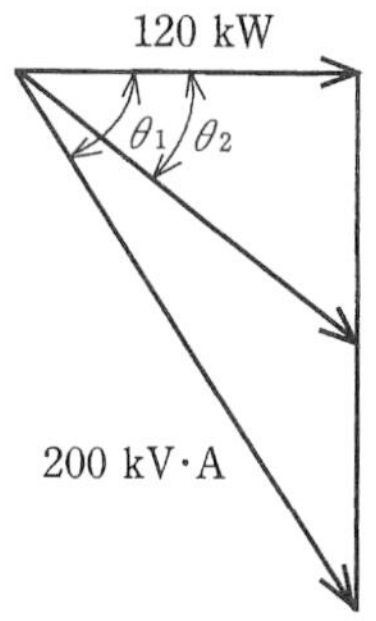 	イ．35	ロ．70	ハ．90	ニ．160

問　い		答　え
10	三相かご形誘導電動機が，電圧 200 V，負荷電流 10 A，力率 80 %，効率 90 %で運転されているとき，この電動機の出力［kW］は。	イ．1.4　ロ．2.0　ハ．2.5　ニ．4.3
11	床面上 2 m の高さに，光度 1 000 cd の点光源がある。点光源直下の床面照度［lx］は。	イ．250　ロ．500　ハ．750　ニ．1 000
12	変圧器の損失に関する記述として，**誤っているものは。**	イ．銅損と鉄損が等しいときに変圧器の効率が最大となる。 ロ．無負荷損の大部分は鉄損である。 ハ．鉄損にはヒステリシス損と渦電流損がある。 ニ．負荷電流が 2 倍になれば銅損は 2 倍になる。
13	図のような整流回路において，電圧 v_0 の波形は。 ただし，電源電圧 v は実効値 100 V，周波数 50 Hz の正弦波とする。 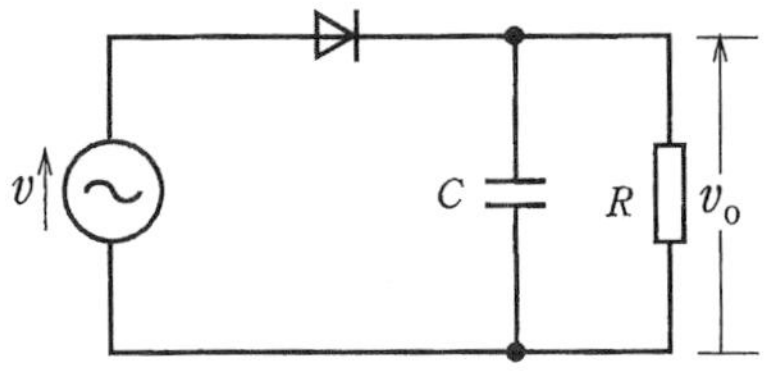 （図：v，C，R，v_0）	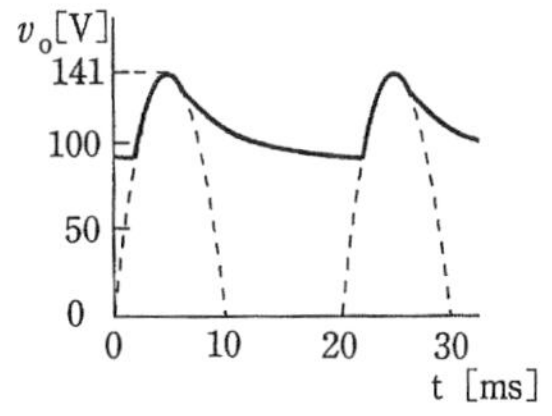 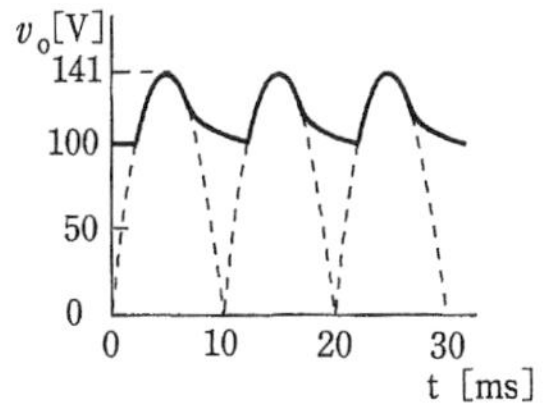 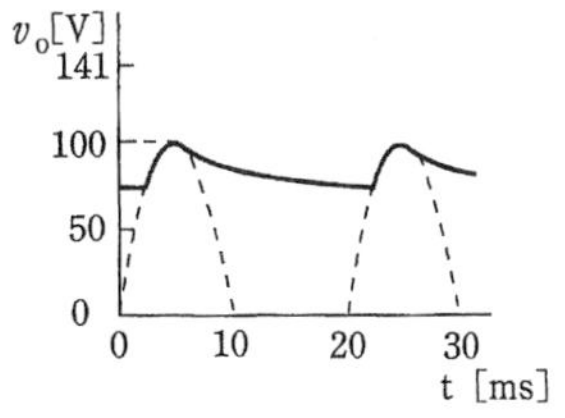 イ．（v_0[V]：141，100，50，0／t [ms]：0，10，20，30） ロ．（v_0[V]：141，100，50，0／t [ms]：0，10，20，30） ハ．（v_0[V]：141，100，50，0／t [ms]：0，10，20，30） ニ．（v_0[V]：141，100，50，0／t [ms]：0，10，20，30） 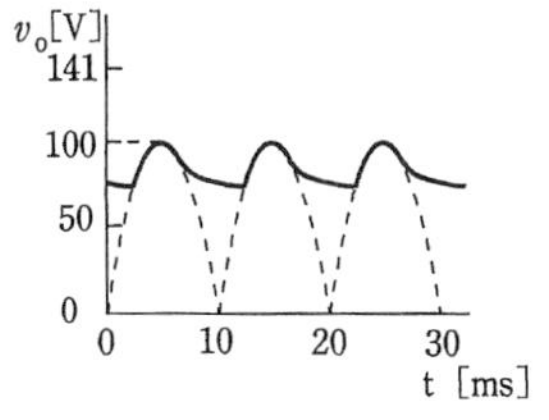
14	写真で示す電磁調理器（IH 調理器）の加熱原理は。 	イ．誘導加熱　ロ．誘電加熱　ハ．抵抗加熱　ニ．赤外線加熱

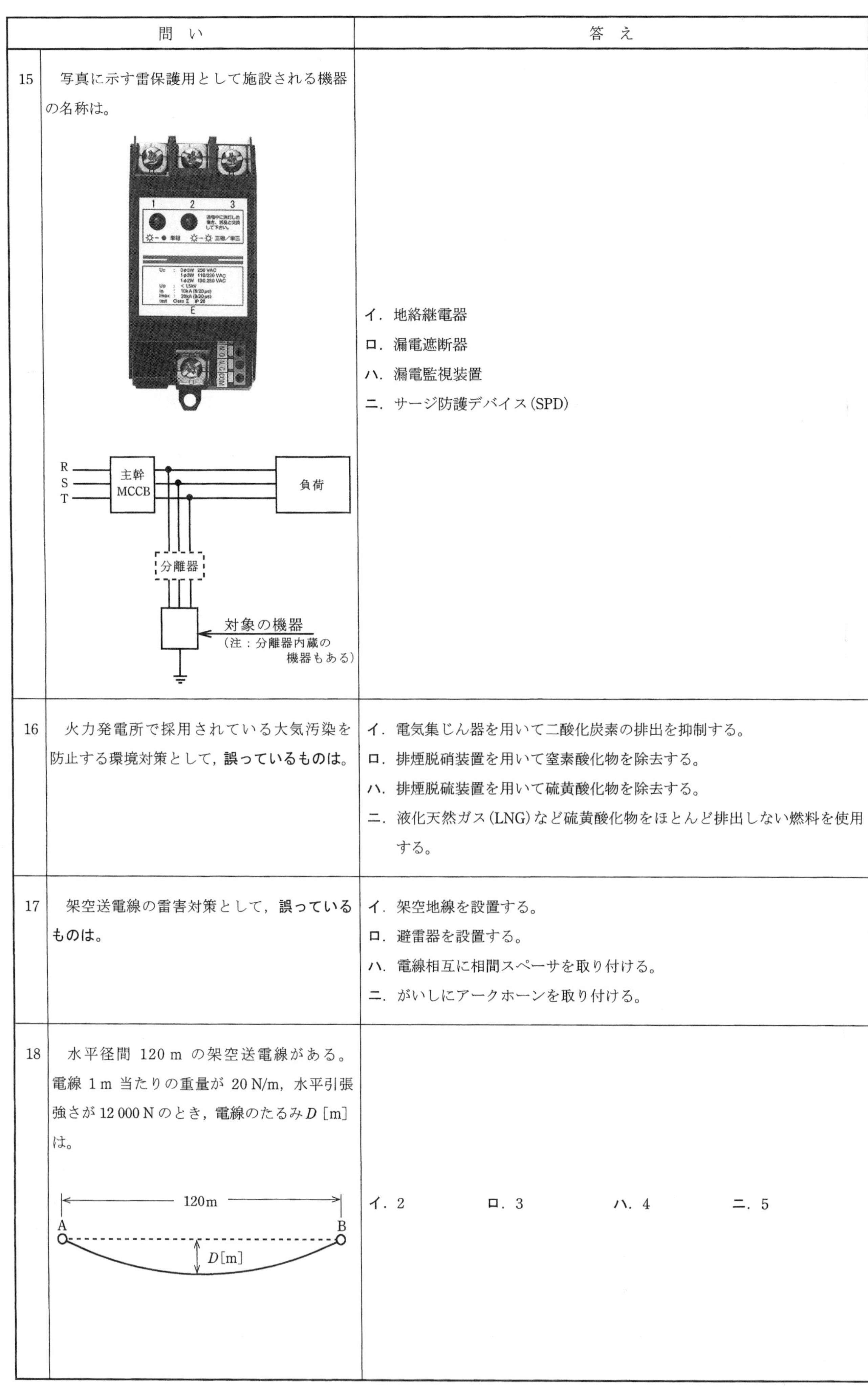

	問い	答え
15	写真に示す雷保護用として施設される機器の名称は。	イ．地絡継電器 ロ．漏電遮断器 ハ．漏電監視装置 ニ．サージ防護デバイス（SPD）
16	火力発電所で採用されている大気汚染を防止する環境対策として，**誤っているものは。**	イ．電気集じん器を用いて二酸化炭素の排出を抑制する。 ロ．排煙脱硝装置を用いて窒素酸化物を除去する。 ハ．排煙脱硫装置を用いて硫黄酸化物を除去する。 ニ．液化天然ガス（LNG）など硫黄酸化物をほとんど排出しない燃料を使用する。
17	架空送電線の雷害対策として，**誤っているものは。**	イ．架空地線を設置する。 ロ．避雷器を設置する。 ハ．電線相互に相間スペーサを取り付ける。 ニ．がいしにアークホーンを取り付ける。
18	水平径間 120 m の架空送電線がある。電線 1 m 当たりの重量が 20 N/m，水平引張強さが 12 000 N のとき，電線のたるみ D [m] は。	イ．2　ロ．3　ハ．4　ニ．5

問い		答え
19	高調波に関する記述として，**誤っているものは**。	イ．電力系統の電圧，電流に含まれる高調波は，第 5 次，第 7 次などの比較的周波数の低い成分が大半である。 ロ．インバータは高調波の発生源にならない。 ハ．高圧進相コンデンサには高調波対策として，直列リアクトルを設置することが望ましい。 ニ．高調波は，電動機に過熱などの影響を与えることがある。
20	公称電圧 6.6 kV の高圧受電設備に使用する高圧交流遮断器(定格電圧 7.2 kV，定格遮断電流 12.5 kA，定格電流 600 A)の遮断容量[MV·A]は。	イ．80　ロ．100　ハ．130　ニ．160
21	高圧受電設備に雷その他による異常な過大電圧が加わった場合の避雷器の機能として，**適切なものは**。	イ．過大電圧に伴う電流を大地へ分流することによって過大電圧を制限し，過大電圧が過ぎ去った後に，電路を速やかに健全な状態に回復させる。 ロ．過大電圧が侵入した相を強制的に切り離し回路を正常に保つ。 ハ．内部の限流ヒューズが溶断して，保護すべき電気機器を電源から切り離す。 ニ．電源から保護すべき電気機器を一時的に切り離し，過大電圧が過ぎ去った後に再び接続する。
22	写真に示す機器の文字記号(略号)は。	イ．DS ロ．PAS ハ．LBS ニ．VCB
23	写真に示す品物の名称は。	イ．高圧ピンがいし ロ．長幹がいし ハ．高圧耐張がいし ニ．高圧中実がいし

	問　い	答　え
24	配線器具に関する記述として，**誤っているものは。**	イ．遅延スイッチは，操作部を「切り操作」した後，遅れて動作するスイッチで，トイレの換気扇などに使用される。 ロ．熱線式自動スイッチは，人体の体温等を検知し自動的に開閉するスイッチで，玄関灯などに使用される。 ハ．引掛形コンセントは，刃受が円弧状で，専用のプラグを回転させることによって抜けない構造としたものである。 ニ．抜止形コンセントは，プラグを回転させることによって容易に抜けない構造としたもので，専用のプラグを使用する。
25	600 V ビニル絶縁電線の許容電流(連続使用時)に関する記述として，**適切なものは。**	イ．電流による発熱により，電線の絶縁物が著しい劣化をきたさないようにするための限界の電流値。 ロ．電流による発熱により，絶縁物の温度が 80 ℃となる時の電流値。 ハ．電流による発熱により，電線が溶断する時の電流値。 ニ．電圧降下を許容範囲に収めるための最大の電流値。
26	写真に示すもののうち，CVT 150mm^2 のケーブルを，ケーブルラック上に延線する作業で，一般的に**使用されないものは。**	イ．  ロ．  ハ．  ニ． 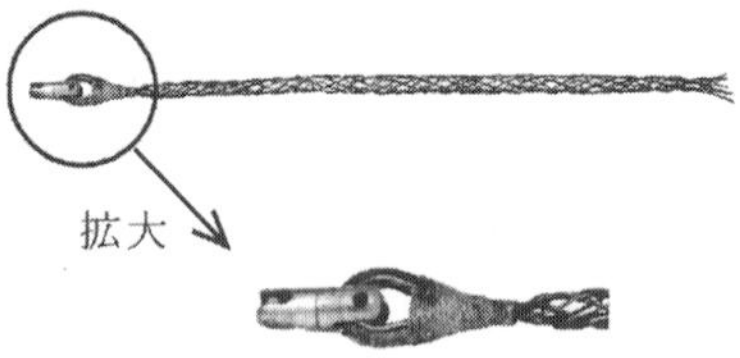
27	使用電圧 300 V 以下のケーブル工事による低圧屋内配線において，**不適切なものは。**	イ．架橋ポリエチレン絶縁ビニルシースケーブルをガス管と接触しないように施設した。 ロ．ビニル絶縁ビニルシースケーブル(丸形)を造営材の側面に沿って，支持点間を 3 m にして施設した。 ハ．乾燥した場所で長さ 2 m の金属製の防護管に収めたので，防護管の D 種接地工事を省略した。 ニ．点検できる隠ぺい場所にビニルキャブタイヤケーブルを使用して施設した。

	問い	答え
28	可燃性ガスが存在する場所に低圧屋内電気設備を施設する施工方法として，**不適切なものは。**	イ．スイッチ，コンセントは，電気機械器具防爆構造規格に適合するものを使用した。 ロ．可搬形機器の移動電線には，接続点のない3種クロロプレンキャブタイヤケーブルを使用した。 ハ．金属管工事により施工し，厚鋼電線管を使用した。 ニ．金属管工事により施工し，電動機の端子箱との可とう性を必要とする接続部に金属製可とう電線管を使用した。
29	展開した場所のバスダクト工事に関する記述として，**誤っているものは。**	イ．低圧屋内配線の使用電圧が 400 V で，かつ，接触防護措置を施したので，ダクトにはD種接地工事を施した。 ロ．低圧屋内配線の使用電圧が 200 V で，かつ，湿気が多い場所での施設なので，屋外用バスダクトを使用し，バスダクト内部に水が浸入してたまらないようにした。 ハ．低圧屋内配線の使用電圧が 200 V で，かつ，接触防護措置を施したので，ダクトの接地工事を省略した。 ニ．ダクトを造営材に取り付ける際，ダクトの支持点間の距離を2mとして施設した。

問い30から問い34までは，下の図に関する問いである。

図は，自家用電気工作物構内の高圧受電設備を表した図である。この図に関する各問いには，4 通りの答え（**イ**，**ロ**，**ハ**，**ニ**）が書いてある。それぞれの問いに対して，答えを1つ選びなさい。

〔注〕図において，問いに直接関係のない部分等は，省略又は簡略化してある。

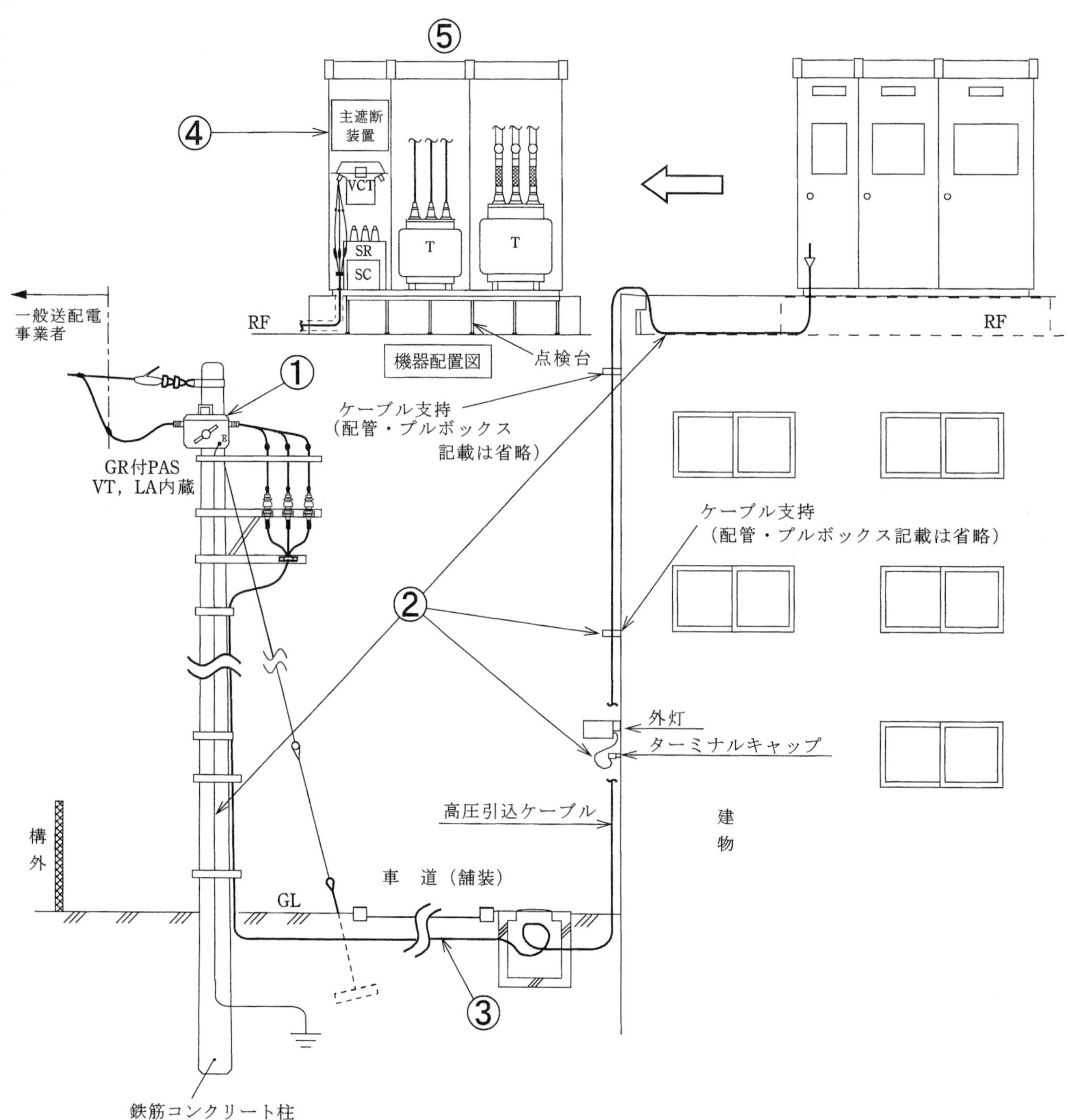

	問い	答え
30	①に示す地絡継電装置付き高圧交流負荷開閉器(GR 付 PAS)に関する記述として，**不適切なものは。**	イ．GR 付 PAS は，保安上の責任分界点に設ける区分開閉器として用いられる。 ロ．GR 付 PAS の地絡継電装置は，波及事故を防止するため，一般送配電事業者側との保護協調が大切である。 ハ．GR 付 PAS は，短絡等の過電流を遮断する能力を有しないため，過電流ロック機能が必要である。 ニ．GR 付 PAS の地絡継電装置は，需要家内のケーブルが長い場合，対地静電容量が大きく，他の需要家の地絡事故で不必要動作する可能性がある。このような施設には，地絡過電圧継電器を設置することが望ましい。
31	②に示す引込柱及び高圧引込ケーブルの施工に関する記述として，**不適切なものは。**	イ．A 種接地工事に使用する接地線を人が触れるおそれがある引込柱の側面に立ち上げるため，地表からの高さ 2 m，地表下 0.75 m の範囲を厚さ 2 mm以上の合成樹脂管(CD 管を除く)で覆った。 ロ．造営物に取り付けた外灯の配線と高圧引込ケーブルを 0.1 m 離して施設した。 ハ．高圧引込ケーブルを造営材の側面に沿って垂直に支持点間 6 m で施設した。 ニ．屋上の高圧引込ケーブルを造営材に堅ろうに取り付けた堅ろうなトラフに収め，トラフには取扱者以外の者が容易に開けることができない構造の鉄製のふたを設けた。
32	③に示す地中にケーブルを施設する場合，使用する材料と埋設深さの組合せとして，**不適切なものは。** ただし，材料は JIS 規格に適合するものとする。	イ．ポリエチレン被覆鋼管 舗装下面から 0.3 m ロ．硬質ポリ塩化ビニル電線管 舗装下面から 0.3 m ハ．波付硬質合成樹脂管 舗装下面から 0.6 m ニ．コンクリートトラフ 舗装下面から 0.6 m
33	④に示す PF・S 形の主遮断装置として，**必要でないものは。**	イ．過電流継電器 ロ．ストライカによる引外し装置 ハ．相間，側面の絶縁バリア ニ．高圧限流ヒューズ
34	⑤に示す高圧キュービクル内に設置した機器の接地工事に使用する軟銅線の太さに関する記述として，**適切なものは。**	イ．高圧電路と低圧電路を結合する変圧器の金属製外箱に施す接地線に，直径 2.0 mm の軟銅線を使用した。 ロ．LBS の金属製部分に施す接地線に，直径 2.0 mm の軟銅線を使用した。 ハ．高圧進相コンデンサの金属製外箱に施す接地線に，3.5 mm^2 の軟銅線を使用した。 ニ．定格負担 100 V·A の高圧計器用変成器の 2 次側電路に施す接地線に，3.5 mm^2 の軟銅線を使用した。

	問　い	答　え
35	自家用電気工作物として施設する電路又は機器について，D種接地工事を**施さなければならない箇所は。**	イ．高圧電路に施設する外箱のない変圧器の鉄心 ロ．使用電圧 400 V の電動機の鉄台 ハ．高圧計器用変成器の二次側電路 ニ．6.6 kV/210 V 変圧器の低圧側の中性点
36	高圧ケーブルの絶縁抵抗の測定を行うとき，絶縁抵抗計の保護端子（ガード端子）を使用する目的として，**正しいものは。**	イ．絶縁物の表面を流れる漏れ電流も含めて測定するため。 ロ．高圧ケーブルの残留電荷を放電するため。 ハ．絶縁物の表面を流れる漏れ電流による誤差を防ぐため。 ニ．指針の振切れによる焼損を防ぐため。
37	公称電圧 6.6 kV の交流電路に使用するケーブルの絶縁耐力試験を直流電圧で行う場合の試験電圧［V］の計算式は。	イ．$6\,600 \times 1.5 \times 2$ ロ．$6\,600 \times \frac{1.15}{1.1} \times 1.5 \times 2$ ハ．$6\,600 \times 2 \times 2$ ニ．$6\,600 \times \frac{1.15}{1.1} \times 2 \times 2$
38	「電気工事士法」において，電圧 600 V 以下で使用する自家用電気工作物に係る電気工事の作業のうち，第一種電気工事士又は認定電気工事従事者でなくても従事できるものは。	イ．ダクトに電線を収める作業 ロ．電線管を曲げ，電線管相互を接続する作業 ハ．金属製の線ぴを，建造物の金属板張りの部分に取り付ける作業 ニ．電気機器に電線を接続する作業
39	「電気工事業の業務の適正化に関する法律」において，電気工事業者の業務に関する記述として，**誤っているものは。**	イ．営業所ごとに，絶縁抵抗計の他，法令に定められた器具を備えなければならない。 ロ．営業所ごとに，電気工事に関し，法令に定められた事項を記載した帳簿を備えなければならない。 ハ．営業所及び電気工事の施工場所ごとに，法令に定められた事項を記載した標識を掲示しなければならない。 ニ．通知電気工事業者は，法令に定められた主任電気工事士を置かなければならない。
40	「電気設備に関する技術基準」において，交流電圧の高圧の範囲は。	イ．750 V を超え 7 000 V 以下 ロ．600 V を超え 7 000 V 以下 ハ．750 V を超え 6 600 V 以下 ニ．600 V を超え 6 600 V 以下

問題２．配線図 (問題数 10，配点は１問当たり２点)

図は，高圧受電設備の単線結線図である。この図の矢印で示す 10 箇所に関する各問いには，4 通りの答え（**イ**，**ロ**，**ハ**，**ニ**）が書いてある。それぞれの問いに対して，答えを１つ選びなさい。

〔注〕　図において，問いに直接関係のない部分等は，省略又は簡略化してある。

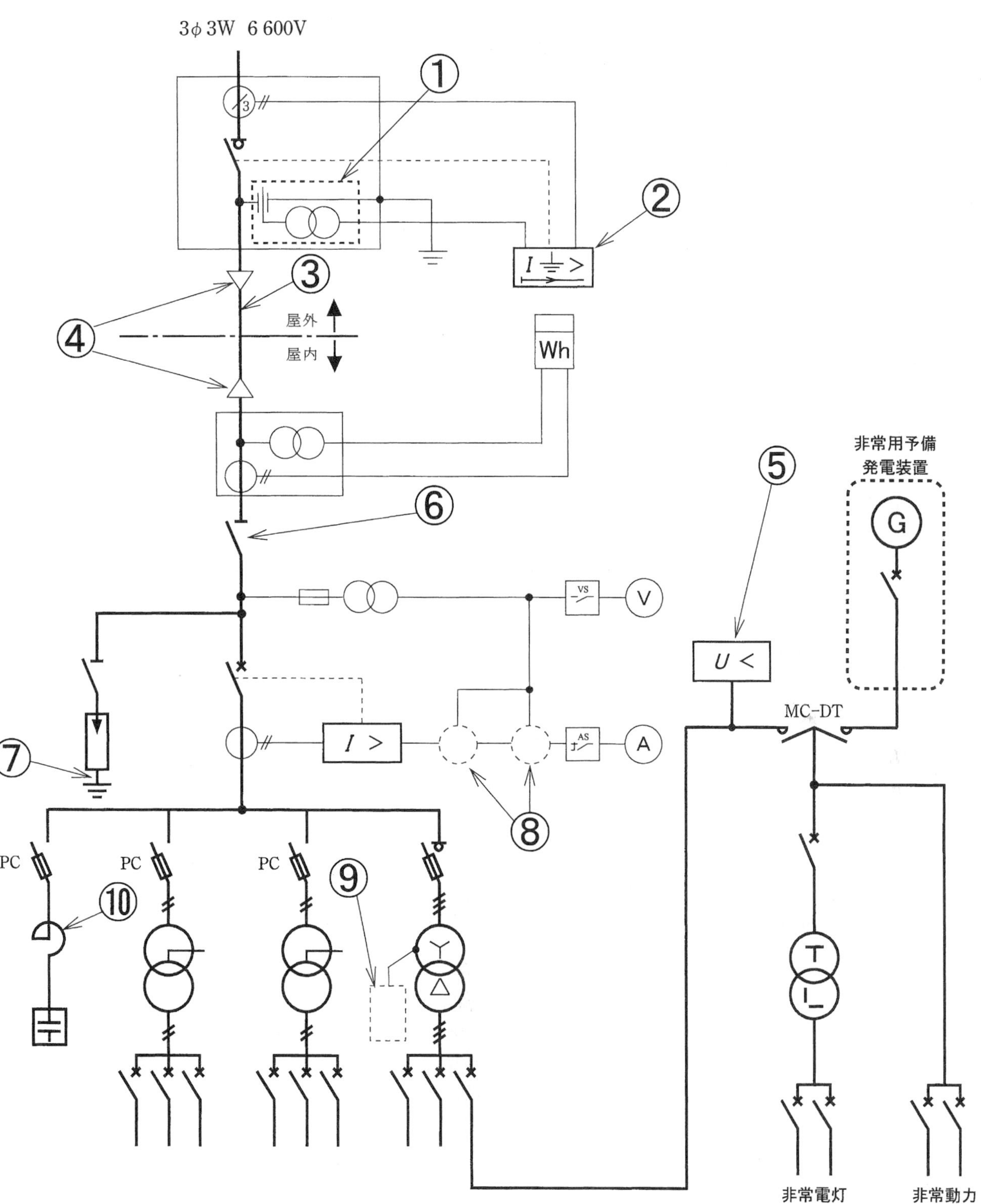

	問　い	答　え
41	①で示す図記号の機器に関する記述として，**正しいものは。**	イ．零相電流を検出する。 ロ．零相電圧を検出する。 ハ．異常電圧を検出する。 ニ．短絡電流を検出する。
42	②で示す機器の文字記号(略号)は。	イ．OVGR ロ．DGR ハ．OCR ニ．OCGR
43	③で示す部分に使用する CVT ケーブルとして，**適切なものは。**	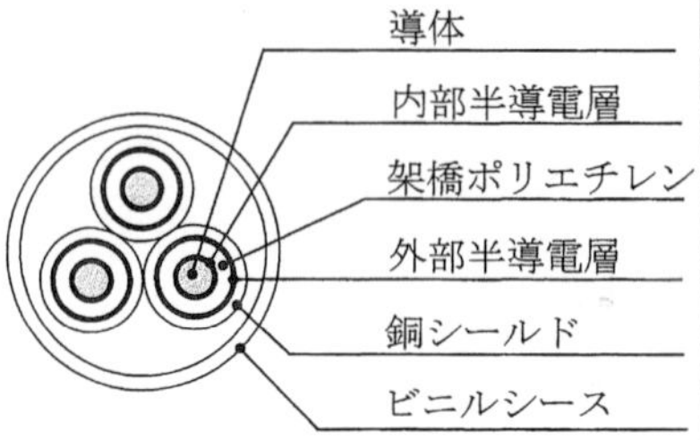 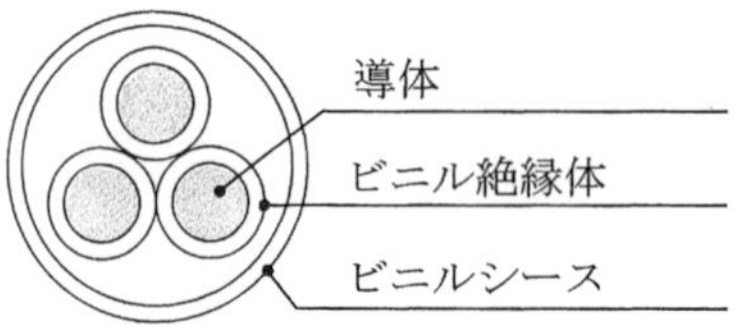 イ． 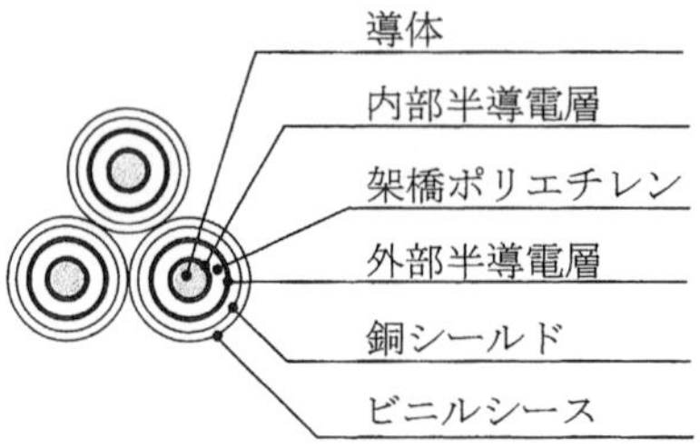 導体 内部半導電層 架橋ポリエチレン 外部半導電層 銅シールド ビニルシース ロ． 導体 内部半導電層 架橋ポリエチレン 外部半導電層 銅シールド ビニルシース ハ． 導体 ビニル絶縁体 ビニルシース ニ． 導体 架橋ポリエチレン ビニルシース 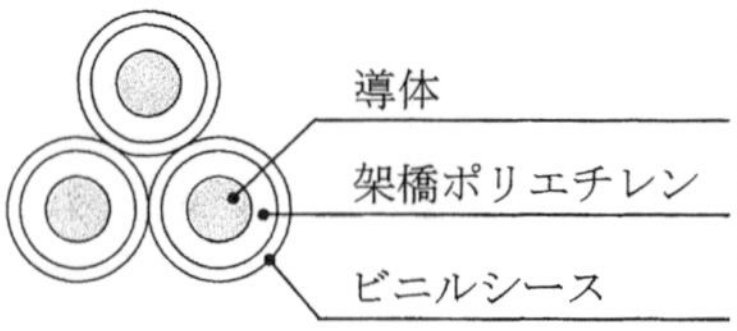
44	④で示す部分に**使用されないものは。**	イ．  ロ．  ハ．  ニ． 

問い		答え
45	⑤で示す機器の名称と制御器具番号の**正しいものは。**	イ．不足電圧継電器 27 ロ．不足電流継電器 37 ハ．過電流継電器 51 ニ．過電圧継電器 59
46	⑥に設置する機器は。	イ． 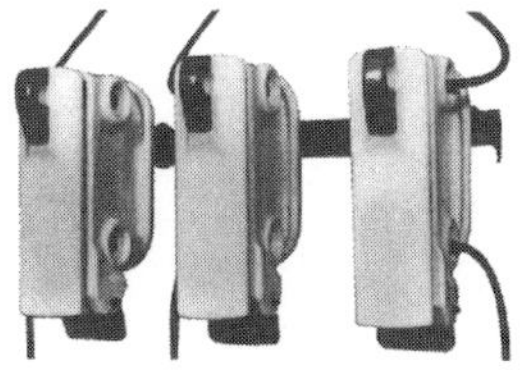 ロ．  ハ．  ニ． 
47	⑦で示す機器の接地線（軟銅線）の太さの最小太さは。	イ．5.5 mm^2　ロ．8 mm^2　ハ．14 mm^2　ニ．22 mm^2
48	⑧に設置する機器の組合せは。	イ．  ロ．  ハ．  ニ． 
49	⑨に入る**正しい**図記号は。	イ．E_A　ロ．E_B　ハ．E_C　ニ．E_D 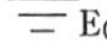
50	⑩で示す機器の役割として，**誤っているものは。**	イ．コンデンサ回路の突入電流を抑制する。 ロ．電圧波形のひずみを改善する。 ハ．第5調波等の高調波障害の拡大を防止する。 ニ．コンデンサの残留電荷を放電する。

2021年度午前（令和3年度）試験問題

第一種電気工事士

2021年度午後
（令和3年度）

筆記試験問題

※2021年度（令和3年度）の第一種電気工事士筆記試験は，新型コロナウイルス感染防止対策として，同日の午前と午後にそれぞれ実施された．

問題1．一般問題（問題数 40，配点は1問当たり2点）

次の各問いには4通りの答え（イ，ロ，ハ，ニ）が書いてある。それぞれの問いに対して答えを1つ選びなさい。
なお，選択肢が数値の場合は，最も近い値を選びなさい。

	問い	答え
1	図のように，空気中に距離 r [m] 離れて，2つの点電荷 $+Q$ [C] と $-Q$ [C] があるとき，これらの点電荷間に働く力 F [N] は。 +Q[C]　−Q[C]　F[N]　F[N]　r[m]	イ．$\frac{Q}{r^2}$ に比例する ロ．$\frac{Q}{r}$ に比例する ハ．$\frac{Q^2}{r^2}$ に比例する ニ．$\frac{Q^3}{r}$ に比例する
2	図のような直流回路において，4つの抵抗 R は同じ抵抗値である。回路の電流 I_3 が 12 A であるとき，抵抗 R の抵抗値［Ω］は。 R　I_1　I_2　I_3=12 A　90 V　R　R　R	イ．2　ロ．3　ハ．4　ニ．5
3	図のような交流回路において，電源電圧は 120 V，抵抗は 8 Ω，リアクタンスは 15 Ω，回路電流は 17 A である。この回路の力率［%］は。 17 A　15 A　8 A　120 V　8 Ω　15 Ω	イ．38　ロ．68　ハ．88　ニ．98

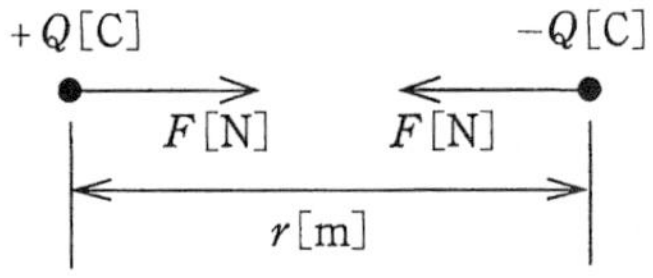

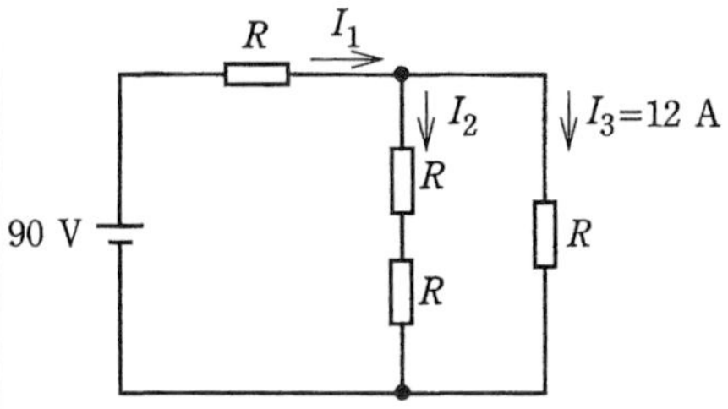

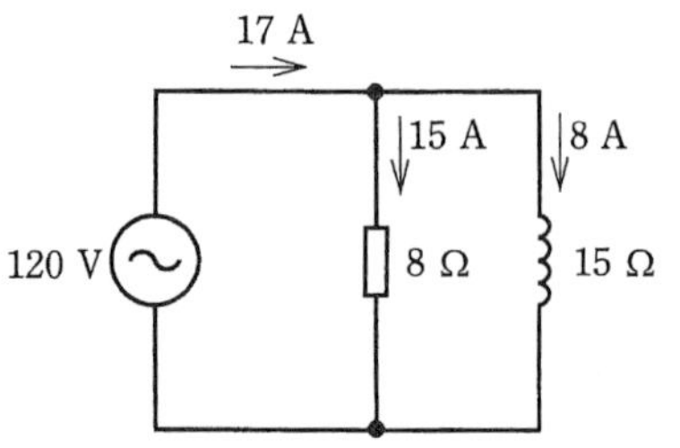

	問い	答え
4	図に示す交流回路において，回路電流 I の値が最も小さくなる I_R，I_L，I_C の値の組合せとして，**正しいものは。** 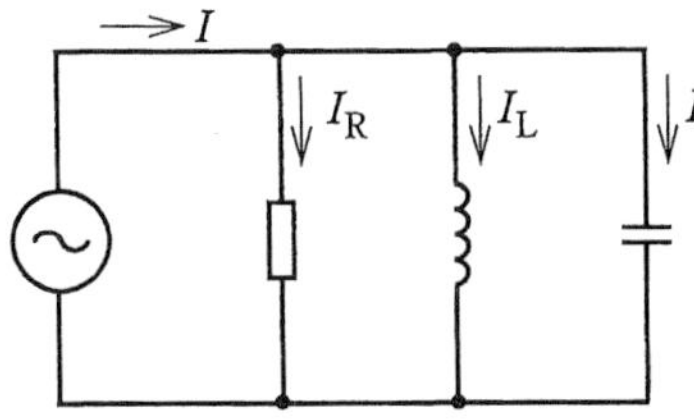 	イ．$I_R=8\,\mathrm{A}$ $I_L=9\,\mathrm{A}$ $I_C=3\,\mathrm{A}$ ロ．$I_R=8\,\mathrm{A}$ $I_L=2\,\mathrm{A}$ $I_C=8\,\mathrm{A}$ ハ．$I_R=8\,\mathrm{A}$ $I_L=10\,\mathrm{A}$ $I_C=2\,\mathrm{A}$ ニ．$I_R=8\,\mathrm{A}$ $I_L=10\,\mathrm{A}$ $I_C=10\,\mathrm{A}$
5	図のような三相交流回路において，線電流 I の値［A］は。 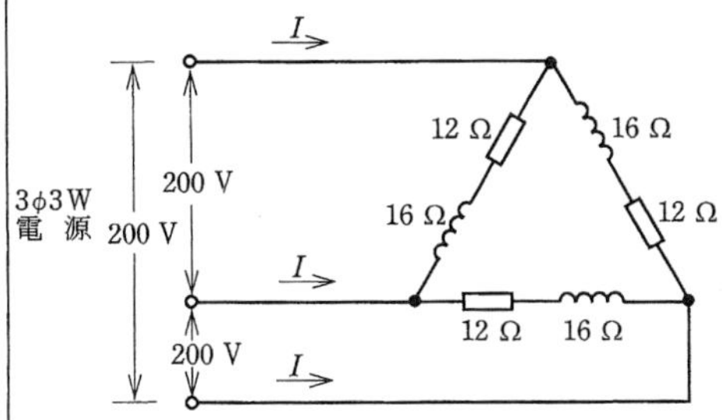 	イ．5.8 ロ．10.0 ハ．17.3 ニ．20.0
6	図のような，三相 3 線式配電線路で，受電端電圧が 6 700 V，負荷電流が 20 A，深夜で軽負荷のため力率が 0.9（進み力率）のとき，配電線路の送電端の線間電圧［V］は。 ただし，配電線路の抵抗は 1 線当たり 0.8 Ω，リアクタンスは 1.0 Ω であるとする。 なお，$\cos\theta=0.9$ のとき $\sin\theta=0.436$ であるとし，適切な近似式を用いるものとする。 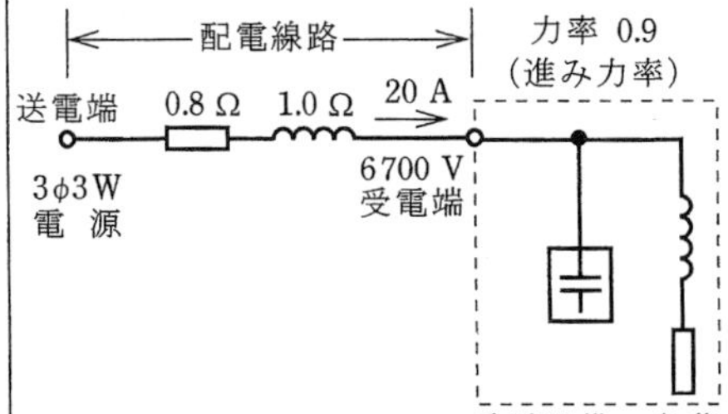 	イ．6 700 ロ．6 710 ハ．6 800 ニ．6 900

	問い	答え			
7	図のように三相電源から，三相負荷(定格電圧 200 V，定格消費電力 20 kW，遅れ力率 0.8)に電気を供給している配電線路がある。配電線路の電力損失を最小とするために必要なコンデンサの容量［kvar］の値は。 ただし，電源電圧及び負荷インピーダンスは一定とし，配電線路の抵抗は1線当たり 0.1 Ω で，配電線路のリアクタンスは無視できるものとする。 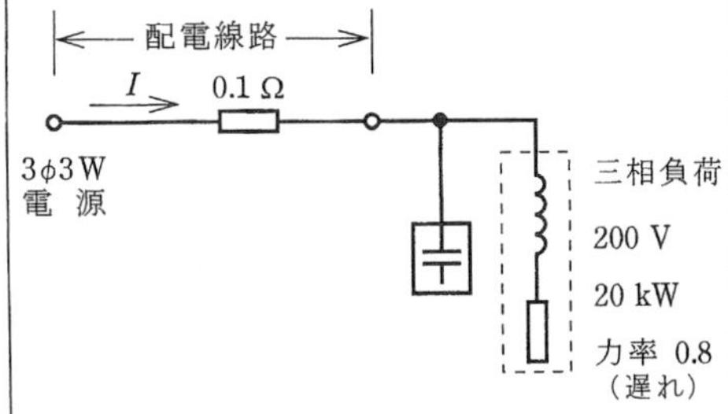 配電線路 / I / 0.1 Ω / 3φ3W 電源 / 三相負荷 200 V 20 kW 力率 0.8（遅れ）	イ．10	ロ．15	ハ．20	ニ．25
8	線間電圧 V［kV］の三相配電系統において，受電点からみた電源側の百分率インピーダンスが Z［%］(基準容量：10 MV·A)であった。受電点における三相短絡電流［kA］を示す式は。	イ．$\dfrac{10\sqrt{3}Z}{V}$	ロ．$\dfrac{1000}{VZ}$	ハ．$\dfrac{1000}{\sqrt{3}VZ}$	ニ．$\dfrac{10Z}{V}$
9	図のように，直列リアクトルを設けた高圧進相コンデンサがある。この回路の無効電力(設備容量)［var］を示す式は。 ただし，$X_L < X_C$ とする。 3φ3W 電源 / V[V] / X_L［Ω］ / X_C［Ω］ / 直列リアクトル / 高圧進相コンデンサ 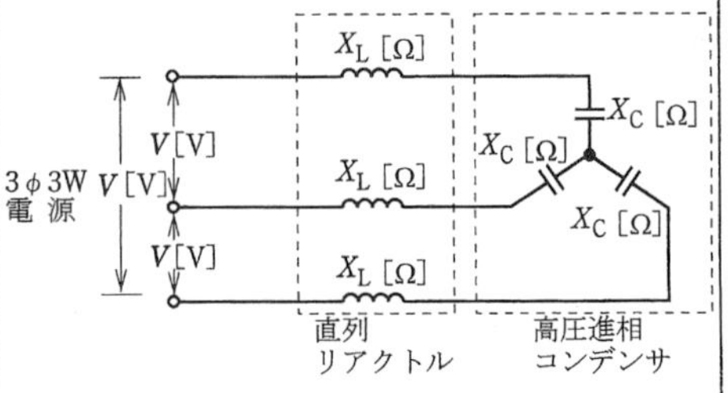	イ．$\dfrac{V^2}{X_C - X_L}$	ロ．$\dfrac{V^2}{X_C + X_L}$	ハ．$\dfrac{X_C V}{X_C - X_L}$	ニ．$\dfrac{V}{X_C - X_L}$

	問　い	答　え
10	三相かご形誘導電動機の始動方法として，**用いられないものは。**	イ．全電圧始動(直入れ) ロ．スターデルタ始動 ハ．リアクトル始動 ニ．二次抵抗始動
11	図のように，単相変圧器の二次側に 20 Ω の抵抗を接続して，一次側に 2 000 V の電圧を加えたら一次側に 1 A の電流が流れた。この時の単相変圧器の二次電圧 V_2 [V] は。 ただし，巻線の抵抗や損失を無視するものとする。 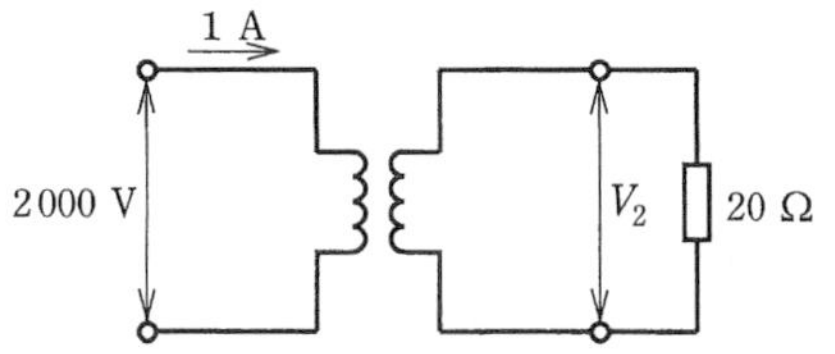 1 A　2 000 V　V_2　20 Ω	イ．50　ロ．100　ハ．150　ニ．200
12	電磁調理器(IH 調理器)の加熱方式は。	イ．アーク加熱 ロ．誘導加熱 ハ．抵抗加熱 ニ．赤外線加熱
13	LED ランプの記述として，**誤っているものは。**	イ．LED ランプは pn 接合した半導体に電圧を加えることにより発光する現象を利用した光源である。 ロ．LED ランプに使用される LED チップ(半導体)の発光に必要な順方向電圧は，直流 100 V 以上である。 ハ．LED ランプの発光原理はエレクトロルミネセンスである。 ニ．LED ランプには，青色 LED と黄色を発光する蛍光体を使用し，白色に発光させる方法がある。
14	写真の三相誘導電動機の構造において矢印で示す部分の名称は。 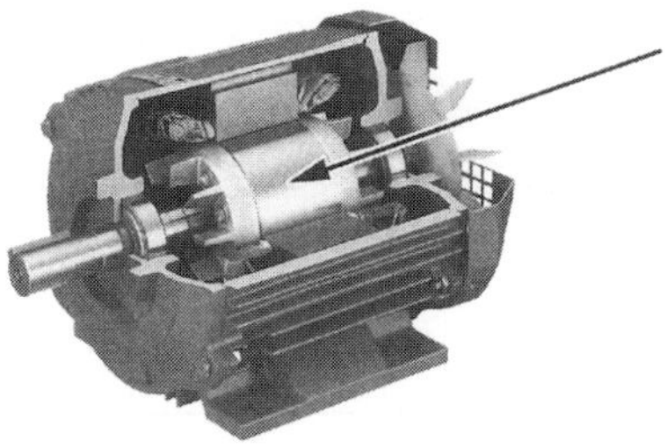	イ．固定子巻線 ロ．回転子鉄心 ハ．回転軸 ニ．ブラケット

問い		答え
15	写真に示す矢印の機器の名称は。 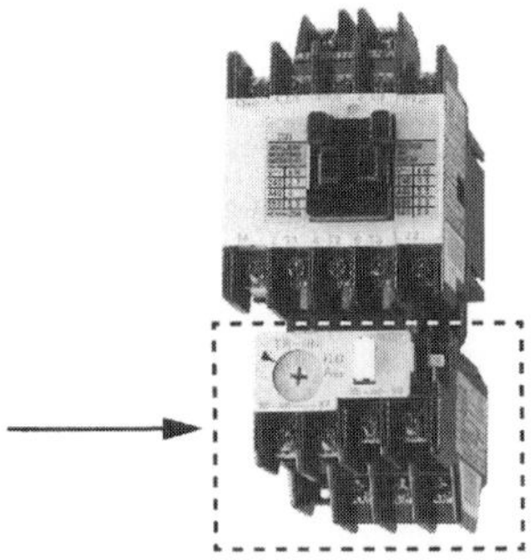	イ．自動温度調節器 ロ．漏電遮断器 ハ．熱動継電器 ニ．タイムスイッチ
16	水力発電所の水車の種類を，適用落差の最大値の高いものから低いものの順に左から右に並べたものは。	イ．ペルトン水車　フランシス水車　プロペラ水車 ロ．ペルトン水車　プロペラ水車　フランシス水車 ハ．プロペラ水車　フランシス水車　ペルトン水車 ニ．フランシス水車　プロペラ水車　ペルトン水車
17	同期発電機を並行運転する条件として，**必要でないものは。**	イ．周波数が等しいこと。 ロ．電圧の大きさが等しいこと。 ハ．電圧の位相が一致していること。 ニ．発電容量が等しいこと。
18	単導体方式と比較して，多導体方式を採用した架空送電線路の特徴として，**誤っているのは。**	イ．電流容量が大きく，送電容量が増加する。 ロ．電線表面の電位の傾きが下がり，コロナ放電が発生しやすい。 ハ．電線のインダクタンスが減少する。 ニ．電線の静電容量が増加する。
19	ディーゼル発電装置に関する記述として，**誤っているものは。**	イ．ディーゼル機関は点火プラグが不要である。 ロ．ディーゼル機関の動作工程は，吸気→爆発(燃焼)→圧縮→排気である。 ハ．回転むらを滑らかにするために，はずみ車が用いられる。 ニ．ビルなどの非常用予備発電装置として，一般に使用される。

	問　い	答　え
20	高圧電路に施設する避雷器に関する記述として，**誤っているものは。**	イ．雷電流により，避雷器内部の高圧限流ヒューズが溶断し，電気設備を保護した。 ロ．高圧架空電線路から電気の供給を受ける受電電力 500 kW の需要場所の引込口に施設した。 ハ．近年では酸化亜鉛(ZnO)素子を使用したものが主流となっている。 ニ．避雷器には A 種接地工事を施した。
21	B 種接地工事の接地抵抗値を求めるのに**必要とするものは。**	イ．変圧器の高圧側電路の 1 線地絡電流［A］ ロ．変圧器の容量［kV･A］ ハ．変圧器の高圧側ヒューズの定格電流［A］ ニ．変圧器の低圧側電路の長さ［m］
22	写真に示す機器の文字記号(略号)は。 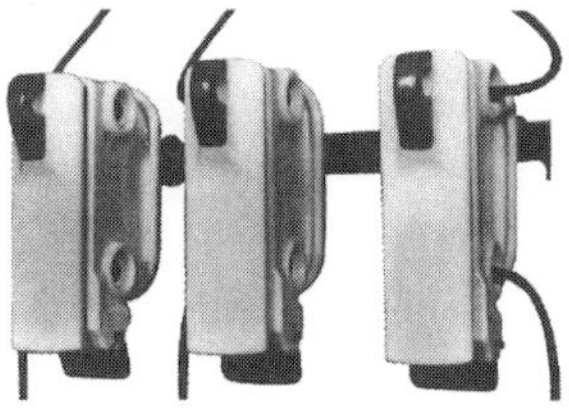	イ．CB ロ．PC ハ．DS ニ．LBS
23	写真に示す機器の用途は。 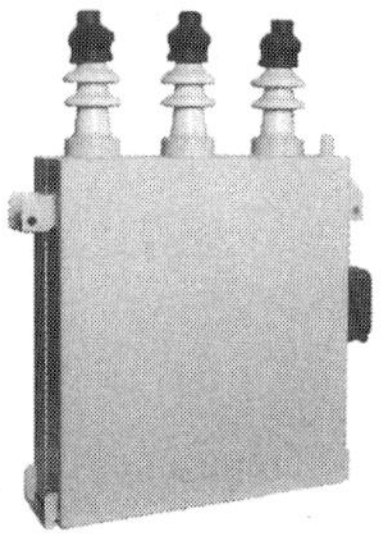	イ．力率を改善する。 ロ．電圧を変圧する。 ハ．突入電流を抑制する。 ニ．高調波を抑制する。
24	写真に示すコンセントの記述として，**誤っているものは。** 	イ．病院などの医療施設に使用されるコンセントで，手術室や集中治療室(ICU)などの特に重要な施設に設置される。 ロ．電線及び接地線の接続は，本体裏側の接続用の穴に電線を差し込み，一般のコンセントに比べ外れにくい構造になっている。 ハ．コンセント本体は，耐熱性及び耐衝撃性が一般のコンセントに比べて優れている。 ニ．電源の種別（一般用・非常用等）が容易に識別できるように，本体の色が白の他，赤や緑のコンセントもある。
25	地中に埋設又は打ち込みをする接地極として，**不適切なものは。**	イ．縦 900 mm× 横 900 mm× 厚さ 2.6 mm のアルミ板 ロ．縦 900 mm× 横 900 mm× 厚さ 1.6 mm の銅板 ハ．直径 14 mm 長さ 1.5 m の銅溶覆鋼棒 ニ．内径 36 mm 長さ 1.5 m の厚鋼電線管

<table>
<tr><th colspan="2">問　い</th><th>答　え</th></tr>
<tr><td>26</td><td>次に示す工具と材料の組合せで，誤っているものは。</td><td>
<table>
<tr><th></th><th>工具</th><th>材料</th></tr>
<tr><td>イ</td><td></td><td>材料</td></tr>
<tr><td>ロ</td><td></td><td></td></tr>
<tr><td>ハ</td><td></td><td></td></tr>
<tr><td>ニ</td><td>黄色</td><td></td></tr>
</table>
</td></tr>
<tr><td>27</td><td>金属管工事の施工方法に関する記述として，適切なものは。</td><td>イ．金属管に，屋外用ビニル絶縁電線を収めて施設した。
ロ．金属管に，高圧絶縁電線を収めて，高圧屋内配線を施設した。
ハ．金属管内に接続点を設けた。
ニ．使用電圧が 400 V の電路に使用する金属管に接触防護措置を施したので，D 種接地工事を施した。</td></tr>
<tr><td>28</td><td>絶縁電線相互の接続に関する記述として，不適切なものは。</td><td>イ．接続部分には，接続管を使用した。
ロ．接続部分を，絶縁電線の絶縁物と同等以上の絶縁効力のあるもので，十分に被覆した。
ハ．接続部分において，電線の引張り強さが 10 %減少した。
ニ．接続部分において，電線の電気抵抗が 20 %増加した。</td></tr>
<tr><td>29</td><td>使用電圧が 300 V 以下の低圧屋内配線のケーブル工事の施工方法に関する記述として，誤っているものは。</td><td>イ．ケーブルを造営材の下面に沿って水平に取り付け，その支持点間の距離を 3 m にして施設した。
ロ．ケーブルの防護装置に使用する金属製部分に D 種接地工事を施した。
ハ．ケーブルに機械的衝撃を受けるおそれがあるので，適当な防護装置を設けた。
ニ．ケーブルを接触防護措置を施した場所に垂直に取り付け，その支持点間の距離を 5 m にして施設した。</td></tr>
</table>

問い30から問い34までは，下の図に関する問いである。

図は，自家用電気工作物構内の高圧受電設備を表した図である。

この図に関する各問いには，4通りの答え（イ，ロ，ハ，ニ）が書いてある。それぞれの問いに対して，答えを1つ選びなさい。

〔注〕図において，問いに直接関係のない部分等は，省略又は簡略化してある。

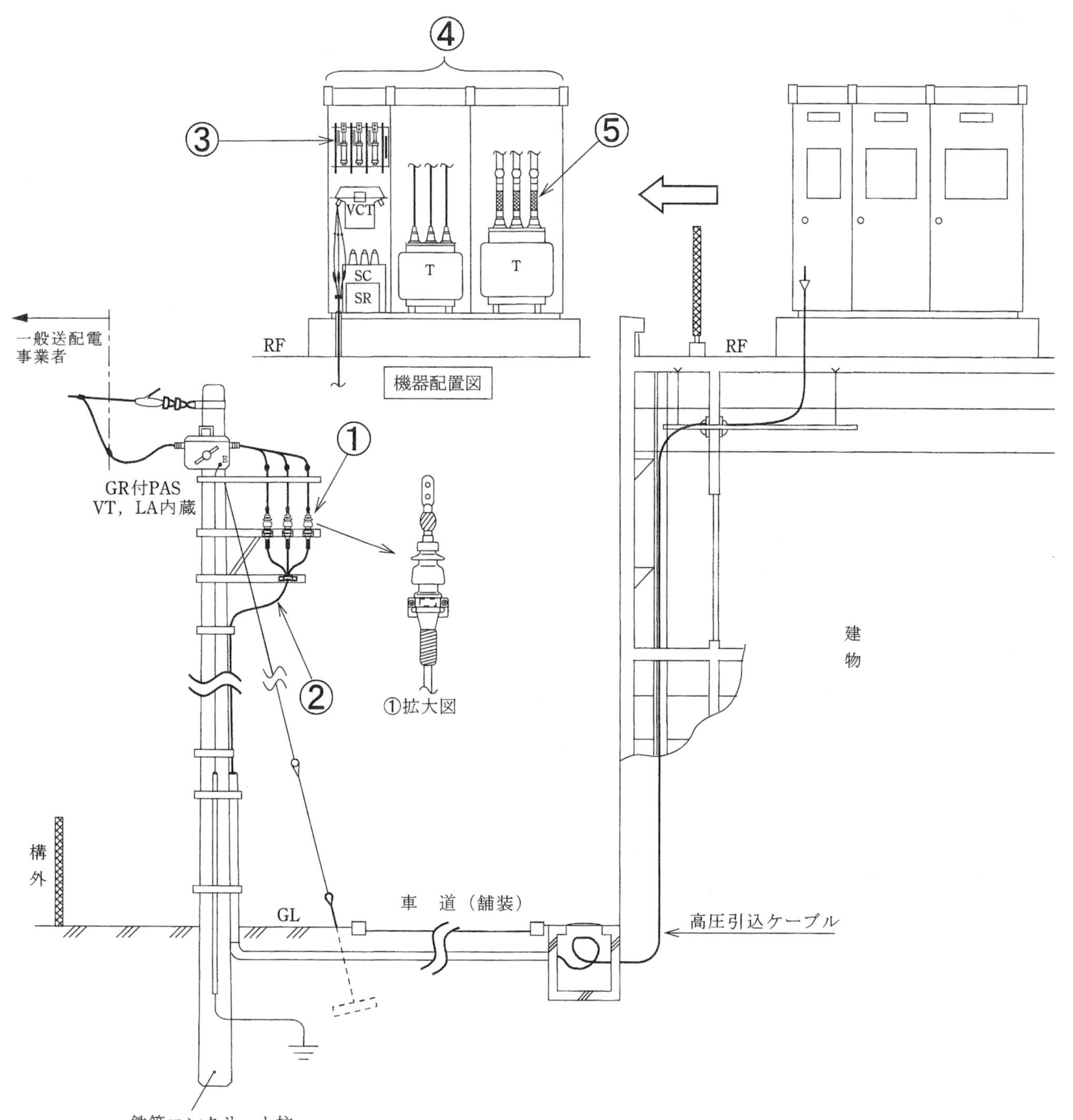

2021
年度午後
(令和3年度)
筆記
試験
問題

問　い		答　え
30	①に示すCVTケーブルの終端接続部の名称は。	イ．ゴムとう管形屋外終端接続部 ロ．耐塩害屋外終端接続部 ハ．ゴムストレスコーン形屋外終端接続部 ニ．テープ巻形屋外終端接続部
31	②に示す高圧引込ケーブルの太さを検討する場合に，**必要のない事項は。**	イ．受電点の短絡電流 ロ．電路の完全地絡時の1線地絡電流 ハ．電線の短時間耐電流 ニ．電線の許容電流
32	③に示す高圧受電盤内の主遮断装置に，限流ヒューズ付高圧交流負荷開閉器を使用できる受電設備容量の最大値は。	イ．200 kW　ロ．300 kW　ハ．300 kV·A　ニ．500 kV·A
33	④に示す受電設備の維持管理に必要な定期点検のうち，年次点検で通常**行わないものは。**	イ．絶縁耐力試験 ロ．保護継電器試験 ハ．接地抵抗の測定 ニ．絶縁抵抗の測定
34	⑤に示す可とう導体を使用した施設に関する記述として，**不適切なものは。**	イ．可とう導体は，低圧電路の短絡等によって，母線に異常な過電流が流れたとき，限流作用によって，母線や変圧器の損傷を防止できる。 ロ．可とう導体には，地震による外力等によって，母線が短絡等を起こさないよう，十分な余裕と絶縁セパレータを施設する等の対策が重要である。 ハ．可とう導体を使用する主目的は，低圧母線に銅帯を使用したとき，過大な外力により，ブッシングやがいし等の損傷を防止しようとするものである。 ニ．可とう導体は，防振装置との組合せ設置により，変圧器の振動による騒音を軽減することができる。ただし，地震による機器等の損傷を防止するためには，耐震ストッパの施設を併せて考慮する必要がある。

問い		答え
35	「電気設備の技術基準の解釈」において，停電が困難なため低圧屋内配線の絶縁性能を，漏えい電流を測定して判定する場合，使用電圧が 200 V の電路の漏えい電流の上限値として，**適切なものは。**	イ．0.1 mA ロ．0.2 mA ハ．1.0 mA ニ．2.0 mA
36	過電流継電器の最小動作電流の測定と限時特性試験を行う場合，**必要でないものは。**	イ．電力計 ロ．電流計 ハ．サイクルカウンタ ニ．可変抵抗器
37	変圧器の絶縁油の劣化診断に**直接関係のないものは。**	イ．絶縁破壊電圧試験 ロ．水分試験 ハ．真空度測定 ニ．全酸価試験
38	「電気工事士法」において，第一種電気工事士に関する記述として，**誤っているものは。**	イ．第一種電気工事士試験に合格したが所定の実務経験がなかったので，第一種電気工事士免状は，交付されなかった。 ロ．自家用電気工作物で最大電力 500 kW 未満の需要設備の電気工事の作業に従事するときに，第一種電気工事士免状を携帯した。 ハ．第一種電気工事士免状の交付を受けた日から 4 年目に，自家用電気工作物の保安に関する講習を受けた。 ニ．第一種電気工事士の免状を持っているので，自家用電気工作物で最大電力 500 kW 未満の需要設備の非常用予備発電装置工事の作業に従事した。
39	「電気工事業の業務の適正化に関する法律」において，電気工事業者が，一般用電気工事のみの業務を行う営業所に**備え付けなくてもよい器具は。**	イ．絶縁抵抗計 ロ．接地抵抗計 ハ．抵抗及び交流電圧を測定することができる回路計 ニ．低圧検電器
40	「電気用品安全法」において，交流の電路に使用する定格電圧 100 V 以上 300 V 以下の機械器具であって，特定電気用品は。	イ．定格電圧 100 V，定格電流 60 A の配線用遮断器 ロ．定格電圧 100 V，定格出力 0.4 kW の単相電動機 ハ．定格静電容量 100 μF の進相コンデンサ ニ．定格電流 30 A の電力量計

問題２．配線図（問題数 10，配点は１問当たり２点）

図は，高圧受電設備の単線結線図である。この図の矢印で示す 10 箇所に関する各問いには，4通りの答え（イ，ロ，ハ，ニ）が書いてある。それぞれの問いに対して，答えを１つ選びなさい。

〔注〕図において，問いに直接関係のない部分等は，省略又は簡略化してある。

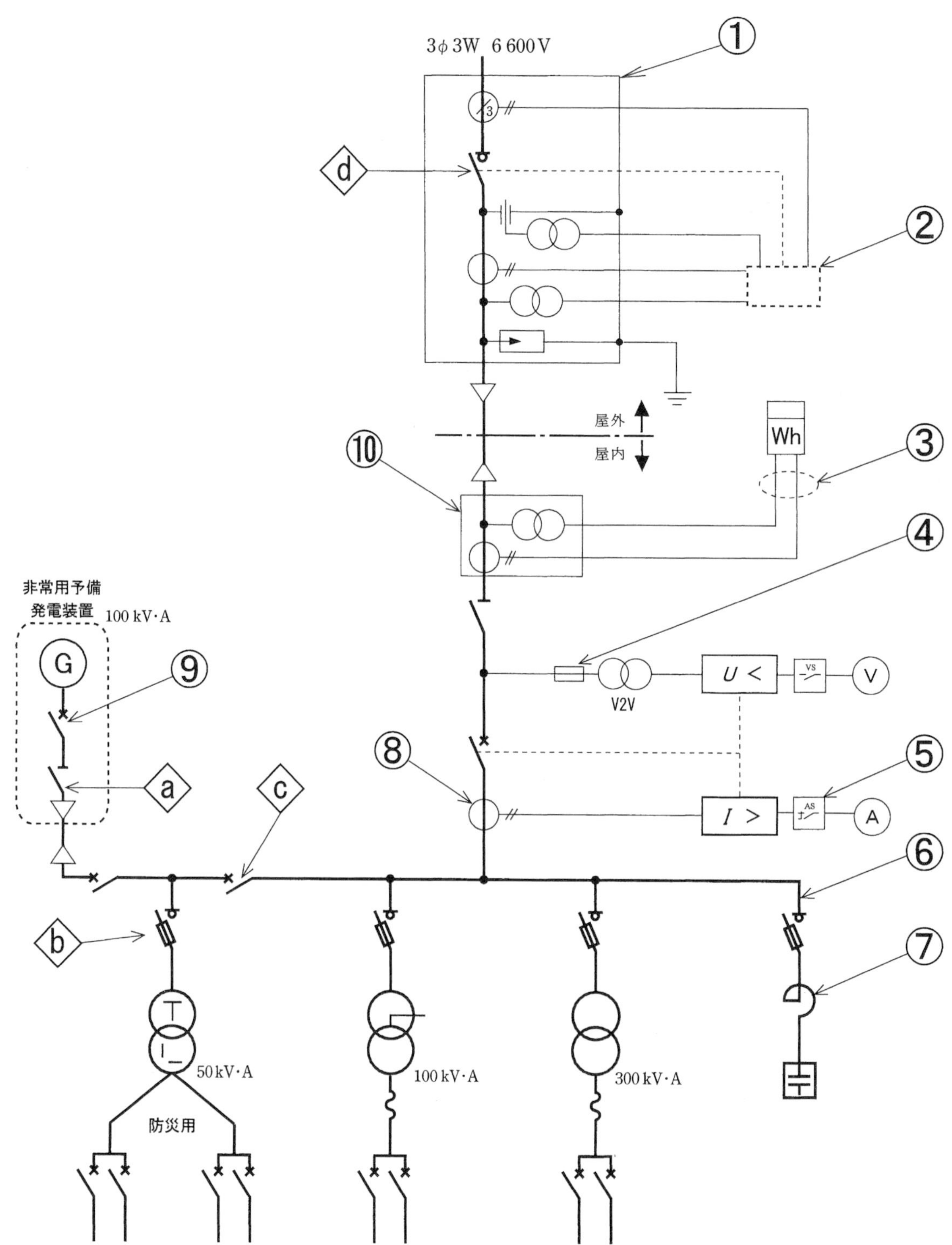

	問い	答え
41	①に設置する機器は。	イ．  ロ．  ハ．  ニ． 
42	②で示す部分に設置する機器の図記号と文字記号(略号)の組合せとして，**正しいものは。**	イ．OCGR 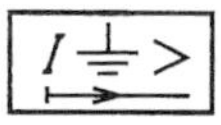 ロ．DGR 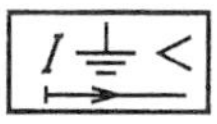 ハ．OCGR 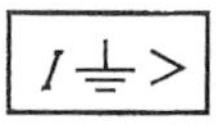 ニ．DGR 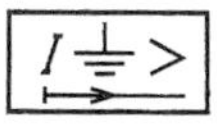
43	③の部分の電線本数(心線数)は。	イ．2又は3 ロ．4又は5 ハ．6又は7 ニ．8又は9
44	④の部分に施設する機器と使用する本数は。	イ．4本 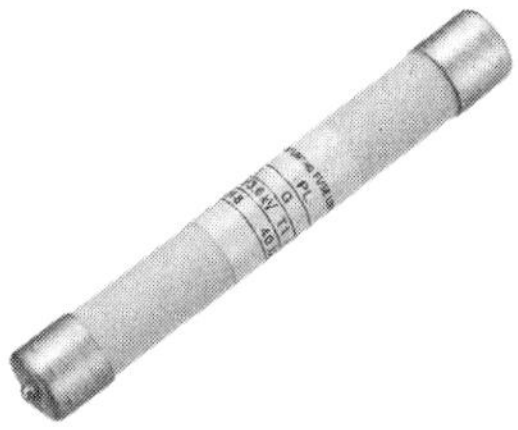 ロ．2本 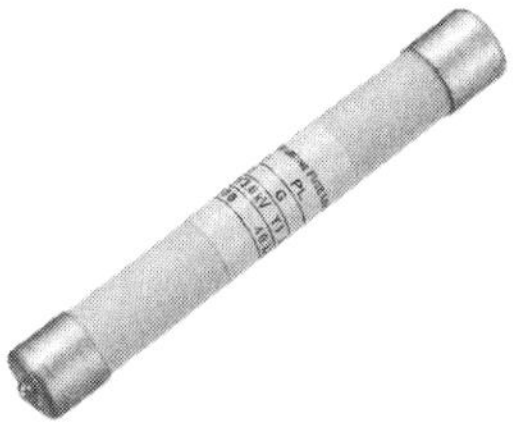 ハ．2本 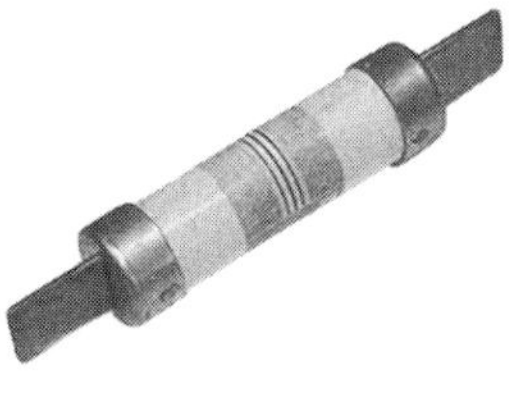 ニ．4本 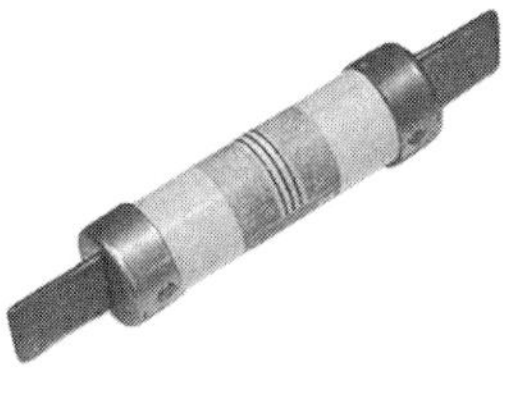
45	⑤に設置する機器の役割は。	イ．電流計で電流を測定するために適切な電流値に変流する。 ロ．1個の電流計で負荷電流と地絡電流を測定するために切り換える。 ハ．1個の電流計で各相の電流を測定するために相を切り換える。 ニ．大電流から電流計を保護する。

	問い	答え
46	⑥で示す高圧絶縁電線(KIP)の構造は。	イ. 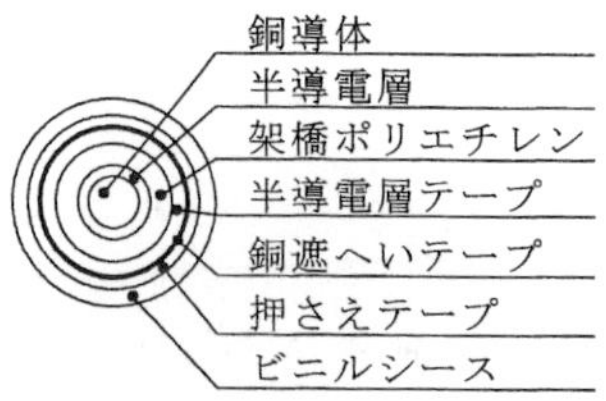 銅導体 / 半導電層 / 架橋ポリエチレン / 半導電層テープ / 銅遮へいテープ / 押さえテープ / ビニルシース ロ. 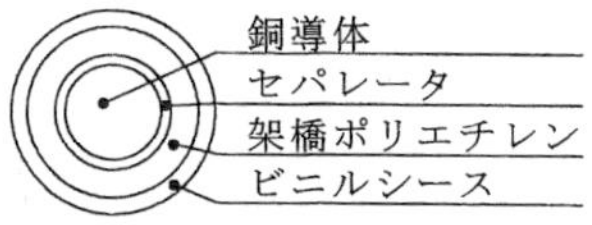 銅導体 / セパレータ / 架橋ポリエチレン / ビニルシース ハ. 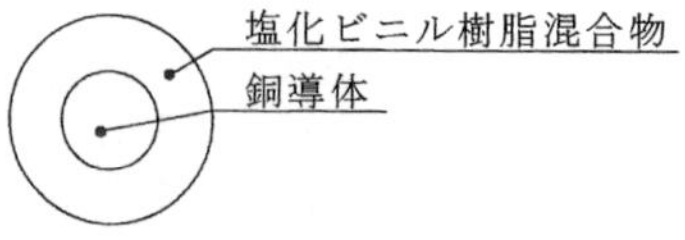 塩化ビニル樹脂混合物 / 銅導体 ニ. 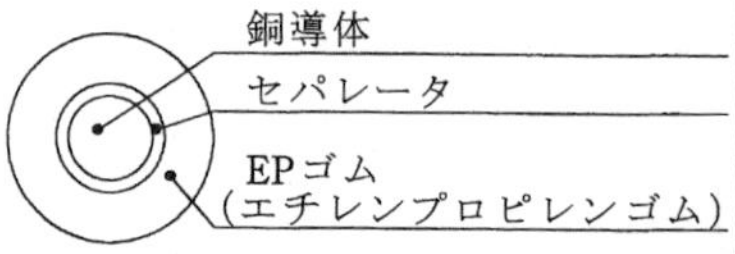 銅導体 / セパレータ / EPゴム(エチレンプロピレンゴム)
47	⑦で示す直列リアクトルのリアクタンスとして，**適切なものは。**	イ．コンデンサリアクタンスの 3 % ロ．コンデンサリアクタンスの 6 % ハ．コンデンサリアクタンスの 18 % ニ．コンデンサリアクタンスの 30 %
48	⑧で示す部分に施設する機器の複線図として，**正しいものは。**	イ. 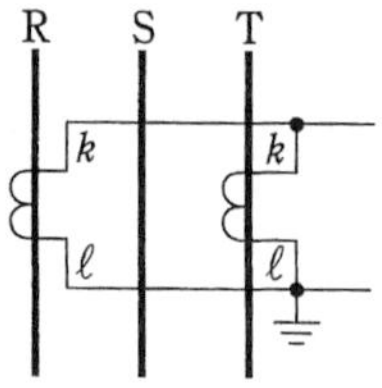 R S T k ℓ k ℓ ロ. 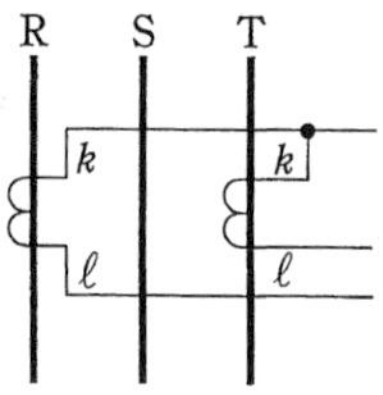 R S T k ℓ k ℓ ハ. 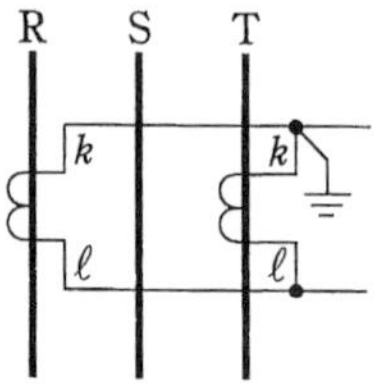 R S T k ℓ k ℓ ニ. 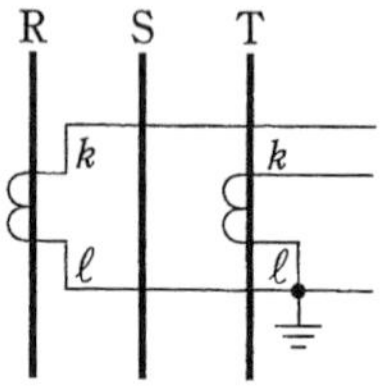 R S T k ℓ k ℓ
49	⑨で示す機器とインタロックを施す機器は。 ただし，非常用予備電源と常用電源を電気的に接続しないものとする。	イ.  a　ロ.  b　ハ.  c　ニ.  d
50	⑩で示す機器の名称は。	イ．計器用変圧器 ロ．零相変圧器 ハ．コンデンサ形計器用変圧器 ニ．電力需給用計器用変成器

第一種電気工事士

2020年度
（令和2年度）

筆記試験問題

問題１．一般問題（問題数 40，配点は 1 問当たり 2 点）

次の各問いには４通りの答え（イ，ロ，ハ，ニ）が書いてある。それぞれの問いに対して答えを１つ選びなさい。
なお，選択肢が数値の場合は，最も近い値を選びなさい。

	問い	答え
1	図のように，静電容量 6 μF のコンデンサ 3 個を接続して，直流電圧 120 V を加えたとき，図中の電圧 V_1 の値[V]は。 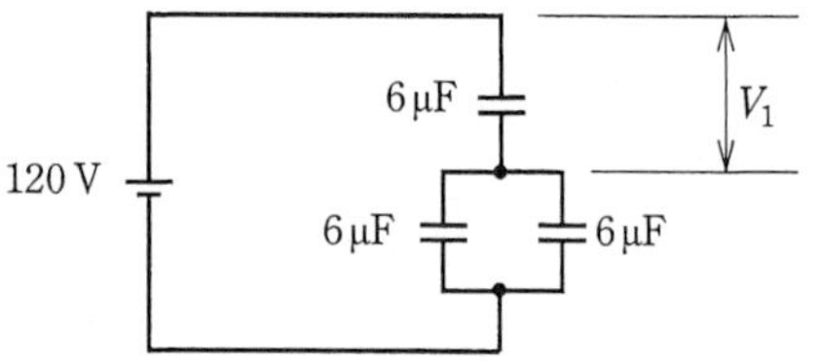 120 V　6μF　6μF　6μF　V_1	イ．10　ロ．30　ハ．50　ニ．80
2	図のような直流回路において，a-b 間の電圧[V]は。 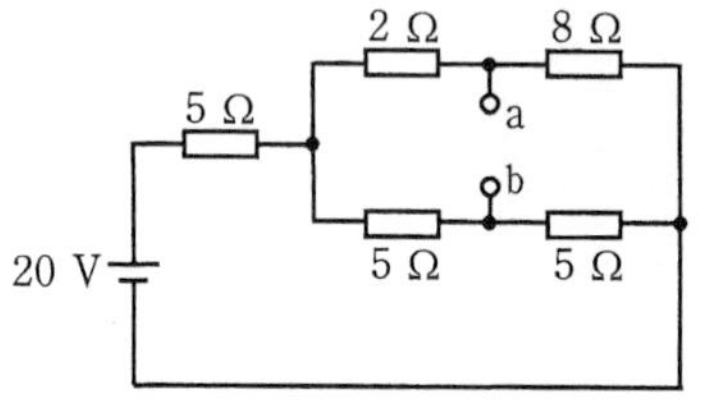 20 V　5 Ω　2 Ω　8 Ω　a　b　5 Ω　5 Ω	イ．2　ロ．3　ハ．4　ニ．5
3	図のように，角周波数が $\omega = 500$ rad/s，電圧 100 V の交流電源に，抵抗 $R = 3\ \Omega$ とインダクタンス $L = 8$ mH が接続されている。回路に流れる電流 I の値[A]は。 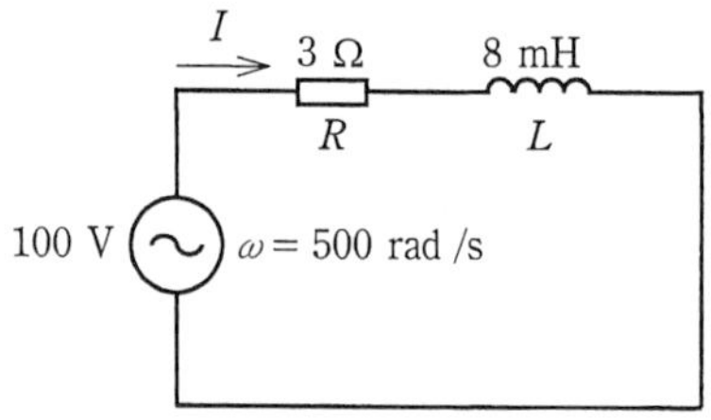 I　3 Ω　R　8 mH　L　100 V　$\omega = 500$ rad /s	イ．9　ロ．14　ハ．20　ニ．33
4	図のような交流回路において，抵抗 12 Ω，リアクタンス 16 Ω，電源電圧は 96 V である。この回路の皮相電力[V·A]は。 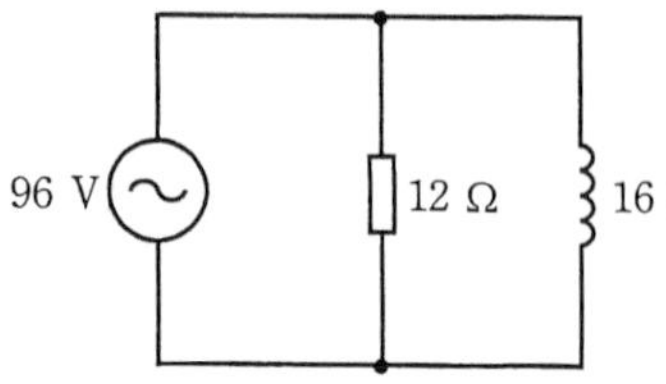 96 V　12 Ω　16 Ω	イ．576　ロ．768　ハ．960　ニ．1 344

	問い	答え			
5	図のような三相交流回路において，電源電圧は 200 V，抵抗は 20 Ω，リアクタンスは 40 Ω である。この回路の全消費電力[kW]は。 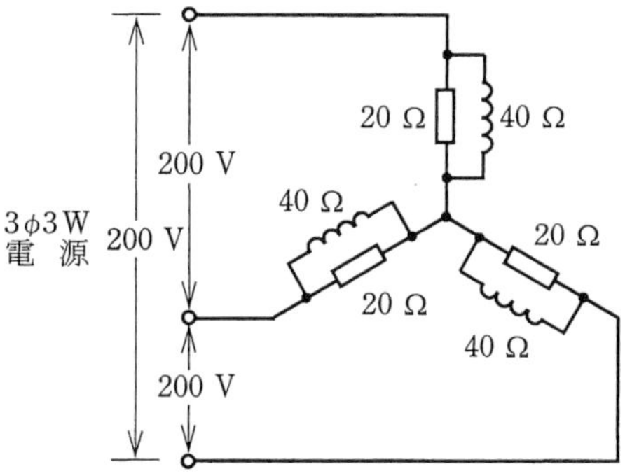 	イ．1.0	ロ．1.5	ハ．2.0	ニ．12
6	図のような単相 3 線式配電線路において，負荷 A，負荷 B ともに負荷電圧 100 V，負荷電流 10 A，力率 0.8（遅れ）である。このとき，電源電圧 V の値[V]は。 ただし，配電線路の電線 1 線当たりの抵抗は 0.5 Ω である。 なお，計算においては，適切な近似式を用いること。 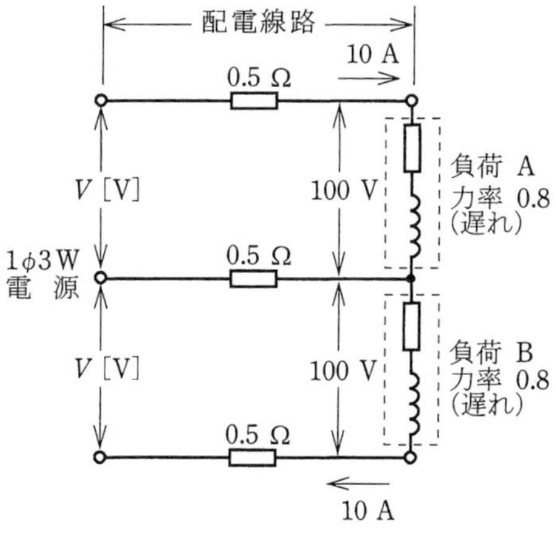 	イ．102	ロ．104	ハ．112	ニ．120

問い		答え
7	図のように，三相 3 線式構内配電線路の末端に，力率 0.8(遅れ)の三相負荷がある。この負荷と並列に電力用コンデンサを設置して，線路の力率を 1.0 に改善した。コンデンサ設置前の線路損失が 2.5 kW であるとすれば，設置後の線路損失の値[kW]は。 ただし，三相負荷の負荷電圧は一定とする。 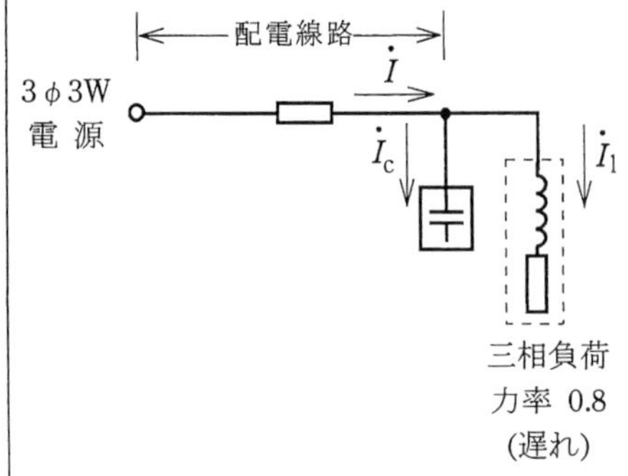 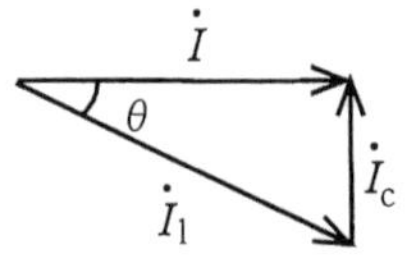 電流のベクトル図	イ．0　ロ．1.6　ハ．2.4　ニ．2.8
8	図のように，変圧比が 6 300/210 V の単相変圧器の二次側に抵抗負荷が接続され，その負荷電流は 300 A であった。このとき，変圧器の一次側に設置された変流器の二次側に流れる電流 I [A]は。 ただし変流器の変流比は 20/5 A とし，負荷抵抗以外のインピーダンスは無視する。 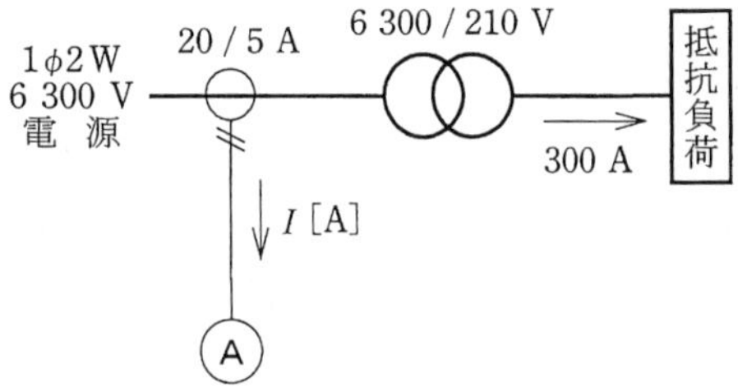 	イ．2.5　ロ．2.8　ハ．3.0　ニ．3.2
9	負荷設備の合計が 500 kW の工場がある。ある月の需要率が 40 %，負荷率が 50 %であった。この工場のその月の平均需要電力[kW]は。	イ．100　ロ．200　ハ．300　ニ．400

問い		答え
10	定格電圧 200 V，定格出力 11 kW の三相誘導電動機の全負荷時における電流[A]は。 ただし，全負荷時における力率は 80 %，効率は 90 %とする。	イ．23　ロ．36　ハ．44　ニ．81
11	「日本産業規格(JIS)」では照明設計基準の一つとして，維持照度の推奨値を示している。同規格で示す学校の教室(机上面)における維持照度の推奨値[lx]は。	イ．30　ロ．300　ハ．900　ニ．1 300
12	変圧器の出力に対する損失の特性曲線において，a が鉄損，b が銅損を表す特性曲線として，**正しいものは**。	イ．　ロ．　ハ．　ニ．
13	インバータ(逆変換装置)の記述として，**正しいものは**。	イ．交流電力を直流電力に変換する装置 ロ．直流電力を交流電力に変換する装置 ハ．交流電力を異なる交流の電圧，電流に変換する装置 ニ．直流電力を異なる直流の電圧，電流に変換する装置
14	低圧電路で地絡が生じたときに，自動的に電路を遮断するものは。	イ．　ロ．　ハ．　ニ．

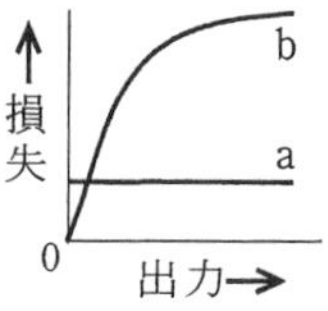

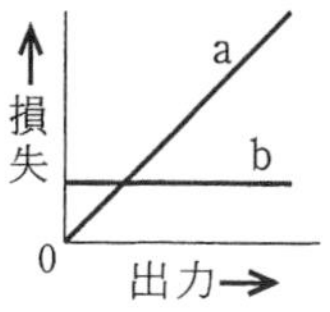

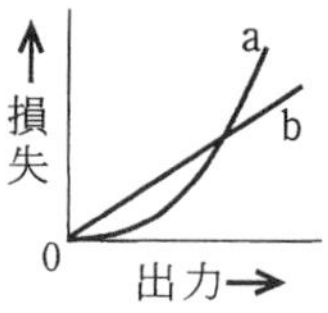

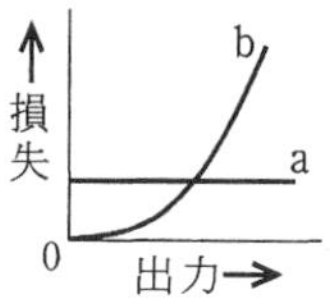

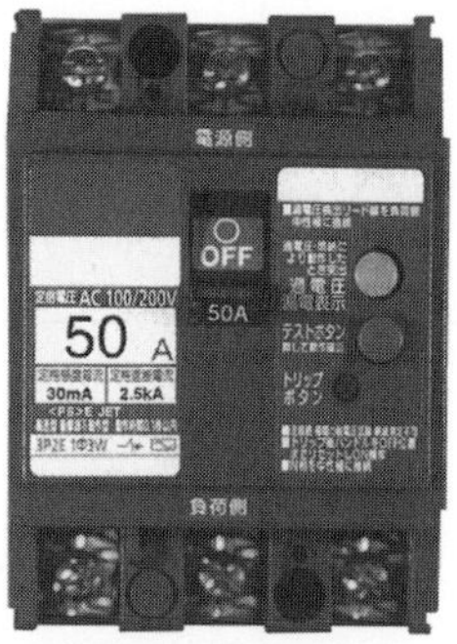

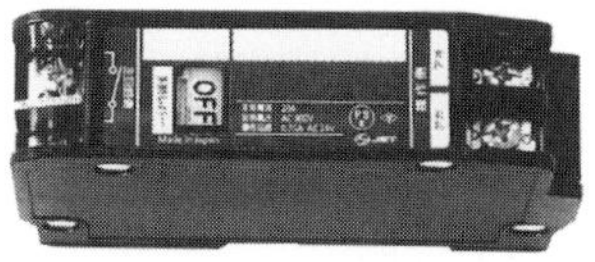

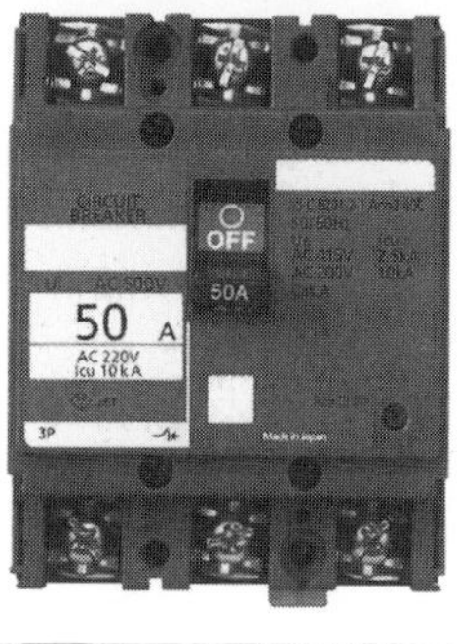

	問　い	答　え
15	写真に示す自家用電気設備の説明として，**最も適当なものは。** 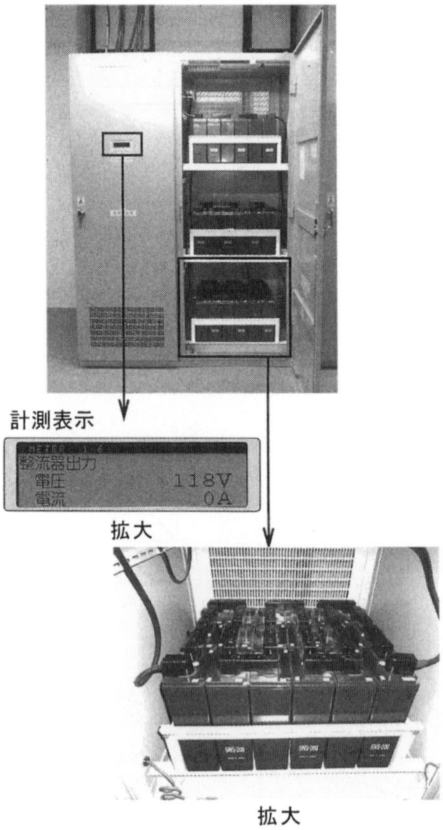 **計測表示** 整流器出力 電圧　118V 電流　0A **拡大** **拡大**	**イ**．低圧電動機などの運転制御，保護などを行う設備 **ロ**．受変電制御機器や，停電時に非常用照明器具などに電力を供給する設備 **ハ**．低圧の電源を分岐し，単相負荷に電力を供給する設備 **ニ**．一般送配電事業者から高圧電力を受電する設備
16	全揚程 200 m，揚水流量が 150 m^3/s である揚水式発電所の揚水ポンプの電動機の入力[MW]は。 ただし，電動機の効率を 0.9，ポンプの効率を 0.85 とする。	**イ**．23　**ロ**．39　**ハ**．225　**ニ**．384
17	タービン発電機の記述として，**誤っているものは。**	**イ**．タービン発電機は，駆動力として蒸気圧などを利用している。 **ロ**．タービン発電機は，水車発電機に比べて回転速度が大きい。 **ハ**．回転子は，非突極回転界磁形(円筒回転界磁形)が用いられる。 **ニ**．回転子は，一般に縦軸形が採用される。
18	送電・配電及び変電設備に使用するがいしの塩害対策に関する記述として，**誤っているものは。**	**イ**．沿面距離の大きいがいしを使用する。 **ロ**．がいしにアークホーンを取り付ける。 **ハ**．定期的にがいしの洗浄を行う。 **ニ**．シリコンコンパウンドなどのはっ水性絶縁物質をがいし表面に塗布する。

問い		答え
19	配電用変電所に関する記述として，**誤っているものは。**	イ．配電電圧の調整をするために，負荷時タップ切換変圧器などが設置されている。 ロ．送電線路によって送られてきた電気を降圧し，配電線路に送り出す変電所である。 ハ．配電線路の引出口に，線路保護用の遮断器と継電器が設置されている。 ニ．高圧配電線路は一般に中性点接地方式であり，変電所内で大地に直接接地されている。
20	次の機器のうち，高頻度開閉を目的に使用されるものは。	イ．高圧断路器 ロ．高圧交流負荷開閉器 ハ．高圧交流真空電磁接触器 ニ．高圧交流遮断器
21	キュービクル式高圧受電設備の特徴として，**誤っているものは。**	イ．接地された金属製箱内に機器一式が収容されるので，安全性が高い。 ロ．開放形受電設備に比べ，より小さな面積に設置できる。 ハ．開放形受電設備に比べ，現地工事が簡単となり工事期間も短縮できる。 ニ．屋外に設置する場合でも，雨等の吹き込みを考慮する必要がない。
22	写真に示す GR 付 PAS を設置する場合の記述として，**誤っているものは。**	イ．自家用側の引込みケーブルに短絡事故が発生したとき，自動遮断する。 ロ．電気事業用の配電線への波及事故の防止に効果がある。 ハ．自家用側の高圧電路に地絡事故が発生したとき，自動遮断する。 ニ．電気事業者との保安上の責任分界点又はこれに近い箇所に設置する。
23	写真に示す機器の用途は。	イ．零相電流を検出する。 ロ．高電圧を低電圧に変成し，計器での測定を可能にする。 ハ．進相コンデンサに接続して投入時の突入電流を抑制する。 ニ．大電流を小電流に変成し，計器での測定を可能にする。

	問い	答え

24　低圧分岐回路の施設において，分岐回路を保護する過電流遮断器の種類，軟銅線の太さ及びコンセントの組合せで，**誤っているものは。**

	分岐回路を保護する過電流遮断器の種類	軟銅線の太さ	コンセント
イ	定格電流 15 A	直径 1.6 mm	定格 15 A
ロ	定格電流 20 A の配線用遮断器	直径 2.0 mm	定格 15 A
ハ	定格電流 30 A	直径 2.0 mm	定格 20 A
ニ	定格電流 30 A	直径 2.6 mm	定格 20 A （定格電流が 20 A 未満の差込みプラグが接続できるものを除く。）

25　引込柱の支線工事に使用する材料の組合せとして，**正しいものは。**

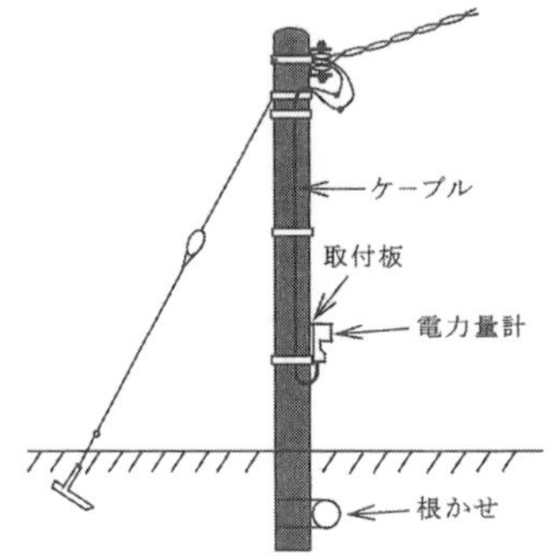

ケーブル
取付板
電力量計
根かせ

イ．亜鉛めっき鋼より線，玉がいし，アンカ
ロ．耐張クランプ，巻付グリップ，スリーブ
ハ．耐張クランプ，玉がいし，亜鉛めっき鋼より線
ニ．巻付グリップ，スリーブ，アンカ

26　写真のうち，鋼板製の分電盤や動力制御盤を，コンクリートの床や壁に設置する作業において，一般的に使用されない工具はどれか。

イ．

ロ．

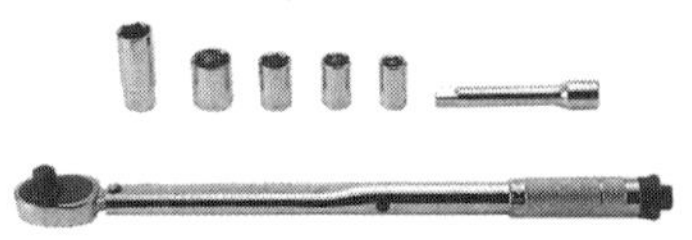

ハ．

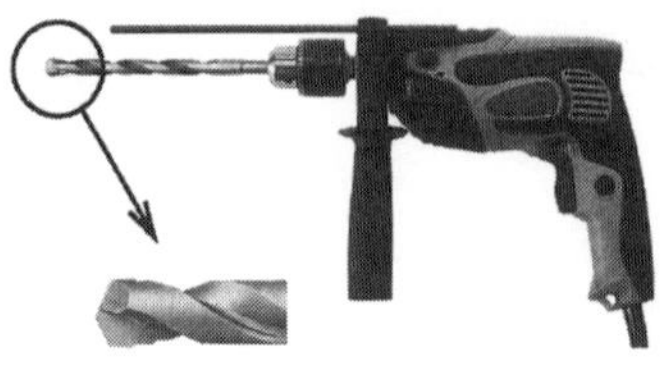

ニ．

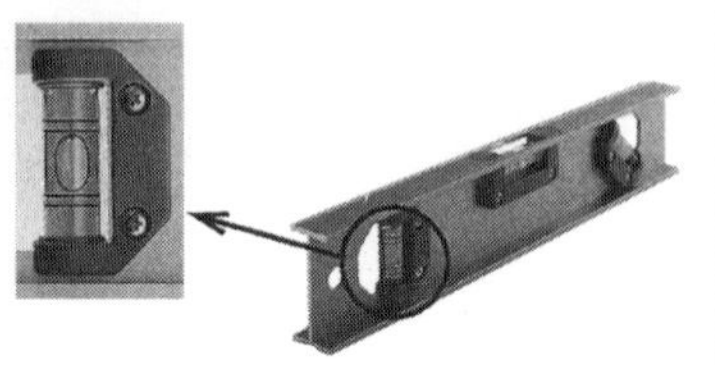

27　乾燥した場所であって展開した場所に施設する使用電圧 100 V の金属線ぴ工事の記述として，**誤っているものは。**

イ．電線にはケーブルを使用しなければならない。
ロ．使用するボックスは，「電気用品安全法」の適用を受けるものであること。
ハ．電線を収める線ぴの長さが 12 m の場合，D 種接地工事を施さなければならない。
ニ．線ぴ相互を接続する場合，堅ろうに，かつ，電気的に完全に接続しなければならない。

	問　い	答　え
28	高圧屋内配線を，乾燥した場所であって展開した場所に施設する場合の記述として，**不適切なものは。**	**イ．** 高圧ケーブルを金属管に収めて施設した。 **ロ．** 高圧ケーブルを金属ダクトに収めて施設した。 **ハ．** 接触防護措置を施した高圧絶縁電線をがいし引き工事により施設した。 **ニ．** 高圧絶縁電線を金属管に収めて施設した。
29	地中電線路の施設に関する記述として，**誤っているものは。**	**イ．** 長さが 15 m を超える高圧地中電線路を管路式で施設し，物件の名称，管理者名及び電圧を表示した埋設表示シートを，管と地表面のほぼ中間に施設した。 **ロ．** 地中電線路に絶縁電線を使用した。 **ハ．** 地中電線に使用する金属製の電線接続箱にD種接地工事を施した。 **ニ．** 地中電線路を暗きょ式で施設する場合に，地中電線を不燃性又は自消性のある難燃性の管に収めて施設した。

問い30から問い34までは，下の図に関する問いである。

図は，自家用電気工作物構内の受電設備を表した図である。この図に関する各問いには，4通りの答え（**イ**，**ロ**，**ハ**，**ニ**）が書いてある。それぞれの問いに対して，答えを1つ選びなさい。

〔注〕図において，問いに関連した部分及び直接関係のない部分等は，省略又は簡略化してある。

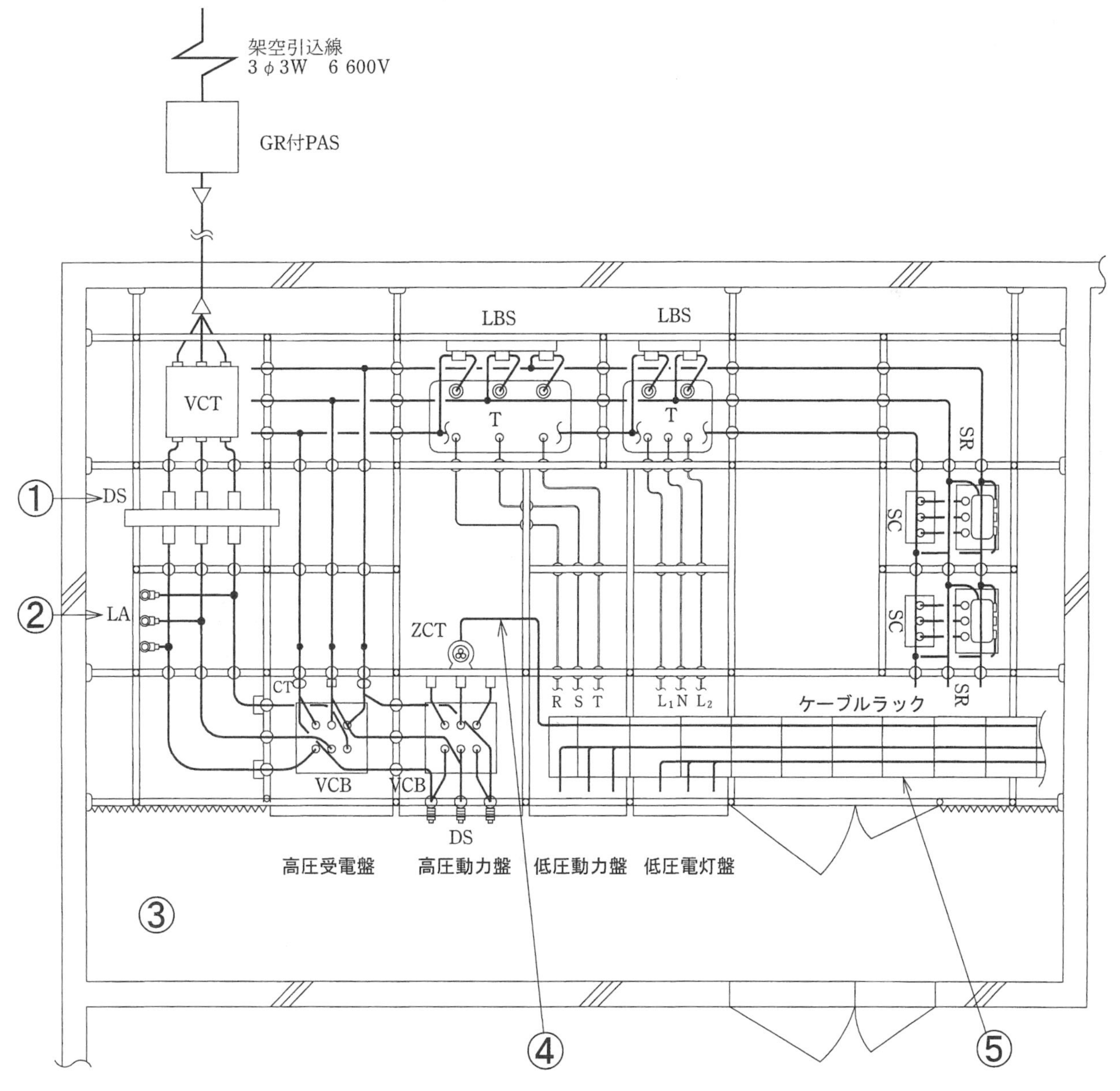

	問　い	答　え
30	①に示す DS に関する記述として，**誤っているものは**。	イ．DS は負荷電流が流れている時，誤って開路しないようにする。 ロ．DS の接触子（刃受）は電源側，ブレード（断路刃）は負荷側にして施設する。 ハ．DS は断路器である。 ニ．DS は区分開閉器として施設される。
31	②に示す避雷器の設置に関する記述として，**不適切なものは**。	イ．保安上必要なため，避雷器には電路から切り離せるように断路器を施設した。 ロ．避雷器には電路を保護するため，その電源側に限流ヒューズを施設した。 ハ．避雷器の接地は A 種接地工事とし，サージインピーダンスをできるだけ低くするため，接地線を太く短くした。 ニ．受電電力が 500 kW 未満の需要場所では避雷器の設置義務はないが，雷害の多い地域であり，電路が架空電線路に接続されているので，引込口の近くに避雷器を設置した。
32	③に示す受電設備内に使用される機器類などに施す接地に関する記述で，**不適切なものは**。	イ．高圧電路に取り付けた変流器の二次側電路の接地は，D 種接地工事である。 ロ．計器用変圧器の二次側電路の接地は，B 種接地工事である。 ハ．高圧変圧器の外箱の接地の主目的は，感電保護であり，接地抵抗値は 10 Ω 以下と定められている。 ニ．高圧電路と低圧電路を結合する変圧器の低圧側の中性点又は低圧側の 1 端子に施す接地は，混触による低圧側の対地電圧の上昇を制限するための接地であり，故障の際に流れる電流を安全に通じることができるものであること。
33	④に示す高圧ケーブル内で地絡が発生した場合，確実に地絡事故を検出できるケーブルシールドの接地方法として，**正しいものは**。	イ．　ロ．　ハ．　ニ． （各図）電源側　ZCT　負荷側
34	⑤に示すケーブルラックに施設した高圧ケーブル配線，低圧ケーブル配線，弱電流電線の配線がある。これらの配線が接近又は交差する場合の施工方法に関する記述で，**不適切なものは**。	イ．高圧ケーブルと低圧ケーブルを 15 cm 離隔して施設した。 ロ．複数の高圧ケーブルを離隔せずに施設した。 ハ．高圧ケーブルと弱電流電線を 10 cm 離隔して施設した。 ニ．低圧ケーブルと弱電流電線を接触しないように施設した。

	問い	答え
35	自家用電気工作物として施設する電路又は機器について，C 種接地工事を**施さなければならないものは**。	イ．使用電圧 400 V の電動機の鉄台 ロ．6.6 kV/210 V の変圧器の低圧側の中性点 ハ．高圧電路に施設する避雷器 ニ．高圧計器用変成器の二次側電路
36	受電電圧 6 600 V の受電設備が完成した時の自主検査で，一般に**行わないものは**。	イ．高圧電路の絶縁耐力試験 ロ．高圧機器の接地抵抗測定 ハ．変圧器の温度上昇試験 ニ．地絡継電器の動作試験
37	CB 形高圧受電設備と配電用変電所の過電流継電器との保護協調がとれているものは。 ただし，図中①の曲線は配電用変電所の過電流継電器動作特性を示し，②の曲線は高圧受電設備の過電流継電器と CB の連動遮断特性を示す。	イ．　ロ．　ハ．　ニ． 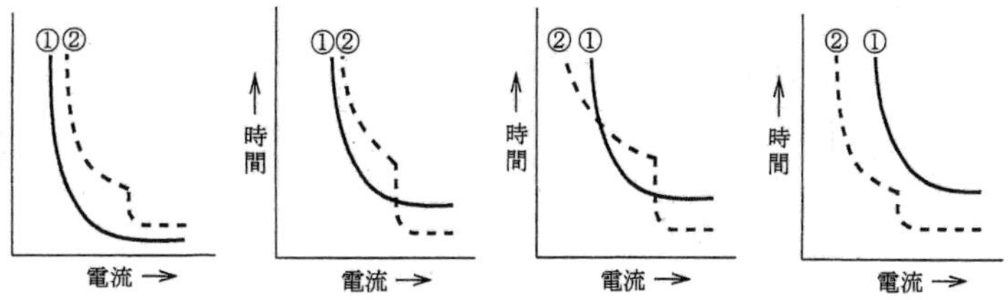
38	「電気工事士法」及び「電気用品安全法」において，**正しいものは**。	イ．交流 50 Hz 用の定格電圧 100 V，定格消費電力 56 W の電気便座は，特定電気用品ではない。 ロ．特定電気用品には，(PS)E と表示されているものがある。 ハ．第一種電気工事士は，「電気用品安全法」に基づいた表示のある電気用品でなければ，一般用電気工作物の工事に使用してはならない。 ニ．電気用品のうち，危険及び障害の発生するおそれが少ないものは，特定電気用品である。
39	「電気工事業の業務の適正化に関する法律」において，主任電気工事士に関する記述として，**誤っているものは**。	イ．第一種電気工事士免状の交付を受けた者は，免状交付後に実務経験が無くても主任電気工事士になれる。 ロ．第二種電気工事士は，2 年の実務経験があれば，主任電気工事士になれる。 ハ．第一種電気工事士が一般用電気工事の作業に従事する時は，主任電気工事士がその職務を行うため必要があると認めてする指示に従わなければならない。 ニ．主任電気工事士は，一般用電気工事による危険及び障害が発生しないように一般用電気工事の作業の管理の職務を誠実に行わなければならない。
40	「電気工事士法」において，第一種電気工事士免状の交付を受けている者のみが従事できる電気工事の作業は。	イ．最大電力 400 kW の需要設備の 6.6 kV 変圧器に電線を接続する作業 ロ．出力 300 kW の発電所の配電盤を造営材に取り付ける作業 ハ．最大電力 600 kW の需要設備の 6.6 kV 受電用ケーブルを電線管に収める作業 ニ．配電電圧 6.6 kV の配電用変電所内の電線相互を接続する作業

問題２．配線図１ (問題数5，配点は1問当たり2点)

図は，三相誘導電動機を，押しボタンの操作により正逆運転させる制御回路である。この図の矢印で示す5箇所に関する各問いには，4通りの答え（**イ**，**ロ**，**ハ**，**ニ**）が書いてある。それぞれの問いに対して，答えを1つ選びなさい。

〔注〕図において，問いに直接関係のない部分等は，省略又は簡略化してある。

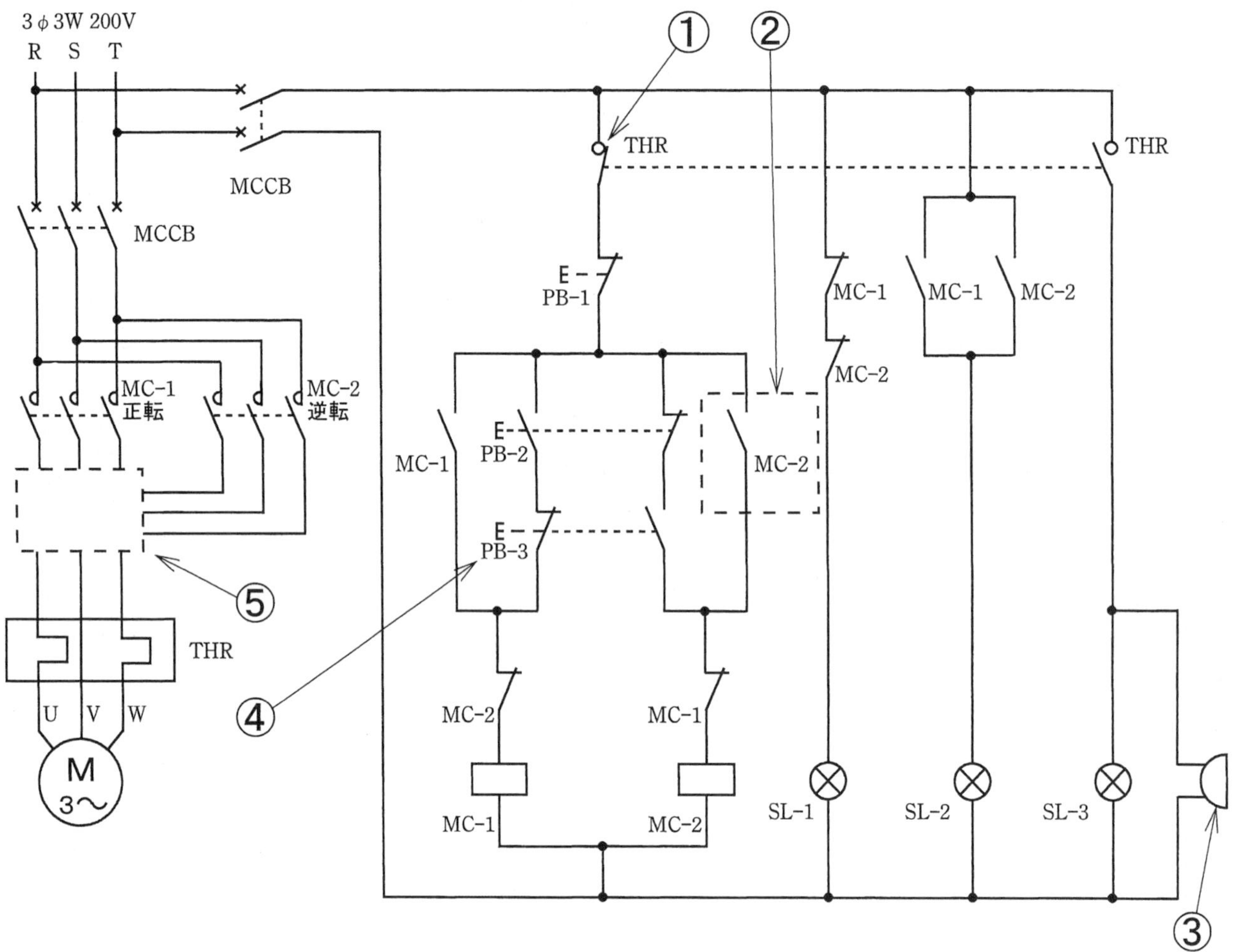

	問　い	答　え
41	①で示す接点が開路するのは。	**イ**．電動機が正転運転から逆転運転に切り替わったとき **ロ**．電動機が停止したとき **ハ**．電動機に，設定値を超えた電流が継続して流れたとき **ニ**．電動機が始動したとき
42	②で示す接点の役目は。	**イ**．押しボタンスイッチ PB-2 を押したとき，回路を短絡させないためのインタロック **ロ**．押しボタンスイッチ PB-1 を押した後に電動機が停止しないためのインタロック **ハ**．押しボタンスイッチ PB-2 を押し，逆転運転起動後に運転を継続するための自己保持 **ニ**．押しボタンスイッチ PB-3 を押し，逆転運転起動後に運転を継続するための自己保持

	問　い	答　え
43	③で示す図記号の機器は。	イ． 　ロ． 　ハ． 　ニ． 
44	④で示す押しボタンスイッチ PB-3 を正転運転中に押したとき，電動機の動作は。	イ．停止する。 ロ．逆転運転に切り替わる。 ハ．正転運転を継続する。 ニ．熱動継電器が動作し停止する。
45	⑤で示す部分の結線図は。	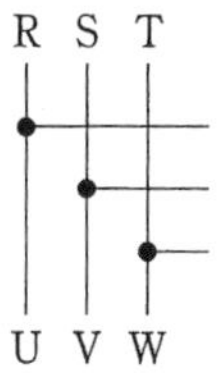 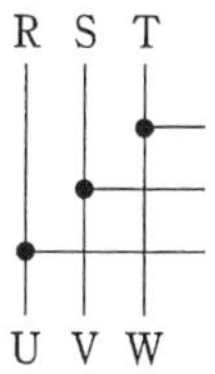 イ．R S T / U V W　ロ．R S T / U V W　ハ．R S T / U V W　ニ．R S T / U V W 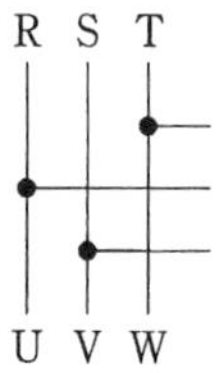 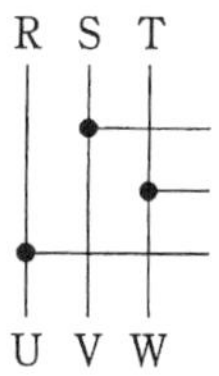

問題３．配線図２（問題数5，配点は１問当たり２点）

図は，高圧受電設備の単線結線図である。この図の矢印で示す５箇所に関する各問いには，４通りの答え（イ，ロ，ハ，ニ）が書いてある。それぞれの問いに対して，答えを１つ選びなさい。

〔注〕図において，問いに直接関係のない部分等は，省略又は簡略化してある。

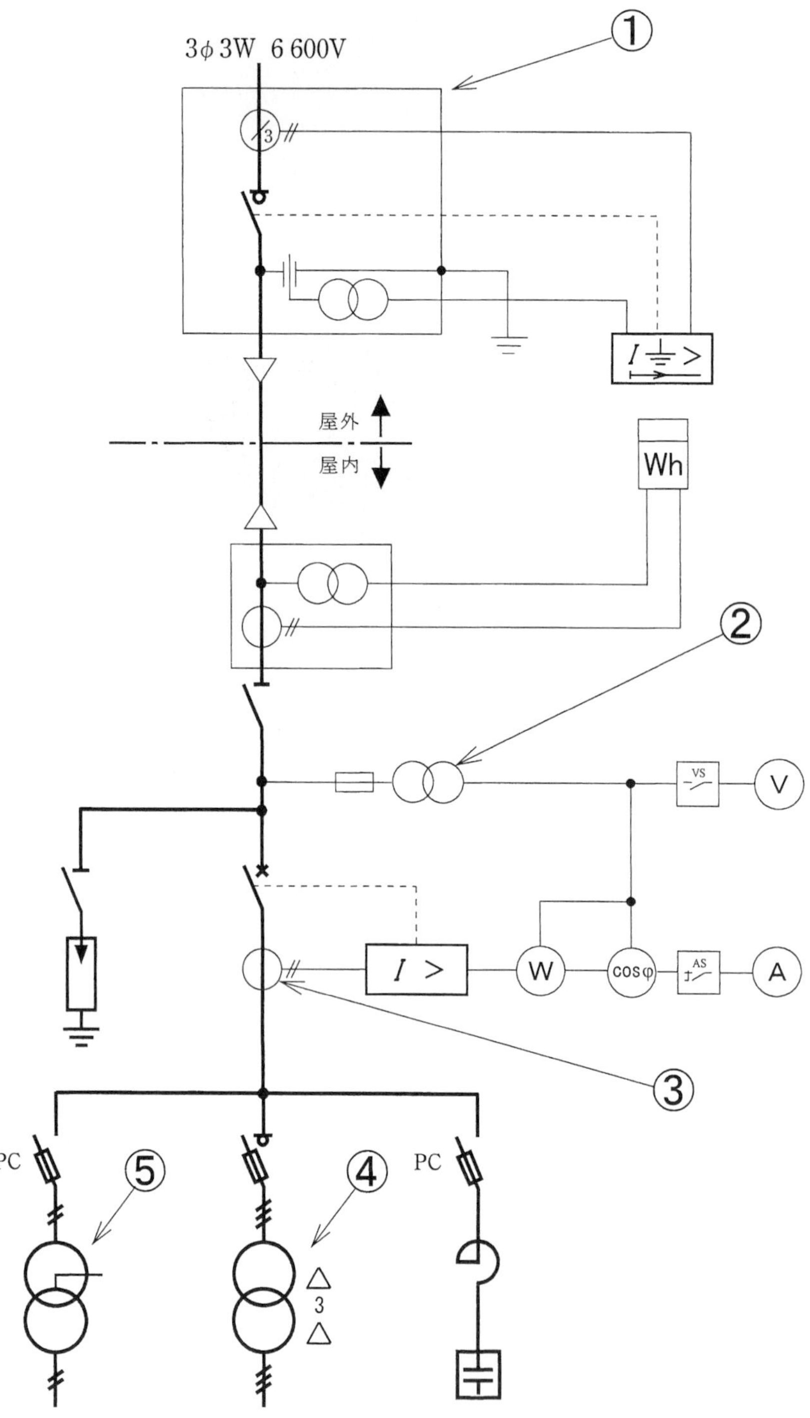

	問　い	答　え
46	①で示す機器の役割は。	イ．一般送配電事業者側の地絡事故を検出し，高圧断路器を開放する。 ロ．需要家側電気設備の地絡事故を検出し，高圧交流負荷開閉器を開放する。 ハ．一般送配電事業者側の地絡事故を検出し，高圧交流遮断器を自動遮断する。 ニ．需要家側電気設備の地絡事故を検出し，高圧断路器を開放する。
47	②で示す機器の定格一次電圧[kV]と定格二次電圧[V]は。	イ．6.6 kV 105 V　ロ．6.6 kV 110 V　ハ．6.9 kV 105 V　ニ．6.9 kV 110 V
48	③で示す部分に設置する機器と個数は。	イ．(1 個)　ロ．(2 個)　ハ．(1 個)　ニ．(2 個)    
49	④に設置する機器と台数は。	イ．(3 台)　ロ．(1 台)　ハ．(3 台)　ニ．(1 台)    

2020年度（令和2年度）筆記試験問題

	問　い	答　え
50	⑤で示す部分に使用できる変圧器の最大容量[kV・A]は。	イ．50　　ロ．100　　ハ．200　　ニ．300

第一種電気工事士

2019年度
（令和1年度）

筆記試験問題

問題１．一般問題（問題数 40，配点は１問当たり２点）

次の各問いには４通りの答え（**イ**，**ロ**，**ハ**，**ニ**）が書いてある。それぞれの問いに対して答えを１つ選びなさい。
なお，選択肢が数値の場合は，最も近い値を選びなさい。

	問　い	答　え
1	図のように，2 本の長い電線が，電線間の距離 d［m］で平行に置かれている。両電線に直流電流 I［A］が互いに逆方向に流れている場合，これらの電線間に働く電磁力は。 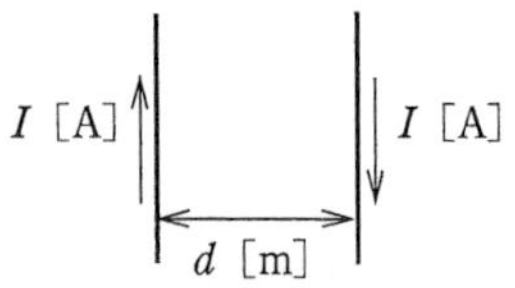 	**イ**．$\frac{I}{d}$ に比例する吸引力 **ロ**．$\frac{I}{d^2}$ に比例する反発力 **ハ**．$\frac{I^2}{d}$ に比例する反発力 **ニ**．$\frac{I^3}{d^2}$ に比例する吸引力
2	図の直流回路において，抵抗 3 Ω に流れる電流 I_3 の値［A］は。 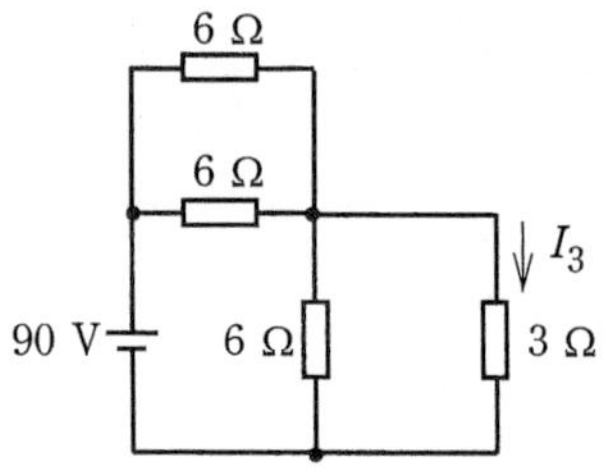 	**イ**．3　**ロ**．9　**ハ**．12　**ニ**．18
3	図のような交流回路において，電源が電圧 100 V，周波数が 50 Hz のとき，誘導性リアクタンス X_L＝0.6 Ω，容量性リアクタンス X_C＝12 Ω である。この回路の電源を電圧 100 V，周波数 60 Hz に変更した場合，回路のインピーダンス［Ω］の値は。 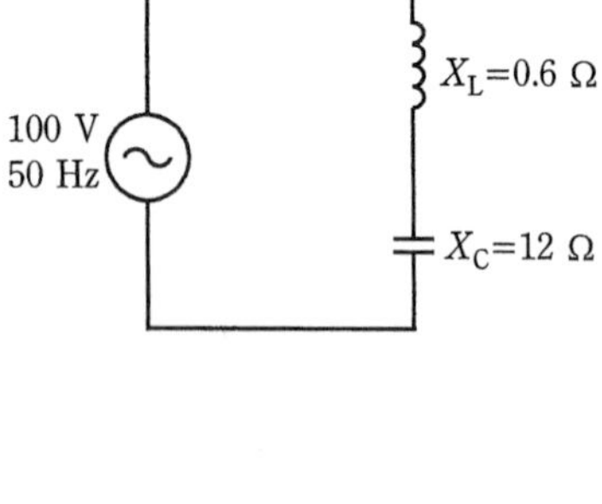 	**イ**．9.28　**ロ**．11.7　**ハ**．16.9　**ニ**．19.9

	問　い	答　え
4	図のような回路において，直流電圧 80 V を加えたとき，20 A の電流が流れた。次に正弦波交流電圧 100 V を加えても，20 A の電流が流れた。リアクタンス X [Ω] の値は。 	イ．2　ロ．3　ハ．4　ニ．5
5	図のような三相交流回路において，電源電圧は 200 V，抵抗は 8 Ω，リアクタンスは 6 Ω である。この回路に関して**誤っているものは。** 	イ．1 相当たりのインピーダンスは，10 Ω である。 ロ．線電流 I は，10 A である。 ハ．回路の消費電力は，3 200 W である。 ニ．回路の無効電力は，2 400 var である。
6	図のように，単相 2 線式配電線路で，抵抗負荷 A（負荷電流 20 A）と抵抗負荷 B（負荷電流 10 A）に電気を供給している。電源電圧が 210 V であるとき，負荷 B の両端の電圧 V_B と，この配電線路の全電力損失 P_L の組合せとして，**正しいものは。** ただし，1 線当たりの電線の抵抗値は，図に示すようにそれぞれ 0.1 Ω とし，線路リアクタンスは無視する。 	イ．$V_B = 202$ V　$P_L = 100$ W ロ．$V_B = 202$ V　$P_L = 200$ W ハ．$V_B = 206$ V　$P_L = 100$ W ニ．$V_B = 206$ V　$P_L = 200$ W

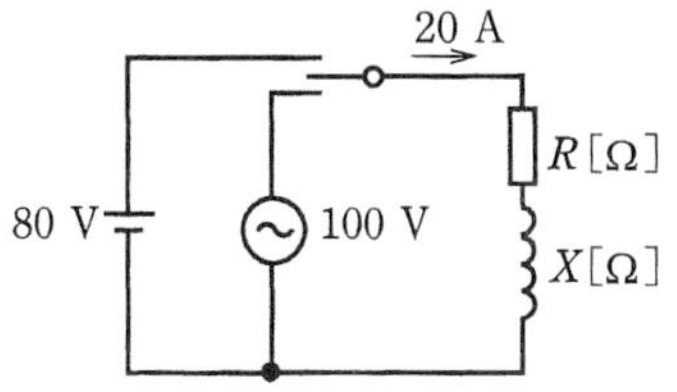

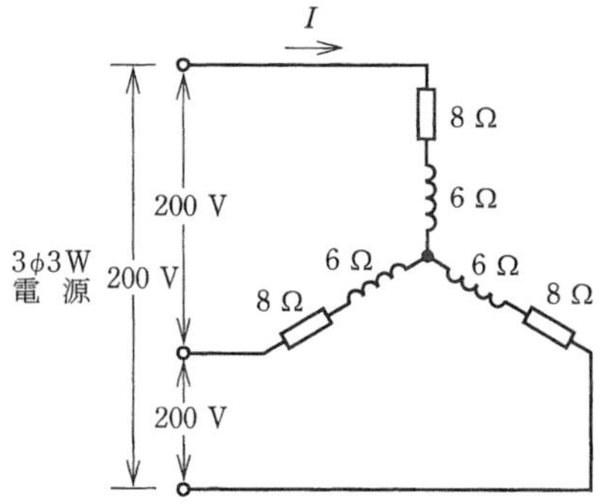

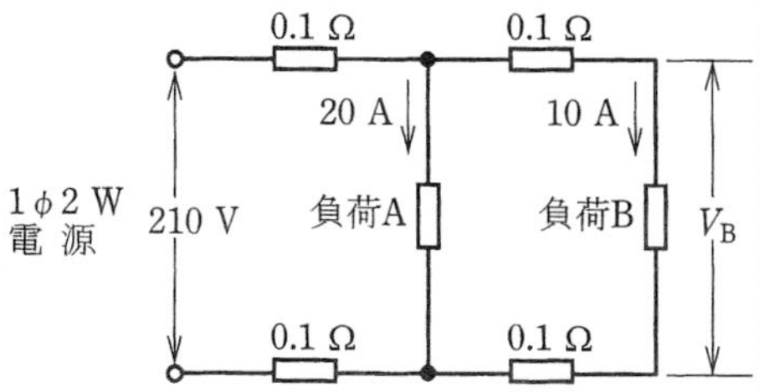

	問　い	答　え
7	ある変圧器の負荷は，有効電力 90 kW，無効電力 120 kvar，力率は 60 %（遅れ）である。 いま，ここに有効電力 70 kW，力率 100 %の負荷を増設した場合，この変圧器にかかる負荷の容量［kV·A］は。 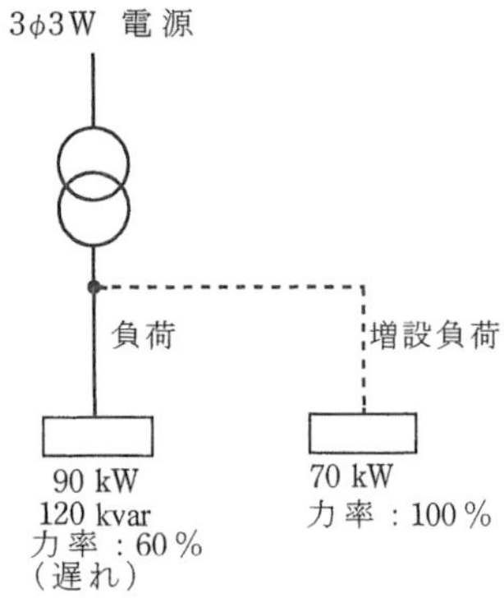 3ϕ3W 電源 負荷　増設負荷 90 kW　120 kvar　力率：60 %（遅れ） 70 kW　力率：100 %	イ．100　　ロ．150　　ハ．200　　ニ．280
8	定格二次電圧が 210 V の配電用変圧器がある。変圧器の一次タップ電圧が 6 600 V のとき，二次電圧は 200 V であった。一次タップ電圧を 6 300 V に変更すると，**二次電圧の変化は**。 ただし，一次側の供給電圧は変わらないものとする。	イ．約 10 V 上昇する。 ロ．約 10 V 降下する。 ハ．約 20 V 上昇する。 ニ．約 20 V 降下する。
9	図のような直列リアクトルを設けた高圧進相コンデンサがある。電源電圧が V［V］，誘導性リアクタンスが 9 Ω，容量性リアクタンスが 150 Ω であるとき，この回路の無効電力（設備容量）［var］を示す式は。 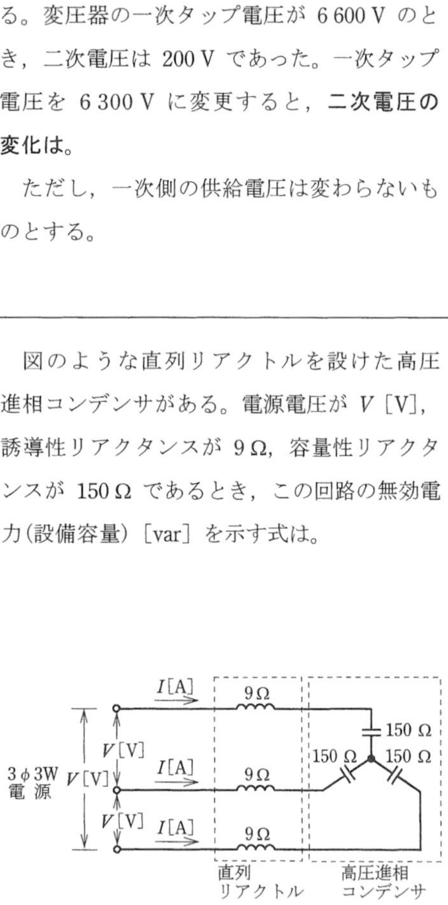 I[A]　9 Ω　150 Ω V[V]　3ϕ3W 電源　直列リアクトル　高圧進相コンデンサ	イ．$\dfrac{V^2}{159^2}$　　ロ．$\dfrac{V^2}{141^2}$　　ハ．$\dfrac{V^2}{159}$　　ニ．$\dfrac{V^2}{141}$

問い		答え
10	かご形誘導電動機の Y − Δ 始動法に関する記述として，**誤っているものは。**	イ．固定子巻線を Y 結線にして始動したのち，Δ 結線に切り換える方法である。 ロ．始動トルクはΔ結線で全電圧始動した場合と同じである。 ハ．Δ結線で全電圧始動した場合に比べ，始動時の線電流は $\frac{1}{3}$ に低下する。 ニ．始動時には固定子巻線の各相に定格電圧の $\frac{1}{\sqrt{3}}$ 倍の電圧が加わる。
11	電気機器の絶縁材料の耐熱クラスは，JIS に定められている。選択肢のなかで，最高連続使用温度［℃］が最も高い，耐熱クラスの指定文字は。	イ．A　ロ．E　ハ．F　ニ．Y
12	電子レンジの加熱方式は。	イ．誘電加熱 ロ．誘導加熱 ハ．抵抗加熱 ニ．赤外線加熱
13	鉛蓄電池の電解液は。	イ．水酸化ナトリウム水溶液 ロ．水酸化カリウム水溶液 ハ．塩化亜鉛水溶液 ニ．希硫酸
14	写真に示すものの名称は。	イ．周波数計 ロ．照度計 ハ．放射温度計 ニ．騒音計
15	写真に示す材料の名称は。 45mm 40mm 拡大図	イ．金属ダクト ロ．二種金属製線ぴ ハ．フロアダクト ニ．ライティングダクト

問い		答え
16	水力発電所の発電用水の経路の順序として，**正しいものは。**	イ．水車→取水口→水圧管路→放水口 ロ．取水口→水車→水圧管路→放水口 ハ．取水口→水圧管路→水車→放水口 ニ．水圧管路→取水口→水車→放水口
17	風力発電に関する記述として，**誤っているものは。**	イ．風力発電装置は，風速等の自然条件の変化により発電出力の変動が大きい。 ロ．一般に使用されているプロペラ形風車は，垂直軸形風車である。 ハ．風力発電装置は，風の運動エネルギーを電気エネルギーに変換する装置である。 ニ．プロペラ形風車は，一般に風速によって翼の角度を変えるなど風の強弱に合わせて出力を調整することができる。
18	高圧ケーブルの電力損失として，**該当しないものは。**	イ．抵抗損 ロ．誘電損 ハ．シース損 ニ．鉄損
19	架空送電線路に使用されるアークホーンの記述として，**正しいものは。**	イ．電線と同種の金属を電線に巻き付けて補強し，電線の振動による素線切れなどを防止する。 ロ．電線におもりとして取り付け，微風により生ずる電線の振動を吸収し，電線の損傷などを防止する。 ハ．がいしの両端に設け，がいしや電線を雷の異常電圧から保護する。 ニ．多導体に使用する間隔材で，強風による電線相互の接近・接触や負荷電流，事故電流による電磁吸引力から素線の損傷を防止する。
20	高圧受電設備の受電用遮断器の遮断容量を決定する場合に，**必要なものは。**	イ．受電点の三相短絡電流 ロ．受電用変圧器の容量 ハ．最大負荷電流 ニ．小売電気事業者との契約電力
21	6 kV CVT ケーブルにおいて，水トリーと呼ばれる樹枝状の劣化が生じる箇所は。	イ．ビニルシース内部 ロ．遮へい銅テープ表面 ハ．架橋ポリエチレン絶縁体内部 ニ．銅導体内部

	問い	答え
22	写真に示す機器の用途は。 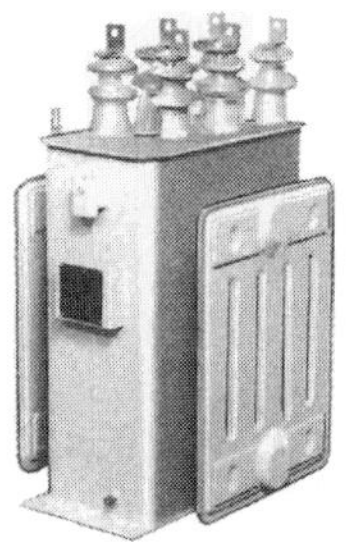	イ．大電流を小電流に変流する。 ロ．高調波電流を抑制する。 ハ．負荷の力率を改善する。 ニ．高電圧を低電圧に変圧する。
23	写真に示す機器の名称は。 	イ．電力需給用計器用変成器 ロ．高圧交流負荷開閉器 ハ．三相変圧器 ニ．直列リアクトル
24	人体の体温を検知して自動的に開閉するスイッチで，玄関の照明などに用いられるスイッチの名称は。	イ．熱線式自動スイッチ ロ．自動点滅器 ハ．リモコンセレクタスイッチ ニ．遅延スイッチ
25	低圧配電盤に，CV ケーブル又は CVT ケーブルを接続する作業において，一般に**使用しない工具は**。	イ．油圧式圧着工具 ロ．電工ナイフ ハ．トルクレンチ ニ．油圧式パイプベンダ
26	爆燃性粉じんのある危険場所での金属管工事において，施工する場合に**使用できない材料は**。	イ．  ロ．  ハ．  ニ． 

	問　い	答　え
27	接地工事に関する記述として，**不適切なものは。**	イ．人が触れるおそれのある場所で，B 種接地工事の接地線を地表上 2 m まで金属管で保護した。 ロ．D 種接地工事の接地極をA種接地工事の接地極(避雷器用を除く)と共用して，接地抵抗を 10 Ω 以下とした。 ハ．地中に埋設する接地極に大きさ 900 mm × 900 mm × 1.6 mm の銅板を使用した。 ニ．接触防護措置を施していない 400 V 低圧屋内配線において，電線を収めるための金属管に C 種接地工事を施した。
28	金属管工事の記述として，**不適切なものは。**	イ．金属管に，直径 2.6 mm の絶縁電線(屋外用ビニル絶縁電線を除く)を収めて施設した。 ロ．金属管に，高圧絶縁電線を収めて，高圧屋内配線を施設した。 ハ．金属管を湿気の多い場所に施設するため，防湿装置を施した。 ニ．使用電圧が 200 V の電路に使用する金属管に D 種接地工事を施した。
29	使用電圧 300 V 以下のケーブル工事による低圧屋内配線において，**不適切なものは。**	イ．架橋ポリエチレン絶縁ビニルシースケーブルをガス管と接触しないように施設した。 ロ．ビニル絶縁ビニルシースケーブル(丸形)を造営材の側面に沿って，支持点間を 1.5 m にして施設した。 ハ．乾燥した場所で長さ 2 m の金属製の防護管に収めたので，金属管の D 種接地工事を省略した。 ニ．点検できない隠ぺい場所にビニルキャブタイヤケーブルを使用して施設した。

問い30から問い34までは，下の図に関する問いである。

図は，一般送配電事業者の供給用配電箱（高圧キャビネット）から自家用構内を経由して，地下1階電気室に施設する屋内キュービクル式高圧受電設備（JIS C 4620 適合品）に至る電線路及び低圧屋内幹線設備の一部を表した図である。

この図に関する各問いには，4通りの答え（**イ**，**ロ**，**ハ**，**ニ**）が書いてある。それぞれの問いに対して，答えを1つ選びなさい。

〔注〕1．図において，問いに直接関係のない部分等は，省略又は簡略化してある。

2．UGS：地中線用地絡継電装置付き高圧交流負荷開閉器

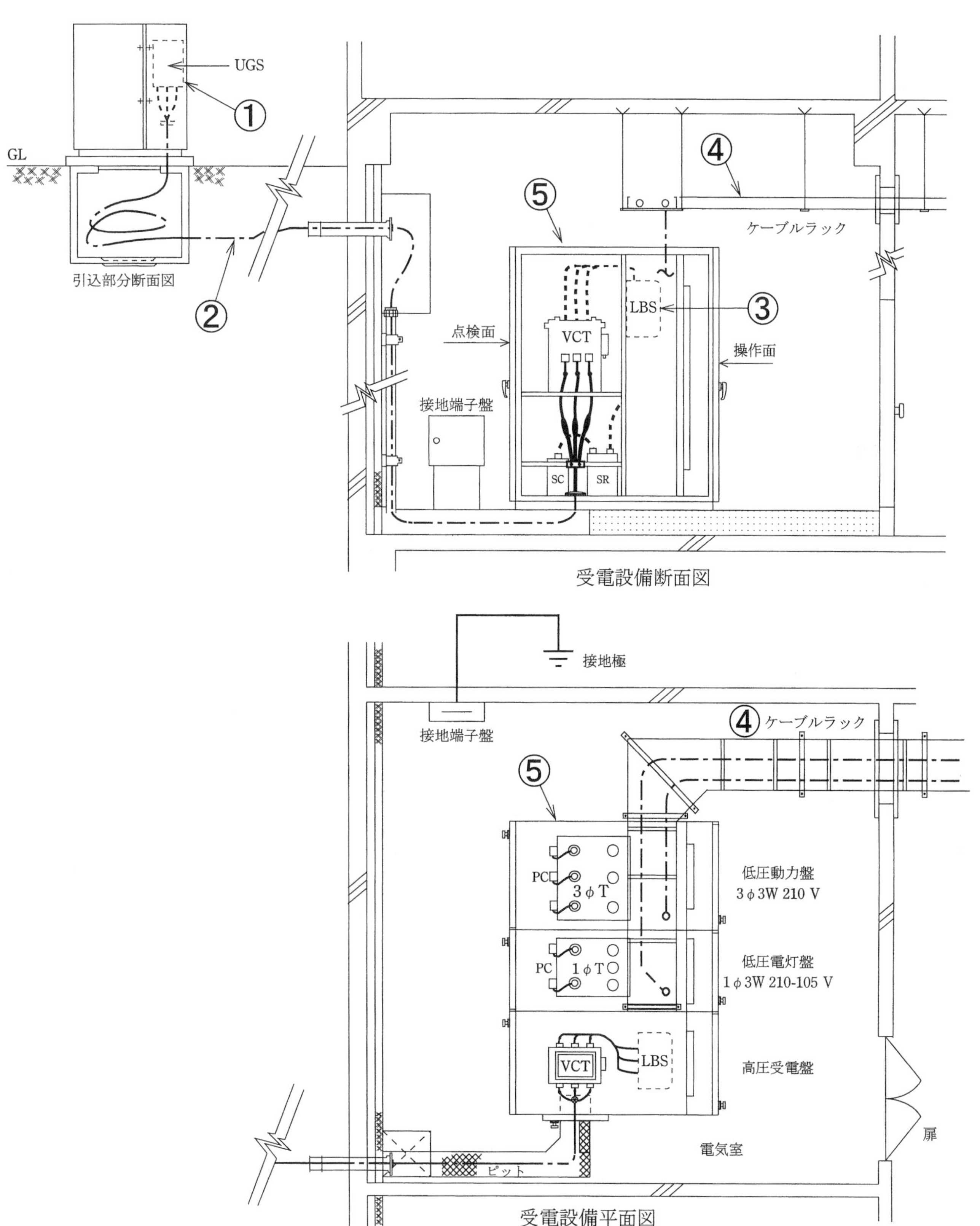

	問　い	答　え
30	①に示す地絡継電装置付き高圧交流負荷開閉器(UGS)に関する記述として，**不適切なものは。**	イ．電路に地絡が生じた場合，自動的に電路を遮断する機能を内蔵している。 ロ．定格短時間耐電流は，系統(受電点)の短絡電流以上のものを選定する。 ハ．短絡事故を遮断する能力を有する必要がある。 ニ．波及事故を防止するため，一般送配電事業者の地絡保護継電装置と動作協調をとる必要がある。
31	②に示す構内の高圧地中引込線を施設する場合の施工方法として，**不適切なものは。**	イ．地中電線に堅ろうながい装を有するケーブルを使用し，埋設深さ(土冠)を 1.2 m とした。 ロ．地中電線を収める防護装置に鋼管を使用した管路式とし，管路の接地を省略した。 ハ．地中電線を収める防護装置に波付硬質合成樹脂管(FEP)を使用した。 ニ．地中電線路を直接埋設式により施設し，長さが 20 m であったので電圧の表示を省略した。
32	③に示す PF・S 形の主遮断装置として，**必要でないものは。**	イ．相間，側面の絶縁バリア ロ．ストライカによる引外し装置 ハ．過電流ロック機能 ニ．高圧限流ヒューズ
33	④に示すケーブルラックの施工に関する記述として，**誤っているものは。**	イ．ケーブルラックの長さが 15 m であったが，乾燥した場所であったため，D 種接地工事を省略した。 ロ．ケーブルラックは，ケーブル重量に十分耐える構造とし，天井コンクリートスラブからアンカーボルトで吊り，堅固に施設した。 ハ．同一のケーブルラックに電灯幹線と動力幹線のケーブルを布設する場合，両者の間にセパレータを設けなくてもよい。 ニ．ケーブルラックが受電室の壁を貫通する部分は，火災延焼防止に必要な耐火処理を施した。
34	⑤に示す高圧受電設備の絶縁耐力試験に関する記述として，**不適切なものは。**	イ．交流絶縁耐力試験は，最大使用電圧の 1.5 倍の電圧を連続して 10 分間加え，これに耐える必要がある。 ロ．ケーブルの絶縁耐力試験を直流で行う場合の試験電圧は，交流の 1.5 倍である。 ハ．ケーブルが長く静電容量が大きいため，リアクトルを使用して試験用電源の容量を軽減した。 ニ．絶縁耐力試験の前後には，1 000 V 以上の絶縁抵抗計による絶縁抵抗測定と安全確認が必要である。

	問い	答え
35	低圧屋内配線の開閉器又は過電流遮断器で区切ることができる電路ごとの絶縁性能として，電気設備の技術基準(解釈を含む)に**適合するものは。**	イ．使用電圧 100 V の電灯回路は，使用中で絶縁抵抗測定ができないので，漏えい電流を測定した結果，1.2 mA であった。 ロ．使用電圧 100 V(対地電圧 100 V)のコンセント回路の絶縁抵抗を測定した結果，0.08 MΩ であった。 ハ．使用電圧 200 V(対地電圧 200 V)の空調機回路の絶縁抵抗を測定した結果，0.17 MΩ であった。 ニ．使用電圧 400 V の冷凍機回路の絶縁抵抗を測定した結果，0.43 MΩ であった。
36	高圧受電設備の年次点検において，電路を開放して作業を行う場合は，感電事故防止の観点から，作業箇所に短絡接地器具を取り付けて安全を確保するが，この場合の作業方法として，**誤っているものは。**	イ．取り付けに先立ち，短絡接地器具の取り付け箇所の無充電を検電器で確認する。 ロ．取り付け時には，まず接地側金具を接地線に接続し，次に電路側金具を電路側に接続する。 ハ．取り付け中は，「短絡接地中」の標識をして注意喚起を図る。 ニ．取り外し時には，まず接地側金具を外し，次に電路側金具を外す。
37	電気設備の技術基準の解釈において，D 種接地工事に関する記述として，**誤っているものは。**	イ．D 種接地工事を施す金属体と大地との間の電気抵抗値が 10 Ω 以下でなければ，D 種接地工事を施したものとみなされない。 ロ．接地抵抗値は，低圧電路において，地絡を生じた場合に 0.5 秒以内に当該電路を自動的に遮断する装置を施設するときは，500 Ω 以下であること。 ハ．接地抵抗値は，100 Ω 以下であること。 ニ．接地線は故障の際に流れる電流を安全に通じることができるものであること。
38	電気工事士法において，自家用電気工作物(最大電力 500 kW 未満の需要設備)に係る電気工事のうち「ネオン工事」又は「非常用予備発電装置工事」に**従事することのできる者は。**	イ．認定電気工事従事者 ロ．特種電気工事資格者 ハ．第一種電気工事士 ニ．5 年以上の実務経験を有する第二種電気工事士
39	電気工事業の業務の適正化に関する法律において，**誤っていないものは。**	イ．主任電気工事士の指示に従って，電気工事士が，電気用品安全法の表示が付されていない電気用品を電気工事に使用した。 ロ．登録電気工事業者が，電気工事の施工場所に二日間で完了する工事予定であったため，代表者の氏名等を記載した標識を掲げなかった。 ハ．電気工事業者が，電気工事ごとに配線図等を帳簿に記載し，3年経ったのでそれを廃棄した。 ニ．登録電気工事業者の代表者は，電気工事士の資格を有する必要がない。
40	電気用品安全法の適用を受けるもののうち，**特定電気用品でないものは。**	イ．合成樹脂製のケーブル配線用スイッチボックス ロ．タイムスイッチ(定格電圧 125 V，定格電流 15 A) ハ．差込み接続器(定格電圧 125 V，定格電流 15 A) ニ．600 V ビニル絶縁ビニルシースケーブル(導体の公称断面積が 8 mm^2，3 心)

問題２．配線図１（問題数5，配点は1問当たり2点）

図は，三相誘導電動機（Y－Δ始動）の始動制御回路図である。この図の矢印で示す5箇所に関する各問いには，4通りの答え（イ，ロ，ハ，ニ）が書いてある。それぞれの問いに対して，答えを1つ選びなさい。

〔注〕図において，問いに直接関係のない部分等は，省略又は簡略化してある。

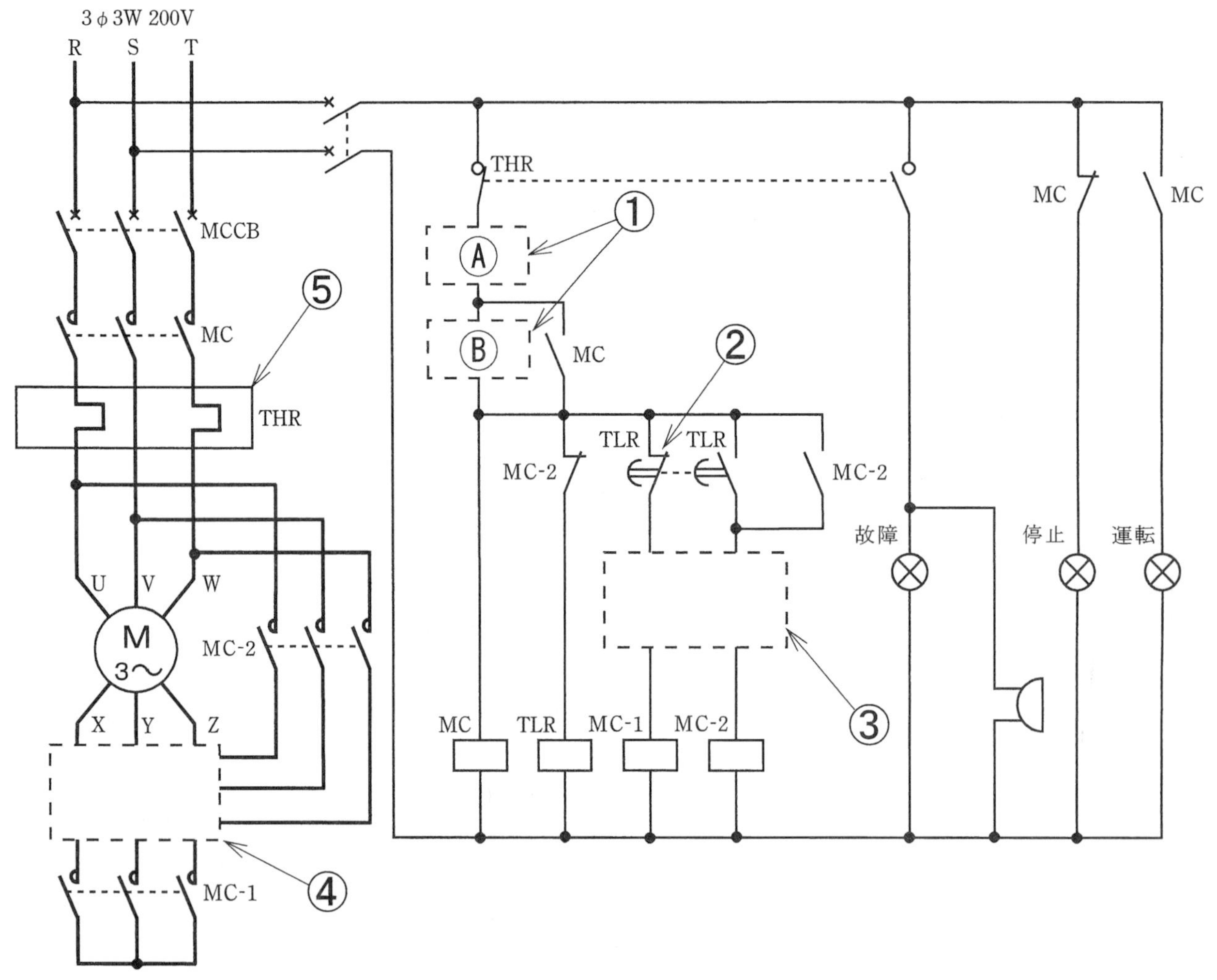

	問　い	答　え
41	①で示す部分の押しボタンスイッチの図記号の組合せで，**正しいものは。**	
42	②で示すブレーク接点は。	イ．手動操作残留機能付き接点 ロ．手動操作自動復帰接点 ハ．瞬時動作限時復帰接点 ニ．限時動作瞬時復帰接点

	イ	ロ	ハ	ニ
Ⓐ				
Ⓑ				

問い		答え
43	③の部分のインタロック回路の結線図は。	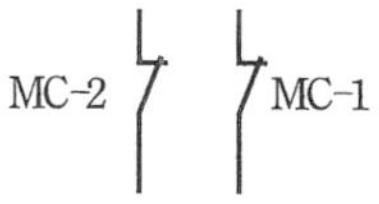 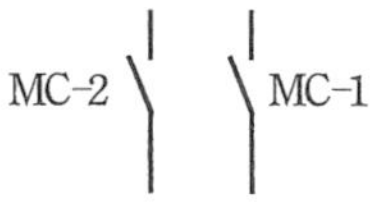 イ. 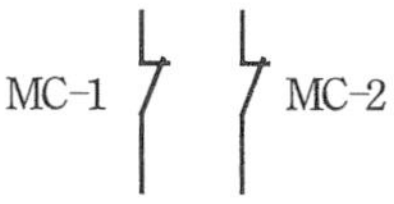 MC-1 MC-2 ロ. MC-2 MC-1 ハ. MC-2 MC-1 ニ. MC-2 MC-1 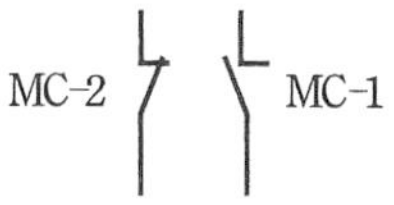
44	④の部分の結線図で，**正しいものは。**	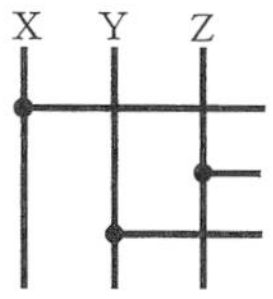 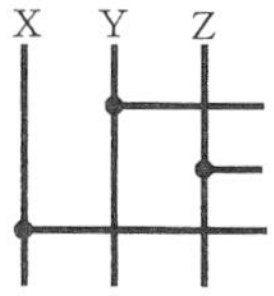 イ. 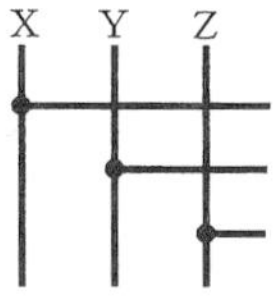 X Y Z ロ. X Y Z ハ. X Y Z ニ. X Y Z 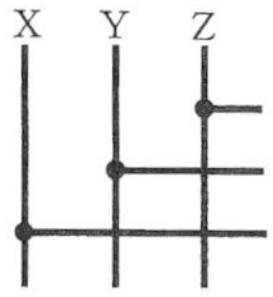
45	⑤で示す図記号の機器は。	イ.  ロ.  ハ.  ニ.  min U P P W

問題3．配線図2 （問題数5，配点は1問当たり2点）

図は，高圧受電設備の単線結線図である。この図の矢印で示す5箇所に関する各問いには，4通りの答え（イ，ロ，ハ，ニ）が書いてある。それぞれの問いに対して，答えを1つ選びなさい。

〔注〕図において，問いに直接関係のない部分等は，省略又は簡略化してある。

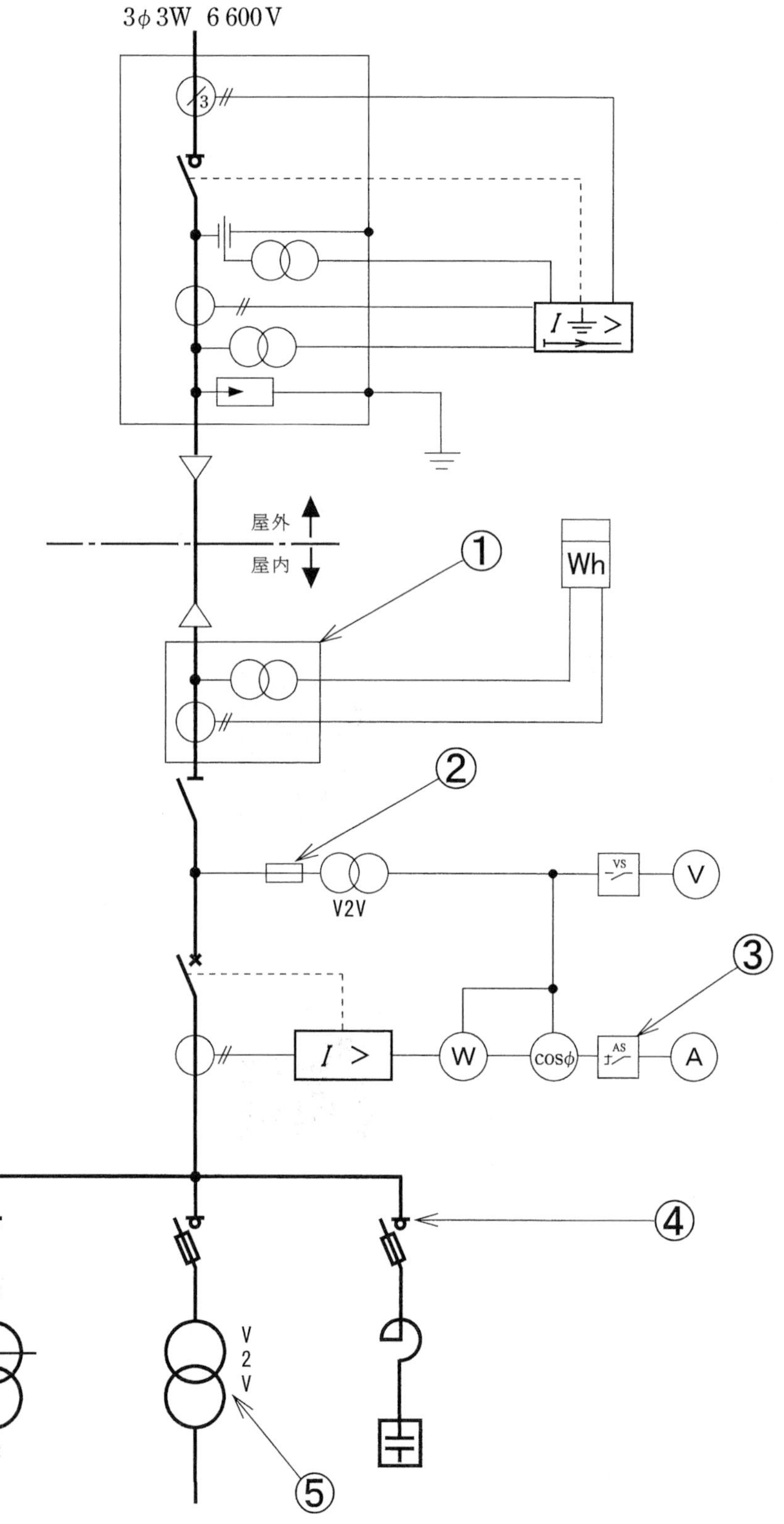

	問い	答え
46	①で示す機器の文字記号(略号)は。	イ．VCB ロ．MCCB ハ．OCB ニ．VCT
47	②で示す装置を使用する主な目的は。	イ．計器用変圧器の内部短絡事故が主回路に波及することを防止する。 ロ．計器用変圧器を雷サージから保護する。 ハ．計器用変圧器の過負荷を防止する。 ニ．計器用変圧器の欠相を防止する。
48	③に設置する機器は。	イ．  ロ．  ハ．  ニ． 
49	④で示す部分で停電時に放電接地を行うものは。	イ． 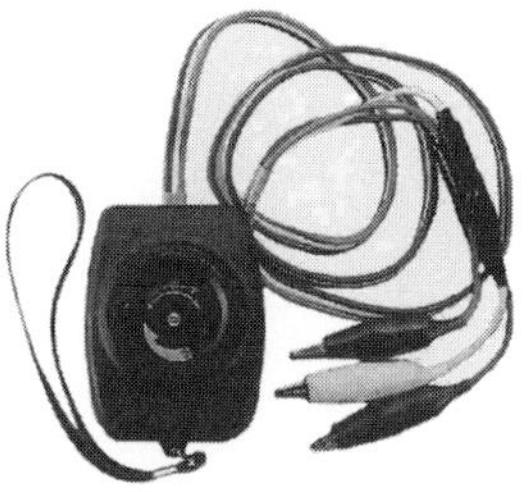 ロ． 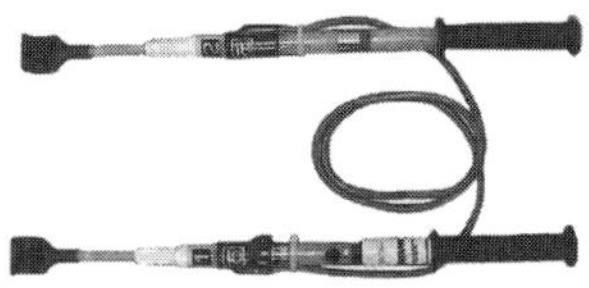 ハ． 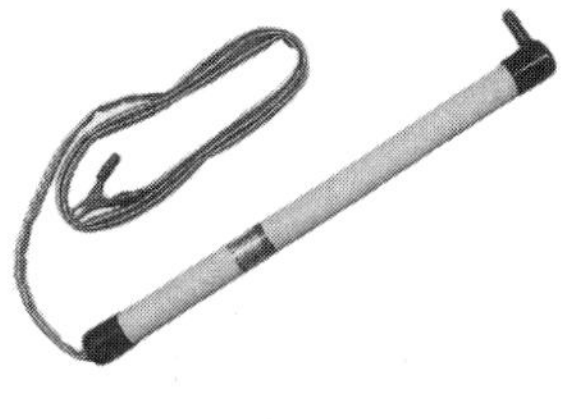 ニ． 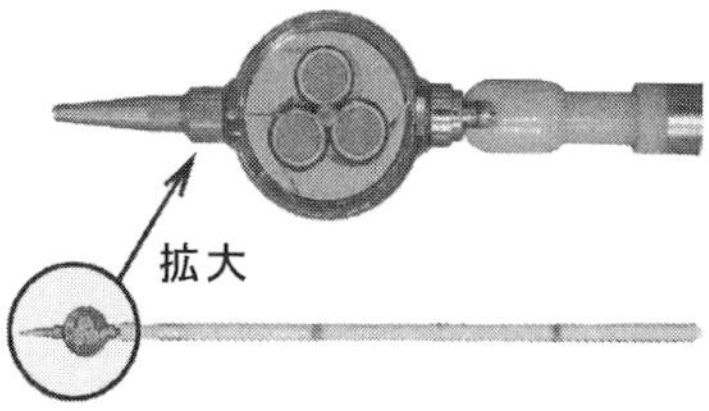

	問い	答え
50	⑤で示す変圧器の結線図において，B種接地工事を施した図で，**正しいものは**。	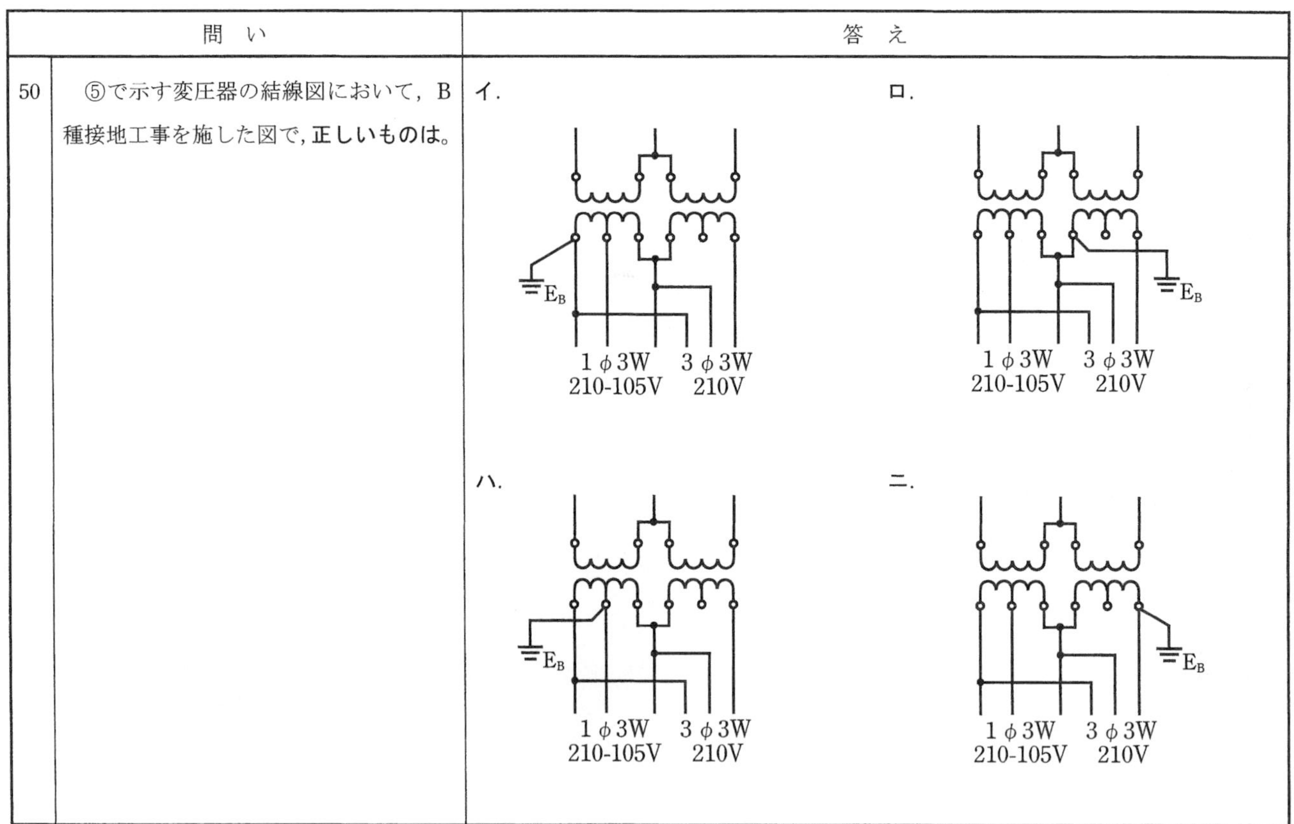

第一種電気工事士

2018年度

（平成30年度）

筆記試験問題

問題１．一般問題（問題数 40，配点は１問当たり２点）

次の各問いには４通りの答え（**イ，ロ，ハ，ニ**）が書いてある。それぞれの問いに対して答えを１つ選びなさい。

	問　い	答　え
1	図のような直流回路において，電源電圧 100 V，R=10 Ω，C=20 μF 及び L=2 mH で，L には電流 10 A が流れている。C に蓄えられているエネルギー W_C[J]の値と，L に蓄えられているエネルギー W_L[J]の値の組合せとして，**正しいものは**。 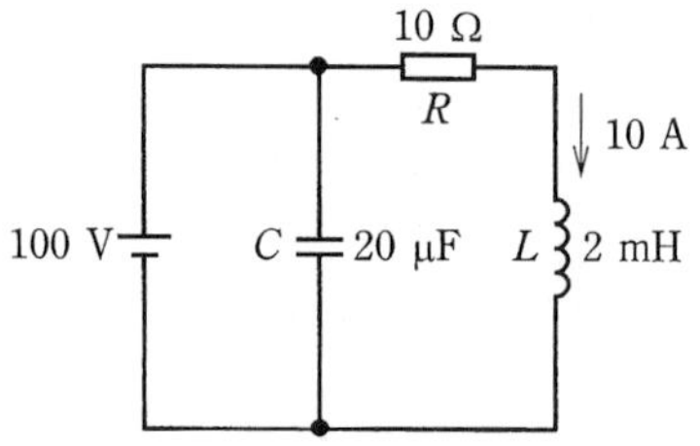	**イ**．W_C= 0.001　W_L= 0.01 **ロ**．W_C= 0.2　W_L= 0.01 **ハ**．W_C= 0.1　W_L= 0.1 **ニ**．W_C= 0.2　W_L= 0.2
2	図のような直流回路において，電源から流れる電流は 20 A である。図中の抵抗 R に流れる電流 I_R[A]は。 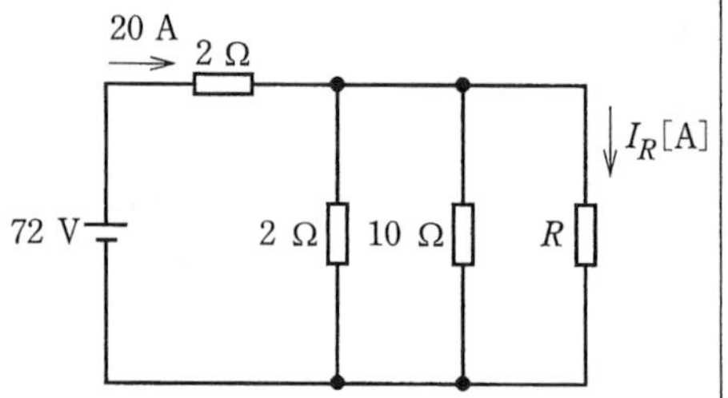	**イ**．0.8 **ロ**．1.6 **ハ**．3.2 **ニ**．16
3	図のように，誘導性リアクタンス X_L=10 Ω に，次式で示す交流電圧 v [V]が加えられている。 v[V]$=100\sqrt{2}\sin(2\pi ft)$ [V] この回路に流れる電流の瞬時値 i [A]を表す式は。 ただし，式において t [s]は時間，f [Hz]は周波数である。 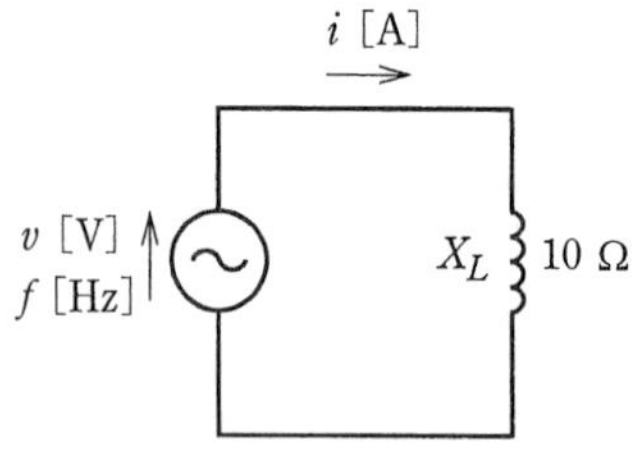	**イ**．$i=10\sqrt{2}\sin(2\pi ft-\frac{\pi}{2})$ **ロ**．$i=10\sin(\pi ft+\frac{\pi}{4})$ **ハ**．$i=-10\cos(2\pi ft+\frac{\pi}{6})$ **ニ**．$i=10\sqrt{2}\cos(2ft+90)$

	問い	答え
4	図のような交流回路において，電流 I=10 A，抵抗 R における消費電力は 800 W，誘導性リアクタンス X_L=16 Ω，容量性リアクタンス X_C=10 Ω である。この回路の電源電圧 V [V]は。 	イ．80　　ロ．100　　ハ．120　　ニ．200
5	図のように，線間電圧 V [V]の三相交流電源から，Y 結線の抵抗負荷とΔ結線の抵抗負荷に電力を供給している電路がある。図中の抵抗 R がすべて R [Ω]であるとき，図中の電路の線電流 I [A]を示す式は。 	イ．$\frac{V}{R}\left(\frac{1}{\sqrt{3}}+1\right)$　　ロ．$\frac{V}{R}\left(\frac{1}{2}+\sqrt{3}\right)$　　ハ．$\frac{V}{R}\left(\frac{1}{\sqrt{3}}+\sqrt{3}\right)$　　ニ．$\frac{V}{R}\left(2+\frac{1}{\sqrt{3}}\right)$
6	図のように，単相 2 線式の配電線路で，抵抗負荷 A, B, C にそれぞれ負荷電流 10 A, 5 A, 5 A が流れている。電源電圧が 210 V であるとき，抵抗負荷 C の両端の電圧 V_C [V]は。 ただし，電線 1 線当たりの抵抗は 0.1 Ω とし，線路リアクタンスは無視する。 	イ．201　　ロ．203　　ハ．205　　ニ．208

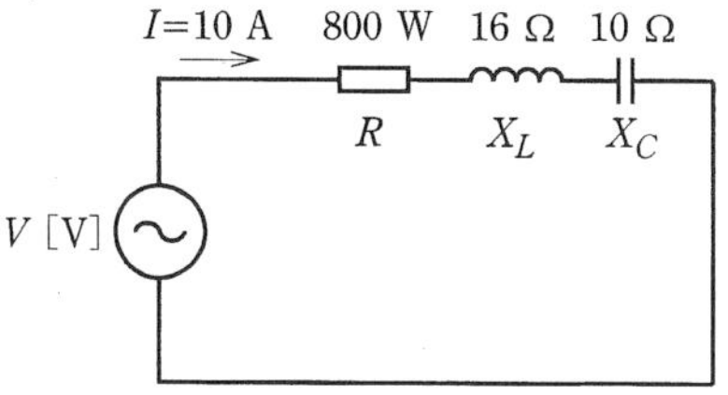

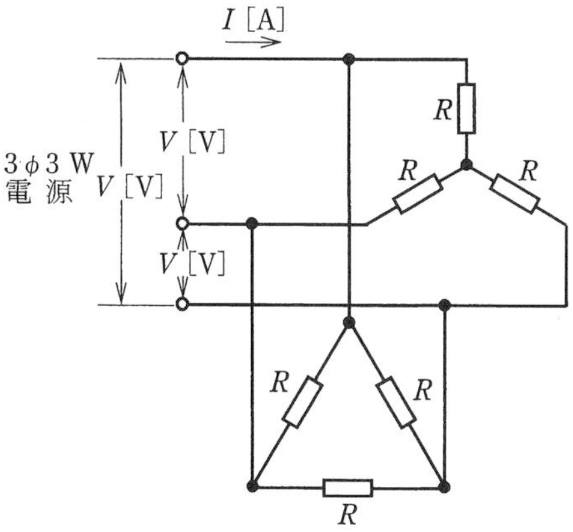

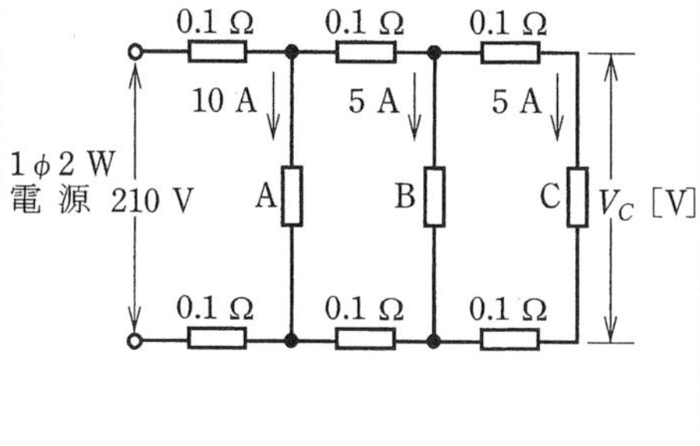

2018 年度 (平成30年度) 筆記試験問題

	問　い	答　え
7	図のような単相 3 線式配電線路において，負荷 A は負荷電流 10 A で遅れ力率 50 %，負荷 B は負荷電流 10 A で力率は 100 %である。中性線に流れる電流 I_N[A]は。 ただし，線路インピーダンスは無視する。 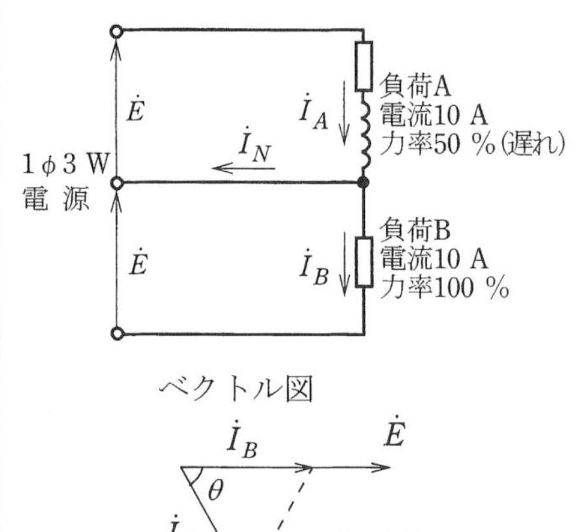 	イ．5　　ロ．10　　ハ．20　　ニ．25
8	図のように，電源は線間電圧が V_S の三相電源で，三相負荷は端子電圧 V，電流 I，消費電力 P，力率 $\cos\theta$ で，1 相当たりのインピーダンスが Z の Y 結線の負荷である。また，配電線路は電線 1 線当たりの抵抗が r で，配電線路の電力損失が P_L である。この電路で成立する式として，**誤っているものは。** ただし，配電線路の抵抗 r は負荷インピーダンス Z に比べて十分に小さいものとし，配電線路のリアクタンスは無視する。 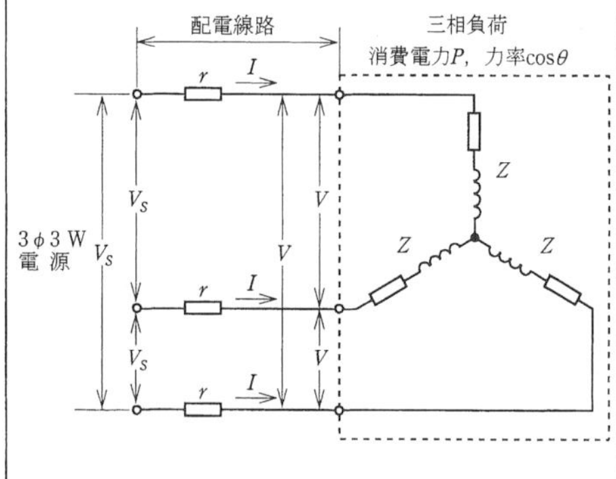 	イ．配電線路の電力損失：$P_L = \sqrt{3} r I^2$ ロ．力率：$\cos\theta = \dfrac{P}{\sqrt{3}VI}$ ハ．電流：$I = \dfrac{V}{\sqrt{3}Z}$ ニ．電圧降下：$V_S - V = \sqrt{3}\, rI\cos\theta$

問い		答え
9	図のような低圧屋内幹線を保護する配線用遮断器 B1（定格電流 100A）の幹線から分岐するA～Dの分岐回路がある。A～Dの分岐回路のうち，配線用遮断器 B の取り付け位置が**不適切なものは。** ただし，図中の分岐回路の電流値は電線の許容電流を示し，距離は電線の長さを示す。 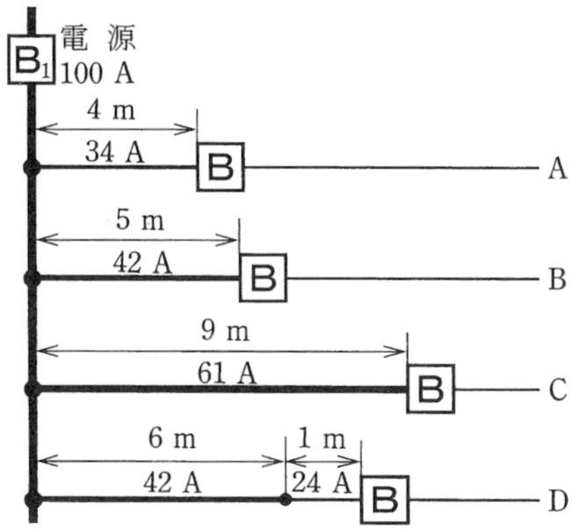 	イ．A　ロ．B　ハ．C　ニ．D
10	6 極の三相かご形誘導電動機があり，その一次周波数がインバータで調整できるようになっている。この電動機が滑り 5 %，回転速度 1 140 min^{-1} で運転されている場合の一次周波数[Hz]は。	イ．30　ロ．40　ハ．50　ニ．60
11	巻上荷重 W[kN]の物体を毎秒 v[m]の速度で巻き上げているとき，この巻上用電動機の出力[kW]を示す式は。 ただし，巻上機の効率は η [%]であるとする。	イ．$\frac{100W\cdot v}{\eta}$　ロ．$\frac{100W\cdot v^2}{\eta}$　ハ．$100\eta W\cdot v$　ニ．$100\eta W^2\cdot v^2$
12	変圧器の鉄損に関する記述として，**正しいものは。**	イ．電源の周波数が変化しても鉄損は一定である。 ロ．一次電圧が高くなると鉄損は増加する。 ハ．鉄損はうず電流損より小さい。 ニ．鉄損はヒステリシス損より小さい。

<table>
<tr><th colspan="2">問　い</th><th>答　え</th></tr>
<tr><td>13</td><td>蓄電池に関する記述として，正しいものは。</td><td>イ．鉛蓄電池の電解液は，希硫酸である。
ロ．アルカリ蓄電池の放電の程度を知るためには，電解液の比重を測定する。
ハ．アルカリ蓄電池は，過放電すると充電が不可能になる。
ニ．単一セルの起電力は，鉛蓄電池よりアルカリ蓄電池の方が高い。</td></tr>
<tr><td>14</td><td>写真に示すものの名称は。 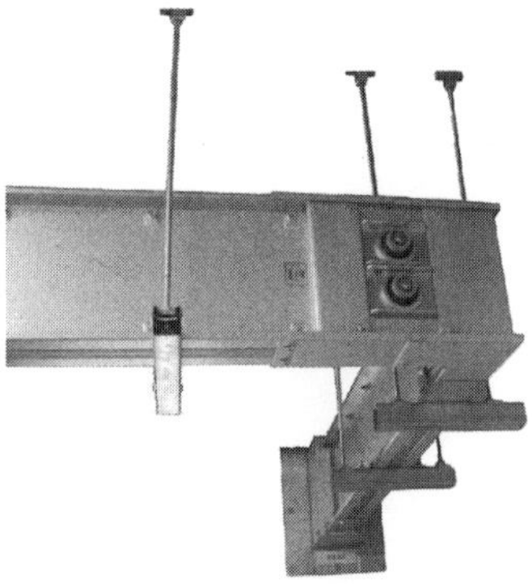</td><td>イ．金属ダクト
ロ．バスダクト
ハ．トロリーバスダクト
ニ．銅帯</td></tr>
<tr><td>15</td><td>写真に示すモールド変圧器の矢印部分の名称は。 </td><td>イ．タップ切替端子
ロ．耐震固定端部
ハ．一次（高電圧側）端子
ニ．二次（低電圧側）端子</td></tr>
<tr><td>16</td><td>有効落差 100 m，使用水量 20 m^3/s の水力発電所の発電機出力[MW]は。
ただし，水車と発電機の総合効率は 85 % とする。</td><td>イ．1.9　　ロ．12.7　　ハ．16.7　　ニ．18.7</td></tr>
<tr><td>17</td><td>図は汽力発電所の再熱サイクルを表したものである。図中の Ⓐ,Ⓑ,Ⓒ,Ⓓ の組合せとして，正しいものは。 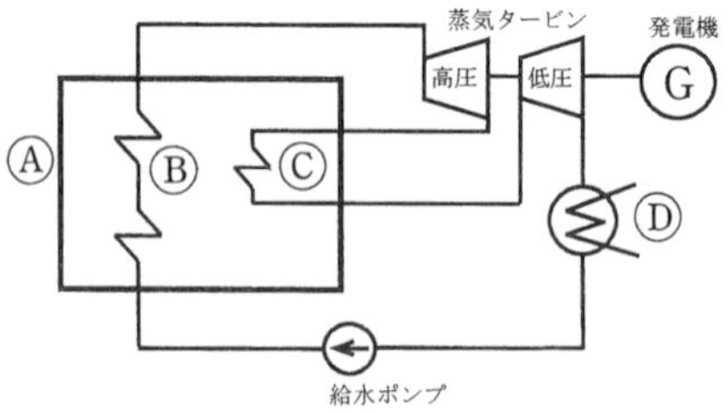
蒸気タービン　高圧　低圧　発電機　G　Ⓐ　Ⓑ　Ⓒ　Ⓓ　給水ポンプ</td><td><table>
<tr><th></th><th>Ⓐ</th><th>Ⓑ</th><th>Ⓒ</th><th>Ⓓ</th></tr>
<tr><td>イ</td><td>再熱器</td><td>復水器</td><td>過熱器</td><td>ボイラ</td></tr>
<tr><td>ロ</td><td>過熱器</td><td>復水器</td><td>再熱器</td><td>ボイラ</td></tr>
<tr><td>ハ</td><td>ボイラ</td><td>過熱器</td><td>再熱器</td><td>復水器</td></tr>
<tr><td>ニ</td><td>復水器</td><td>ボイラ</td><td>過熱器</td><td>再熱器</td></tr>
</table></td></tr>
</table>

	問　い	答　え
18	ディーゼル機関のはずみ車（フライホイール）の目的として，**正しいものは。**	イ．停止を容易にする。 ロ．冷却効果を良くする。 ハ．始動を容易にする。 ニ．回転のむらを滑らかにする。
19	送電用変圧器の中性点接地方式に関する記述として，**誤っているものは。**	イ．非接地方式は，中性点を接地しない方式で，異常電圧が発生しやすい。 ロ．直接接地方式は，中性点を導線で接地する方式で，地絡電流が大きい。 ハ．抵抗接地方式は，地絡故障時，通信線に対する電磁誘導障害が直接接地方式と比較して大きい。 ニ．消弧リアクトル接地方式は，中性点を送電線路の対地静電容量と並列共振するようなリアクトルで接地する方式である。
20	零相変流器と組み合わせて使用する継電器の種類は。	イ．過電圧継電器 ロ．過電流継電器 ハ．地絡継電器 ニ．比率差動継電器
21	高調波の発生源とならない機器は。	イ．交流アーク炉 ロ．半波整流器 ハ．進相コンデンサ ニ．動力制御用インバータ
22	写真の機器の矢印で示す部分に関する記述として，**誤っているものは。**	イ．小形，軽量であるが，定格遮断電流は大きく 20 kA，40 kA 等がある。 ロ．通常は密閉されているが，短絡電流を遮断するときに放出口からガスを放出する。 ハ．短絡電流を限流遮断する。 ニ．用途によって，T，M，C，G の 4 種類がある。
23	写真に示す機器の用途は。	イ．高圧電路の短絡保護 ロ．高圧電路の地絡保護 ハ．高圧電路の雷電圧保護 ニ．高圧電路の過負荷保護

問い		答え
24	地中に埋設又は打ち込みをする接地極として，**不適切なものは。**	イ．内径 36 mm 長さ 1.5 m の厚鋼電線管 ロ．直径 14 mm 長さ 1.5 m の銅溶覆鋼棒 ハ．縦 900 mm× 横 900 mm× 厚さ 1.6 mm の銅板 ニ．縦 900 mm× 横 900 mm× 厚さ 2.6 mm のアルミ板
25	工具類に関する記述として，**誤っているものは。**	イ．高速切断機は，といしを高速で回転させ鋼材等の切断及び研削をする工具であり，研削には，といしの側面を使用する。 ロ．油圧式圧着工具は，油圧力を利用し，主として太い電線などの圧着接続を行う工具で，成形確認機構がなければならない。 ハ．ノックアウトパンチャは，分電盤などの鉄板に穴をあける工具である。 ニ．水準器は，配電盤や分電盤などの据え付け時の水平調整などに使用される。
26	写真に示す配線器具を取り付ける施工方法の記述として，**不適切なものは。**	イ．定格電流 20 A の配線用遮断器に保護されている電路に取り付けた。 ロ．単相 200 V の機器用コンセントとして取り付けた。 ハ．三相 400 V の機器用コンセントとしては使用できない。 ニ．接地極には D 種接地工事を施した。
27	ライティングダクト工事の記述として，**不適切なものは。**	イ．ライティングダクトを 1.5 m の支持間隔で造営材に堅ろうに取り付けた。 ロ．ライティングダクトの終端部を閉そくするために，エンドキャップを取り付けた。 ハ．ライティングダクトに D 種接地工事を施した。 ニ．接触防護措置を施したので，ライティングダクトの開口部を上向きに取り付けた。
28	合成樹脂管工事に使用できない絶縁電線の種類は。	イ．600V ビニル絶縁電線 ロ．600V 二種ビニル絶縁電線 ハ．600V 耐燃性ポリエチレン絶縁電線 ニ．屋外用ビニル絶縁電線
29	点検できる隠ぺい場所で，湿気の多い場所又は水気のある場所に施す使用電圧 300 V 以下の低圧屋内配線工事で，施設することができない工事の種類は。	イ．金属管工事 ロ．金属線ぴ工事 ハ．ケーブル工事 ニ．合成樹脂管工事

問い30から問い34までは，下の図に関する問いである。

図は，自家用電気工作物（500 kW未満）の高圧受電設備を表した図及び高圧架空引込線の見取図である。この図に関する各問いには，4通りの答え（イ，ロ，ハ，ニ）が書いてある。それぞれの問いに対して，答えを一つ選びなさい。

〔注〕　図において，問いに直接関係のない部分等は，省略又は簡略化してある。

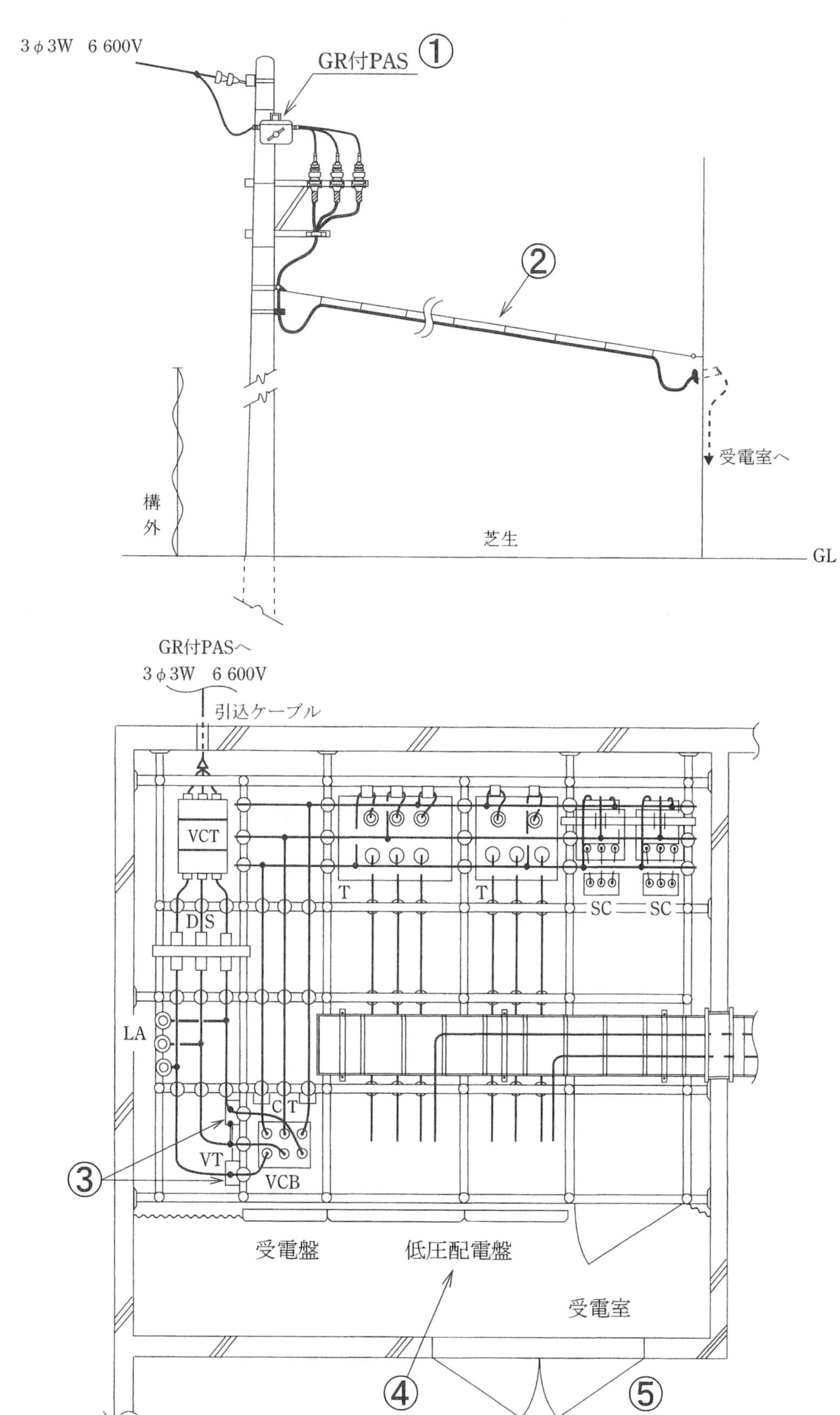

問い		答え
30	①に示す地絡継電装置付き高圧交流負荷開閉器（GR 付 PAS）に関する記述として，**不適切なものは。**	イ．GR付PASの地絡継電装置は，需要家内のケーブルが長い場合，対地静電容量が大きく，他の需要家の地絡事故で不必要動作する可能性がある。このような施設には，地絡方向継電器を設置することが望ましい。 ロ．GR付PASは，地絡保護装置であり，保安上の責任分界点に設ける区分開閉器ではない。 ハ．GR付PASの地絡継電装置は，波及事故を防止するため，一般送配電事業者との保護協調が大切である。 ニ．GR付PASは，短絡等の過電流を遮断する能力を有しないため，過電流ロック機能が必要である。
31	②に示す高圧架空引込ケーブルによる，引込線の施工に関する記述として，**不適切なものは。**	イ．ちょう架用線に使用する金属体には，D 種接地工事を施した。 ロ．高圧架空電線のちょう架用線は，積雪などの特殊条件を考慮した想定荷重に耐える必要がある。 ハ．高圧ケーブルは，ちょう架用線の引き留め箇所で，熱収縮と機械的振動ひずみに備えてケーブルにゆとりを設けた。 ニ．高圧ケーブルをハンガーにより，ちょう架用線に 1 m の間隔で支持する方法とした。
32	③に示す VT に関する記述として，**誤っているものは。**	イ．VT には，定格負担（単位[V･A]）があり，定格負担以下で使用する必要がある。 ロ．VT の定格二次電圧は，110 V である。 ハ．VT の電源側には，十分な定格遮断電流を持つ限流ヒューズを取り付ける。 ニ．遮断器の操作電源の他，所内の照明電源としても使用することができる。
33	④に示す低圧配電盤に設ける過電流遮断器として，**不適切なものは。**	イ．単相 3 線式（210/105 V）電路に設ける配線用遮断器には 3 極 2 素子のものを使用した。 ロ．電動機用幹線の許容電流が 100 A を超え，過電流遮断器の標準の定格に該当しないので，定格電流はその値の直近上位のものを使用した。 ハ．電動機用幹線の過電流遮断器は，電線の許容電流の 3.5 倍のものを取り付けた。 ニ．電灯用幹線の過電流遮断器は，電線の許容電流以下の定格電流のものを取り付けた。
34	⑤の高圧屋内受電設備の施設又は表示について，電気設備の技術基準の解釈で**示されていないものは。**	イ．出入口に火気厳禁の表示をする。 ロ．出入口に立ち入りを禁止する旨を表示する。 ハ．出入口に施錠装置等を施設して施錠する。 ニ．堅ろうな壁を施設する。

	問い	答え
35	電気設備の技術基準の解釈では，C 種接地工事について「接地抵抗値は，10 Ω（低圧電路において，地絡を生じた場合に 0.5 秒以内に当該電路を自動的に遮断する装置を施設するときは，［　　］Ω）以下であること。」と規定されている。上記の空欄にあてはまる数値として，**正しいものは。**	イ．50　ロ．150　ハ．300　ニ．500
36	低圧屋内配線の開閉器又は過電流遮断器で区切ることができる電路ごとの絶縁性能として，電気設備の技術基準（解釈を含む）に**適合しないものは。**	イ．対地電圧 100 V の電灯回路の漏えい電流を測定した結果，0.8 mA であった。 ロ．対地電圧 100 V の電灯回路の絶縁抵抗を測定した結果，0.15 MΩ であった。 ハ．対地電圧 200 V の電動機回路の絶縁抵抗を測定した結果，0.18 MΩ であった。 ニ．対地電圧 200 V のコンセント回路の漏えい電流を測定した結果，0.4 mA であった。
37	変圧器の絶縁油の劣化診断に直接関係のないものは。	イ．絶縁破壊電圧試験 ロ．水分試験 ハ．真空度測定 ニ．全酸価試験
38	第一種電気工事士の免状の交付を受けている者でなければ従事できない作業は。	イ．最大電力 400 kW の需要設備の 6.6 kV 変圧器に電線を接続する作業 ロ．出力 500 kW の発電所の配電盤を造営材に取り付ける作業 ハ．最大電力 600 kW の需要設備の 6.6 kV 受電用ケーブルを管路に収める作業 ニ．配電電圧 6.6 kV の配電用変電所内の電線相互を接続する作業
39	電気工事業の業務の適正化に関する法律において，電気工事業者の業務に関する記述として，**誤っているものは。**	イ．営業所ごとに，絶縁抵抗計の他，法令に定められた器具を備えなければならない。 ロ．営業所ごとに，法令に定められた電気主任技術者を選任しなければならない。 ハ．営業所及び電気工事の施工場所ごとに，法令に定められた事項を記載した標識を掲示しなければならない。 ニ．営業所ごとに，電気工事に関し，法令に定められた事項を記載した帳簿を備えなければならない。
40	電気事業法において，電線路維持運用者が行う一般用電気工作物の調査に関する記述として，**不適切なものは。**	イ．一般用電気工作物の調査が 4 年に 1 回以上行われている。 ロ．登録点検業務受託法人が点検業務を受託している一般用電気工作物についても調査する必要がある。 ハ．電線路維持運用者は，調査を登録調査機関に委託することができる。 ニ．一般用電気工作物が設置された時に調査が行われなかった。

問題2．配線図（問題数10，配点は1問当たり2点）

図は，高圧受電設備の単線結線図である。この図の矢印で示す 10 箇所に関する各問いには，4 通りの答え（イ，ロ，ハ，ニ）が書いてある。それぞれの問いに対して，答えを1つ選びなさい。

〔注〕　図において，問いに直接関係のない部分等は，省略又は簡略化してある。

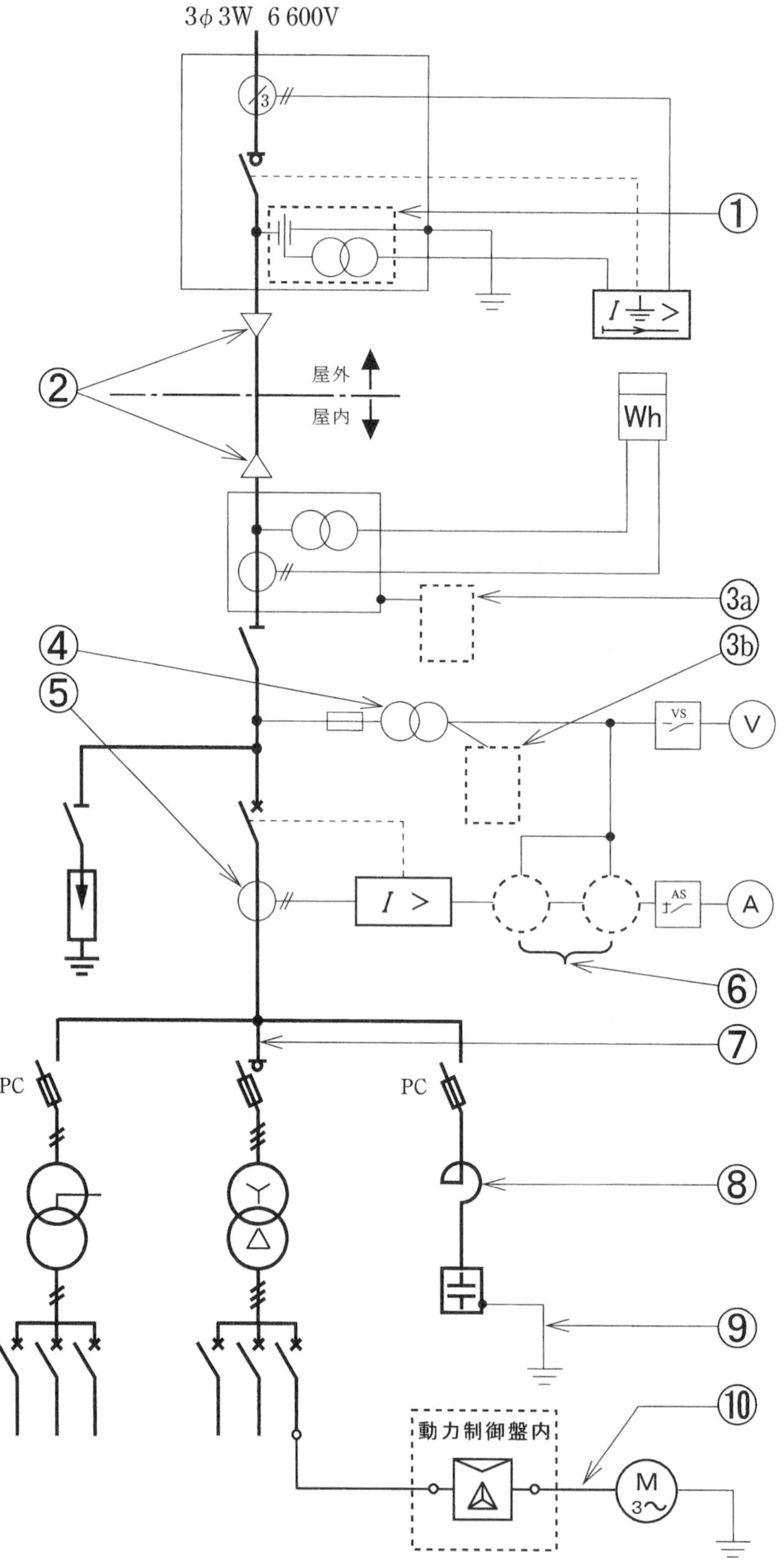

	問い	答え
41	①で示す図記号の機器に関する記述として，**正しいものは。**	イ．零相電流を検出する。 ロ．短絡電流を検出する。 ハ．欠相電圧を検出する。 ニ．零相電圧を検出する。
42	②で示す部分に使用されないものは。	イ．  ロ．  ハ．  ニ． 
43	図中の(3a)(3b)に入る図記号の組合せとして，**正しいものは。**	(下表)
44	④に設置する単相機器の必要最少数量は。	イ．1　ロ．2　ハ．3　ニ．4
45	⑤で示す機器の役割は。	イ．高圧電路の電流を変流する。 ロ．電路に侵入した過電圧を抑制する。 ハ．高電圧を低電圧に変圧する。 ニ．地絡電流を検出する。
46	⑥に設置する機器の組合せは。	イ． ロ． ハ． ニ．

問43

	イ	ロ	ハ	ニ
(3a)	E_A	E_D	E_D	E_A
(3b)	E_D	E_A	E_D	E_B

2018年度（平成30年度）筆記試験問題

	問　い	答　え
47	⑦で示す部分の相確認に用いるものは。	イ． 　ロ． 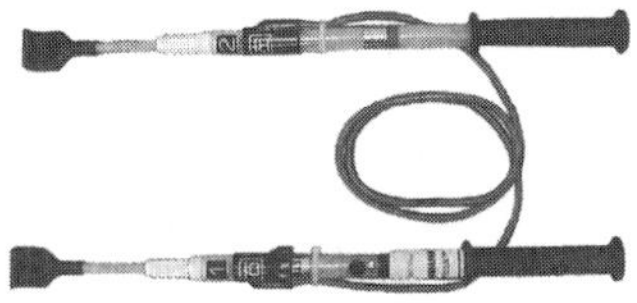　ハ． 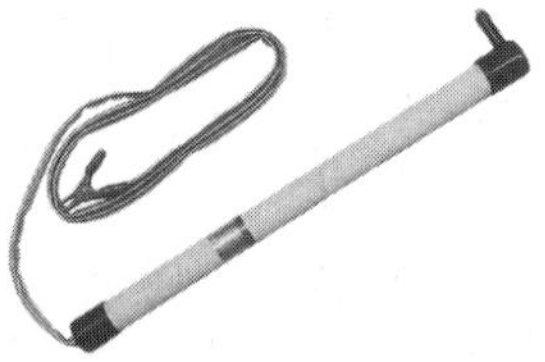　ニ． 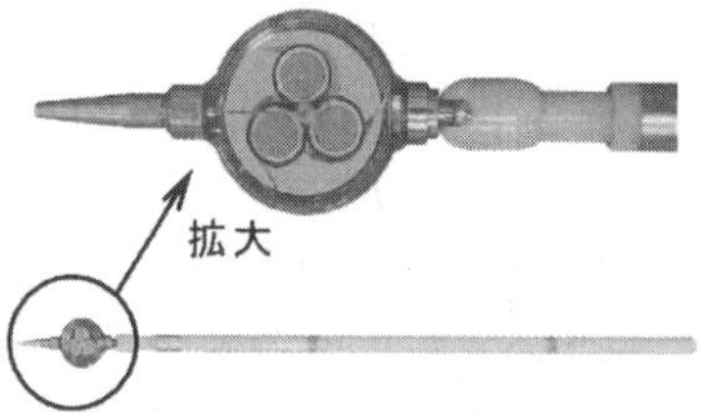
48	⑧で示す機器の役割として，**誤っているものは。**	イ．コンデンサ回路の突入電流を抑制する。 ロ．コンデンサの残留電荷を放電する。 ハ．電圧波形のひずみを改善する。 ニ．第 5 調波等の高調波障害の拡大を防止する。
49	⑨の部分に使用する軟銅線の直径の最小値[mm]は。	イ．1.6　　ロ．2.0　　ハ．2.6　　ニ．3.2
50	⑩で示す動力制御盤内から電動機に至る配線で，必要とする電線本数(心線数)は。	イ．3　　ロ．4　　ハ．5　　ニ．6

第一種電気工事士

2017年度
（平成29年度）

筆記試験問題

問題１．一般問題（問題数 40，配点は１問当たり２点）

次の各問いには４通りの答え（イ，ロ，ハ，ニ）が書いてある。それぞれの問いに対して答えを１つ選びなさい。

	問い	答え
1	図のように，巻数nのコイルに周波数fの交流電圧Vを加え，電流Iを流す場合に，電流Iに関する説明として，**誤っているものは**。 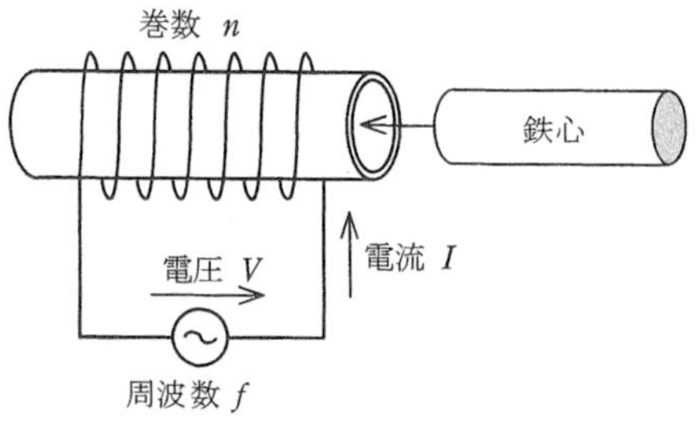 巻数 n　鉄心　電圧 V　電流 I　周波数 f	イ．巻数nを増加すると，電流Iは減少する。 ロ．コイルに鉄心を入れると，電流Iは減少する。 ハ．周波数fを高くすると，電流Iは増加する。 ニ．電圧Vを上げると，電流Iは増加する。
2	図のような直流回路において，スイッチSが開いているとき，抵抗Rの両端の電圧は36 Vであった。スイッチSを閉じたときの抵抗Rの両端の電圧[V]は。 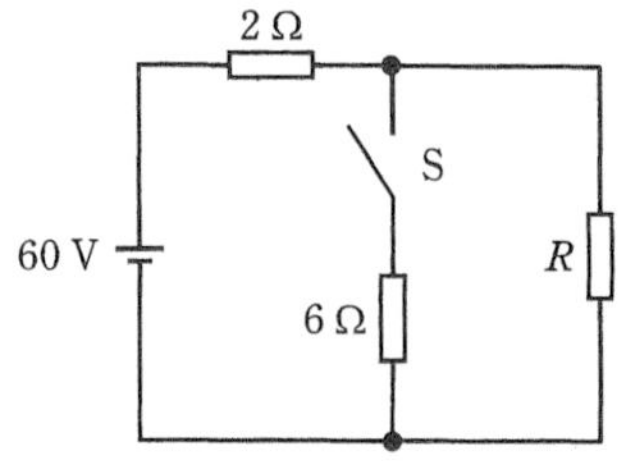 2 Ω　S　60 V　R　6 Ω	イ．3　ロ．12　ハ．24　ニ．30
3	図のような交流回路において，電源電圧は100 V，電流は20 A，抵抗Rの両端の電圧は80 Vであった。リアクタンスX［Ω］は。 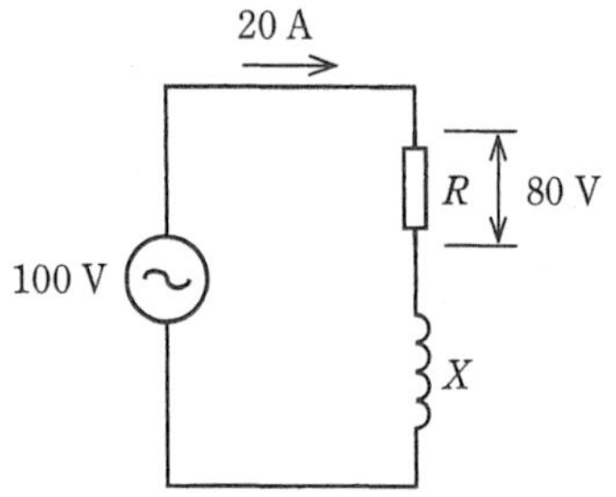 20 A　100 V　R　80 V　X	イ．2　ロ．3　ハ．4　ニ．5
4	図のような交流回路において，電源電圧120 V，抵抗20 Ω，誘導性リアクタンス10 Ω，容量性リアクタンス30 Ωである。図に示す回路の電流I［A］は。 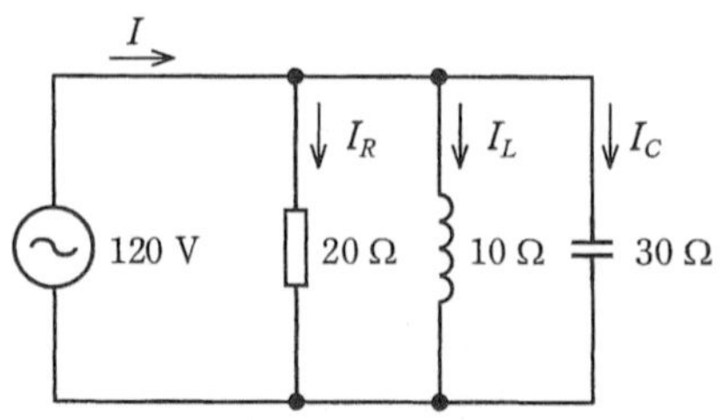 I　I_R　I_L　I_C　120 V　20 Ω　10 Ω　30 Ω	イ．8　ロ．10　ハ．12　ニ．14

<table>
<tr><th colspan="2">問　い</th><th colspan="4">答　え</th></tr>
<tr><td>5</td><td>図のような三相交流回路において，電源電圧はV[V]，抵抗R=5 Ω，誘導性リアクタンスX_L=3 Ω である。回路の全消費電力[W]を示す式は。 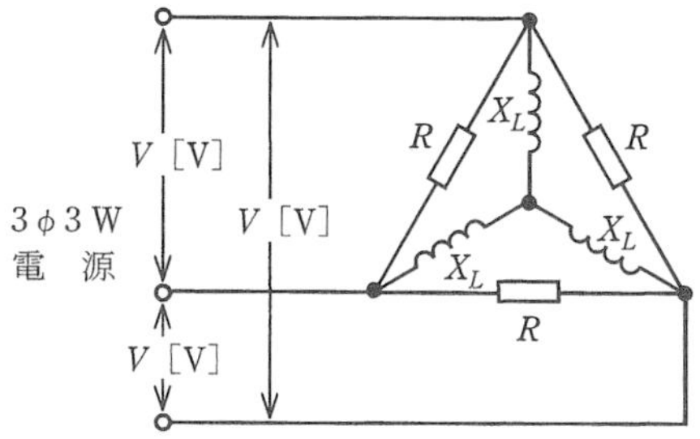</td><td>イ．$\frac{3V^2}{5}$</td><td>ロ．$\frac{V^2}{3}$</td><td>ハ．$\frac{V^2}{5}$</td><td>ニ．V^2</td></tr>
<tr><td>6</td><td>定格容量200 kV・A，消費電力120 kW，遅れ力率$\cos\theta_1$＝0.6の負荷に電力を供給する高圧受電設備に高圧進相コンデンサを施設して，力率を$\cos\theta_2$＝0.8に改善したい。必要なコンデンサの容量［kvar］は。
ただし，$\tan\theta_1$＝1.33 ，$\tan\theta_2$＝0.75 とする。 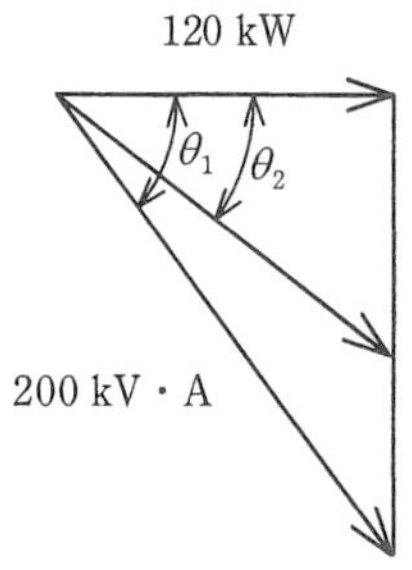</td><td>イ．35</td><td>ロ．70</td><td>ハ．90</td><td>ニ．160</td></tr>
<tr><td>7</td><td>図のように，定格電圧200 V，消費電力17.3 kWの三相抵抗負荷に電気を供給する配電線路がある。負荷の端子電圧が200 Vであるとき，この配電線路の電力損失［kW］は。
ただし，配電線路の電線1線当たりの抵抗は0.1 Ωとし，配電線路のリアクタンスは無視する。 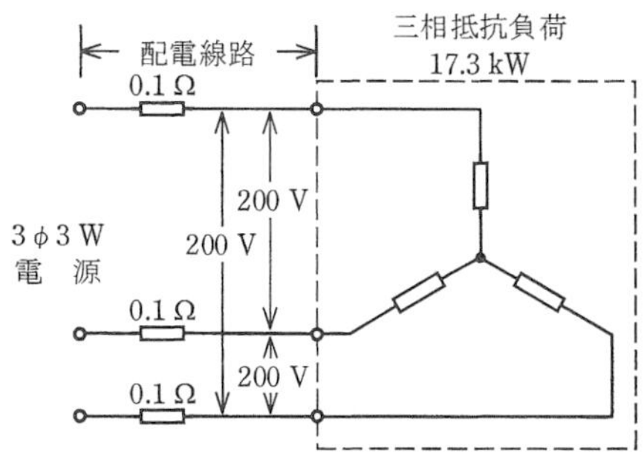</td><td>イ．0.30</td><td>ロ．0.55</td><td>ハ．0.75</td><td>ニ．0.90</td></tr>
</table>

2017 年度 (平成29年度) 筆記試験問題

	問　い	答　え			
8	図は単相2線式の配電線路の単線結線図である。電線1線当たりの抵抗は，A-B間で0.1 Ω，B-C間で0.2 Ωである。A点の線間電圧が210 Vで，B点，C点にそれぞれ負荷電流10 Aの抵抗負荷があるとき，C点の線間電圧[V]は。 ただし，線路リアクタンスは無視する。 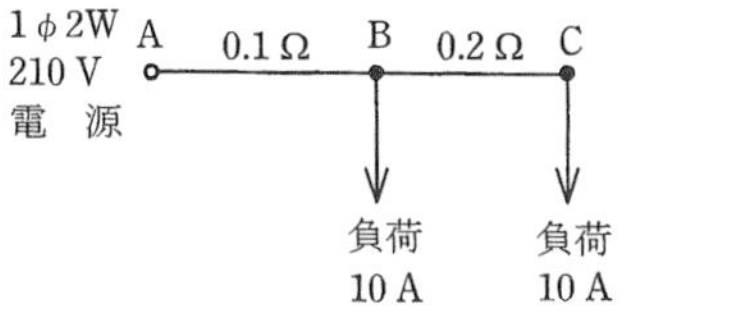 1 φ 2W 210 V 電源　A　0.1 Ω　B　0.2 Ω　C　負荷 10 A　負荷 10 A	イ．200	ロ．202	ハ．204	ニ．208
9	図のような配電線路において，変圧器の一次電流I_1 [A] は。 ただし，負荷はすべて抵抗負荷であり，変圧器と配電線路の損失及び変圧器の励磁電流は無視する。 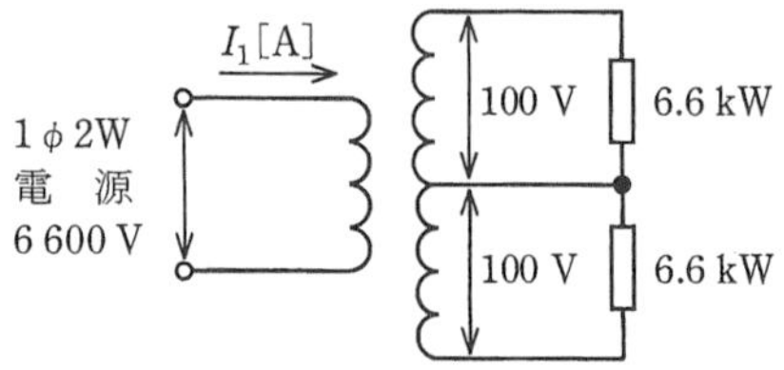 I_1[A]　1 φ 2W 電源 6 600 V　100 V　6.6 kW　100 V　6.6 kW	イ．1.0	ロ．2.0	ハ．132	ニ．8 712
10	図において，一般用低圧三相かご形誘導電動機の回転速度に対するトルク曲線は。 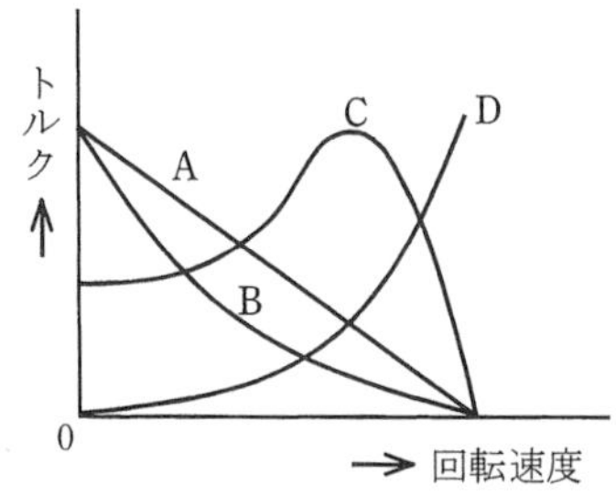 トルク　A　B　C　D　0　回転速度	イ．A	ロ．B	ハ．C	ニ．D
11	定格出力22 kW，極数4の三相誘導電動機が電源周波数60 Hz，滑り5 %で運転されている。 このときの1分間当たりの回転数は。	イ．1 620	ロ．1 710	ハ．1 800	ニ．1 890
12	同容量の単相変圧器2台をV結線し，三相負荷に電力を供給する場合の変圧器1台当たりの最大の利用率は。	イ．$\frac{1}{2}$	ロ．$\frac{\sqrt{2}}{2}$	ハ．$\frac{\sqrt{3}}{2}$	ニ．$\frac{2}{\sqrt{3}}$

	問い	答え
13	図に示すサイリスタ（逆阻止3端子サイリスタ）回路の出力電圧v_0の波形として，**得ることのできない波形は。** ただし，電源電圧は正弦波交流とする。 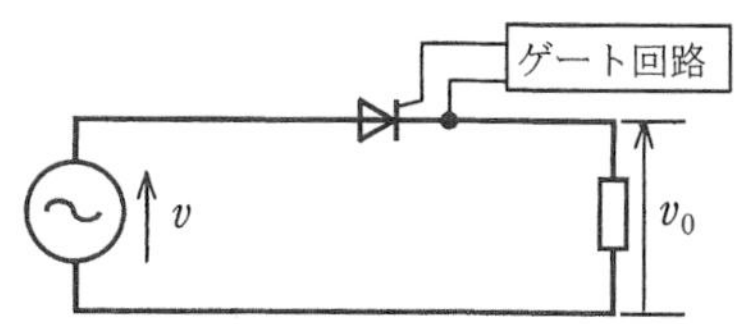 	イ．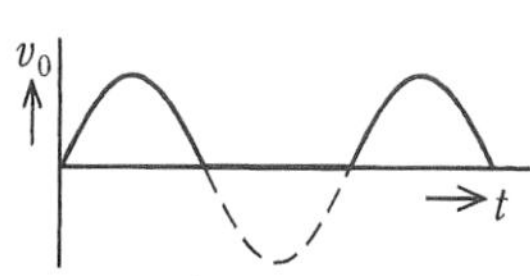 ロ．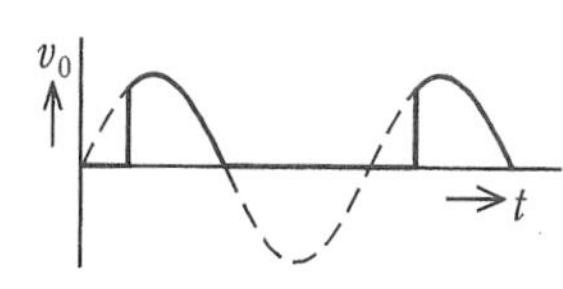 ハ． ニ．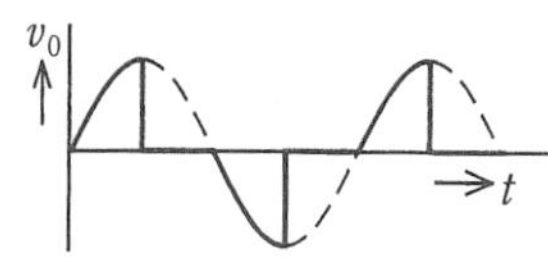
14	写真の照明器具には矢印で示すような表示マークが付されている。この器具の用途として，**適切なものは。** 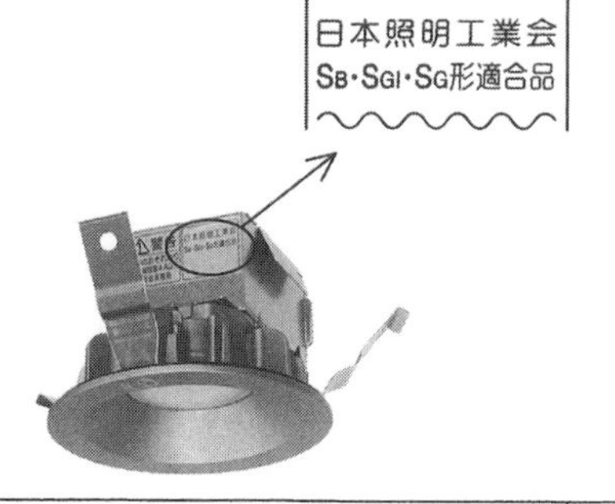 	イ．断熱材施工天井に埋め込んで使用できる。 ロ．非常用照明として使用できる。 ハ．屋外に使用できる。 ニ．ライティングダクトに設置して使用できる。
15	写真に示す機器の矢印部分の名称は。 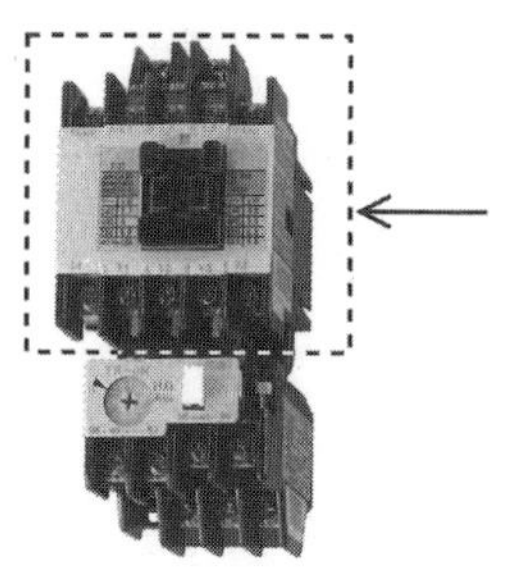	イ．熱動継電器 ロ．電磁接触器 ハ．配線用遮断器 ニ．限時継電器
16	太陽光発電に関する記述として，**誤っているものは。**	イ．太陽電池を使用して1 kWの出力を得るには，一般的に1 m^2程度の受光面積の太陽電池を必要とする。 ロ．太陽電池の出力は直流であり，交流機器の電源として用いる場合は，インバータを必要とする。 ハ．太陽光発電設備を一般送配電事業者の電力系統に連系させる場合は，系統連系保護装置を必要とする。 ニ．太陽電池は，半導体のpn接合部に光が当たると電圧を生じる性質を利用し，太陽光エネルギーを電気エネルギーとして取り出すものである。
17	架空送電線路に使用されるダンパの記述として，**正しいものは。**	イ．がいしの両端に設け，がいしや電線を雷の異常電圧から保護する。 ロ．電線と同種の金属を電線に巻き付けて補強し，電線の振動による素線切れなどを防止する。 ハ．電線におもりとして取り付け，微風により生じる電線の振動を吸収し，電線の損傷などを防止する。 ニ．多導体に使用する間隔材で，強風による電線相互の接近・接触や負荷電流，事故電流による電磁吸引力から素線の損傷を防止する。

問　い		答　え
18	燃料電池の発電原理に関する記述として，**誤っているものは。**	イ．燃料電池本体から発生する出力は交流である。 ロ．燃料の化学反応により発電するため，騒音はほとんどない。 ハ．負荷変動に対する応答性にすぐれ，制御性が良い。 ニ．りん酸形燃料電池は発電により水を発生する。
19	変電設備に関する記述として，**誤っているものは。**	イ．開閉設備類をSF_6ガスで充たした密閉容器に収めたGIS式変電所は，変電所用地を縮小できる。 ロ．空気遮断器は，発生したアークに圧縮空気を吹き付けて消弧するものである。 ハ．断路器は，送配電線や変電所の母線，機器などの故障時に電路を自動遮断するものである。 ニ．変圧器の負荷時タップ切換装置は電力系統の電圧調整などを行うことを目的に組み込まれたものである。
20	高圧母線に取り付けられた，通電中の変流器の二次側回路に接続されている電流計を取り外す場合の手順として，**適切なものは。**	イ．変流器の二次側端子の一方を接地した後，電流計を取り外す。 ロ．電流計を取り外した後，変流器の二次側を短絡する。 ハ．変流器の二次側を短絡した後，電流計を取り外す。 ニ．電流計を取り外した後，変流器の二次側端子の一方を接地する。
21	高圧受電設備の短絡保護装置として，**適切な組合せは。**	イ．過電流継電器 高圧柱上気中開閉器 ロ．地絡継電器 高圧真空遮断器 ハ．地絡方向継電器 高圧柱上気中開閉器 ニ．過電流継電器 高圧真空遮断器
22	写真に示す機器の用途は。	イ．高電圧を低電圧に変圧する。 ロ．大電流を小電流に変流する。 ハ．零相電圧を検出する。 ニ．コンデンサ回路投入時の突入電流を抑制する。
23	写真に示す機器の略号（文字記号）は。	イ．MCCB ロ．PAS ハ．ELCB ニ．VCB

問い		答え
24	低圧分岐回路の施設において，分岐回路を保護する過電流遮断器の種類，軟銅線の太さ及びコンセントの組合せで，**誤っているものは**。	
25	写真に示す材料のうち，電線の接続に使用しないものは。	イ． ロ． ハ． ニ．
26	写真に示す工具の名称は。	イ．トルクレンチ ロ．呼び線挿入器 ハ．ケーブルジャッキ ニ．張線器
27	高圧屋内配線を，乾燥した場所であって展開した場所に施設する場合の記述として，**不適切なものは**。	イ．高圧ケーブルを金属管に収めて施設した。 ロ．高圧絶縁電線を金属管に収めて施設した。 ハ．接触防護措置を施した高圧絶縁電線をがいし引き工事により施設した。 ニ．高圧ケーブルを金属ダクトに収めて施設した。
28	使用電圧が300 V以下のケーブル工事の記述として，**誤っているものは**。	イ．ビニルキャブタイヤケーブルを点検できない隠ぺい場所に施設した。 ロ．MIケーブルを，直接コンクリートに埋め込んで施設した。 ハ．ケーブルを収める防護装置の金属製部分に，D種接地工事を施した。 ニ．機械的衝撃を受けるおそれがある箇所に施設するケーブルには，防護装置を施した。
29	地中電線路の施設に関する記述として，**誤っているものは**。	イ．地中電線路を暗きょ式で施設する場合に，地中電線を不燃性又は自消性のある難燃性の管に収めて施設した。 ロ．地中電線路に絶縁電線を使用した。 ハ．長さが15 mを超える高圧地中電線路を管路式で施設し，物件の名称，管理者名及び電圧を表示した埋設表示シートを，管と地表面のほぼ中間に施設した。 ニ．地中電線路に使用する金属製の電線接続箱にD種接地工事を施した。

問24 答え:

	分岐回路を保護する過電流遮断器の種類	軟銅線の太さ	コンセント
イ	定格電流15 A	直径1.6 mm	定格15 A
ロ	定格電流20 Aの配線用遮断器	直径2.0 mm	定格15 A
ハ	定格電流30 A	直径2.0 mm	定格20 A
ニ	定格電流30 A	直径2.6 mm	定格20 A（定格電流が20 A未満の差込みプラグが接続できるものを除く。）

2017年度（平成29年度）筆記試験問題

問い30から問い34は，下の図に関する問いである。

図は，自家用電気工作物（500 kW未満）の引込柱から屋内キュービクル式高圧受電設備（JIS C 4620適合品）に至る施設の見取図である。この図に関する各問いには4通りの答え（**イ**，**ロ**，**ハ**，**ニ**）が書いてある。それぞれの問いに対して，答えを一つ選びなさい。

〔注〕 図において，問いに直接関係ない部分等は省略又は簡略化してある。

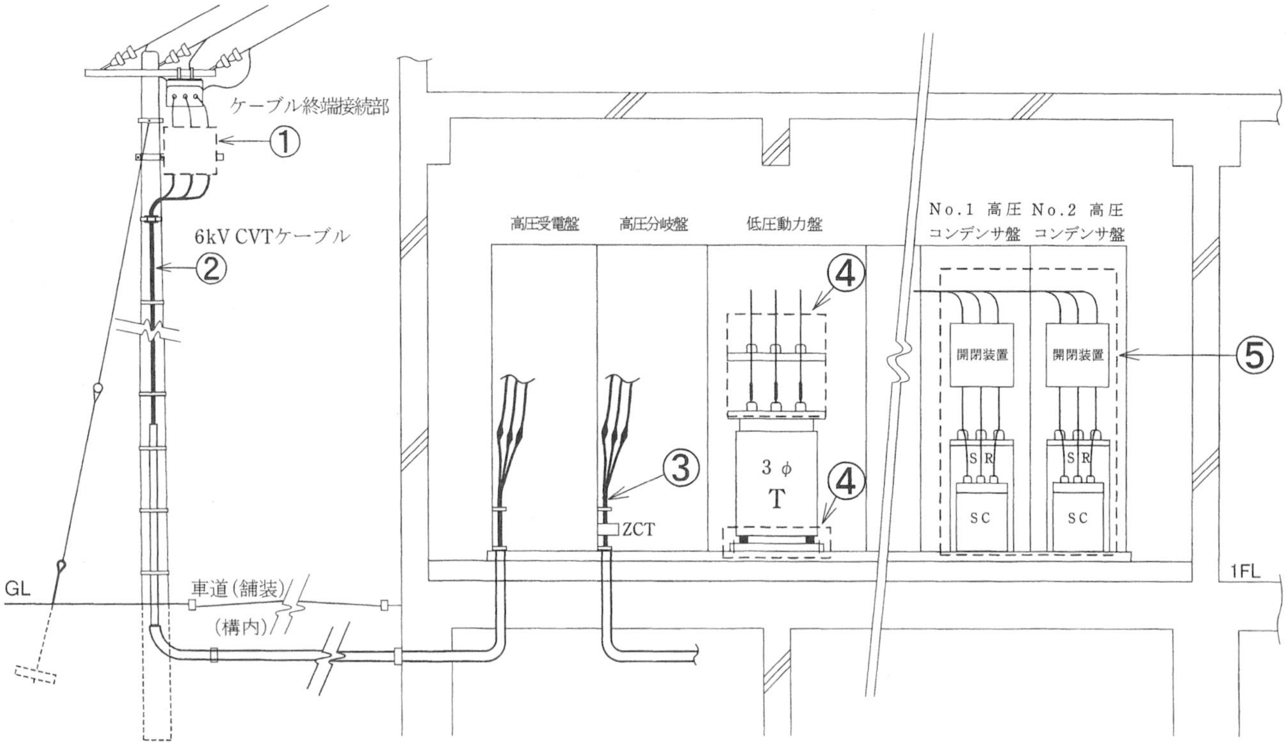

問　い		答　え
30	①に示すケーブル終端接続部に関する記述として，**不適切なものは。**	**イ**．ストレスコーンは雷サージ電圧が浸入したとき，ケーブルのストレスを緩和するためのものである。 **ロ**．終端接続部の処理では端子部から雨水等がケーブル内部に浸入しないように処理する必要がある。 **ハ**．ゴムとう管形屋外終端接続部にはストレスコーン部が内蔵されているので，あらためてストレスコーンを作る必要はない。 **ニ**．耐塩害終端接続部の処理は海岸に近い場所等，塩害を受けるおそれがある場所に適用される。
31	②に示す高圧ケーブルの太さを検討する場合に必要のない事項は。	**イ**．電線の許容電流 **ロ**．電線の短時間耐電流 **ハ**．電路の地絡電流 **ニ**．電路の短絡電流
32	③に示す高圧ケーブル内で地絡が発生した場合，確実に地絡事故を検出できるケーブルシールドの接地方法として，**正しいものは。**	**イ**．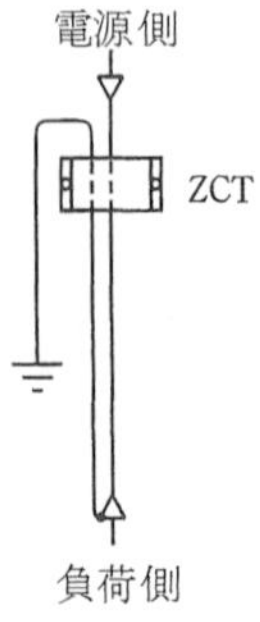**ロ**．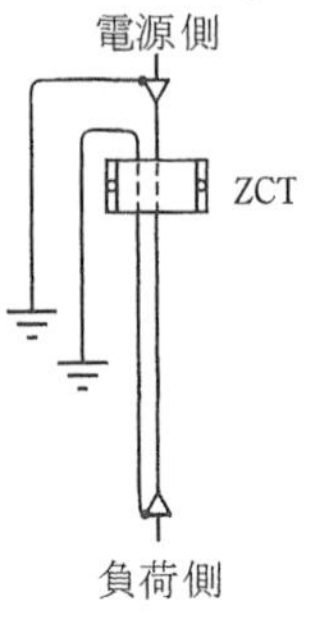**ハ**．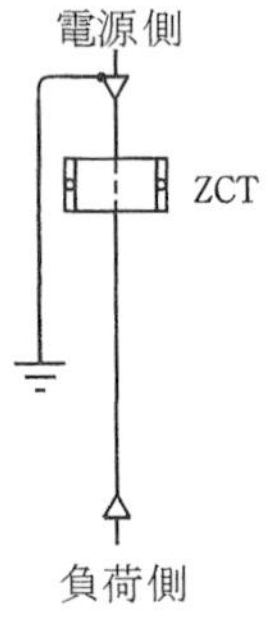**ニ**．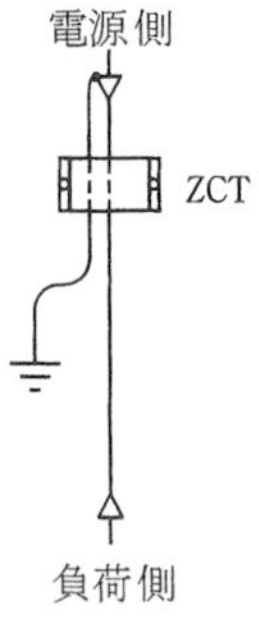

	問　い	答　え
33	④に示す変圧器の防振又は，耐震対策等の施工に関する記述として，**適切でないものは**。	イ．低圧母線に銅帯を使用したので，変圧器の振動等を考慮し，変圧器と低圧母線との接続には可とう導体を使用した。 ロ．可とう導体は，地震時の振動でブッシングや母線に異常な力が加わらないよう十分なたるみを持たせ，かつ，振動や負荷側短絡時の電磁力で母線が短絡しないように施設した。 ハ．変圧器を基礎に直接支持する場合のアンカーボルトは，移動，転倒を考慮して引き抜き力，せん断力の両方を検討して支持した。 ニ．変圧器に防振装置を使用する場合は，地震時の移動を防止する耐震ストッパが必要である。耐震ストッパのアンカーボルトには，せん断力が加わるため，せん断力のみを検討して支持した。
34	⑤で示す高圧進相コンデンサに用いる開閉装置は，自動力率調整装置により自動で開閉できるよう施設されている。このコンデンサ用開閉装置として，**最も適切なものは**。	イ．高圧交流真空電磁接触器 ロ．高圧交流真空遮断器 ハ．高圧交流負荷開閉器 ニ．高圧カットアウト

	問　い	答　え
35	人が触れるおそれがある場所に施設する機械器具の金属製外箱等の接地工事について，電気設備の技術基準の解釈に**適合するものは**。 ただし，絶縁台は設けないものとする。	イ．使用電圧200 Vの電動機の金属製の台及び外箱には，B種接地工事を施す。 ロ．使用電圧6 kVの変圧器の金属製の台及び外箱には，C種接地工事を施す。 ハ．使用電圧400 Vの電動機の金属製の台及び外箱には，D種接地工事を施す。 ニ．使用電圧6 kVの外箱のない乾式変圧器の鉄心には，A種接地工事を施す。
36	電気設備の技術基準の解釈において，停電が困難なため低圧屋内配線の絶縁性能を，漏えい電流を測定して判定する場合，使用電圧が200 Vの電路の漏えい電流の上限値として，**適切なものは**。	イ．0.1 mA ロ．0.2 mA ハ．0.4 mA ニ．1.0 mA
37	最大使用電圧6 900 Vの交流電路に使用するケーブルの絶縁耐力試験を直流電圧で行う場合の試験電圧［V］の計算式は。	イ．6 900×1.5 ロ．6 900×2 ハ．6 900×1.5×2 ニ．6 900×2×2
38	電気設備に関する技術基準において，交流電圧の高圧の範囲は。	イ．600 Vを超え　7 000 V以下 ロ．750 Vを超え　7 000 V以下 ハ．600 Vを超え 10 000 V以下 ニ．750 Vを超え 10 000 V以下
39	第一種電気工事士免状の交付を受けている者でなければ**従事できない作業は**。	イ．最大電力800 kWの需要設備の6.6 kV変圧器に電線を接続する作業 ロ．出力500 kWの発電所の配電盤を造営材に取り付ける作業 ハ．最大電力400 kWの需要設備の6.6 kV受電用ケーブルを電線管に収める作業 ニ．配電電圧6.6 kVの配電用変電所内の電線相互を接続する作業
40	電気用品安全法の適用を受ける特定電気用品は。	イ．交流60 Hz用の定格電圧100 Vの電力量計 ロ．交流50 Hz用の定格電圧100 V，定格消費電力56 Wの電気便座 ハ．フロアダクト ニ．定格電圧200 Vの進相コンデンサ

問題２．配線図（問題数 10，配点は１問当たり２点）

図は，高圧受電設備の単線結線図である。この図の矢印で示す10箇所に関する各問いには４通りの答え（イ，ロ，ハ，ニ）が書いてある。それぞれの問いに対して，答えを１つ選びなさい。

〔注〕　図において，直接関係のない部分等は省略又は簡略化してある。

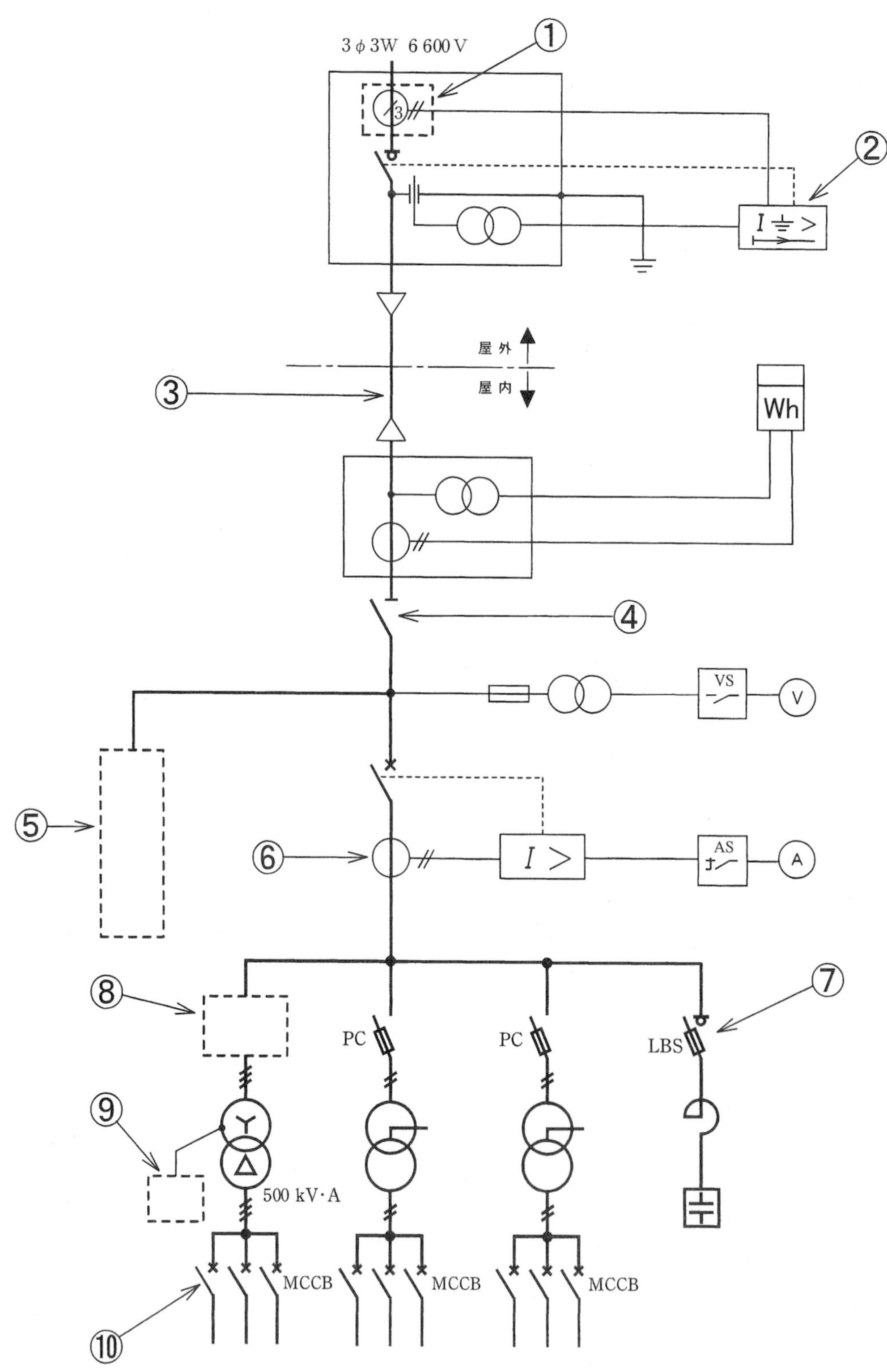

	問い	答え
41	①で示す機器に関する記述として，**正しいものは。**	イ．零相電圧を検出する。 ロ．異常電圧を検出する。 ハ．短絡電流を検出する。 ニ．零相電流を検出する。
42	②で示す機器の略号（文字記号）は。	イ．ELR ロ．DGR ハ．OCR ニ．OCGR
43	③で示す部分に使用するCVTケーブルとして，**適切なものは。**	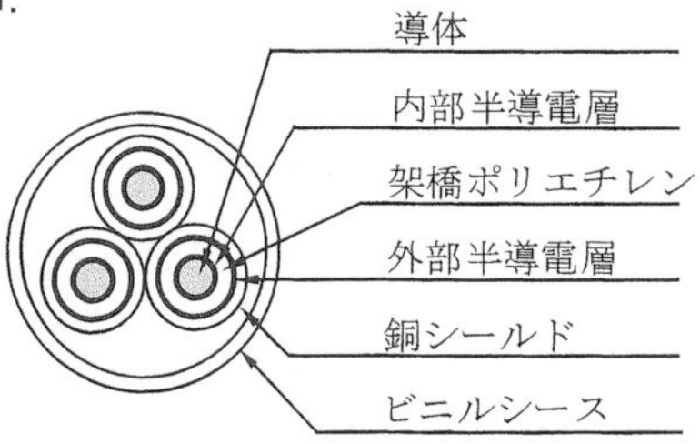 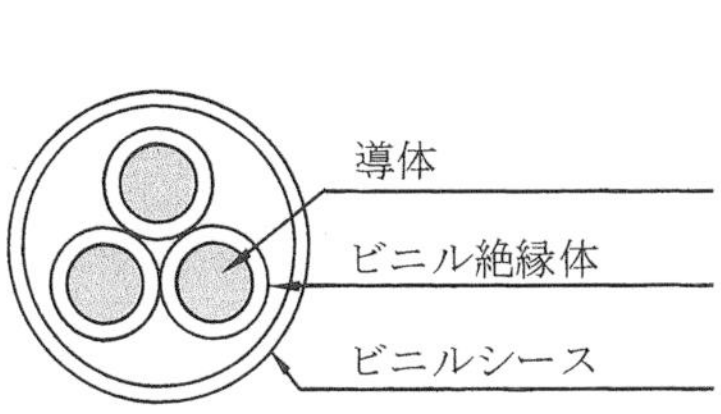 イ．導体　架橋ポリエチレン　ビニルシース 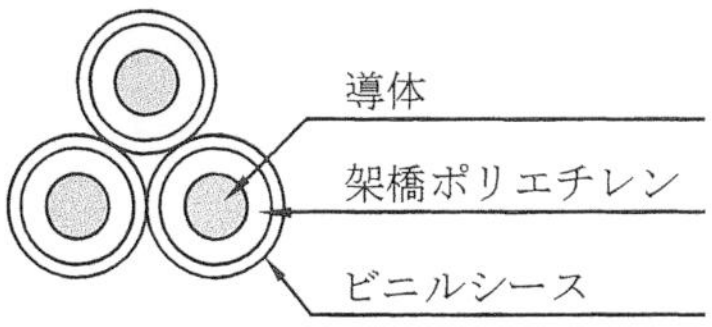 ロ．導体　内部半導電層　架橋ポリエチレン　外部半導電層　銅シールド　ビニルシース ハ．導体　ビニル絶縁体　ビニルシース ニ．導体　内部半導電層　架橋ポリエチレン　外部半導電層　銅シールド　ビニルシース 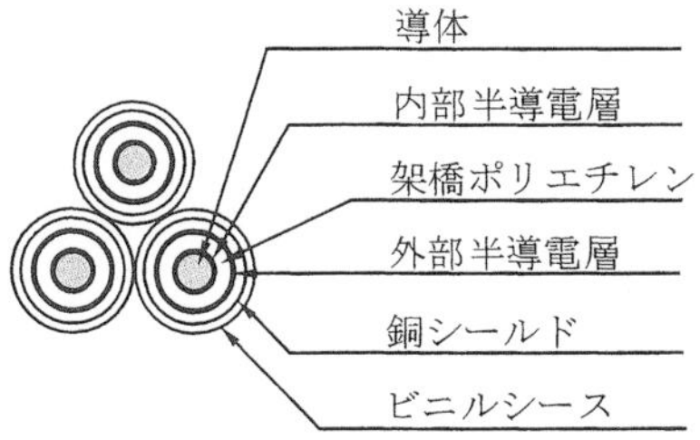
44	④で示す機器に関する記述で，**正しいものは。**	イ．負荷電流を遮断してはならない。 ロ．過負荷電流及び短絡電流を自動的に遮断する。 ハ．過負荷電流は遮断できるが，短絡電流は遮断できない。 ニ．電路に地絡が生じた場合，電路を自動的に遮断する。
45	⑤に設置する機器と接地線の最小太さの組合せで，**適切なものは。**	  イ．E 8  ロ．E 14 ハ．E 8 ニ．E 14 
46	⑥で示す機器の端子記号を表したもので，**正しいものは。**	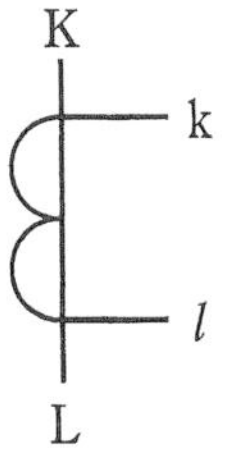 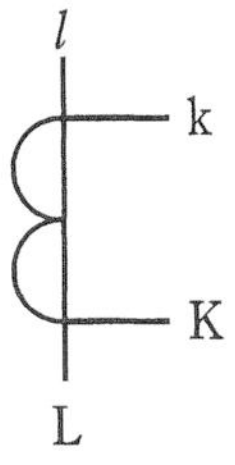 イ．K　L　l　k 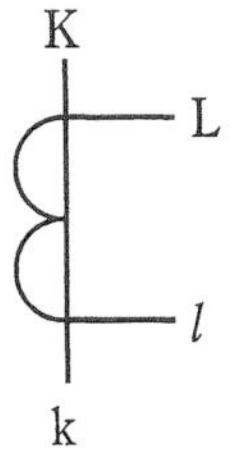 ロ．K　k　l　L ハ．l　k　K　L ニ．L　K　k　l 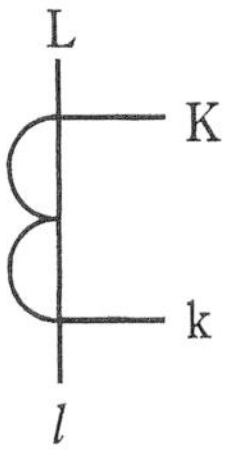

2017年度（平成29年度）筆記試験問題

	問い	答え
47	⑦に設置する機器は。	イ． 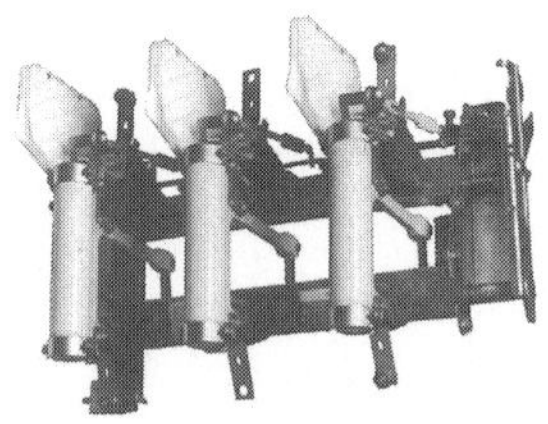　ロ． 　ハ． 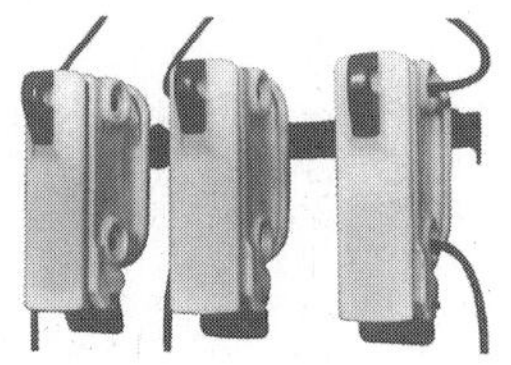　ニ． 
48	⑧で示す部分に設置する機器の図記号として，**適切なものは**。	イ． 　ロ． 　ハ． 　ニ． 
49	⑨で示す部分の図記号で，**正しいものは**。	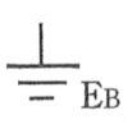 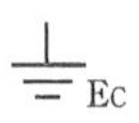 イ．E_A　ロ．E_B　ハ．E_C　ニ．E_D 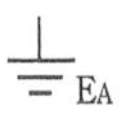 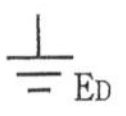
50	⑩で示す機器の使用目的は。	イ．低圧電路の地絡電流を検出し，電路を遮断する。 ロ．低圧電路の過電圧を検出し，電路を遮断する。 ハ．低圧電路の過負荷及び短絡を検出し，電路を遮断する。 ニ．低圧電路の過負荷及び短絡を開閉器のヒューズにより遮断する。

第一種電気工事士

2016年度
（平成28年度）

筆記試験問題

問題１．一般問題 (問題数40，配点は１問当たり２点)

次の各問いには４通りの答え（イ，ロ，ハ，ニ）が書いてある。それぞれの問いに対して答えを１つ選びなさい。

	問い	答え
1	図のように，面積 A の平板電極間に，厚さが d で誘電率 ε の絶縁物が入っている平行平板コンデンサがあり，直流電圧 V が加わっている。このコンデンサの静電エネルギーに関する記述として，**正しいものは。** 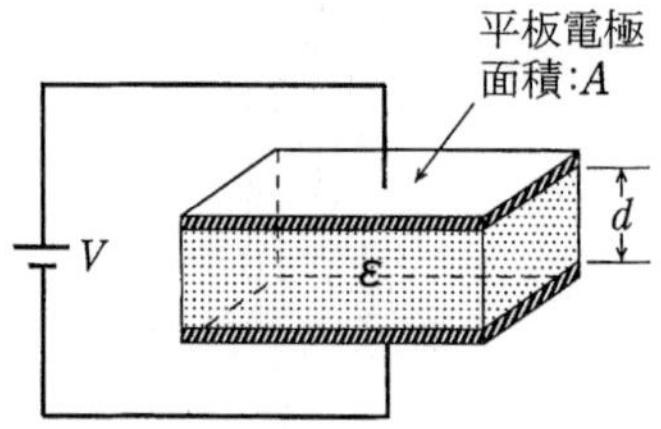 平板電極 面積:A　d　V　ε	イ．電圧 V の２乗に比例する。 ロ．電極の面積 A に反比例する。 ハ．電極間の距離 d に比例する。 ニ．誘電率 ε に反比例する。
2	図のような直流回路において，抵抗 2 Ω に流れる電流 I [A]は。 ただし，電池の内部抵抗は無視する。 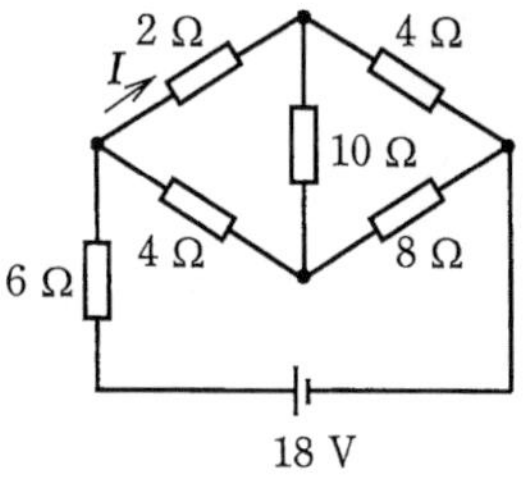 2 Ω　4 Ω　I　10 Ω　4 Ω　8 Ω　6 Ω　18 V	イ．0.6　ロ．1.2　ハ．1.8　ニ．3.0
3	図のような交流回路において，抵抗 R=10 Ω，誘導性リアクタンス X_L=10 Ω，容量性リアクタンス X_C=10 Ω である。この回路の力率[%]は。 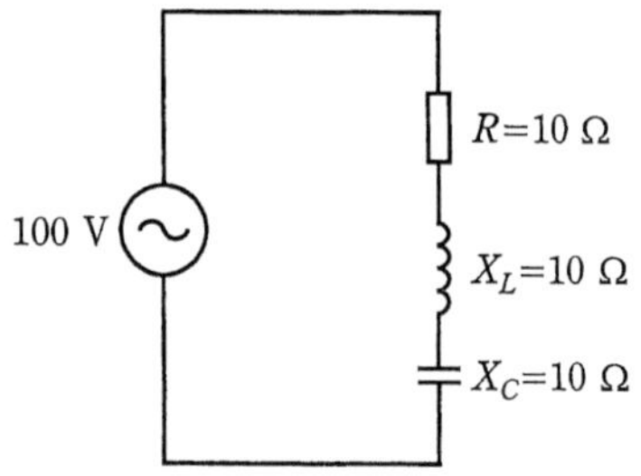 100 V　R=10 Ω　X_L=10 Ω　X_C=10 Ω	イ．30　ロ．50　ハ．70　ニ．100
4	図のような交流回路において，10 Ω の抵抗の消費電力[W]は。 ただし，ダイオードの電圧降下や電力損失は無視する。 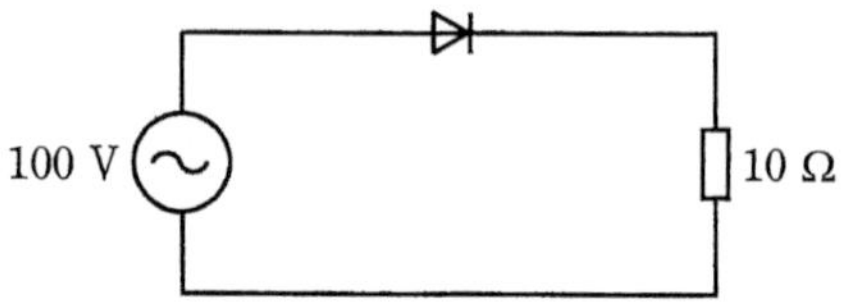 100 V　10 Ω	イ．100　ロ．200　ハ．500　ニ．1 000

	問い	答え			
5	図のような三相交流回路において，電源電圧は 200 V，抵抗は 8 Ω，リアクタンスは 6 Ω である。抵抗の両端の電圧 V_R[V]は。 3φ3W 電源 200V 200V 200V 8 Ω 6 Ω V_R[V]	イ．57	ロ．69	ハ．80	ニ．92
6	図のような単相 3 線式配電線路において，負荷 A，負荷 B ともに消費電力 800 W，力率 0.8（遅れ）である。負荷電圧がともに 100 V であるとき，この配電線路の電力損失[W]は。 ただし，電線 1 線当たりの抵抗は 0.4 Ω とし，配電線路のリアクタンスは無視する。 配電線路 0.4 Ω 1φ3W 電源 100 V 負荷A 800 W 力率 0.8 負荷B 800 W 力率 0.8	イ．40	ロ．60	ハ．80	ニ．120
7	図のように，配電用変電所の変圧器の百分率インピーダンスが基準容量 30 MV・A で 18 %，変電所から電源側の百分率インピーダンスが基準容量 10 MV・A で 2 %，高圧配電線の百分率インピーダンスが基準容量 10 MV・A で 3 %である。高圧需要家の受電点（A 点）から電源側の合成百分率インピーダンスは基準容量 10 MV・A でいくらか。 ただし，百分率インピーダンスの百分率抵抗と百分率リアクタンスの比は，いずれも等しいとする。 変電所 30 MV・A 18 % 10MV・A 2 % 3〜 高圧配電線 10MV・A 3 % 需要家 A点	イ．7 %	ロ．9 %	ハ．11 %	ニ．23 %

	問い	答え			
8	図のように，変圧比が 6 600 / 210 V の単相変圧器の二次側に抵抗負荷が接続され，その負荷電流は 440 A であった。このとき，変圧器の一次側に設置された変流器の二次側に流れる電流 I [A]は。 ただし，変流器の変流比は 25 / 5 A とし，負荷抵抗以外のインピーダンスは無視する。 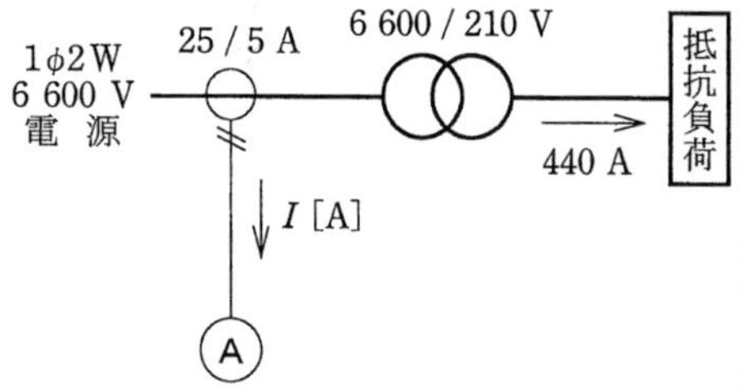 1φ2W 6 600 V 電源　25 / 5 A　6 600 / 210 V　抵抗負荷　440 A　I [A]　A	イ．2.6	ロ．2.8	ハ．3.0	ニ．3.2
9	図のような電路において，変圧器二次側の B 種接地工事の接地抵抗値が 10 Ω，金属製外箱の D 種接地工事の接地抵抗値が 20 Ω であった。負荷の金属製外箱の A 点で完全地絡を生じたとき，A 点の対地電圧[V]は。 ただし，金属製外箱，配線及び変圧器のインピーダンスは無視する。 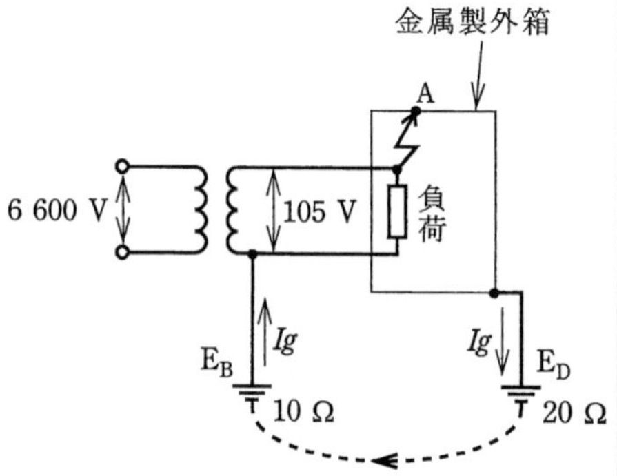 金属製外箱　A　6 600 V　105 V　負荷　Ig　Ig　E_B 10 Ω　E_D 20 Ω	イ．35	ロ．60	ハ．70	ニ．105
10	電気機器の絶縁材料として耐熱クラスごとに最高連続使用温度[℃]の低いものから高いものの順に左から右に並べたものは。	イ．H，E，Y ロ．Y，E，H ハ．E，Y，H ニ．E，H，Y			
11	床面上 r [m]の高さに，光度 I[cd]の点光源がある。光源直下の床面照度 E[lx]を示す式は。	イ．$E=\frac{I^2}{r}$	ロ．$E=\frac{I^2}{r^2}$	ハ．$E=\frac{I}{r}$	ニ．$E=\frac{I}{r^2}$
12	定格出力 22 kW，極数 6 の三相誘導電動機が電源周波数 50 Hz，滑り 5 %で運転している。このときの，この電動機の同期速度 N_S [min^{-1}]と回転速度 N [min^{-1}]との差 N_S-N [min^{-1}]は。	イ．25	ロ．50	ハ．75	ニ．100

問い		答え
13	浮動充電方式の直流電源装置の構成図として，**正しいものは**。	イ．　ロ．　ハ．　ニ． 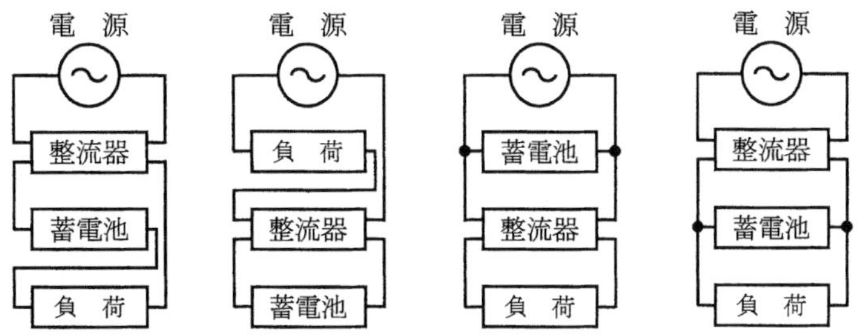
14	写真に示す品物の名称は。 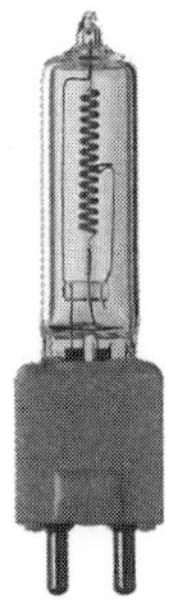	イ．ハロゲン電球 ロ．キセノンランプ ハ．電球形 LED ランプ ニ．高圧ナトリウムランプ
15	写真に示す矢印の機器の名称は。 	イ．自動温度調節器 ロ．熱動継電器 ハ．漏電遮断器 ニ．タイムスイッチ
16	水力発電の水車の出力 P に関する記述として，**正しいものは**。 ただし，H は有効落差，Q は流量とする。	イ．P は QH に比例する。 ロ．P は QH^2 に比例する。 ハ．P は QH に反比例する。 ニ．P は Q^2H に比例する。
17	変圧器の結線方法のうち Y － Y 結線は。	イ．　ロ．　ハ．　ニ． 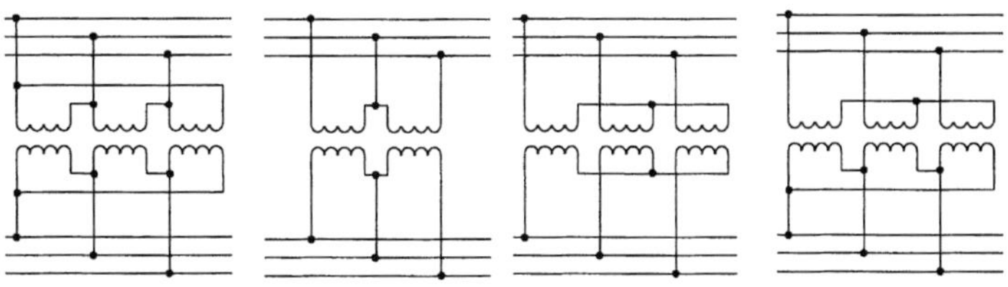
18	架空送電線の雷害対策として，**適切なものは**。	イ．がいしにアークホーンを取り付ける。 ロ．がいしの洗浄装置を施設する。 ハ．電線にダンパを取り付ける。 ニ．がいし表面にシリコンコンパウンドを塗布する。

	問　い	答　え
19	送電線に関する記述として，**誤っているものは。**	イ．交流電流を流したとき，電線の中心部より外側の方が単位断面積当たりの電流は大きい。 ロ．同じ容量の電力を送電する場合，送電電圧が低いほど送電損失が小さくなる。 ハ．架空送電線路のねん架は，全区間の各相の作用インダクタンスと作用静電容量を平衡させるために行う。 ニ．直流送電は，長距離・大電力送電に適しているが，送電端，受電端にそれぞれ交直変換装置が必要となる。
20	電気設備の技術基準の解釈では，地中電線路の施設について「地中電線路は，電線にケーブルを使用し，かつ，管路式，暗きょ式又は［　　　］により施設すること。」と規定されている。 上記の空欄にあてはまる語句として，**正しいものは。**	イ．深層埋設式 ロ．間接埋設式 ハ．直接埋設式 ニ．浅層埋設式
21	高圧電路に施設する避雷器に関する記述として，**誤っているものは。**	イ．高圧架空電線路から電気の供給を受ける受電電力 500 kW 以上の需要場所の引込口に施設した。 ロ．雷電流により，避雷器内部の限流ヒューズが溶断し，電気設備を保護した。 ハ．避雷器にはA種接地工事を施した。 ニ．近年では酸化亜鉛(ZnO)素子を利用したものが主流となっている。
22	写真に示す品物の用途は。	イ．容量 300 kV·A 未満の変圧器の一次側保護装置として用いる。 ロ．保護継電器と組み合わせて，遮断器として用いる。 ハ．電力ヒューズと組み合わせて，高圧交流負荷開閉器として用いる。 ニ．停電作業などの際に，電路を開路しておく装置として用いる。
23	写真に示す品物の用途は。	イ．高調波電流を抑制する。 ロ．大電流を小電流に変流する。 ハ．負荷の力率を改善する。 ニ．高電圧を低電圧に変圧する。

	問　い	答　え
24	写真に示す配線器具の名称は。 （表）　（裏）	イ．接地端子付コンセント ロ．抜止形コンセント ハ．防雨形コンセント ニ．医用コンセント
25	写真に示す材料の名称は。	イ．ボードアンカ ロ．インサート ハ．ボルト形コネクタ ニ．ユニバーサルエルボ
26	低圧配電盤に，CV ケーブル又は CVT ケーブルを接続する作業において，一般に**使用しない工具は**。	イ．電工ナイフ ロ．油圧式圧着工具 ハ．油圧式パイプベンダ ニ．トルクレンチ
27	使用電圧が 300 V 以下の低圧屋内配線のケーブル工事の記述として，**誤っているものは**。	イ．ケーブルの防護装置に使用する金属製部分に D 種接地工事を施した。 ロ．ケーブルを造営材の下面に沿って水平に取り付け，その支持点間の距離を 3 m にして施設した。 ハ．ケーブルに機械的衝撃を受けるおそれがあるので，適当な防護装置を施した。 ニ．ケーブルを接触防護措置を施した場所に垂直に取り付け，その支持点間の距離を 5 m にして施設した。
28	展開した場所のバスダクト工事に関する記述として，**誤っているものは**。	イ．低圧屋内配線の使用電圧が 200 V で，かつ，接触防護措置を施したので，ダクトの接地工事を省略した。 ロ．低圧屋内配線の使用電圧が 400 V で，かつ，接触防護措置を施したので，ダクトには D 種接地工事を施した。 ハ．低圧屋内配線の使用電圧が 200 V で，かつ，湿気が多い場所での施設なので，屋外用バスダクトを使用し，バスダクト内部に水が浸入してたまらないようにした。 ニ．ダクトを造営材に取り付ける際，ダクトの支持点間の距離を 2 m として施設した。
29	可燃性ガスが存在する場所に低圧屋内電気設備を施設する施工方法として，**不適切なものは**。	イ．金属管工事により施工し，厚鋼電線管を使用した。 ロ．可搬形機器の移動電線には，接続点のない 3 種クロロプレンキャブタイヤケーブルを使用した。 ハ．スイッチ，コンセントは，電気機械器具防爆構造規格に適合するものを使用した。 ニ．金属管工事により施工し，電動機の端子箱との可とう性を必要とする接続部に金属製可とう電線管を使用した。

問い30から問い34までは，下の図に関する問いである。

図は，供給用配電箱（高圧キャビネット）から自家用構内を経由して，地下1階電気室に施設する屋内キュービクル式高圧受電設備（JIS C 4620 適合品）に至る電線路及び低圧屋内幹線設備の一部を表した図である。この図に関する各問いには，4通りの答え（イ，ロ，ハ，ニ）が書いてある。それぞれの問いに対して，答えを1つ選びなさい。

〔注〕1．図において，問いに直接関係のない部分等は，省略又は簡略化してある。

2．UGS：地中線用地絡継電装置付き高圧交流負荷開閉器

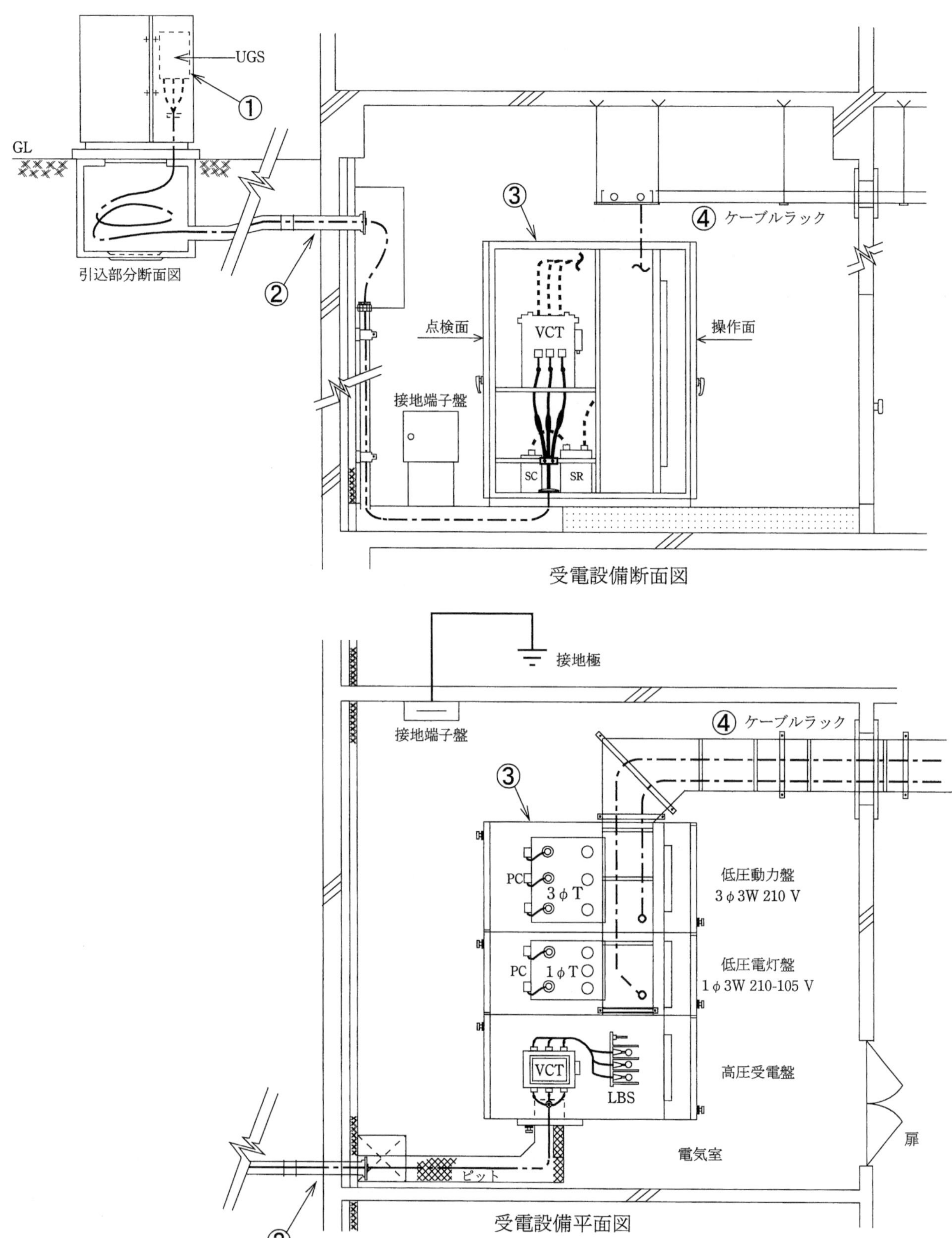

	問　い	答　え
30	①に示す地中線用地絡継電装置付き高圧交流負荷開閉器（UGS）に関する記述として，**不適切なものは。**	イ．電路に地絡が生じた場合，自動的に電路を遮断する機能を内蔵している。 ロ．定格短時間耐電流が，系統(受電点)の短絡電流以上のものを選定する。 ハ．電路に短絡が生じた場合，瞬時に電路を遮断する機能を有している。 ニ．波及事故を防止するため，電気事業者の地絡保護継電装置と動作協調をとる必要がある。
31	②に示す地中高圧ケーブルが屋内に引き込まれる部分に使用される材料として，**最も適切なものは。**	イ．合成樹脂管 ロ．防水鋳鉄管 ハ．金属ダクト ニ．シーリングフィッチング
32	③に示す高圧キュービクル内に設置した機器の接地工事において，使用する接地線の太さ及び種類について，**適切なものは。**	イ．変圧器二次側，低圧の 1 端子に施す接地線に，断面積 3.5 mm^2 の軟銅線を使用した。 ロ．変圧器の金属製外箱に施す接地線に，直径 2.0 mm の硬アルミ線を使用した。 ハ．LBS の金属製部分に施す接地線に，直径 1.6 mm の硬銅線を使用した。 ニ．高圧進相コンデンサの金属製外箱に施す接地線に，断面積 5.5 mm^2 の軟銅線を使用した。
33	④に示すケーブルラックの施工に関する記述として，**誤っているものは。**	イ．同一のケーブルラックに電灯幹線と動力幹線のケーブルを布設する場合，両者の間にセパレータを設けなければならない。 ロ．ケーブルラックは，ケーブル重量に十分耐える構造とし，天井コンクリートスラブからアンカーボルトで吊り，堅固に施設した。 ハ．ケーブルラックには，D 種接地工事を施した。 ニ．ケーブルラックが受電室の壁を貫通する部分は，火災の延焼防止に必要な耐火処理を施した。
34	図に示す受電設備（UGS 含む）の維持管理に必要な定期点検のうち，年次点検で通常**行わないものは。**	イ．接地抵抗測定 ロ．保護継電器試験 ハ．絶縁耐力試験 ニ．絶縁抵抗測定

	問　い	答　え
35	低圧屋内配線の開閉器又は過電流遮断器で区切ることができる電路ごとの絶縁性能として，電気設備の技術基準（解釈を含む）に**適合するものは。**	イ．使用電圧 100 V（対地電圧 100 V）のコンセント回路の絶縁抵抗を測定した結果，0.08 MΩ であった。 ロ．使用電圧 200 V（対地電圧 200 V）の空調機回路の絶縁抵抗を測定した結果，0.17 MΩ であった。 ハ．使用電圧 400 V の冷凍機回路の絶縁抵抗を測定した結果，0.43 MΩ であった。 ニ．使用電圧 100 V の電灯回路は，使用中で絶縁抵抗測定ができないので，漏えい電流を測定した結果，1.2 mA であった。
36	需要家の月間などの 1 期間における平均力率を求めるのに必要な計器の組合せは。	イ．電力計 電力量計 ロ．電力量計 無効電力量計 ハ．無効電力量計 最大需要電力計 ニ．最大需要電力計 電力計
37	自家用電気工作物として施設する電路又は機器について，D 種接地工事を**施さなければならないものは。**	イ．高圧電路に施設する外箱のない変圧器の鉄心 ロ．定格電圧 400 V の電動機の鉄台 ハ．6.6 kV ／ 210 V の変圧器の低圧側の中性点 ニ．高圧計器用変成器の二次側電路
38	電気工事士法において，第一種電気工事士に関する記述として，**誤っているものは。**	イ．第一種電気工事士は，一般用電気工作物に係る電気工事の作業に従事するときは，都道府県知事が交付した第一種電気工事士免状を携帯していなければならない。 ロ．第一種電気工事士は，電気工事の業務に関して，都道府県知事から報告を求められることがある。 ハ．都道府県知事は，第一種電気工事士が電気工事士法に違反したときは，その電気工事士免状の返納を命ずることができる。 ニ．第一種電気工事士試験の合格者には，所定の実務経験がなくても第一種電気工事士免状が交付される。
39	電気工事業の業務の適正化に関する法律において，電気工事業者が，一般用電気工事のみの業務を行う営業所に**備え付けなくてもよい器具は。**	イ．低圧検電器 ロ．絶縁抵抗計 ハ．抵抗及び交流電圧を測定することができる回路計 ニ．接地抵抗計
40	電気用品安全法において，交流の電路に使用する定格電圧 100 V 以上 300 V 以下の機械器具であって，特定電気用品は。	イ．定格電流 60 A の配線用遮断器 ロ．定格出力 0.4 kW の単相電動機 ハ．定格静電容量 100 μF の進相コンデンサ ニ．（PS）E と表示された器具

問題2．配線図1 (問題数5，配点は1問当たり2点)

図は，三相誘導電動機を，押しボタンの操作により始動させ，タイマの設定時間で停止させる制御回路である。この図の矢印で示す5箇所に関する各問いには，4通りの答え（**イ**，**ロ**，**ハ**，**ニ**）が書いてある。それぞれの問いに対して，答えを1つ選びなさい。

〔注〕　図において，問いに直接関係のない部分等は，省略又は簡略化してある。

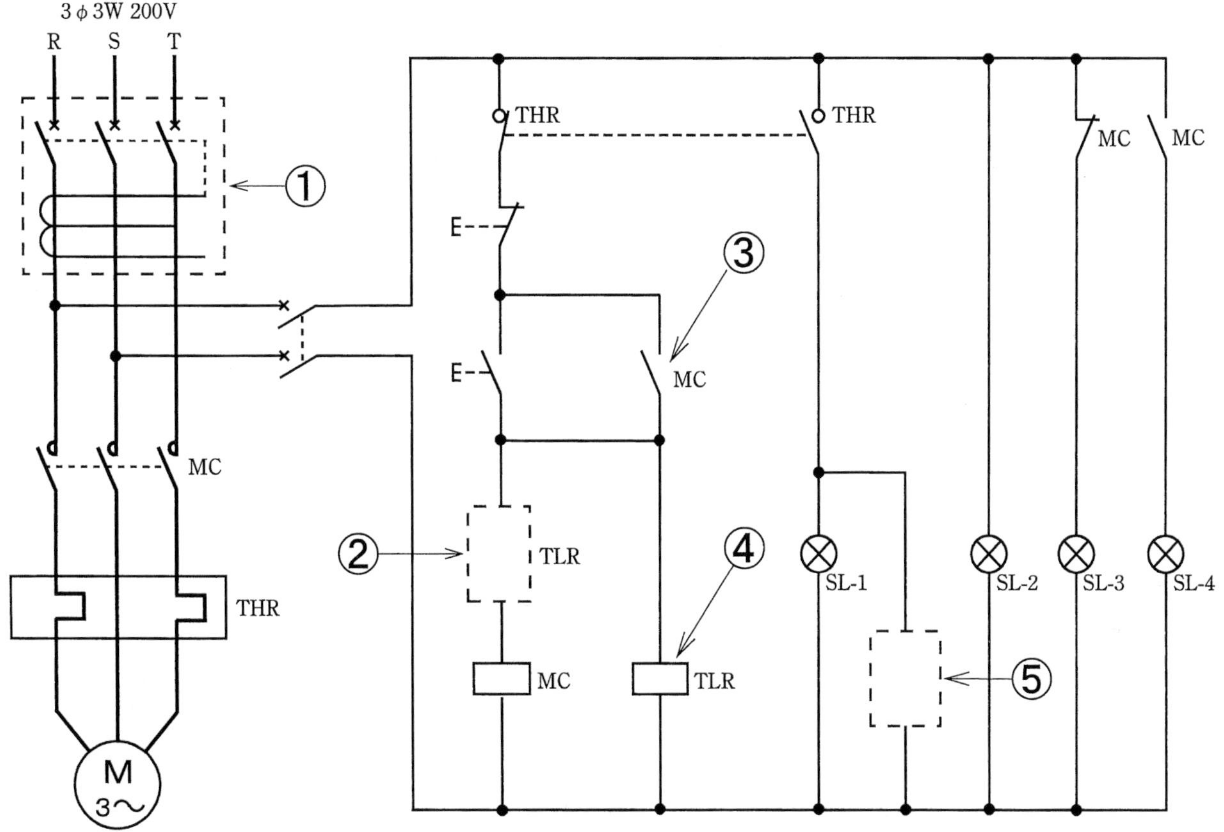

	問　い	答　え
41	①の部分に設置する機器は。	イ．配線用遮断器 ロ．電磁接触器 ハ．電磁開閉器 ニ．漏電遮断器（過負荷保護付）
42	②で示す部分に使用される接点の図記号は。	イ． 　ロ． 　ハ． 　ニ． 
43	③で示す接点の役割は。	イ．押しボタンスイッチのチャタリング防止 ロ．タイマの設定時間経過前に電動機が停止しないためのインタロック ハ．電磁接触器の自己保持 ニ．押しボタンスイッチの故障防止
44	④に設置する機器は。	イ． 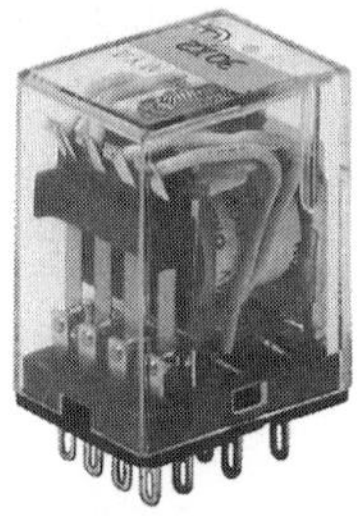　ロ． 　ハ． 　ニ． 
45	⑤で示す部分に使用されるブザーの図記号は。	イ． 　ロ． 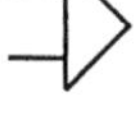　ハ． 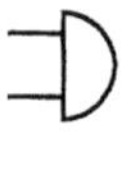　ニ． 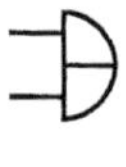

問題３．配線図２（問題数5，配点は1問当たり2点）

図は，高圧受電設備の単線結線図である。この図の矢印で示す5箇所に関する各問いには，4通りの答え（イ，ロ，ハ，ニ）が書いてある。それぞれの問いに対して，答えを1つ選びなさい。

〔注〕　図において，問いに直接関係のない部分等は，省略又は簡略化してある。

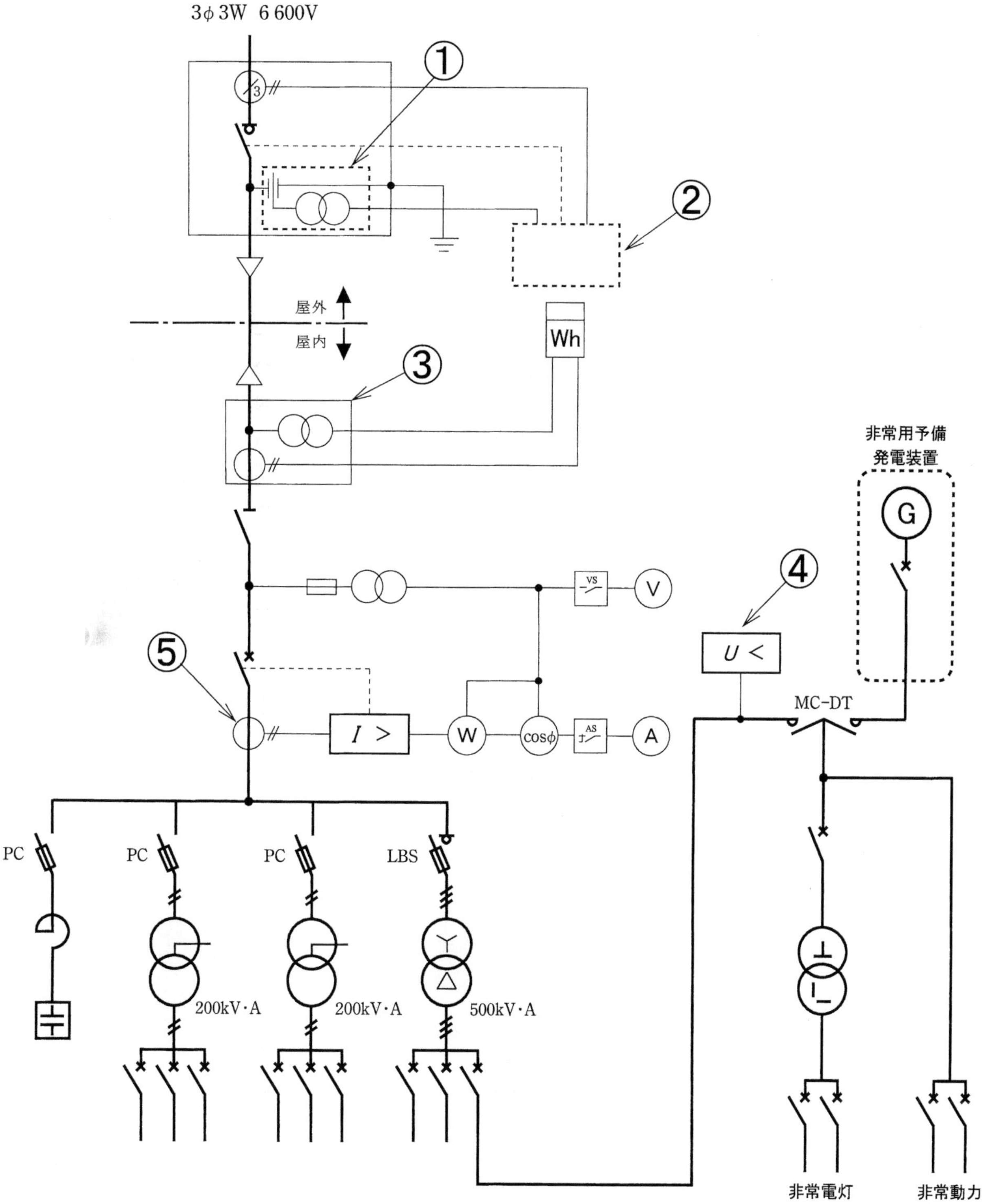

3φ 3W　6 600V

①　②　③　④　⑤

屋外　屋内

Wh

VS　V

I >　W　cosφ　AS　A

U <

MC-DT

非常用予備発電装置

G

PC　PC　PC　LBS

200kV·A　200kV·A　500kV·A

非常電灯　非常動力

	問　い	答　え
46	①で示す機器を設置する目的として，**正しいものは。**	イ．零相電流を検出する。 ロ．零相電圧を検出する。 ハ．計器用の電流を検出する。 ニ．計器用の電圧を検出する。
47	②に設置する機器の図記号は。	イ．$I \perp >$ ロ．$I >$（矢印付き） ハ．$I <$ ニ．$I \perp >$（矢印付き）
48	③に設置する機器は。	イ． ロ． ハ． ニ．
49	④で示す機器は。	イ．不足電力継電器 ロ．不足電圧継電器 ハ．過電流継電器 ニ．過電圧継電器
50	⑤で示す部分に設置する機器と個数は。	イ．1個 ロ．1個 ハ．2個 ニ．2個

第一種電気工事士

2015年度
（平成27年度）

筆記試験問題

問題1．一般問題（問題数 40，配点は1問当たり2点）

次の各問いには4通りの答え（イ，ロ，ハ，ニ）が書いてある。それぞれの問いに対して答えを1つ選びなさい。

	問　い	答　え			
1	電線の抵抗値に関する記述として，**誤っているものは。**	イ．周囲温度が上昇すると，電線の抵抗値は小さくなる。 ロ．抵抗値は，電線の長さに比例し，導体の断面積に反比例する。 ハ．電線の長さと導体の断面積が同じ場合，アルミニウム電線の抵抗値は，軟銅線の抵抗値より大きい。 ニ．軟銅線では，電線の長さと断面積が同じであれば，より線も単線も抵抗値はほぼ同じである。			
2	図のような回路において，抵抗─▭─は，すべて2Ωである。a-b間の合成抵抗値[Ω]は。 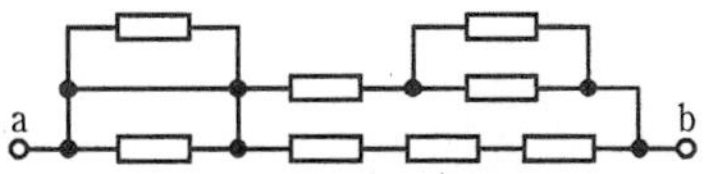	イ．1	ロ．2	ハ．3	ニ．4
3	図のような直流回路において，抵抗 R=3.4 Ω に流れる電流が 30 A であるとき，図中の電流 I_1 [A] は。 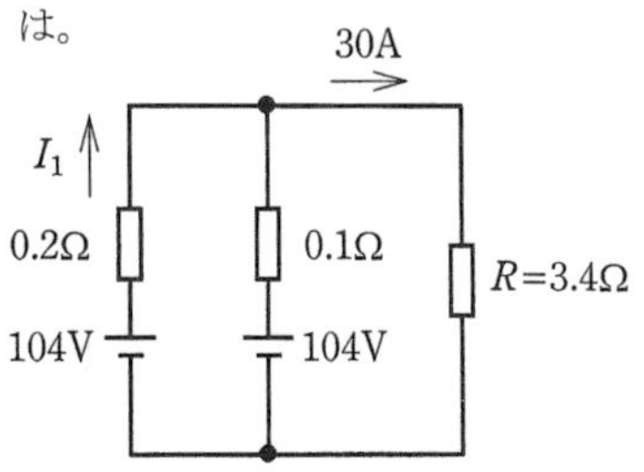 30A　I_1　0.2Ω　0.1Ω　R=3.4Ω　104V　104V	イ．5	ロ．10	ハ．20	ニ．30
4	図のような交流回路において，電源電圧は 200 V，抵抗は 20 Ω，リアクタンスは X [Ω]，回路電流は 20 A である。この回路の力率[%]は。 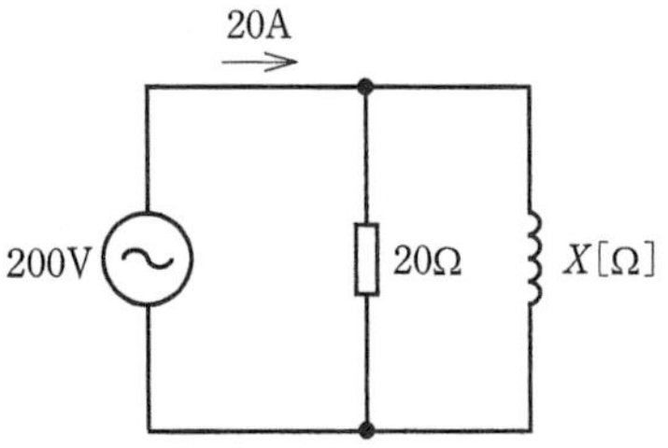 20A　200V　20Ω　X[Ω]	イ．50	ロ．60	ハ．80	ニ．100
5	図のような三相交流回路において，電源電圧は 200 V，抵抗は 4 Ω，リアクタンスは 3 Ω である。回路の全消費電力[kW]は。 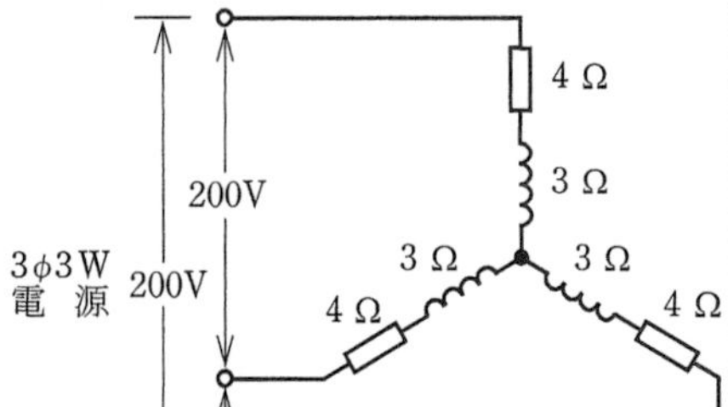 3φ3W 電源　200V　200V　200V　4 Ω　3 Ω　3 Ω　3 Ω　4 Ω　4 Ω	イ．4.0	ロ．4.8	ハ．6.4	ニ．8.0

問　い		答　え
6	図のような単相 2 線式配電線路において，配電線路の長さは 100 m，負荷は電流 50 A，力率 0.8（遅れ）である。線路の電圧降下 $(V_S - V_r)$[V]を 4 V 以内にするための電線の最小太さ（断面積）[mm²]は。 ただし，電線の抵抗は表のとおりとし，線路のリアクタンスは無視するものとする。 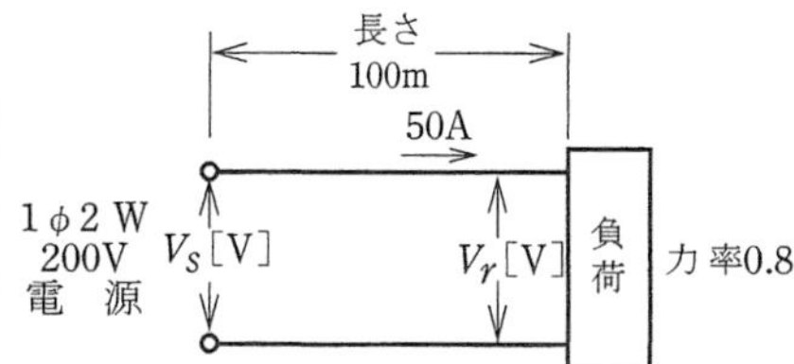 <table><tr><th>電線太さ [mm²]</th><th>1 km当たりの抵抗 [Ω / km]</th></tr><tr><td>14</td><td>1.30</td></tr><tr><td>22</td><td>0.82</td></tr><tr><td>38</td><td>0.49</td></tr><tr><td>60</td><td>0.30</td></tr></table>	イ．14　ロ．22　ハ．38　ニ．60
7	図のような，低圧屋内幹線からの分岐回路において，分岐点から配線用遮断器までの分岐回路を 600V ビニル絶縁ビニルシースケーブル丸形（VVR）で配線する。この電線の長さ a と太さ b の組合せとして，**誤っているものは**。 ただし，幹線を保護する配線用遮断器の定格電流は 100 A とし，VVR の太さと許容電流は表のとおりとする。 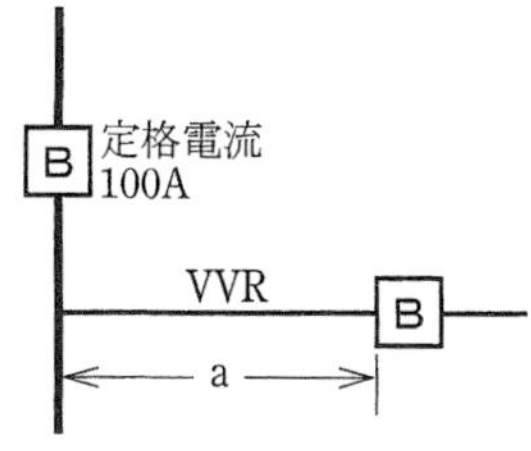 <table><tr><th>電線太さ b</th><th>許容電流</th></tr><tr><td>直径 2.0 mm</td><td>24 A</td></tr><tr><td>断面積 5.5 mm²</td><td>34 A</td></tr><tr><td>断面積　8 mm²</td><td>42 A</td></tr><tr><td>断面積 14 mm²</td><td>61 A</td></tr></table>	イ．a：2 m　b：2.0 mm ロ．a：5 m　b：5.5 mm² ハ．a：7 m　b：8 mm² ニ．a：10 m　b：14 mm²

2015 年度 (平成27年度) 筆記試験問題

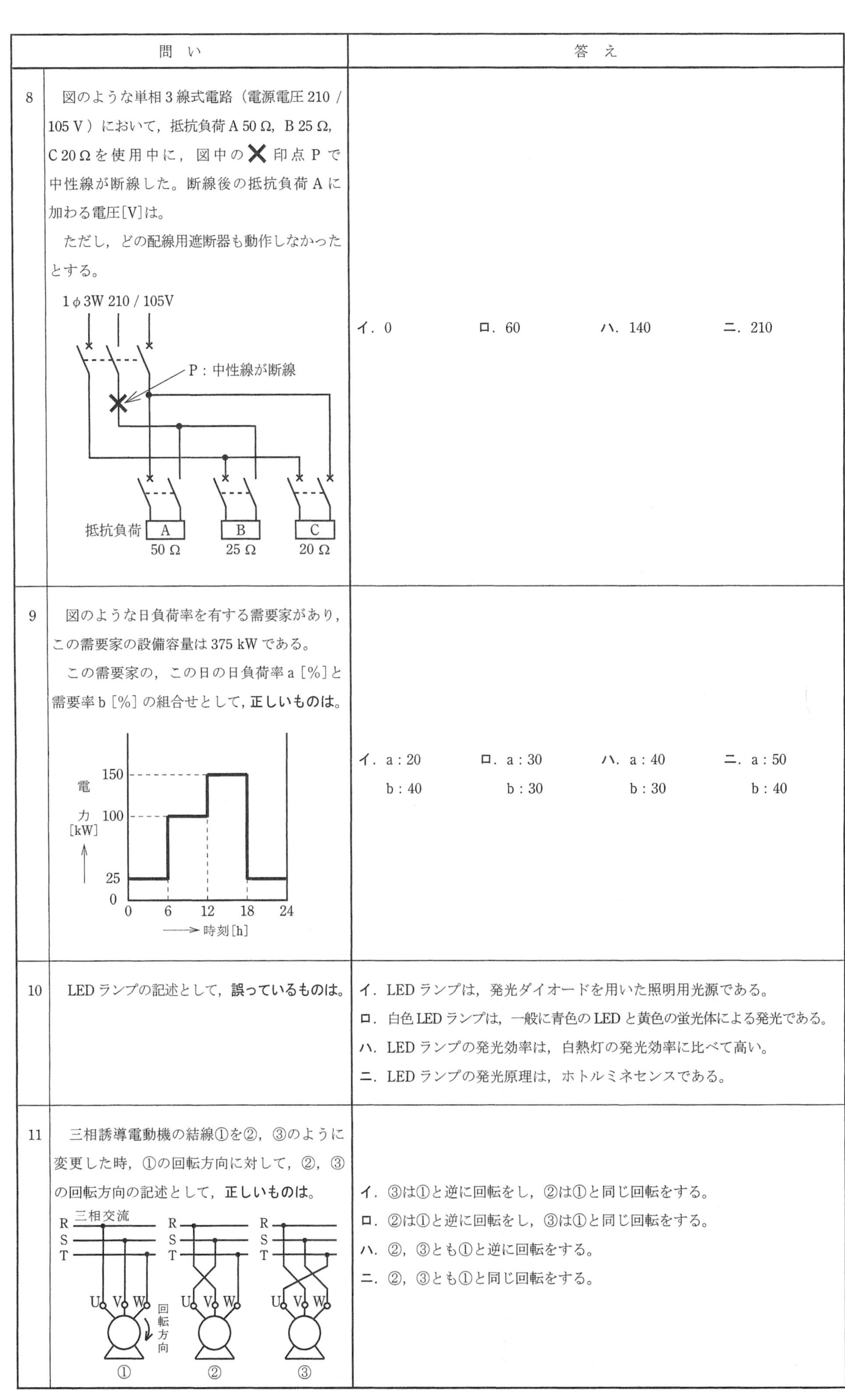

	問　い	答　え
8	図のような単相3線式電路（電源電圧 210 / 105 V）において，抵抗負荷 A 50 Ω，B 25 Ω，C 20 Ω を使用中に，図中の ✕ 印点 P で中性線が断線した。断線後の抵抗負荷 A に加わる電圧[V]は。 ただし，どの配線用遮断器も動作しなかったとする。 1 φ 3W 210 / 105V P：中性線が断線 抵抗負荷 A 50 Ω　B 25 Ω　C 20 Ω	イ．0　　ロ．60　　ハ．140　　ニ．210
9	図のような日負荷率を有する需要家があり，この需要家の設備容量は 375 kW である。 この需要家の，この日の日負荷率 a [%] と需要率 b [%] の組合せとして，**正しいものは**。 電力[kW]　150　100　25　0 0　6　12　18　24 時刻[h]	イ．a : 20　b : 40 ロ．a : 30　b : 30 ハ．a : 40　b : 30 ニ．a : 50　b : 40
10	LED ランプの記述として，**誤っているものは**。	イ．LED ランプは，発光ダイオードを用いた照明用光源である。 ロ．白色 LED ランプは，一般に青色の LED と黄色の蛍光体による発光である。 ハ．LED ランプの発光効率は，白熱灯の発光効率に比べて高い。 ニ．LED ランプの発光原理は，ホトルミネセンスである。
11	三相誘導電動機の結線①を②，③のように変更した時，①の回転方向に対して，②，③の回転方向の記述として，**正しいものは**。 三相交流　R　S　T U　V　W　回転方向 ①　②　③	イ．③は①と逆に回転をし，②は①と同じ回転をする。 ロ．②は①と逆に回転をし，③は①と同じ回転をする。 ハ．②，③とも①と逆に回転をする。 ニ．②，③とも①と同じ回転をする。

	問　い	答　え
12	定格電圧 100 V，定格消費電力 1 kW の電熱器を，電源電圧 90 V で 10 分間使用したときの発生熱量[kJ]は。 ただし，電熱器の抵抗の温度による変化は無視するものとする。	イ．292　ロ．324　ハ．486　ニ．540
13	りん酸形燃料電池の発電原理図として，**正しいものは。**	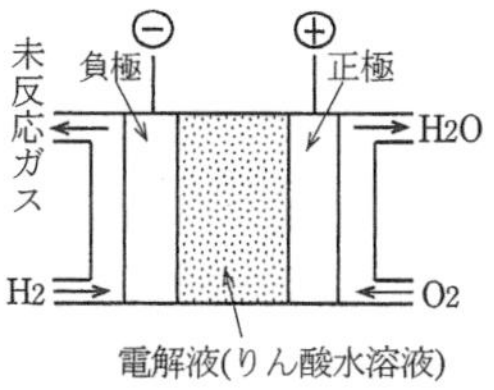 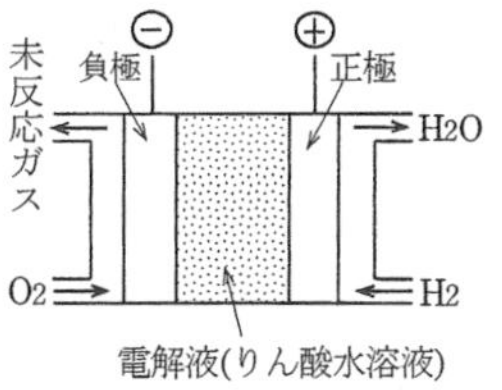 イ．負極 ⊖ 側：未反応ガス，入口 O_2／正極 ⊕ 側：出口 H_2，入口 H_2O 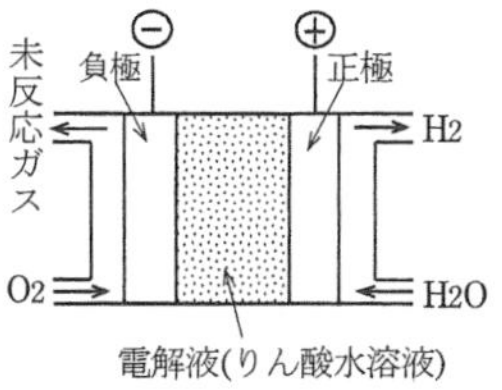 ロ．負極 ⊖ 側：未反応ガス，入口 H_2／正極 ⊕ 側：出口 H_2O，入口 O_2 ハ．負極 ⊖ 側：未反応ガス，入口 O_2／正極 ⊕ 側：出口 H_2O，入口 H_2 ニ．負極 ⊖ 側：未反応ガス，入口 H_2／正極 ⊕ 側：出口 O_2，入口 H_2O （各図：電解液(りん酸水溶液)） 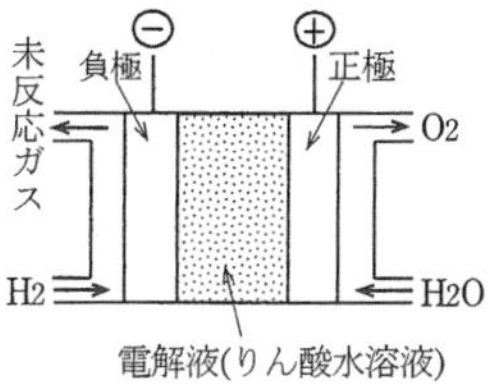
14	写真の照明器具には矢印で示すような表示マークが付されている。この器具の用途として，**適切なものは。** 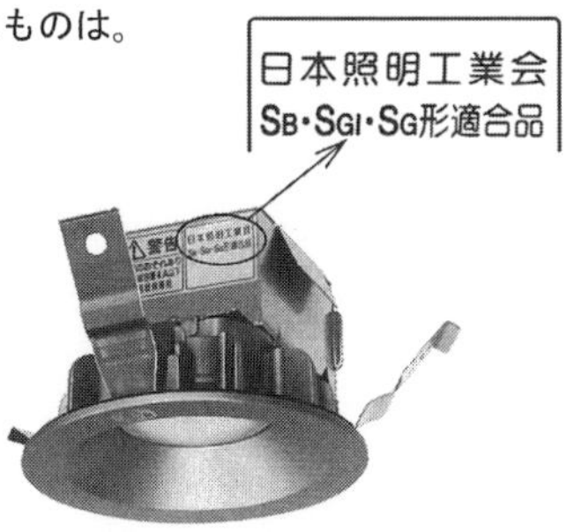 日本照明工業会 SB・SGI・SG形適合品	イ．断熱材施工天井に埋め込んで使用できる。 ロ．非常用照明として使用できる。 ハ．屋外に使用できる。 ニ．フライダクトに設置して使用できる。
15	写真で示す電磁調理器の発熱原理は。 	イ．誘導加熱 ロ．抵抗加熱 ハ．誘電加熱 ニ．赤外線加熱
16	図に示すように電線支持点 A と B が同じ高さの架空電線のたるみ D [m]を 2 倍としたときの電線に加わる張力 T [N]は何倍となるか。 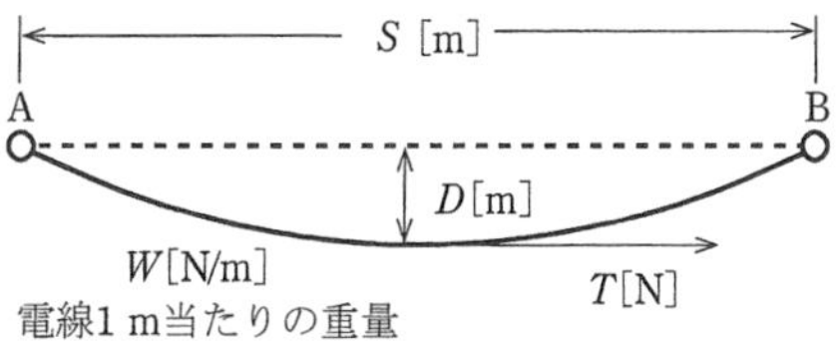 （図：S [m]，A，B，D[m]，W[N/m] 電線1 m当たりの重量，T[N]）	イ．$\frac{1}{4}$　ロ．$\frac{1}{2}$　ハ．2　ニ．4

	問　い	答　え
17	風力発電に関する記述として，**誤っているものは**。	イ．一般に使用されているプロペラ形風車は，垂直軸形風車である。 ロ．風力発電装置は，風速等の自然条件の変化により発電出力の変動が大きい。 ハ．風力発電装置は，風の運動エネルギーを電気エネルギーに変換する装置である。 ニ．プロペラ形風車は，一般に風速によって翼の角度を変えるなど風の強弱に合わせて出力を調整することができる。
18	図は，ボイラの水の循環方式のうち，自然循環ボイラの構成図である。図中の①，②及び③の組合せとして，**正しいものは**。 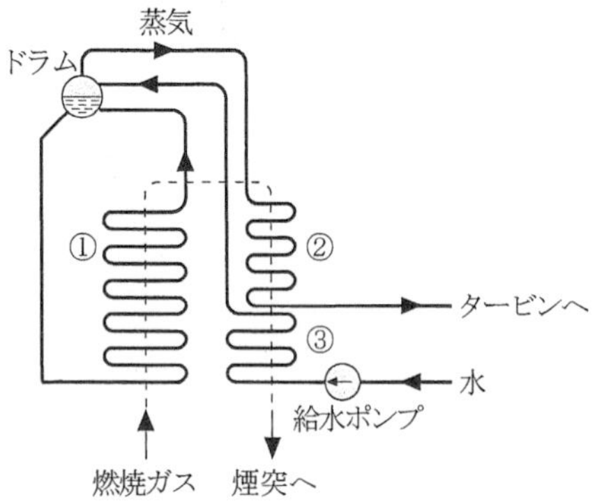 蒸気 ドラム ① ② ③ タービンへ 水 給水ポンプ 燃焼ガス 煙突へ	イ．①蒸発管　②節炭器　③過熱器 ロ．①過熱器　②蒸発管　③節炭器 ハ．①過熱器　②節炭器　③蒸発管 ニ．①蒸発管　②過熱器　③節炭器
19	図のような日負荷曲線をもつA，Bの需要家がある。この系統の不等率は。 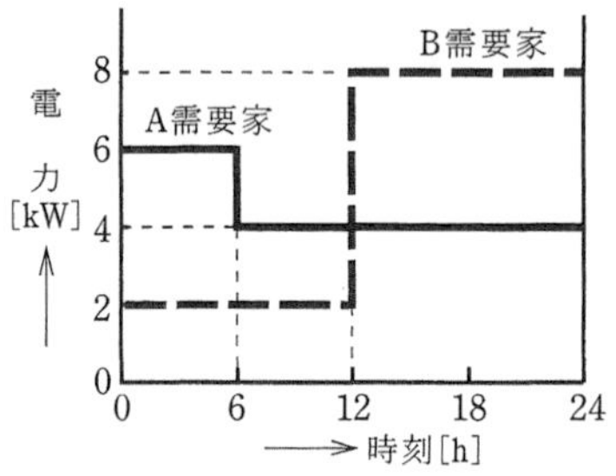 B需要家 A需要家 電力[kW] 0 2 4 6 8 0 6 12 18 24 時刻[h]	イ．1.17　ロ．1.33　ハ．1.40　ニ．2.33
20	高圧架橋ポリエチレン絶縁ビニルシースケーブルにおいて，水トリーと呼ばれる樹枝状の劣化が生じる箇所は。	イ．銅導体内部 ロ．遮へい銅テープ表面 ハ．ビニルシース内部 ニ．架橋ポリエチレン絶縁体内部
21	公称電圧6.6 kV，周波数50 Hzの高圧受電設備に使用する高圧交流遮断器（定格電圧7.2 kV，定格遮断電流12.5 kA，定格電流600 A）の遮断容量[MV·A]は。	イ．80　ロ．100　ハ．130　ニ．160

問　い		答　え
22	写真に示す品物の名称は。 	イ．直列リアクトル ロ．高圧交流負荷開閉器 ハ．三相変圧器 ニ．電力需給用計器用変成器
23	写真に示すGR付PASを設置する場合の記述として，**誤っているものは**。  入　切 VT LA	イ．電気事業用の配電線への波及事故の防止に効果がある。 ロ．自家用の引込みケーブルに短絡事故が発生したとき，自動遮断する。 ハ．自家用側の高圧電路に地絡事故が発生したとき，自動遮断する。 ニ．電気事業者との保安上の責任分界点又はこれに近い箇所に設置する。
24	写真に示す品物のうち，CVT150mm^{2}のケーブルを，ケーブルラック上に延線する作業で，一般的に**使用しないものは**。	イ．  ロ．  ハ． 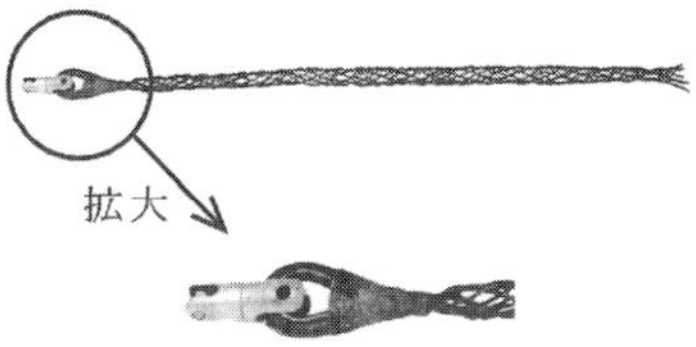 拡大 ニ． 
25	写真に示す配線器具を取り付ける施工方法の記述として，**誤っているものは**。  30	イ．接地極にはD種接地工事を施した。 ロ．単相200Vの機器用のコンセントとして取り付けた。 ハ．三相400Vの機器用のコンセントとしては使用できない。 ニ．定格電流20Aの配線用遮断器に保護されている電路に取り付けた。

	問　い	答　え
26	600V ビニル絶縁電線の許容電流（連続使用時）に関する記述として，**適切なものは。**	イ．電流による発熱により，電線の絶縁物が著しい劣化をきたさないようにするための限界の電流値。 ロ．電流による発熱により，絶縁物の温度が 80 ℃となる時の電流値。 ハ．電流による発熱により，電線が溶断する時の電流値。 ニ．電圧降下を許容範囲に収めるための最大の電流値。
27	金属線ぴ工事の記述として，**誤っているものは。**	イ．電線には絶縁電線（屋外用ビニル絶縁電線を除く。）を使用した。 ロ．電気用品安全法の適用を受けている金属製線ぴ及びボックスその他の附属品を使用して施工した。 ハ．湿気のある場所で，電線を収める線ぴの長さが 12 m なので，D 種接地工事を省略した。 ニ．線ぴとボックスを堅ろうに，かつ，電気的に完全に接続した。
28	絶縁電線相互の接続に関する記述として，**不適切なものは。**	イ．接続部分には，接続管を使用した。 ロ．接続部分を，絶縁電線の絶縁物と同等以上の絶縁効力のあるもので，十分被覆した。 ハ．接続部分において，電線の電気抵抗が 20 %増加した。 ニ．接続部分において，電線の引張り強さが 10 %減少した。
29	地中電線路の施設において，**誤っているものは。**	イ．地中電線路を暗きょ式で施設する場合に，地中電線を不燃性又は自消性のある難燃性の管に収めて施設した。 ロ．地中電線路に絶縁電線を使用し，車両，その他の重量物の圧力に耐える管に収めて施設した。 ハ．長さが 15 m を超える高圧地中電線路を管路式で施設する場合，物件の名称，管理者名及び電圧を表示した埋設表示シートを，管と地表面のほぼ中間に施設した。 ニ．地中電線路に使用する金属製の電線接続箱に D 種接地工事を施した。

問い30から問い34までは，下の図に関する問いである。

図は，自家用電気工作物構内の受電設備を表した図である。この図に関する各問いには，4通りの答え（**イ**，**ロ**，**ハ**，**ニ**）が書いてある。それぞれの問いに対して，答えを1つ選びなさい。

〔注〕図において，問いに直接関係のない部分等は，省略又は簡略化してある。

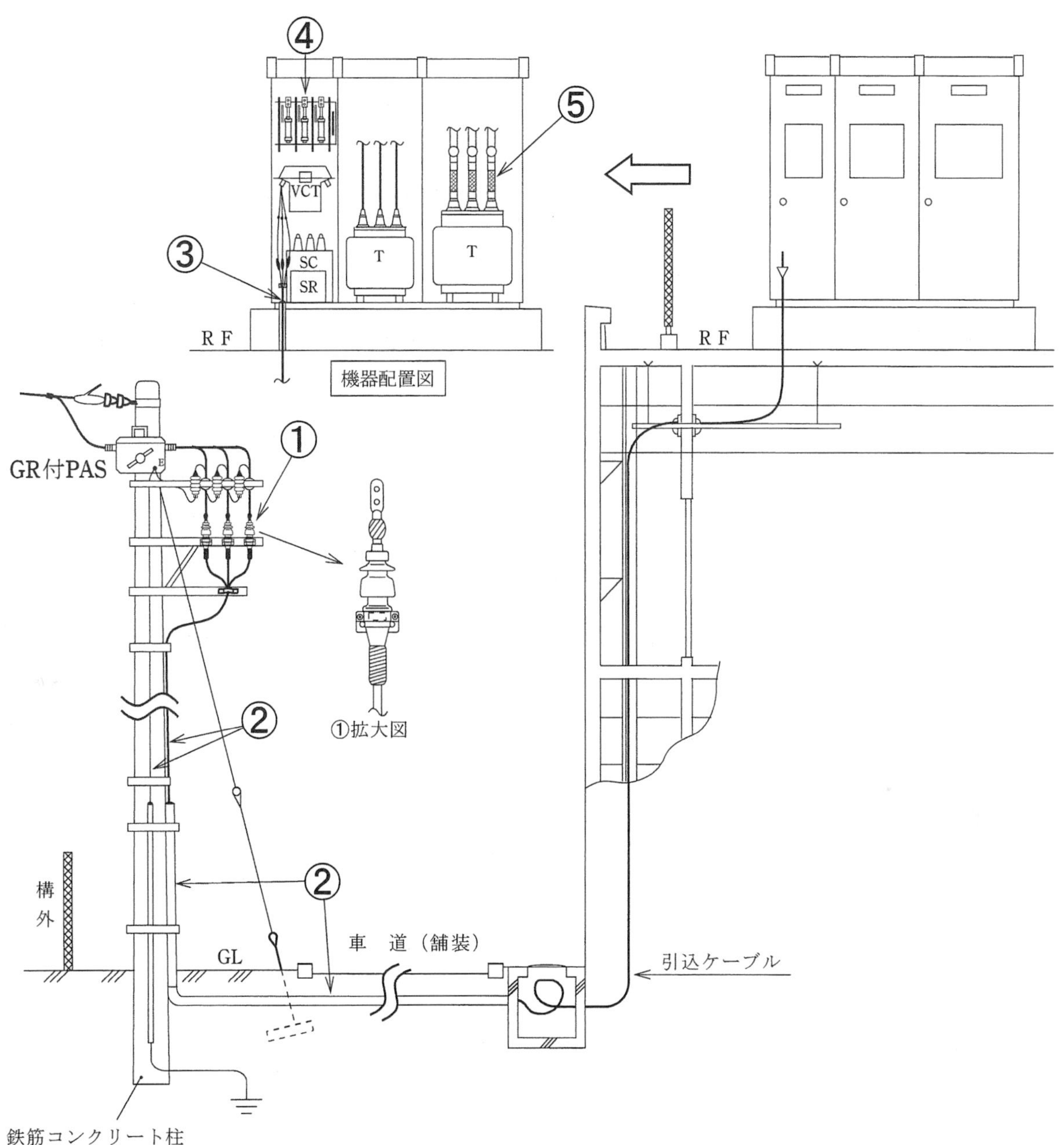

	問　い	答　え
30	①に示すCVTケーブルの終端接続部の名称は。	イ．耐塩害屋外終端接続部 ロ．ゴムとう管形屋外終端接続部 ハ．ゴムストレスコーン形屋外終端接続部 ニ．テープ巻形屋外終端接続部
31	②に示す引込柱及び引込ケーブルの施工に関する記述として，**不適切なものは。**	イ．引込ケーブル立ち上がり部分を防護するため，地表からの高さ2 m，地表下0.2mの範囲に防護管（鋼管）を施設し，雨水の浸入を防止する措置を行った。 ロ．引込ケーブルの地中埋設部分は，需要設備構内であるので，「電力ケーブルの地中埋設の施工方法（JIS C 3653）」に適合する材料を使用し，舗装下面から30 cm以上の深さに埋設した。 ハ．地中引込ケーブルは，鋼管による管路式としたが，鋼管に防食措置を施してあるので地中電線を収める鋼管の金属製部分の接地工事を省略した。 ニ．引込柱に設置した避雷器に接地するため，接地極からの電線を薄鋼電線管に収めて施設した。
32	③に示すケーブル引込口などに，必要以上の開口部を設けない主な理由は。	イ．火災時の放水，洪水等で容易に水が浸入しないようにする。 ロ．鳥獣類などの小動物が侵入しないようにする。 ハ．ケーブルの外傷を防止する。 ニ．キュービクルの底板の強度を低下させないようにする。
33	④に示すPF･S形の主遮断装置として，**必要でないものは。**	イ．過電流ロック機能 ロ．ストライカによる引外し装置 ハ．相間，側面の絶縁バリア ニ．高圧限流ヒューズ
34	⑤に示す可とう導体を使用した施設に関する記述として，**不適切なものは。**	イ．可とう導体を使用する主目的は，低圧母線に銅帯を使用したとき，過大な外力によりブッシングやがいし等の損傷を防止しようとするものである。 ロ．可とう導体には，地震による外力等によって，母線が短絡等を起こさないよう，十分な余裕と絶縁セパレータを施設する等の対策が重要である。 ハ．可とう導体は，低圧電路の短絡等によって，母線に異常な過電流が流れたとき，限流作用によって，母線や変圧器の損傷を防止できる。 ニ．可とう導体は，防振装置との組合せ設置により，変圧器の振動による騒音を軽減することができる。ただし，地震による機器等の損傷を防止するためには，耐震ストッパの施設と併せて考慮する必要がある。

	問　い	答　え
35	一般にB種接地抵抗値の計算式は，$\dfrac{150\ \text{V}}{\text{変圧器高圧側電路の1線地絡電流[A]}}$ [Ω] となる。 ただし，変圧器の高低圧混触により，低圧側電路の対地電圧が150 Vを超えた場合に，1秒以下で自動的に高圧側電路を遮断する装置を設けるときは，計算式の150 Vは [　　] Vとすることができる。 上記の空欄にあてはまる数値は。	イ．300　ロ．400　ハ．500　ニ．600
36	高圧ケーブルの絶縁抵抗の測定を行うとき，絶縁抵抗計の保護端子（ガード端子）を使用する目的として，**正しいものは**。	イ．絶縁物の表面の漏れ電流も含めて測定するため。 ロ．絶縁物の表面の漏れ電流による誤差を防ぐため。 ハ．高圧ケーブルの残留電荷を放電するため。 ニ．指針の振切れによる焼損を防止するため。
37	CB形高圧受電設備と配電用変電所の過電流継電器との保護協調がとれているものは。 ただし，図中①の曲線は配電用変電所の過電流継電器動作特性を示し，②の曲線は高圧受電設備の過電流継電器動作特性+CBの遮断特性を示す。	イ．　ロ．　ハ．　ニ．
38	電気工事士法及び電気用品安全法において，**正しいものは**。	イ．電気用品のうち，危険及び障害の発生するおそれが少ないものは，特定電気用品である。 ロ．特定電気用品には，(PS) Eと表示されているものがある。 ハ．第一種電気工事士は，電気用品安全法に基づいた表示のある電気用品でなければ，一般用電気工作物の工事に使用してはならない。 ニ．定格電圧が600 Vのゴム絶縁電線（公称断面積22mm^2）は，特定電気用品ではない。
39	電気工事士法において，自家用電気工作物（最大電力500 kW未満の需要設備）に係る電気工事のうち「ネオン工事」又は「非常用予備発電装置工事」に従事することのできる者は。	イ．特種電気工事資格者 ロ．認定電気工事従事者 ハ．第一種電気工事士 ニ．第三種電気主任技術者
40	電気工事業の業務の適正化に関する法律において，主任電気工事士に関する記述として，**正しいものは**。	イ．第一種電気主任技術者は，主任電気工事士になれる。 ロ．第二種電気工事士は，2年の実務経験があれば，主任電気工事士になれる。 ハ．主任電気工事士は，一般用電気工事による危険及び障害が発生しないように一般用電気工事の作業の管理の職務を誠実に行わなければならない。 ニ．第一種電気主任技術者は，一般用電気工事の作業に従事する場合には，主任電気工事士の障害発生防止のための指示に従わなくてもよい。

問題2．配線図（問題数 10，配点は 1 問当たり 2 点）

図は，高圧受電設備の単線結線図である。この図の矢印で示す 10 箇所に関する各問いには，4 通りの答え（イ，ロ，ハ，ニ）が書いてある。それぞれの問いに対して，答えを 1 つ選びなさい。

〔注〕　図において，問いに直接関係のない部分等は，省略又は簡略化してある。

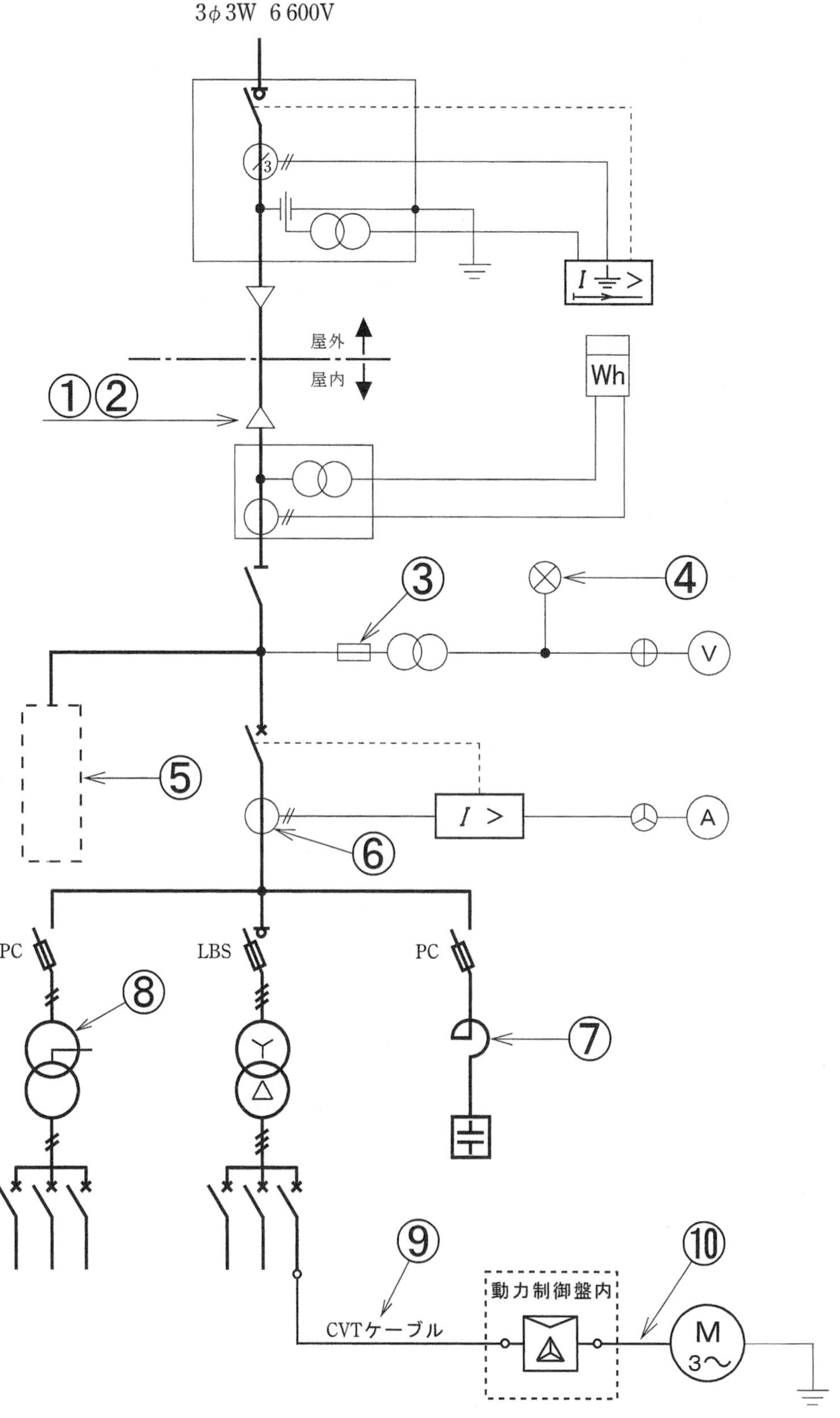

	問い	答え
41	①の端末処理の際に，不要なものは。	イ． ロ． ハ． ニ．
42	②で示すストレスコーン部分の主な役割は。	イ．機械的強度を補強する。 ロ．遮へい端部の電位傾度を緩和する。 ハ．電流の不平衡を防止する。 ニ．高調波電流を吸収する。
43	③で示す装置を使用する主な目的は。	イ．計器用変圧器を雷サージから保護する。 ロ．計器用変圧器の内部短絡事故が主回路に波及することを防止する。 ハ．計器用変圧器の過負荷を防止する。 ニ．計器用変圧器の欠相を防止する。
44	④に設置する機器は。	イ． ロ． ハ． ニ．
45	⑤に設置する機器として，一般的に使用されるものの図記号は。	イ．　ロ．　ハ．　ニ．

2015
年度
(平成27年度)
筆記
試験問題

	問　い	答　え
46	⑥で示す部分に施設する機器の複線図として，**正しいものは**。	イ．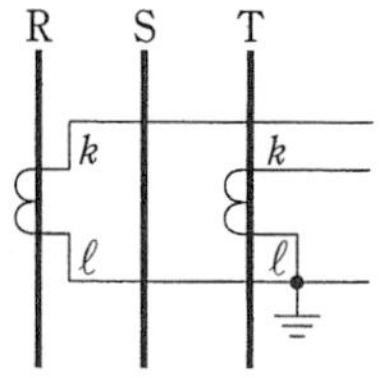R S T k ℓ ロ．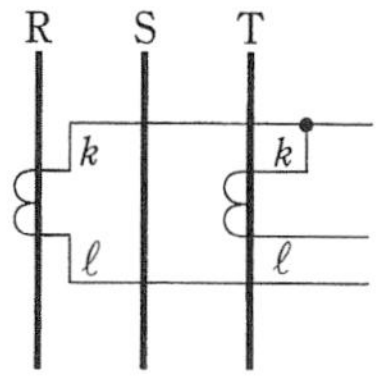R S T k ℓ ハ．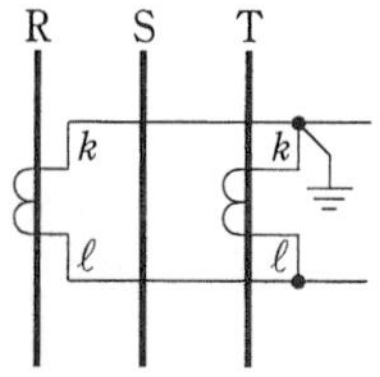R S T k ℓ ニ．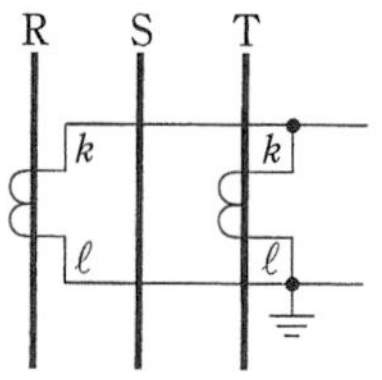R S T k ℓ
47	⑦で示す機器の役割として，**誤っているものは**。	イ．コンデンサ回路の突入電流を抑制する。 ロ．第5調波等の高調波障害の拡大を防止する。 ハ．電圧波形のひずみを改善する。 ニ．コンデンサの残留電荷を放電する。
48	⑧で示す部分に使用できる変圧器の最大容量[kV･A]は。	イ．100　　ロ．200　　ハ．300　　ニ．500
49	⑨で示す部分に使用するCVTケーブルとして，**適切なものは**。	イ．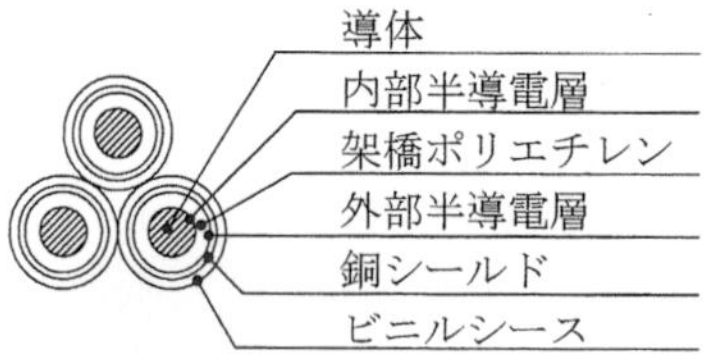導体 内部半導電層 架橋ポリエチレン 外部半導電層 銅シールド ビニルシース ロ．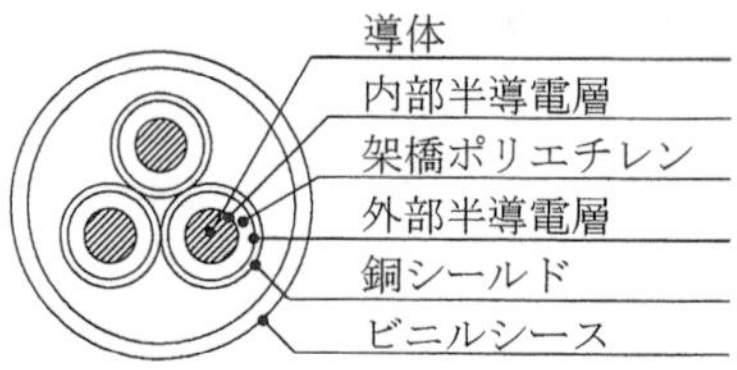導体 内部半導電層 架橋ポリエチレン 外部半導電層 銅シールド ビニルシース ハ．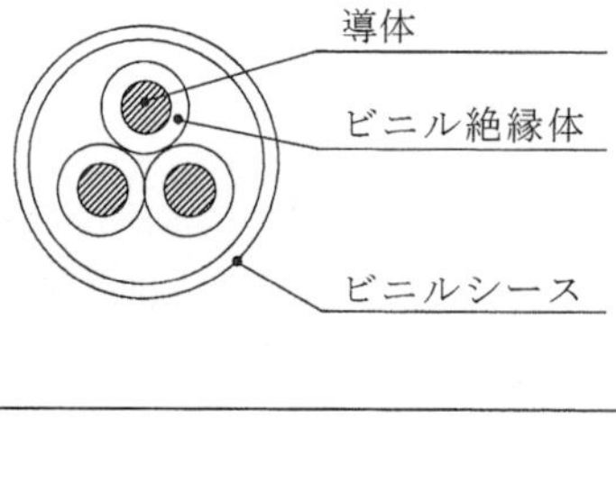導体 ビニル絶縁体 ビニルシース ニ．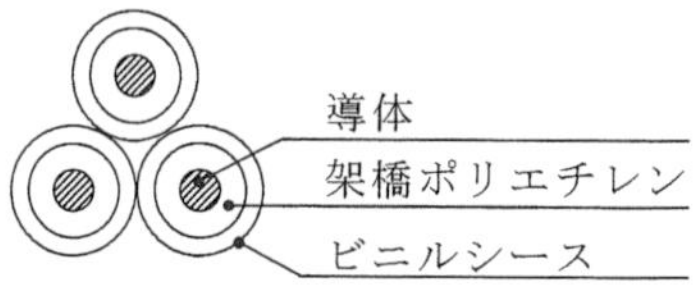導体 架橋ポリエチレン ビニルシース
50	⑩で示す動力制御盤内から電動機に至る配線で,必要とする電線本数(心線数)は。	イ．3　　ロ．4　　ハ．5　　ニ．6

第一種電気工事士

2014年度
（平成26年度）

筆記試験問題

問題1．一般問題（問題数 40、配点は1問当たり2点）

次の各問いには4通りの答え（イ、ロ、ハ、ニ）が書いてある。それぞれの問いに対して答えを1つ選びなさい。

	問　い	答　え
1	図のように、鉄心に巻かれた巻数 N のコイルに、電流 I が流れている。鉄心内の磁束 Φ は。 ただし、漏れ磁束及び磁束の飽和は無視するものとする。 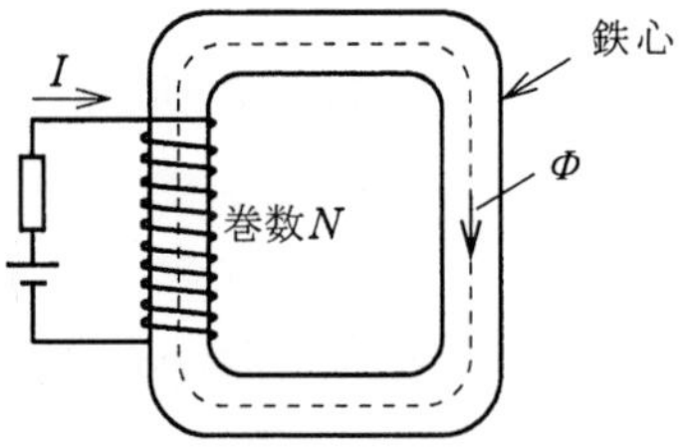	イ．NI に比例する。 ロ．N^2I に比例する。 ハ．NI^2 に比例する。 ニ．N^2I^2 に比例する。
2	図のような直流回路において、抵抗 3〔Ω〕には 4〔A〕の電流が流れている。抵抗 R における消費電力〔W〕は。 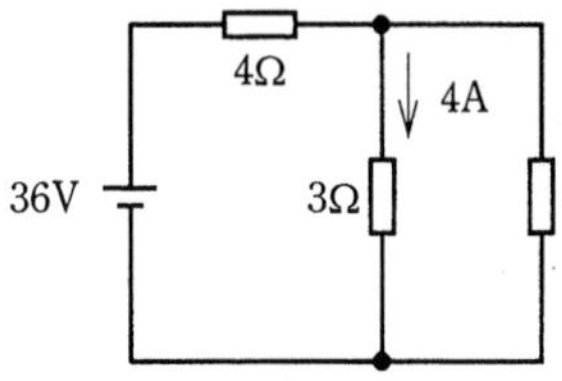	イ．6　ロ．12　ハ．24　ニ．36
3	図のような正弦波交流電圧がある。波形の周期が 20〔ms〕（周波数 50〔Hz〕）であるとき、角速度 ω〔rad/s〕の値は。 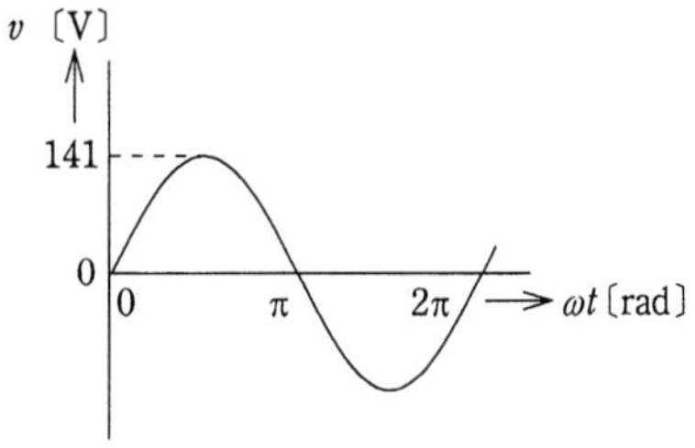	イ．50　ロ．100　ハ．314　ニ．628
4	図のような交流回路において、抵抗 R=15〔Ω〕、誘導性リアクタンス X_L=10〔Ω〕、容量性リアクタンス X_C=2〔Ω〕である。この回路の消費電力〔W〕は。 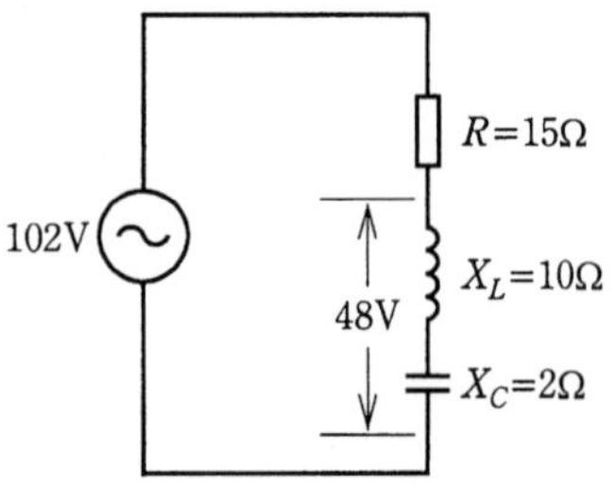	イ．240　ロ．288　ハ．505　ニ．540

	問い	答え
5	図のような三相交流回路において、電源電圧は V〔V〕、抵抗 R=5〔Ω〕、誘導性リアクタンス X_L=3〔Ω〕である。回路の全消費電力〔W〕を示す式は。 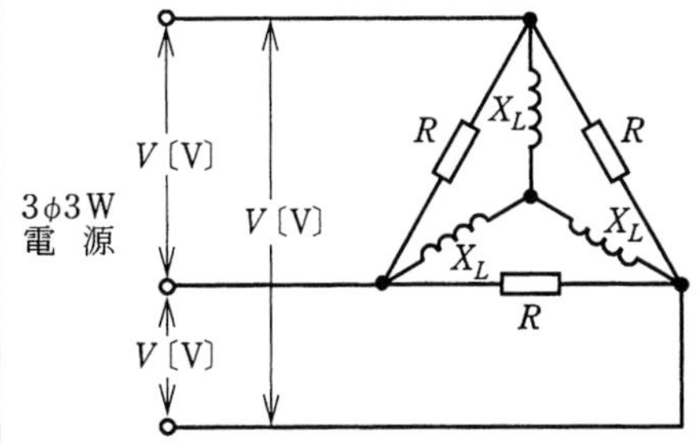	イ．$\frac{3V^2}{5}$　ロ．$\frac{V^2}{3}$　ハ．$\frac{V^2}{5}$　ニ．V^2
6	図のように、定格電圧 V〔V〕、消費電力 P〔W〕、力率 cos ϕ（遅れ）の三相負荷に電気を供給する配電線路がある。この配電線路の電力損失〔W〕を示す式は。 ただし、配電線路の電線 1 線当たりの抵抗は r〔Ω〕とし、配電線路のリアクタンスは無視できるものとする。 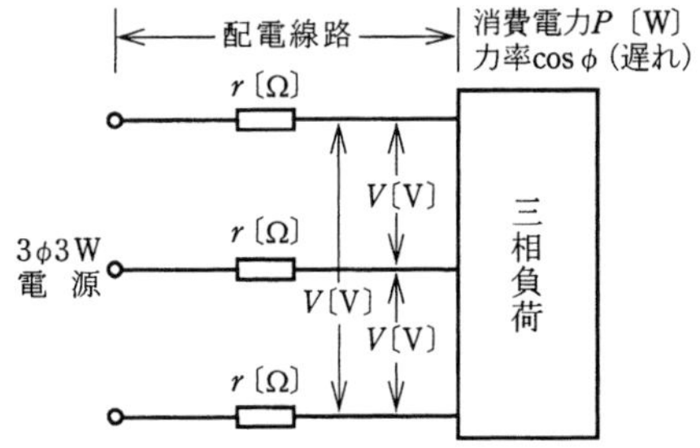	イ．$\frac{P^2 \cdot r}{V^2 \cos^2\phi}$　ロ．$\frac{P \cdot r}{V \cos\phi}$　ハ．$\frac{P^2 \cdot r}{V^2 \cos\phi}$　ニ．$\frac{P \cdot r^2}{V \cos^2\phi}$
7	図のような単相 3 線式配電線路において、負荷抵抗は 10〔Ω〕一定である。スイッチ A を閉じ、スイッチ B を開いているとき、図中の電圧 V は 100〔V〕であった。この状態からスイッチ B を閉じた場合、電圧 V はどのように変化するか。 ただし、電源電圧は一定で、電線 1 線当たりの抵抗 r〔Ω〕は 3 線とも等しいものとする。 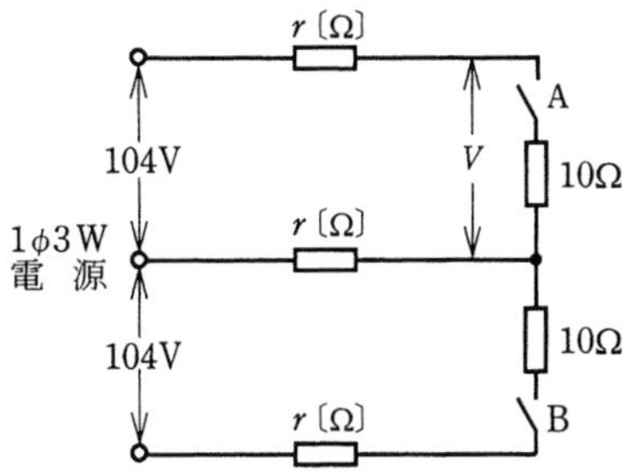	イ．約 2〔V〕下がる。 ロ．約 2〔V〕上がる。 ハ．変化しない。 ニ．約 1〔V〕上がる。

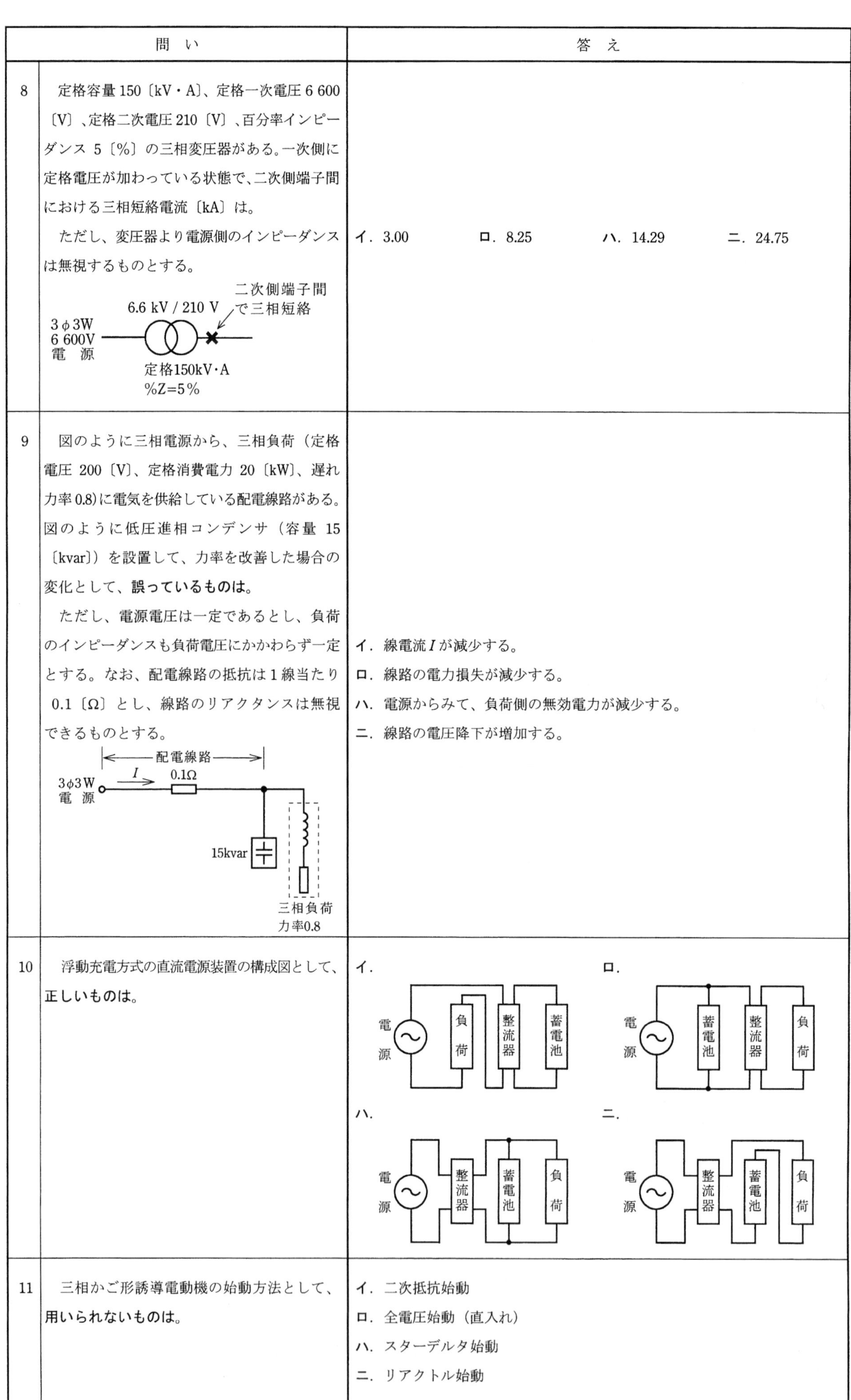

	問い	答え
8	定格容量150〔kV・A〕、定格一次電圧6 600〔V〕、定格二次電圧210〔V〕、百分率インピーダンス5〔%〕の三相変圧器がある。一次側に定格電圧が加わっている状態で、二次側端子間における三相短絡電流〔kA〕は。 ただし、変圧器より電源側のインピーダンスは無視するものとする。 二次側端子間で三相短絡 6.6 kV / 210 V 3φ3W 6 600V 電　源 定格150kV・A %Z=5%	イ．3.00　ロ．8.25　ハ．14.29　ニ．24.75
9	図のように三相電源から、三相負荷（定格電圧200〔V〕、定格消費電力20〔kW〕、遅れ力率0.8）に電気を供給している配電線路がある。図のように低圧進相コンデンサ（容量15〔kvar〕）を設置して、力率を改善した場合の変化として、**誤っているものは。** ただし、電源電圧は一定であるとし、負荷のインピーダンスも負荷電圧にかかわらず一定とする。なお、配電線路の抵抗は1線当たり0.1〔Ω〕とし、線路のリアクタンスは無視できるものとする。 配電線路 3φ3W 電　源 I 0.1Ω 15kvar 三相負荷 力率0.8	イ．線電流Iが減少する。 ロ．線路の電力損失が減少する。 ハ．電源からみて、負荷側の無効電力が減少する。 ニ．線路の電圧降下が増加する。
10	浮動充電方式の直流電源装置の構成図として、**正しいものは。**	イ．電源　負荷　整流器　蓄電池 ロ．電源　蓄電池　整流器　負荷 ハ．電源　整流器　蓄電池　負荷 ニ．電源　整流器　蓄電池　負荷
11	三相かご形誘導電動機の始動方法として、**用いられないものは。**	イ．二次抵抗始動 ロ．全電圧始動（直入れ） ハ．スターデルタ始動 ニ．リアクトル始動

	問い	答え
12	図のQ点における水平面照度が8〔lx〕であった。点光源Aの光度I〔cd〕は。 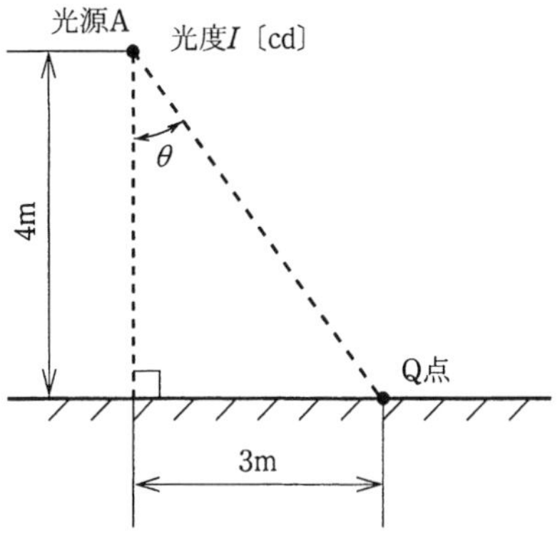 光源A　光度I〔cd〕　θ　4m　Q点　3m	イ．50　ロ．160　ハ．250　ニ．320
13	図に示すサイリスタ（逆阻止3端子サイリスタ）回路の出力電圧v_0の波形として、**得ることのできない波形は。** ただし、電源電圧は正弦波交流とする。 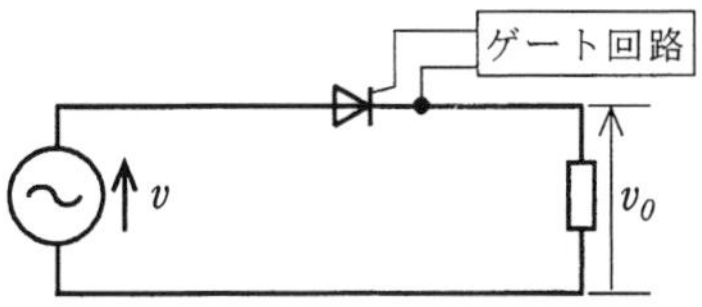 ゲート回路　v　v_0	 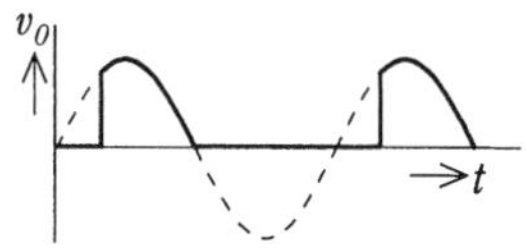 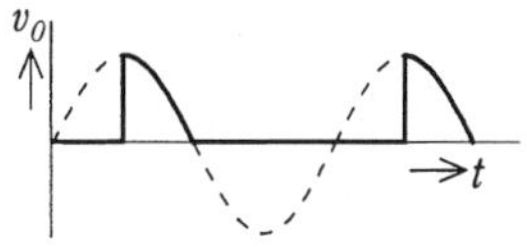 イ．v_0 t ロ．v_0 t ハ．v_0 t ニ．v_0 t 
14	写真に示す品物の名称は。 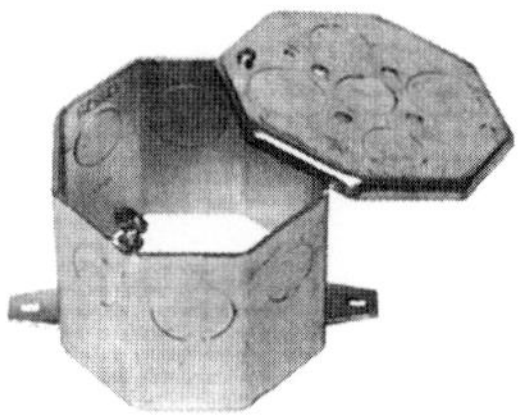	イ．アウトレットボックス ロ．コンクリートボックス ハ．フロアボックス ニ．スイッチボックス
15	写真に示す品物の名称は。 	イ．シーリングフィッチング ロ．カップリング ハ．ユニバーサル ニ．ターミナルキャップ
16	タービン発電機の記述として、**誤っているものは。**	イ．タービン発電機は、水車発電機に比べて回転速度が高い。 ロ．回転子は、円筒回転界磁形が用いられる。 ハ．タービン発電機は、駆動力として蒸気圧などを利用している。 ニ．回転子は、一般に縦軸形が採用される。

	問　い	答　え
17	架空送電線路に使用されるアーマロッドの記述として、**正しいものは。**	イ．がいしの両端に設け、がいしや電線を雷の異常電圧から保護する。 ロ．電線と同種の金属を電線に巻きつけ補強し、電線の振動による素線切れなどを防止する。 ハ．電線におもりとして取付け、微風により生じる電線の振動を吸収し、電線の損傷などを防止する。 ニ．多導体に使用する間隔材で強風による電線相互の接近・接触や負荷電流、事故電流による電磁吸引力のための素線の損傷を防止する。
18	コージェネレーションシステムに関する記述として、**最も適切なものは。**	イ．受電した電気と常時連系した発電システム ロ．電気と熱を併せ供給する発電システム ハ．深夜電力を利用した発電システム ニ．電気集じん装置を利用した発電システム
19	同一容量の単相変圧器を並行運転するための条件として、**必要でないものは。**	イ．各変圧器の極性を一致させて結線すること。 ロ．各変圧器の変圧比が等しいこと。 ハ．各変圧器のインピーダンス電圧が等しいこと。 ニ．各変圧器の効率が等しいこと。
20	次の文章は、電気設備の技術基準で定義されている調相設備についての記述である。 「調相設備とは、［　　　　］を調整する電気機械器具をいう。」 上記の空欄にあてはまる語句として、**正しいものは。**	イ．受電電力 ロ．最大電力 ハ．無効電力 ニ．皮相電力
21	次の機器のうち、高頻度開閉を目的に使用されるものは。	イ．高圧交流負荷開閉器 ロ．高圧交流遮断器 ハ．高圧交流電磁接触器 ニ．高圧断路器
22	写真に示す機器の略号（文字記号）は。	イ．PC ロ．CB ハ．LBS ニ．DS
23	写真の矢印で示す部分の主な役割は。	イ．水の浸入を防止する。 ロ．電流の不平衡を防止する。 ハ．遮へい端部の電位傾度を緩和する。 ニ．機械的強度を補強する。

	問い	答え
24	人体の体温を検知して自動的に開閉するスイッチで、玄関の照明などに用いられるスイッチの名称は。	イ．遅延スイッチ ロ．自動点滅器 ハ．リモコンセレクタスイッチ ニ．熱線式自動スイッチ
25	引込柱の支線工事に使用する材料の組合せとして、**正しいものは。** ケーブル 取付板 電力量計 根かせ	イ．巻付グリップ、スリーブ、アンカ ロ．耐張クランプ、玉がいし、亜鉛めっき鋼より線 ハ．耐張クランプ、巻付グリップ、スリーブ ニ．亜鉛めっき鋼より線、玉がいし、アンカ
26	写真に示す工具の名称は。	イ．ケーブルジャッキ ロ．パイプベンダ ハ．延線ローラ ニ．ワイヤストリッパ
27	接地工事に関する記述として、**不適切なものは。**	イ．人が触れるおそれのある場所で、B種接地工事の接地線を地表上2〔m〕までCD管で保護した。 ロ．D種接地工事の接地極をA種接地工事の接地極（避雷器用を除く）と共用して、接地抵抗を10〔Ω〕以下とした。 ハ．地中に埋設する接地極に大きさが900〔mm〕×900〔mm〕×1.6〔mm〕の銅板を使用した。 ニ．接触防護措置を施していない400〔V〕低圧屋内配線において、電線を収めるための金属管にC種接地工事を施した。
28	高圧屋内配線を、乾燥した場所であって展開した場所に施設する場合の記述として、**不適切なものは。**	イ．高圧ケーブルを金属管に収めて施設した。 ロ．高圧ケーブルを金属ダクトに収めて施設した。 ハ．接触防護措置を施した高圧絶縁電線をがいし引き工事により施設した。 ニ．高圧絶縁電線を金属管に収めて施設した。
29	ライティングダクト工事の記述として、**誤っているものは。**	イ．ライティングダクトを1.5〔m〕の支持間隔で造営材に堅ろうに取り付けた。 ロ．ライティングダクトの終端部を閉そくするために、エンドキャップを取り付けた。 ハ．ライティングダクトの開口部を人が容易に触れるおそれがないので、上向きに取り付けた。 ニ．ライティングダクトにD種接地工事を施した。

問い30から問い34までは、下の図に関する問いである。

図は、自家用電気工作物構内の受電設備を表した図である。この図に関する各問いには、4通りの答え（イ、ロ、ハ、ニ）が書いてある。それぞれの問いに対して、答えを1つ選びなさい。

〔注〕図において、問いに直接関係のない部分等は、省略又は簡略化してある。

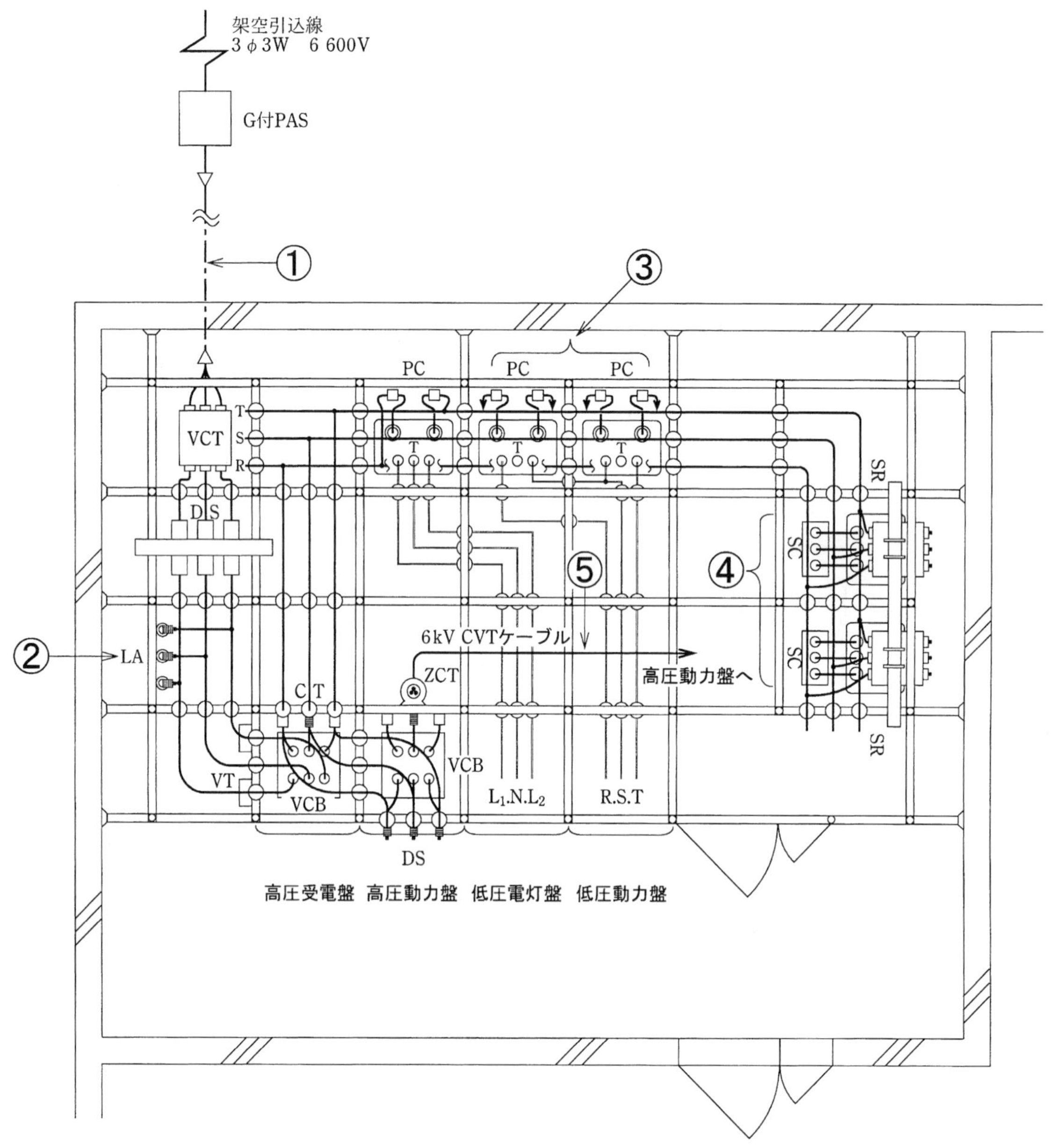

	問　い	答　え
30	①に示す高圧引込ケーブルに関する施工方法等で、**不適切なものは。**	**イ**．ケーブルには、トリプレックス形6 600V架橋ポリエチレン絶縁ビニルシースケーブルを使用して施工した。 **ロ**．施設場所が重汚損を受けるおそれのある塩害地区なので、屋外部分の終端処理はゴムとう管形屋外終端処理とした。 **ハ**．電線の太さは、受電する電流、短時間耐電流などを考慮し、電気事業者と協議して選定した。 **ニ**．ケーブルの引込口は、水の浸入を防止するためケーブルの太さ、種類に適合した防水処理を施した。

	問い	答え
31	②に示す避雷器の設置に関する記述として、**不適切なものは**。	イ．受電電力 500〔kW〕未満の需要場所では避雷器の設置義務はないが、雷害の多い地区であり、電路が架空電線路に接続されているので、引込口の近くに避雷器を設置した。 ロ．保安上必要なため、避雷器には電路から切り離せるように断路器を施設した。 ハ．避雷器の接地はA種接地工事とし、サージインピーダンスをできるだけ低くするため、接地線を太く短くした。 ニ．避雷器には電路を保護するため、その電源側に限流ヒューズを施設した。
32	③に示す変圧器は、単相変圧器 2 台を使用して三相 200〔V〕の動力電源を得ようとするものである。この回路の高圧側の結線として、**正しいものは**。	イ． 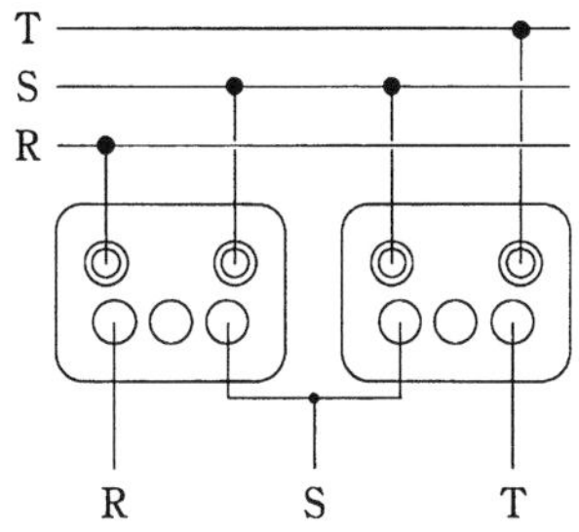　ロ． 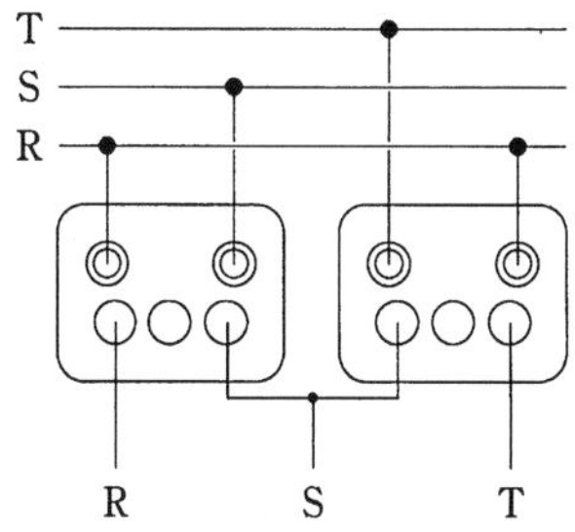　ハ． 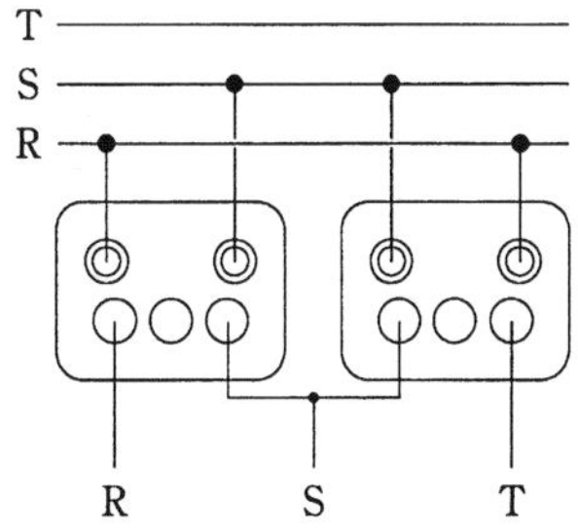　ニ． 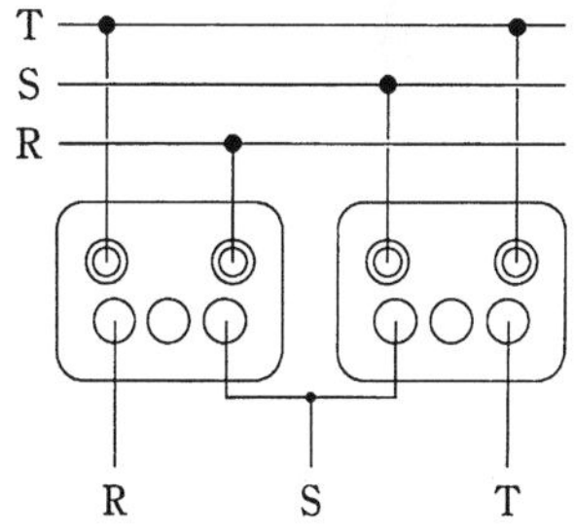 （T S R / R S T）
33	④に示す高圧進相コンデンサ設備は、自動力率調整装置によって自動的に力率調整を行うものである。この設備に関する記述として、**不適切なものは**。	イ．負荷の力率変動に対してできるだけ最適な調整を行うよう、コンデンサは異容量の2群構成とした。 ロ．開閉装置は、開閉能力に優れ自動で開閉できる、高圧交流真空電磁接触器を使用した。 ハ．進相コンデンサの一次側には、限流ヒューズを設けた。 ニ．進相コンデンサに、コンデンサリアクタンスの 5〔%〕の直列リアクトルを設けた。
34	⑤に示す高圧ケーブル内で地絡が発生した場合、確実に地絡事故を検出できるケーブルシールドの接地方法として、**正しいものは**。	イ．　ロ．　ハ．　ニ． 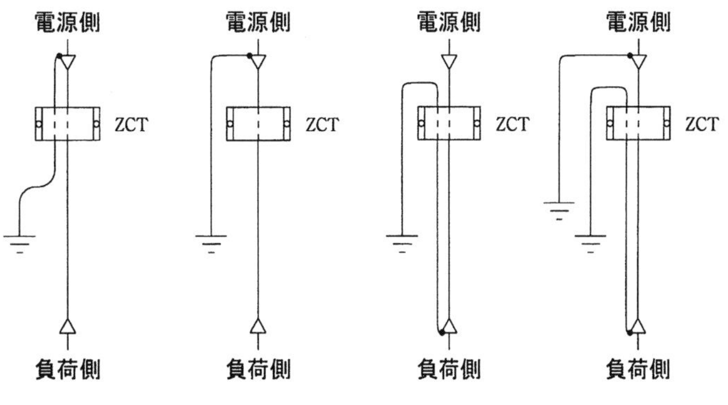 （電源側 / ZCT / 負荷側）

	問い	答え
35	電気設備の技術基準の解釈において、停電が困難なため低圧屋内配線の絶縁性能を、漏えい電流を測定して判定する場合、使用電圧が 100〔V〕の電路の漏えい電流の上限値として、**適切なものは。**	イ．0.1〔mA〕　ロ．0.2〔mA〕　ハ．1.0〔mA〕　ニ．2.0〔mA〕
36	電気設備の技術基準の解釈において、D 種接地工事に関する記述として、**誤っているものは。**	イ．接地抵抗値は、100〔Ω〕以下であること。 ロ．接地抵抗値は、低圧電路において、地絡を生じた場合に 0.5 秒以内に当該電路を自動的に遮断する装置を施設するときは、500〔Ω〕以下であること。 ハ．D 種接地工事を施す金属体と大地との間の電気抵抗値が 10〔Ω〕以下でなければ、D 種接地工事を施したものとみなされない。 ニ．接地線は故障の際に流れる電流を安全に通じることができるものであること。
37	公称電圧 6.6〔kV〕で受電する高圧受電設備の遮断器、変圧器などの高圧側機器（避雷器を除く）を一括で絶縁耐力試験を行う場合、試験電圧〔V〕の計算式は。	イ．$6\,600\times1.5$ ロ．$6\,600\times\frac{1.15}{1.1}\times1.5$ ハ．$6\,600\times1.5\times2$ ニ．$6\,600\times\frac{1.15}{1.1}\times2$
38	電気工事業の業務の適正化に関する法律において、**正しいものは。**	イ．電気工事士は、電気工事業者の監督の下で、電気用品安全法の表示が付されていない電気用品を電気工事に使用することができる。 ロ．電気工事業者が、電気工事の施工場所に二日間で完了する工事予定であったため、代表者の氏名等を記載した標識を掲げなかった。 ハ．電気工事業者が、電気工事ごとに配線図等を帳簿に記載し、3 年経ったので廃棄した。 ニ．一般用電気工事の作業に従事する者は、主任電気工事士がその職務を行うため必要があると認めてする指示に従わなければならない。
39	電気用品安全法の適用を受けるもののうち、特定電気用品でないものは。	イ．差込み接続器（定格電圧 125〔V〕、定格電流 15〔A〕） ロ．タイムスイッチ（定格電圧 125〔V〕、定格電流 15〔A〕） ハ．合成樹脂製のケーブル配線用スイッチボックス ニ．600V ビニル絶縁ビニルシースケーブル（導体の公称断面積が 8〔mm^2〕、3 心）
40	電気事業法において、一般電気事業者が行う一般用電気工作物の調査に関する記述として、**適切でないものは。**	イ．一般電気事業者は、調査を登録調査機関に委託することができる。 ロ．一般用電気工作物が設置された時に調査が行われなかった。 ハ．一般用電気工作物の調査が 4 年に 1 回以上行われている。 ニ．登録点検業務受託法人に点検が委託されている一般用電気工作物についても調査する必要がある。

問題２．配線図１ (問題数 5、配点は 1 問当たり 2 点)

図は、三相誘導電動機を、押しボタンスイッチの操作により正逆運転させる制御回路である。この図の矢印で示す 5 箇所に関する各問いには、4 通りの答え（**イ**、**ロ**、**ハ**、**ニ**）が書いてある。それぞれの問いに対して、答えを 1 つ選びなさい。

〔注〕 図において、問いに直接関係のない部分等は、省略又は簡略化してある。

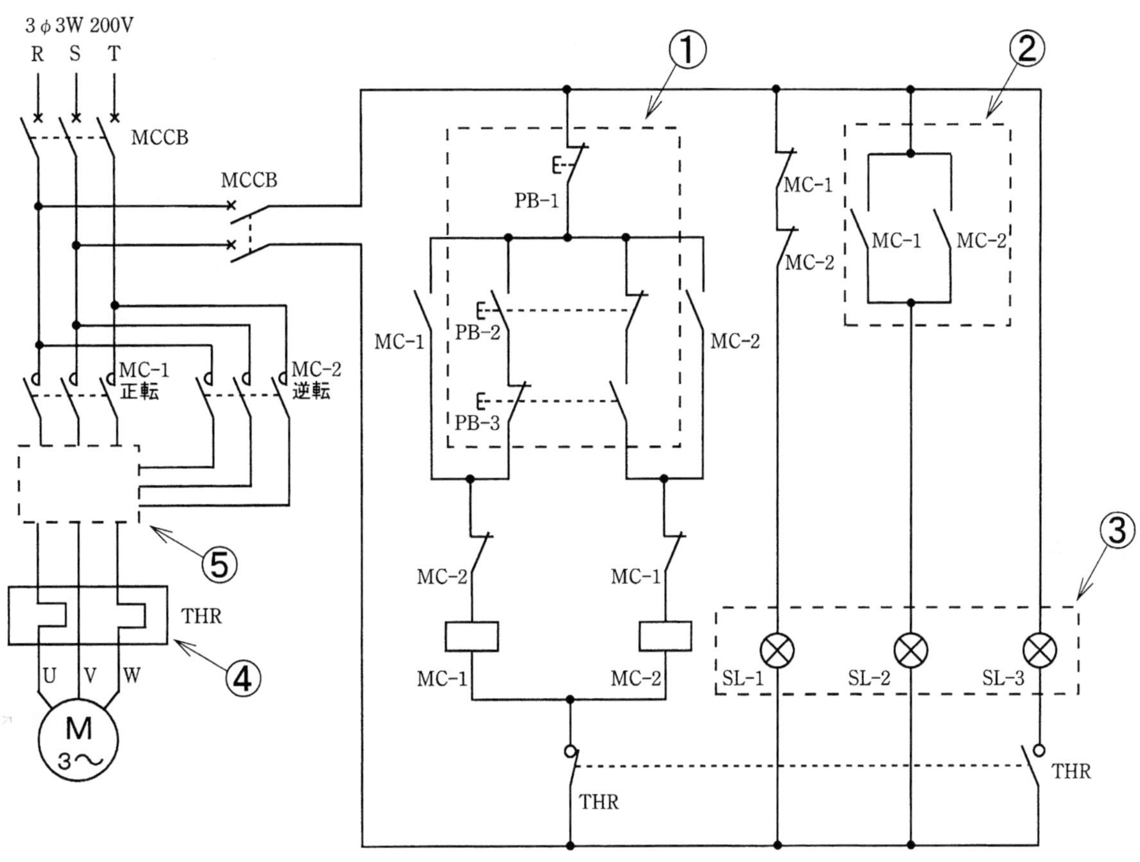

	問 い	答 え
41	①で示す押しボタンスイッチの操作で、停止状態から正転運転した後、逆転運転までの手順として、**正しいものは**。	**イ**．PB-3 → PB-2 → PB-1 **ロ**．PB-3 → PB-1 → PB-2 **ハ**．PB-2 → PB-1 → PB-3 **ニ**．PB-2 → PB-3 → PB-1
42	②で示す回路の名称として、**正しいものは**。	**イ**．AND 回路 **ロ**．OR 回路 **ハ**．NAND 回路 **ニ**．NOR 回路
43	③で示す各表示灯の用途は。	**イ**．SL-1 停止表示　SL-2 運転表示　SL-3 故障表示 **ロ**．SL-1 運転表示　SL-2 故障表示　SL-3 停止表示 **ハ**．SL-1 正転運転表示　SL-2 逆転運転表示　SL-3 故障表示 **ニ**．SL-1 故障表示　SL-2 正転運転表示　SL-3 逆転運転表示

問い		答え
44	④で示す図記号の機器は。	イ. 　ロ. 　ハ. 　ニ. 
45	⑤で示す部分の結線図で、正しいものは。	イ. 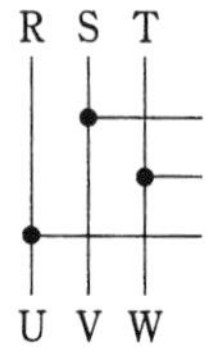 R S T U V W　ロ. 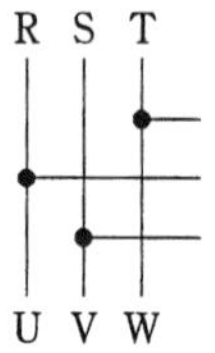 R S T U V W　ハ. 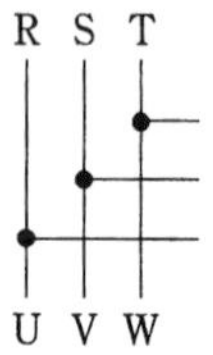 R S T U V W　ニ. 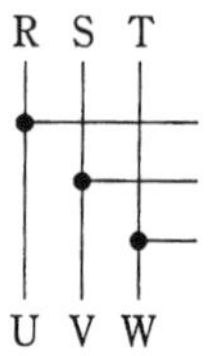 R S T U V W

問題３．配線図２（問題数5、配点は1問当たり2点）

図は、高圧受電設備の単線結線図である。この図の矢印で示す5箇所に関する各問いには、4通りの答え（イ、ロ、ハ、ニ）が書いてある。それぞれの問いに対して、答えを1つ選びなさい。

〔注〕　図において、問いに直接関係のない部分等は、省略又は簡略化してある。

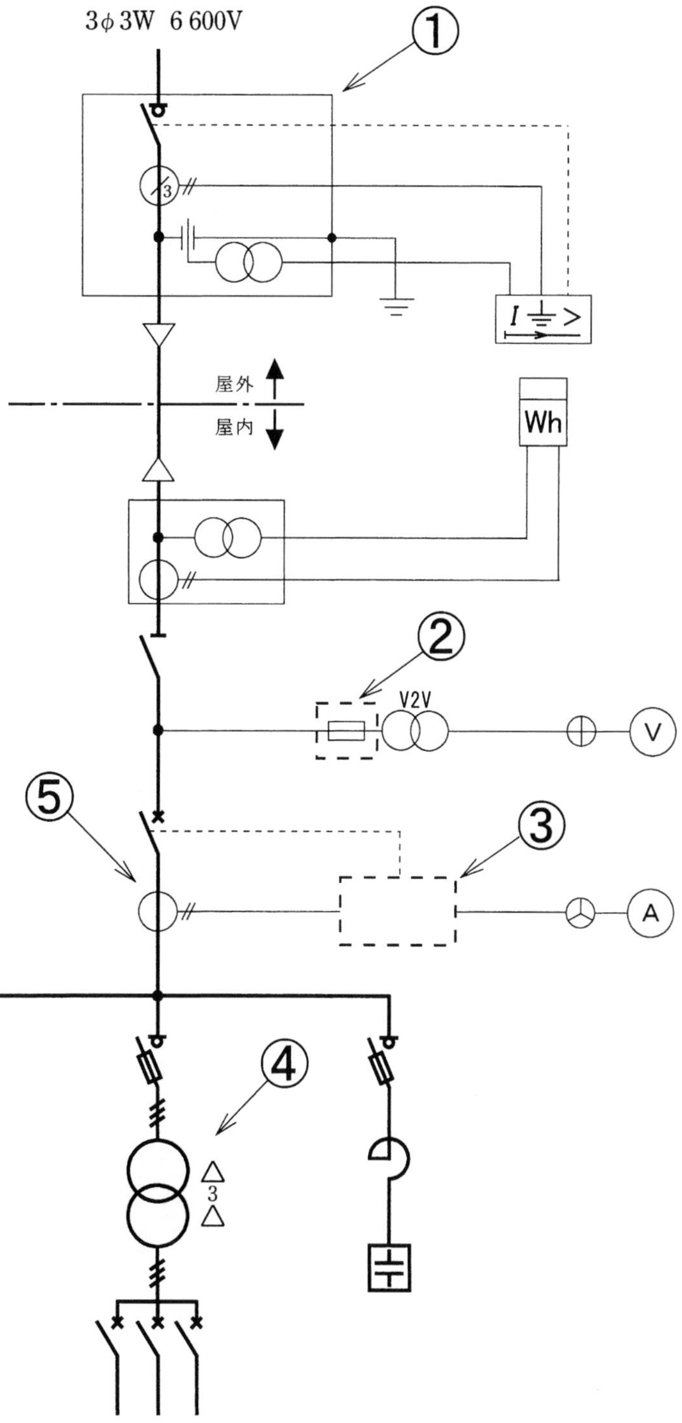

3φ3W　6 600V

①

屋外
屋内

Wh

②

V2V

V

⑤

③

A

④

問　い		答　え
46	①で示す機器の役割は。	イ．需要家側電気設備の地絡事故を検出し、高圧交流負荷開閉器を開放する。 ロ．電気事業者側の地絡事故を検出し、高圧断路器を開放する。 ハ．需要家側電気設備の地絡事故を検出し、高圧断路器を開放する。 ニ．電気事業者側の地絡事故を検出し、高圧交流遮断器を自動遮断する。
47	②の部分に施設する機器と使用する本数は。	イ．（2本） 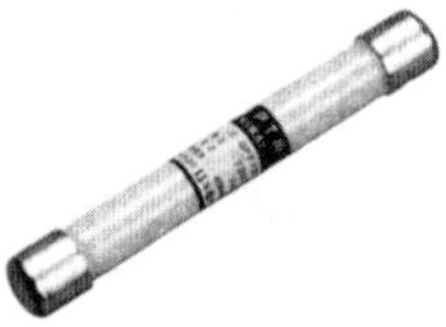 ロ．（4本） 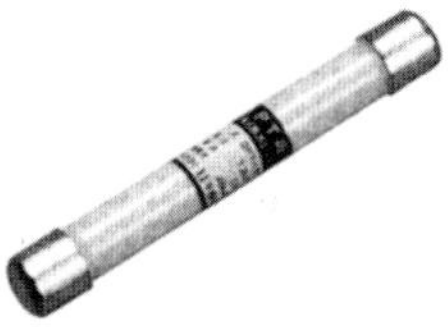 ハ．（2本） 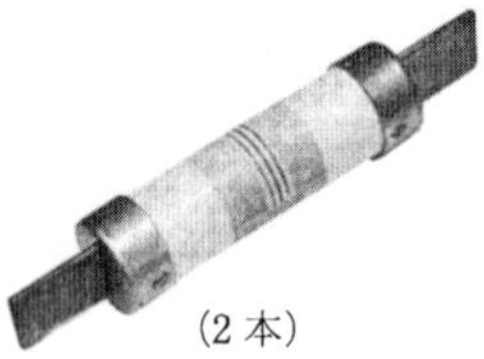 ニ．（4本） 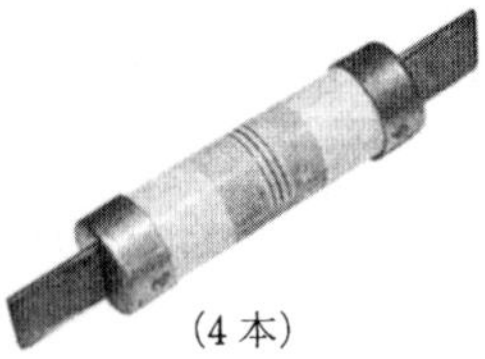
48	③で示す部分に設置する機器の図記号と略号（文字記号）の組合せは。	イ．$I \stackrel{\perp}{=} <$ OCGR ロ．$I \stackrel{\perp}{=} >$ OCGR ハ．$I <$ OCR ニ．$I >$ OCR
49	④に設置する機器と台数は。	イ．（3台）  ロ．（3台）  ハ．（1台）  ニ．（1台） 
50	⑤で示す機器の二次側電路に施す接地工事の種類は。	イ．A種接地工事 ロ．B種接地工事 ハ．C種接地工事 ニ．D種接地工事

第一種電気工事士

2013年度
（平成25年度）

筆記試験問題

問題1．一般問題（問題数 40、配点は1問当たり2点）

次の各問いには4通りの答え（イ、ロ、ハ、ニ）が書いてある。それぞれの問いに対して答えを1つ選びなさい。

	問い	答え
1	図のように、面積 S の平板電極間に、厚さが d で誘電率 ε の絶縁物が入っている平行平板コンデンサがあり、直流電圧 V が加わっている。このコンデンサの電極間の電界の強さ E に関する記述として、**正しいものは**。 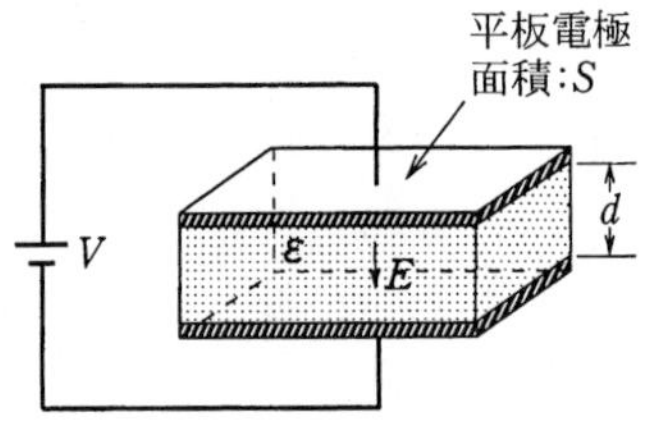	イ．誘電率 ε に比例する。 ロ．電極の面積 S に反比例する。 ハ．電極間の距離 d に比例する。 ニ．電圧 V に比例する。
2	図のような直流回路において、電源電圧は 36〔V〕、回路電流は 6〔A〕である。抵抗 R に流れる電流 I_R〔A〕は。 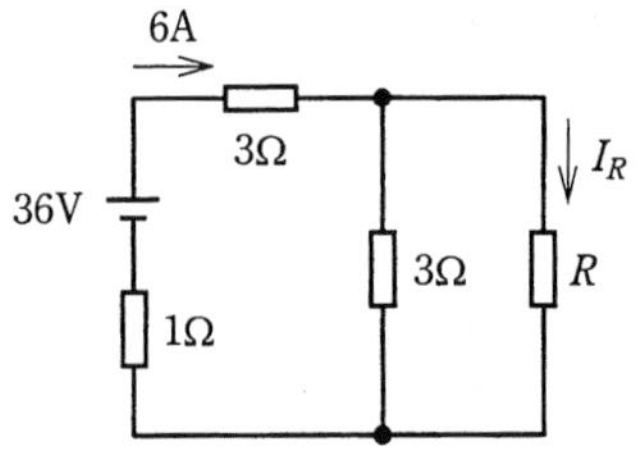	イ．1　　ロ．2　　ハ．3　　ニ．4
3	図のような交流回路において、電源の電圧は V〔V〕、周波数は f〔Hz〕で、2個のコンデンサの静電容量はそれぞれ C〔F〕である。電流 I〔A〕を示す式は。 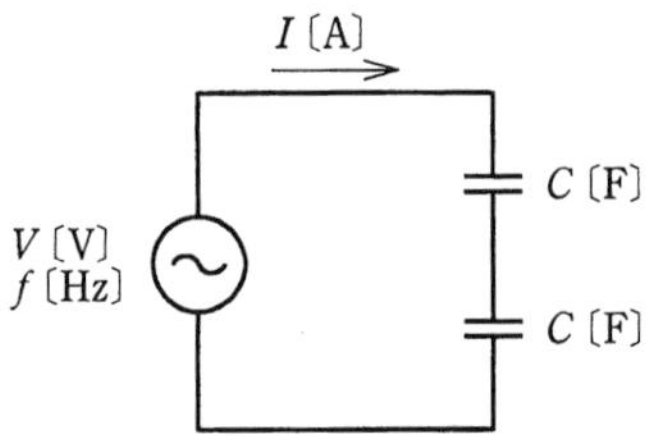	イ．πfCV　　ロ．$2\pi fCV$　　ハ．$\dfrac{V}{2\pi fC}$　　ニ．$\dfrac{V}{\pi fC}$
4	図のような交流回路において、抵抗 R で 10 分間に発生する熱量〔kJ〕は。 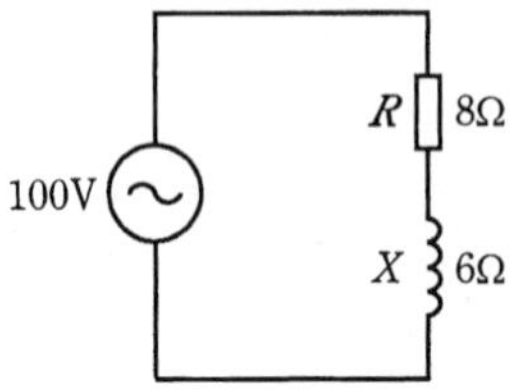	イ．245　　ロ．480　　ハ．600　　ニ．800

<table>
<tr><th colspan="2">問い</th><th colspan="4">答え</th></tr>
<tr><td>5</td><td>図のような三相交流回路において、電源電圧は V〔V〕、抵抗は 4〔Ω〕、誘導性リアクタンスは 3〔Ω〕である。回路の全皮相電力〔V・A〕を示す式は。
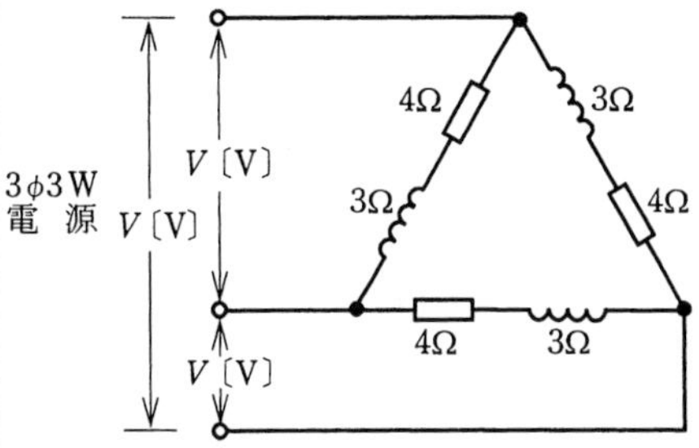
</td><td>イ．$\dfrac{V}{5}$</td><td>ロ．$\dfrac{3V^2}{5}$</td><td>ハ．$\dfrac{9V^2}{25}$</td><td>ニ．$\dfrac{12V^2}{25}$</td></tr>
<tr><td>6</td><td>図のような単相 3 線式配電線路において、負荷A、負荷Bともに消費電力800〔W〕、力率0.8（遅れ）である。負荷電圧がともに 100〔V〕であるとき、電源電圧 V〔V〕の近似値は。
ただし、配電線路の電線 1 線当たりの抵抗は 0.5〔Ω〕とする。
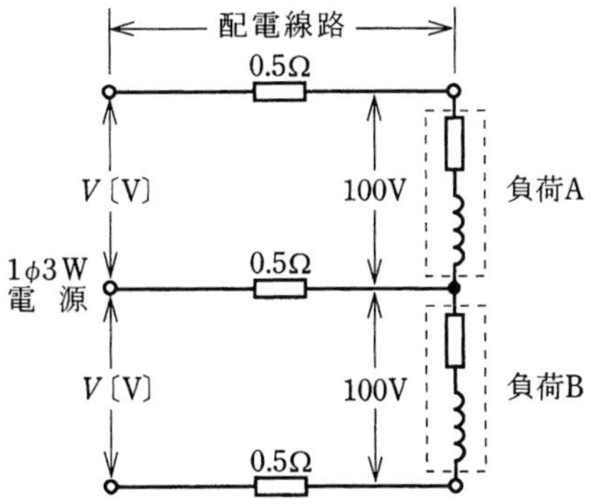
</td><td>イ．104</td><td>ロ．106</td><td>ハ．108</td><td>ニ．110</td></tr>
<tr><td>7</td><td>図のように、定格電圧 200〔V〕、消費電力 8〔kW〕、力率 0.8（遅れ）の三相負荷に電気を供給する配電線路がある。この配電線路の電力損失〔W〕は。
ただし、配電線路の電線 1 線当たりの抵抗は 0.1〔Ω〕とする。
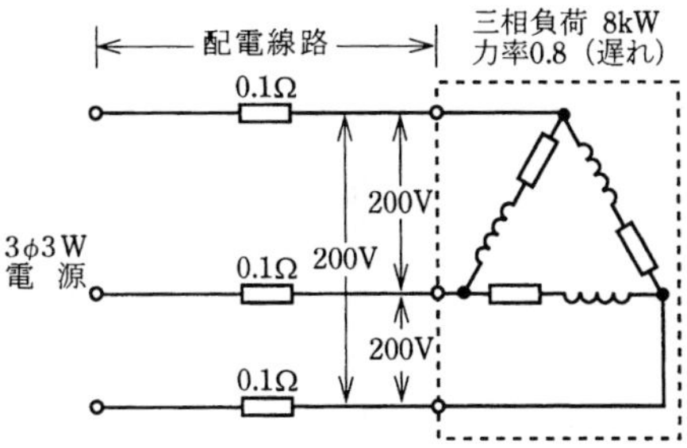
</td><td>イ．100</td><td>ロ．150</td><td>ハ．250</td><td>ニ．400</td></tr>
</table>

	問い	答え
8	図のような三相 3 線式配電線路で、電線 1 線当たりの抵抗を r〔Ω〕、リアクタンスを x〔Ω〕、線路に流れる電流を I〔A〕とするとき、電圧降下 $(V_s - V_r)$〔V〕の近似値を示す式は。 ただし、負荷力率 $\cos\phi > 0.8$ で、遅れ力率とする。 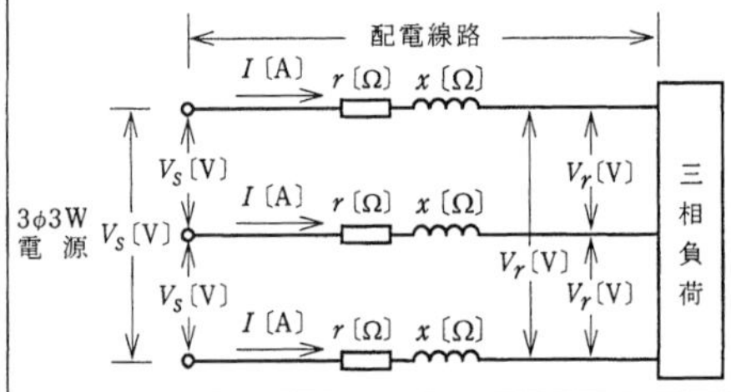	イ．$\sqrt{3}I(r\cos\phi - x\sin\phi)$ ロ．$\sqrt{3}I(r\sin\phi - x\sin\phi)$ ハ．$\sqrt{3}I(r\sin\phi + x\cos\phi)$ ニ．$\sqrt{3}I(r\cos\phi + x\sin\phi)$
9	図のような直列リアクトルを設けた高圧進相コンデンサがある。電源電圧が V〔V〕、誘導性リアクタンスが 9〔Ω〕、容量性リアクタンスが 150〔Ω〕であるとき、回路に流れる電流 I〔A〕を示す式は。 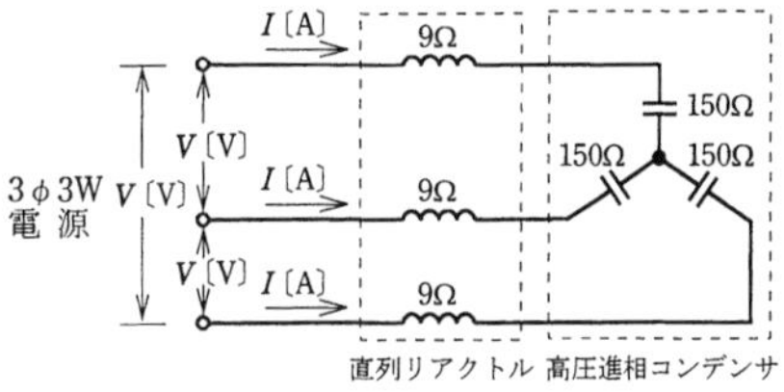	イ．$\dfrac{V}{141\sqrt{3}}$　ロ．$\dfrac{V}{159\sqrt{3}}$　ハ．$\dfrac{\sqrt{3}V}{141}$　ニ．$\dfrac{\sqrt{3}V}{159}$
10	巻上荷重 1.96〔kN〕の物体を毎分 60〔m〕の速さで巻き上げているときの巻上機用電動機の出力〔kW〕は。 ただし、巻上機の効率は 70〔%〕とする。	イ．0.7　ロ．1.0　ハ．1.4　ニ．2.8
11	変圧器の損失に関する記述として、**誤っているものは**。	イ．無負荷損の大部分は鉄損である。 ロ．負荷電流が 2 倍になれば銅損は 2 倍になる。 ハ．鉄損にはヒステリシス損と渦電流損がある。 ニ．銅損と鉄損が等しいときに変圧器の効率が最大となる。
12	電気機器の絶縁材料は、JIS により電気製品の絶縁の耐熱クラスごとに許容最高温度〔℃〕が定められている。耐熱クラス B、E、F、H のなかで、許容最高温度の**最も低いものは**。	イ．B　ロ．E　ハ．F　ニ．H
13	鉛蓄電池と比較したアルカリ蓄電池の特徴として、**誤っているものは**。	イ．電解液が不要である。 ロ．起電力は鉛蓄電池より小さい。 ハ．保守が簡単である。 ニ．小形密閉化が容易である。

	問い	答え
14	写真に示す材料の名称は。 45mm 40mm 拡大図	イ．二種金属製線ぴ ロ．金属ダクト ハ．フロアダクト ニ．ライティングダクト
15	写真の単相誘導電動機の矢印で示す部分の名称は。	イ．固定子巻線 ロ．固定子鉄心 ハ．ブラケット ニ．回転子鉄心
16	水力発電所の発電用水の経路の順序として、**正しいものは。**	イ．水圧管路→取水口→水車→放水口 ロ．取水口→水車→水圧管路→放水口 ハ．取水口→水圧管路→水車→放水口 ニ．取水口→水圧管路→放水口→水車
17	図は火力発電所の熱サイクルを示した装置線図である。この熱サイクルの種類は。 蒸気　高圧タービン　低圧タービン G　発電機 過熱器　再熱器 ボイラ 給水ポンプ　復水器 水	イ．再生サイクル ロ．再熱サイクル ハ．再熱再生サイクル ニ．コンバインドサイクル
18	ディーゼル発電装置に関する記述として、**誤っているものは。**	イ．ディーゼル機関は点火プラグが不要である。 ロ．回転むらを滑らかにするために、はずみ車が用いられる。 ハ．ビルなどの非常用予備発電装置として一般に使用される。 ニ．ディーゼル機関の動作工程は、吸気→爆発（燃焼）→圧縮→排気である。

	問い	答え
19	柱上変圧器 A、B、C の一次側の電圧は、電圧降下により、それぞれ 6 450〔V〕、6 300〔V〕、6 150〔V〕である。柱上変圧器 A、B、C の二次電圧をそれぞれ 105〔V〕に調整するため、一次側タップを選定する組合せとして、**正しいものは。**	イ．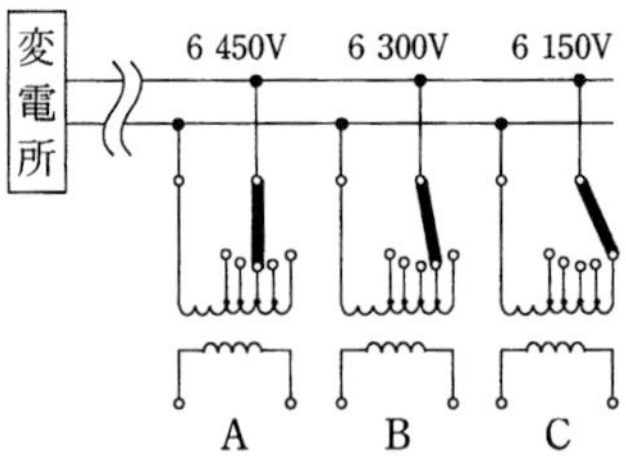 ロ．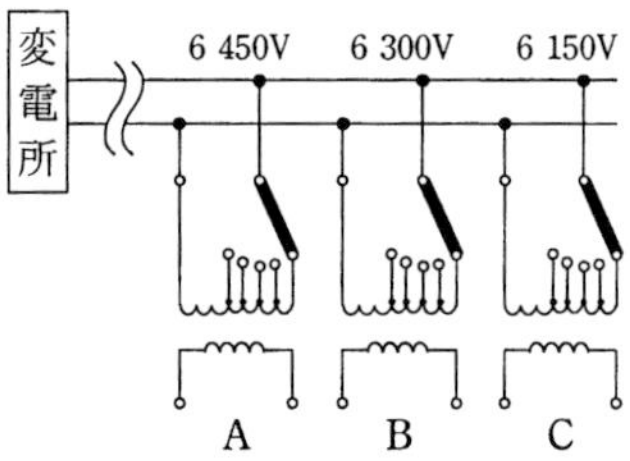 ハ．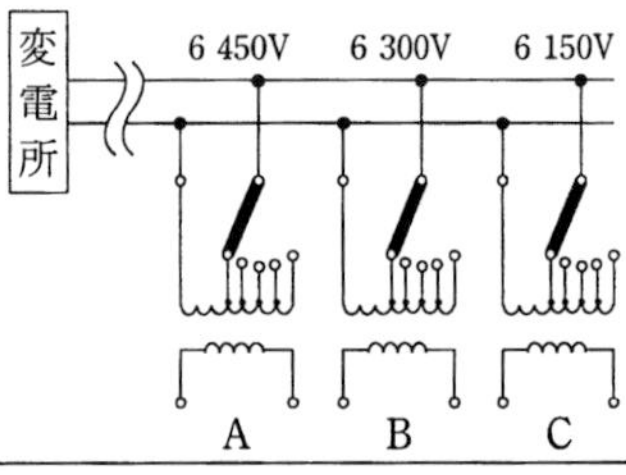 ニ．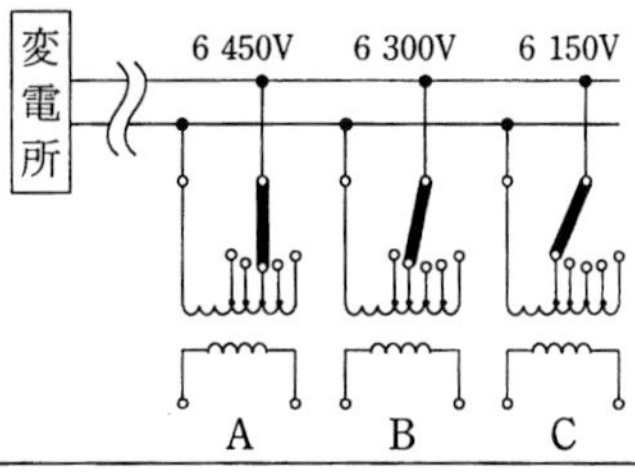
20	定格設備容量が 50〔kvar〕を超過する高圧進相コンデンサの開閉装置として、**使用できないものは。**	イ．高圧真空遮断器（VCB） ロ．高圧交流負荷開閉器（LBS） ハ．高圧カットアウト（PC） ニ．高圧真空電磁接触器（VMC）
21	高圧受電設備の受電用遮断器の遮断容量を決定する場合に、**必要なものは。**	イ．最大負荷電流 ロ．受電用変圧器の容量 ハ．受電点の三相短絡電流 ニ．電気事業者との契約電力
22	写真に示す品物の用途は。 	イ．進相コンデンサに接続して投入時の突入電流を抑制する。 ロ．高電圧を低電圧に変成する。 ハ．零相電流を検出する。 ニ．大電流を小電流に変成する。
23	写真の矢印で示す部分の役割は。 	イ．過大電流が流れたとき、開閉器が開かないようにロックする。 ロ．ヒューズが溶断したとき、連動して開閉器を開放する。 ハ．開閉器の開閉操作のとき、ヒューズが脱落するのを防止する。 ニ．ヒューズを装着するとき、正規の取付位置からずれないようにする。
24	単相 200〔V〕の回路に使用できないコンセントは。	イ． ロ． ハ． ニ．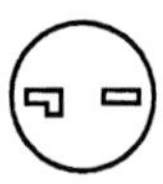

	問い	答え
25	写真に示す材料（ケーブルは除く）の名称は。	イ．防水鋳鉄管 ロ．シーリングフィッチング ハ．高圧引込がい管 ニ．ユニバーサルエルボ
26	低圧配電盤に、CV ケーブル又は CVT ケーブルを接続する作業において、一般に**使用しない工具は。**	イ．油圧式パイプベンダ ロ．電工ナイフ ハ．トルクレンチ ニ．油圧式圧着工具
27	展開した場所で、湿気の多い場所又は水気のある場所に施す使用電圧 300〔V〕以下の低圧屋内配線工事で、施設することができない工事の種類は。	イ．金属管工事 ロ．ケーブル工事 ハ．平形保護層工事 ニ．合成樹脂管工事
28	可燃性ガスが存在する場所に低圧屋内電気設備を施設する施工方法として、**不適切なものは。**	イ．配線は厚鋼電線管を使用した金属管工事により行い、附属品には耐圧防爆構造のものを使用した。 ロ．可搬形機器の移動電線には、接続点のない 3 種クロロプレンキャブタイヤケーブルを使用した。 ハ．スイッチ、コンセントには耐圧防爆構造のものを使用した。 ニ．配線は、合成樹脂管工事で行った。
29	使用電圧が 300〔V〕以下の低圧屋内配線のケーブル工事の記述として、**誤っているものは。**	イ．ケーブルに機械的衝撃を受けるおそれがあるので、適当な防護装置を施した。 ロ．ケーブルを接触防護措置を施した場所に垂直に取り付け、その支持点間の距離を 5〔m〕にして施設した。 ハ．ケーブルの防護装置に使用する金属製部分に D 種接地工事を施した。 ニ．ケーブルを造営材の下面に沿って水平に取り付け、その支持点間の距離を 3〔m〕にして施設した。

問い30から問い34までは、下の図に関する問いである。

図は、供給用配電箱（高圧キャビネット）から自家用構内を経由して、屋上に設置した屋外キュービクル式高圧受電設備に至る電路及び見取図である。この図に関する各問いには、4 通りの答え（**イ**、**ロ**、**ハ**、**ニ**）が書いてある。それぞれの問いに対して、答えを１つ選びなさい。

〔注〕１．図において、問いに直接関係のない部分等は、省略又は簡略化してある。
　　　２．UGS：地中線用地絡継電装置付き高圧交流負荷開閉器

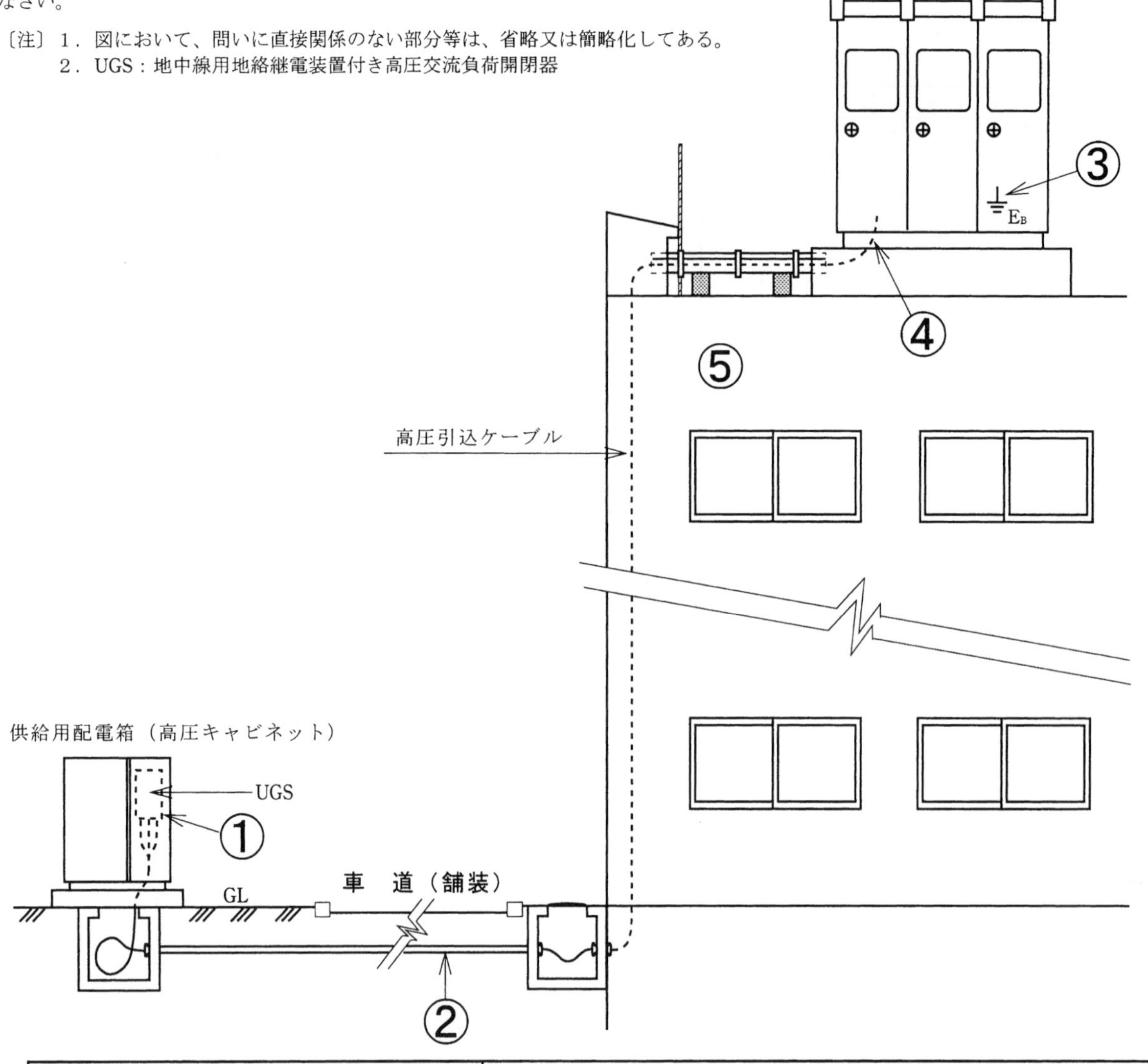

	問　い	答　え
30	①で示す供給用配電箱（高圧キャビネット）に取り付ける地中線用地絡継電装置付き高圧交流負荷開閉器（UGS）に関する記述として、**不適切なものは。**	**イ**．UGS は、電路に地絡が生じた場合、自動的に電路を遮断する機能を内蔵している。 **ロ**．UGS には地絡方向継電装置を使用することが望ましい。 **ハ**．UGS は、電路の短絡電流を遮断する能力を有している。 **ニ**．UGS の定格短時間耐電流は、系統（受電点）の短絡電流以上のものを選定する。
31	②に示す地中にケーブルを施設する場合、使用する材料と埋設深さ（土冠）として、**不適切なものは。** ただし、材料は JIS 規格に適合するものとする。	**イ**．ポリエチレン被覆鋼管 舗装下面から 0.2〔m〕 **ロ**．硬質塩化ビニル管 舗装下面から 0.3〔m〕 **ハ**．波付硬質合成樹脂管 舗装下面から 0.5〔m〕 **ニ**．コンクリートトラフ 地表面から 1.2〔m〕

	問い	答え
32	③に示すキュービクル内の変圧器に施設するB種接地工事の接地抵抗値として許容される最大値〔Ω〕は。 ただし、高圧と低圧の混触により低圧側電路の対地電圧が150〔V〕を超えた場合、1秒以内に高圧電路を自動的に遮断する装置が設けられており、高圧側電路の1線地絡電流は6〔A〕とする。	イ．25　ロ．50　ハ．100　ニ．120
33	④に示すケーブルの引込口などに、必要以上の開口部を設けない主な理由は。	イ．火災時の放水、洪水等で容易に水が浸入しないようにする。 ロ．鳥獣類などの小動物が侵入しないようにする。 ハ．ケーブルの外傷を防止する。 ニ．キュービクルの底板の強度を低下させないようにする。
34	⑤に示す建物の屋内には、高圧ケーブル配線、低圧ケーブル配線、弱電流電線の配線がある。これらの配線が接近又は交差する場合の施工方法に関する記述で、**不適切なものは。**	イ．複数の高圧ケーブルを離隔せず同一のケーブルラックに施設した。 ロ．高圧ケーブルと低圧ケーブルを同一のケーブルラックに15〔cm〕離隔して施設した。 ハ．高圧ケーブルと弱電流電線を10〔cm〕離隔して施設した。 ニ．低圧ケーブルと弱電流電線を接触しないように施設した。

	問い	答え
35	低圧屋内配線の開閉器又は過電流遮断器で区切ることができる電路ごとの絶縁性能として、「電気設備の技術基準（解釈を含む）」に**適合しないものは。**	イ．対地電圧200〔V〕の電動機回路の絶縁抵抗を測定した結果、0.18〔MΩ〕であった。 ロ．対地電圧100〔V〕の電灯回路の絶縁抵抗を測定した結果、0.15〔MΩ〕であった。 ハ．対地電圧200〔V〕のコンセント回路の漏えい電流を測定した結果、0.4〔mA〕であった。 ニ．対地電圧100〔V〕の電灯回路の漏えい電流を測定した結果、0.8〔mA〕であった。
36	人が触れるおそれがある場所に施設する機械器具の金属製外箱等の接地工事について、**誤っているものは。** ただし、絶縁台は設けないものとする。	イ．使用電圧200〔V〕の電動機の金属製の台及び外箱にD種接地工事を施した。 ロ．使用電圧6〔kV〕の変圧器の金属製の台及び外箱にA種接地工事を施した。 ハ．使用電圧400〔V〕の電動機の金属製の台及び外箱にD種接地工事を施した。 ニ．使用電圧6〔kV〕の外箱のない計器用変圧器の鉄心にA種接地工事を施した。
37	高圧電路の絶縁耐力試験の実施方法に関する記述として、**不適切なものは。**	イ．最大使用電圧が6.9〔kV〕のCVケーブルを直流20.7〔kV〕の試験電圧で実施した。 ロ．試験電圧を5分間印加後、試験電源が停電したので、試験電源が復電後、試験電圧を再度5分間印加し合計10分間印加した。 ハ．一次側6〔kV〕、二次側3〔kV〕の変圧器の一次側巻線に試験電圧を印加する場合、二次側巻線を一括して接地した。 ニ．定格電圧1 000〔V〕の絶縁抵抗計で、試験前と試験後に絶縁抵抗測定を実施した。

	問　い	答　え
38	電気工事士法における自家用電気工作物（最大電力 500〔kW〕未満）において、第一種電気工事士又は認定電気工事従事者の資格がなくても従事できる電気工事の作業は。	イ．金属製のボックスを造営材に取り付ける作業 ロ．配電盤を造営材に取り付ける作業 ハ．電線管に電線を収める作業 ニ．露出型コンセントを取り換える作業
39	電気工事士法において、第一種電気工事士に関する記述として、**誤っているものは。**	イ．自家用電気工作物で最大電力 500〔kW〕未満の需要設備の非常用予備発電装置に係る電気工事の作業に従事することができる。 ロ．自家用電気工作物で最大電力 500〔kW〕未満の需要設備の電気工事の作業に従事するときは、第一種電気工事士免状を携帯しなければならない。 ハ．第一種電気工事士免状の交付を受けた日から 5 年以内ごとに、自家用電気工作物の保安に関する講習を受けなければならない。 ニ．第一種電気工事士試験に合格しても所定の実務経験がないと第一種電気工事士免状は交付されない。
40	電気工事業の業務の適正化に関する法律において、電気工事業者が、一般用電気工事のみの業務を行う営業所に備え付けなくてもよい器具は。	イ．絶縁抵抗計 ロ．接地抵抗計 ハ．抵抗及び交流電圧を測定することができる回路計 ニ．低圧検電器

問題２．配線図１（問題数 5、配点は 1 問当たり 2 点）

図は、三相誘導電動機（Y－Δ始動）の始動制御回路図である。この図の矢印で示す 5 箇所に関する各問いには、4 通りの答え（イ、ロ、ハ、ニ）が書いてある。それぞれの問いに対して、答えを 1 つ選びなさい。

〔注〕　図において、問いに直接関係のない部分等は、省略又は簡略化してある。

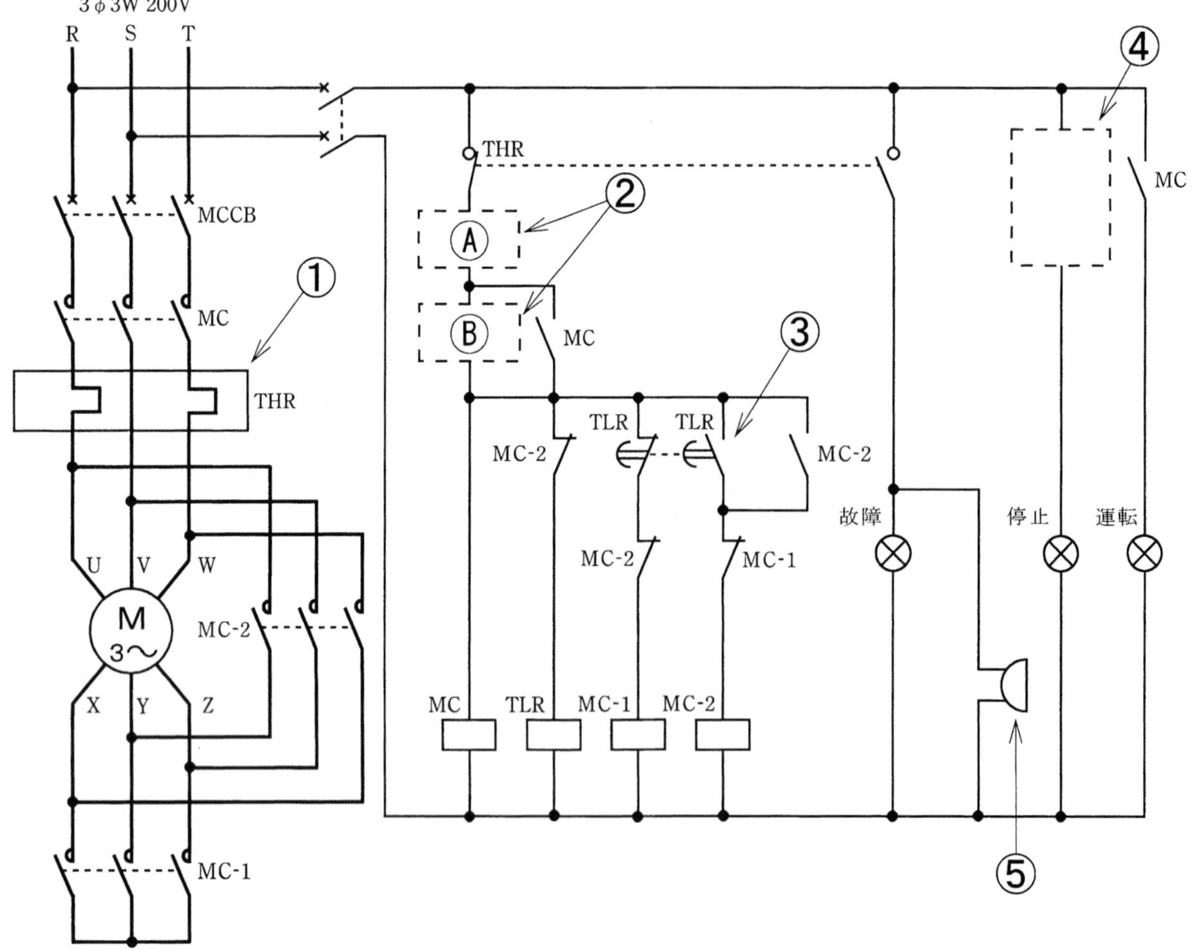

	問い	答え
41	①の部分に設置する機器は。	イ．電磁接触器 ロ．限時継電器 ハ．熱動継電器 ニ．始動継電器
42	②で示す部分の押しボタンスイッチの図記号の組合せで、**正しいものは**。	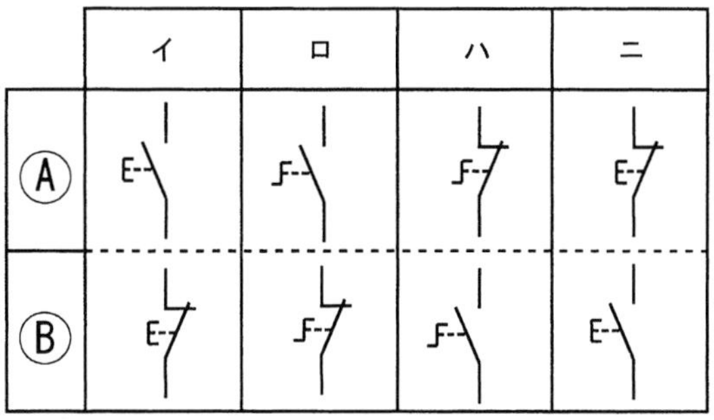 イ　ロ　ハ　ニ Ⓐ Ⓑ
43	③で示す図記号の接点は。	イ．残留機能付きメーク接点 ロ．自動復帰するメーク接点 ハ．限時動作瞬時復帰のメーク接点 ニ．瞬時動作限時復帰のメーク接点
44	④で示す部分の結線図は。	イ．MC-1　MC-2 ロ．MC-1　MC-2 ハ．MC-1　MC-2 ニ．MC 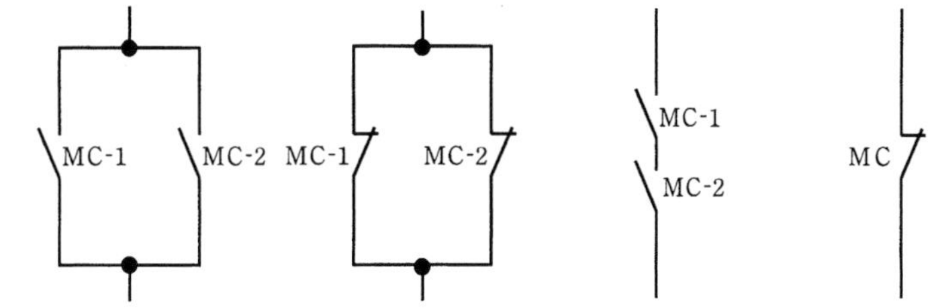
45	⑤で示す図記号の機器は。	イ．  ロ．  ハ．  ニ． 

問題３．配線図２（問題数 5、配点は１問当たり２点）

図は、高圧受電設備の単線結線図である。この図の矢印で示す 5 箇所に関する各問いには、4 通りの答え（イ、ロ、ハ、ニ）が書いてある。それぞれの問いに対して、答えを１つ選びなさい。

〔注〕　図において、問いに直接関係のない部分等は、省略又は簡略化してある。

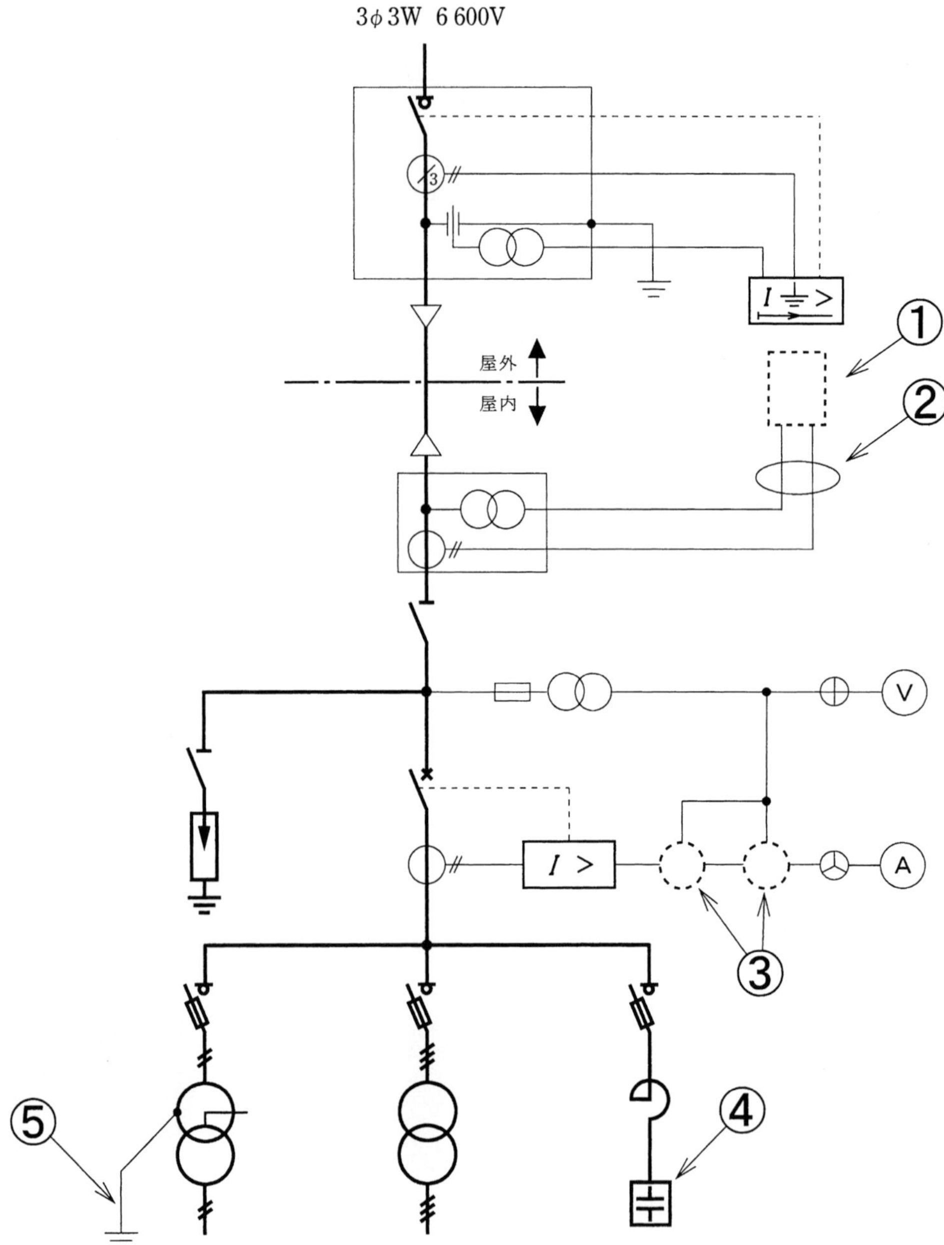

	問い	答え
46	①に設置する機器は。	イ. 　ロ. 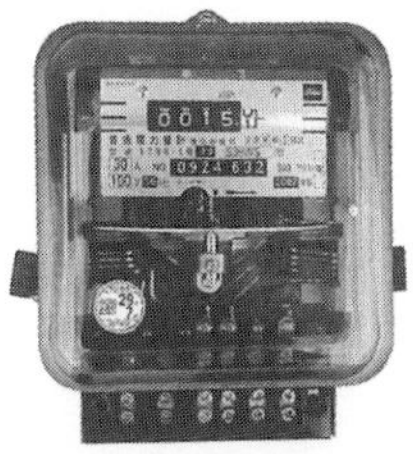　ハ. 　ニ. 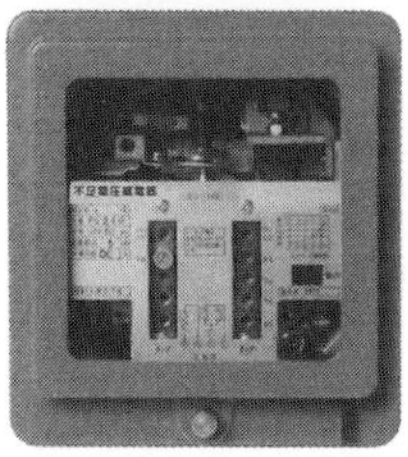
47	②の部分の電線本数（心線数）は。	イ．2 又は 3 ロ．4 又は 5 ハ．6 又は 7 ニ．8 又は 9
48	③の部分に設置する機器の図記号の組合せで、**正しいものは。**	イ．W—Hz　ロ．Wh—V　ハ．W—cosφ　ニ．Wh—Hz
49	④に設置する機器は。	イ. 　ロ. 　ハ. 　ニ. 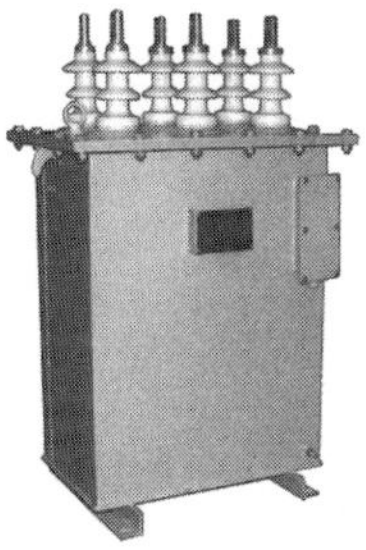
50	⑤の部分の接地工事に使用する保護管で、**適切なものは。** ただし、接地線に人が触れるおそれがあるものとする。	イ．薄鋼電線管 ロ．厚鋼電線管 ハ．CD 管 ニ．硬質ビニル電線管

第一種電気工事士

学科試験（筆記方式）・筆記試験
（2023年度〈令和5年度〉～2013年度〈平成25年度〉）

解答と解説

● 2023 年度（令和 5 年度）午前 解答一覧 ●

問	1	2	3	4	5	6	7	8	9	10	11	12	13	14	15	16	17	18	19	20	21	22	23	24	25
答	イ	ハ	ハ	ロ	ロ	ロ	ハ	イ	ハ	イ	ハ	ハ	ロ	ハ	イ	ロ	ロ	ロ	ロ	ハ	ハ	イ	ニ	イ	ハ

問	26	27	28	29	30	31	32	33	34	35	36	37	38	39	40	41	42	43	44	45	46	47	48	49	50
答	ロ	イ	ニ	ニ	ロ	ニ	ロ	イ	ニ	ニ	ニ	イ	ニ	ロ	ニ	ニ	ハ	ロ	イ	ニ	イ	ハ	ニ	ニ	ニ

2023年度（令和5年度）午前 第一種電気工事士 学科試験 —筆記方式— 解答・解説

〔問題 1．一般問題〕

問 1 イ

コイルを流れる電流 I [A] とインダクタンス L [H] から，コイルに蓄えられるエネルギー W_L [J] は，

$$W_L = \frac{1}{2}LI^2 = \frac{1}{2}\times 4\times 10^{-3}\times 10^2$$
$$= 2\times 10^{-3}\times 10^2 = 2\times 10^{-1} = 0.2\,\text{J}$$

コンデンサ C の端子電圧 V_C [V] は，抵抗 R に加わる電圧 V_R [V] と等しいので，

$$V_C = V_R = IR = 10\times 2 = 20\,\text{V}$$

よって，静電容量 C [F] と端子電圧 V_C [V] から，コンデンサ C に蓄えられるエネルギー W_C [J] は，

$$W_C = \frac{1}{2}CV_C^{\,2} = \frac{1}{2}\times 2\times 10^{-3}\times 20^2$$
$$= 1\times 10^{-3}\times 400 = 0.4\,\text{J}$$

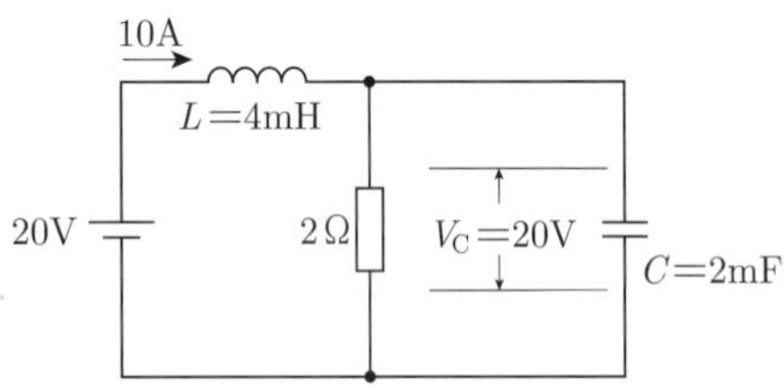

問 2 ハ

図の直流回路で，3 Ω の抵抗に加わる電圧 V_2 [V] は，

$$V_2 = I_2R_2 = 4\times 3 = 12\,\text{V}$$

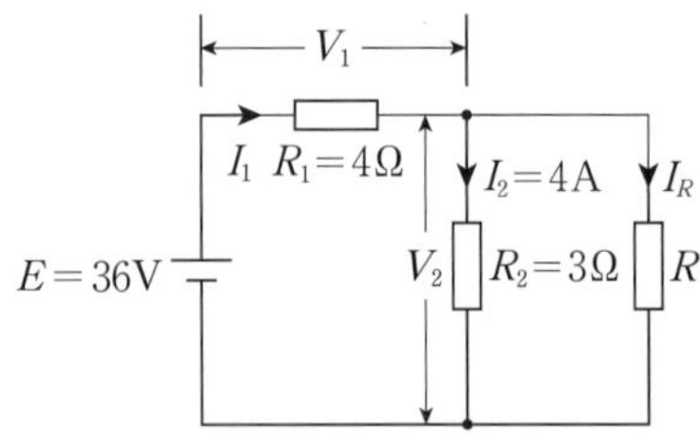

抵抗 R_1 に加わる電圧 V_1 [V] は，

$$V_1 = E - V_2 = 36 - 12 = 24\,\text{V}$$

回路に流れる電流 I_1 [A] は，

$$I_1 = \frac{V_1}{R_1} = \frac{24}{4} = 6\,\text{A}$$

抵抗 R に流れる電流 I_R [A] は，

$$I_R = I_1 - I_2 = 6 - 4 = 2\,\text{A}$$

抵抗 R [Ω] は，

$$R = \frac{V_2}{I_R} = \frac{12}{2} = 6\,\Omega$$

よって，電流 I_R [A] と抵抗 R [Ω] から，抵抗 R の消費電力 P [W] は，

$$P = I_R^{\,2}R = 2^2\times 6 = 24\,\text{W}$$

問 3 ハ

回路の抵抗 R に流れる電流 I_R [A]，リアクタンス L に流れる電流 I_L [A] は，

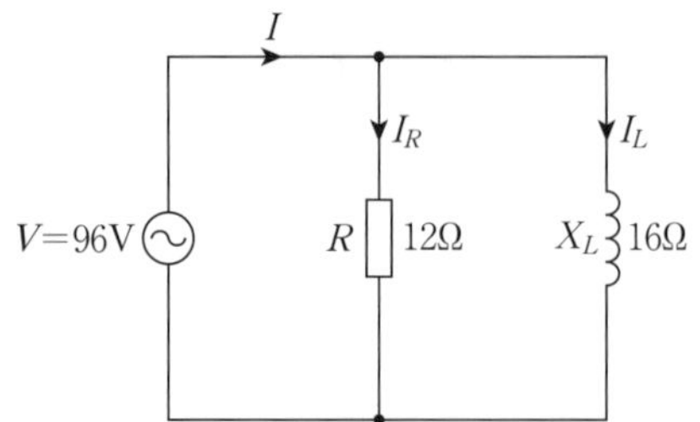

$$I_R = \frac{V}{R} = \frac{96}{12} = 8\,\text{A} \qquad I_L = \frac{V}{X_L} = \frac{96}{16} = 6\,\text{A}$$

これより，回路に流れる電流 I [A] は，

$$I = \sqrt{I_R^{\,2} + I_L^{\,2}} = \sqrt{8^2 + 6^2} = 10\,\text{A}$$

よって，回路の皮相電力 S [V·A] は次のように求まる．

$$S = VI = 96\times 10 = 960\,\text{V·A}$$

問 4 ロ

抵抗 R の消費電力 P は 800 W，電流 I は 10 A なので，R に加わる電圧 V_R [V] は，

$$V_R = \frac{P}{I} = \frac{800}{10} = 80\,\text{V}$$

X_L に加わる電圧 V_L [V] は，

$$V_L = IX_L = 10\times 16 = 160\,\text{V}$$

X_C に加わる電圧 V_C [V] は，

$$V_C = IX_C = 10\times 10 = 100\,\text{V}$$

よって，電源電圧 V [V] は次のように求まる．

$$V = \sqrt{V_R^{\,2} + (V_L - V_C)^2} = \sqrt{80^2 + (160-100)^2}$$
$$= \sqrt{80^2 + 60^2} = 100\,\text{V}$$

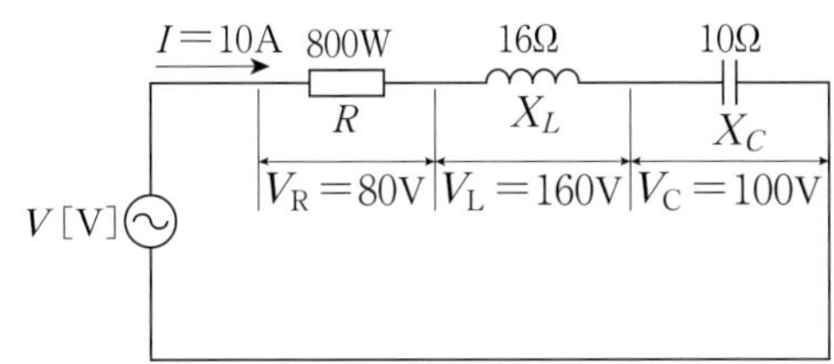

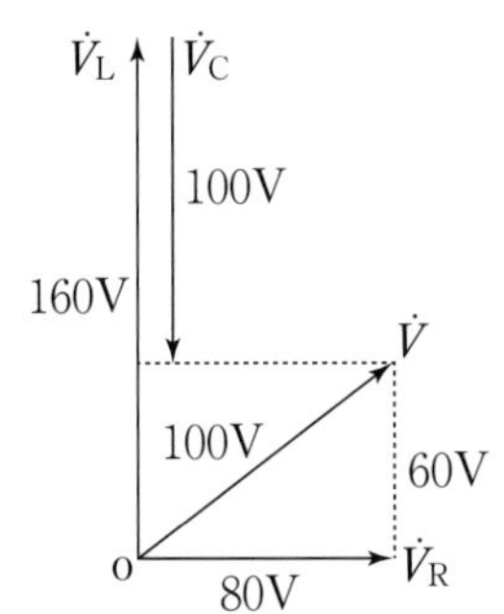

問5　ロ

図より 1 相当たりのインピーダンス Z[Ω] は,

$$Z=\sqrt{R^2+X_L{}^2}=\sqrt{8^2+6^2}=10\,\Omega$$

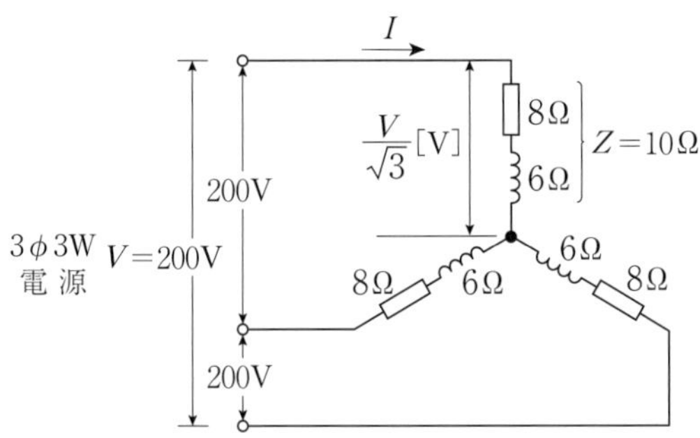

Y 回路の相電圧 V_P は線間電圧 V の $1/\sqrt{3}$ なので, 線電流 I[A] は,

$$I=\frac{\frac{V}{\sqrt{3}}}{Z}=\frac{V}{\sqrt{3}Z}=\frac{200}{\sqrt{3}\times10}=\frac{20}{\sqrt{3}}\fallingdotseq 11.6\,\mathrm{A}$$

回路の消費電力 P[W] と無効電力 Q[var] は,

$$P=3I^2R=3\times\left(\frac{20}{\sqrt{3}}\right)^2\times8=3\times\frac{400}{3}\times8$$
$$=3\,200\,\mathrm{W}$$

$$Q=3I^2X_L=3\times\left(\frac{20}{\sqrt{3}}\right)^2\times6=3\times\frac{400}{3}\times6$$
$$=2\,400\,\mathrm{var}$$

問6　ロ

図の三相 3 線式配電線路で, 負荷電流 I[A], 力率 0.9（進み力率）, 配電線路の抵抗 R[Ω], リアクタンス X[Ω] とすると, 電圧降下 ΔV の近似式中の $XI\sin\theta$ の項はマイナス符号となるので,

$$\Delta V=\sqrt{3}I(R\cos\theta-X\sin\theta)$$
$$=\sqrt{3}\times20(0.8\times0.9-1.0\times0.436)\fallingdotseq 9.8\,\mathrm{V}$$

よって, 送電端電圧 V_s[V] は, 次のように求まる.

$$V_s=V_r+\Delta V=6\,700+9.8\fallingdotseq 6\,710\,\mathrm{V}$$

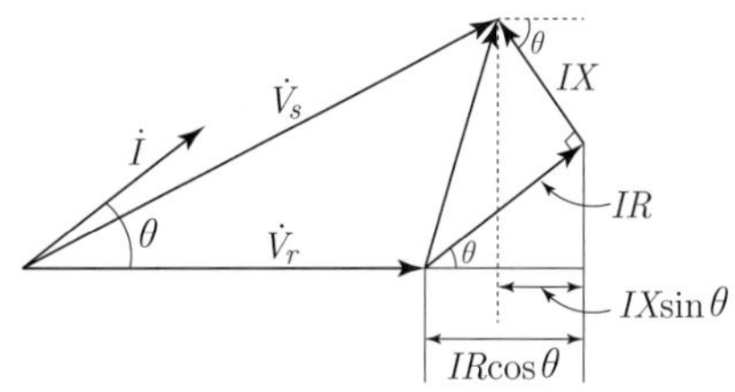

問7　ハ

断線時の回路図を書き換えると図のようになる.

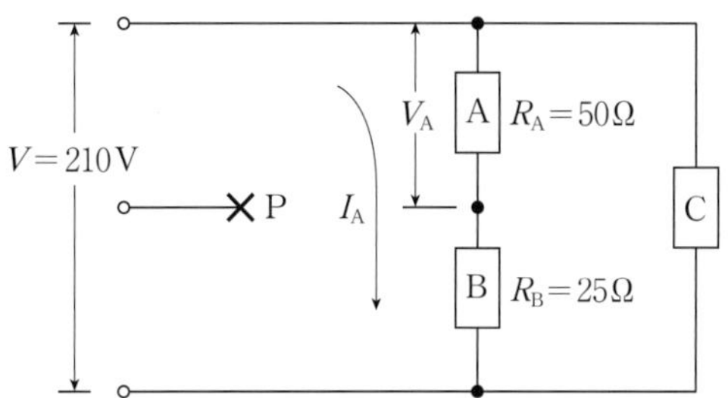

負荷 A を流れる電流を I_A とすると, 負荷に加わる電圧 V_A[V] は次のように求まる.

$$V_A=I_A\times R_A=\frac{V}{R_A+R_B}\times R_A=\frac{210}{50+25}\times50$$
$$=140\,\mathrm{V}$$

問8　イ

損失を無視する変圧器では, 一次側と二次側の電力は等しくなる. 変圧比が 6 300/210 V, 二次側電流が 300 A なので, 一次側電流 I_1[A] は,

$$V_1I_1=V_2I_2$$
$$I_1=\frac{V_2}{V_1}\times I_2=\frac{210}{6\,300}\times300=10\,\mathrm{A}$$

$V_1I_1=V_2I_2$　$V_1=6\,300$V　I_1　I_2　$V_2=210$V　抵抗負荷

CT の変流比が 20/5 A なので, 電流計に流れる電流 I[A] は次のように求まる.

$$I=I_1\times\frac{5}{20}=10\times\frac{5}{20}=2.5\,\mathrm{A}$$

$I_1=10$A　20/5A　I　Ⓐ

問9　ハ

負荷 A は負荷容量 100 kV·A, 力率 0.8（遅れ）なので, 有効電力 P_A[kW] は,

$$P_A = S_A \times \cos\theta = 100 \times 0.8 = 80\,\text{kW}$$

これより，無効電力 Q_A [kvar] は，

$$Q_A = \sqrt{S_A{}^2 - P_A{}^2} = \sqrt{100^2 - 80^2} = 60\,\text{kvar}$$

負荷 B は負荷容量 50 kV·A，力率 0.6（遅れ）なので，有効電力 P_B [kW] は，

$$P_B = S_B \times \cos\theta = 50 \times 0.6 = 30\,\text{kW}$$

これより，無効電力 Q_B [kvar] は，

$$Q_B = \sqrt{S_B{}^2 - P_B{}^2} = \sqrt{50^2 - 30^2} = 40\,\text{kvar}$$

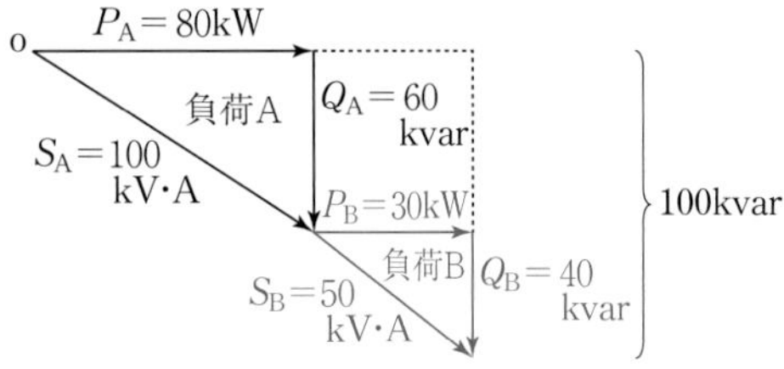

よって，需要家全体の合成力率を 1 にするために必要な力率改善用コンデンサ設備の容量 Q [kvar] は次のように求まる．

$$Q = Q_A + Q_B = 60 + 40 = 100\,\text{kvar}$$

問 10　**イ**

巻上荷重 W [kN] の物体を毎秒 v [m] の速度で巻き上げているとき，巻上機の効率を η [%] とすると，電動機の出力 P [kW] を表す式は次のようになる．

$$P = \frac{Wv}{\frac{\eta}{100}} = \frac{100 \times Wv}{\eta} = \frac{100Wv}{\eta}\,[\text{kW}]$$

問 11　**ハ**

同容量 VI [V·A] の単相変圧器 2 台を V 結線したとき，三相負荷に供給できる最大容量 P_3 は，

$$P_3 = \sqrt{3}VI\,[\text{V·A}]$$

また，単相変圧器 2 台の合計容量 P_2 は，

$$P_2 = 2VI\,[\text{V·A}]$$

よって，変圧器 1 台あたりの最大利用率は，次のように求まる．

$$\frac{P_3}{P_2} = \frac{\sqrt{3}VI}{2VI} = \frac{\sqrt{3}}{2}$$

問 12　**ハ**

被照面 A [m²] に当たる光束 F [lm] とすると，被照面の照度 E [lx] は①式で表せる（光束法）．よって，1 m² の被照面に 1 lm の光束が当たっているときの照度は 1 lx で，光源から出る光束が 2 倍になると照度も 2 倍になる．

また，光度 I [cd] の光源から r [m] 離れた点の照度 E [lx] は，②式で表される（逐点法）．よって，光源から出る光度を一定としたとき，被照面までの距離が 2 倍になると照度は 1/4 倍になる．

$$① \ E = \frac{F}{A}\,[\text{lx}] \qquad ② \ E = \frac{I}{r^2}\,[\text{lx}]$$

問 13　**ロ**

りん酸形燃料電池は，負極に燃料となる水素 (H_2) を供給し，正極に酸化剤となる酸素 (O_2) を供給して電解液の中で反応させ，電気エネルギーを得るものである．電解液としてはりん酸 (H_3PO_4) が用いられる．燃料電池は化学エネルギーを直接電気エネルギーに変換するので，高い発電効率を得ることができる．

問 14　**ハ**

写真で示す材料はハーネスジョイントボックスである．フリーアクセスフロア内隠ぺい場所で，主線相互の接続に加え，ハーネス用の電源タップやコンセントなどを接続するための材料である．

問 15　**イ**

低圧電路で地絡が生じたときに，自動的に電路を遮断する装置は，イの漏電遮断器である．ロはリモコンリレー，ハは配線用遮断器，ニは電磁開閉器である．

問 16　**ロ**

コージェネレーションシステムとは，内燃力発電設備などにより発電を行い，その排熱を冷暖房や給湯等に利用することによって，総合的な熱効率を向上させる発電システムのことである．

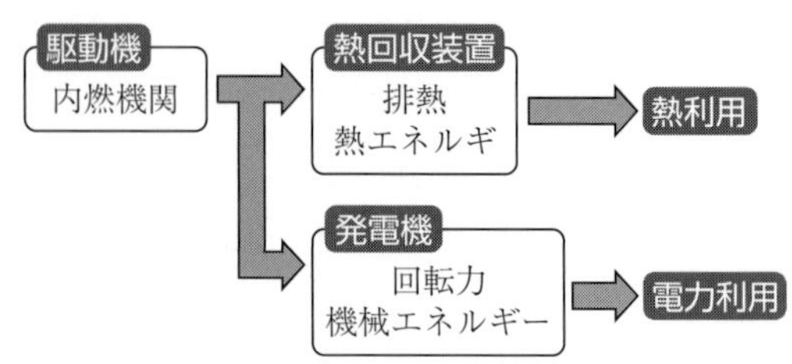

コージェネレーションシステム

問 17 ロ

風力発電に使用されているプロペラ形風車は，水平軸形風車である．プロペラ形風車には，風速によって翼の角度を変えて出力を調整するピッチ制御が用いられている．なお，垂直軸形風車にはダリウス形風車などがある．

問 18 ロ

単導体方式と比較して，多導体方式を採用した架空送電線の特徴には次のようなものがある．

・電流容量が大きく送電容量が増加する
・電線表面の電位の傾きが下がりコロナ放電が発生しにくくなる
・電線のインダクタンスが減少する
・電線の静電容量が増加する

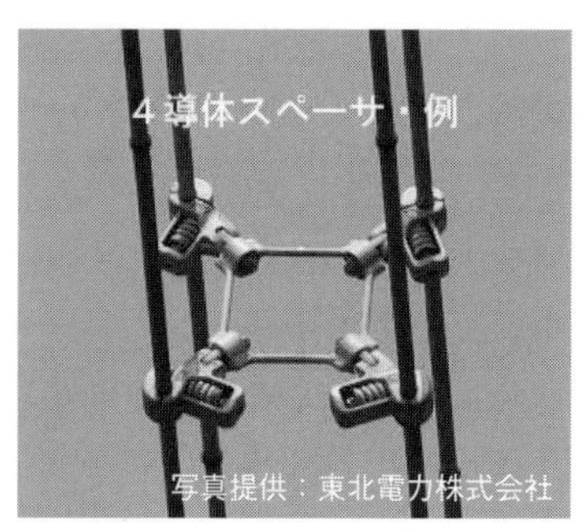

4導体スペーサ・例
写真提供：東北電力株式会社

問 19 ロ

高調波とは，ひずみ波交流の中に含まれる基本波の整数倍の周波数をもつ正弦波のことで，電力系統には，第5次，第7次などの比較的周波数の低い成分が大半である．この発生源にはインバータ，サイリスタ整流器，PWM コンバータなどがある．また，高調波は，電動機に過熱などの影響を与えることがあるほか，高圧進相コンデンサには高調波対策（振動や異常過熱）として直列リアクトルを設置することが望ましい（高圧受電設備規程 3120−1）．

問 20 ハ

遮断器は遮断部に消弧装置を有しているので負荷電流を開閉することができるが，断路器は負荷電流を開閉できないため，無負荷状態で開閉を行わなくてはいけない．このため，遮断器が閉の状態で負荷電流が流れているとき，断路器を開にする操作は行ってはならない．一般的に高圧受電設備の充停電操作は次の順序で行う．

〔停電時〕　〔充電時〕
①遮断器：開　①断路器：閉
②断路器：開　②遮断器：閉

（高圧受電設備規程 1150−2）

問 21 ハ

調相設備とは，無効電力を調整する電気機械器具をいう．調相設備には，同期調相機，電力用コンデンサ，分路リアクトル，静止形無効電力補償装置などがある．

問 22 イ

写真に示す機器は電力需給用計器用変成器（VCT）である．高圧の電圧・電流を計器の入力に適した値に変成し，電力量計と組み合わせて電力測定に用いる機器である．

問 23 ニ

写真に示す機器は真空遮断器で，略号（文字記号）は VCB（Vacuum Circuit Breaker）である．真空遮断器は，真空バルブ（円筒形の絶縁容器）の中で接点を開閉する遮断器で，小形軽量で遮断性能に優れている．

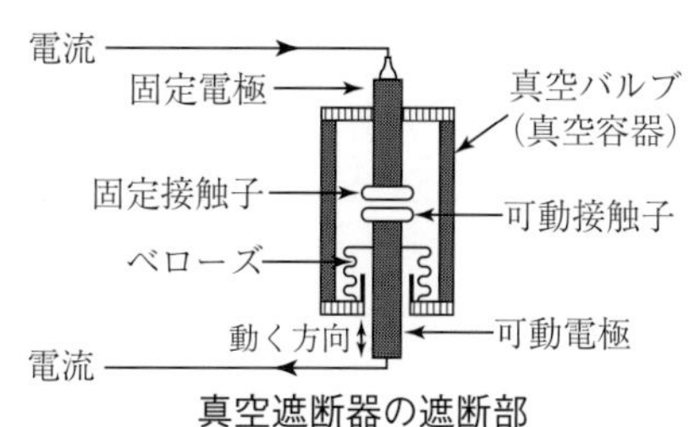

真空遮断器の遮断部

問 24 イ

絶縁電線の許容電流は，絶縁電線の連続使用に際し，電流による発熱により，電線の絶縁物が著しい劣化をきたさないようにするための限界の電流値のことである．この許容電流は，使用される絶縁物の最高許容温度によって決まってくるもので，ビニル絶縁電線の最高許容温度は 60 ℃である（内線規程 1340−3 表）．

問 25 ハ

シーリングフィッチングとは，ガスなどが存在する場所と他の場所を金属管工事で配線する場合，管を通じて他の場所にガスなどが移行するのを防止するために用いる材料である．防爆工事のシーリングフィッチングの施工は，シーリングダムで配管内部にコンパウンドが流出しないよう堰き止めを構築し，シーリングコンパウンドを充塡し密栓する（内線規程 3415−1 図）．

問 26　ロ

工具と材料の組合せで誤っているのは，ロである．工具は手動油圧式圧着器で，太い電線の圧着接続に使用する工具であるが，材料はボルト形コネクタで，張力のかからない架空配電線の分岐や端末電線の接続に使用する材料である．なお，イは張線器（シメラー）とちょう架用線にハンガー，ハはボードアンカー取付工具とボードアンカー，ニはリングスリーブ用圧着ペンチとリングスリーブ（E 形）で，工具と材料の組合せとして正しい．

問 27　イ

電技解釈第 68 条により，低圧架空電線又は高圧架空電線が道路（車両の往来がまれであるもの及び歩行の用にのみ供される部分を除く）を横断する場合，路面上 6 m 以上と定められている．

低高圧架空電線の高さ（電技解釈第 68 条 68−1 表）

区分	高さ
道路（車両の往来がまれであるもの及び歩行の用にのみ供される部分を除く）を横断する場合	路面上 6m 以上
低圧架空電線を横断歩道上に施設する場合	横断歩道路面上 3m 以上
高圧架空電線を横断歩道上に施設する場合	横断歩道路面上 3.5m 以上
上記以外の屋外用照明であって，絶縁電線又はケーブルを使用した対地電圧 150V 以下のものを交通に支障のないように施設する場合	地表上 4 m 以上

問 28　ニ

電技解釈第 158 条により，合成樹脂管工事では絶縁電線（屋外用ビニル絶縁電線を除く）により施工する．屋外用ビニル絶縁電線（OW）は使用できない．

問 29　ニ

電技解釈第 176 条により，可燃性ガスが存在する場所での低圧屋内配線は，金属管工事かケーブル工事（キャブタイヤケーブルを除く）により施工し，電動機の端子箱との接続部に可とう性を必要とする場合は，電技解釈第 159 条に定めるフレキシブルフィッチングを使用しなければならない．この部分に金属製可とう電線管を使用することはできない．

問 30　ロ

①に示す屋外部分の終端処理は，重汚損を受けるおそれのある塩害地区が施工場所となる地域においては，耐塩害屋外終端接続処理を行う（JCAA：日本電力ケーブル接続技術協会 C 3101）．

問 31　ニ

②に示す避雷器の電源側に限流ヒューズを施設してはいけない．避雷器は，雷や開閉サージなどが電路に加わった場合，これに伴う電流を大地に放電して機器に異常電圧が加わるのを制限する装置である．避雷器の電源側に限流ヒューズを施設するとこの機能を発揮できなくなる．

問 32　ロ

③に示す機器（CT）の二次電路にはヒューズを設けてはいけない．これは，一次電流が流れている状態で二次側が開放されると二次側に高電圧が発生し，CT が焼損する恐れがあるためである．また，電技解釈第 28 条により，高圧計器用変成器の 2 次側電路には、D 種接地工事を施す．

問 33　イ

④に示すケーブル内で地絡事故が発生した場合，確実に地絡事故を検出するためには，地絡電流が ZCT 内を通過するようにケーブルシールドの接地を施さなくてはいけない．

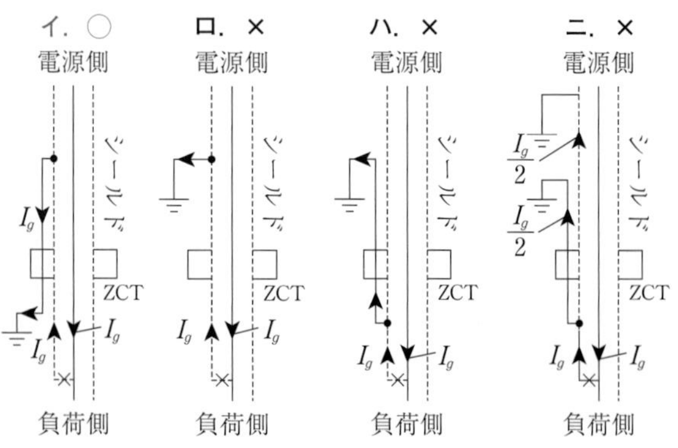

問 34 ニ

⑤に示す直列リアクトルのリアクタンスは，高圧受電設備規程 1150−9 により，コンデンサリアクタンスの 6％または 13％の直列リアクトルを施設しなくてはならない．これは，直列リアクトルを設置することで，高調波電流による障害防止及びコンデンサ回路の開閉による突入電流抑制など，高調波被害の拡大を防止するためである．

問 35 ニ

電技解釈第 17 条により，C 種接地工事は，接地抵抗値 10 Ω（低圧電路において，地絡を生じた場合に 0.5 秒以内に当該電路を自動的に遮断する装置を施設するときは，500 Ω）以下であること．また，C 種接地工事を施す金属体と大地との間の電気抵抗値が 10 Ω 以下であれば C 種接地工事を施したものと規定されている．

問 36 ニ

電技解釈第 15 条により，高圧電路の絶縁耐力試験は，電線にケーブルを使用する交流電路においては，最大使用電圧の 1.5 倍の交流電圧を電路と大地間に連続して 10 分間加えることと定められている．このため，使用（公称）電圧 6.6 kV の電路に使用するケーブルの絶縁耐力試験を交流電圧で行う場合の試験電圧 [V] は次のようになる．

高圧電路の試験電圧（電技解釈第 15 条）

電路の種類		試験電圧
最大使用電圧 7000 V 以下	交流の電路	最大使用電圧＊の 1.5 倍の交流電圧

$$＊最大使用電圧 = 使用（公称）電圧 \times \frac{1.15}{1.1}$$

$$試験電圧 = 使用（公称）電圧 \times \frac{1.15}{1.1} \times 1.5$$

$$= 6600 \times \frac{1.15}{1.1} \times 1.5 = 10350 [\mathrm{V}]$$

問 37 イ

6.6 kV CVT ケーブルの直流漏れ電流測定は，ケーブル絶縁体に直流高電圧を印加し，漏れ電流の大きさと時間特性の変化から絶縁性能を調べる方法である．ケーブルが正常な場合は，直流電圧印加後の漏れ電流は時間とともに減少し，ある一定値で安定する．ケーブルが異常の場合には，測定時間中の漏れの電流値の増加あるいは電流キック現象が現れる（高圧受電設備規程 資料 1−3−2）．

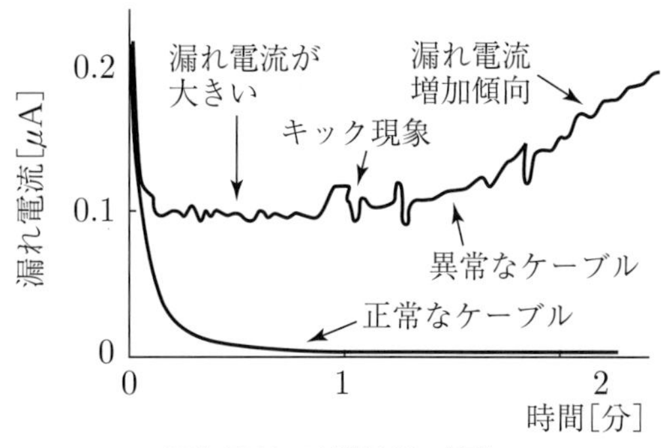

漏れ電流–時間特性（例）

問 38 ニ

電気工事士法第 3 条により，自家用電気工作物（最大電力 500 kW 未満の需要設備）に係る電気工事のうち，ネオン工事および非常用予備発電装置工事は，当該特殊工事に係る特種電気工事資格者認定証の交付を受けたものでなければ従事できない．

問 39 ロ

電気用品安全法施行令の別表第 1（第 1 条，第 1 条の 2，第 2 条関係）により，電熱器具（定格電圧 100 V で定格消費電力が 10 kW 以下のもの）として電気便座は特定電気用品と定められている．

問 40 ニ

電気工事業の業務の適正化に関する法律第 24 条，同法施行規則第 11 条により，一般用電気工事のみを行う事業者が，営業所ごとに備え付けなくてはいけない器具は，絶縁抵抗計，接地抵抗計，回路計である．低圧検電器の設置は義務付けられていない．

問 41 ニ

①に示す機器は，地絡継電装置付高圧交流負荷開閉器（GR 付 PAS，SOG 機能付）である．需要家側高圧電路に短絡事故が発生したとき，開閉機構をロックし，無電圧を検出して自動的に開放する機能を内蔵している．また，需要家

側電気設備の地絡事故時は，高圧交流負荷開閉器を開放することで，一般電気事業者の波及事故を防止する．

問 42 ハ

②はケーブル端末処理であるから，イのラチェット式ケーブルカッタ，ロの電工ナイフ，ニのはんだごては施工に必要である．ハのパイプカッタは金属管工事などに使用するものなのでケーブル端末処理には不要である．

問 43 ロ

③で示す装置は高圧限流ヒューズである．計器用変圧器（VT）回路の内部短絡事故が主回路に波及することを防止するために施設される．

問 44 イ

④で示す部分の図記号は表示灯（パイロットランプ）なので，イが正しい．ロは電圧計切換開閉器，ハはブザー，ニは押しボタンスイッチである（JIS C 0617）．

問 45 ニ

⑤で示す機器はCTの二次側に接続されている試験端子（電流端子）である．電路の点検時等に試験器を接続し，過電流継電器の試験や計器の校正などを行うための端子である．他に，VT二次側に接続される試験端子（電圧端子）などがある．

問 46 イ

⑥で示す図記号を複線図で表すと図のようになるので，イの接続が正しい．なお，電技解釈第28条により，CTの ℓ 側はD種接地工事を施さなくてはいけない．

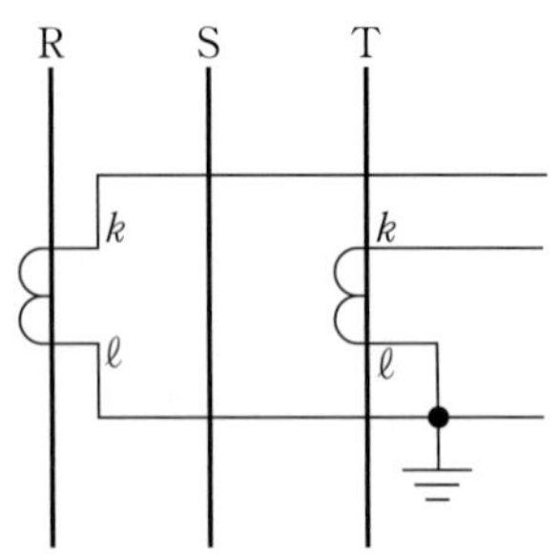

問 47 ハ

⑦に示す部分は，単相変圧器であり，一次側の開閉装置がPC（高圧カットアウト）であるから，使用できる変圧器の最大容量は，高圧受電設備規程1150−8より300 kV·Aである．

問 48 ニ

⑧に示す図記号の機器は直列リアクトルである．このため，ニの残留電荷の放電する役割としては設置されない．直列リアクトルは，進相コンデンサと直列に接続することで，コンデンサ回路の投入時に生じる突入電流を抑制し，電力系統の第5調波等の高調波障害の拡大を抑制することで，電圧波形のひずみを改善する効果がある（高圧受電設備規程1150−9）．

問 49 ニ

⑨に示す部分は，変圧器低圧側のB種接地線に零相変流器（3）⫽，地絡継電器 I⏚> とブザーが組み合わされているので，この機器の目的は，低圧電路の地絡電流を検出して警報するものである．

問 50 ニ

⑩で示す入で示す部分に使用するCVTケーブルは，低圧電路なので，銅シールドがない単心のCVケーブル3本をより合わせた，ニの600 V CVTケーブルを使用する．なお，イは6600V CVTケーブル，ロは6600V CVケーブル（3心），ハは600V VVRケーブル（3心）である．

● 2023年度（令和5年度）午後 解答一覧 ●

問	1	2	3	4	5	6	7	8	9	10	11	12	13	14	15	16	17	18	19	20	21	22	23	24	25
答	ハ	ロ	ハ	ロ	ロ	ハ	ロ	ロ	イ	ハ	イ	ロ	ロ	ロ	ニ	ニ	ハ	ニ	ニ	ハ	イ	イ	ハ	イ	ロ

問	26	27	28	29	30	31	32	33	34	35	36	37	38	39	40	41	42	43	44	45	46	47	48	49	50
答	ロ	ロ	ニ	ロ	イ	ニ	イ	イ	ハ	イ	ロ	ロ	ニ	イ	ニ	ニ	ハ	ニ	ロ	イ	ロ	ニ	ハ	ロ	ニ

2023年度（令和5年度）午後 第一種電気工事士 学科試験 —筆記方式— 解答・解説

〔問題1．一般問題〕

問1 ハ

磁気回路を電気回路で表すと図のようになる．

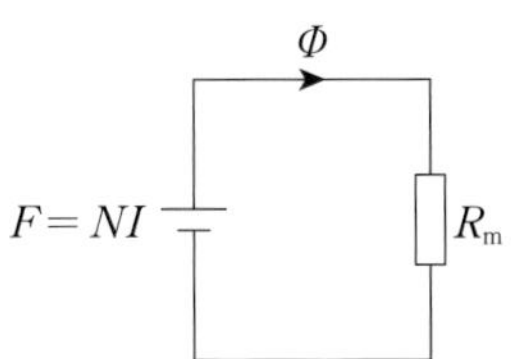

電気回路と磁気回路は次表のように対応しており，この関係性を利用して磁気回路の計算を行うことができる．

電気回路と磁気回路の対応関係

電気回路		磁気回路	
起電力	E［V］	起磁力	NI［A］
電流	I［A］	磁束	Φ［Wb］
電気抵抗	$R=\dfrac{1}{\sigma}\cdot\dfrac{l}{A}$［Ω］	磁気抵抗	$R_m=\dfrac{1}{\mu}\cdot\dfrac{l}{A}$［$H^{-1}$］
導電率	σ［S/m］	透磁率	μ［H/m］

これより，磁気回路の起磁力 F_m，磁束 Φ，磁気抵抗 R_m の関係は次のようになる．

$$F_m=\Phi R_m\ [A]$$

よって，磁束 Φ［Wb］，磁気抵抗 R_1［H^{-1}］，R_2［H^{-1}］から，起磁力 F_m は次のように求まる．

$$F_m=\Phi(R_1+R_2)=2\times10^{-3}(8\times10^5+6\times10^5)$$
$$=2\times10^{-3}\times14\times10^5=28\times10^2=2800\,A$$

問2 ロ

回路の短絡部分を整理すると次図のようになる．

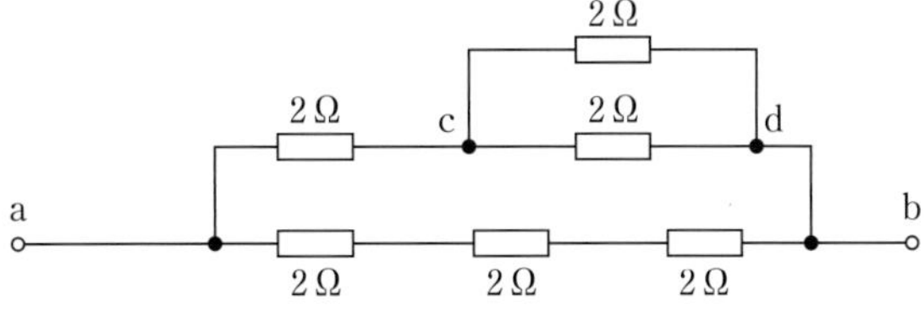

c−d間の合成抵抗 R_{cd}［Ω］は，

$$R_{cd}=\frac{2\times2}{2+2}=1\Omega$$

これより回路を整理すると次図のようになる．

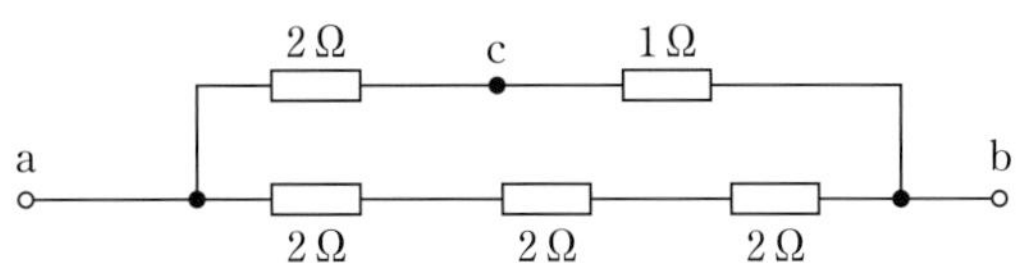

よって，a−b間の合成抵抗 R_{ab} は次のように求まる．

$$R_{ab}=\frac{(2+1)\times(2+2+2)}{(2+1)+(2+2+2)}=\frac{3\times6}{3+6}=\frac{18}{9}$$
$$=2\Omega$$

問3 ハ

図の交流回路で，電流 I［A］と I_R［A］から，力率は次のように求まる．

$$\cos\theta=\frac{I_R}{I}\times100=\frac{15}{17}\fallingdotseq88\%$$

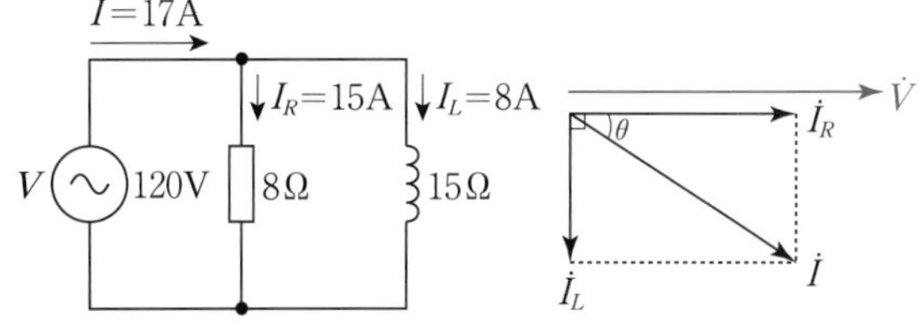

問4 ロ

図の交流回路で各並列回路に流れる電流 I_R［A］，I_L［A］，I_C［A］は，

$$I_R=\frac{V}{R}=\frac{120}{20}=6\,A$$

$$I_L=\frac{V}{X_L}=\frac{120}{10}=12\,A$$

$$I_C=\frac{V}{X_C}=\frac{120}{30}=4\,A$$

よって，電流 I［A］は次のように求まる．

$$I=\sqrt{I_R^2+(I_L-I_C)^2}=\sqrt{6^2+(12-4)^2}$$
$$=10\,A$$

問5 ロ

図の三相交流回路で，△回路をY回路に変換すると，1相分の誘導性リアクタンス X_L'［Ω］は，

$$X_L'=\frac{X_L}{3}=\frac{9}{3}=3\Omega$$

Y回路の1相分のインピーダンス Z［Ω］は，

$$Z=\sqrt{R^2+X_L'^2}=\sqrt{4^2+3^2}=\sqrt{25}=5\Omega$$

Y回路の相電圧 V_P［V］は線間電圧 V［V］の $1/\sqrt{3}$ なので，線路電流 I［A］は次のように求まる．

$$I=\frac{V_P}{Z}=\frac{V/\sqrt{3}}{Z}=\frac{V}{\sqrt{3}Z}=\frac{200}{\sqrt{3}\times5}=\frac{40}{\sqrt{3}}A$$

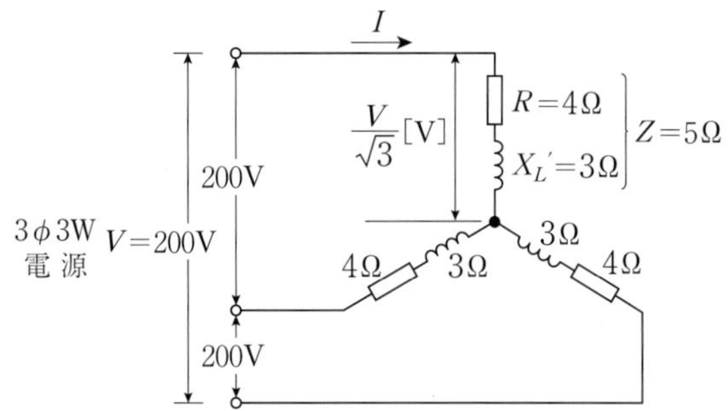

問 6 ハ

線路電流 I，電圧 V とすると，単相 2 線式電路の 1 線当たりの供給電力 P_2，単相 3 線式電路の 1 線当たりの供給電力 P_3 は次式で表せる.

$$P_2=\frac{VI}{2}\,[\mathrm{W}]\quad P_3=\frac{2VI}{3}\,[\mathrm{W}]$$

よって，単相 3 線式電路と単相 2 線式電路の電線 1 線あたりの供給電力の比は次のように求まる.

$$\frac{P_3}{P_2}=\frac{\frac{2VI}{3}}{\frac{VI}{2}}=\frac{2VI}{3}\times\frac{2}{VI}=\frac{4}{3}$$

問 7 ロ

三相 3 線式配電線路にコンデンサ設置前の線路損失 P_{L1} は，配電線 1 線当たりの抵抗 r，電流 I_1 から次式となる.

$$P_{L1}=3I_1^2r\,[\mathrm{kW}]$$

次に，電力用コンデンサを設置して力率を 0.8（遅れ）から 1.0 に改善したときの電流 I は，

$$\frac{I}{I_1}=0.8\quad I=0.8I_1$$

コンデンサ設置後の線路損失 P_L は，

$$P_L=3I^2r=3\times(0.8I_1)^2\times r$$
$$=0.64\times3I_1^2r=0.64P_{L1}\,[\mathrm{kW}]$$

よって，コンデンサ設置前の線路損失 P_{L1} は 2.5 kW なので，P_L[kW] は次のように求まる.

$$P_L=0.64P_{L1}=0.64\times2.5=1.6\,\mathrm{kW}$$

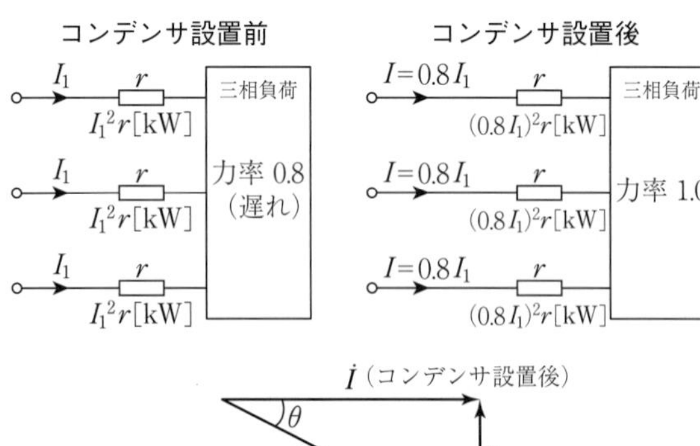

電流のベクトル図

問 8 ロ

受電点（A 点）から電源側の百分率インピーダンスを求めるには，同じ基準容量の百分率インピーダンスを合計する．変圧器の百分率インピーダンス $\%Z_T$（基準容量 30 MV·A）を 10 MV·A に変換すると，

$$\%Z'_T=\%Z_T\times\frac{\text{基準容量}(10\,\mathrm{MV\cdot A})}{\text{変圧器の基準容量}}$$
$$=21\times\frac{10}{30}=7\%$$

よって，受電点から電源側の百分率インピーダンス $\%Z$ は，電源の百分率インピーダンス $\%Z_G$，変圧器の百分率インピーダンス $\%Z'_T$，高圧配電線の百分率インピーダンス $\%Z_L$ を合計し，次のように求まる.

$$\%Z=\%Z_G+\%Z'_T+\%Z_L$$
$$=2+7+3=12\%$$

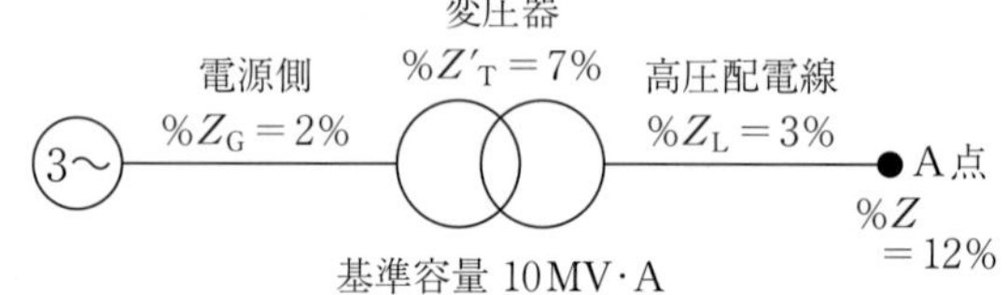

問 9 イ

回路を次図のように書き換えると，Y 回路の 1 相あたりのリアクタンス X[Ω] は $X_L<X_C$ なので，

$$X=X_C-X_L$$

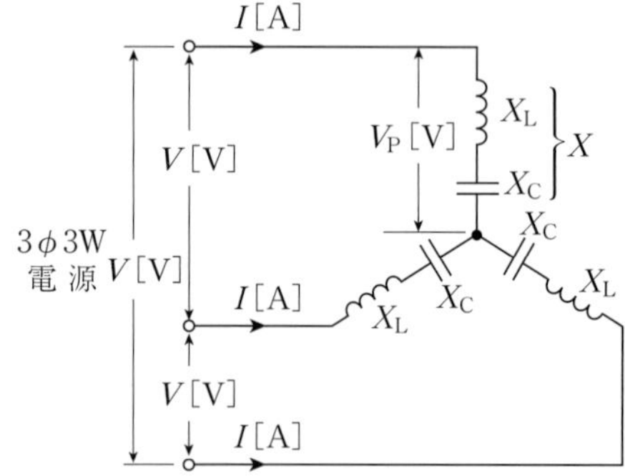

Y 回路の相電圧 V_P は線間電圧 V の $1/\sqrt{3}$ なので電流 I[A] は，

$$I=\frac{\frac{V}{\sqrt{3}}}{X}=\frac{V}{\sqrt{3}X}=\frac{V}{\sqrt{3}(X_C-X_L)}\,[\mathrm{A}]$$

よって，この回路の無効電力 Q[var] は，

$$Q=3I^2X=3\left\{\frac{V}{\sqrt{3}(X_C-X_L)}\right\}^2\times(X_C-X_L)$$
$$=3\times\frac{V^2}{3(X_C-X_L)^2}\times(X_C-X_L)$$
$$=\frac{V^2}{X_C-X_L}\,[\mathrm{var}]$$

問 10　ハ

一般用低圧三相かご形誘導電動機の回転速度に対するトルク曲線は，C の曲線を示す．始動時（a 点）のトルクは小さく，回転数の上昇にともなってトルクは増加し最大トルク T_m（b 点）に達する．この回転速度以上になるとトルクは減少し，同期速度 N_S でトルクは 0 [N·m] となる．

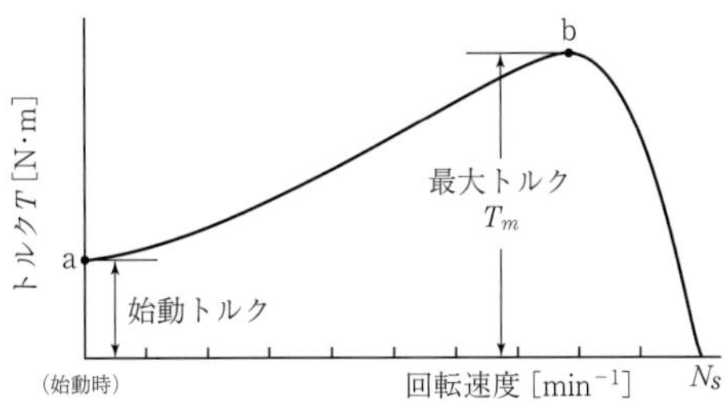

問 11　イ

変圧器の鉄心で生じるヒステリシス損 P_h とうず電流損 P_e の和が鉄損 P_i である．よって，鉄損はヒステリシス損，うず電流損より大きい．

$$P_i = P_h + P_e \quad \therefore P_i > P_h, P_e$$

また，変圧器の一次電圧 V_1，周波数 f とすると，ヒステリシス損 P_h，うず電流損 P_e は次式で表せる．

$$P_h \propto \frac{V_1^2}{f} \quad P_e \propto V_1^2$$

よって，鉄損 P_i は一次電圧 V_1 が高くなると増加し，電源の周波数 f が高くなると減少する．

問 12　ロ

JIS Z 9110 照明基準総則より，学校の教室（机上面）の維持照度の推奨値は，300 lx 以上と定められている．

照明基準総則（JIS Z 9110:2010）

領域，作業又は活動の種類		維持照度 [lx]
学習空間	製図室	750
	実験実習室	500
	図書閲覧室	500
	教室	300
	体育館	300

問 13　ロ

りん酸形燃料電池は，負極に燃料となる水素 (H_2) を供給し，正極に酸化剤となる酸素 (O_2) を供給して電解液の中で反応させ，電気エネルギーを得るものである．電解液としてはりん酸 (H_3PO_4) が用いられる．燃料電池は化学エネルギーを直接電気エネルギーに変換するので，高い発電効率を得ることができる．

問 14　ロ

写真に示すものの名称は，バスダクトである．バスダクトは，H 鋼に似た形状をしていて，アルミまたは銅を導体として，導体の外側を絶縁物で覆った幹線用の部材のことである．数千アンペアの許容電流があるため，主幹線として使用することでコスト改善を図ることができるが，曲がりが多くなると施工性が悪くなる．

問 15　ニ

写真に示す雷保護用として施設される機器は，サージ保護デバイス（SPD）である．SPD とは，雷などによって生じる過渡的な異常高電圧（雷サージ）が電力線や通信線を伝わり電気設備に侵入するのを保護する機器のことである．SPD は，負荷の電源側に取り付けることで，侵入した雷サージを，SPD を経由して接地極に流すことで，負荷として接続された電気機器の損傷を防止するものである（JIS C 5381－11）．

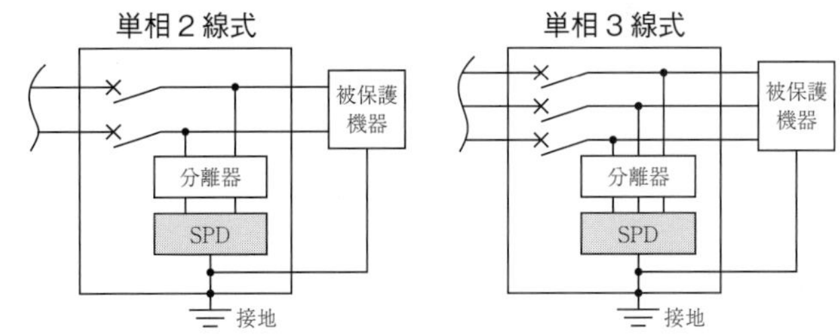

問 16　ニ

コンバインドサイクル発電とは，ガスタービン発電と汽力発電を組み合わせた発電方式で，同一出力の火力発電に比べ熱効率が高く，LNG などの燃料を節約することができる発電方式である．

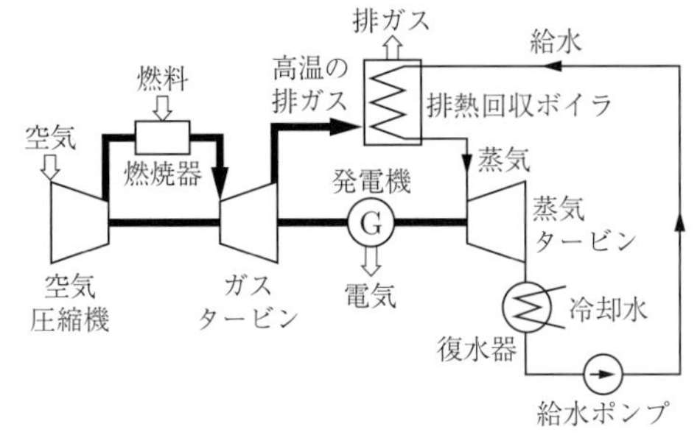

問 17 ハ

水力発電所の発電機出力 P [MW] は，流量 Q [m^3/s]，有効落差 H [m]，総合効率 η から次式で求まる．

$$
\begin{aligned}
P &= 9.8QH\eta \\
&= 9.8 \times 20 \times 100 \times 0.85 \\
&= 16\,660\,\text{kW} \fallingdotseq 16.7\,\text{MW}
\end{aligned}
$$

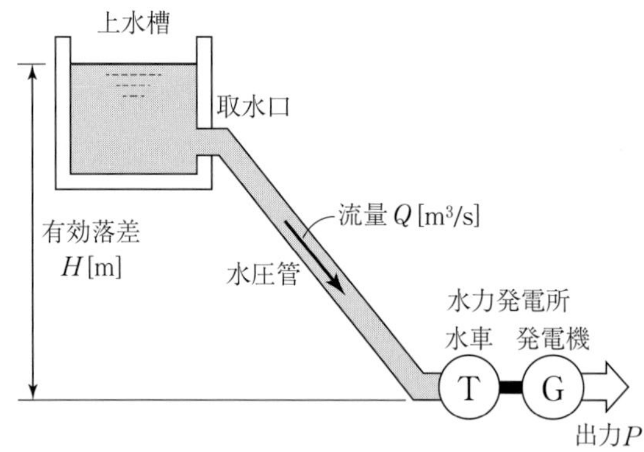

問 18 ニ

高圧ケーブルの電力損失には，抵抗損，誘電損，シース損がある．抵抗損とは，ケーブルに電流が流れることにより発生する損失で，導体電流の 2 乗に比例して大きくなる．誘電損とは，ケーブルに電圧を印加したとき，絶縁体内部に発生する損失である．シース損とは，ケーブルの金属シースに誘導される電流により発生する損失である．鉄損は変圧器の鉄心で生じる損失のことである．

問 19 ニ

同一容量の単相変圧器を平行運転するためには次の条件が必要となる．各変圧器の効率は等しくなくてもよい．

- 各変圧器の極性が等しいこと
- 変圧器の変圧比が等しいこと
- 各変圧器のインピーダンス電圧が等しいこと

問 20 ハ

高頻度開閉を目的に使用される機器は，高圧交流真空電磁接触器（VMC）である．この機器は，主接触子を電磁石の力で開閉する装置で，負荷開閉の耐久性が非常に高いが，短絡電流などの大電流は遮断できない．このため，自動力率調整装置と組み合わせ，進相コンデンサの開閉用などに使用される．

問 21 イ

電技解釈第 17 条により，B 種接地工事の接地抵抗値 R_{B} は，変圧器の高圧側電路の 1 線地絡電流 I_{g} から求められる．

$$
R_{\mathrm{B}} = \frac{150}{I_{\mathrm{g}}}\,[\Omega]
$$

（※150 は原則の数値で，高圧電路に設けた遮断装置の遮断時間により，300 又は 600 とする．）

問 22 イ

写真に示す機器は計器用変圧器（VT）である．計器用変圧器は、高電圧回路の電圧を計器や継電器を接続するために低電圧（通常は 110V）に変圧する機器である．

問 23 ハ

写真に示す過電流蓄勢トリップ付地絡トリップ形（SOG）の地絡継電装置付高圧交流負荷開閉器（GR 付 PAS）は，需要家側高圧電路に短絡事故が発生したとき，開閉機構をロックし，無電圧を検出して自動的に開放する機能を内蔵している．また，需要家側電気設備の地絡事故時は，高圧交流負荷開閉器を開放することで，一般電気事業者の波及事故を防止する．

問 24 イ

引込柱の支線工事に使用する材料は，亜鉛めっき鋼より線，玉がいし，アンカである（内線規程 2205−2，同資料 2−2−3）．

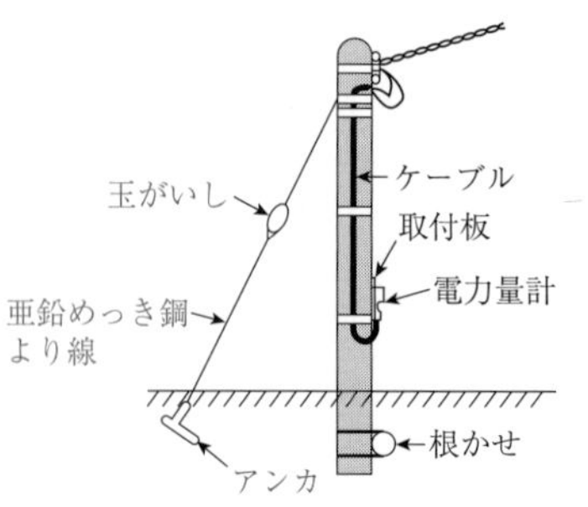

問 25 ロ

写真に示す材料の名称は，インサートである．コンクリート天井に埋め込み，つりボルトを接続して照明器具などの機器を吊り下げるのに用いる．

問 26　ロ

写真に示す器具は短絡接地器具である．高圧受電設備の工事や点検時に使用し，誤送電による感電事故の防止に使用するものである．停電作業時は短絡接地器具を用いて短絡接地を行わなければならない（労働安全衛生規則第339条第1項3号）．

問 27　ロ

電技解釈第149条により，低圧分岐回路には適切な場所（原則は分岐点から3m以内）に過電流遮断器及び開閉器を施設しなくてはいけない．低圧幹線の過電流遮断器の定格電流 I_0 と，分岐回路に取り付ける過電流遮断器の位置に対して，分岐回路の許容電流 I の関係は下表のように定められている．

過電流遮断器の施設（電技解釈第149条）

	配線用遮断器までの長さ
原則	3m以下
$I \geqq 0.35I_0$	8m以下
$I \geqq 0.55I_0$	制限なし

問 28　ニ

電技解釈第158条により，合成樹脂管工事では絶縁電線（屋外用ビニル絶縁電線を除く）により施工する．屋外用ビニル絶縁電線（OW）は使用できない．

問 29　ロ

電技解釈第167条により，低圧配線を金属管工事で施設し，弱電流電線と同一の金属製ボックスに収める場合，弱電流電線は個別の管に収め，低圧配線と弱電流電線の間に堅牢な隔壁を設け，かつ，金属製部分にC種接地工事を施す．

問 30　イ

①に示すCVTケーブルの終端接続部の名称は，耐塩害屋外終端接続部である．CVTケーブル用差込形屋外耐塩害用終端接続部とも呼ばれている（JCAA：日本電力ケーブル接続技術協会C 3101）．

問 31　ニ

②に示す部分の施工では，電技解釈第17条により，引込柱に施設したA種接地工事（避雷器の接地工事）の接地線は，地下75cmから地表上2mまでの部分は合成樹脂管（CD管を除く）で覆わなければならない．引込ケーブル立ち上がり部分は，地表から2m以上，地表下0.2m以上の範囲で堅ろうな管（鋼管等）で防護し，雨水の侵入を防止する措置を講じる．また，需要箇所構内の地中埋設深さは「電力ケーブルの地中埋設の施工方法（JIS C 3653）」により施工する場合，舗装下面から30cm以上とすることができる（高圧受電設備規定1120−3）．地中電線路を鋼管による管路式とし，鋼管に防食措置を施した部分は，D種接地工事を省略することができる（電技解釈第123条）．

問 32　イ

③に示す高圧引込ケーブルのケーブルラックは，電技解釈第168条によりA種接地工事を施さなくてはならず，省略はできない．なお，接触防護措置を施す場合はD種接地工事によることができる．高圧ケーブルと弱電流電線は15cm以上隔離して施設し，防火壁のケーブル貫通部には防火措置を施す．また，内線規程3165−2により，ケーブルラック上のケーブルの支持点間の距離は，ケーブルが移動しない距離とする．

問 33　イ

④に示すPF·S形の主遮断装置として過電流ロック機能は必要でない．過電流ロック機能が必要なのは，地絡継電装置付高圧交流負荷開閉器（GR付PAS）である．過電流ロック機能とは，需要家側高圧電路に短絡事故が発生したとき，開閉機構をロックし，無電圧を検出して自動的に開放する機能のことである．

問 34　ハ

⑤に示す可とう導体を使用する主な目的は，低圧母線に銅帯を使用したとき，地震などによる過大な外力によるブッシングやがいし等の損

傷を防止するためである．可とう導体には，母線に異常な過電流が流れたときの限流作用はない．

問 35　イ

電技解釈第 17 条により，D 種接地工事は，接地抵抗値 100 Ω (低圧電路において，地絡を生じた場合に 0.5 秒以内に当該電路を自動的に遮断する装置を施設するときは 500 Ω) 以下であること．また，D 種接地工事を施す金属体と大地との間の電気抵抗値が 100 Ω 以下である場合は，D 種接地工事を施したものとみなされる．

問 36　ロ

電技解釈第 15 条により，高圧電路の絶縁耐力試験は，電線にケーブルを使用する交流電路においては，最大使用電圧の 1.5 倍の交流の試験電圧を電路と大地間に連続して 10 分間加えるか，直流の試験電圧で行う場合は，交流の試験電圧を 2 倍した直流の電圧を連続 10 分間加えると定められている．

高圧電路の試験電圧 (電技解釈第 15 条)

電路の種類		試験電圧
最大使用電圧 7000 V 以下	交流の電路	最大使用電圧の 1.5 倍の交流電圧

＊最大使用電圧 ＝ 使用(公称)電圧 $\times \frac{1.15}{1.1}$

交流の試験電圧

$$= 使用(公称)電圧 \times \frac{1.15}{1.1} \times 1.5$$

直流の試験電圧

$$= 使用(公称)電圧 \times \frac{1.15}{1.1} \times 1.5 \times 2$$

問 37　ロ

変圧器の絶縁油の劣化診断には，以下の試験がある．真空度測定は変圧器の劣化診断に直接関係はない．

絶縁油の劣化診断試験

絶縁破壊電圧試験	絶縁破壊電圧を球状電極間ギャップに商用周波数の電圧を加えて測定する
全酸価試験	絶縁油の酸価度を水酸化カリウムを用いて測定する
水分試験	試薬による容量滴定方法や電気分解による電量滴定方法により行う
油中ガス分析	絶縁油中に含まれるガスから変圧器内部の異常を診断する

問 38　ニ

電気工事士法第 2 条 3 項，同法施行令第 1 条により，600 V 以下で使用する電気機器 (配線器具を除く) などに電線 (コード，キャブタイヤケーブル及びケーブルを含む) を接続する作業は，軽微な工事として電気工事士でなくても従事できる．なお，同法施行規則 2 条により，ダクトに電線を収める作業，電線管を曲げ電線管相互を接続する作業，金属製の線ぴを建造物の金属板張りの部分に取り付ける作業は，電気工事士でなければ従事できない．

問 39　イ

電気用品安全施行令第 1 条の 2，別表第 1，別表第 2 により，イの定格電流 60 A の配線用遮断器は，電気用品安全法による特定電気用品の適用を受ける．ロの定格出力 0.4 kW の単相電動機は特定電気用品以外の適用を受ける．ハの進相コンデンサと，ニの定格 30 A の電力量計は電気用品の適用を受けない．

問 40　ニ

電気工事業の業務の適正化に関する法律第 20 条により，一般用電気工事の作業に従事する者は，主任電気工事士がその職務を行うため必要があると認めてする指示に従わなければならない．なお，法律第 23 条では電気用品の使用の制限，第 25 条では標識の掲示，第 26 条では帳簿の備付について規定している．

問 41　ニ

①に示す図記号は，遮断器と零相変流器の図記号なので，漏電遮断器 (過電流保護付) である．零相変流器で地絡電流を検出し，回路を遮断して電動機と配線の漏電事故を防止する．

問 42　ハ

②に示す図記号は，押しボタンスイッチのブレーク接点である．この接点の機能は，手動操作自動復帰 (モーメンタリー動作) である．

問 43　ニ

③の部分は，上部が停止用の押しボタンスイッチ（押しボタンスイッチのブレーク接点），下部が運転用の押しボタンスイッチ（押しボタンスイッチのメーク接点）の図記号なので，ニの電磁開閉器用押しボタンスイッチを示している．

問 44　ロ

この制御回路は，三相誘導電動機を押しボタンの操作で始動させ，タイマの設定時間で停止させる制御回路である．このため，④で示す部分には，三相誘導電動機を設定時間で停止させるためのタイマ接点が必要である．よって，ロのブレーク接点（b接点）の限時動作瞬時復帰接点が正しい．イはメーク接点（a接点）の限時動作瞬時復帰接点，ハはメーク接点の瞬時動作限時復帰接点，ニはブレーク接点の瞬時動作限時復帰接点を示す．限時動作瞬時復帰（オンディレー）とは，入力信号を受けると設定時間だけ遅れて動作し，入力信号がなくなると瞬間に復帰するタイマで，瞬時動作限時復帰（オフディレー）とは，入力信号を受けると瞬時に動作し，復帰するときに設定時間だけ遅れて動作するタイマのことである．

問 45　イ

⑤で示す部分に使用されるブザー（BZ）の図記号は，イが正しい．ブザーは，熱動継電器（THR）が動作したときの警報としてランプ表示（SL−1）と共にブザー音で異常を知らせる制御回路となっている．ロがサイレン，ハは音響信号装置（ベル，ホーン等），ニは片打ベル（旧図記号で現在は削除されている）の図記号である．

問 46　ロ

①で示す機器はコンデンサ形接地電圧検出装置（ZPD）である．地絡事故が発生したときに零相電圧 V_0 を検出し，零相変流器（ZCT）と組み合わせて地絡方向継電器（DGR）を動作させる機器である．

問 47　ニ

②に設置する機器は，零相変流器（ZCT）とコンデンサ形接地電圧検出装置（ZPD）に接続されているので，ニの地絡方向継電器（DGR）である．地絡方向継電器は，地絡事故を零相変流器と零相電圧検出装置の組み合わせで検出し，その大きさと両者の位相関係で動作する継電器である．イは地絡継電器（GR），ハは不足電流継電器（UCR）である．

問 48　ハ

③に示す機器は電力需給用計器用変成器（VCT）である．電力需給用計器用変成器とは，計器用変圧器と変流器を一つの箱に組み込んだもので，電力量計と組み合わせ，電力測定に用いる機器のことである．

問 49　ロ

④に示す機器は不足電圧継電器である．問題の配線図では，停電時に非常用予備発電装置を運転するため，低圧側の電圧低下を検出する役割がある．なお，不足電力継電器は［P <］，過電流継電器は［I >］，過電圧継電器は［U >］の図記号で示される（JIS C 0617）．

問 50　ニ

⑤で示す図記号を複線図で表すと図のようになるので，ニの変流器（CT）2個の組合せが正しい．イとハは零相変流器（ZCT）である．

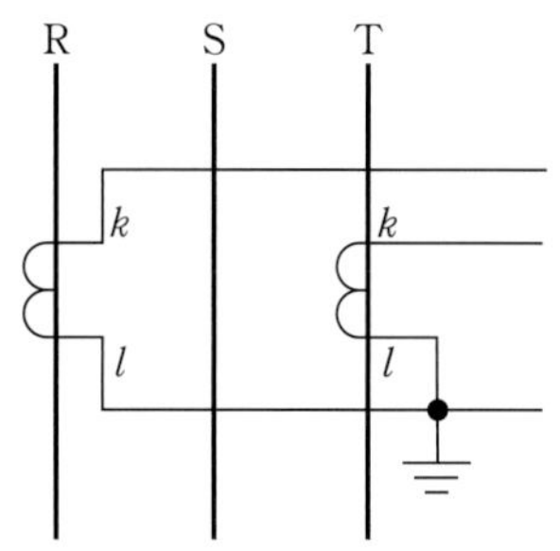

● 2022年度（令和4年度）午前 解答一覧 ●

問	1	2	3	4	5	6	7	8	9	10	11	12	13	14	15	16	17	18	19	20	21	22	23	24	25
答	イ	ニ	イ	ニ	ロ	ロ	ハ	ニ	ロ	イ	ハ	ニ	イ	ニ	ロ	ロ	ハ	ロ	ハ	イ	ハ	ニ	ニ	ハ	ハ

問	26	27	28	29	30	31	32	33	34	35	36	37	38	39	40	41	42	43	44	45	46	47	48	49	50
答	ニ	ロ	ニ	ロ	ハ	ニ	ロ	イ	ロ	イ	ロ	ニ	ハ	ニ	ニ	ハ	ロ	ロ	ロ	イ	ハ	ハ	ハ	ニ	ニ

2022年度（令和4年度）午前 第一種電気工事士 筆記試験 解答・解説

〔問題1. 一般問題〕

問1 イ

コンデンサに加える電圧を V，平行板電極の面積を A，電極間の距離を d，誘電率 ε とすると，コンデンサの静電容量 C は，

$$C=\frac{\varepsilon A}{d}\,[\mathrm{F}]$$

この式をコンデンサの静電エネルギー W を求める式に代入すると，

$$W=\frac{1}{2}CV^2=\frac{1}{2}\times\frac{\varepsilon A}{d}\times V^2=\frac{\varepsilon A}{2d}V^2\,[\mathrm{J}]$$

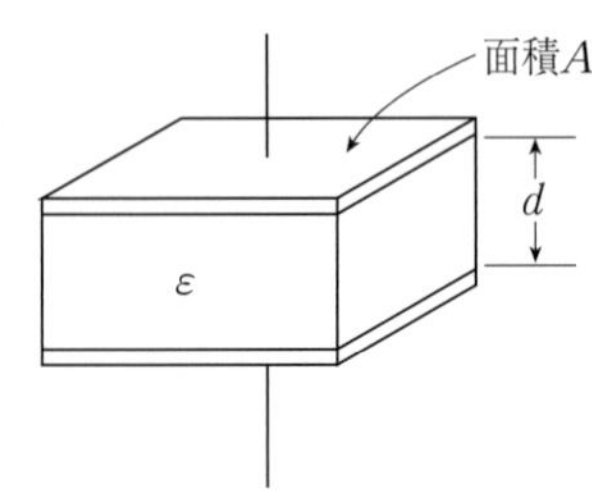

したがって，静電エネルギー W は，電圧 V の2乗に比例するので，イが正しい．なお，静電エネルギー W は，電極の面積 A と誘電率 ε に比例し，電極間の距離 d に反比例する．

問2 ニ

スイッチSが開いているとき，2Ωの抵抗に加わる電圧 V_2［V］は，

$$V^2=V-V_1=60-36=24\,\mathrm{V}$$

よって，回路を流れる電流 I［A］と抵抗 R［Ω］は，

$$I=\frac{V_2}{2}=\frac{24}{2}=12\,\mathrm{A}\qquad \therefore R=\frac{V_1}{I}=\frac{36}{12}=3\,\Omega$$

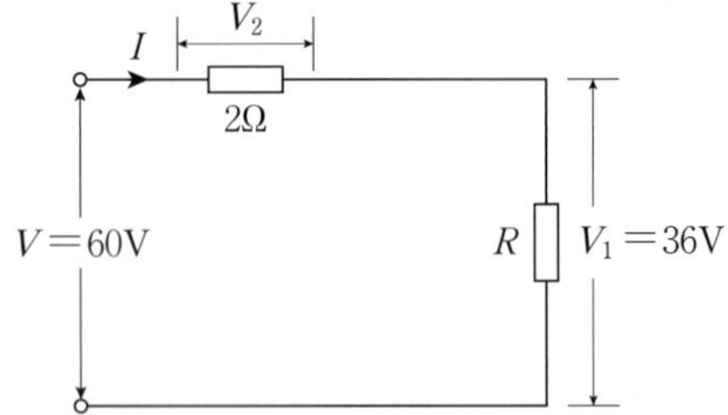

次にスイッチSが閉じているとき，回路の合成抵抗 R'［Ω］は，

$$R'=2+\frac{6\times3}{6+3}=2+2=4\,\Omega$$

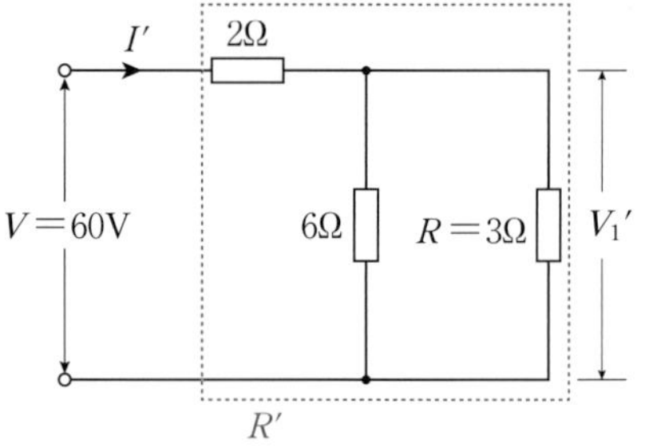

これより，回路を流れる電流 I'［A］は，

$$I'=\frac{V}{R'}=\frac{60}{4}=15\,\mathrm{A}$$

よって，電圧 V_1'［V］は，抵抗 R（＝3Ω）と6Ωの並列抵抗と電流 I' から次のように求まる．

$$V_1'=I'\times\frac{6\times3}{6+3}=15\times2=30\,\mathrm{V}$$

問3 イ

図の交流回路で，抵抗 R を流れる電流 I_R［A］は，

$$I_R=\frac{V}{R}=\frac{200}{20}=10\,\mathrm{A}$$

よって，この回路の力率は次のように求まる．

$$\cos\theta=\frac{I_R}{I}\times100=\frac{10}{20}\times100=50\,\%$$

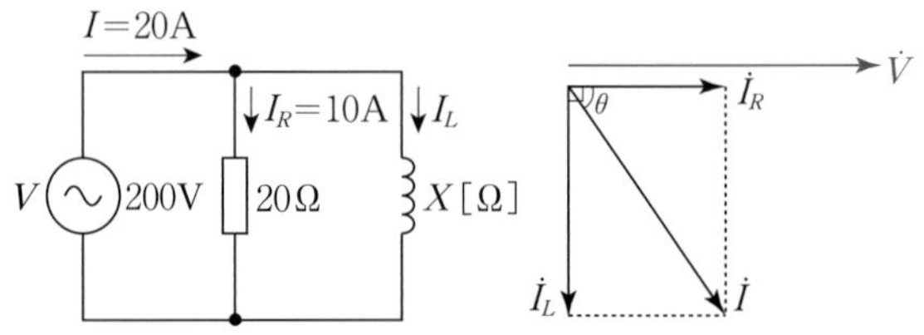

問4 ニ

X_L と X_C の直列部分に加わる電圧 V_1 は48Vであるから，回路に流れる電流 I［A］は，

$$I=\frac{V_1}{X_L-X_C}=\frac{48}{10-2}=\frac{48}{8}=6\,\mathrm{A}$$

これより，回路の消費電力 P［W］は，

$$P=I^2R=6^2\times15=540\,\mathrm{W}$$

問5 ロ

図より1相あたりのインピーダンス Z［Ω］は，

$$Z=\sqrt{R^2+X_L^2}=\sqrt{8^2+6^2}=10\,\Omega$$

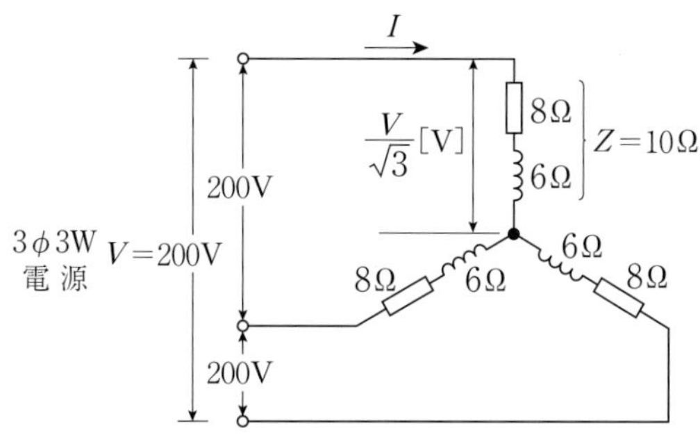

Y 回路の相電圧 V_P は線間電圧 V の $1/\sqrt{3}$ なので線電流 I[A] は，

$$I=\frac{\frac{V}{\sqrt{3}}}{Z}=\frac{V}{\sqrt{3}Z}=\frac{200}{\sqrt{3}\times10}=\frac{20}{\sqrt{3}}\fallingdotseq 11.6\,\mathrm{A}$$

よって，ロが誤りである．なお，回路の消費電力 P[W] と，無効電力 Q[var] は次のように求まる．

$$P=3I^2R=3\times\left(\frac{20}{\sqrt{3}}\right)^2\times8=3\times\frac{400}{3}\times8$$
$$=3200\,\mathrm{W}$$
$$Q=3I^2X_L=3\times\left(\frac{20}{\sqrt{3}}\right)^2\times6=3\times\frac{400}{3}\times6$$
$$=2400\,\mathrm{var}$$

問 6　ロ

次図のように電流を定め，各区間の電圧降下から V_C を求める．

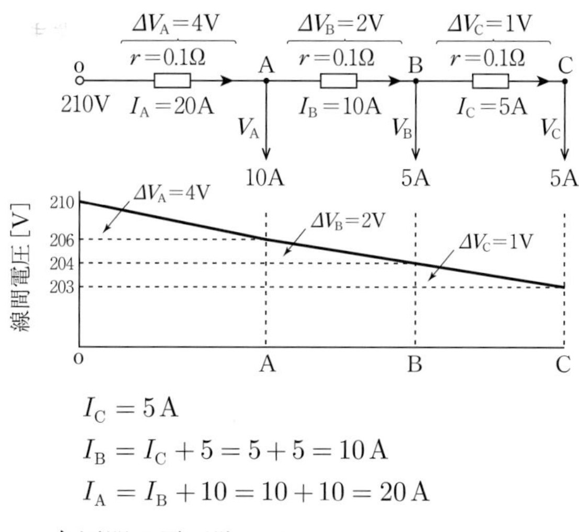

$I_C=5\,\mathrm{A}$
$I_B=I_C+5=5+5=10\,\mathrm{A}$
$I_A=I_B+10=10+10=20\,\mathrm{A}$

各区間の電圧降下は，

$\Delta V_C=2I_Cr=2\times5\times0.1=1\,\mathrm{V}$
$\Delta V_B=2I_Br=2\times10\times0.1=2\,\mathrm{V}$
$\Delta V_A=2I_Ar=2\times20\times0.1=4\,\mathrm{V}$

これより，V_C[V] は次のように求まる．

$$V_C=V-(\Delta V_A+\Delta V_B+\Delta V_C)$$
$$=210-(4+2+1)=210-7=203\,\mathrm{V}$$

問 7　ハ

断線時の回路図を書き換えると図のようになる．負荷 A を流れる電流を I_A とすると，負荷に加わる電圧 V_A[V] は次のように求まる．

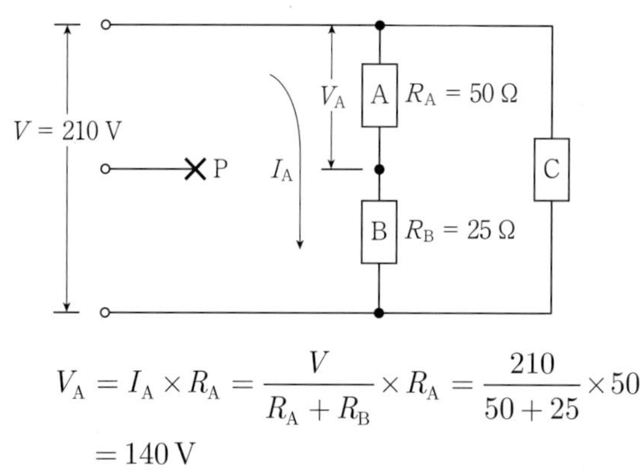

$$V_A=I_A\times R_A=\frac{V}{R_A+R_B}\times R_A=\frac{210}{50+25}\times50$$
$$=140\,\mathrm{V}$$

問 8　ニ

需要家の最大需要電力 [kW] は，1 日の需要率と設備容量から次のように求まる．

$$需要率=\frac{最大需要電力}{設備容量}\times100\,[\%]$$

∴ 最大需要電力＝設備容量×需要率
　　＝ 400 × 0.6 ＝ 240kW

次に，平均需要電力 [kW] は，1 日の負荷率と最大需要電力から，

$$負荷率=\frac{平均需要電力}{最大需要電力}\times100\,[\%]$$

∴ 平均需要電力＝最大需要電力×負荷率
　　＝ 240 × 0.5 ＝ 120kW

これより，この日の需要電力量 [kW·h] は次のように求まる．

需要電力量＝平均電力量× 24
　　＝ 120 × 24 ＝ 2 880 kW·h

問 9　ロ

金属製外箱と配線及び変圧器のインピーダンスは題意より無視するとあるので，金属製外箱の A 点で完全地絡を生じたときの回路は，下図のような単相交流回路になる．

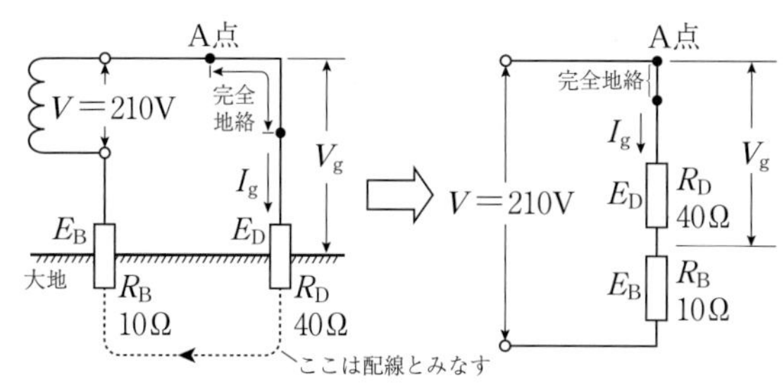

変圧器二次側の電圧 V は 210 V であるから，A 点で完全地絡を生じたときの地絡電流 I_g[A] は，

$$I_g = \frac{V}{R_B + R_D} = \frac{210}{10+40} = 4.2\,\mathrm{A}$$

よって，A 点の対地電圧 V_g[V] は，

$$V_g = I_g \times R_D = 4.2 \times 40 = 168\,\mathrm{V}$$

問 10　イ

かご形誘導電動機のインバータによる速度制御は，電動機の入力電圧と周波数を変えることによって速度を制御する方法のことである．他に，回転子の抵抗を調整し，滑りを変化させて行う二次抵抗制御や固定子巻線の接続を切り換える極数変換などがある．

問 11　ハ

同容量 VI [V·A] の単相変圧器 2 台を V 結線したとき，三相負荷に供給できる最大容量 P_3 は，

$$P_3 = \sqrt{3}VI\ [\mathrm{V \cdot A}]$$

また，単相変圧器 2 台の合計容量 P_2 は，

$$P_2 = 2VI\ [\mathrm{V \cdot A}]$$

これより，変圧器 1 台あたりの最大利用率は，

$$\frac{P_3}{P_2} = \frac{\sqrt{3}VI}{2VI} = \frac{\sqrt{3}}{2}$$

問 12　ニ

光源 I [cd] から r [m] 離れた点の照度 E [lx] は，次式で表される．

$$E = \frac{I}{r^2}\ [\mathrm{lx}]$$

問 13　イ

鉛蓄電池は，正極に二酸化鉛，負極に海綿状の鉛，電解液に希硫酸を用いた二次電池である．なお，アルカリ蓄電池（1.2V）の電解液比重は充放電しても変化せず，過充電，過放電を行っても蓄電池への悪影響は少ない．また，単一セルの起電力は鉛蓄電池（2V）の方が高い．

問 14　ニ

写真で示す照明器具は，左上部の位置ボックスの構造より，防爆形照明器具なので，可燃性のガスが滞留するおそれのある場所で主に使用される．電技解釈第 176 条により，可燃性ガス又は引火性物質の蒸気が漏れ又は滞留する場所で使用する電気機械器具は，電気機械器具防爆構造規格に適合するものを使用しなくてはならない．

問 15　ロ

写真に示す器具の破線で囲まれた部分は電磁接触器である．下部に接続されている熱動継電器と組み合わせ，電磁開閉器として電動機負荷などの開閉器として使用される．

問 16　ロ

コージェネレーションシステムとは，内燃力発電設備などにより発電を行い，その排熱を暖冷房や給湯等に利用することによって，総合的な熱効率を向上させるシステムのことである．

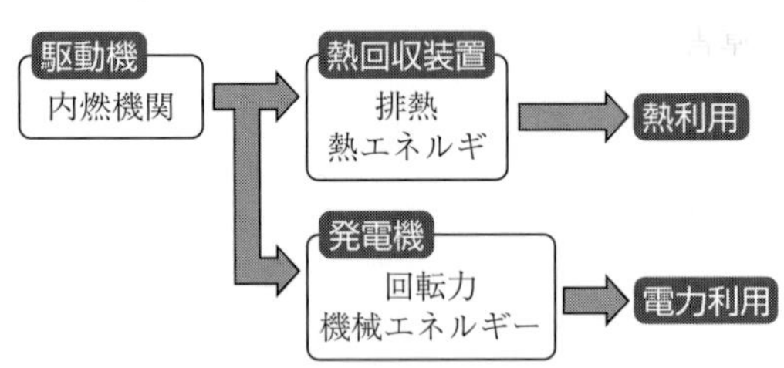

コージェネレーションシステム

問 17　ハ

水力発電所の出力 P [MW] は，使用流量を Q [m^3/s]，有効落差を H [m]，水車と発電機の総合効率を η [%] とすると，次のように求まる．

$$P = 9.8QH\eta$$
$$= 9.8 \times 20 \times 100 \times 0.85 \fallingdotseq 1.67\,\mathrm{MW}$$

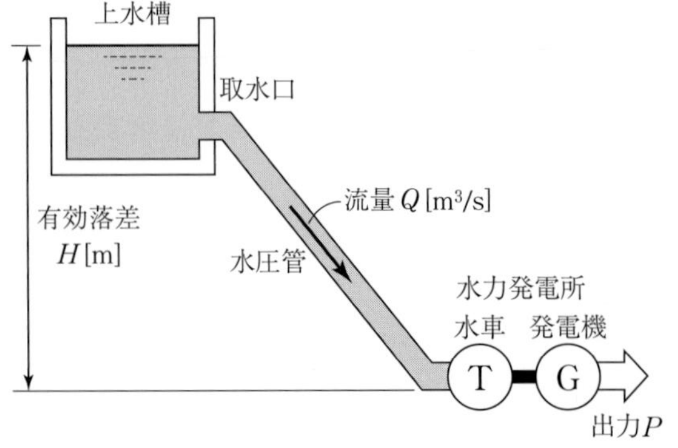

問 18 ロ

架空送電線のスリートジャンプ現象とは，電線に付着した氷雪が脱落して電線がはね上がる現象のことをいう．この対策として，鉄塔では上下の電線間にオフセット（電線の水平間隔）を設けるなどの方法がある．

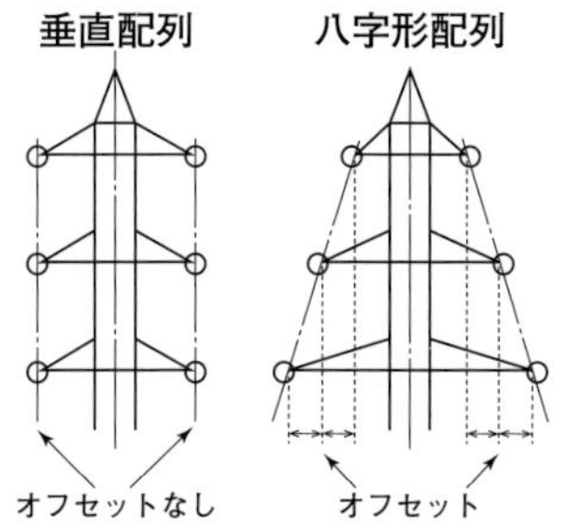

問 19 ハ

送電用変圧器の中性点接地方式には，直接接地方式，抵抗接地方式，消弧リアクトル接地方式などがあるが，抵抗接地方式は，地絡事故時に，直接接地方式と比較して地絡電流を小さく抑えることができるため，通信線に対する電磁誘導障害が小さい．なお，非接地方式は，非接地方式は，配電系統（33 kV 以下）で採用されている．

問 20 イ

高圧受電設備の受電用遮断器が遮断しなければならない最も大きな故障電流は，三相短絡電流である．このため，受電用遮断器の容量を決定する場合に必要なのは，受電点の三相短絡電流である．

問 21 ハ

通電中の変流器の二次側回路に接続されている電流計を取り外す場合，変流器の二次側を短絡してから電流計を取り外さなくてはいけない．これは，変流器に一次電流が流れている状態で二次側を開放すると，流れている一次電流に対して，二次電流を流そうとして二次側に高電圧が発生し，絶縁破壊を起こすおそれがあるためである．

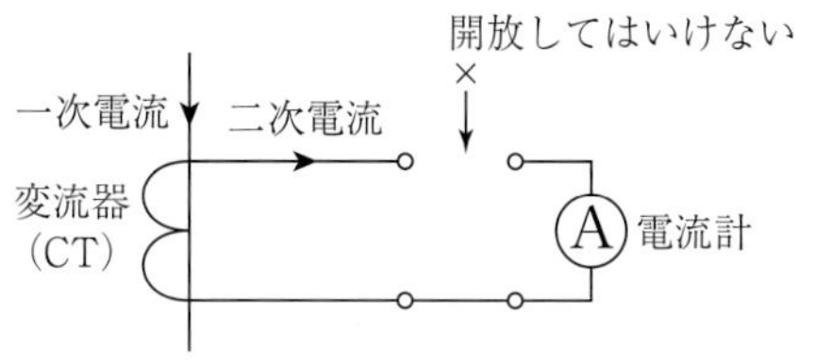

問 22 ニ

写真に示す品物は断路器で，停電作業などの際に電路を開路しておく装置である．遮断器とは違い，負荷電流の開閉はできないので，無負荷状態で開閉を行わなくてはいけない．

問 23 ニ

写真の機器の矢印で示す部分は，限流ヒューズ付高圧交流負荷開閉器（PF 付 LBS）の限流ヒューズである．短絡電流を限流遮断することで電路を保護する機器で，遮断時にはストライカと呼ばれる動作表示装置が突出して LBS を開放する．

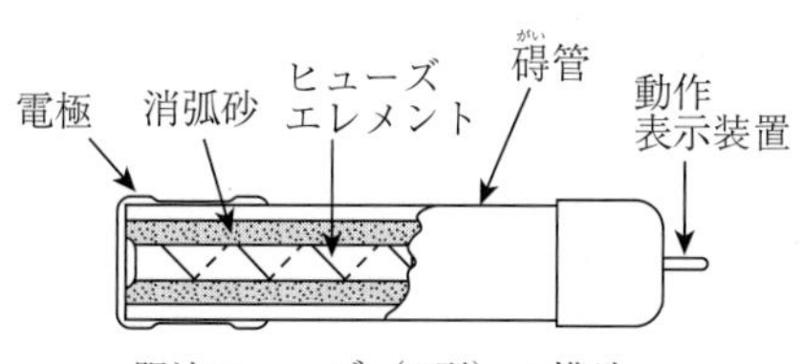

限流ヒューズ（G型）の構造

問 24 ハ

VVF とは，600V ビニル絶縁ビニルシースケーブル（平形）のことなので，ハが誤りである．VVF はビニル被覆の外側をビニルシースで覆った構造をしており，低圧屋内配線で非常に多く使用されるケーブルである．なお，移動用電気機器の電源回路に使用する塩化ビニル樹脂を主体とした絶縁体およびシースとするビニル絶縁ビニルキャブタイヤケーブルは，VCT の記号で表される．

問 25 ハ

写真に示す配線器具（コンセント）で，200V の回路に使用できないものは，ハの単相 100V15A 接地極付引掛形コンセントである．イは単相 200V15A 接地極付コンセント，ロは三相 200V20A コンセント，ニは三相 200V15A コンセントである（内線規程 3202−4，3202−2 表，3202−3 表）．

問 26 ニ

写真に示す工具は，張線器（シメラー）である．架空線工事で電線のたるみを取るのに用いる．

問 27　ロ

電技解釈第 165 条により，平形保護層工事は造営物の床面又は壁面に施設し，造営材を貫通してはいけないので，ロが誤りである．また，平形保護層工事は，電路の対地電圧は 150 V 以下，定格電流が 30 A 以下の過電流遮断器で保護される分岐回路に施設し，旅館やホテルの宿泊室，学校の教室，病院の病室などの場所には施設できない．

問 28　ニ

電技解釈第 158 条により，CD 管を使用した合成樹脂管工事では，直接コンクリートに埋め込んで施設するか，専用の不燃性又は自消性のある難燃性の管又はダクトに収めて施設しなくてはいけない．このため，ニの CD 管を二重天井内に施設したが誤りである．

問 29　ロ

電技解釈第 156 条により，点検できる隠ぺい場所で，湿気の多い場所又は水気のある場所の低圧屋内配線工事は，がいし引き工事，合成樹脂管工事，金属管工事，金属可とう電線管工事，ケーブル工事で行わなければならない．ロの金属線ぴ工事は，乾燥している展開した場所か点検できる隠ぺい場所に限られる．

問 30　ハ

①に示す地絡継電装置付き高圧負荷開閉器（UGS）は，電路に短絡事故が発生したとき，開閉機構をロックし，無電圧を検出して自動的に開放する機能を内蔵している．このため，電路の短絡電流を遮断する能力は必要としない．また，UGS は電路に地絡事故が発生したとき，電路を自動的に遮断する機能を内蔵しているが，波及事故を防止するため，一般送配電事業者の地絡継電保護装置と動作協調をとる必要がある．

問 31　ニ

②に示す需要場所の高圧地中引込線を直接埋設式により施設する場合，電技解釈第 120 条により，地中電線路に，電圧を表示しなければならない．この表示を省略できるのは，その長さが 15 m 以下の場合に限るので，ニが誤りである．また，管路式により施設する場合は，管にはこれに加わる車両その他の重量物の圧力に耐えるものを使用し，金属製の管路の場合は D 種接地工事を省略できる（電技解釈第 123 条）．直接埋設式により施設する場合は，地中電線の埋設深さは，車両その他の圧力を受けるおそれがある場所においては 1.2 m以上で施設する．

問 32　ロ

③に示す電気室内の高圧引込ケーブルの防護管は，長さに関らず，ケーブルを収める防護装置の金属製部分に A 種接地工事（接触防護措置を施す場合は D 種接地工事）を施さなくてはならない（電技解釈第 168 条）．

問 33　イ

ケーブルラックは，長さが 4m 以下で使用電圧が 300V 以下の乾燥した場所に施設する場合は D 種接地工事を省略できるが，イは長さが該当しない（電技解釈 164 条，内線規程 3165−8）．また，ケーブルラックは，ケーブル重量に十分耐える構造とし，天井コンクリートスラブからアンカーボルトで吊り堅固に施設し，低圧配線と弱電流電線との間に堅ろうな隔壁（セパレータ）を設ける（電技解釈第 167 条）．壁を貫通する部分は，火災燃焼防止に必要な耐火処理を施す．

問 34　ロ

電技解釈第 15 条により，ケーブルの絶縁耐力試験を直流で行う場合の試験電圧は，交流の場合の 2 倍の電圧を連続して 10 分間加えなくてはいけない．また，試験を交流で行う場合は，最大使用電圧の 1.5 倍の電圧を連続して 10 分間加えるが，ケーブルが長く静電容量が大きくなる場合は，リアクトルを使用して試験用電源の容量を軽減する．

問 35　イ

電技解釈第 17 条により，D 種接地工事は，接地抵抗値 100 Ω（低圧電路において，地絡を生じた場合に0.5秒以内に当該電路を自動的に遮断する装置を施設するときは，500Ω）以下であること．また，D種接地工事を施す金属体と大地との間の電気抵抗値が100Ω以下であればD種接地工事を施したものとみなされる．

問36　ロ

需要家の1期間における平均力率は次式で求めることができる．よって，必要な計器は，電力量計と無効電力量計である．

$$平均力率 = \frac{電力量}{\sqrt{電力量^2 + 無効電力量^2}} \times 100\,[\%]$$

問37　ニ

電技解釈14条により，使用電圧が低圧の電路で，絶縁抵抗測定が困難な場合においては，当該電路の使用電圧が加わった状態における漏えい電流が，1mA以下であることと定められている．なお，電技省令第58条により，電路の使用電圧に応じて，電路の電線相互間，電路と大地間の絶縁抵抗値は下表のように定められている．

低圧電路の絶縁性能（電技省令第58条）

電路の使用電圧の区分		絶縁抵抗値
300V以下	対地電圧150V以下	0.1MΩ以上
	その他の場合	0.2MΩ以上
300Vを超える低圧回路		0.4MΩ以上

問38　ハ

電気工事士法第3条により，第一種電気工事士の免状を受けている者でなければ，自家用電気工作物（最大電力500kW未満の需要設備に限る）に係る電気工事に従事できない．このため，ハが第1種電気工事士免状の交付を受けている者のみが従事できる電気工事である．

問39　ニ

電気事業法第57条，同法施行規則第96条により，一般用電気工作物に電気を供給する者（電線路維持運用者）は，一般用電気工作物が経済産業省令で定める技術基準に適合しているかを調査しなくてはいけないので，ニが誤りである．また，電気事業法第57条の2では，電線路維持運用者は，登録調査機関に一般用電気工作物の調査を委託できると定めている．調査は，一般用電気工作物が設置された時及び変更の工事が完了した時，一般需要家においては4年に1回以上実施すると定められている．

問40　ニ

電気工事業の業務の適正化に関する法律第20条により，一般用電気工作物の作業に従事する者は，主任電気工事士がその職務を行うため必要があると認めてする指示に従わなければならないので，ニが正しい．なお，同法律第23条では電気用品の使用の制限，第25条では標識の掲示，第26条では帳簿の備付について規定している．

問41　ハ

①はケーブル端末処理なので，ハの合成樹脂管用カッタは使用しない．イのケーブルカッタ，ロの電工ナイフ，ニのはんだごては施工に必要である．

問42　ロ

②で示すストレスコーン部分の主な役割は，遮へい端部の電位傾度を緩和することである．ケーブルの絶縁部を段むきにした場合，電気力線は切断部に集中してしまうため，ストレスコーンを設けて電気力線の集中を緩和させている．

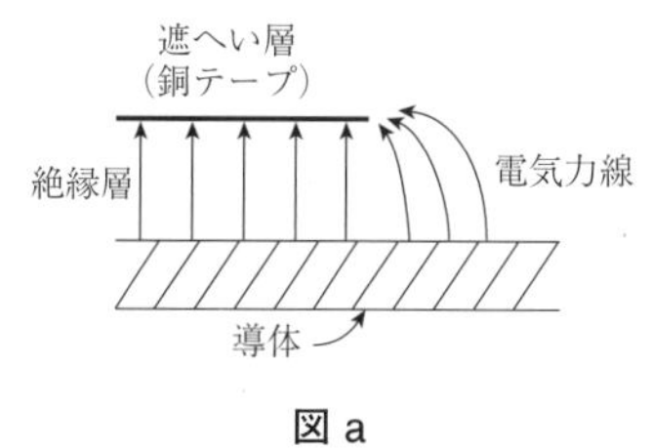

図a

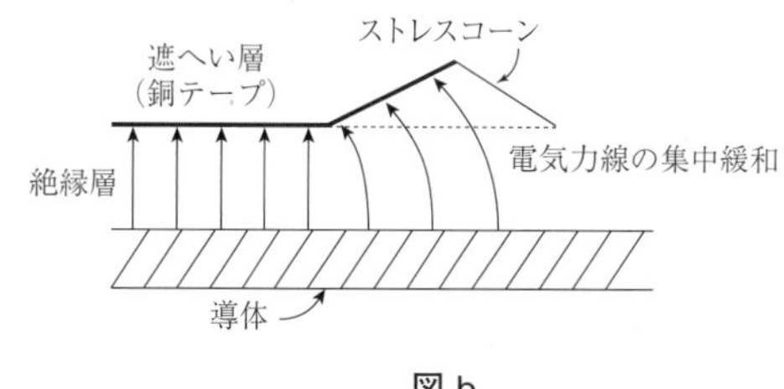

図b

問43　ロ

③で示すⓑの機器は断路器である．断路器は，負荷電流を遮断することができない．このため，高圧受電設備の点検時に，最初に開放すること

はできないので，ロが誤りである．ⓐは地絡継電装置付高圧交流負荷開閉器（GR 付 PAS）で，負荷電流は遮断できるが短絡電流は遮断できない．ⓒは遮断器（CB）で，負荷電流，短絡電流とも遮断できる．

問 44　ロ

④で示す部分の図記号は高圧限流ヒューズである．この装置は，計器用変圧器の内部短絡事故が発生した場合に溶断することで主回路に波及することを防止するために使用される．

問 45　イ

⑤で示す部分の図記号は表示灯（パイロットランプ）なので，イが正しい．ロは電圧計切換開閉器，ハはブザー，ニは押しボタンスイッチである（JIS C 0617−7，0617−8）．

問 46　ハ

⑥で示す図記号の器具は，VT の二次側に接続されているので，試験端子（電圧端子：VTT[Voltage Testing Terminal]）である．試験用端子とは，配電盤などに設けられる継電器の試験や計器類の校正を行うための端子のことである．他に，CT 二次側に接続される試験端子（電流端子：CTT[Current Testing Terminal]）などがある．

問 47　ハ

⑦に設置する機器は断路器と避雷器なので，ハの図記号が正しい（高圧受電設備規程 1150−10，JIS C 0617−7）．

問 48　ハ

⑧に示す機器は限流ヒューズ付高圧交流負荷開閉器（PF 付 LBS）なので，ハが正しい．この機器は，高圧限流ヒューズ（PF）と高圧交流負荷開閉器（LBS）を組み合わせたもので，短絡電流が流れたとき，高圧限流ヒューズが溶断することで，動作表示器（ストライカ）が突出して LBS を開放する機器である．

問 49　ニ

⑨で示す部分は低圧電路なので，ニの 600 V CVT ケーブル（銅シールドがない単心の CV ケーブル 3 本をより合わせたもの）を使用する．なお，イは 6 600 V CVT ケーブル，ロは 6 600 V CV ケーブル（3 心），ハは 600 V VVR ケーブル（3 心）である．

問 50　ニ

⑩で示す動力制御盤内から電動機に至る配線は，動力制御盤にスターデルタ始動器の図記号があるので，下図のように 6 本となる）．

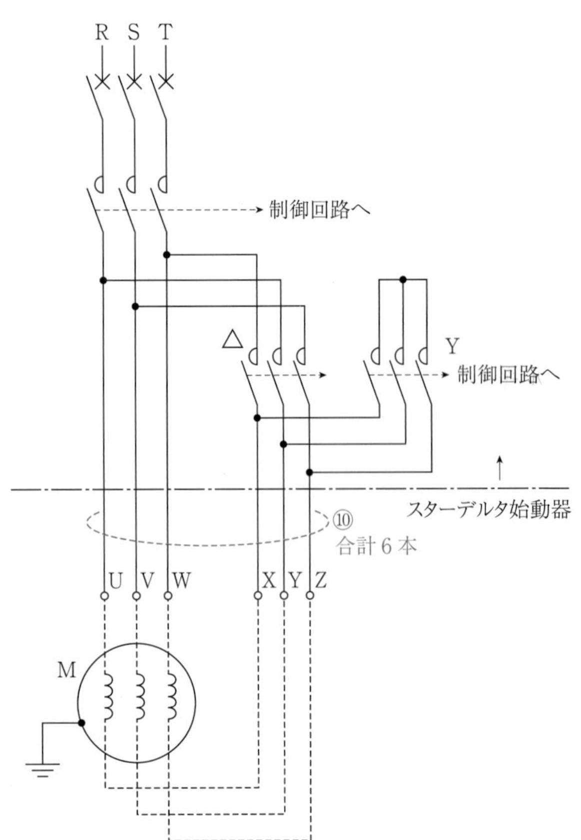

問	1	2	3	4	5	6	7	8	9	10	11	12	13	14	15	16	17	18	19	20	21	22	23	24	25
答	ハ	ハ	ロ	ニ	ニ	ハ	ハ	ロ	ニ	ニ	ハ	ハ	ニ	ロ	ロ	ロ	イ	ハ	ニ	ニ	イ	ロ	ハ	ハ	イ

問	26	27	28	29	30	31	32	33	34	35	36	37	38	39	40	41	42	43	44	45	46	47	48	49	50
答	ハ	イ	ニ	ロ	イ	イ	ロ	ニ	イ	ニ	ニ	ニ	イ	ハ	ハ	ニ	ロ	ハ	ニ	イ	ニ	ニ	ニ	イ	ニ

2022年度(令和4年度)午後 第一種電気工事士 筆記試験 解答・解説

〔問題 1. 一般問題〕

問 1　ハ

コイルに蓄えられるエネルギー W_L[J] は，インダクタンス L[H]，コイルを流れる電流 I[A] から，

$$W_L = \frac{1}{2}LI^2 = \frac{1}{2}\times 2\times 10^{-3}\times 10^2$$
$$= 1\times 10^{-3}\times 10^2 = 1\times 10^{-1} = 0.1\,\mathrm{J}$$

また，コンデンサ C の端子電圧 V[V] は，RL と C の並列回路となっているので電源電圧と等しく 100 V である．

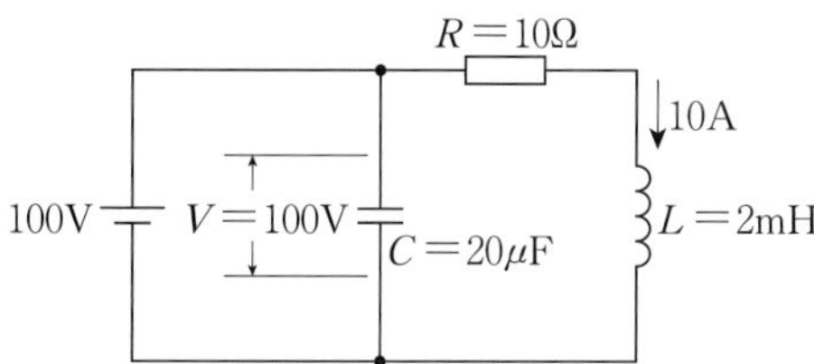

このため，コンデンサ C に蓄えられるエネルギー W_C[J] は，端子電圧 V[V]，静電容量 C[F] から次のように求まる．

$$W_C = \frac{1}{2}CV^2 = \frac{1}{2}\times 20\times 10^{-6}\times 100^2$$
$$= 10\times 10^{-6}\times 10^4 = 1\times 10^{-1} = 0.1\,\mathrm{J}$$

問 2　ハ

図より a－o 間の合成抵抗 R_{ao}[Ω] と o－b 間の合成抵抗 R_{ob}[Ω] を求め，回路全体の合成抵抗 R_{ab}[Ω] を求めると，

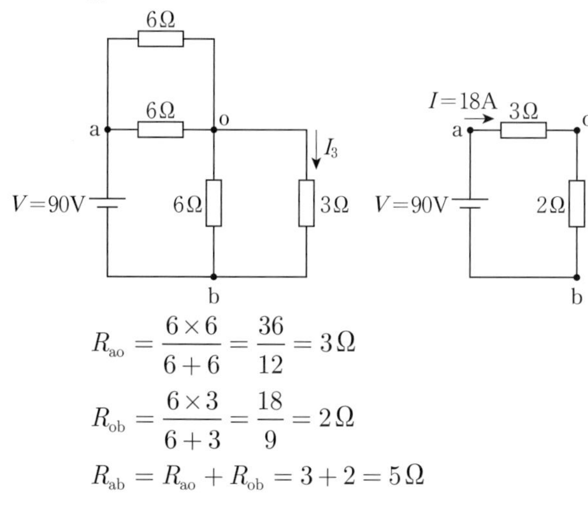

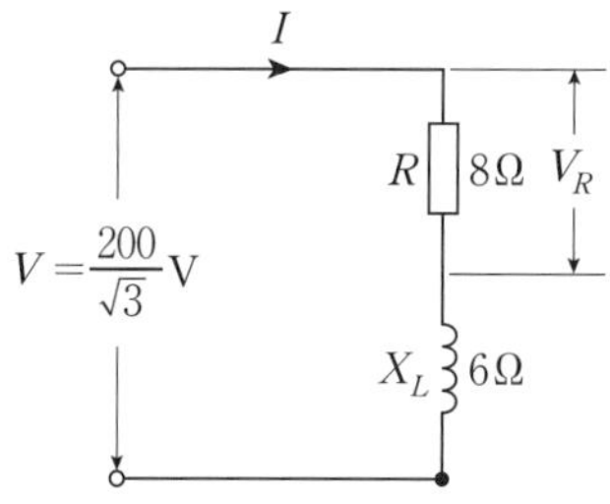

$$R_{\mathrm{ao}} = \frac{6\times 6}{6+6} = \frac{36}{12} = 3\,\Omega$$
$$R_{\mathrm{ob}} = \frac{6\times 3}{6+3} = \frac{18}{9} = 2\,\Omega$$
$$R_{\mathrm{ab}} = R_{\mathrm{ao}} + R_{\mathrm{ob}} = 3 + 2 = 5\,\Omega$$

回路に流れる電流 I[A] は，

$$I = \frac{V}{R_{\mathrm{ab}}} = \frac{90}{5} = 18\,\mathrm{A}$$

この電流は，6Ω と 3Ω の抵抗に分流するので，3Ω の抵抗に流れる電流 I_3[A] は，

$$I_3 = 18\times\frac{6}{6+3} = 18\times\frac{6}{9} = 12\,\mathrm{A}$$

問 3　ロ

リアクタンス X に加わる電圧 V_L を求めると，

$$V_L = \sqrt{V^2 - V_R{}^2} = \sqrt{100^2 - 80^2} = 60\,\mathrm{V}$$

これより，リアクタンス X[Ω] は次のように求まる．

$$X = \frac{V_L}{I} = \frac{60}{20} = 3\,\Omega$$

I＝20A
V_R＝80V　R
V＝100V
V_L＝60V　X
V＝100V
V_L＝60V
o　θ
I＝20A　V_R＝80V

問 4　ニ

図の RLC 直列回路のインピーダンス Z[Ω] は，

$$Z = \sqrt{R^2 + (X_L - X_C)^2} = \sqrt{10^2 + (10-10)^2}$$
$$= 10\,\Omega$$

これより力率 $\cos\theta$ は，次のように求まる．

$$\cos\theta = \frac{R}{Z} = \frac{10}{10} = 1.0 = 100\,\%$$

問 5　ニ

Y 回路の 1 相分を回路として考え，抵抗とリアクタンスの単相直列回路に描き換えると下図のようになる．

I
R　8Ω　V_R
$V = \frac{200}{\sqrt{3}}$V
X_L　6Ω

このとき，電圧 V は Y 回路の相電圧（線間電圧の $1/\sqrt{3}$ 倍）である．これより，インピーダンス Z[Ω] は，

$$Z = \sqrt{R^2 + X_L{}^2} = \sqrt{8^2 + 6^2} = 10\,\Omega$$

回路に流れる電流 I[A] は,

$$I=\frac{\frac{200}{\sqrt{3}}}{Z}=\frac{\frac{200}{\sqrt{3}}}{10}=\frac{20}{\sqrt{3}}\,\mathrm{A}$$

したがって，抵抗の両端の電圧 V_R[A] は次のように求まる.

$$V_R=I\times R=\frac{20}{\sqrt{3}}\times 8 \fallingdotseq 92\,\mathrm{V}$$

問 6　ハ

配電線路 1 線の抵抗 r[Ω/km]，リアクタンス x[Ω/km]，負荷電流 I[A]，負荷力率を $\cos\theta$，配電線路の長さ L[km] とすると，配電線路の電圧降下 $\Delta V(=V_s-V_r)$ [V] は次式で表せる．題意により $x=0$[Ω] を代入すると下式のようになる.

$$\Delta V=2I(r\cos\theta+x\sin\theta)L\,[\mathrm{V}]$$
$$=2Ir\cos\theta L\,[\mathrm{V}]$$

この式から，配電線路 1 線当たりの抵抗 r [Ω/km] を求めると,

$$r=\frac{\Delta V}{2I\cos\theta L}$$
$$=\frac{4}{2\times 50\times 0.8\times\frac{100}{1000}}=\frac{4}{8}=0.5\ \Omega/\mathrm{km}$$

これより，問題中の表から，38mm^2 の電線が最小太さとなる.

問 7　ハ

断線時の回路図を描き換えると下図のようになる．負荷 A を流れる電流を I_A とすると，負荷に加わる電圧 V_A[V] は次のように求まる.

$$V_A=I_A\times R_A=\frac{V}{R_A+R_C}\times R_A$$
$$=\frac{210}{50+25}\times 50=140\,\mathrm{V}$$

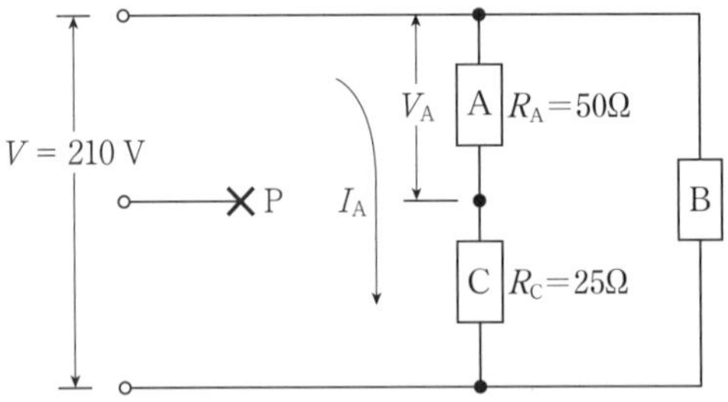

問 8　ロ

変圧器の一次側の電力 P_1 と二次側の電力 P_2 は，配電線と変圧器の損失は無視できるので,

$$P_1=V_1I_1=6\,000I_1$$
$$P_2=P_{21}+P_{22}=V_{21}I_{21}+V_{22}I_{22}$$
$$=100\times 50+100\times 70=12\,000\,\mathrm{W}$$

変圧器の一次側電力 P_1 と二次側電力 P_2 は等しいので，一次側電流 I_1 は次のように求まる.

$$P_1=P_2$$
$$6\,000I_1=12\,000$$
$$\therefore I_1=\frac{12\,000}{6\,000}=2\,\mathrm{A}$$

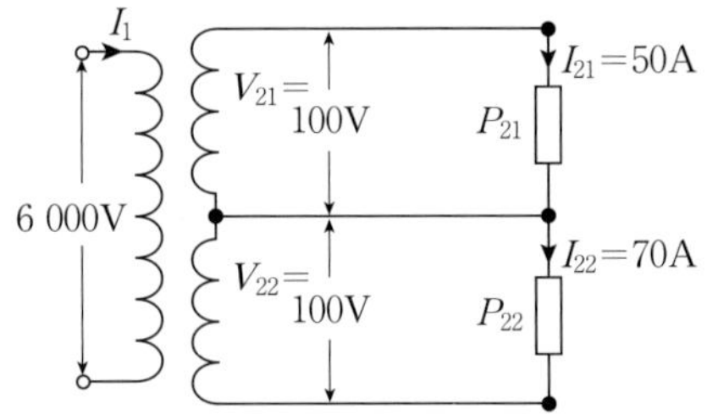

問 9　ニ

回路を図のように描き換えると，Y 回路の 1 相あたりのリアクタンス X[Ω] は,

$$X=X_C-X_L\,[\Omega]$$

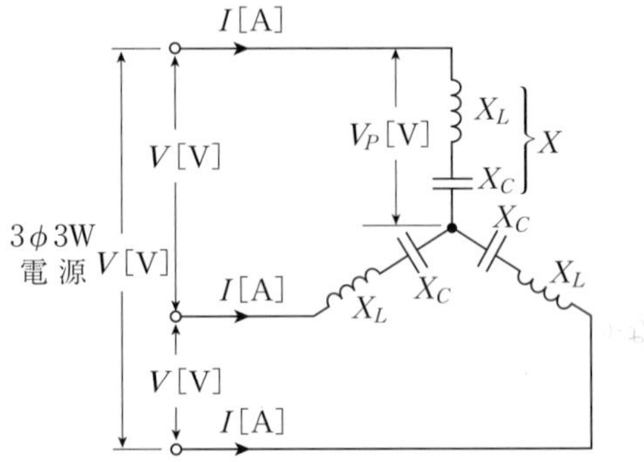

Y 回路の相電圧 V_P は線間電圧 V の $1/\sqrt{3}$ なので，電流 I[A] は,

$$I=\frac{\frac{V}{\sqrt{3}}}{X_C-X_L}=\frac{V}{\sqrt{3}(X_C-X_L)}=\frac{V}{\sqrt{3}(150-9)}$$
$$=\frac{V}{141\sqrt{3}}\,[\mathrm{A}]$$

この回路の無効電力 Q[var] は,

$$Q=3I^2X=3\times\left(\frac{V}{141\sqrt{3}}\right)^2\times(150-9)$$
$$=3\times\frac{V^2}{3\times 141^2}\times 141=\frac{V^2}{141}\,[\mathrm{var}]$$

問 10　ニ

三相かご形誘導電動機の一次周波数 f [Hz]，極数 p，滑り s [%] とすると，回転速度 N[min^{-1}] は次式で表せる.

$$N=\frac{120f}{p}\left(1-\frac{s}{100}\right)$$

この式から，一次周波数 f [Hz] を求めると,

$$f=\frac{N\times p}{120\left(1-\frac{s}{100}\right)}=\frac{1140\times 6}{120\left(1-\frac{5}{100}\right)}$$

$$=\frac{1140\times 6}{120\times 0.95}=60\,\mathrm{Hz}$$

問 11　ハ

トップランナー制度とは，エネルギー使用の合理化に関する法律（省エネ法）に基づき，対象機器ごとに基準値を設定してエネルギー消費効率を高めていく制度のことである．この制度の対象機器として，交流電動機は単一速度三相かご形誘導電動機の効率クラスで規定される機種が対象となっているので，ハが誤りである．なお，変圧器についても同様で，油入変圧器とモールド変圧器は，機種，容量，電圧による．

問 12　ハ

電熱器の消費電力は，次式のように電圧の2乗に比例する．

$$P=\frac{V^2}{R}$$

$V=100\,\mathrm{V}$ を加えたときの消費電力が $P=1\,\mathrm{kW}$ なので，$V'=90\,\mathrm{V}$ を加えたときの消費電力 $P'[\mathrm{kW}]$ は，電圧の2条に比例して

$$\frac{P'}{P}=\frac{V'^2}{V^2}$$

$$P'=P\frac{V'^2}{V^2}=1\times\frac{90^2}{100^2}=0.81\,\mathrm{kW}$$

この電熱器を10分間使用したときの発生熱量 $Q[\mathrm{kJ}]$ は，

$$Q=P'T=0.81\times 10\times 60=486\,\mathrm{kJ}$$

問 13　ニ

サイリスタ（逆阻止3端子サイリスタ）は，1方向の整流しかできない．また，サイリスタはオン機能のみで，オフ機能は逆方向の電圧が加わったときに生じる．このため，ニの波形を得ることはできない．

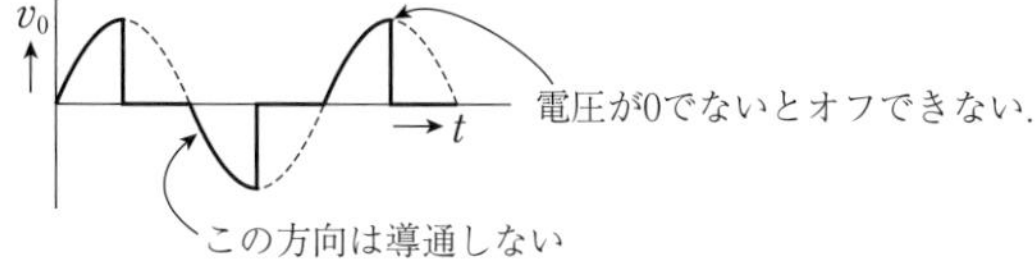

問 14　ロ

写真に示すものの名称は，バスダクトである．バスダクトは，H鋼に似た形状をしていて，アルミまたは銅を導体として，導体の外側を絶縁物で覆った幹線用の部材のことである．数千アンペアの許容電流があるため，主幹線として使用することでコスト改善を図ることができるが，曲がりが多くなると施工性が悪くなる．

問 15　ロ

写真に示す住宅用の分電盤において，矢印部分に一般的に使用されるのは，ロの漏電遮断器（過負荷保護付）である．需要家の過負荷や短絡事故，地絡事故から保護する目的で，各分岐回路の電源側に施設される．

問 16　ロ

コンバインドサイクル発電とは，ガスタービン発電と汽力発電を組み合わせた発電方式で，同一出力の火力発電に比べ熱効率が高く，LNGなどの燃料を節約することができる発電方式である．

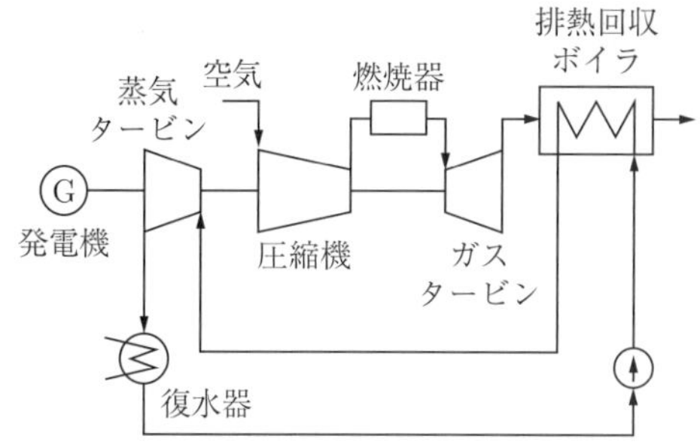

問 17　イ

水力発電所の出力 P は，流量を $Q[\mathrm{m^3/s}]$，有効落差 $H[\mathrm{m}]$，効率 η とすると次式で表される．

$$P=9.8QH\eta[\mathrm{kW}]$$

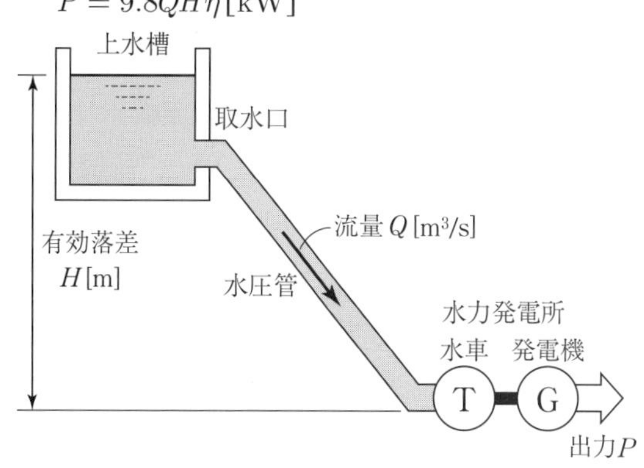

これより，水力発電所の出力 P は流量 Q と有効落差 H に比例する．

問 18　ハ

架空送電線路に使用されるアークホーンは，雷害対策としてがいしの両端に設け，異常電圧

が侵入してきたときにホーン間で放電させることで，がいしや送電線を保護する目的で設置される．

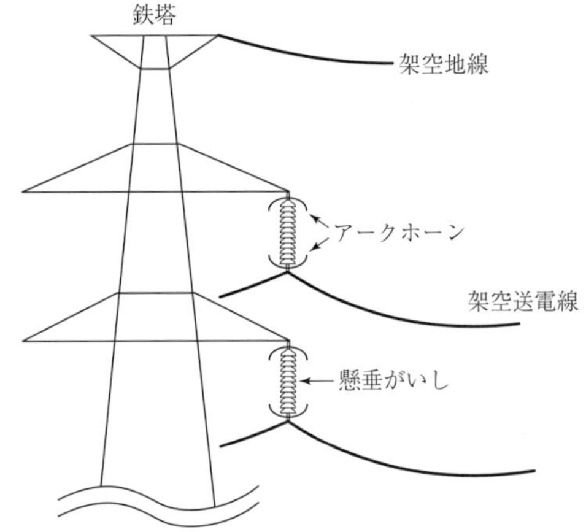

問19　ニ

同一容量の単相変圧器を並行運転するために必要な条件には以下のようなものがある．ニの各変圧器の効率が等しいことは並行運転の必要条件ではない．

・各変圧器の極性を一致させて結線する
・各変圧器の変圧比が等しいこと
・各変圧器のインピーダンス電圧が等しいこと

問20　ニ

高圧受電設備の短絡保護は，過電流継電器（OCR）で短絡事故を検出し，高圧真空遮断器（VCB）を開放することで短絡事故点を除去する．受電設備容量が300kV·A以下では，短絡保護に限流ヒューズ付高圧負荷開閉器（PF付LBS）が用いられる．

問21　イ

高圧CVケーブルは，6600V架橋ポリエチレン絶縁ビニルシースケーブルといい，絶縁体が架橋ポリエチレン，シースが塩化ビニル樹脂で構成されたケーブルである．建築設備では幹線設備用の電力ケーブルとして広く普及しており，商業施設，工場，病院などで幅広く使用され，高い性能と信頼性を持つ電力ケーブルである（JIS C 3606）．

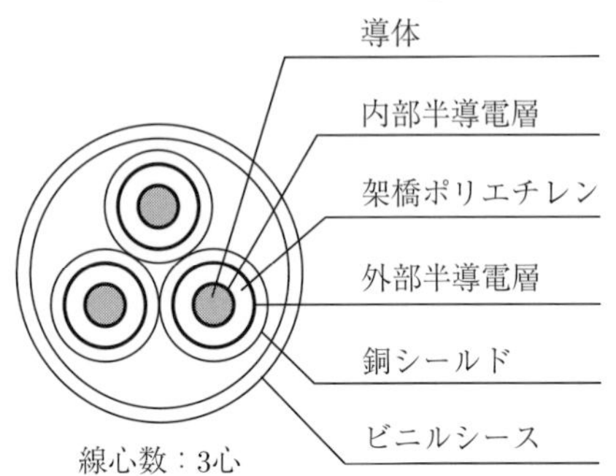

問22　ロ

写真に示す機器は直列リアクトル（SR）である．直列リアクトルは，進相コンデンサを電路に接続したときに生じる高調波電流を抑制するために使用する機器である．

問23　ハ

写真に示す機器はGR付PAS（地絡継電装置付高圧交流負荷開閉器）と地絡継電装置である．これらの機器は，高圧需要家構内の地絡事故を検出して高圧交流負荷開閉器を開放する機器なので，ハが正しい．GR付PASは短絡電流の遮断能力がないため，高圧需要家構内に短絡事故が発生しても自動遮断することはできない．

問24　ハ

VVFとは，600Vビニル絶縁ビニルシースケーブル（平形）のことなので，ハが誤りである．VVFはビニル被覆の外側をビニルシースで覆った構造をしており，低圧屋内配線で非常に多く使用されるケーブルである．なお，移動用電気機器の電源回路に使用する塩化ビニル樹脂を主体とした絶縁体およびシースとするビニル絶縁ビニルキャブタイヤケーブルは，VCTの記号で表される．

問25　イ

写真に示す配線器具は，単相200V30A引掛形接地極付コンセントである（内線規程3202−3表）．電技解釈第149条により，定格電流20Aの配線用遮断器で保護することはできない．

分岐回路の施設（電技解釈第149条）

分岐過電流遮断器の定格電流	コンセント
15A	15A以下
20A（配線用遮断器）	20A以下
20A（ヒューズ）	20A
30A	20A以上30A以下

問26　ハ

CVケーブル又はCVTケーブルの接続作業には，油圧式パイプベンダは使用しない．これは太い金属管の曲げ加工に使用する工具である．

問 27　イ

電技解釈第 168 条により，高圧屋内配線をケーブル工事でパイプシャフト内に垂直に取り付ける場合，電線の支持点間の距離は 6m 以下で施設しなくてはいけない．また，低圧屋内配線，弱電流線との離隔距離は 15cm 以上として施設するか，高圧屋内配線のケーブルを耐火性のある堅ろうな管に収め，または相互の間に堅ろうな耐火性の隔壁を設ける（内線規程 3810−2 表）．

問 28　ニ

電技解釈第 158 条により，合成樹脂管工事に使用する電線は，屋外用ビニル絶縁電線を除く絶縁電線で，より線または直径 3.2mm 以下の単線を使用しなくてはいけない．

問 29　ロ

電技解釈第 156 条により，点検できる隠ぺい場所で，湿気の多い場所又は水気のある場所の低圧屋内配線工事は，がいし引き工事，合成樹脂管工事，金属管工事，金属可とう電線管工事，ケーブル工事で行わなければならない．金属線ぴ工事は，乾燥した場所で展開した場所か点検できる隠ぺい場所に限られる．

問 30　イ

①に示すケーブル終端部で使用されるストレスコーンの主な役割は，遮へい端部の電位傾度を緩和することである．ケーブルの絶縁部を段むきにした場合，電気力線は切断部に集中するので，ストレスコーンを設けて電気力線の集中を緩和させている．なお，雷サージの侵入対策には，避雷器が用いられる．

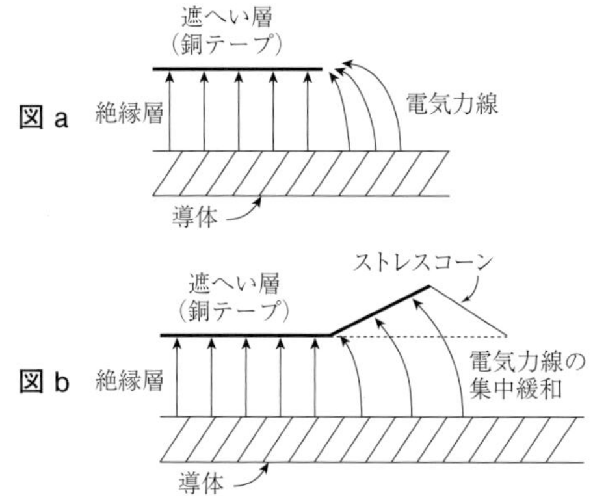

問 31　イ

②に示す高圧地中引込線を管路式により施設する場合は，管にはこれに加わる重量物の圧力に耐えるものを使用する．需要場所に施設する高圧地中電線路であって，その長さが 15 m 以下の場合は，電圧の表示を省略できる．また，金属製の管路は D 種接地工事を省略できる．高圧地中電線路と低圧地中電線路との離隔距離は 0.15m 以上，地中弱電流線との離隔距離は 0.3m 以上とするか，高圧地中電線を堅ろうな不燃性の管に収めて弱電流線と直接接触しないように施設する（電技解釈第 120 条，第 123 条，第 125 条）．

問 32　ロ

③に示す高圧ケーブルの施工で，高圧分岐ケーブル系統の地絡電流を検出するための零相変流器（ZCT）は，3 相とも ZCT 内を貫通させて使用する．これは，各相に流れる電流のベクトル和の大きさから地絡事故を検出するためである．

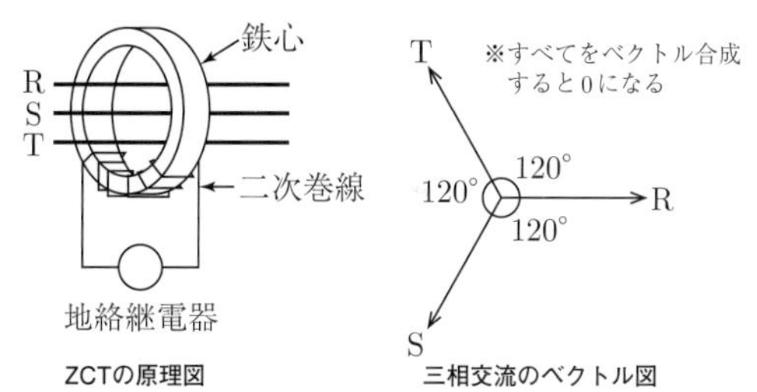

問 33　ニ

④に示す変圧器の防振または耐震対策を施す場合，直接支持するアンカーボルトだけでなく，ストッパーのアンカーボルトも引き抜き力，せん断力の両方を検討する必要がある．

問 34　イ

⑤に示す自動力率調整装置が施設された高圧進相コンデンサ設備は，開閉頻度が非常に多くなるので，負荷開閉の耐久性が高い高圧交流真空電磁接触器（VMC）が用いられる．高圧交流真空電磁接触器は、真空バルブ内で主接触子を電磁石の力で開閉する装置で，頻繁な開閉を行う高圧機器の開閉器として使用される．

問 35 ニ

電技解釈 17 条により，一般に B 種接地抵抗値の計算式は，

$$\frac{150\text{V}}{\text{変圧器高圧側電路の 1 線地絡電流 [A]}}\ [\Omega]$$

となる．ただし，変圧器の高低圧混触により低圧側電路の対地電圧が 150 V を超えた場合に，1 秒以下で自動的に高圧側電路を遮断する装置を設けるときは，計算式の 150 V は 600 V とすることができる．

問 36 ニ

労働安全衛生規則第 339 条により，高圧受電設備の電路を開放して作業をする場合の措置として，感電事故を防止するため，短絡接地器具を用いて確実に短絡接地することと定められている．この短絡接地器具の取り付け作業は，感電の危険を防止するため次の手順で行う．

①取り付けに先立ち，短絡接地器具の取り付け箇所の無充電を検電器で確認する．

②取り付け時には，まず接地側金具を接地線に接続し，次に電路側金具を電路側に接続する．

③取り付け中は，「短絡接地中」の標識をして注意喚起を図る．

④取り外し時には，まず電路側金具を外し，次に接地側金具を外す．

問 37 ニ

高圧受電設備の定期点検は，年に 1 回程度の頻度で，受電設備を停止させて，接地抵抗測定，絶縁抵抗測定，保護継電器装置の動作試験などを行う．このとき，接地抵抗測定に接地抵抗計，点検作業の安全対策として，高圧検電器，短絡接地器具を使用する．ニの検相器は使用しない．検相器は電気設備の改修工事などを行った際，相回転を確認するために使用される測定器である．

問 38 イ

電気工事士法第 2 条第 3 項，同法施行令第 1 条で定める軽微な工事（同法施行規則第 2 条第 1 項第 1 号イ～オ及び第 2 項イ，ロに明示されている作業以外の作業）は，電気工事士でなくても従事できる．なお，認定電気工事従事者とは，工場やビルなどの自家用電気工作物のうち，簡易な電気工事について必要な知識及び技能を有していると認定された者に交付される（同法第 4 条の 2 第 4 項）．

問 39 ハ

電気用品安全法において，電気用品とは，一般用電気工作物の部分となる機械，器具又は材料を指す．このため，電気用品安全法に基づいた表示のある電気用品でなければ，一般用電気工作物の工事に使用してはならない．また，電気用品のうち，特定電気用品とは，構造や使用の方法などから危険・傷害の発生するおそれが多い電気製品のことで，◇PSE と表示するが，電線など構造上表示スペースを確保することができない場合は <PS>E とすることができる．なお，定格電圧が 600V のゴム絶縁電線（公称電圧 22mm^2）は特定電気用品である（同法別表第 1）．

問 40 ハ

電技省令第 58 条により，電気使用場所における低圧電路の電線相互間および電路と大地との絶縁抵抗は，開閉器または過電流遮断器で区切ることのできる電路ごとに，次表の値以上でなければならない．

低圧電路の絶縁性能（電技省令第 58 条）

電路の使用電圧の区分		絶縁抵抗値
300 V 以下	対地電圧 150 V 以下	0.1 MΩ 以上
	その他の場合	0.2 MΩ 以上
300 V を超える低圧回路		0.4 MΩ 以上

問 41 ニ

①に示す部分は，遮断器と零相変流器の図記号なので，漏電遮断器（過電流保護付）である．零相変流器で地絡電流を検出し，遮断器が回路を遮断して電動機と配線の漏電事故を防止するために設置する．

問 42 ロ

この制御回路は，三相誘導電動機を押しボタンの操作で始動させ，タイマの設定時間で停止させる制御回路である．このため，②で示す部分には，三相誘導電動機の始動後，④に示すタイマの設定時間で停止させるための接点が必要である．このため，ロのブレーク接点（b 接

点）の限時動作瞬時復帰接点が正しい．イはメーク接点（a接点）の限時動作瞬時復帰接点，ハはメーク接点の瞬時動作限時復帰接点，ニはブレーク接点の瞬時動作限時復帰接点を示す．なお，限時動作瞬時復帰（オンディレー）とは，入力信号を受けると設定時間だけ遅れて動作し，入力信号がなくなると瞬間に復帰するタイマのことで，瞬時動作限時復帰（オフディレー）とは，入力信号を受けると瞬時に動作し，復帰するときに，設定時間だけ遅れて動作するタイマのことである．

問 43 ハ

③で示す接点の役割は，電磁接触器（MC）を自己保持するための接点である．押しボタンスイッチ（メーク接点スイッチ）を押すと電磁接触器（MC）が閉じ，同時に③の接点により自己保持され，押しボタンスイッチの接点が開放しても三相誘導電動機が運転する回路となっている．

問 44 ニ

④に示す図記号の文字記号 TLR は限時継電器（タイマ）を示すので，ニが正しい．この制御回路では，三相誘導電動機の運転時間を制御する目的でタイマが利用されている．なお，イは補助継電器（リレー），ロは電磁接触器（MC），ハはタイムスイッチ（TS）で時刻設定のダイヤルがある．

問 45 イ

⑤で示すブザー（BZ）の図記号は，イが正しい．熱動継電器（THR）が動作したときの警報としてランプ表示（SL−1）と共にブザー音で異常を知らせる制御回路となっている．なお，ロがサイレン，ハは音響信号装置（ベル，ホーン等），ニは片打ベル（旧図記号で現在は削除されている）の図記号である．

問 46 ニ

①で示す図記号の機器は零相変流器（ZCT）である．ZCT は地絡事故時に発生する零相電流を検出し，零相電圧を検出するコンデンサ形接地電圧検出装置（ZPD）と組合わせて地絡方向継電器を動作させるための装置である．

問 47 ニ

②に示す部分は GR 付 PAS（地絡継電装置付高圧交流負荷開閉器）の金属製外箱の接地なので，A 種接地工事を施す．したがって，電技解釈第 17 条により，人が触れるおそれがある場所に施設する場合は，接地線の地下 75 cm から地表上 2 m までの部分は，電気用品安全法の適用を受ける合成樹脂管（厚さ 2 mm 未満の合成樹脂製電線管及び CD 管を除く）又はこれと同等以上の絶縁効力及び強さのあるもので覆わなければならない．

問 48 ニ

③に設置する機器は，高圧交流負荷開閉器（LBS），零相変流器（ZCT），コンデンサ形接地電圧検出装置（ZPD）に接続されているので，地絡方向継電器（DGR）である．地絡方向継電器は，事故電流を零相変流器と，零相電圧を検出装置との組み合わせで検出し，その大きさと両者の位相関係で動作する継電器である．なお，イは地絡継電器（GR）ロは短絡方向継電器（DSR），ハは不足電流継電器（UCR）である．

問 49 イ

④で示す図記号は電力需給用計器用変成器（VCT）なので，イが正しい．電力需給用計器用変成器とは，計器用変圧器と変流器を一つの箱に組み込んだもので、電力量計と組み合わせて、電力測定における変成装置として用いる機器のことである．なお，ロは計器用変圧器（VT），ハは地絡継電装置付高圧交流負荷開閉器（GR 付 PAS），ニはモールド型直列リアクトル（SR）である．

問 50 ニ

⑤で示す部分の検電確認に用いるものは，ニの高圧・特別高圧用の検電器（風車式）である．イは断路器，LBS，PF 等の開閉操作に使用する操作用フック棒，ロは放電用接地棒，ハは高圧の検相器である．

● 2021 年度（令和 3 年度）午前 解答一覧 ●

問	1	2	3	4	5	6	7	8	9	10	11	12	13	14	15	16	17	18	19	20	21	22	23	24	25
答	イ	ハ	ハ	ニ	ロ	ハ	ロ	ロ	ロ	ハ	イ	ニ	イ	イ	ニ	イ	ハ	ロ	ロ	ニ	イ	ニ	ハ	ニ	イ

問	26	27	28	29	30	31	32	33	34	35	36	37	38	39	40	41	42	43	44	45	46	47	48	49	50
答	ハ	ロ	ニ	ハ	ニ	ロ	ニ	イ	ニ	ハ	ハ	ロ	ニ	ニ	ロ	ロ	ロ	イ	ハ	イ	ロ	ハ	ハ	イ	ニ

2021年度（令和3年度）午前 第一種電気工事士 筆記試験 解答・解説

〔問題 1．一般問題〕

問 1　イ

コイルに蓄えられるエネルギー W_L[J] は，インダクタンス L[H]，コイルを流れる電流 I[A] から次のように求まる．

$$W_L = \frac{1}{2}LI^2 = \frac{1}{2}\times 4\times 10^{-3}\times 10^2$$
$$= 2\times 10^{-3}\times 10^2 = 2\times 10^{-1} = 0.2\,\mathrm{J}$$

また，コンデンサ C の端子電圧 V_C[V] は，抵抗 R[Ω] の電圧 V_R[V] と等しい，

$$V_C = V_R = IR = 10\times 2 = 20\,\mathrm{V}$$

このため，コンデンサ C に蓄えられるエネルギー W_C[J] は，静電容量 C[F]，コンデンサの端子電圧 V_C[V] から次のように求まる．

$$W_C = \frac{1}{2}CV^2 = \frac{1}{2}\times 2\times 10^{-3}\times 20^2$$
$$= 1\times 10^{-3}\times 400 = 0.4\,\mathrm{J}$$

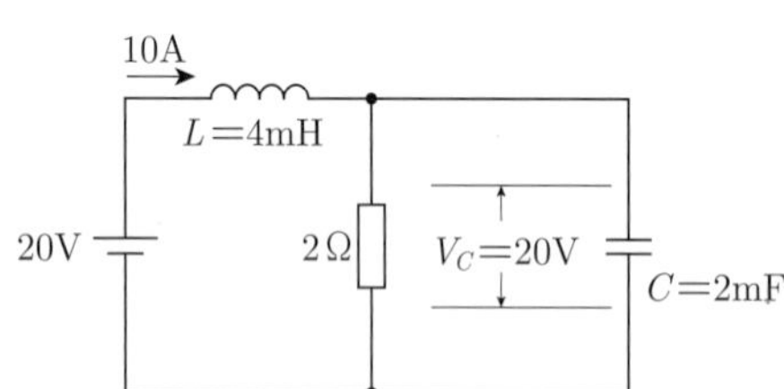

問 2　ハ

図のブリッジ回路は，相対する抵抗の積が等しく，平衡条件を満たしている．このため，3Ω のブリッジ抵抗は無視できるので，下図のように表せる．

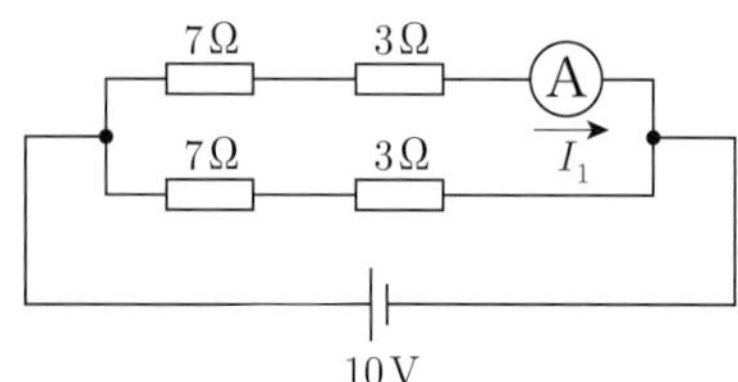

これより，電流計に流れる電流 I_1[A] は次のように求まる．

$$I_1 = \frac{10}{7+3} = \frac{10}{10} = 1.0\,\mathrm{A}$$

問 3　ハ

定格電圧 100 V，定格消費電力 1 kW の電熱器の電熱線の抵抗 R[Ω] は，

$$R = \frac{V^2}{P} = \frac{100^2}{1000} = 10\,\Omega$$

電熱線が全長 10% のところで断線し，残り 90% の抵抗 R'[Ω] の電熱線を電圧 100 V で使用したときの消費電力 P'[W] は，

$$P' = \frac{V^2}{R'} = \frac{100^2}{10\times 0.9} = \frac{10000}{9}\,\mathrm{W} = \frac{10}{9}\,\mathrm{kW}$$

この電熱器を 1 時間（=3600 秒）使用したときに発生する熱量 Q[kJ] は次のように求まる．

$$Q = P't = \frac{10}{9}\times 3600 = 4000\,\mathrm{kJ}$$

問 4　ニ

図の RLC 直列回路のインピーダンス Z[Ω] は，

$$Z = \sqrt{R^2 + \left(X_L - X_C\right)^2}$$
$$= \sqrt{4^2 + (6-3)^2} = \sqrt{25} = 5\,\Omega$$

これより力率 $\cos\theta$ は，次のように求まる．

$$\cos\theta = \frac{R}{Z} = \frac{4}{5} = 0.8 = 80\,\%$$

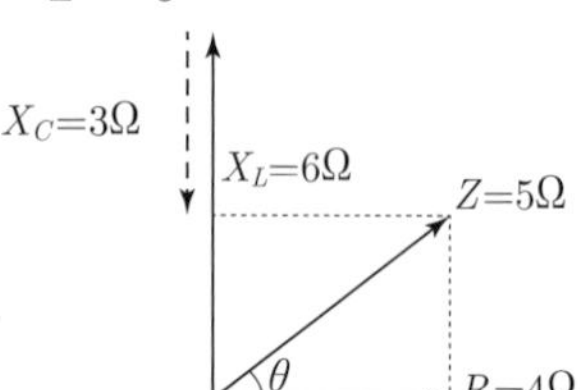

問 5　ロ

図の三相交流回路で，△回路を Y 回路に変換すると，1 相分の誘導性リアクタンス X_L'[Ω] は，

$$X_L' = \frac{X_L}{3} = \frac{9}{3} = 3\,\Omega$$

これより，Y 回路の 1 相分のインピーダンス Z[Ω] は，

$$Z = \sqrt{R^2 + X_L{}^2} = \sqrt{4^2 + 3^2} = \sqrt{25} = 5\,\Omega$$

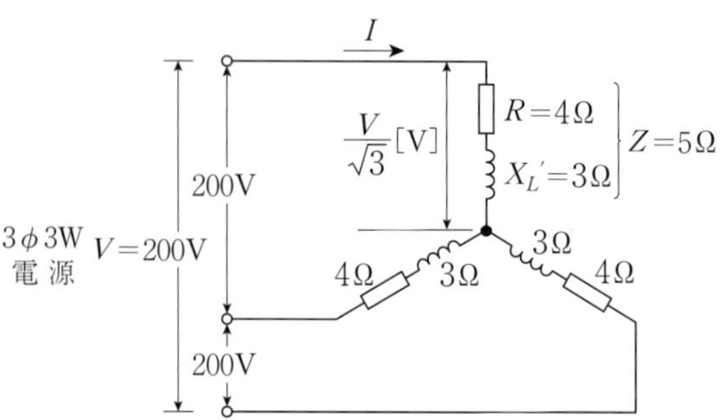

Y 回路の相電圧 V_P[V] は線間電圧 V[V] の $1/\sqrt{3}$ なので，線路電流 I[A] は次のように求まる．

$$I = \frac{V_P}{Z} = \frac{V/\sqrt{3}}{Z} = \frac{V}{\sqrt{3}Z} = \frac{200}{\sqrt{3}\times 5} = \frac{40}{\sqrt{3}}\ \mathrm{A}$$

問 6　ハ

線路電流を I[A]，電圧を V[V] とすると，単相 2 線式電路の 1 線当たりの供給電力 P_2[W] と，単相 3 線式電路の 1 線当たりの供給電力 P_3[W] は，

$$P_2 = \frac{VI}{2}\,[\mathrm{W}],\quad P_3 = \frac{2VI}{3}\,[\mathrm{W}]$$

これより，単相 3 線式電路と単相 2 線式電路の電線 1 線当たりの供給電力の比は以下のように求まる．

$$\frac{P_3}{P_2} = \frac{\dfrac{2VI}{3}}{\dfrac{VI}{2}} = \frac{2VI}{3}\times\frac{2}{VI} = \frac{4}{3}$$

問 7　ロ

百分率インピーダンス %Z[%] は，基準線間電圧を V[V]，基準電流を I[A]，1 相当たりのインピーダンスを Z[Ω] とすると次式で表せる．

$$\%Z = \frac{IZ}{V/\sqrt{3}}\times 100 = \frac{\sqrt{3}IZ}{V}\times 100\,[\%]$$

この式からインピーダンス Z [Ω] は，

$$Z = \frac{V\times\%Z}{\sqrt{3}I\times 100}\,[\Omega]$$

三相短絡電流 I_S[A] は，電源側の電圧 V[V] と電源から短絡箇所までのインピーダンス Z[Ω] から次式で求まる．

$$I_S = \frac{V/\sqrt{3}}{Z} = \frac{V}{\sqrt{3}Z}\,[\mathrm{A}]$$

この式にインピーダンス Z の式を代入すると，

$$I_S = \frac{V}{\sqrt{3}Z} = \frac{V}{\sqrt{3}}\times\frac{\sqrt{3}I\times 100}{V\times\%Z} = \frac{I}{\%Z}\times 100\,[\mathrm{A}]$$

これより，三相短絡容量 P_S[V·A] は次式で求めることができる．

$$P_S = \sqrt{3}I_S V = \sqrt{3}\times\frac{I}{\%Z}\times 100\times V$$
$$= \frac{\sqrt{3}IV}{\%Z}\times 100\,[\mathrm{V\cdot A}]$$

問 8　ロ

電線の水平張力 T は，力の平衡により次式で求められる．

$$T = \frac{T_S}{安全率}\times\sin\theta = \frac{24.8}{2}\times\frac{1}{2} = 6.2\,\mathrm{kN}$$

問 9　ロ

力率改善前の遅れ力率 $\cos\theta_1 = 0.6$ のときの無効電力 Q_1[kvar] は，

$$Q_1 = P\times\tan\theta_1 = 120\times 1.33 = 159.6\,\mathrm{kvar}$$

力率改善後の遅れ力率 $\cos\theta_2 = 0.8$ のときの無効電力 Q_2[kvar] は，

$$Q_2 = P\times\tan\theta_2 = 120\times 0.75 = 90\,\mathrm{kvar}$$

これより，力率改善に必要なコンデンサの容量 Q[kvar] は次のように求まる．

$$Q = Q_1 - Q_2 = 159.6 - 90 = 69.6 \fallingdotseq 70\,\mathrm{kvar}$$

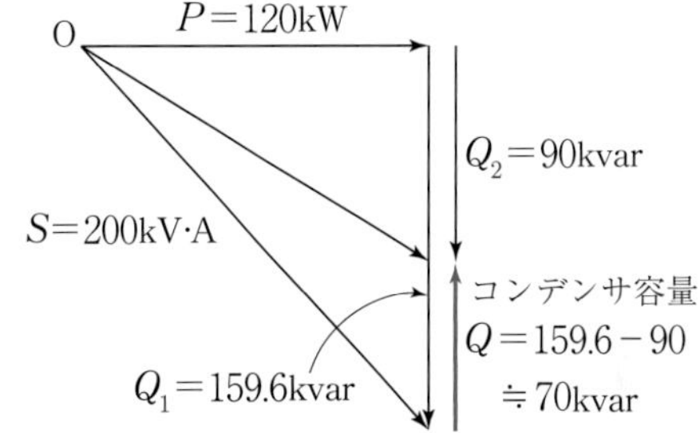

問 10　ハ

三相誘導電動機の電圧 V [V]，負荷電流 I[A]，力率 $\cos\theta$[%]，効率 η[%] とすると，この電動機の出力 P[W] は次のように求まる．

$$P = \sqrt{3}VI\cos\theta\eta = \sqrt{3}\times 200\times 10\times 0.8\times 0.9$$
$$= 2491\,\mathrm{W} \fallingdotseq 2.5\,\mathrm{kW}$$

問 11　イ

光源 I[cd] から r [m] 離れた点の照度 E [lx] は次式のように求まる．

$$E = \frac{I}{r^2} = \frac{1000}{2^2} = 250\,\mathrm{lx}$$

点光源
光度 I[cd]
r[m]
照度 E[lx]
床　面

問 12　ニ

変圧器の損失には，無負荷損と負荷損がある．負荷損の大部分は銅損で，負荷電流の 2 乗に比例して増加する．このため，負荷電流が 2 倍になれば銅損は 4 倍になる．また，無負荷損の大

部分はヒステリシス損と渦電流損からなる鉄損で，負荷電流の大きさに関係なく一定である．また，銅損と鉄損が等しいとき，変圧器の効率は最大となる．この関係を表すと下図のようになる．

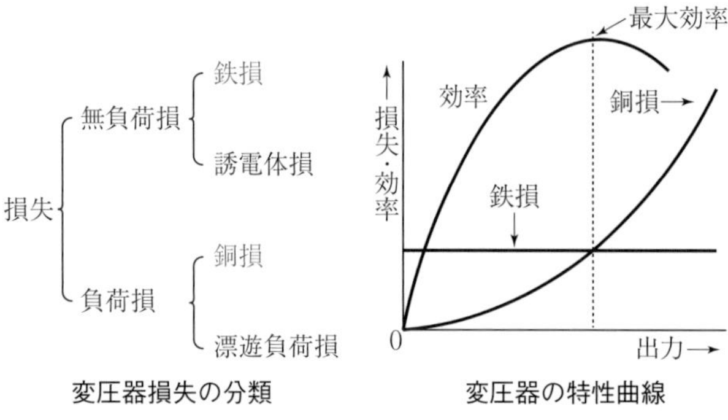

変圧器損失の分類　　変圧器の特性曲線

問13 イ

図の整流回路は，交流の半周期間分を直流に変換する単相半波整流回路である．電源電圧 v は実効値 100 V の正弦波なので，出力電圧の最大値は 141 V となる．また，ダイオードは正方向の電流だけを流す性質があるため，正弦波の半周期分の電圧のみ出力するが，平滑コンデンサの蓄放電効果により，電圧波形 v_0 は平滑化された波形として出力される．

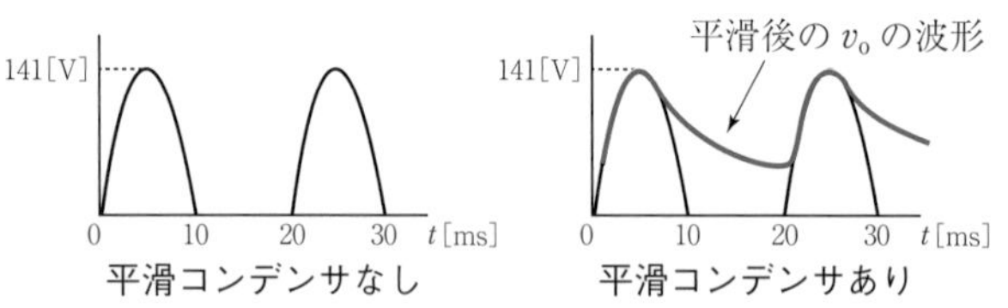

平滑コンデンサなし　　平滑コンデンサあり

問14 イ

写真で示す電磁調理器（IH 調理器）の加熱原理は誘導加熱である．誘導加熱とは，交番磁界中に鉄などの導電性物質を置くと，導電性物質中には電磁誘導作用により渦電流が発生する．この渦電流により発生したジュール熱を利用した加熱方法のことである．

問15 ニ

写真に示す雷保護用として施設される機器は，サージ防護デバイス（SPD）である．SPD とは，雷などによって生じる過渡的な異常高電圧（雷サージ）が電力線を伝わり電気設備に侵入するのを防止する機器のことである（JIS C 5381−11）．

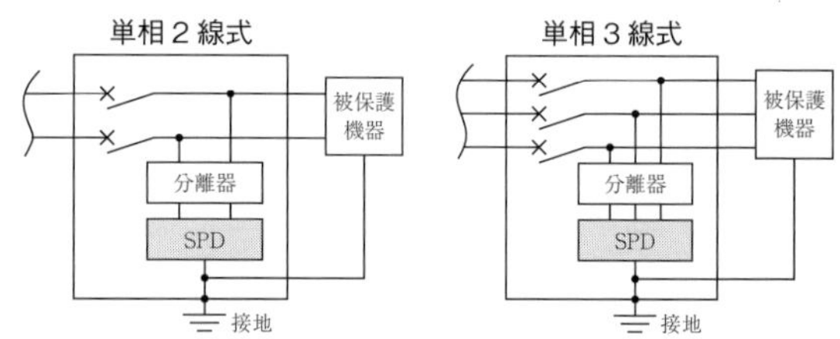

問16 イ

火力発電所で採用されている大気汚染を防止する環境対策のうち，電気集じん器は燃焼ガス中に含まれるばいじんを除去するために用いる装置なので，イが誤りである．また，この他の環境対策として，窒素酸化物を除去する排煙脱硝装置や硫黄酸化物を除去する排煙脱硫装置を設けること，硫黄酸化物をほとんど排出しない液化天然ガスを燃料として使用するガスタービン発電を採用するなどの方策がある．

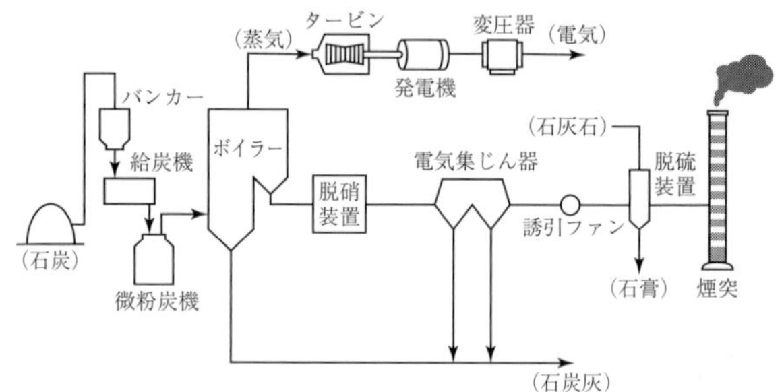

問17 ハ

電線相互取り付けられる相間スペーサは，風雪などの影響などによる電線同士の接触（ギャロッピング現象）防止のために取り付ける装置なので，ハが誤りである．

なお，架空送電線の雷害対策には，架空地線や避雷器を設置することや，がいしにアークホーンを取り付けるなどの方策がある．

問18 ロ

電線 1 m 当たりの重量を W[N/m]，水平引

張強さを T[N]，水平径間を S[m] とすると，電線のたるみ D[m] は次式で求められる．

$$D = \frac{WS^2}{8T}\,[\mathrm{m}]$$
$$= \frac{20 \times 120^2}{8 \times 12\,000} = \frac{20 \times 14\,400}{8 \times 12\,000} = \frac{1800}{600} = 3\,\mathrm{m}$$

問 19　ロ

高調波とは，ひずみ波交流に含まれる基本波の整数倍の周波数をもつ正弦波のことで，電力系統には，第 5 次，第 7 次などの比較的周波数の低い成分が大半であるが，この発生源には，電動機などに使用されるインバータ，無停電電源装置（UPS）に使用されるサイリスタ整流器や PWM コンバータなどがある．なお，高調波は，電動機に過熱などの影響を与えることがあり，高圧進相コンデンサには高調波対策として，直列リアクトルを設置することが望ましい（高圧受電設備規程 3110，3120）．

問 20　ニ

高圧交流遮断器の定格電圧 V_N[kV]，定格遮断電流 I_S[kA] とすると，遮断容量 P_S[MV·A] は次式で求められる．

$$P_S = \sqrt{3}V_N I_S$$
$$= \sqrt{3} \times 7.2 \times 12.5 = 155.7 \fallingdotseq 160$$

問 21　イ

高圧受電設備の雷保護に使用される避雷器は，引込口近くに設置され，雷撃などによる過大電圧に伴う電流を大地に分流することによって過大電圧を制限し，過大電圧が過ぎ去った後に，電路を速やかに健全な状態に復帰させる機能を有している．避雷器には，酸化亜鉛（ZnO）素子が使用され，この素子は通常は絶縁体であるが，一定以上の電圧が加わると導体となる特性を利用して，過大電圧を抑制している．

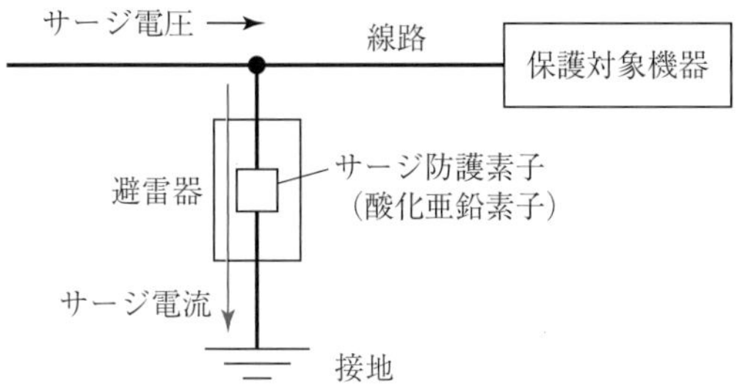

問 22　ニ

写真に示す機器は真空遮断器で，略号（文字記号）は VCB（Vacuum Circuit Breaker）である．真空遮断器は，真空バルブ（円筒形の絶縁容器）の中で接点を開閉する遮断器で，小形軽量で遮断性能に優れている．

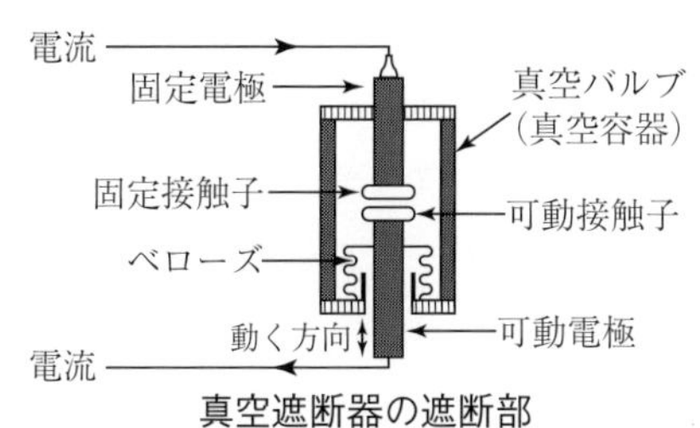

真空遮断器の遮断部

問 23　ハ

写真に示す品物は高圧耐張がいしである．高圧耐張がいしは，電柱などの支持物に電線を引き留めるときに使用され，通常は使用電圧などに応じて複数個連結して使用される（JIS C 3826）．

問 24　ニ

抜止形コンセントは，プラグを回転させることによって容易に抜けない構造としたものであるが，プラグは一般のものを使用するので，ニが誤りである．コンセントの刃受が円弧状で，専用のプラグを使用するのは引掛形コンセントである（内線規程 3202－2，3 表）．

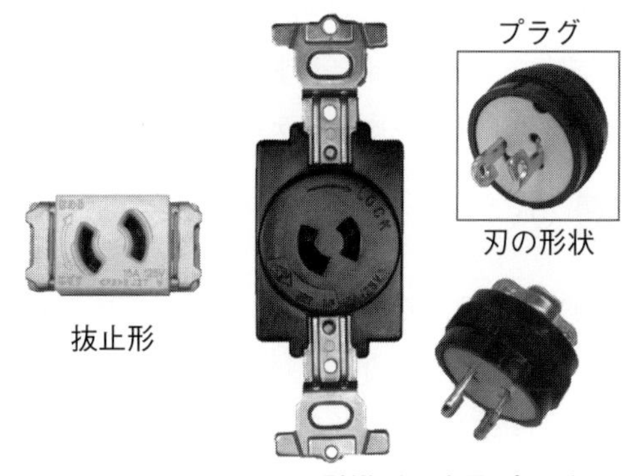

引掛形と専用プラグ

問 25　イ

絶縁電線の許容電流は，絶縁電線の連続使用に際し，電流による発熱により，電線の絶縁物が著しい劣化をきたさないようにするための限界の電流値のことである．この許容電流は，使用される絶縁物の最高許容温度によって決まってくるもので，ビニル絶縁電線の最高許容温度は 60℃である（内線規程 1340−3 表）．

問 26　ハ

写真に示すもののうち，CVT150 mm^2 のケーブルを，ケーブルラック上に延線する作業では，ハの油圧式パイプベンダは一般的に使用しない．油圧式パイプベンダは金属管の曲げ作業に使用する工具である．なお，イはケーブルジャッキ，ロは延線ローラ，ニはケーブルグリップで，一般的なケーブル延線作業に使用される．

問 27　ロ

電技解釈第 164 条により，ケーブル工事による低圧屋内配線で，電線を造営材の下面または側面に沿って取り付ける場合，支持点間の距離はケーブルにあっては 2 m 以下（接触防護措置を施した場所において垂直に取り付ける場合は 6 m 以下）である．

問 28　ニ

電技解釈第 176 条により，可燃性ガスが存在する場所での低圧屋内配線は，金属管工事かケーブル工事（キャブタイヤケーブルを除く）により施工し，電動機の端子箱との接続部に可とう性を必要とする場合は，電技解釈第 159 条に定めるフレキシブルフィッチングを使用しなければならない．この部分に金属製可とう電線管を使用することはできないので，ニが誤りである．なお，移動電線には 3 種と 4 種のクロロプレンキャブタイヤケーブルを使用できる．

問 29　ハ

電技解釈第 163 条により，使用電圧 300 V 以下のバスダクト工事は，防護措置の有無にかかわらず D 種接地工事を施さなくてはならないので，ハが誤りである．使用電圧 300 V を超える場合は C 種接地工事を施すが，接触防護措置を施す場合は D 種接地工事によることができる．また，ダクト内部に水が浸入してたまらないように施工し，ダクトを造営材に取り付ける場合は支持点間の距離を 3 m（取扱者以外立入できない場所で垂直に取り付ける場合は 6 m）以下とし堅ろうに取り付ける．

問 30　ニ

GR 付 PAS の地絡継電器（GR）は，需要家内のケーブルが長い場合，対地静電容量が大きく，他の需要家の事故で不必要動作する可能性があるので，地絡方向継電器（DGR）を設置することが望ましい．また，地絡方向継電器も地絡継電器と同様に波及事故を防止するため，一般送配電事業者側との保護協調をとる必要がある．

問 31　ロ

造営物に取り付けた低圧電線，管灯回路の配線，弱電流線などと高圧ケーブルが接近する場合，0.15 m 以上離して施設しなくてはいけない．なお，A 種接地工事の接地線は，地下 75 cm から地表上 2 m までの部分は，合成樹脂管（CD 管を除く）で覆うこと．高圧屋側電線路に使用するケーブルを造営材の側面に沿って垂直に取り付ける場合は，支持点間 6 m（側面または下面に取り付ける場合は 2 m）以下とする．高圧引込ケーブルを造営材に堅ろうな管またはトラフに収め，取扱者以外の者が容易に開けることができない構造を有する堅ろうなふたを設けなければならない（電技解釈第 111 条 3，第 17 条，第 111 条 2，第 114 条）．

問 32　ニ

車道など，車両その他の重量物の圧力を受けるおそれがある場所の地中にケーブルを施設する場合，管路式にあっては，管径が 200 mm 以下で JIS に適合するポリエチレン被覆鋼管，硬質ポリ塩化ビニル電線管（VE），硬質ポリ塩化ビニル管（VP），波付硬質合成樹脂管（FEP）を使用し，地表面（舗装下面）から 0.3 m 以上の埋設深さで施設する．また，直接埋設式で施設する場合は，コンクリートトラフを使用し，埋設深さは 1.2 m 以上なければならない（高圧受電設備規程 1120−3）．

問 33　イ

④に示す PF･S 形の主遮断装置は，高圧限流ヒューズ（PF）と高圧交流負荷開閉器（LBS）を組み合わせたもので，短絡電流が流れたときは，高圧限流ヒューズで遮断するため，過電流

継電器を必要としない．高圧限流ヒューズは，遮断時にはストライカと呼ばれる動作表示器が突出することでLBSを開放する．絶縁バリアは，高圧限流ヒューズが溶断したときに他相などへアークなどの影響を与えないように設けられるものである．

問 34 ニ

高圧計器用変成器の2次側電路にはD種接地工事を施し，接地線の最小太さは直径1.6mm（≒断面積2mm^2）以上の軟銅線を使用しなくてはならないので，ニが正しい．イの高圧電路と低圧電路を結合する変圧器の金属製外箱，ロのLBSの金属製部分，ハの高圧進相コンデンサの金属製外箱にはA種接地工事を施し，接地線の最小太さは直径2.6mm（≒断面積5.5mm^2）以上の軟銅線を使用する（電技解釈第17条，第28条，第29条）．

問 35 ハ

高圧計器用変成器の二次側電路にはD種接地工事を施さなくてはならない．使用電圧400Vの電動機の鉄台にはC種接地工事，高圧電路に施設する外箱のない変圧器の鉄心にはA種接地工事，6.6kV/210Vの変圧器の低圧側の中性点にはB種接地工事を施さなくてはならない（電技解釈第24条，第28条，第29条）．

機械器具の金属製外箱等の接地（電技解釈第29条）

機械器具の使用電圧の区分		接地工事
低圧	300V以下	D種接地工事
	300V超過	C種接地工事
高圧又は特別高圧		A種接地工事

問 36 ハ

高圧ケーブルの絶縁抵抗の測定を行うとき，絶縁抵抗計の保護端子（ガード端子）を使用する目的は，絶縁物の表面を流れる漏れ電流による誤差を防ぐためである．

問 37 ロ

電技解釈第15条第1項第2号により，高圧電路に使用するケーブルの絶縁耐力試験を直流電圧で行う場合，交流の電路において規定する試験電圧の2倍の直流電圧を電路と大地間に連続して10分間加えることと定められている．このため，公称電圧6.6kVの電路に使用するケーブルの絶縁耐力試験を直流電圧で行う場合の試験電圧[V]の計算式は次のようになる．

高圧電路の試験電圧（電技解釈第15条）

電路の種類		試験電圧
最大使用電圧7000V以下	交流の電路	最大使用電圧*の1.5倍の交流電圧

$$*\text{最大使用電圧} = \text{公称電圧} \times \frac{1.15}{1.1}$$

$$\text{直流試験電圧} = \text{公称電圧} \times \frac{1.15}{1.1} \times 1.5 \times 2$$

$$= 6\,600 \times \frac{1.15}{1.1} \times 1.5 \times 2$$

問 38 ニ

電気工事士法第2条3項，同法施行令第1条により，600V以下で使用する電気機器（配線器具を除く）などに電線（コード，キャブタイヤケーブルを含む）を接続する作業は，軽微な工事として電気工事士でなくても従事できる．なお，同法施行規則2条により，ダクトに電線を収める作業，電線管を曲げ電線管相互を接続する作業，金属製の線ぴを建造物の金属板張りの部分に取り付ける作業は，電気工事士でなければ従事できない．

問 39 ニ

電気工事業の業務の適正化に関する法律第17条の2，第19条により，通知電気工事業者とは，自家用電気工作物の電気工事のみを行う電気工事業者のことで，主任電気工事士の配置は義務付けられていない．なお，同法第24条では器具の備え付け，第25条では標識の掲示，第26条では帳簿の備付について規定している．

問 40 ロ

電技省令第2条により，交流電圧の高圧の範囲は，600Vを超え7000V以下と定められている．

電圧の種別（電技省令第2条）

種別	交流	直流
低圧	600V以下	750V以下
高圧	600Vを超え7000V以下	750Vを超え7000V以下
特別高圧	7000Vを超えるもの	

〔問題 2. 配線図〕

問 41 ロ

①で示す機器は零相基準入力装置（ZPD）である．地絡事故が発生したときに零相電圧 V_0 を検出し，零相変流器（ZCT）と組み合わせて地絡方向継電器（DGR）を動作させる機器である．

問 42 ロ

②で示す機器は地絡方向継電器なので，略号（文字記号）は，DGR である．地絡方向継電器は，地絡事故によって整定値以上の地絡電流と零相電圧が発生したときに動作する継電器である．なお，OVGR は地絡過電圧継電器，OCR は過電流継電器，OCGR は地絡過電流継電器の略号である．

問 43 イ

③で示す部分は，6 600 V の高圧電路なので，銅シールドのある単心の CV ケーブル 3 本をより合わせた，イの 6 600V CVT ケーブルを使用する．なお，ロは 6 600 V CV ケーブル（3 心）．ハは 600 V VVR ケーブル（3 心）ニは 600 V CVT ケーブルである．

問 44 ハ

④で示す部分の図記号はケーブルヘッドである．この部分で使用されるのは，イのストレスコーン，ロのゴムとう管形屋外終端接続部，ニのケーブルブラケットとゴムスペーサである．この部分に，ハの避雷器は使用されない．

問 45 イ

⑤で示す機器の名称は不足電圧継電器で，制御器具番号は 27 である．問題の配線図では，停電時に非常用予備発電装置を運転するため，低圧側の電圧低下を検出する役割がある．なお，不足電流継電器（37）は $\boxed{I <}$，過電流継電器（51）は $\boxed{I >}$，過電圧継電器（59）は $\boxed{U >}$ の図記号で示される（高圧受電設備規程 1140−6 図(その 1)，JEM 1090，JIS C 0617）．

問 46 ロ

⑥に設置する機器は図記号から，ロの断路器（DS）である．なお，イは高圧カットアウト（PC），ハは真空遮断器（VCB），ニは絶縁バリア付の限流ヒューズ付高圧交流負荷開閉器（PF 付 LBS）である．

問 47 ハ

⑦に示す機器は高圧電路に設置する避雷器である．このため，避雷器には A 種接地工事を施し，接地線（軟銅線）の太さは 14 mm^2 以上を用いることと定められている（電技解釈第 37 条，高圧受電設備規程 1160−2 表）．

問 48 ハ

⑧にで示す部分に設置する機器は，計器用変圧器（VT）と計器用変流器（CT）の低圧側回路に接続されているので，電圧と電流要素を使用して計測する電力計（kW）と力率計（$\cos\theta$）が接続される．

問 49 イ

⑨に入る図記号は，一次側 6 600 V の高圧三相変圧器の金属製外箱に施される接地工事を示している．このため，電技解釈第 29 条により，A 種接地工事を施す．

機械器具の金属製外箱等の接地（電技解釈第 29 条）

機械器具の使用電圧の区分		接地工事
低圧	300V 以下	D 種接地工事
	300V 超過	C 種接地工事
高圧又は特別高圧		A 種接地工事

問 50 ニ

⑩で示す図記号の機器は直列リアクトルである．このため，ニの残留電荷の放電する役割としては設置されない．直列リアクトルは，進相コンデンサと直列に接続することで，コンデンサ回路の投入時に生じる突入電流を抑制し，電力系統の第 5 調波等の高調波障害の拡大を抑制することで，電圧波形のひずみを改善する効果がある（高圧受電設備規程 1150−9）．

問	1	2	3	4	5	6	7	8	9	10	11	12	13	14	15	16	17	18	19	20	21	22	23	24	25
答	ハ	ロ	ハ	ニ	ハ	ロ	ロ	ハ	イ	ニ	ニ	ロ	ロ	ロ	ハ	イ	ニ	ロ	ロ	イ	イ	ロ	イ	ロ	イ

問	26	27	28	29	30	31	32	33	34	35	36	37	38	39	40	41	42	43	44	45	46	47	48	49	50
答	ロ	ニ	ニ	イ	ロ	ロ	ハ	イ	イ	ハ	イ	ハ	ニ	ニ	イ	イ	ニ	ハ	イ	ハ	ニ	ロ	ニ	ハ	ニ

2021年度（令和3年度）午後 第一種電気工事士 筆記試験 解答・解説

〔問題 1．一般問題〕

問 1　ハ

空気中に距離 r[m] 離れて，2 つの点電荷 $+Q$[C] と $-Q$[C] があるとき，これらの点電荷に力 F[N] が働く．この力の大きさは，それぞれの電荷の積に比例し，距離の 2 乗に反比例する．この関係をクーロンの法則といい，比例定数 k とすると次式で表される．

$$F = k \times \frac{Q \times Q}{r^2} = k \times \frac{Q^2}{r^2}\ [\mathrm{N}]$$

この力の方向は，プラスの電荷どうし，マイナスの電荷どうしは反発力，プラスとマイナスの電荷どうしは引き合う力が働く性質がある．

問 2　ロ

図のように端子電圧と電流を定める．並列回路に加わる電圧 V_3[V] は，

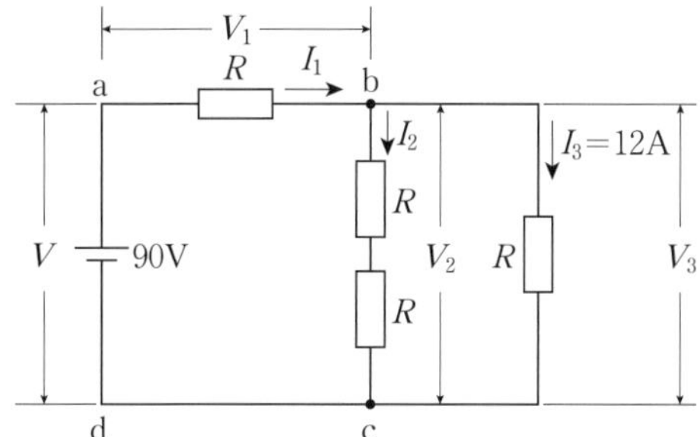

$$V_3 = I_3 R = 12R\ [\mathrm{V}]$$

並列回路の電圧 V_2 と V_3 は等しいので，I_2[A] は，

$$I_2 = \frac{V_2}{R+R} = \frac{12R}{R+R} = \frac{12R}{2R} = 6\,\mathrm{A}$$

合成電流 I_1[A] は，

$$I_1 = I_2 + I_3 = 6 + 12 = 18\,\mathrm{A}$$

電圧 V_1[V]，V_2[V] は，

$$V_1 = I_1 \times R = 18 \times R = 18R\ [\mathrm{V}]$$

$$V_2 = I_2 \times 2R = 6 \times 2R = 12R\ [\mathrm{V}]$$

電源電圧 V[V] と a−c 間の電圧 $V_1 + V_2$[V] は等しいので，抵抗 R[Ω] は次のように求まる．

$$V = V_1 + V_2$$

$$90 = 18R + 12R$$

$$R = \frac{90}{30} = 3\,\Omega$$

問 3　ハ

図のように RL 並列回路の電流を定めると，この回路の力率は次のように求まる．

$$\cos\theta = \frac{I_R}{\sqrt{I_R^{\,2} + I_L^{\,2}}} \times 100$$

$$= \frac{I_R}{I} \times 100 = \frac{15}{17} \times 100 \fallingdotseq 88\ [\%]$$

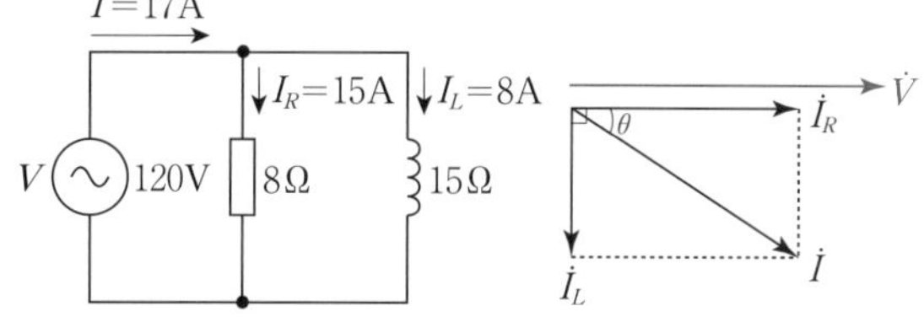

問 4　ニ

図の交流回路で，電流 I が最小になるのは，ベクトル図に示すように，I_L と I_C の大きさが等しくなったときに $I = I_R$[A] となり，I は最小となる．この条件を満たしている（$I_L = I_C = 10$A），ニが正しい．なお，この状態を並列共振という．

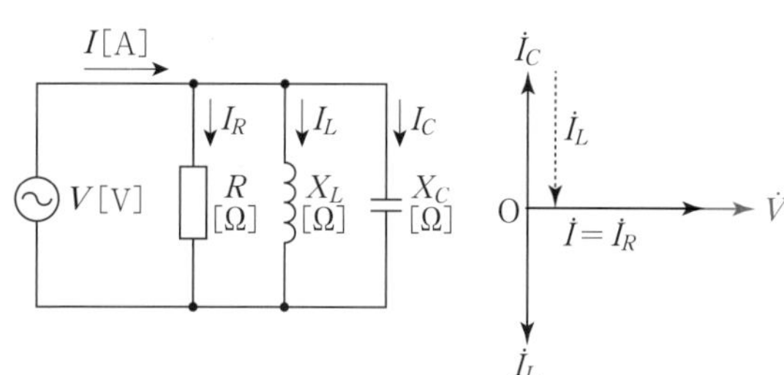

問 5　ハ

図の回路の 1 相当たりのインピーダンス Z[Ω] は，

$$Z = \sqrt{R^2 + X_L^{\,2}} = \sqrt{12^2 + 16^2} = 20\,\Omega$$

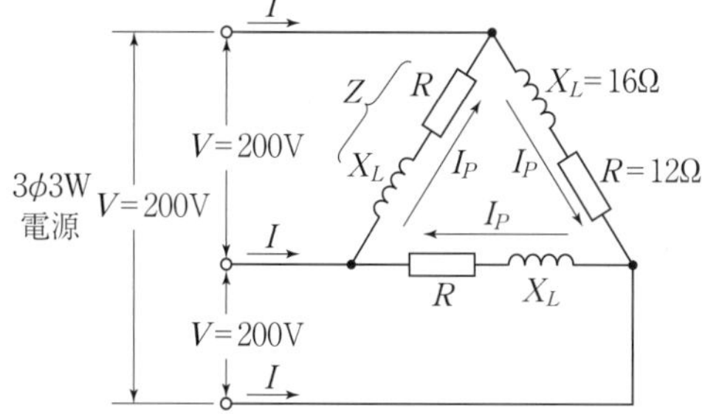

回路の相電流 I_P[A] は，

$$I_P = \frac{V}{Z} = \frac{200}{20} = 10\,\mathrm{A}$$

線電流 I は相電流 I_P の $\sqrt{3}$ 倍なので，次のように求まる．

$$I=\sqrt{3}\times I_P=\sqrt{3}\times 10=17.3\,\mathrm{A}$$

問 6　ロ

図の三相 3 線式配電線路で，負荷電流 I[A]，力率 0.9（進み力率），配電線路の抵抗 R[Ω] とリアクタンス X[Ω] とすると，電圧降下 $\varDelta V$ 式中の $XI\sin\theta$ の項は電圧上昇分になるので，符号はマイナスとなる．このため，電圧降下の $\varDelta V$ は次の近似式で表せる．

$$\begin{aligned}\varDelta V&=\sqrt{3}I(R\cos\theta-X\sin\theta)\\&=\sqrt{3}\times 20(0.8\times 0.9-1.0\times 0.436)\fallingdotseq 9.8\,\mathrm{V}\end{aligned}$$

これより，送電端電圧 V_S[V] は次のように求まる．

$$V_s=V_r+\varDelta V=6\,700+9.8\fallingdotseq 6\,710\,\mathrm{V}$$

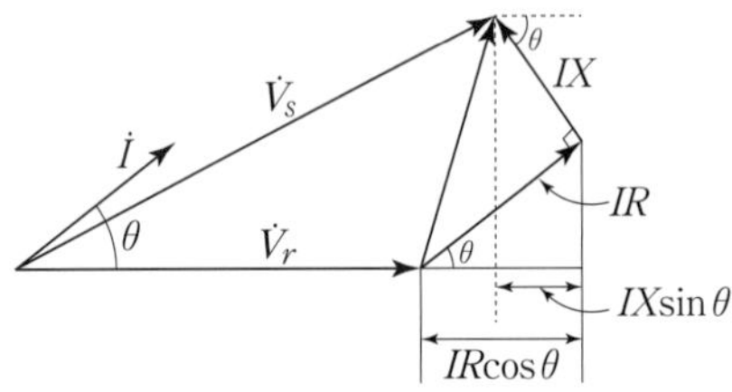

問 7　ロ

配電線路の電力損失を最小とするには，負荷の力率を 1.0 にするために必要なコンデンサを設置すればよい．配電線路の三相負荷は，定格消費電力 20kW，遅れ力率 0.8 なので，力率 1.0 とするためのコンデンサ容量 Q[kvar] は次のように求まる．

$$S=\frac{20}{0.8}=25\,\mathrm{kV\cdot A}$$

$$Q=\sqrt{S^2-P^2}=\sqrt{25^2-20^2}=15\,\mathrm{kvar}$$

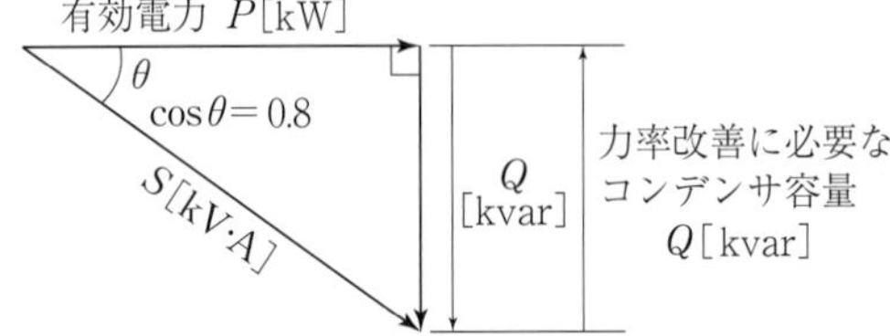

問 8　ハ

三相配電線系統の基準容量 P[MV·A]，線間電圧 V[kV]，基準電流 I[A]，1 相当たりのインピーダンス Z_S[Ω] とすると，百分率インピーダンス Z[%] は次式のように表せる．

$$\begin{aligned}Z&=\frac{Z_SI}{V/\sqrt{3}}\times 100=\frac{Z_SI}{V/\sqrt{3}}\times\frac{\sqrt{3}V}{\sqrt{3}V}\times 100\\&=\frac{\sqrt{3}VZ_SI}{V^2}\times 100=\frac{PZ_S}{V^2}\times 100\,[\%]\end{aligned}$$

この式から，1 相当たりのインピーダンス Z_S[Ω] は，

$$Z_S=\frac{Z}{100}\times\frac{V^2}{P}=\frac{ZV^2}{P\times 100}\,[\Omega]$$

線間電圧 V[kV]，受電点までのインピーダンス Z_S[Ω]，基準容量 $P=10$[MV·A] から，三相短絡電流 I_S[A] は，次式のように求められる．

$$\begin{aligned}I_S&=\frac{V/\sqrt{3}}{Z_S}=\frac{V}{\sqrt{3}}\times\frac{P\times 100}{ZV^2}\\&=\frac{P\times 100}{\sqrt{3}ZV}=\frac{10\times 100}{\sqrt{3}ZV}=\frac{1\,000}{\sqrt{3}ZV}\,[\mathrm{A}]\end{aligned}$$

問 9　イ

回路を図のように書き換えると，Y 回路の 1 相あたりのリアクタンス X[Ω] は，

$$X=X_C-X_L\,[\Omega]$$

Y 回路の相電圧 V_P は線間電圧 V の $1/\sqrt{3}$ なので電流 I[A] は，

$$I=\frac{V/\sqrt{3}}{X_C-X_L}=\frac{V}{\sqrt{3}(X_C-X_L)}\,[\mathrm{A}]$$

この回路の無効電力 Q[var] は，

$$\begin{aligned}Q&=3I^2X\\&=3\times\left\{\frac{V}{\sqrt{3}(X_C-X_L)}\right\}^2\times(X_C-X_L)\\&=3\times\frac{V^2}{3(X_C-X_L)^2}\times(X_C-X_L)=\frac{V^2}{X_C-X_L}\,[\mathrm{var}]\end{aligned}$$

問 10　ニ

三相かご形誘導電動機の始動方法には，全電圧始動（直入れ），スターデルタ始動（Y－△始動），リアクトル始動などがある．ニの二次抵抗始動は，三相巻線形誘導電動機に用いられる始

動法で，二次側（回転子側）に始動抵抗器を接続し，一次電流を制限しながら抵抗器を調整して始動トルクを大きくしていく始動法のことである．

問 11　ニ

変圧器の一次側の電圧 V_1[V]，電流 I_1[A]，二次側の電圧 V_2[V]，負荷抵抗 R[Ω] とすると，一次側の電力 P_1[W]，二次側の電力 P_2[W] は次のように表せる．

$$P_1 = V_1 \times I_1 = 2000 \times 1 = 2000\,\mathrm{W}$$

$$P_2 = \frac{V_2^2}{R} = \frac{V_2^2}{20}\,[\mathrm{W}]$$

変圧器の損失は無視すると，一次側の電力 P_1[W] と二次側の電力 P_2[W] は等しくなるので，二次側の電圧 V_2[V] は次のように求まる．

$$2000 = \frac{V_2^2}{20}$$

$$V_2^2 = 2000 \times 20 = 40000$$

$$V_2 = \sqrt{40000} = 200\,\mathrm{V}$$

問 12　ロ

電磁調理器（IH 調理器）の加熱方式は誘導加熱である．誘導加熱とは，鉄鍋などの導電性物質を交番磁界中に置くと，電磁誘導の原理によって，渦電流が発生する．この渦電流によって発生するジュール熱を利用した加熱方法である．

問 13　ロ

LED ランプに使用される LED チップ（半導体）の発光に必要な順方向電圧は，直流 3.5 V 程度である．また，LED ランプは，pn 接合した半導体に順方向に電圧を加えることで発光する半導体素子で，発光原理はエレクトロルミネセンス（EL）効果を利用したものである．LED を白色に発光させるため，青色 LED と黄色を発光する蛍光体を利用する方法などがある．

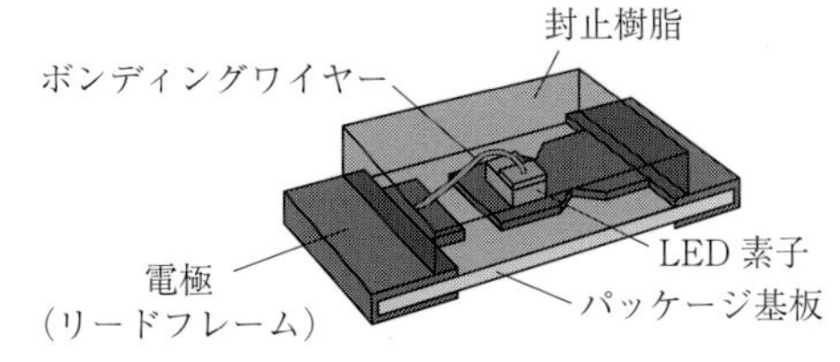

LED チップの構造

問 14　ロ

写真に示す三相誘導電動機の構造において，矢印で示す部分の名称は，回転子鉄心（ロータ）である．なお，一般的な三相誘導電動機は次のような構造になっている．

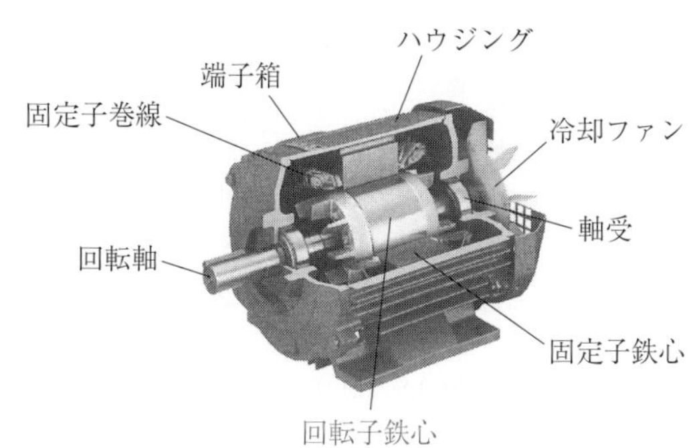

問 15　ハ

写真に示す機器の名称は，熱動継電器である．電動機などの過負荷保護装置として用いられる．過電流によりヒータの発熱を利用して動作させるので，熱動継電器と呼ばれる．

問 16　イ

水力発電所の水車の種類を適用落差の最大値の高いものから順に並べると次のようになる．

ペルトン水車　：高落差　200～1000m
フランシス水車：中高落差 50～600m
プロペラ水車　：低落差　5～80m

問 17　ニ

同期発電機を並行運転するには，次の条件を満たしていなくてはならない．発電容量は異なっても並列運転は可能なので，ニが誤りである．

・周波数が等しいこと
・電圧の大きさが等しいこと
・電圧の位相が一致していること

問 18　ロ

単導体方式と比較して，多導体方式を採用した架空送電線の特徴には次のようなものがある．このため，ロが誤りである．

・電流容量が大きく送電容量が増加する
・電線表面の電位の傾きが下がりコロナ放電が発生しにくくなる

2021 年度午後（令和 3 年度）解答と解説

・電線のインダクタンスが減少する
・電線の静電容量が増加する

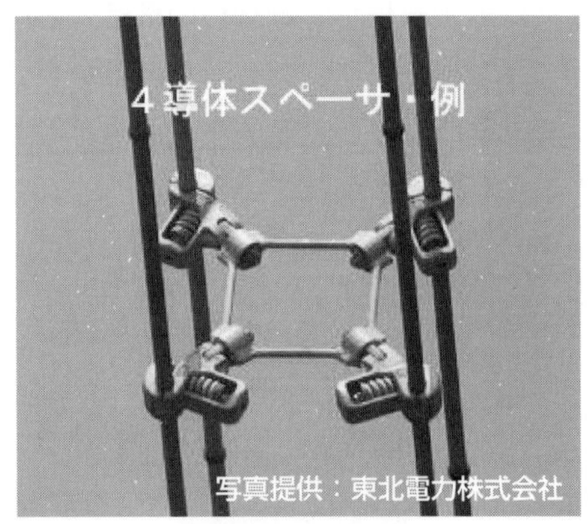

4導体スペーサ・例
写真提供：東北電力株式会社

問 19 ロ

ディーゼル機関の動作工程は，吸気→圧縮→爆発(燃焼)→排気であるので，ロが誤りである．また，ディーゼル発電装置の特徴には次のようなものがある．
・点火プラグが不要（圧縮着火機関）
・はずみ車が用いられる（回転むらを少なくする）
・非常用予備発電装置として使用される

問 20 イ

避雷器とは，雷などによる異常電圧が襲来したときに，内部放電させることで，大地との電圧上昇を抑えて機器を保護する装置で，引込口近くに設置される．現在はギャップレス避雷器が主流で，電圧電流特性が優れた酸化亜鉛（ZnO）素子が使用される．この素子は，通常は絶縁体であるが，雷サージが侵入した場合のみ導体となる特性があり，この性質を利用して，放電電流が大地に流れることにより，雷サージなどが低減され異常電圧を抑制する．

問 21 イ

電技解釈第 17 条により，B 種接地工事の接地抵抗値 R_B[Ω] は，変圧器の高圧側電路の 1 線地絡電流 I_g[A] から，次式で求められる．

$$R_B = \frac{150}{I_g}\,[\Omega]$$

（※150 は原則の数値で，高圧電路に設けた遮断装置の遮断時間により，300 又は 600 とする．）

問 22 ロ

写真に示す機器は高圧カットアウトなので，文字記号(略号)は PC である．高圧カットアウトは，高圧の配電路の開閉や，変圧器の一次側に設置して，開閉動作や過負荷保護用として使用される機器である．

問 23 イ

写真に示す機器は高圧進相コンデンサなので，高圧回路の力率を改善する機器である．直列リアクトルと組み合わせて使用される（高圧受電設備規程 1150−9，JIS C 4902−1）．

問 24 ロ

写真に示すコンセントは医用コンセントである．医用コンセントは病院などの医療施設の中でも手術室や集中治療室（ICU）などの特に重要な施設に使用されるコンセントである．コンセント本体は，耐熱性，耐衝撃性に優れたものになっており，電源の種別も容易に識別できるように，白色（商用電源），赤色（非常用電源），緑色（無停電非常電源）などに区分けされている．なお，電源や接地線の接続は，他のコンセントと同様に外れにくい構造となっている（内線規程 3202−3，JIS T 1021，JIS T 1022）．

問 25 イ

内線規程 1350−7 により，接地極には，銅板，銅棒，厚鋼電線管，銅覆鋼板などを用いなくてはならず，イのアルミ板は接地極として使用できない．

接地極の選定（内線規定 1350−7）

材質	形状
銅板	厚さ 0.7 mm 以上，大きさ 900 cm^2 以上
銅棒，銅溶覆鋼棒	直径 8 mm 以上，長さ 0.9 m 以上
厚鋼電線管	外径 25 mm 以上，長さ 0.9 m 以上
鉄棒（亜鉛めっき）	直径 12 mm 以上，長さ 0.9 m 以上

問 26 ロ

ロが誤りである．ロの工具は手動油圧式圧着器で，太い電線の圧着接続に使用する．材料はボルト形コネクタで，張力のかからない架空配電線の分岐や端末電線の接続に使用する．なお，イは張線器（シメラー）とちょう架用線にハンガー，ハはボードアンカー取付工具とボードアンカー，ニはリングスリーブ用圧着ペンチとリングスリーブ（E 形）で，工具と材料の組合せとして正しい．

問 27 ニ

電技解釈第 159 条により，金属管工事による低圧屋内配線の使用電圧が300Vを超える場合は，管にC種接地工事を施さなくてはならないが，接触防護措置を施す場合は，D種接地工事によることができるので，ニが正しい．なお，同条により，金属管工事には屋外用ビニル絶縁電線以外の絶縁電線を使用し，金属管内に接続点を設けてはならない．また，電技解釈第168条により，高圧屋内配線は，がいし引き工事（乾燥した展開場所に限る），ケーブル工事で施設する．金属管工事で施設してはいけない．

問 28　ニ

電技解釈第12条により，絶縁電線相互の接続は，電線の抵抗を増加させないように接続しなくてはならない．また，電線の接続は次のように行わなければならない．

・接続部分には接続管を使用すること
・接続部分の絶縁電線の絶縁物と同等以上の絶縁効力のあるもので十分被覆すること
・電線の引張強さを20％以上減少させないこと

問 29　イ

電技解釈第164条により，ケーブルを造営材の下面に沿って取り付ける場合は，ケーブルの支持点間の距離は2m以下（接触防護措置を施した場所で垂直に取り付ける場合は6m以下）としなければならない．また，低圧屋内配線の使用電圧が300V以下の場合は，防護措置の金属製部分にはD種接地工事を施す．

問 30　ロ

①に示すCVTケーブルの終端接続部の名称は，耐塩害屋外終端接続部である．CVTケーブル用差込形屋外耐塩害用終端接続部とも呼ばれている（JCAA：日本電力ケーブル接続技術協会 C3101）．

問 31　ロ

②に示す高圧ケーブルの太さを検討する場合は，高圧受電設備規程1120−1，1150−1により，電線の許容電流や短時間耐電流，電路の短絡容量などを考慮して決定する．電路の完全地絡時の1線地絡電流の検討は必要ない．

問 32　ハ

③に示すキュービクル式高圧受電盤内の主遮断装置に，限流ヒューズ付高圧交流負荷開閉器（PF付LBS）を使用できる受電設備の最大値は，高圧受電設備規定1110−5，1110−1表により，300kV·Aである．

問 33　イ

④に示す受電設備の維持管理に必要な定期点検として，絶縁耐力試験は，電気設備の新設や増設工事の終了時に行う試験であるため，通常の年次点検では行わない．一般的には次のような点検項目について実施する．

・外観点検　　・絶縁抵抗測定
・接地抵抗測定　　・保護継電器動作試験
・開閉器動作試験

問 34　イ

⑤に示す可とう導体を使用する主な目的は，低圧母線に銅帯を使用したとき，地震などによる過大な外力によるブッシングやがいし等の損傷を防止するためである．可とう導体には，母線に異常な過電流が流れたときの限流作用はない．

問 35　ハ

電技解釈14条により，使用電圧が低圧の電路で，絶縁抵抗測定が困難な場合においては，当該電路の使用電圧が加わった状態における漏えい電流が，1mA以下であることと定められている．なお，電技省令第58条により，電路の使用電圧に応じて，電路の電線相互間，電路と大地間の絶縁抵抗値は下表のように定められている．

低圧電路の絶縁性能（電技省令第58条）

電路の使用電圧の区分		絶縁抵抗値
300V以下	対地電圧150V以下	0.1MΩ以上
	その他の場合	0.2MΩ以上
300Vを超える低圧回路		0.4MΩ以上

問 36　イ

過電流継電器（OCR）の最小動作電流の測定と限時特性試験には，試験電源として摺動型単巻変圧器，試験電流を変化させるための可変抵抗器，動作電流の測定するための電流計，動作時間を測定するためにサイクルカウンタなどが使用される．しかし，通常の保護継電器試験では，これらの機器が内蔵された過電流継電器試験装置などの試験装置を使用するのが一般的である．

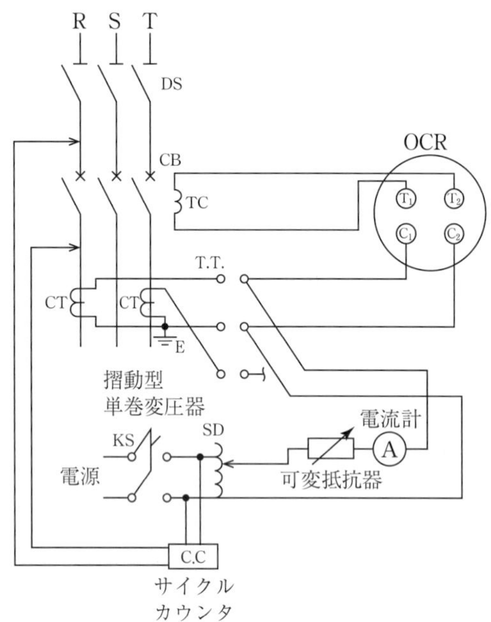

問 37 ハ

変圧器の絶縁油の劣化診断には，以下の試験がある．真空度測定は真空遮断器（VCB）の真空バルブの点検に行う試験である．

絶縁油の劣化診断試験

絶縁破壊電圧試験	絶縁破壊電圧を球状電極間ギャップに商用周波数の電圧を加えて測定する
全酸価試験	絶縁油の酸価度を水酸化カリウムを用いて測定する
水分試験	試薬による容量滴定方法や電気分解による電量滴定方法により行う
油中ガス分析	絶縁油中に含まれるガスから変圧器内部の異常を診断する

問 38 ニ

電気工事士法第 3 条により，自家用電気工作物（最大電力 500 kW 未満の需要設備）に係る電気工事のうち，非常用予備発電装置工事およびネオン工事は，当該特殊工事に係る特種電気工事資格者認定証の交付を受けたものでなければ従事できない．

問 39 ニ

電気工事業の業務の適正化に関する法律第 24 条，同法施行規則第 11 条により，一般用電気工事業の事業者が，営業所ごとに備え付けなくてはいけない器具は，絶縁抵抗計，接地抵抗計，回路計である．低圧検電器の設置は義務付けられていない．

問 40 イ

電気用品安全法施行令第 1 条の 2，別表第 1，別表第 2 により，イの定格電流 60 A の配線用遮断器は，電気用品安全法による特定電気用品の適用を受ける．なお，ロの定格出力 0.4 kW の単相電動機は特定電気用品以外の適用を受ける．ハの進相コンデンサと，ニの定格 30 A の電力量計は電気用品の適用を受けない．

〔問題 2. 配線図〕

問 41 イ

①に設置する機器は図記号から，イの地絡継電装置付高圧交流負荷開閉器（GR 付 PAS）である．GR 付 PAS の役割は，地絡方向継電器（DGR）と接続され，需要家側の地絡事故を検出し，自動的に開放することである．また，電路を開放することで，一般送配電事業者への波及事故防止を防止する役割も持っている．なお，ロは柱上変圧器，ハは電力需給用計器用変成器，ニはモールド変圧器である．

問 42 ニ

②に設置する機器は，零相変流器（ZCT），零相基準入力装置（ZPD）と地絡継電装置付高圧交流負荷開閉器（GR 付 PAS）に接続されているので，ニの地絡方向継電器（DGR）である．地絡方向継電器は，事故電流を零相変流器と零相電圧検出装置の組み合わせで検出し，その大きさと両者の位相関係で動作する継電器である．なお，OCGR は地絡過電流継電器を示す文字記号（略号）である．

問 43 ハ

③で示す部分の電線本数（心線数）は，図に示すように，ハの 6 または 7 本である．

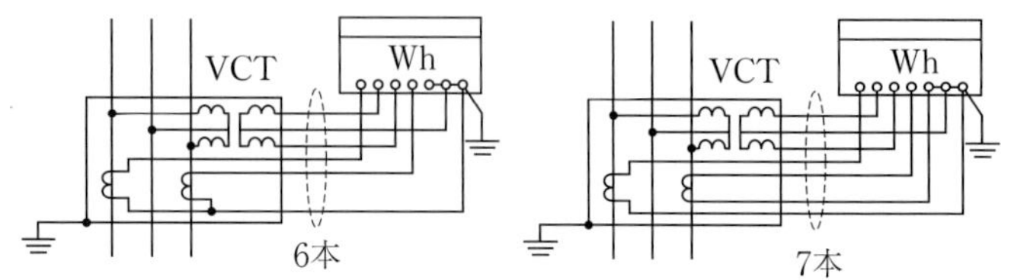

問 44 イ

④に示す部分に施設する機器は，高圧限流ヒューズである．高圧限流ヒューズは，内部短絡事故等の保護のため，計器用変圧器（VT）1台に2本組み込まれており，計器用変圧器2台をV接続して三相電圧を変成するので，必要本数は4本である．なお，ハ，ニは低圧ヒューズである．

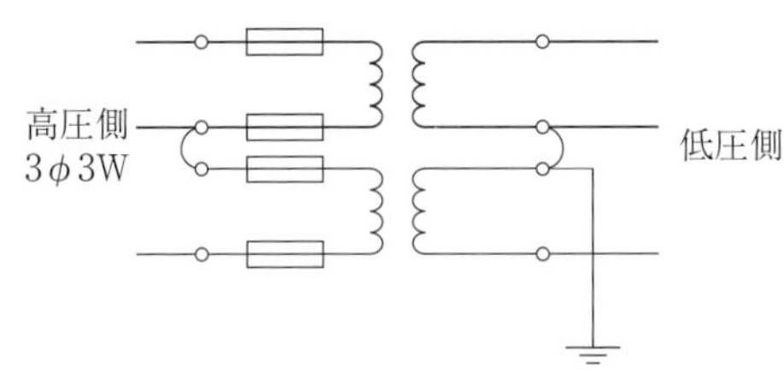

問 45 ハ

⑤に設置する機器は図記号から，電流計切替スイッチなので，ハが正しい．この切替スイッチは，1個の電流計で各相の電流を測定するために相を切り換えるスイッチである．

問 46 ニ

⑥で示す高圧絶縁電線（KIP）は，銅導体を耐熱性・耐寒性が高いEPゴム（エチレンプロピレンゴム）絶縁体で被覆した構造になっている．また，EPゴム（エチレンプロピレンゴム）絶縁体には，セパレータ（半導電層）が設けられている．主に高圧電線路に用いられる電線のひとつで，可とう性が高く，耐熱性も高いため，高温になりやすいキュービクル式受変電設備の配電盤内配線として利用されている（JIS C 3611）．

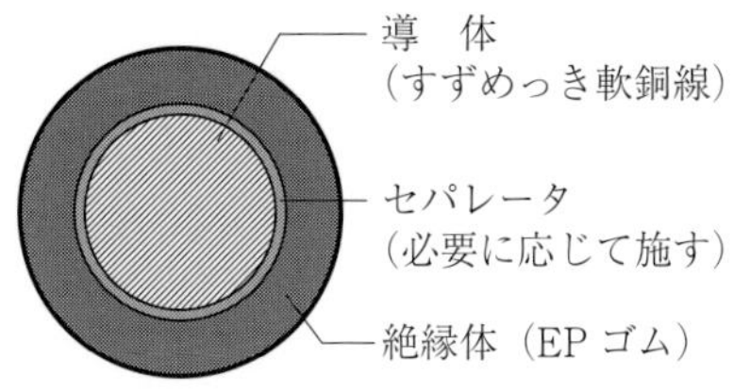

問 47 ロ

高圧受電設備規程1150−9により，進相コンデンサにはコンデンサリアクタンスの6%または13%のリアクタンスの直列リアクトルを施設しなくてはならない．これは，直列リアクトルを設置することで，高波電流による障害防止及びコンデンサ回路の開閉による突入電流抑制など，高調波被害の拡大を防止ためである（内線規程3815−4，JIS C 4902）．

問 48 ニ

⑧に示す図記号を複線図で表すと図のようになるので，ニの変流器（CT），2台の接続が正しい．なお，CTのℓ側はD種接地工事を施さなくてはいけない．

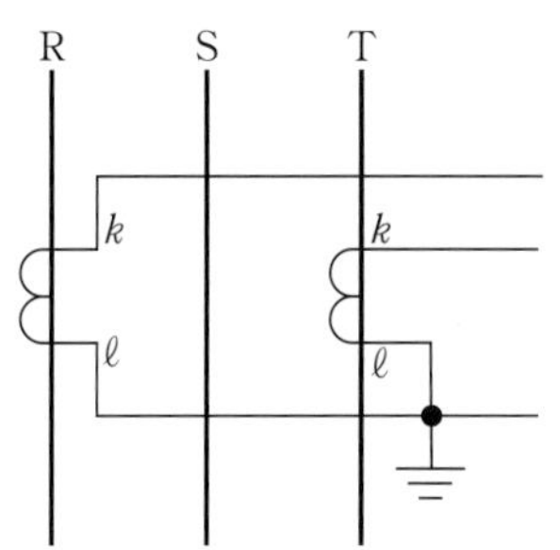

問 49 ハ

⑨で示す機器は非常用予備発電装置の遮断器なので，この装置とインタロックを施す機器は，◇Cの遮断器である．これは，電技省令61条にあるように，常用電源の停電時に使用する非常用予備電源は，常用電源側のものと電気的に接続しないように施設しなければならないためである．

問 50 ニ

⑩で示す機器は電力需給用計器用変成器（VCT）である．電力需給用計器用変成器とは，計器用変圧器と変流器を一つの箱に組み込んだもので，電力量計と組み合わせて，電力測定における変成装置として用いる機器のことである．

問	1	2	3	4	5	6	7	8	9	10	11	12	13	14	15	16	17	18	19	20	21	22	23	24	25
答	ニ	ロ	ハ	ハ	ハ	ロ	ロ	イ	イ	ハ	ロ	ニ	ロ	イ	ロ	ニ	ニ	ロ	ニ	ハ	ニ	イ	ニ	ハ	イ

問	26	27	28	29	30	31	32	33	34	35	36	37	38	39	40	41	42	43	44	45	46	47	48	49	50
答	イ	イ	ニ	ロ	ニ	ロ	ロ	イ	ハ	イ	ハ	ニ	ハ	ロ	イ	ハ	ニ	イ	ハ	ハ	ロ	ロ	ニ	イ	ニ

2020年度（令和2年度）第一種電気工事士 筆記試験 解答・解説

〔問題1．一般問題〕

問1 ニ

並列に接続したコンデンサの合成静電容量 C_2[μF] は，

$$C_2 = 6+6 = 12\mu\text{F}$$

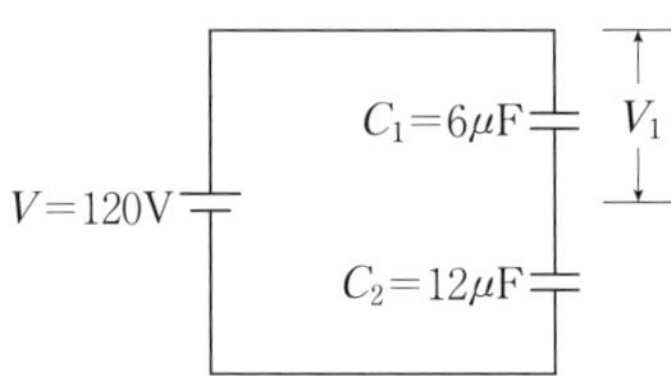

この回路に直流電圧 V を加えると，各コンデンサの電圧分担は静電容量に反比例するので，V_1[V] は次のように求まる．

$$V_1 = \frac{C_2}{C_1+C_2}V = \frac{12}{6+12}\times 120 = 80\,\text{V}$$

問2 ロ

問題図の回路の合成抵抗 R[Ω] は，

$$R = 5+\frac{(2+8)\times(5+5)}{(2+8)+(5+5)} = 5+\frac{10\times 10}{10+10} = 5+\frac{100}{20} = 5+5 = 10\,\Omega$$

回路に流れる電流 I[A] は，

$$I = \frac{V}{R} = \frac{20}{10} = 2\,\text{A}$$

並列回路に流れる電流 I_1[A]，I_2[A] は，

$$I_1 = 2\times\frac{(5+5)}{(2+8)+(5+5)} = 2\times\frac{10}{10+10} = 1\,\text{A}$$

$$I_2 = 2\times\frac{(2+8)}{(2+8)+(5+5)} = 2\times\frac{10}{10+10} = 1\,\text{A}$$

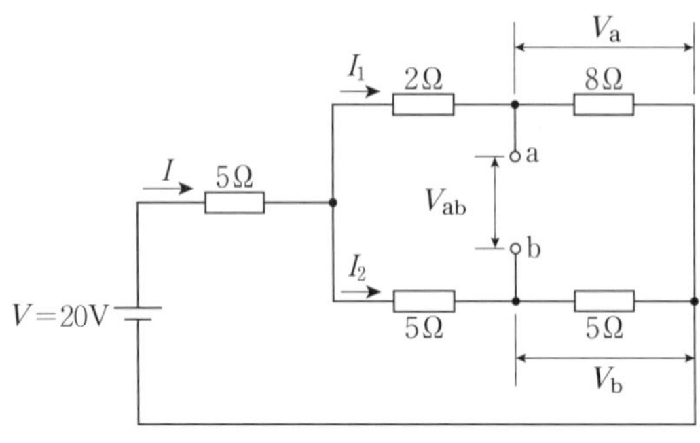

これより，V_a[V]，V_b[V] は $V=IR$ の式から，

$$V_a = I_1\times 8 = 1\times 8 = 8\,\text{V}$$

$$V_b = I_2\times 5 = 1\times 5 = 5\,\text{V}$$

よって，a−b間の電圧 V_{ab}[V] は次のように求まる．

$$V_{ab} = V_a - V_b = 8-5 = 3\,\text{V}$$

問3 ハ

回路の誘導性リアクタンス X_L[Ω] は，

$$X_L = \omega L = 500\times 8\times 10^{-3} = 4\,\Omega$$

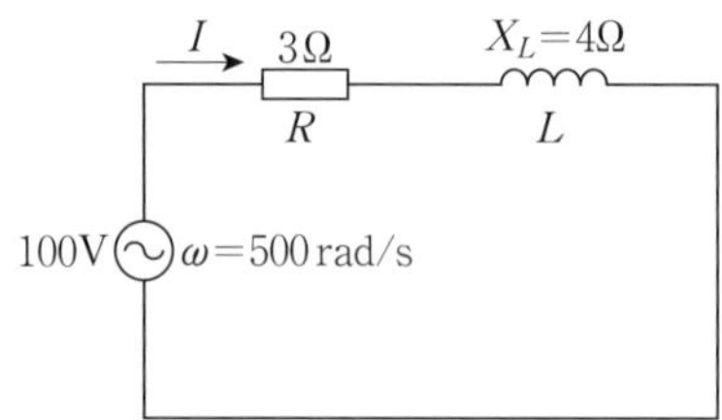

これより，回路のインピーダンス Z[Ω] は，

$$Z = \sqrt{R^2+X_L^2} = \sqrt{3^2+4^2} = 5\,\Omega$$

よって，回路に流れる電流 I[A] は次のように求まる．

$$I = \frac{V}{Z} = \frac{100}{5} = 20\,\text{A}$$

問4 ハ

回路の抵抗 R に流れる電流 I_R[A]，リアクタンス X_L に流れる電流 I_L[A] は，

$$I_R = \frac{V}{R} = \frac{96}{12} = 8\,\text{A}$$

$$I_L = \frac{V}{X_L} = \frac{96}{16} = 6\,\text{A}$$

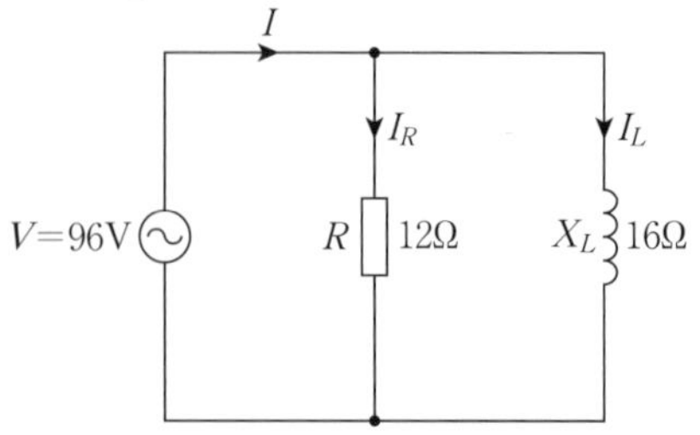

これより，回路に流れる電流 I[A] は，

$$I = \sqrt{I_R^2+I_L^2} = \sqrt{8^2+6^2} = 10\,\text{A}$$

よって，回路の皮相電力 S[V·A] は次のように求まる．

$$S = VI = 96\times 10 = 960\,\text{V·A}$$

問5　ハ

図の三相交流回路で，電力を消費するのはY結線されている20Ωの抵抗負荷だけである．この抵抗に加わる電圧V_P[V]は線間電圧V[V]の$1/\sqrt{3}$なので，抵抗に流れる電流I_R[A]は，

$$I_R=\frac{V_P}{R}=\frac{\frac{V}{\sqrt{3}}}{R}=\frac{V}{\sqrt{3}R}=\frac{200}{\sqrt{3}\times 20}=\frac{10}{\sqrt{3}}\ \mathrm{A}$$

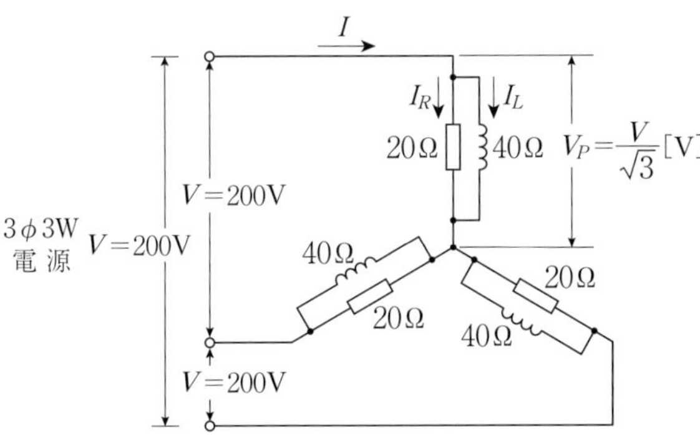

よって，回路の全消費電力P[W]は次のように求まる．

$$P=3{I_R}^2R=3\times\left(\frac{10}{\sqrt{3}}\right)^2\times 20$$

$$=3\times\frac{100}{3}\times 20=2\,000\ \mathrm{W}=2.0\ \mathrm{kW}$$

問6　ロ

問題図の単相3線式配電線路では，負荷A，Bの大きさが等しいので，中性線での電圧降下は生じない．このため，配電線路の電線1線当たりの抵抗r[Ω]，電流I[A]，力率$\cos\theta$とすると，近似式により電圧降下v[V]は，

$$v=Ir\cos\theta=10\times 0.5\times 0.8=4\ \mathrm{V}$$

負荷電圧V_rが100Vなので，電源電圧V[V]は次のように求まる．

$$V=V_r+v=100+4=104\ \mathrm{V}$$

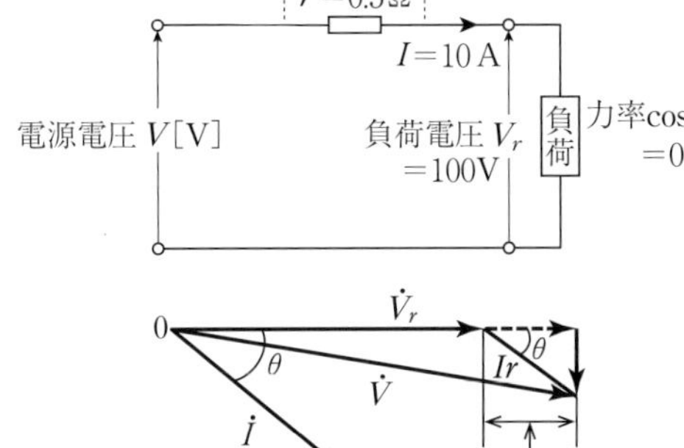

【参考】配電線路の抵抗rとリアクタンスxを考慮した場合，単相3線式配電線路の1線当たりの電圧降下は次の近似式となる．

$$v=I(r\cos\theta+x\sin\theta)\,[\mathrm{V}]$$

問7　ロ

三相3線式配電線路にコンデンサ設置前の線路損失P_{L1}は，配電線1線当たりの抵抗r，電流I_1とすると次式で表せる．

$$P_{L1}=3{I_1}^2r\,[\mathrm{kW}]$$

次に，コンデンサを設置して力率を0.8から1.0に改善したとき，配電線路の電流Iは$I=0.8I_1$に減少するので，コンデンサ設置後の線路損失P_Lは，

$$P_L=3I^2r$$

$$=3\times(0.8I_1)^2\times r$$

$$=0.64\times 3{I_1}^2r=0.64P_{L1}\,[\mathrm{kW}]$$

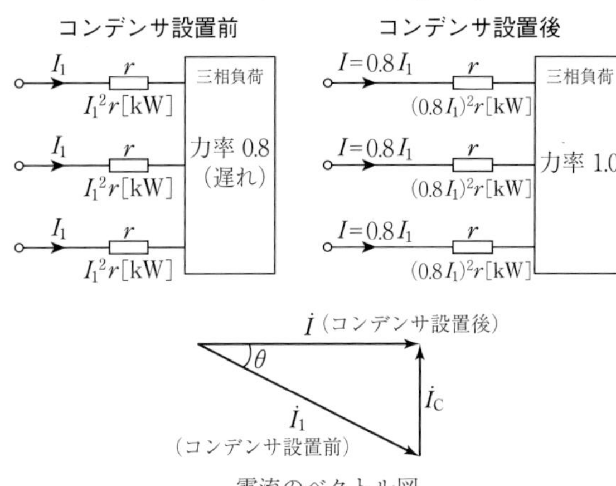

電流のベクトル図

コンデンサ設置前の線路損失P_{L1}は2.5kWなので，P_L[kW]は次のように求まる．

$$P_L=0.64P_{L1}=0.64\times 2.5=1.6\,[\mathrm{kW}]$$

問8　イ

損失を無視する変圧器では，一次側と二次側の電力は等しくなる．

$$V_1I_1=V_2I_2$$

I_1　$V_1=6\,300$V　I_2　$V_2=210$V　抵抗負荷

変圧比が6 300/210V，二次側電流が300Aなので，一次側電流I_1は，

$$I_1=\frac{V_2}{V_1}\times I_2=\frac{210}{6300}\times 300=10\ \mathrm{A}$$

CTの変流比が20/5Aなので，電流計に流れる電流I[A]は，次式のように求まる．

$$I = I_1 \times \frac{5}{20} = 10 \times \frac{5}{20} = 2.5\,\text{A}$$

I_1＝10A

I

20／5A

Ⓐ

問 9 イ

需要率は最大需要電力［kW］と負荷設備容量［kW］との比で，次式で表される．

$$需要率 = \frac{最大需要電力}{負荷設備容量} \times 100\ [\%]$$

これより，最大需要電力［kW］は，

$$\begin{aligned} 最大需要電力 &= 負荷設備容量 \times \frac{需要率}{100} \\ &= 500 \times \frac{40}{100} = 500 \times 0.4 \\ &= 200\,\text{kW} \end{aligned}$$

また，負荷率は平均需要電力［kW］と最大需要電力［kW］との比で，次式で表される．

$$負荷率 = \frac{平均需要電力}{最大需要電力} \times 100\ [\%]$$

これより，この工場の平均需要電力［kW］は次のように求まる．

$$\begin{aligned} 平均需要電力 &= 最大需要電力 \times \frac{負荷率}{100} \\ &= 200 \times \frac{50}{100} = 200 \times 0.5 \\ &= 100\,\text{kW} \end{aligned}$$

問 10 ハ

三相誘導電動機の定格出力 P[kW]，定格電圧 V［V］，全負荷時の力率 $\cos\theta$[%]，効率 η[%] とすると，全負荷時の電流 I[A] は次のように求まる．

$$I = \frac{P}{\sqrt{3}V\cos\theta\eta} = \frac{11 \times 10^3}{\sqrt{3} \times 200 \times 0.8 \times 0.9} \fallingdotseq 44\,\text{A}$$

問 11 ロ

JIS Z 9110 照明基準総則により，学校の教室（机上面）における維持照度の推奨値は，300 lx と定められている．

照明基準総則（JIS Z 9110:2010）

領域，作業又は活動の種類		維持照度［lx］
学習空間	製図室	750
	実験実習室	500
	図書閲覧室	500
	教室	300
	体育館	300

問 12 ニ

変圧器の損失には，無負荷損と負荷損がある．無負荷損の大部分は鉄損で，負荷電流の大きさに関係なく一定である．負荷損の大部分は銅損で，負荷電流の 2 乗に比例して増加する．この関係を表すと下図のようになる．

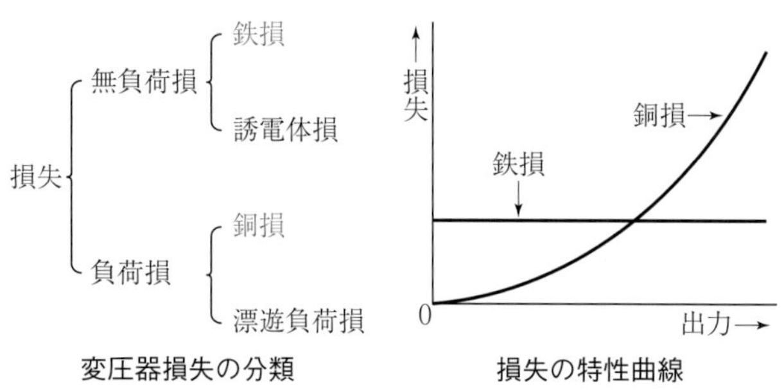

変圧器損失の分類　　損失の特性曲線

問 13 ロ

インバータ（逆変換装置）とは，直流電力を交流電力に変換する装置のことである．交流電力を直流電力に変換する装置は整流器（順変換装置）．交流電力を異なる電圧，電流に変換する装置は変圧器．直流電力を異なる電圧，電流に変換する装置は直流チョッパである．

問 14 イ

低圧電路で地絡が生じたときに，自動的に電路を遮断する装置は，イの漏電遮断器である．ロはリモコンリレー，ハは配線用遮断器，ニは電磁開閉器である．

問 15 ロ

写真に示す自家用電気設備は，蓄電池設備である．これは，受変電制御機器や，停電時に非常用照明器具などに電力を供給する設備で，蓄電池（設問下段の拡大写真），整流装置などで構成される．

問 16 ニ

揚水ポンプの全揚程 H[m]，揚水流量 Q[m^3/s]，電動機効率 η_m[%]，ポンプ効率 η_p[%] とすると，電動機入力 P_m[MW] は次のように求まる．

$$\begin{aligned} P_m &= \frac{9.8QH}{\eta_m \cdot \eta_p} \times 10^{-3} \\ &= \frac{9.8 \times 150 \times 200}{0.9 \times 0.85} \times 10^{-3} \fallingdotseq 384\,\text{MW} \end{aligned}$$

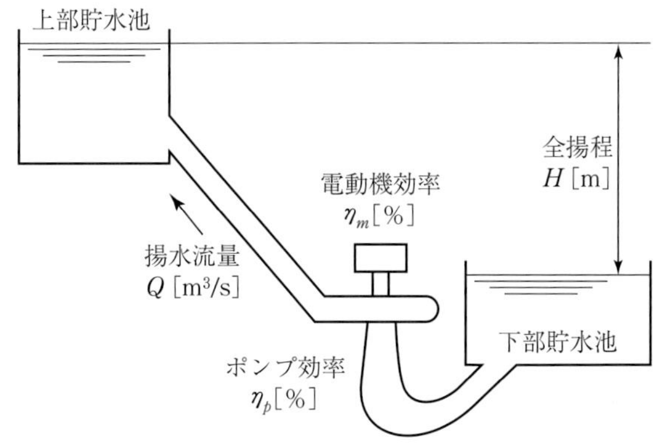

問 17 ニ

タービン発電機は，駆動力として蒸気圧などを利用して回転力を発生させるもので，水力発電機に比べて回転速度が大きい．このため，一般に回転子は非突極回転界磁形（円筒回転界磁形）の横軸形が採用される．水力発電機は，有効落差を大きくするため，一般に回転子は縦軸形が採用される．

問 18 ロ

がいしへのアークホーンの取り付けは送電線の雷害対策として行うものである．送電・配電及び変電設備に使用するがいしの塩害対策には次のようなものがある．

・沿面距離の大きいがいしの使用
・がいしの定期的な洗浄
・はっ水性絶縁物質の塗布
・過絶縁（懸垂がいしの連結数増）

問 19 ニ

高圧配電線路は，通信線などへの誘導障害を防止するため，一般に非接地方式が採用される．なお，配電用変電所とは，送電線路によって送られてきた特別高圧の電気を降圧し，配電線路に送り出す変電所をいい，配電線路の電圧を調整するための負荷時タップ切替変圧器，配電線路の引出口には，線路保護用の遮断器と継電器などが設置される．

問 20 ハ

高頻度開閉を目的に使用される機器は，高圧交流真空電磁接触器（VMC）である．この機器は，主接触子を電磁石の力で開閉する装置で，負荷開閉の耐久性が非常に高いが，短絡電流などの大電流は遮断できない．このため，自動力率調整装置と組み合わせ，進相コンデンサの開閉用などに使用される．

問 21 ニ

キュービクル式高圧受電設備とは，接地された金属箱に機器一式（断路器，遮断器，変圧器，保護継電器など）を収納した受電設備で，屋外に設置する場合は，内部機器の故障防止のため，内部に雨等の吹込みを考慮した防雨構造としなくてはいけない（JIS C 4620）．また，キュービクル式高圧受電設備は，開放形受電設備に比べ，次のような特徴がある．

・金属箱内に収容されるので安全性が高い
・設置に必要な面積や場所の制約が少ない
・現地工事が簡単になり工事期間を短縮できる

問 22 イ

GR 付 PAS（地絡継電装置付高圧交流負荷開閉器）は，自家用需要設備内の地絡事故を検出して高圧交流負荷開閉器を開放する機器である．GR 付 PAS は短絡電流の遮断能力がないため，自家用需要設備内に短絡事故が発生しても自動遮断することはできない．

問 23 ニ

写真に示す機器は高圧用の変流器（CT）である．大電流を小電流に変成し，計器での測定を可能にする機器である．

問 24 ハ

電技解釈第 149 条により，30A 分岐回路の電線の太さは 2.6 mm 以上（より線は 5.5 mm^2 以上）とし，コンセントは 20A 以上，30A 以下のものを用いなければならない．

分岐回路の施設（電技解釈第 149 条）

分岐過電流遮断器の定格電流	電線の太さ	コンセント
15A	直径 1.6 mm 以上	15A 以下
20A（配線用遮断器）	直径 1.6 mm 以上	20A 以下
20A（配線用遮断器を除く）	直径 2 mm 以上	20A
30A	直径 2.6 mm 以上	20A 以上 30A 以下
40A	断面積 8 mm^2 以上	30A 以上 40A 以下
50A	断面積 14 mm^2 以上	40A 以上 50A 以下

2020 年度（令和 2 年度）解答と解説

問 25 イ

引込柱の支線工事に使用する材料は，亜鉛めっき鋼より線，玉がいし，アンカである（内線規程 2205−2，同資料 2−2−3）．

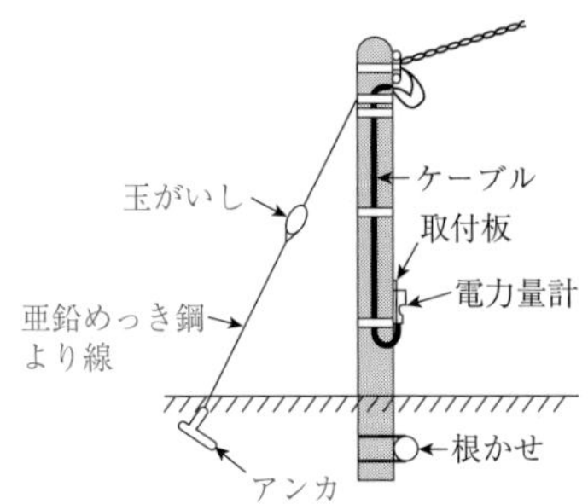

問 26 イ

写真のうち，鋼板製の分電盤や動力制御盤を，コンクリートの床や壁に設置する作業で使用しないのは，イの油圧パイプベンダである．この工具は太い金属管の曲げ加工に使用される．ロはトルクレンチ，ハはコンクリート用の振動ドリル，ニは水平器で，いずれも分電盤や動力制御盤の設置工事に使用される．

問 27 イ

電技解釈第 161 条により，金属線ぴ工事による低圧屋内配線の電線には，絶縁電線（屋外用ビニル絶縁電線を除く）を使用しなくてはならない．なお，金属線ぴ工事に使用する金属製線ぴ及びボックスは，電気用品安全法の適用を受けるものを使用し，線ぴ相互及び線ぴとボックスとは，堅ろうに，かつ，電気的に完全に接続し，線ぴにはD種接地工事を施さなくてはならない（使用電圧が 100V 以下の乾燥した場所に，長さ 8m 以下の線ぴを施設するときはD種接地工事を省略できる）．

問 28 ニ

電技解釈第 168 条により，高圧屋内配線は，がいし引き工事（乾燥した展開場所に限る），ケーブル工事で施設しなくてはならない．なお，がいし引き工事の場合は，接触防護措置を施し，直径 2.6 mm の軟銅線と同等以上の強さ及び太さの高圧絶縁電線を使用し，ケーブル工事の場合は，高圧ケーブルを使用する．

問 29 ロ

電技解釈第 120 条により，地中電線路は電線にケーブルを使用して，管路式，暗きょ式，直接埋設式のいずれかにより施設する．なお，暗きょ式で施設する場合は，地中電線に耐燃措置（不燃性の管に収めるなど）を施さなくてはいけない．また，高圧地中電線路を管路式又は直接埋設式で施設する場合（需要場所に施設される場合で，長さが 15 m 以下を除く）は，おおむね 2 m 間隔で埋設表示シートをケーブルの直上の地中に連続して施設する（高圧受電設備規程 1120−3，JIS C 3653）．そして，地中電線を収める金属製の電線接続箱にはD種接地工事を施さなくてはいけない（電技解釈第 123 条）．

問 30 ニ

高圧受電設備規程 1110−2 により，保安上の責任分界点には区分開閉器を施設し，区分開閉器には高圧交流負荷開閉器を使用しなくてはならない．このため，断路器（DS）を区分開閉器として施設することはできない．また，断路器は負荷電流が流れているときは開路できないように施設し，断路器のブレード（断路刃）は開路した場合に充電しないよう負荷側に接続する（高圧受電設備規程 1150−2）．

問 31 ロ

避雷器の電源側には，雷や開閉サージの異常電圧から電気機器の絶縁を保護できなくなるためヒューズは設置しない．避雷器の設置については，電技解釈第 37 条により，高圧電路の引込口に設置し，避雷器にはA種接地工事を施すことになっている．また，避雷器は，保護する機器のもっとも近い位置に施設し，保安上必要な場合は電路から切り離せるように断路器等を施設する（高圧受電設備規程 1150−10）．

問 32 ロ

電技解釈第 28 条により，高圧計器用変成器（計器用変圧器，変流器）の二次側電路の接地はD種接地工事である．なお，高圧変圧器の外箱の接地はA種接地工事を施すので，接地抵抗は10Ω以下とする（電技解釈第29条）．また，高圧電路と低圧電路を結合する変圧器の低圧側の中性点には，混触による低圧側の対地電圧の上昇を制限するため，B種接地工事を施さなければならない（電技解釈第24条）．

問33 イ

④に示すケーブル内で地絡事故が発生した場合，確実に地絡事故を検出するためには，地絡電流がZCT内を通過するようにケーブルシールドの接地を施さなくてはいけない．

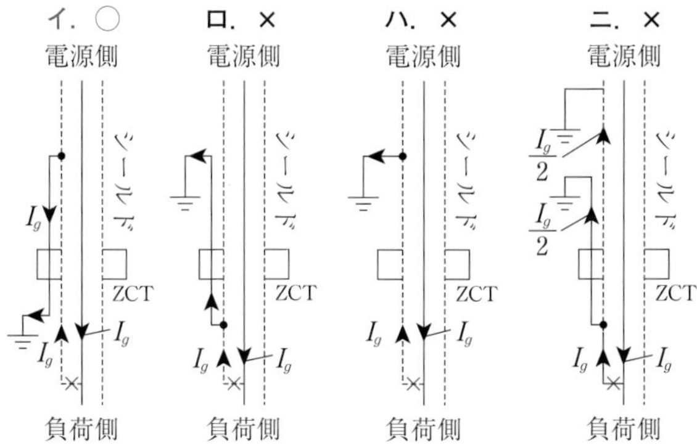

問34 ハ

電技解釈第168条，内線規程3810−2表により，高圧ケーブルと低圧ケーブル及び弱電流電線とは15cm以上離隔して施設する．なお，高圧ケーブル相互の離隔距離は問われていない．また，電技解釈第167条，内線規程3102−5表により，低圧ケーブルと弱電流配線とは直接接触しないように施設する．

問35 イ

電技解釈第29条により，使用電圧400Vの電動機の鉄台にはC種接地工事を施さなくてはならない．なお，6.6kV/210Vの変圧器の低圧側の中性点にはB種接地工事（電技解釈第24条），高圧電路に施設する避雷器にはA種接地工事（JESC E2018の技術的規定により施設する場合を除く）（電技解釈第37条），高圧計器用変成器の二次側電路にはD種接地工事を施さなくてはならない（電技解釈第28条）．

機械器具の金属製外箱等の接地（電技解釈第29条）

機械器具の使用電圧の区分		接地工事
低圧	300V以下	D種接地工事
	300V超過	C種接地工事
高圧又は特別高圧		A種接地工事

問36 ハ

電気事業法施行規則第73条の4に定める使用前自主検査は，「使用前自主検査及び使用前自己確認の方法の解釈」（経産省通達）により，需要設備の検査項目には，次の9項目が定められている．このため，使用前自主検査で，一般に変圧器の温度上昇試験は行わない．

①外観検査　②接地抵抗測定
③絶縁抵抗測定　④絶縁耐力試験
⑤保護装置試験　⑥遮断器関係試験
⑦負荷試験（出力試験）⑧騒音測定
⑨振動測定

問37 ニ

CB形高圧受電設備の過電流保護継電器とCBの連動遮断時間は，波及事故を防止するため，配電用変電所の過電流継電器より短くなければならない．したがって，保護協調がとれているのは，ニである．

問38 ハ

電気用品安全法において，電気用品とは，一般用電気工作物の部分となる機械，器具又は材料を指す．このため，電気用品安全法に基づいた表示のある電気用品でなければ，一般用電気工作物の工事に使用してはならない．また，電気用品のうち，特定電気用品とは，構造や使用の方法などから危険・傷害の発生するおそれが高い電気製品のことで，〈PSE〉と表示するが，電線など，構造上表示スペースを確保することができない場合は，<PS>Eとすることができる．なお，定格電圧100V，定格消費電力56Wの電気便座は特定電気用品の適用を受ける（同法別表第1）．

問39 ロ

電気工事業の業務の適正化に関する法律第19条により，主任電気工事士となれるのは，第一種電気工事士，3年以上の実務経験を有する第二種電気工事士とされている．なお，同法第20条で，一般用電気工事の作業に従事する者は主任電気工事士の指示に従うこと，一般用電気工事による危険及び障害が発生しないように一般用電気工事の作業の管理の職務を誠実に行うことと定められている．

問 40　イ

電気工事士法第 3 条により，第一種電気工事士の免状を受けている者でなければ，自家用電気工作物（最大電力 500kW 未満の需要設備に限る）に係る電気工事に従事できない．このため，イが第一種電気工事士免状の交付を受けている者のみが従事できる電気工事である．

〔問題 2．配線図 1〕

問 41　ハ

①で示す図記号は熱動継電器（THR）のブレーク接点である．この接点は，電動機の過負荷防止のため，設定値を超えた電流が継続して流れたときに開路し，電磁接触器（MC−1，2）を遮断させることで電動機を保護する．

問 42　ニ

②で示す接点は，電磁接触器 MC−2 の補助メーク接点である．この接点は，逆転運転用の押しボタンスイッチ PB−3 を押すことで逆転運転起動後に MC−2 の励磁を保持し，運転を継続するための自己保持接点である．

問 43　イ

③で示す図記号はブザーなので，イが正しい．電動機の過負荷などで熱動継電器（THR）が動作したとき，表示灯 SL−3 とともにブザー音で知らせるためのものである．ロは表示灯，ハは押しボタンスイッチ，ニはベルである．

問 44　ハ

④に示す押しボタンスイッチ PB−3 を正転運転中に押しても，インタロック回路の MC−1 補助ブレーク接点が開路されているため，逆転運転用の MC−2 は動作しない．また，MC−1 も自己保持が維持されるので，電動機は正転運転を継続する．

問 45　ハ

⑤で示す部分の結線は，三相誘導電動機の逆転運転の接続部分になるので，三相電源のうち 2 相を入れ替えて接続している，ハが正しい．

〔問題 3．配線図 2〕

問 46　ロ

①で示す機器は地絡継電器付高圧交流負荷開閉器（GR 付 PAS）である．この機器の役割は，需要家側電気設備の地絡事故を検出し，高圧交流負荷開閉器を開放することで，一般送配電事業者への波及事故を防止する．

問 47　ロ

②で示す図記号の機器は計器用変圧器（VT）である．高圧受電設備の受電電圧から，定格一次電圧は 6.6 kV，定格二次電圧は 110V である（JIS C 1731−2）．

問 48　ニ

③で示す図記号の部分を複線図で表すと図のようになるので，ニの変流器（CT），2 個の組み合わせが正しい．なお，イとロは零相変流器（ZCT）である．

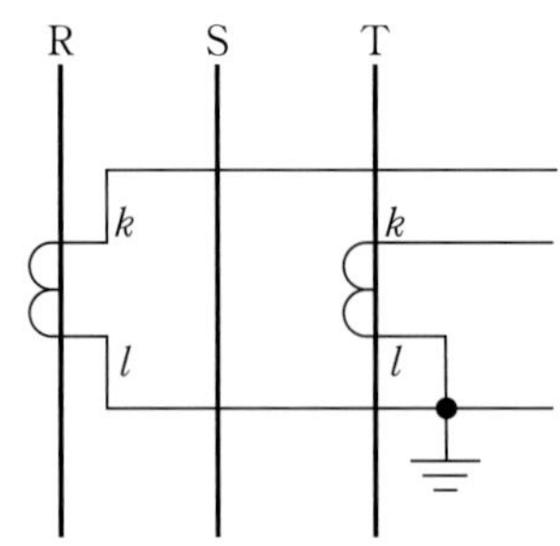

問 49　イ

④で示す図記号は，単相変圧器 3 台をデルタ − デルタ接続して三相交流を得ていることを示しているので，イの単相変圧器，3 台の組み合わせが正しい．なお，ハとニは三相変圧器である．

問 50　ニ

⑤で示す単相変圧器の最大容量は，一次側の開閉装置が PC（高圧カットアウト）なので，高圧受電設備規程 1150−2 表より 300 kV·A である．

●2019年度（令和1年度）解答一覧●

問	1	2	3	4	5	6	7	8	9	10	11	12	13	14	15	16	17	18	19	20	21	22	23	24	25
答	ハ	ハ	イ	ロ	ロ	ロ	ハ	イ	ニ	ロ	ハ	イ	ニ	ロ	ロ	ハ	ロ	ニ	ハ	イ	ハ	ロ	イ	イ	ニ

問	26	27	28	29	30	31	32	33	34	35	36	37	38	39	40	41	42	43	44	45	46	47	48	49	50
答	ロ	イ	ロ	ニ	ハ	ニ	ハ	イ	ロ	ニ	ニ	イ	ロ	ニ	イ	イ	ニ	ロ	ハ	ハ	ニ	イ	イ	ハ	ハ

2019年度（令和1年度）第一種電気工事士 筆記試験 解答・解説

〔問題1. 一般問題〕

問1 ハ

2本の電線が平行に置かれているとき，電線に直流電流を流すと電流がつくる磁界によって，電線に力が働く．この力の方向は，同じ方向に流れるときは互いに引き合い，逆方向きに流れるときは互いに反発する．

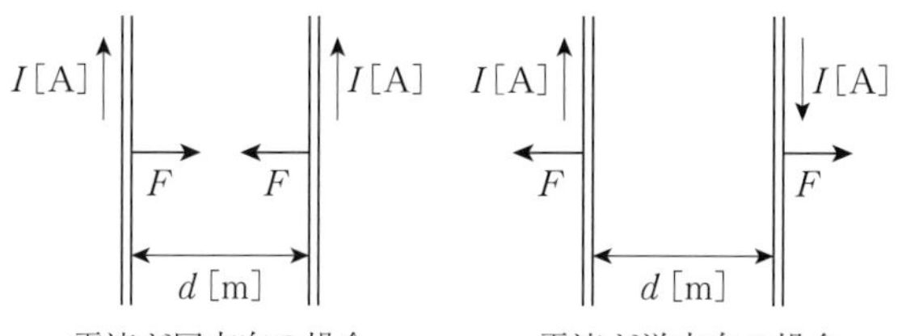

図 平行電線に働く力

この電線間に働く力の大きさF[N/m]は，電線に流れる電流が同じ大きさなので，電流I[A]の2乗に比例し，電線間の距離d[m]に反比例する．

$$F=\frac{\mu}{2\pi}\cdot\frac{I\times I}{d}=\frac{\mu}{2\pi}\cdot\frac{I^2}{d}\,[\mathrm{N/m}]$$

ここでμは透磁率といい，磁束の通しやすさを表す定数で，単位は[H/m]で表される．

問2 ハ

図よりa−o間の合成抵抗R_{ao}[Ω]とo−b間の合成抵抗R_{ob}[Ω]を求め，回路全体の合成抵抗R_{ab}[Ω]を求めると，

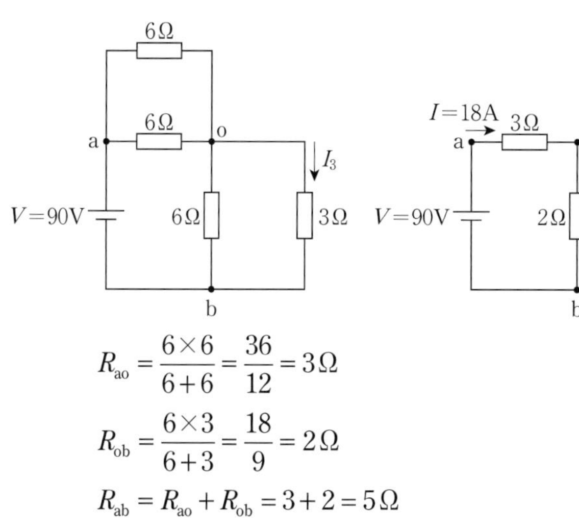

$$R_{ao}=\frac{6\times6}{6+6}=\frac{36}{12}=3\,\Omega$$

$$R_{ob}=\frac{6\times3}{6+3}=\frac{18}{9}=2\,\Omega$$

$$R_{ab}=R_{ao}+R_{ob}=3+2=5\,\Omega$$

回路に流れる電流I[A]は，

$$I=\frac{V}{R_{ab}}=\frac{90}{5}=18\,\mathrm{A}$$

この電流は，6Ωと3Ωの抵抗に分流するので，3Ωの抵抗に流れる電流I_3[A]は，

$$I_3=18\times\frac{6}{6+3}=18\times\frac{6}{9}=12\,\mathrm{A}$$

問3 イ

交流回路の誘導性リアクタンスX_L[Ω]は周波数fに比例し，容量性リアクタンスX_C[Ω]は周波数fに反比例する．

$$X_L=2\pi fL\,[\Omega]\qquad X_C=\frac{1}{2\pi fC}\,[\Omega]$$

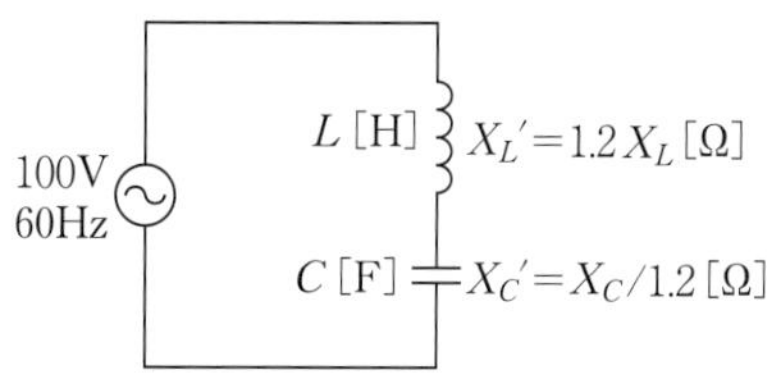

電源周波数を50Hzから60Hzに変更すると，周波数は1.2倍となる．このため，周波数60Hzのときの誘導性リアクタンスX_L'[Ω]，容量性リアクタンスX_C'[Ω]は，

$$X_L'=X_L\times1.2=0.6\times1.2=0.72\,\Omega$$

$$X_C'=X_C\times\frac{1}{1.2}=12\times\frac{1}{1.2}=10\,\Omega$$

回路のインピーダンスZ[Ω]は，

$$Z=X_C'-X_L'=10-0.72=9.28\,\Omega$$

問4 ロ

直流電圧80Vを回路に加えたとき20Aの電流が流れた．リアクタンスXは回路に影響しないのでR[Ω]は，

$$R=80/20=4\,\Omega$$

次に，交流電圧100Vを回路に加えたときも20Aの電流が流れた．回路のインピーダンスZ[Ω]は，

$$Z=100/20=5\,\Omega$$

これより，リアクタンスX[Ω]は，

$$X=\sqrt{Z^2-R^2}=\sqrt{5^2-4^2}=\sqrt{25-16}=\sqrt{9}=3\,\Omega$$

問5　ロ

図より1相あたりのインピーダンス $Z[\Omega]$ は，

$$Z=\sqrt{R^2+X_L{}^2}=\sqrt{8^2+6^2}=10\,\Omega$$

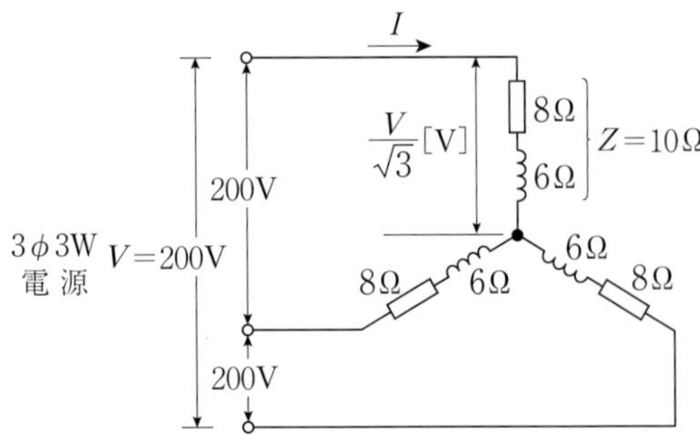

Y回路の相電圧 V_P は線間電圧 V の $1/\sqrt{3}$ なので電流 $I[\mathrm{A}]$ は，

$$I=\frac{\frac{V}{\sqrt{3}}}{Z}=\frac{V}{\sqrt{3}Z}=\frac{200}{\sqrt{3}\times10}=\frac{20}{\sqrt{3}}≒11.5[\mathrm{A}]$$

と求まるので，ロが誤りである．なお，回路の消費電力 $P[\mathrm{W}]$ と，無効電力 $Q[\mathrm{var}]$ は，

$$P=3I^2R=3\times\left(\frac{20}{\sqrt{3}}\right)^2\times8$$
$$=3\times\frac{400}{3}\times8=3\,200\mathrm{W}$$

$$Q=3I^2X_L=3\times\left(\frac{20}{\sqrt{3}}\right)^2\times6$$
$$=3\times\frac{400}{3}\times6=2\,400\mathrm{var}$$

問6　ロ

図のように電流を定め，各区間の電圧降下から V_B を求める．

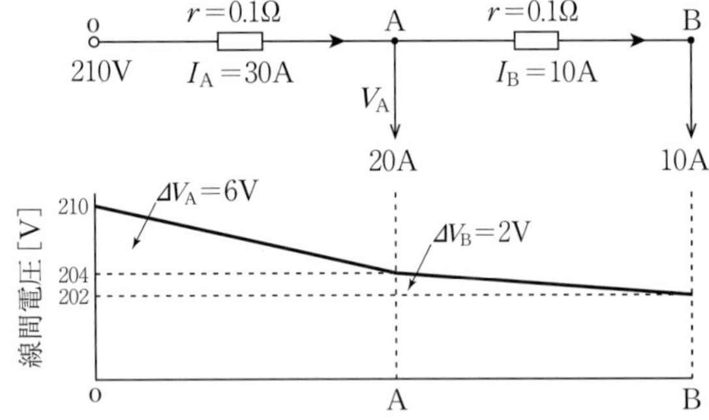

$$I_\mathrm{B}=10\,\mathrm{A}$$
$$I_\mathrm{A}=I_\mathrm{B}+20=10+20=30\,\mathrm{A}$$

各区間の電圧降下は，

$$\mathit{\Delta}V_\mathrm{B}=2I_\mathrm{B}r=2\times10\times0.1=2\,\mathrm{V}$$
$$\mathit{\Delta}V_\mathrm{A}=2I_\mathrm{A}r=2\times30\times0.1=6\,\mathrm{V}$$

これより，$V_\mathrm{B}[\mathrm{V}]$ は次のように求まる．

$$V_\mathrm{B}=V-(\mathit{\Delta}V_\mathrm{A}+\mathit{\Delta}V_\mathrm{B})$$
$$=210-(2+6)=210-8=202\,\mathrm{V}$$

全電力損失 $P_\mathrm{L}[\mathrm{W}]$ は，各区間の電力損失の合計となるので，

$$P_\mathrm{L}=2I_\mathrm{A}{}^2r+2I_\mathrm{B}^2r$$
$$=2\times30^2\times0.1+2\times10^2\times0.1$$
$$=180+20=200\,\mathrm{W}$$

問7　ハ

負荷を増設したときの有効電力，無効電力をベクトル図で表すと，

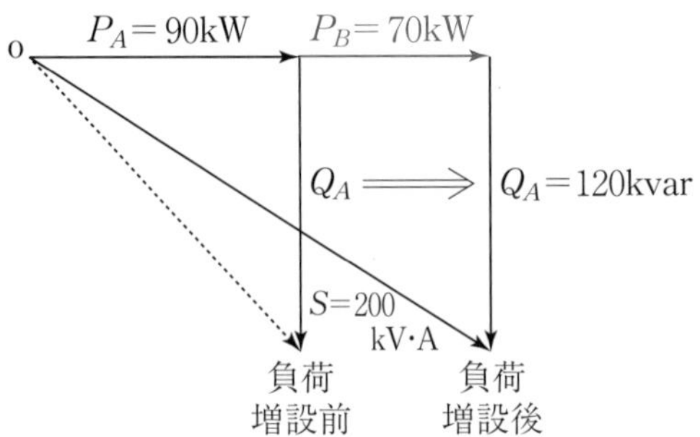

有効電力 $P[\mathrm{kW}]$ の合計は，

$$P=P_A+P_B=90+70=160\,\mathrm{kW}$$

無効電力 $Q[\mathrm{kvar}]$ の合計は，

$$Q=Q_A+Q_B=120+0=120\,\mathrm{kvar}$$

変圧器にかかる合計負荷容量 $S[\mathrm{kV\cdot A}]$ は，

$$S=\sqrt{P^2+Q^2}=\sqrt{160^2+120^2}=200\,\mathrm{kV\cdot A}$$

問8　イ

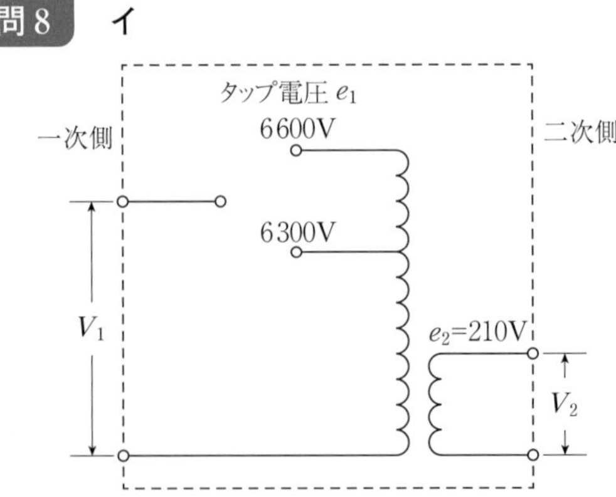

定格二次電圧 e_2 が210Vの配電用変圧器があり，一次タップ電圧 e_1 が6600Vのとき二次電圧 V_2 は200Vである．このときの一次側の供給電圧 $V_1[\mathrm{V}]$ は，

$$\frac{V_1}{V_2}=\frac{e_1}{e_2}$$

$$V_1=\frac{e_1}{e_2}V_2=\frac{6\,600}{210}\times200≒6\,286\,\mathrm{V}$$

次に，一次側の供給電圧 V_1 を変えずに一次タップ電圧 e_1 を 6 300V に変更すると，二次電圧 $V_2[V]$ は次のように求まる．

$$\frac{V_1}{V_2}=\frac{e_1}{e_2}$$

$$V_2=\frac{e_2}{e_1}V_1=\frac{210}{6300}\times 6286$$

$$=\frac{1}{30}\times 6286 \fallingdotseq 210\,\mathrm{V}$$

二次電圧の変化 $\varDelta V_2[V]$ は，

$$\varDelta V_2=210-200=10\,\mathrm{V}$$

これより，二次電圧は約 10V 上昇する．

問 9　ニ

回路を図のように書き換えると，Y 回路の 1 相あたりのリアクタンス $X[\Omega]$ は，

$$X=X_C-X_L=150-9=141\,\Omega$$

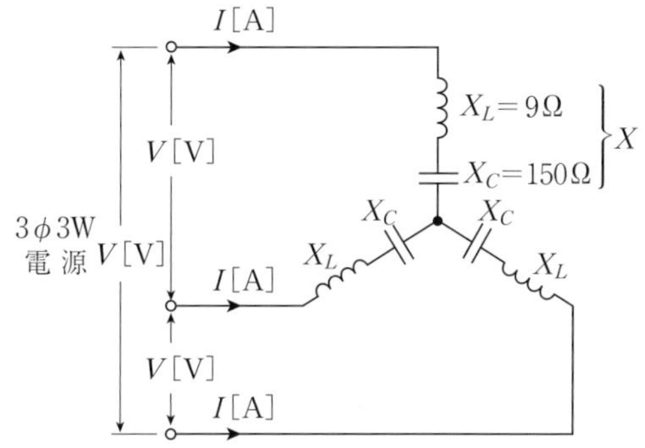

Y 回路の相電圧 V_P は線間電圧 V の $1/\sqrt{3}$ なので電流 $I[\mathrm{A}]$ は，

$$I=\frac{\frac{V}{\sqrt{3}}}{X}=\frac{V}{\sqrt{3}X}=\frac{V}{\sqrt{3}\times 141}=\frac{V}{141\sqrt{3}}[\mathrm{A}]$$

この回路の無効電力 $Q[\mathrm{var}]$ は，

$$Q=3I^2X=3\times\left(\frac{V}{141\sqrt{3}}\right)^2\times 141$$

$$=3\times\frac{V^2}{141^2\times 3}\times 141=\frac{V^2}{141}\,[\mathrm{var}]$$

問 10　ロ

三相かご形誘導電動機の Y－△始動とは，巻線を Y 結線として始動し，ほぼ全速度に達したときに△結線に戻す方式をいう．全電圧始動と比較し，始動電流を 1/3 に小さくすることができるが始動トルクも 1/3 となる．5.5kW 以上数 10kW 以下の誘導電動機の始動法に用いられる．

問 11　ハ

JIS C 4003 により，電気機器の絶縁材料は電気製品の耐熱クラスごとに許容最高温度が定められている．

耐熱クラス記号と許容最高温度（JIS C 4003）

耐熱クラス	最高許容温度［℃］
Y	90
A	105
E	120
B	130
F	155
H	180
N	200
R	220
－	250

問 12　イ

電子レンジの加熱方式は誘電加熱である．電子レンジは，マイクロ波を食品に照射することで，食品に含まれる水分子を振動させ加熱する調理器具である．なお，電磁調理器の加熱方式は誘導加熱で，高周波コイルによって鉄鍋などの金属に発生する渦電流のジュール熱で加熱する．

問 13　ニ

鉛蓄電池は，正極に二酸化鉛，負極に海綿状の鉛，電解液として希硫酸を用いた二次電池である．アルカリ蓄電池は，正極に水酸化ニッケル，負極に水酸化カドミウム，電解液に水酸化カリウム水溶液を用いた二次電池である．アルカリ蓄電池は鉛蓄電池に比べて大電流放電や低温特性に優れており，ビルなどの非常用電源として使用されることが多い．

問 14　ロ

写真に示す測定器は照度計である．目盛板に照度の単位である「lx」とあることで判断できる．

問 15　ロ

写真に示す材料は二種金属製線ぴ（レースウェイ）である．二種金属製線ぴは，天井のない倉庫などで照明器具の取り付けや電線の収容に使用する材料である．また，幅が 5cm を超えると電気設備技術基準上，金属ダクトとして取り扱う必要がある．

問 16　ハ

水力発電所には，水路式，ダム式，ダム水路式などがあり，構成は異なるが，発電用水の経路の順序は図のようになる．

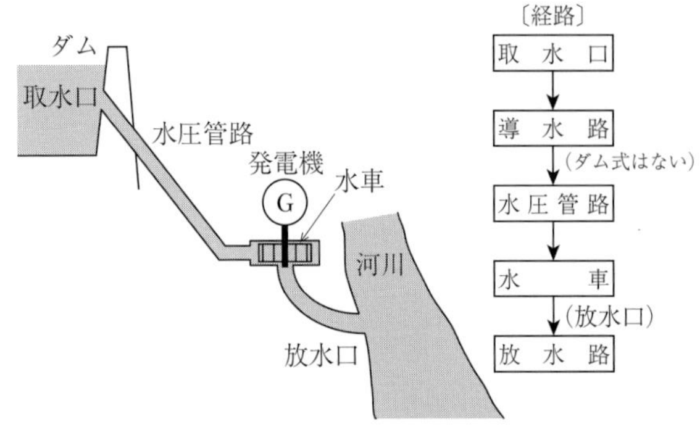

問 17　ロ

風力発電に使用されているプロペラ形風車は，水平軸形風車である．プロペラ形風車には，風速によって翼の角度を変えて出力を調整するピッチ制御が用いられている．なお，垂直軸形風車にはダリウス形風車などがある．

問 18　ニ

高圧ケーブルの電力損失には，抵抗損，誘電損，シース損がある．抵抗損とは，ケーブルに電流が流れることにより発生する損失で，導体電流の2乗に比例して大きくなる．誘電損とは，ケーブルに電圧を印加したとき，絶縁体内部に発生する損失である．シース損とは，ケーブルの金属シースに誘導される電流により発生する損失である．

問 19　ハ

架空送電路に使用されるアークホーンは，がいしの両端に設け，がいしや電線を雷の異常電圧から保護する装置である．

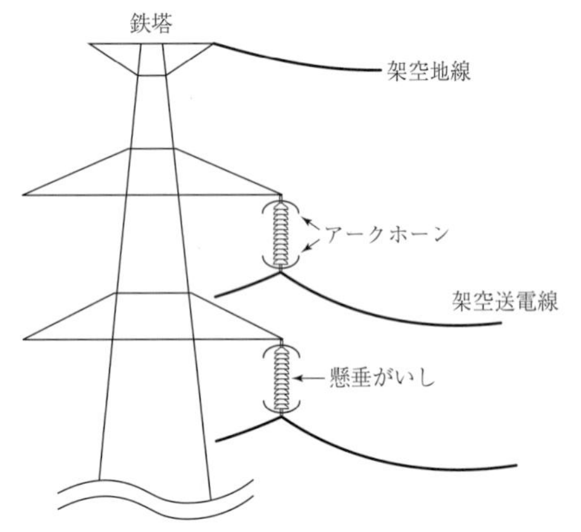

問 20　イ

電技解釈第34条により，高圧又は特別高圧電路に施設する過電流遮断器は，電路に短絡を生じたとき，通過する短絡電流を遮断する能力を有することと定められている．このため，高圧受電設備の受電用遮断器が遮断しなくてはならない短絡電流は，最大電流となる受電点の三相短絡電流をもとに遮断容量を決定する．

問 21　ハ

水トリーとは，高圧架橋ポリエチレン絶縁ビニルシースケーブルの架橋ポリエチレン絶縁体内部に樹枝状の劣化が生じる現象をいう．この現象は，絶縁体に電圧が印可され，絶縁体中のボイドなどにコロナ放電が発生し繰り返されることで，絶縁層が樹枝状に侵食される現象のことで，最終的に絶縁破壊に至ることがある．

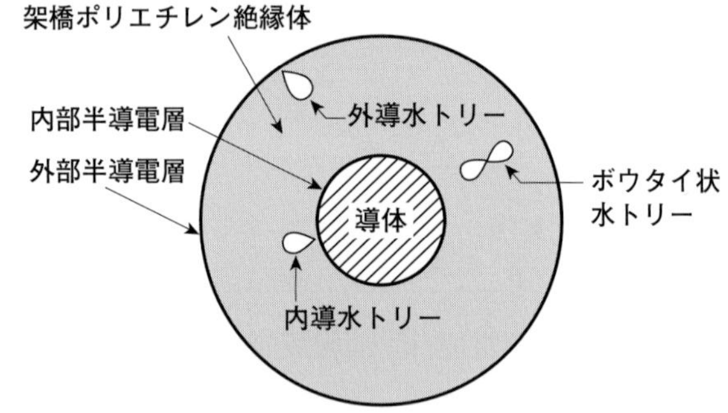

問 22　ロ

写真に示す機器は直列リアクトル（SR）である．直列リアクトルは，進相コンデンサを電路に接続したときに生じる高調波電流を抑制するために使用する機器である．

問 23　イ

写真に示す機器は電力需給用計器用変成器（VCT）である．高圧の電圧・電流を計器の入力に適した値に変成し，電力量計と組み合わせて電力測定に用いる機器である．

問 24　イ

人体の体温を検知して自動的に開閉するスイッチは，熱線式自動スイッチである．このスイッチは，人が検知範囲に入ったとき，周囲と人体との温度差を検出して動作する．なお，自動点滅器は明るさを検知することで自動的に開閉するスイッチ，リモコンセレクタスイッチは複数のリモコンスイッチを１つに組み込んで１ケ所で制御するスイッチ，遅延スイッチは操作後に遅れて動作するスイッチである．

問 25　ニ

CV ケーブル又は CVT ケーブルの接続作業には，油圧式パイプベンダは使用しない．これは，太い金属管の曲げ加工に使用する工具である．

問 26　ロ

電技解釈第 175 条により，爆燃性粉じんのある危険場所での金属管工事は，管相互及び管とボックスその他の付属品，プルボックス又は電気機械器具とは，５山以上ねじ合わせて接続する方法その他これと同等以上の効力のある方法で堅ろうに接続し，内部に粉じんが侵入しないように施設しなくてはならない．ロの材料は，ねじなし電線管用ユニバーサルで，粉じんの多い場所での使用はできない．

問 27　イ

電技解釈第 17 条により，B 種接地工事の接地線を人が触れるおそれのある場所に施設する場合，接地線の地下 75 cm から地表上 2 m までの部分は，電気用品安全法の適用を受ける合成樹脂管（厚さ 2 mm 未満の合成樹脂管及び CD 管を除く）で保護しなくてはならない．

問 28　ロ

電技解釈第 168 条により，高圧屋内配線は，がいし引き工事（乾燥した展開場所に限る），ケーブル工事で施設する．金属管工事で施設してはいけない．金属管工事による低圧屋内配線は，電技解釈第 159 条により，絶縁電線（屋外用ビニル絶縁電線を除く）を使用し，使用電圧が 300V 以下の場合は，管に D 種接地工事を施さなくてはならない．

問 29　ニ

電技解釈第 164 条により，ビニルキャブタイヤケーブルは点検できない隠ぺい場所に施設できない．ビニルキャブタイヤケーブルを施設できるのは，使用電圧 300 V 以下の低圧屋内配線で，展開した場所又は点検できる隠ぺい場所に限られる．

問 30　ハ

①に示す地絡継電装置付き高圧交流負荷開閉器（UGS）は，電路に短絡事故が発生したとき，開閉機構をロックし，無電圧を検出して自動的に開放する機能を内蔵している．このため，短絡事故を遮断する能力は必要としない．また，UGS は電路に地絡事故が発生したとき，電路を自動的に遮断する機能を内蔵しているが，波及事故を防止するため，一般送配電事業者の地絡継電保護装置と動作協調をとる必要がある．

問 31　ニ

②に示す高圧地中引込線の施設は，電技解釈第 120 条により，管路式で施設する場合は，管にはこれに加わる重量物の圧力に耐えるものを使用する．また，金属製の管路は D 種接地工事を省略できる（電技解釈第 123 条）．直接埋設式で施設する場合は，地中電線の埋設深さは，重量物の圧力を受けるおそれがある場所では 1.2 m 以上とし，需要場所に施設する高圧地中電線路であって，その長さが 15 m 以下の場合，電圧の表示を省略できる．

問 32　ハ

③に示す PF･S 形の主遮断装置は，高圧限流ヒューズ（PF）と高圧交流負荷開閉器（LBS）を組み合わせたもので，短絡電流が流れたときは，高圧限流ヒューズで遮断するため，過電流ロック機能を必要としない．過電流ロック機能とは，短絡事故による過電流が発生した場合に，開閉機構をロック状態とし，一般送配電事業者が停電したのを検出して開放する機能のことである．引込柱に設置される GR 付 PAS などは短絡電流を遮断できないので過電流ロック機能を必要とする．

問 33　イ

電技解釈 164 条，内線規程 3165－8 により，使用電圧が 300 V 以下で乾燥した場所に，長さが4m以下のケーブルラックを施設した場合は，ケーブルラックのD種接地工事を省略できるが，④に示すケーブルラックは長さが15mなので，D種接地工事を省略できない．

問34 ロ

⑤に示す高圧受電設備の絶縁耐力試験は，電技解釈第16条により，変圧器，遮断器などの機械器具等の交流絶縁耐力試験は，最大使用電圧の1.5倍の電圧を連続して10分間加える．電技解釈第15条により，ケーブルの絶縁耐力試験を直流で行う場合の試験電圧は，交流の場合の2倍の電圧を連続して10分間加える．また，ケーブルは静電容量が大きいため，リアクトルを使用して試験用電源の容量を軽減する．

問35 ニ

電技省令第58条により，使用電圧が300Vを超える低圧回路の場合，電路の電線相互間，電路と大地間の絶縁抵抗値は0.4MΩ以上でなければならない．また，電技解釈14条により，使用電圧が低圧の電路で，絶縁抵抗測定が困難な場合においては，当該電路の使用電圧が加わった状態における漏えい電流が，1mA以下であることと定められている．

低圧電路の絶縁性能（電技省令第58条）

電路の使用電圧の区分		絶縁抵抗値
300V以下	対地電圧150V以下	0.1MΩ以上
	その他の場合	0.2MΩ以上
300Vを超える低圧回路		0.4MΩ以上

問36 ニ

労働安全衛生規則第339条により，高圧受電設備の電路を開放して作業する場合の措置として，感電事故を防止するため，短絡接地器具を用いることが定められている．この短絡接地器具の取り付け作業は，次の手順で行う．

①取り付けに先立ち，短絡接地器具の取り付け箇所の無充電を検電器で確認する．

②取り付け時には，まず接地側金具を接地線に接続し，次に電路側金具を電路側に接続する．

③取り付け中は，「短絡接地中」の標識をして注意喚起を図る．

④取り外し時には，まず電路側金具を外し，次に接地側金具を外す．

問37 イ

電技解釈第17条により，D種接地工事は，接地抵抗値100Ω（低圧電路において，地絡を生じた場合に0.5秒以内に当該電路を自動的に遮断する装置を施設するときは，500Ω）以下であること．また，D種接地工事を施す金属体と大地との間の電気抵抗値が100Ω以下である場合は，D種接地工事を施したものとみなすと規定されている．

問38 ロ

電気工事士法第3条により，自家用電気工作物（最大電力500kW未満の需要設備）に係る電気工事のうち，ネオン工事および非常用予備発電装置工事は，当該特殊電気工事に係る特種電気工事資格者認定証の交付を受けたものでなければ従事できない．

問39 ニ

電気工事業の業務の適正化に関する法律第3条，第4条により，登録電気事業者の代表者は電気工事士の資格を有する必要はない．なお，第23条には，電気用品安全法の表示が付されている電気用品でなければ電気工事に使用してはならないことが規定されている．また，電気工事業の業務の適正化に関する法律施行規則には，電気工事が1日で完了する場合は標識を掲げなくともよいこと（第12条），帳簿は記載の日から5年間保存しなければならないこと（第13条）が規定されている．

問40 イ

電気用品安全法施行令第1条，第1条の2，別表第1，別表第2により，タイムスイッチ（定格電圧125V，定格電流15A），差込み接続器（定格電圧125V，定格電流15A），600Vビニル絶縁ビニルシースケーブル（導体の公称断面積8mm^2，3心）は特定電気用品の適用を受ける．合成樹脂製のケーブル配線用スイッチボックスは特定電気用品以外の電気用品である．

〔問題 2. 配線図 1〕

問 41 イ

Ⓐの部分は電動機の停止用の押しボタンスイッチ（押しボタンスイッチのブレーク接点），Ⓑの部分は電動機の運転用の押しボタンスイッチ（押しボタンスイッチのメーク接点）である．

問 42 ニ

②で示す図記号は限時動作瞬時復帰のブレーク接点である．この接点は，限時継電器（TLR）の設定時間後に開き，電動機の Y 結線用電磁接触器 MC−1 の励磁を開放する役割を持っている．

問 43 ロ

③で示す部分のインタロック回路の結線は，図のように MC−1 と MC−2 が同時に動作しない回路としなくてはならない．

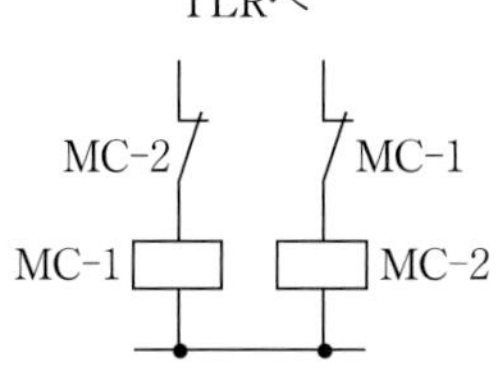

問 44 ハ

④に示す部分の結線は，電動機の巻線を△接続とする電動機主回路なので，ハの接続としなくてはならない．

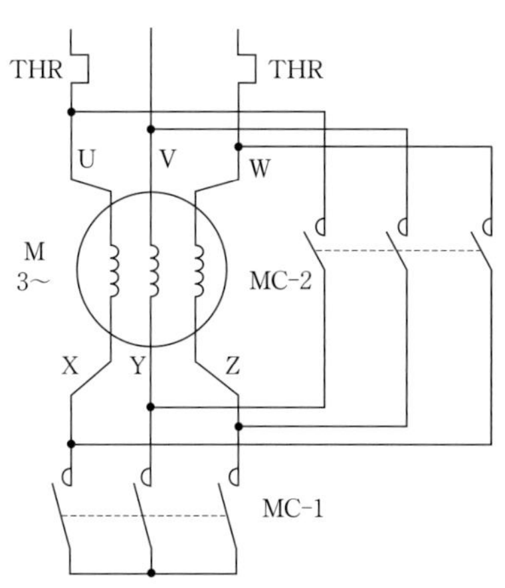

問 45 ハ

⑤で示す図記号は，ハの熱動継電器（サーマルリレー）で，三相誘導電動機の過負荷保護に用いる継電器である．なお，イは補助継電器（リレー），ロは電磁開閉器（MS），ニは限時継電器（タイマ）である．

〔問題 3. 配線図 2〕

問 46 ニ

①で示す機器は電力需給用計器用変成器で，文字記号（略号）は VCT である．なお，VCB は真空遮断器，MCCB は配線用遮断器，OCB は油入遮断器の文字記号（略号）である．

問 47 イ

②に示す装置は高圧限流ヒューズである．計器用変圧器（VT）の内部短絡事故が主回路に波及することを防止するために施設される．

問 48 イ

③に設置する機器は図記号から，イの電流計切換スイッチである．ロは制御回路切換スイッチ，ハは押しボタンスイッチ，ニは電圧計切換スイッチである．

問 49 ハ

④で示す部分で停電時に放電接地を行うものは，ハの放電用接地棒である．イは低圧用の検相器，ロは高圧用の検相器，ニは，高圧・特別高圧用の検電器（風車式）である．

問 50 ハ

⑤で示す変圧器は，V−V 結線変圧器の二次側を電灯回路と動力回路に使用しているので，B 種接地工事は単相 3 線式回路の中性線に施さなくてはいけない．中性線以外の線に B 種接地工事を施すと，単相 3 線式回路の対地電圧が 150 V を超える配線が生じることになる．

問	1	2	3	4	5	6	7	8	9	10	11	12	13	14	15	16	17	18	19	20	21	22	23	24	25
答	ハ	イ	イ	ロ	ハ	ロ	ロ	イ	イ	ニ	イ	ロ	イ	ロ	ニ	ハ	ハ	ニ	ハ	ハ	ハ	ロ	ハ	ニ	イ

問	26	27	28	29	30	31	32	33	34	35	36	37	38	39	40	41	42	43	44	45	46	47	48	49	50
答	イ	ニ	ニ	ロ	ロ	ニ	ニ	ハ	イ	ニ	ハ	ハ	イ	ロ	ニ	ニ	ハ	イ	ロ	イ	イ	ロ	ロ	ハ	ニ

2018年度（平成30年度）第一種電気工事士 筆記試験 解答・解説

〔問題1．一般問題〕

問1 ハ

コンデンサに蓄えられるエネルギー W_C[J] は，静電容量 C[F]，コンデンサの端子電圧 V[V] から，次のように求まる．

$$W_C=\frac{1}{2}CV^2=\frac{1}{2}\times20\times10^{-6}\times100^2$$
$$=10\times10^{-6}\times100^2=10^{-1}=0.1[\mathrm{J}]$$

コイルに蓄えられるエネルギー W_L[J] は，インダクタンス L[H]，コイルを流れる電流 I[A] から，次のように求まる．

$$W_L=\frac{1}{2}LI^2=\frac{1}{2}\times2\times10^{-3}\times10^2$$
$$=1\times10^{-3}\times10^2=10^{-1}=0.1[\mathrm{J}]$$

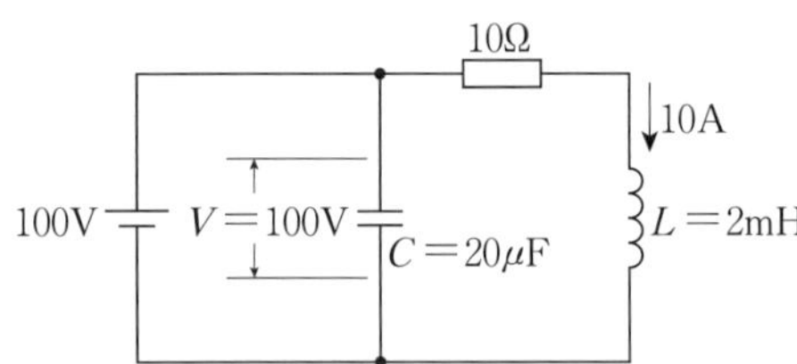

問2 イ

下図のように抵抗の端子電圧と分岐回路の電流を定める．

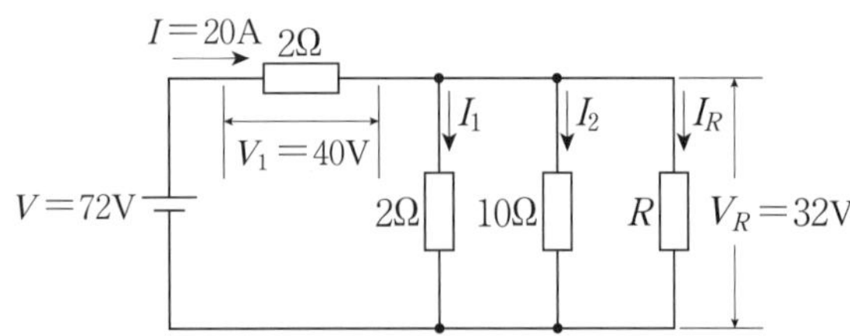

2Ωの抵抗に加わる電圧 V_1[V] は，

$V_1=I\times2=20\times2=40\mathrm{V}$

抵抗 R に加わる電圧 V_R[V] は，

$V_R=V-V_1=72-40=32\mathrm{V}$

次に，並列接続されている2Ωと10Ωの抵抗に流れる電流 I_1[A]，I_2[A] は，

$$I_1=\frac{V_R}{2}=\frac{32}{2}=16\,\mathrm{A}$$
$$I_2=\frac{V_R}{10}=\frac{32}{10}=3.2\,\mathrm{A}$$

$I=I_1+I_2+I_R$ であるから，I_R[A] は次のように求まる．

$$I_R=I-(I_1+I_2)$$
$$=20-(16+3.2)=20-19.2=0.8\mathrm{A}$$

問3 イ

交流電圧 v[V] の実効値 V は100Vである．回路に流れる電流の大きさ I[A] は，$X_L=10\Omega$ なので，

$$I=\frac{V}{X_L}=\frac{100}{10}=10\,\mathrm{A}$$

また，電流の位相は誘導性リアクタンス回路なので，電圧より $\pi/2$[rad] だけ位相が遅れる．電圧を基準にベクトル表示すると下図のようになる．

これより，電流の瞬時値 i[A] を表す式は，

$$i=10\sqrt{2}\sin\left(2\pi ft-\frac{\pi}{2}\right)[\mathrm{A}]$$

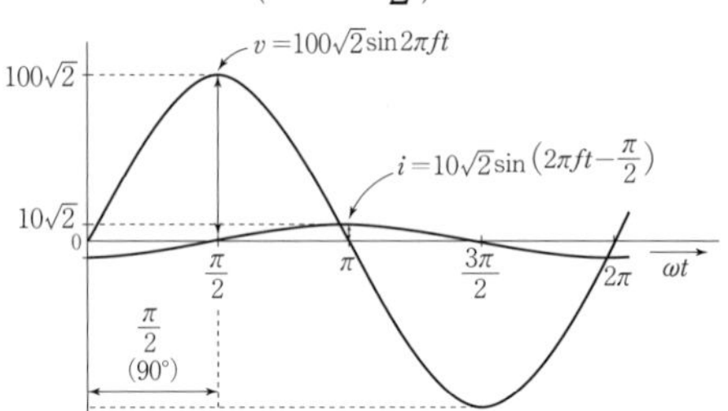

問4 ロ

抵抗 R の消費電力 P は800W，電流 I は10Aなので，R に加わる電圧 V_R[V] は，

$$V_R=\frac{P}{I}=\frac{800}{10}=80\,\mathrm{V}$$

X_L に加わる電圧 V_L[V] は，

$V_L=IX_L=10\times16=160\mathrm{V}$

X_C に加わる電圧 V_C[V] は，

$V_C=IX_C=10\times10=100\mathrm{V}$

これより，電源電圧 V は次のように求まる．

$$V=\sqrt{V_R^{\,2}+(V_L-V_C)^2}$$
$$=\sqrt{80^2+(160-100)^2}$$
$$=\sqrt{80^2+60^2}=100\,\mathrm{V}$$

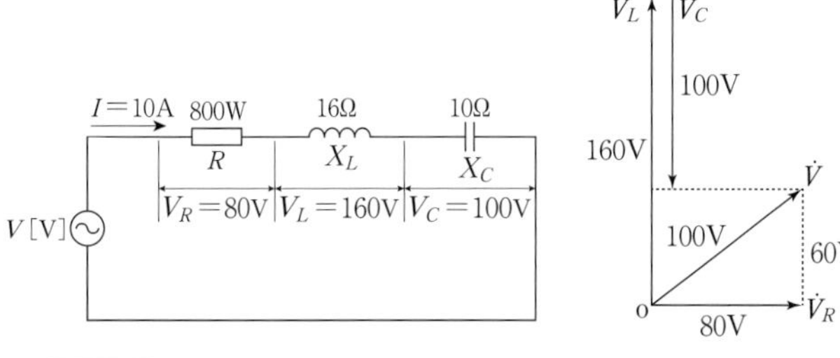

問5 ハ

下図のように△とYの回路を別々に考え，電圧，電流を定める．

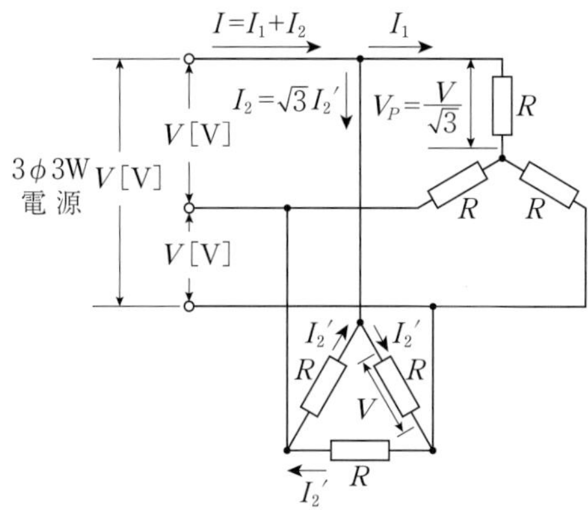

Y回路の相電圧 V_P は線間電圧 V の $1/\sqrt{3}$ なので，I_1[A]は，

$$I_1=\frac{\frac{V}{\sqrt{3}}}{R}=\frac{V}{\sqrt{3}R}\,[\mathrm{A}]$$

△回路の線電流 I_2 は相電流 I_2' の $\sqrt{3}$ 倍なので，

$$I_2=\sqrt{3}\times\frac{V}{R}=\frac{\sqrt{3}V}{R}\,[\mathrm{A}]$$

これより，I[A]は次のように求まる．

$$I=I_1+I_2$$

$$=\frac{V}{\sqrt{3}R}+\frac{\sqrt{3}V}{R}=\frac{V}{R}\left(\frac{1}{\sqrt{3}}+\sqrt{3}\right)[\mathrm{A}]$$

問6 ロ

下図のように電流を定め，各区間の電圧降下から V_C を求める．

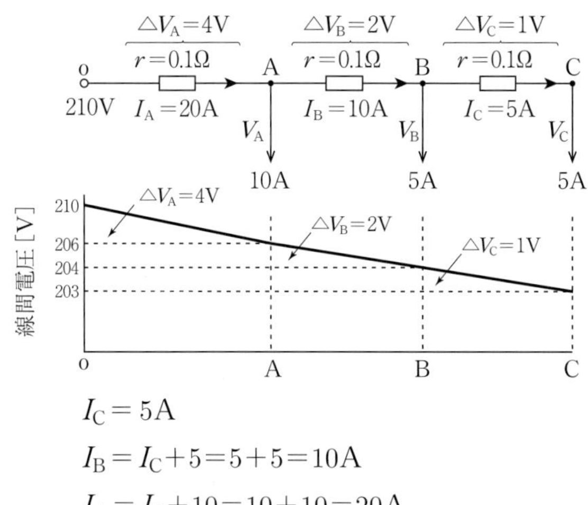

$I_C=5\mathrm{A}$

$I_B=I_C+5=5+5=10\mathrm{A}$

$I_A=I_B+10=10+10=20\mathrm{A}$

各区間の電圧降下は，

$\Delta V_C=2I_C r=2\times5\times0.1=1\mathrm{V}$

$\Delta V_B=2I_B r=2\times10\times0.1=2\mathrm{V}$

$\Delta V_A=2I_A r=2\times20\times0.1=4\mathrm{V}$

これより，V_C は次のように求まる．

$V_C=V-(\Delta V_A+\Delta V_B+\Delta V_C)$

$=210-(4+2+1)=210-7=203\mathrm{V}$

問7 ロ

負荷Aの負荷電流 $\dot{I}_A$ は10A，遅れ力率50%，負荷Bの負荷電流 $\dot{I}_B$ は10A，力率100%である．$\dot{I}_A$ を有効分と無効分に分けると，

$\dot{I}_A$ の有効分 $=10\times\cos\theta=10\times0.5=5\mathrm{A}$

$\dot{I}_A$ の無効分 $=\sqrt{10^2-5^2}$

$=\sqrt{75}=\sqrt{25\times3}=5\sqrt{3}\,\mathrm{A}$

また，単相3線式配電線路の中性線に流れる電流 $\dot{I}_N$ は，$\dot{I}_N=\dot{I}_A-\dot{I}_B$ である．これを有効分と無効分に分けて求めると次のようになる．

$\dot{I}_N$ の有効分 $=\dot{I}_A$ の有効分 $-\dot{I}_B$ の有効分

$=5-10=-5\mathrm{A}$

$\dot{I}_N$ の無効分 $=\dot{I}_A$ の無効分 $-\dot{I}_B$ の無効分

$=5\sqrt{3}-0=5\sqrt{3}\,\mathrm{A}$

これより，中性線に流れる電流 I_N は，次のように求まる．

$$I_N=\sqrt{(-5)^2+\left(5\sqrt{3}\right)^2}$$

$$=\sqrt{25+75}=\sqrt{100}=10\,\mathrm{A}$$

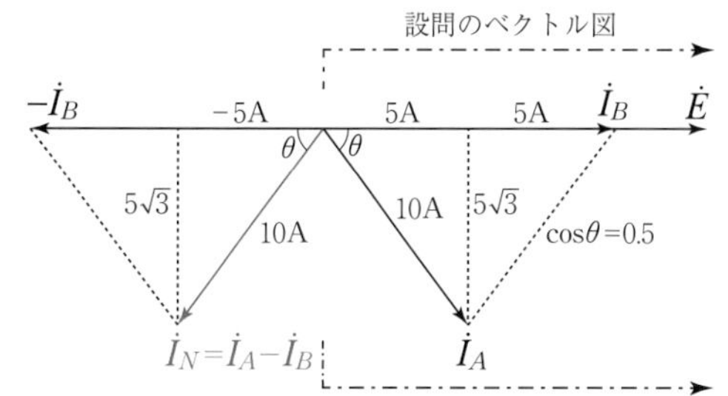

問8 イ

配電線路の電力損失 P_L は，三相負荷の電流を I，配電線1線当たりの抵抗を r とすると，1線当たりの損失の3倍となるので，

$P_L=3rI^2$

三相負荷の力率 $\cos\theta$ は，消費電力を P，端子電圧を V，電流を I とすると，

$$P=\sqrt{3}VI\cos\theta\quad\therefore\cos\theta=\frac{P}{\sqrt{3}VI}$$

配電線路の電流 I は，1相当たりのインピー

ダンスをZとすると，Y 結線の相電圧V_Pは線間電圧Vの$1/\sqrt{3}$であるから，

$$I = \frac{V_P}{Z} = \frac{\frac{V}{\sqrt{3}}}{Z} = \frac{V}{\sqrt{3}Z}$$

配電端電圧V_s，端子電圧Vとすると，配電線路の電圧降下$V_s - V$は，

$$V_S = V + \sqrt{3}Ir\cos\theta \quad \therefore V_S - V = \sqrt{3}Ir\cos\theta$$

問 9　イ

電技解釈第 149 条により，低圧屋内幹線の配線用遮断器の定格電流I_0と，分岐回路に取り付ける配線用遮断器の位置に対して，分岐回路の許容電流Iの関係は下表のように定められている．このため，各分岐回路は次の許容電流値以上でなければならない．

分岐回路 A，B，D

$I \geqq I_0 \times 0.35 = 100 \times 0.35 = 35\text{A}$

分岐回路 C

$I \geqq I_0 \times 0.55 = 100 \times 0.55 = 55\text{A}$

これより，分岐回路 A の許容電流は 34A なので，配線用遮断器の取り付け位置が不適切である．

過電流遮断器の施設（電技解釈第 149 条）

	配線用遮断器までの長さ
原則	3m 以下
$I \geqq 0.35I_0$	8m 以下
$I \geqq 0.55I_0$	制限なし

問 10　ニ

三相かご形誘導電動機の回転速度$N[\text{min}^{-1}]$は，周波数f[Hz]，極数p，すべり s とすると，

$$N = \frac{120f}{p}(1-s)\ [\text{min}^{-1}]$$

これより，周波数fは次のように求まる．

$$f = \frac{Np}{120(1-s)} = \frac{1\,140 \times 6}{120(1-0.05)} = \frac{1\,140 \times 6}{120 \times 0.95} = \frac{57}{0.95} = 60\,\text{Hz}$$

問 11　イ

巻上荷重W[kN] の物体を毎秒v[m] の速度で巻き上げているとき，巻上機の効率をη[%] とすると，電動機の出力P[kW] は次のように求まる．

$$P = \frac{Wv}{\frac{\eta}{100}} = \frac{100 \times Wv}{\eta}\ [\text{kW}]$$

問 12　ロ

変圧器の鉄損P_iは，ヒステリシス損P_hとうず電流損P_eの和である．また，変圧器の一次電圧をV_1，周波数をfとすると，次のような関係がある．

$$P_i = P_h + P_e$$

$$P_h \propto \frac{V_1^2}{f} \quad P_e \propto V_1^2$$（※∝は，左右の数値が比例していることを示す．）

これより，鉄損P_iは一次電圧V_1の 2 乗に比例する．また，ヒステリシス損P_hはうず電流損P_eに比べて大きいので，鉄損P_iは周波数fにほぼ反比例する．

問 13　イ

鉛蓄電池は，正極に二酸化鉛，負極に海綿状の鉛，電解液として希硫酸を用いた二次電池である．アルカリ蓄電池（1.2V）は過充電，過放電を行っても蓄電池への悪影響は少なく，電解液比重は充放電しても変化しない．また，単一セルの起電力は鉛蓄電池（2V）よりも低い．

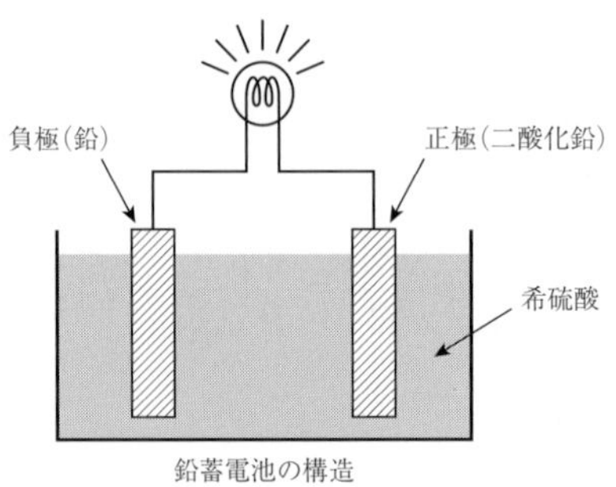

鉛蓄電池の構造

問 14　ロ

写真に示すものの名称は，バスダクトである．バスダクトは，H 鋼に似た形状をしていて，アルミまたは銅を導体として，導体の外側を絶縁物で覆った幹線用の部材のことである．数千アンペアの許容電流があるため，主幹線として使用することでコスト改善を図ることができるが，曲がりが多くなると施工性が悪くなる．

問 15　ニ

写真に示すモールド変圧器の矢印部分の名称は，下図に示すように，二次（低電圧側）端子である．

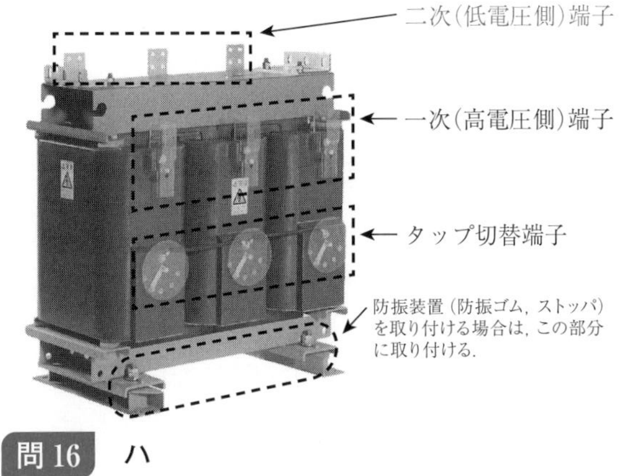

問 16　ハ

水力発電所の出力 P[kW] は，使用流量を Q[m³/s]，有効落差を H[m]，水車と発電機の総合効率を η[%] とすると，次のように求められる．

$$P = 9.8QH\eta$$
$$= 9.8 \times 20 \times 100 \times 0.85 = 16\,660\text{kW}$$
$$\fallingdotseq 16.7\text{MW}$$

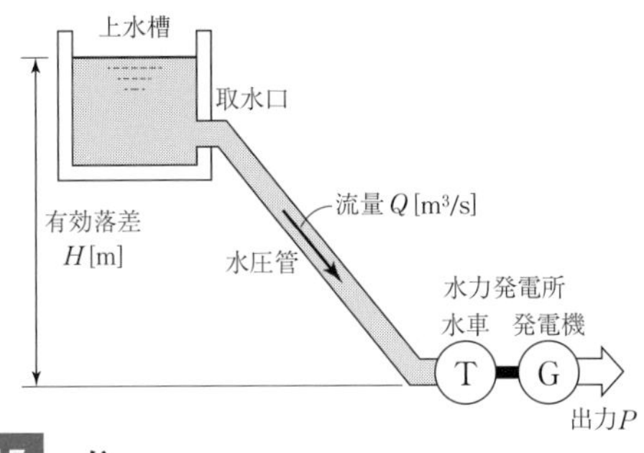

問 17　ハ

汽力発電所の再熱サイクルを表すと，下図のようになる．再熱サイクルは，ボイラ過熱器で高温高圧にした蒸気を高圧タービンに送り，膨張した蒸気を再びボイラ再熱器で再熱して低圧タービンに送ることで，熱効率を高める汽力発電方式のことである．

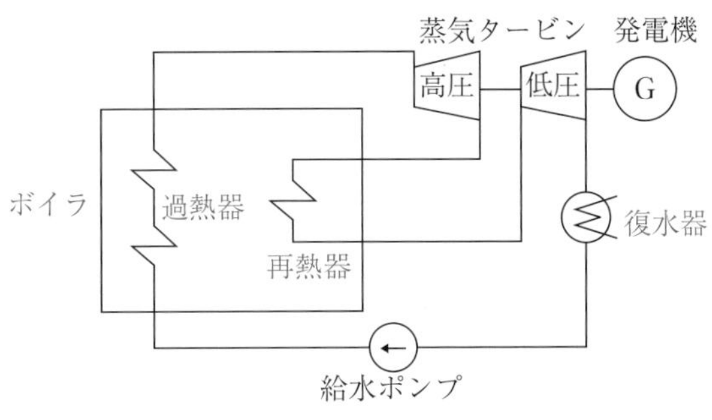

問 18　ニ

ディーゼル機関のはずみ車（フライホイール）は，往復運動を回転運動に変換する過程で生じる回転のむらを滑らかにするため，機関の回転軸に設ける装置である．

問 19　ハ

送電線用変圧器の抵抗接地方式は，抵抗を通じて中性点を接地する方式である．66kV 以上154kV 以下の特別高圧送電線路で用いられる接地方式で，直接接地方式と比較し，地絡故障時の通信線路への誘導障害を小さくできる特徴がある．

問 20　ハ

地絡継電器（GR）は，大地と電路が接触した場合の事故電流を零相変流器で検出し，検出した地絡電流が，継電器の整定値以上流れると，遮断器を動作させ，地絡事故回路を開放するための継電器である．なお，方向性を持ったものを，地絡方向継電器（DGR）といい，保護対象以外の地絡事故で不要動作をしないようになっている．

問 21　ハ

高調波の発生源となる機器として，アーク炉，半波整流器，電力制御用インバータなどがある．これらの負荷は電流波形を歪ませるので，高調波電流の発生源となる．進相コンデンサは，使用条件によっては高調波電流を拡大することはあるが発生源ではない．

問 22　ロ

写真の機器の矢印で示す部分は，限流ヒューズ付高圧交流負荷開閉器（PF 付 LBS）の限流ヒューズである．短絡電流を限流遮断し，密閉されているのでガスの放出はなく，電路を保護する機器であり，遮断時にはストライカと呼ばれる動作表示装置が突出することで LBS を開放する．また，小型，軽量で，T（変圧器用），M（電動機用），C（コンデンサ用），G（一般用）の 4 種類があり，用途によって使い分けられる．

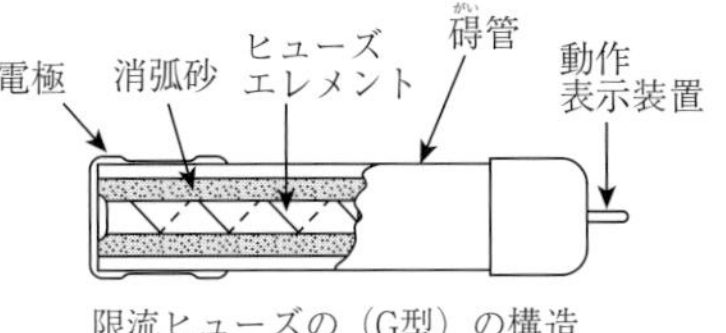

限流ヒューズの（G型）の構造

問 23　ハ

写真に示す機器は避雷器で，高圧電路の雷電圧保護に使用される．避雷器は，落雷時に構内へ侵入してくる異常電圧を抑制させるため，引込口近くに設置し，雷撃による異常電圧を大地に放電させ，電気機器の絶縁を保護する役割を持っている．

問 24 ニ

内線規程 1350−7 により，接地極には，銅板，銅溶覆鋼棒，厚鋼電線管などを用いなくてはならず，ニのアルミ板は接地極として使用できない．

接地極の選定（内線規程 1350−7）

材質	形状
銅板	厚さ 0.7mm 以上，大きさ 900cm^2 以上
銅棒，銅溶覆鋼棒	直径 8mm 以上，長さ 0.9m 以上
厚鋼電線管	外形 25mm 以上，長さ 0.9m 以上
鉄棒（亜鉛めっき）	直径 12mm 以上，長さ 0.9m 以上

問 25 イ

高速切断機は，といしを高速で回転させ，パイプやアングル材などを切断する工具である．といしの側面は切断面ではなく，外力にも弱いので，研削作業に使用してはいけない．

問 26 イ

写真に示す配線器具は，単相 200V30A 引掛形接地極付コンセントである．電技解釈第 149 条により，定格電流 20A の配線用遮断器で保護することはできない．

分岐回路の施設（電技解釈第 149 条）

分岐過電流遮断器の定格電流	コンセント
15A	15A 以下
20A（配線用遮断器）	20A 以下
20A（ヒューズ）	20A
30A	20A 以上 30A 以下

問 27 ニ

電技解釈第 165 条により，ライティングダクト工事は，ダクトの開口部を下に向けて施設しなくてはいけない．また，ダクトの支持点間の距離は 2m 以下，終端部は閉そくし，D 種接地工事を施さなくてはならない．

問 28 ニ

電技解釈第 158 条により，合成樹脂管工事に使用する電線は，屋外用ビニル絶縁電線を除く絶縁電線で，より線または直径 3.2mm 以下の単線を使用しなくてはいけない．

問 29 ロ

電技解釈第 156 条により，点検できる隠ぺい場所で，湿気の多い場所又は水気のある場所の低圧屋内配線工事は，がいし引き工事，合成樹脂管工事，金属管工事，金属可とう電線管工事，ケーブル工事で行わなければならない．金属線ぴ工事は，使用電圧 300V 以下の乾燥した場所で，展開した場所か点検できる隠ぺい場所に限られる．

問 30 ロ

高圧受電設備規程 1110−1，2，4 により，保安上の責任分界点は，自家用電気工作物設置者の構内に設定し，区分開閉器を施設しなくてはならない．また，区分開閉器には，地絡継電装置付き高圧交流負荷開閉器（GR 付 PAS）を使用することと規定されている．

問 31 ニ

電技解釈第 67 条により，高圧架空引込ケーブルによる引込線の施工は，ケーブルハンガーにより，ちょう架用線で支持する場合，ハンガーの間隔は 50cm 以下としなくてはならない．ちょう架用線及びケーブルの被覆に使用する金属体には，D 種接地工事を施し，ちょう架用線は断面積 22mm^2 以上の亜鉛めっき鉄より線を使用しなくてはならない．

問 32 ニ

VT（Voltage Transformer）は計器用変圧器のことで，高電圧を電圧計，電力計などの指示計器や保護継電器などが接続できる低電圧（一般的には定格二次電圧 110V）に変換する機器である．定格負担は 50，100，200V·A と小さく，照明電源などの負荷設備に使用する機器ではない（JIS C 1731−2）．

問 33 ハ

電技解釈第 148 条により，電路を保護する過電流遮断器は，定格電流が当該低圧幹線の許容電流以下でなくてはいけないが，低圧幹線に電動機等が接続される場合，次のように過電流遮断器の定格電流が規定されている．

①電動機の定格電流の3倍に他の電気機械器具の定格電流を加えた値以下とすること．
②また，この値が低圧幹線の許容電流の2.5倍を超える場合は，低圧幹線の許容電流の2.5倍した値以下であること．
③低圧幹線の許容電流が100Aを超え，過電流遮断器の標準定格に該当しないとき，定格電流はその値の直近上位であること．

問34 イ

電技解釈第21条により，高圧の機械器具の施設について，次のように規定されている．
①屋内で，取扱者以外の者が出入りできないように措置(施錠など)した場所に施設すること．
②人が触れるおそれがないように，機械器具の周囲に適当なさく，へい等を設けること．
③危険である旨の表示をすること．

問35 ニ

電技解釈第17条により，C種接地工事は「接地抵抗値は10Ω（低圧電路において，地絡を生じた場合に0.5秒以内に当該電路を自動的に遮断する装置を施設するときは，500Ω）以下であること．」と規定されている．また，使用する接地線については，移動して使用する電気機械器具に接地工事を施す場合を除き「引張強さ0.39kN以上の容易に腐食し難い金属線又は直径1.6mm以上の軟銅線であること．」と規定されている．

問36 ハ

電技省令第58条により，使用電圧が300V以下，対地電圧が150Vを超える場合，電路の電線相互間，電路と大地間の絶縁抵抗値は0.2MΩ以上でなければならない．また，電技解釈14条により，絶縁抵抗測定が困難な場合においては，当該電路の使用電圧が加わった状態における漏えい電流が，1mA以下であることと規定されている．

低圧電路の絶縁性能（電技省令第58条）

電路の使用電圧の区分		絶縁抵抗値
300V以下	対地電圧150V以下	0.1MΩ以上
	その他の場合	0.2MΩ以上
300Vを超える低圧回路		0.4MΩ以上

問37 ハ

変圧器の絶縁油の劣化診断には，以下の試験がある．真空度チェックは，真空遮断器（VCB）の真空バルブの点検時に行う．

絶縁油の劣化診断試験

絶縁破壊電圧試験	絶縁破壊電圧を球状電極間ギャップに商用周波数の電圧を加えて測定する
全酸価試験	絶縁油の酸価度を水酸化カリウムを用いて測定する
水分試験	試薬や電気分解により水分量を測定する
油中ガス分析	絶縁油中に含まれるガスから変圧器内部の異常を診断する

問38 イ

電気工事士法第3条，同法施行規則第2条により，高圧で最大電力500kW未満の需要設備に係る電気工事は，第一種電気工事の免状の交付を受けているものでなければ従事できない．なお，電気工事士法施行規則第1条の2により，発電所，変電所，最大電力500kW以上の需要設備の作業は，電気工事士の資格がなくても，電気主任技術者の指示に従って作業できる．

問39 ロ

電気工事業の業務の適正化に関する法律第19条により，一般電気工事の業務を行う営業所ごとに，当該業務に係る一般用電気工事の作業を管理させるため，法令に定められた主任電気工事士を選任しなくてはならない．なお，主任電気工事士になれるのは，第一種電気工事士，3年以上の実務経験を有する第二種電気工事士である．また，第24条では器具の備付け，第25条では標識の掲示，第26条では帳簿の備付について規定している．

問40 ニ

電気事業法第57条，同法施行規則第96条により，一般用電気工作物に電気を供給する者（電線路維持運用者）は，一般用電気工作物が経済産業省令で定める技術基準に適合しているかを調査しなくてはいけない．また，電気事業法第57条の2では，電線路維持運用者は，登録調査機関に一般用電気工作物の調査を委託できると定めている．

〔問題 2. 配線図〕

問 41 ニ

①で示す機器はコンデンサ形接地電圧検出装置(ZPD)である．地絡事故が発生したときに零相電圧 V_0 を検出し，零相変流器(ZCT)と組み合わせて地絡方向継電器(DGR)を動作させる機器である．

問 42 ハ

②で示す部分の図記号はケーブルヘッドである．この部分で使用されるのは，イのストレスコーン，ロのゴムとう管形屋外終端接続部，ニのケーブルブラケットとゴムスペーサである．ハの限流ヒューズは使用されない．

問 43 イ

ⓐで示す部分は，電力需給用計器用変成器(VCT)の金属製外箱の接地なので，電技解釈第29条により，A 種接地工事を施す．ⓑで示す部分は，計器用変圧器(VT)の二次側電路の接地なので，電技解釈第 28 条により，D 種接地工事を施す．

問 44 ロ

④に設置する単相機器は，計器用変圧器(VT)である．V−V 結線で三相電圧を変成できるので，必要最小数量は 2 台である．

問 45 イ

⑤で示す図記号は変流器（CT）である．計器用変流器の役割は，電流計などの指示計器や保護継電器と接続するため，大電流を扱いやすい小さな電流に変換（一般的には定格二次電流5A）する機器である（JIS C 1731−1）．

問 46 イ

⑥で示す部分に設置する機器は，計器用変圧器（VT）と変流器（CT）の低圧側に接続されているので，電圧要素と電流要素で計測する電力計（kW）と力率計（cosφ）である．

問 47 ロ

⑦の部分の相確認に用いるものは，ロの高圧用の検相器である．イは低圧用の検相器，ハは放電用接地棒，ニは高圧・特別高圧用で電池不要の検電器(風車式)である．

問 48 ロ

⑧で示す機器は，直列リアクトル（SR）である．この機器の役割は，コンデンサ回路の突入電流の抑制，電圧波形のひずみを改善，第 5 高調波等の高調波障害拡大の防止などである．コンデンサの残留電荷を放電するのは，放電抵抗や放電コイルである．

問 49 ハ

⑨で示す部分は，高圧進相コンデンサの外箱に施す接地なので，電技解釈第 29 条により，A 種接地工事を施す．電技解釈第 17 条により，接地線は直径 2.6mm 以上の軟銅線を使用しなくてはいけない．

問 50 ニ

⑤で示す動力制御盤から電動機に至る配線は，動力制御盤にスターデルタ始動器の図記号があるので，下図のように 6 本となる．

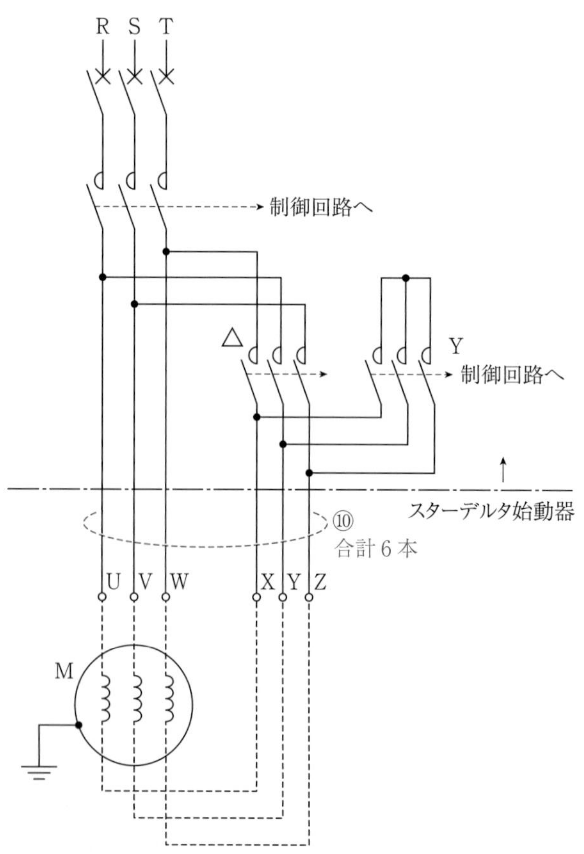

問	1	2	3	4	5	6	7	8	9	10	11	12	13	14	15	16	17	18	19	20	21	22	23	24	25
答	ハ	ニ	ロ	ロ	イ	ロ	ハ	ロ	ロ	ハ	ロ	ハ	ニ	イ	ロ	イ	ハ	イ	ハ	ハ	ニ	イ	ニ	ハ	イ

問	26	27	28	29	30	31	32	33	34	35	36	37	38	39	40	41	42	43	44	45	46	47	48	49	50
答	ニ	ロ	イ	ロ	イ	ハ	ニ	ニ	イ	ニ	ニ	ハ	イ	ハ	ロ	ニ	ロ	ニ	イ	ニ	ロ	イ	ハ	イ	ハ

2017年度（平成29年度）第一種電気工事士 筆記試験 解答・解説

〔問題 1．一般問題〕

問 1　ハ

コイルのインダクタンス L は，定数を k，巻数を n[回]，真空の透磁率を μ_0[H/m]，物質の比透磁率を μ_s[H/m] とすると，

$$L = k\mu_0\mu_s n^2 \text{[H]} \qquad (1)$$

また，リアクタンス X_L[Ω]，電流 I[A] は，周波数を f[Hz]，電圧を V[V] とすると，

$$X_L = 2\pi fL \text{[Ω]} \qquad (2)$$

$$I = \frac{V}{X_L} \text{ [A]} \qquad (3)$$

(2)，(3)式より周波数 f を高くするとリアクタンス X_L は大きくなり，電流 I は減少するので，ハが誤りである．なお，(1)式よりインダクタンス L は巻数 n を増加したり，コイルに鉄心を挿入すると（挿入前 $\mu_s = 1$，挿入後 $\mu_s \gg 1$）大きくなる．(3)式より電流 I は電圧 V に比例し，リアクタンス X_L に反比例する．

問 2　ニ

スイッチ S が開いているとき，2Ω の抵抗に加わる電圧 V_2 は，

$$V_2 = V - V_1 = 60 - 36 = 24\text{V}$$

これより，回路を流れる電流 I と抵抗 R の値は，

$$I = \frac{V_2}{2} = \frac{24}{2} = 12\text{A}$$

$$\therefore R = \frac{V_1}{I} = \frac{36}{12} = 3\Omega$$

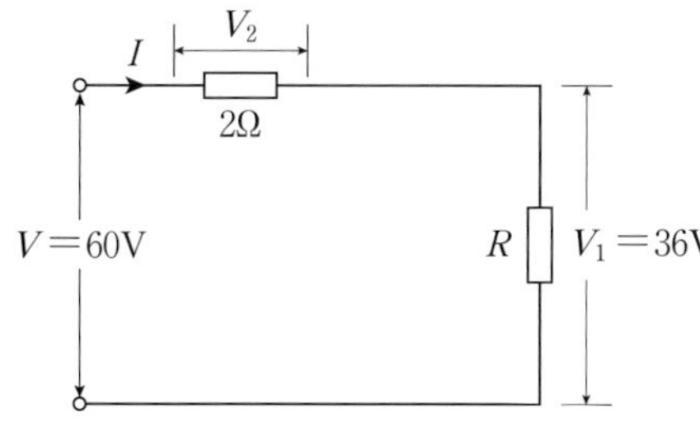

次にスイッチ S が閉じているとき，回路の合成抵抗 R' は，

$$R' = 2 + \frac{6 \times 3}{6+3} = 2 + 2 = 4\Omega$$

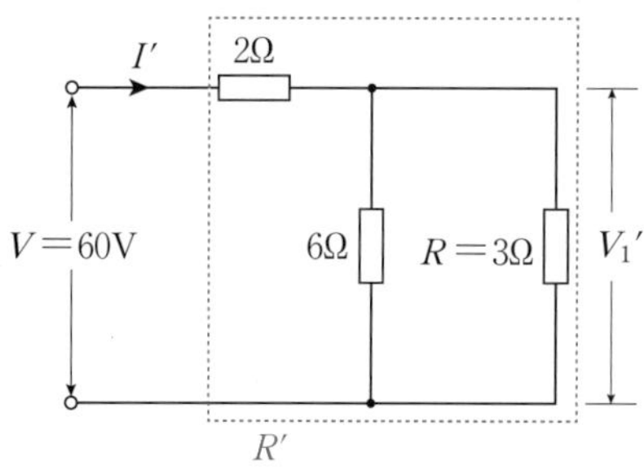

これより，回路を流れる電流 I' は，

$$I' = \frac{V}{R'} = \frac{60}{4} = 15\text{A}$$

抵抗 R の両端の電圧 $V_1{}'$ は，抵抗 R(＝3Ω) と 6Ω の並列回路，電流 I' から次のように求まる．

$$V_1{}' = I' \times \frac{6 \times 3}{6+3} = 15 \times 2 = 30\text{V}$$

問 3　ロ

リアクタンス X に加わる電圧 V_L を求めると，

$$V_L = \sqrt{V^2 - V_R{}^2} = \sqrt{100^2 - 80^2} = 60\text{V}$$

これより，リアクタンス X は，次のように求まる．

$$X = \frac{V_L}{I} = \frac{60}{20} = 3\Omega$$

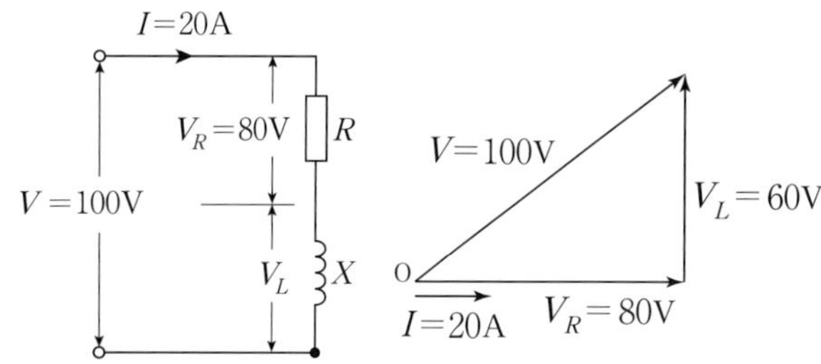

問 4　ロ

抵抗 R を流れる電流 I_R，誘導性リアクタンス X_L を流れる電流 I_L，容量性リアクタンス X_C を流れる電流 I_C は，

$$I_R = \frac{V}{R} = \frac{120}{20} = 6\text{A}$$

$$I_L = \frac{V}{X_L} = \frac{120}{10} = 12\text{A}$$

$$I_C = \frac{V}{X_C} = \frac{120}{30} = 4\text{A}$$

これより，電流 I は次のように求まる．

$$I = \sqrt{I_R{}^2 + (I_L - I_C)^2} = \sqrt{6^2 + (12-4)^2} = 10\text{A}$$

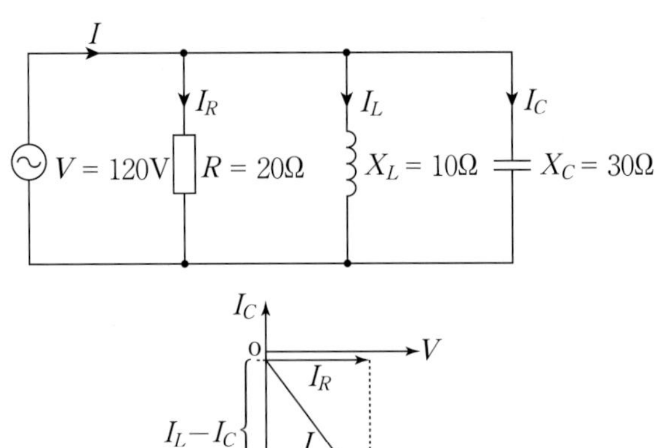

問 5　イ

三相交流回路の 1 相分の消費電力 P_1 は，電圧 V[V]，抵抗 R は 5 Ω，誘導性リアクタンス X_L は電力を消費しないので，

$$P_1=\frac{V^2}{R}=\frac{V^2}{5}\ \text{[W]}$$

三相交流回路の全消費電力 P_3 は，1 相分の消費電力 P_1 の 3 倍になるので，次のように求まる．

$$P_3=3\times\frac{V^2}{5}=\frac{3V^2}{5}\ \text{[W]}$$

問 6　ロ

力率改善前の皮相電力 S_1 は 200kV·A，有効電力 P は 120kW，力率 $\cos\theta_1$ は 0.6 なので，無効電力 Q_1 は，

$$Q_1=\sqrt{{S_1}^2-P^2}=\sqrt{200^2-120^2}=160\text{kvar}$$

次に高圧進相コンデンサ施設後の力率 $\cos\theta_2$ は 0.8 なので，皮相電力 S_2 と無効電力 Q_2 は，

$$S_2=\frac{P}{\cos\theta_2}=\frac{120}{0.8}=150\text{kV·A}$$

$$Q_2=\sqrt{{S_2}^2-P^2}=\sqrt{150^2-120^2}=90\text{kvar}$$

これより，必要なコンデンサの容量 Q_c は，次のように求まる．

$$Q_c=Q_1-Q_2=160-90=70\ \text{kvar}$$

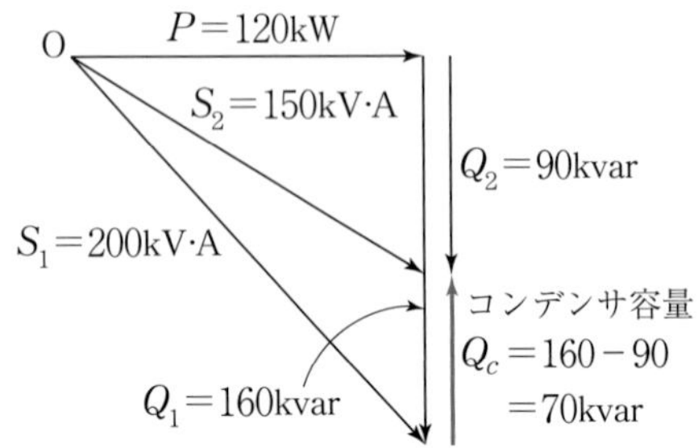

問 7　ハ

定格電圧 $V=200$V，消費電力 $P=17.3$kW の三相抵抗負荷に電気を供給するとき，配電線路に流れる電流 I は，

$$I=\frac{P}{\sqrt{3}V}=\frac{17.3\times10^3}{\sqrt{3}\times200}=50\text{A}$$

配電線路の 1 線あたりの抵抗 r は 0.1 Ω なので，この配電線路の電力損失 P_l は次のように求まる．

$$P_l=3I^2r=3\times50^2\times0.1=750\text{W}=0.75\text{kW}$$

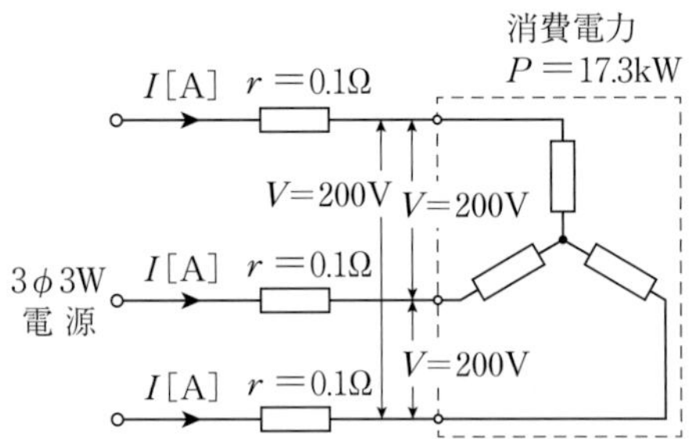

問 8　ロ

単相 2 線式配電線路の A 点の電圧を V_A，B 点の電圧を V_B，C 点の電圧を V_C とする．AB 間の電流 I_1 が 20A，1 線当たりの線路抵抗 r_1 が 0.1 Ω なので B 点の電圧 V_B は，

$$V_B=V_A-2I_1r_1=210-2\times20\times0.1=206\text{V}$$

次に BC 間の電流 I_2 が 10A，1 線当たりの線路抵抗 r_2 が 0.2 Ω なので V_C は次のように求まる．

$$V_C=V_B-2I_2r_2=206-2\times10\times0.2=202\text{V}$$

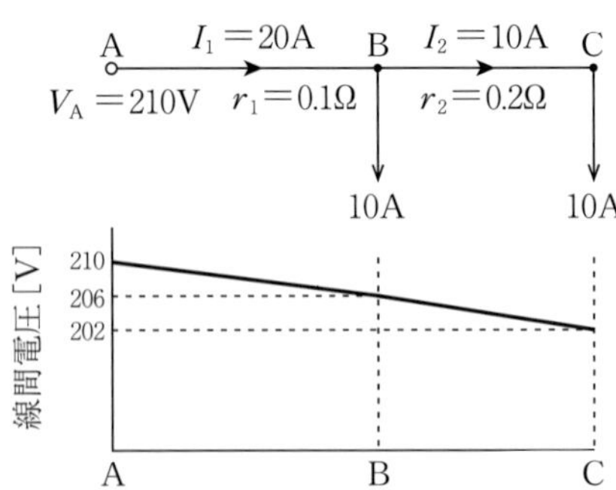

問 9　ロ

変圧器の一次側の電力 P_1 と二次側の電力 P_2 は，配電線と変圧器の損失は無視できるので，

$$P_1=V_1I_1=6\,600I_1$$

$$P_2=P_{21}+P_{22}$$

$$=6.6+6.6=13.2\text{kW}=13\,200\text{W}$$

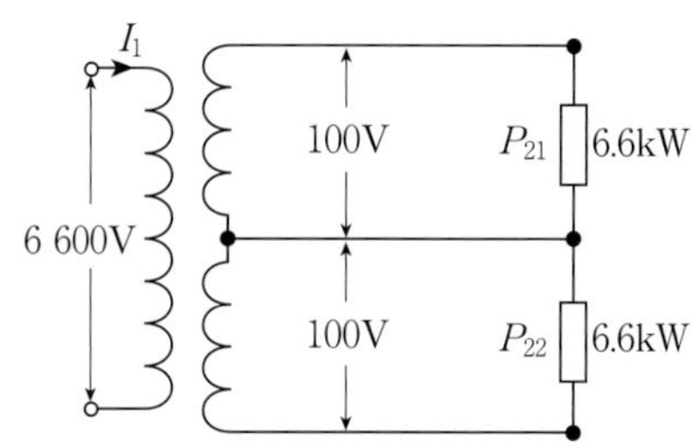

変圧器の一次側電力 P_1 と二次側電力 P_2 は等しいので，一次側電流 I_1 は次のように求まる．

$$P_1 = P_2$$

$$6\,600 I_1 = 13\,200$$

$$\therefore\ I_1 = \frac{13\,200}{6\,600} = 2\text{A}$$

問 10　ハ

一般的な三相誘導電動機の回転速度に対するトルク曲線は，C の曲線を示す．始動時（a 点）のトルクは小さく，回転数の上昇にともなってトルクは増加し最大トルク T_m（b 点）に達する．この回転速度以上になるとトルクは減少し，同期速度 N_S でトルクは 0[N·m] となる．

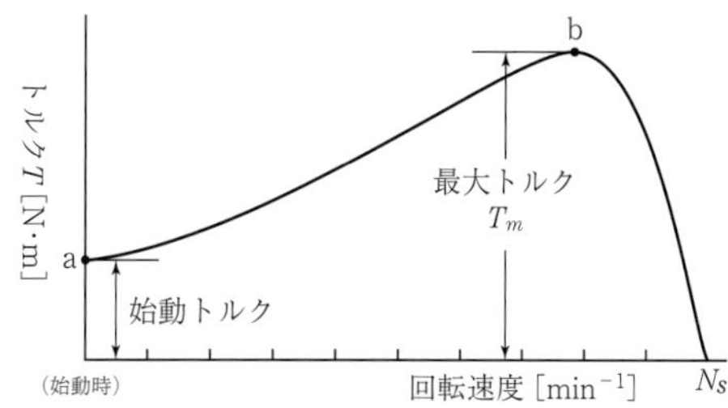

問 11　ロ

三相誘導電動機の電源周波数を f[Hz]，極数を p とすると同期速度 N_S[min^{-1}] は，

$$N_S = \frac{120f}{p} = \frac{120 \times 60}{4} = 1\,800\,\text{min}^{-1}$$

三相誘導電動機は滑り $s = 5\%$ で運転しているので，回転速度 N[min^{-1}] は次のように求まる．

$$N = N_S \times \left(1 - \frac{s}{100}\right)$$

$$= 1800 \times \left(1 - \frac{5}{100}\right) = 1710\,\text{min}^{-1}$$

問 12　ハ

容量 VI[V·A] の単相変圧器 2 台を V 結線したとき，三相負荷に供給できる最大容量 P_3 は，

$$P_3 = \sqrt{3}\,VI\ [\text{V·A}]$$

また，単相変圧器 2 台の合計容量 P_2[V·A] は，

$$P_2 = 2VI\ [\text{V·A}]$$

これより，変圧器 1 台あたりの最大利用率は，次のように求まる．

$$\frac{P_3}{P_2} = \frac{\sqrt{3}\,VI}{2VI} = \frac{\sqrt{3}}{2}$$

問 13　ニ

サイリスタ（逆阻止 3 端子サイリスタ）は，1 方向の整流しかできない．また，サイリスタはオン機能のみで，オフ機能は反対方向の電圧が加わったときに生じる．このため，ニの波形を得ることはできない．

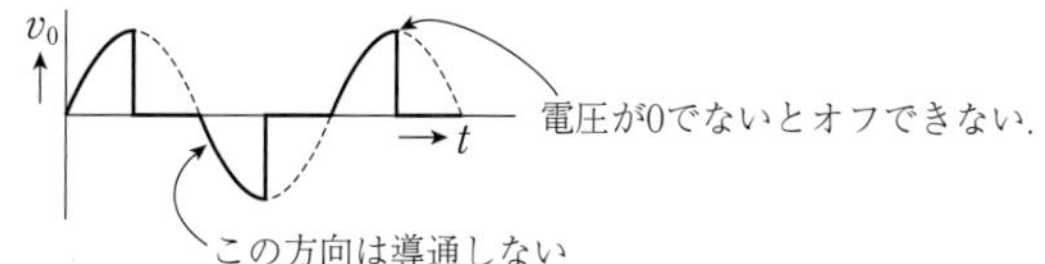

問 14　イ

一般のダウンライト（埋込み形照明器具）を断熱材の下に施工すると，照明器具の発熱により火災の危険性がある．このような場所に使用するダウンライトは，日本照明器具工業会規格の S_B・S_{GI}・S_G 形適合品である．S_B 形は断熱材などの施工に対して特別の注意を要しないが，S_{GI} 形と S_G 形は，使用できない断熱材の材質や施工法がある．

問 15　ロ

写真に示す器具の⬚で囲まれた部分は電磁接触器である．下部に接続されている熱動継電器と組み合わせ，電磁開閉器として電動機負荷などの開閉器として使用される．

問 16　イ

一般的な太陽電池では，1m^2 当たりの発電出力は 250W 程度である．このため，太陽電池で 1kW の出力を得るためには，4m^2 程度の面積が必要となる．

一般的な太陽電池モジュール

最大出力	250W
変換効率*	19%
寸　法 （面積）	800×1300mm （約 1m^2）

＊変換効率＝電気出力 [W] ÷太陽エネルギー [W] × 100

問 17　ハ

架空送電線に使用されるダンパは，送電線が

微風を受けて生じる振動（微風振動）を吸収し，電線の疲労や，付属品金具の損傷などの被害を防止するために取り付けられる．

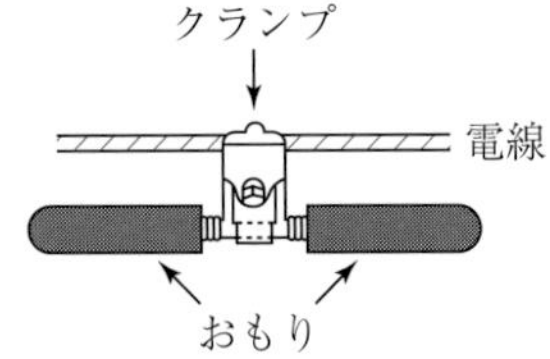

問 18 イ

燃料電池は水素と酸素の化学反応を利用した発電設備で，発電出力は直流である．化学反応により発電するので騒音はほとんどなく，負荷変動に対する応答性や制御性に優れている．燃料電池の種類には，リン酸形（PAFC）や固体酸化物形（SOFC）などがあるが，発電によって生じるのは水と熱だけである．

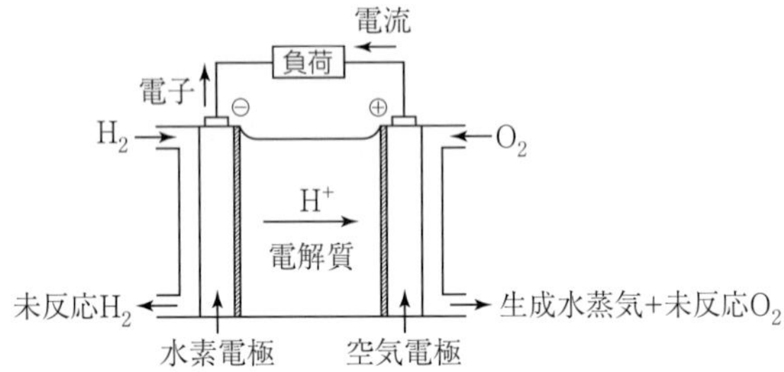

問 19 ハ

断路器は，送電線や変電所の母線，機器などの点検や工事などを行うときに，当該箇所を無電圧にする機器である．機器の故障などにより，短絡事故や地絡事故が発生したときに，電路を自動的に遮断するのは遮断器である．

問 20 ハ

通電中の変流器の二次側回路に接続されている電流計を取り外す場合，変流器の二次側を短絡してから電流計を取り外さなくてはいけない．これは，変流器に一次電流が流れている状態で二次側を開放すると，流れている一次電流に対して，二次電流を流そうとして二次側に高電圧が発生し，絶縁破壊を起こす恐れがあるためである．

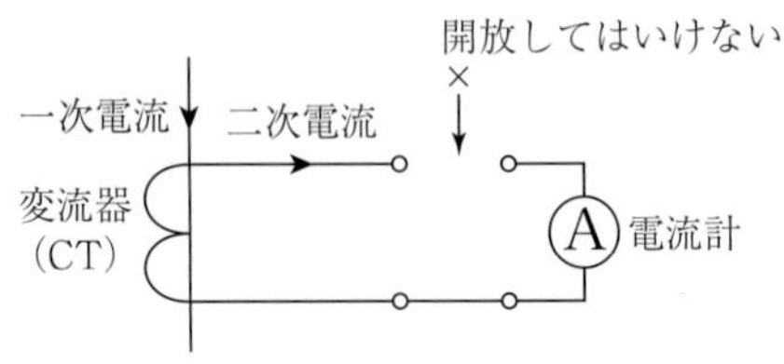

問 21 ニ

高圧受電設備の短絡保護は，過電流継電器（OCR）で短絡事故を検出し，高圧真空遮断器（VCB）を開放することで短絡事故点を除去する．受電設備容量が 300kV·A 以下では，短絡保護に限流ヒューズ付高圧交流負荷開閉器（PF 付 LBS）が用いられる．

問 22 イ

写真に示す機器は計器用変圧器（VT）である．計器用変圧器は，計器や継電器を接続するために高電圧回路の電圧を低電圧に変圧する（通常は 110V）機器である．

問 23 ニ

写真に示す機器は真空遮断器で，略号（文字記号）は VCB（Vacuum Circuit Breaker）である．真空遮断器は，真空バルブ（円筒形の絶縁容器）の中で接点を開閉する遮断器で，小形軽量で遮断性能に優れている．

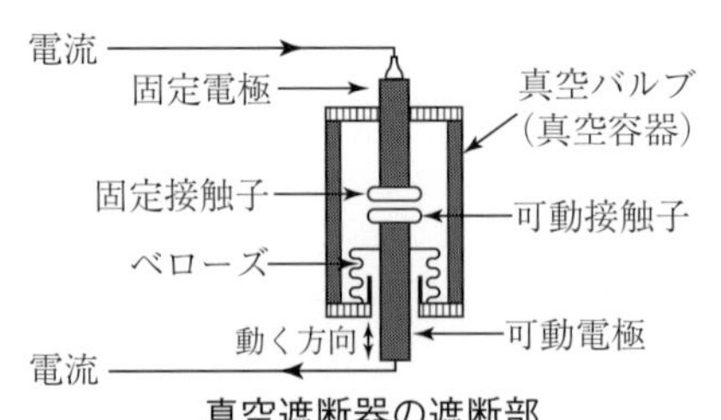

真空遮断器の遮断部

問 24 ハ

電技解釈第 149 条により，30A 分岐回路の電線の太さは 2.6mm 以上を用いなくてはいけない．

分岐回路の施設（電技解釈第 149 条）

分岐過電流遮断器の定格電流	電線の太さ	コンセントの定格電流
15A	直径 1.6mm 以上	15A 以下
20A（配線用遮断器）		20A 以下
20A（ヒューズ）	直径 2mm 以上	20A
30A	直径 2.6mm 以上	20A 以上 30A 以下
40A	断面積 8mm² 以上	30A 以上 40A 以下
50A	断面積 14mm² 以上	40A 以上 50A 以下

問 25　イ

写真に示す材料のうち，イはコンクリート用あと施工アンカーで，吊りボルトなどの固定に使用する材料である．なお，ロはボルト形コネクタ，ハは圧着スリーブ（P形），ニは差込形コネクタで，電線の接続に使用する材料である．

問 26　ニ

写真に示す工具は，張線器（シメラー）である．架空線工事で，電線のたるみを取るのに用いる．

問 27　ロ

電技解釈第168条により，高圧屋内配線は，がいし引き工事（乾燥した展開場所に限る），ケーブル工事で施設しなくてはいけない．ロは金属管工事なので，高圧屋内配線には施設することはできない．

問 28　イ

電技解釈第164条により，点検できない隠ぺい場所にビニルキャブタイヤケーブルは施設できない．ビニルキャブタイヤケーブルを施設できるのは，使用電圧300V以下の展開した場所または点検できる隠ぺい場所に限られる．

問 29　ロ

電技解釈第120条により，地中電線路は電線にケーブルを使用しなくはいけない．暗きょ式で施設する場合は，地中電線に耐燃措置（不燃性の管に収めるなど）を施すこと．高圧地中電線路を管路式で施設する場合は，埋設表示シートを管と地表面（舗装のある場合は，舗装下面）のほぼ中間に連続して施設しなくてはいけない（高圧受電設備規程1120−3，JIS C 3653）．

問 30　イ

ストレスコーン部分の主な役割は，遮へい端部の電位傾度を緩和することである．ケーブルの絶縁部を段むきにした場合，電気力線は切断部に集中するので（図a），ストレスコーンを設けて電気力線の集中を緩和させている（図b）．なお，雷サージの侵入対策には，避雷器が用いられる．

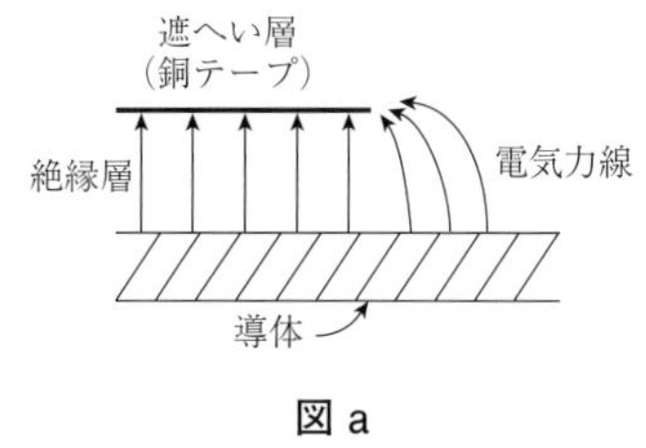

図 a

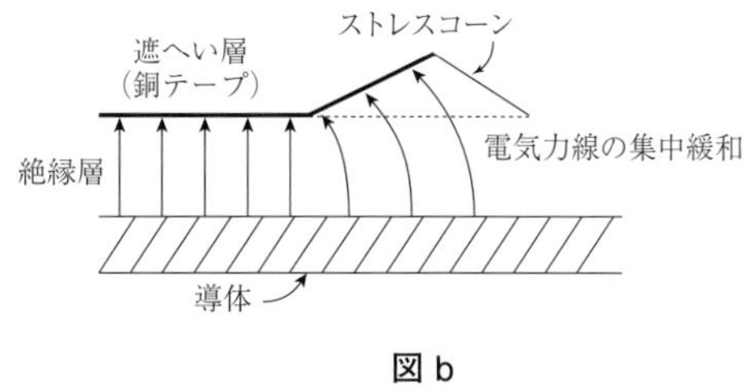

図 b

問 31　ハ

②に示す高圧ケーブルの太さを検討する場合は，高圧受電設備規程1120−1，1150−1により，電路の許容電流や短時間耐電流，電路の短絡容量などを考慮して決定する．電路の地絡電流を検討する必要はない．

問 32　ニ

③に示すケーブル内で地絡事故が発生した場合，確実に検出するためには，地絡電流がZCTを通過するようにケーブルシールドの接地を施さなくてはいけない．したがって，ニが正しい．

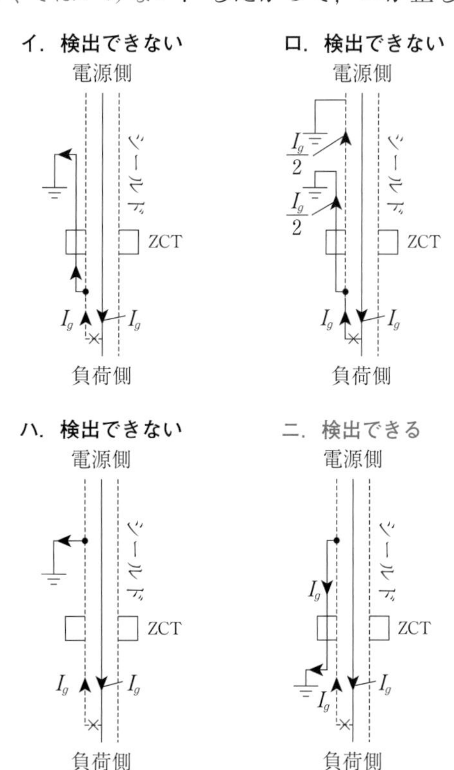

問 33 ニ

変圧器の防振または耐震対策を施す場合，直接支持するアンカーボルトだけでなく，ストッパーのアンカーボルトも引き抜き力，せん断力の両方を検討する必要がある．

問 34 イ

自動力率調整装置が施設された高圧進相コンデンサ設備は開閉頻度が非常に多くなるので，負荷開閉の耐久性が高い高圧交流真空電磁接触器（VMC）が用いられる．高圧交流真空電磁接触器は，真空バルブ内で主接触子を電磁石の力で開閉する装置で，頻繁な開閉を行う高圧機器の開閉器として使用される．

問 35 ニ

電技解釈第 29 条により，人が触れるおそれがある場所に施設する使用電圧 6kV の外箱のない乾式変圧器の鉄心には A 種接地工事を施す．なお，イの使用電圧 200V の電動機の金属製台及び外箱には D 種接地工事，ロの使用電圧 6kV の変圧器の金属製台及び外箱には A 種接地工事，ハの使用電圧 400V の電動機の金属製台及び外箱には C 種接使用電圧を施さなくてはいけない．

機械器具の金属製外箱等の接地（電技解釈第 29 条）

機械器具の使用電圧の区分		接地工事
低 圧	300V 以下	D 種接地工事
	300V 超過	C 種接地工事
高圧又は特別高圧		A 種接地工事

問 36 ニ

電技解釈第 14 条により，絶縁抵抗測定が困難な場合においては，当該電路の使用電圧が加わった状態における漏えい電流が 1.0mA 以下であることと定められている．

問 37 ハ

電技解釈第 15 条により，高圧または特別高圧電路の絶縁耐力試験は，電線にケーブルを使用する交流電路においては，規定する試験電圧の 2 倍の直流電圧を電路と大地間に連続して 10 分間加えることと定められている．このため，試験電圧は次のようになる．

試験電圧 = 最大使用電圧 $\times 1.5 \times 2$

$= 6\,900 \times 1.5 \times 2$ [V]

高圧・特別高圧電路の試験電圧（電技解釈第 15 条）

電路の種類		試験電圧
最大使用電圧 7000V 以下	交流の電路	最大使用電圧の 1.5 倍の交流電圧
	直流の電路	最大使用電圧の 1.5 倍の直流電圧又は 1 倍の交流電圧

問 38 イ

電技省令第 2 条により，交流電圧の高圧の範囲は 600V を超え 7000V 以下と定められている．

問 39 ハ

電気工事士法第 3 条により，自家用電気工作物（最大電力 500 kW 未満の需要設備に限る）に係る電気工事は，第一種電気工事士免状の交付を受けている者でなければ従事できない．

問 40 ロ

電気用品安全法施行令の別表第 1（第 1 条，第 1 条の 2，第 2 条関係）により，電熱器具（定格電圧 100V で定格消費電力が 10kW 以下のもの）として電気便座は特定用品と定められている．

〔問題 2. 配線図〕

問 41 ニ

①で示す機器は零相変流器（ZCT）である．地絡事故が発生したとき，零相電流を検出する機器である．

問 42 ロ

②で示す機器は地絡方向継電器なので，略号（文字記号）は，DGR（Directional Ground Relay）である．地絡方向継電器は，地絡事故によって整定値以上の地絡電流と零相電圧が発生したときに動作する継電器である．

問 43 ニ

③で示す部分に使用する CVT ケーブルは，

銅シールドのある単心のCVケーブル3本をより合わせた，ニの6600V CVTケーブルを使用する．なお，イは600V CVTケーブル．ロは6600V CVケーブル（3心）．ハは600V VVRケーブル（3心）である．

問44 イ

④で示す機器は高圧断路器である．断路器には負荷電流を開閉する能力はなく，電気設備の点検や工事などを行うときに，電路や電気機器を無電圧にする目的で設置される．

問45 ニ

⑤に設置する機器は断路器と避雷器なので（高圧受電設備規程1150−10），ニの図記号（JIS C 0617−7）が正しい．また，高圧電路に設置する避雷器にはA種接地工事を施し，接地線の太さは14mm^{2}以上と定められている（電技解釈第37条，高圧受電設備規程1160−2表）．

問46 ロ

⑥で示す図記号は変流器（CT）である．変流器の端子記号には，一次側を大文字のK，L，二次側を小文字のk，lで表す．また，Kとk，Lとl（負荷側）を合わせて接続する．

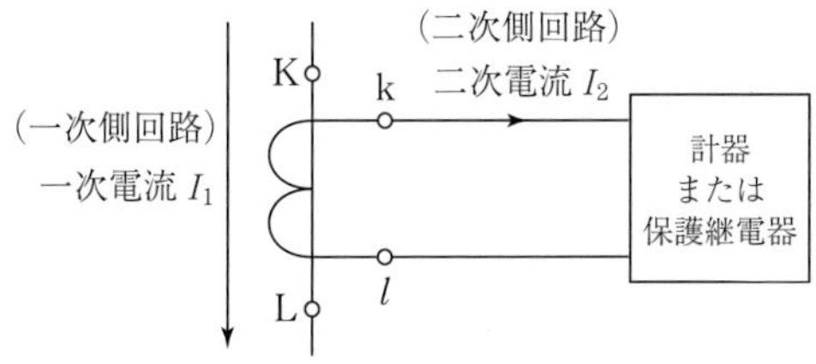

問47 イ

⑦に設置する機器は図記号から，イの限流ヒューズ付高圧交流負荷開閉器（PF付LBS）である．写真上部に負荷開閉時のアークを消すアークシュートと限流ヒューズがあり，配線図のような進相コンデンサ回路の開閉などに使用される．なお，ロは断路器（DS），ハは高圧カットアウト（PC），ニは真空遮断器（VCB）である．

問48 ハ

⑧で示す部分には，電路の短絡電流を遮断できる開閉能力が必要なので，ハの限流ヒューズ付高圧交流負荷開閉器（PF付LBS）を設置する．なお，イは断路器（DS），ロは電磁接触器（MC），ニは高圧カットアウト（PC）の図記号である．

問49 イ

⑨で示す部分は，使用電圧6.6kVの三相変圧器の外箱に施す接地工事を示している．このため，電技解釈第29条により，図記号はイのA種接地工事を施さなくてはならない．

問50 ハ

⑩で示す図記号は配線用遮断器（MCCB）である．配線用遮断器は電路の過負荷及び短絡を検知し電路を自動的に遮断する．地絡電流を検出し電路を遮断するのは地絡継電器（GR），過電圧を検出し電路を遮断するのは過電圧継電器（OVR）である．

● 2016 年度（平成 28 年度）解答一覧 ●

問	1	2	3	4	5	6	7	8	9	10	11	12	13	14	15	16	17	18	19	20	21	22	23	24	25
答	イ	ロ	ニ	ハ	ニ	ハ	ハ	ロ	ハ	ロ	ニ	ロ	ニ	イ	ロ	イ	ハ	イ	ロ	ハ	ロ	ニ	イ	ニ	ロ

問	26	27	28	29	30	31	32	33	34	35	36	37	38	39	40	41	42	43	44	45	46	47	48	49	50
答	ハ	ロ	イ	ニ	ハ	ロ	ニ	イ	ハ	ハ	ロ	ニ	ニ	イ	イ	ニ	ロ	ハ	ニ	イ	ロ	ニ	イ	ロ	ニ

2016年度（平成28年度）第一種電気工事士 筆記試験 解答・解説

〔問題 1．一般問題〕

問 1　イ

コンデンサに加える電圧を V，平行板電極の面積を A，電極間の距離を d，誘電率 ε とすると，コンデンサの静電容量は，次のように求まる．

$$C=\frac{\varepsilon A}{d}[\mathrm{F}]$$

この式をコンデンサの静電エネルギーを求める式に代入すると，次式のようになる．

$$W=\frac{1}{2}CV^2=\frac{1}{2}\times\frac{\varepsilon A}{d}\times V^2=\frac{\varepsilon A}{2d}V^2[\mathrm{J}]$$

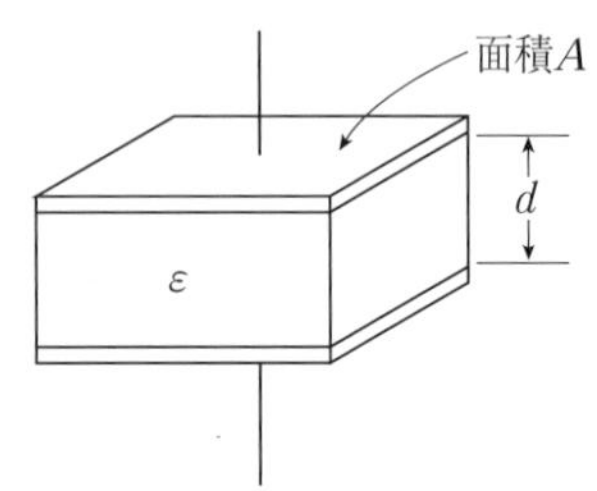

したがって，静電エネルギー W は，電圧 V の 2 乗に比例するので，イが正しい．

問 2　ロ

ブリッジ回路の相対している抵抗 2Ω と 8Ω，4Ω と 4Ω のそれぞれの積は 2Ω × 8Ω=16Ω，4Ω × 4Ω=16Ω と等しいので，ブリッジ回路は平衡している．このとき，抵抗 10Ω の両端の電位は等しく，電流は流れないため，抵抗 10Ω は短絡（0Ω）しても，開放（抵抗を外す）しても，回路に流れる電流に変化はない．したがって，下図のように回路を描き換えることができる．

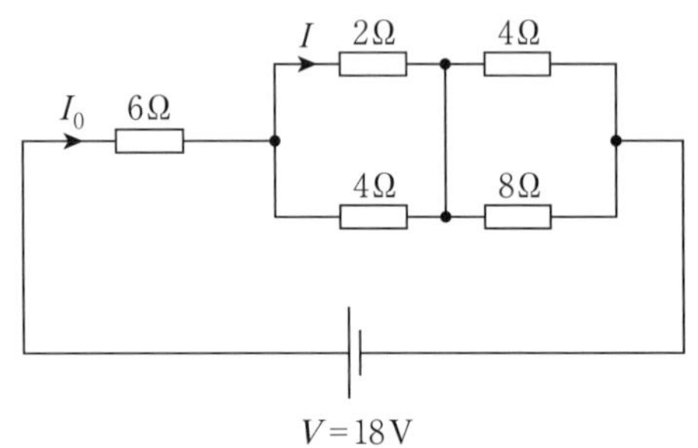

回路の合成抵抗 R_0 は，

$$R_0=6+\frac{2\times4}{2+4}+\frac{4\times8}{4+8}=6+4=10\Omega$$

抵抗 6Ω に流れる電流 I_0 は，

$$I_0=\frac{V}{R_0}=\frac{18}{10}=1.8\,\mathrm{A}$$

また，並列回路の抵抗 2Ω と 4Ω の両端の電圧は等しいので次式が成り立つ．

$$I\times2=(I_0-I)\times4$$

I_0 は 1.8 A であるから，電流 I[A] は次のように求められる．

$$2I=1.8\times4-4I$$

$$2I+4I=1.8\times4$$

$$I=\frac{1.8\times4}{6}=1.2\,\mathrm{A}$$

問 3　ニ

$R-L-C$ 直列回路のインピーダンス Z は，

$$Z=\sqrt{R^2+(X_L-X_C)^2}$$

$$=\sqrt{10^2+(10-10)^2}=10\Omega$$

したがって，力率 $\cos\theta$ は，次式により求まる．

$$\cos\theta=\frac{R}{Z}=\frac{10}{10}=1=100\%$$

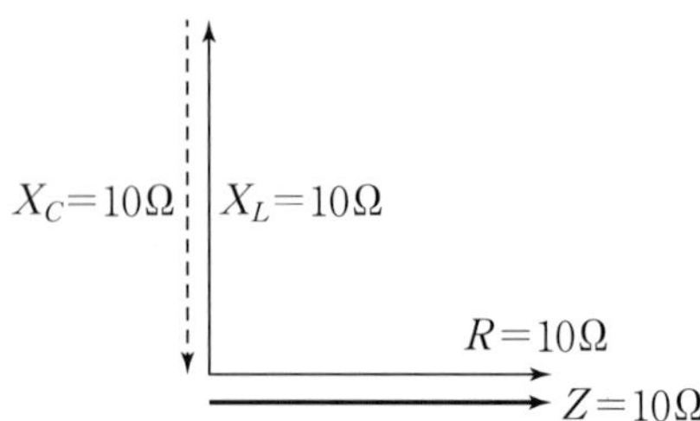

問 4　ハ

この回路は半波整流回路であり，ダイオードは一定方向にしか電流を流さない．よって，抵抗 10Ω の両端の電圧，電流波形は，次図のようになる．

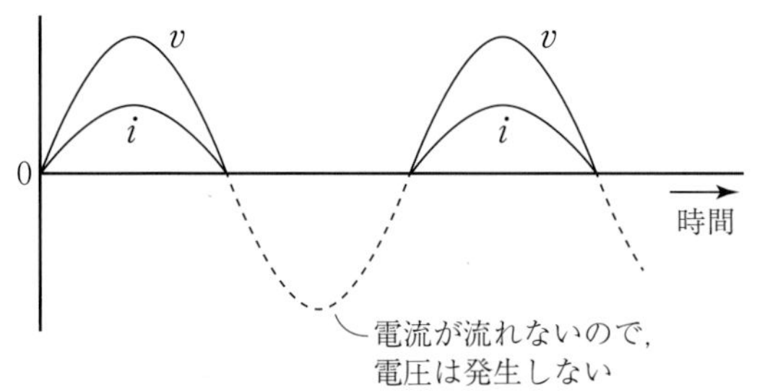

ダイオードがない場合，抵抗負荷の消費電力 P [W] は次式で求められる．

$$P = I^2R = \frac{V^2}{R}$$

この回路にはダイオードがあるから，電流は一定方向にしか流れず，回路の消費電力 P [W] はダイオードがない場合の 1／2 倍と考えることができる．

$$P = \frac{V^2}{R} \times \frac{1}{2} = \frac{100^2}{10} \times \frac{1}{2} = 500\,\mathrm{W}$$

問 5　ニ

Y 回路の 1 相分に着目し，1 相分を回路として考えて単相交流の抵抗とリアクタンスの直列回路に描き換えると下図のようになる．下図の電圧 V は，Y 回路の相電圧（線間電圧の $1/\sqrt{3}$ 倍）である．

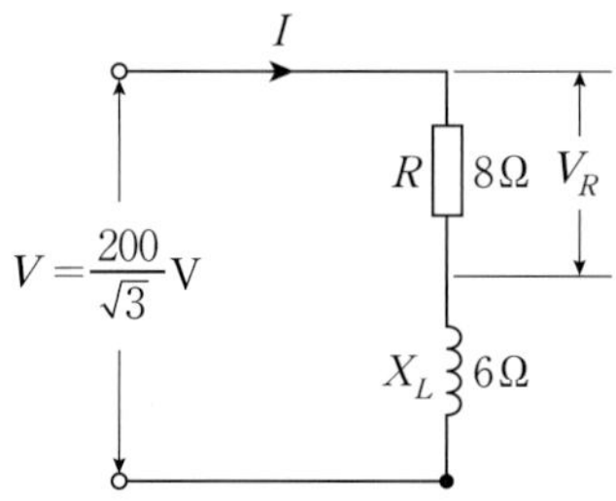

上図より，インピーダンス Z は，

$$Z = \sqrt{R^2 + {X_L}^2} = \sqrt{8^2 + 6^2} = 10\,\Omega$$

回路に流れる電流 I [A] は，

$$I = \frac{V}{Z} = \frac{\frac{200}{\sqrt{3}}}{10} \fallingdotseq 11.5\,\mathrm{A}$$

したがって，抵抗の両端の電圧 V_R [V] は次のように求まる．

$$V_R = I \times R = 11.5 \times 8 = 92\,\mathrm{V}$$

問 6　ハ

負荷電力を P [W]，負荷の端子電圧を V_r [V]，負荷の力率を $\cos\theta$ として，配電線路の電流 I [A] を求めると，

$$I = \frac{P}{V_r \cos\theta} = \frac{800}{100 \times 0.8} = 10\,\mathrm{A}$$

負荷 A，B の大きさと力率が等しいので，中性線には電流が流れず，中性線で電力損失は発生しない．このため，電力損失は抵抗 0.4 Ω の配電線路 2 線分について計算すればよい．

$$P_l = 2I^2r = 2 \times 10^2 \times 0.4 = 80\,\mathrm{W}$$

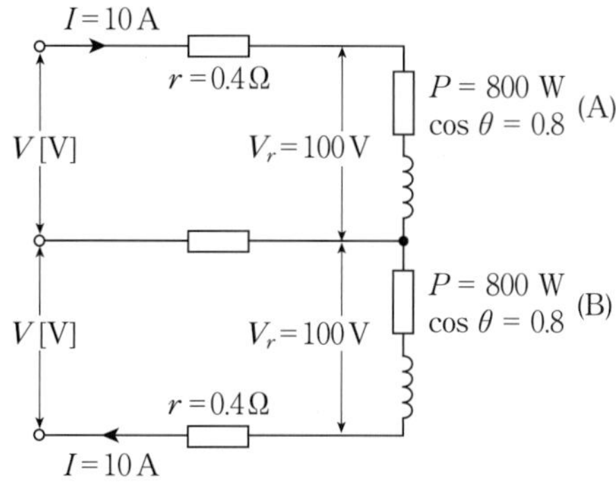

問 7　ハ

受電点（A 点）から電源側の百分率インピーダンスを求めるには，同じ基準容量の百分率インピーダンスを合計する．変圧器の百分率インピーダンス $\%Z_T$ は，基準容量が 30 MV·A なので，これを 10 MV·A に変換した百分率インピーダンス $\%Z'_T$ は，

$$\%Z'_T = \%Z_T \times \frac{\text{基準容量（10MV·A）}}{\text{変圧器の基準容量}} = 18 \times \frac{10}{30} = 6\,\%$$

よって，受電点から電源側の百分率インピーダンス $\%Z$ は，電源側の百分率インピーダンス $\%Z_G$，変圧器の百分率インピーダンス $\%Z'_T$，高圧配電線の百分率インピーダンス $\%Z_L$ を合計し，次のように求まる．

$$\%Z = \%Z_G + \%Z'_T + \%Z_L = 2 + 6 + 3 = 11\,\%$$

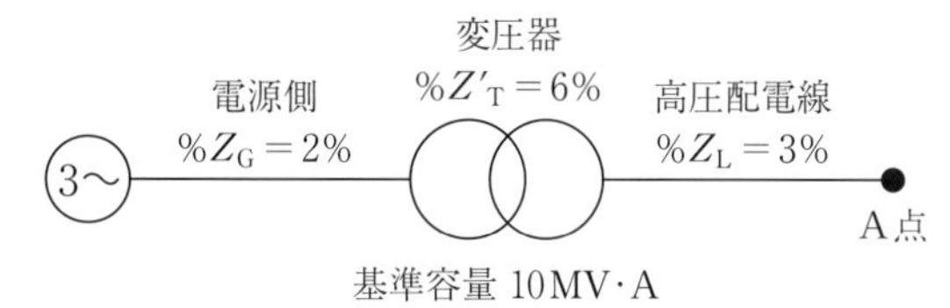

2016 年度 (平成28年度) 解答と解説

問 8　ロ

損失を無視する理想的な変圧器では，一次側の供給電力と二次側の電力は等しくなる．

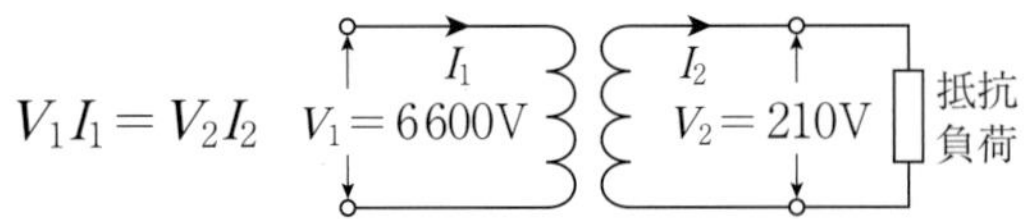

変圧比が 6 600／210 V，変圧器の二次側電流 I_2 が 440 A なので，変圧器の一次側電流 I_1 は，

$$I_1 = \frac{V_2}{V_1} \times I_2 = \frac{210}{6\,600} \times 440 = 14\,\text{A}$$

CT の変流比 25／5 A より，定格一次電流は 25A，定格二次電流は 5A であるから，電流計に流れる電流 I[A] は，次式のように求まる．

$$\frac{I_1}{I} = \frac{\text{定格一次電流}}{\text{定格二次電流}}$$

$$\frac{14}{I} = \frac{25}{5}$$

$$I = 14 \times \frac{5}{25} = 2.8\,\text{A}$$

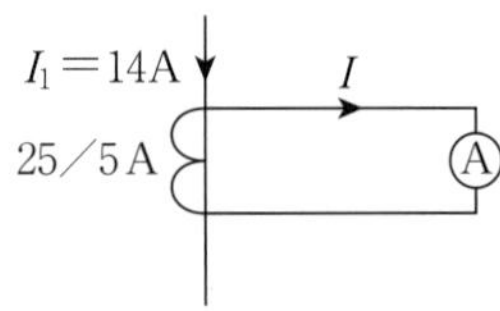

問 9　ハ

設問に金属製外箱，配線のインピーダンスは無視するとあるので短絡（0 Ω）と考えると，問いの図が A 点で完全地絡を生じたときの回路は，下図のような単相交流回路となる．

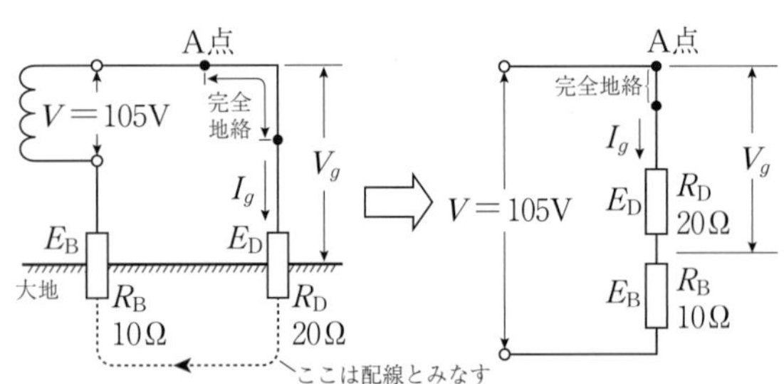

変圧器二次側の電圧 V[V] が 105 V であるから，A 点で完全地絡を生じたときの地絡電流 I_g[A] は，

$$I_g = \frac{V}{R_B + R_D} = \frac{105}{10 + 20} = 3.5\,\text{A}$$

よって，A 点の対地電圧 V_g[V] は，

$$V_g = I_g \times R_D = 3.5 \times 20 = 70\,\text{V}$$

問 10　ロ

電気機器の絶縁材料は耐熱クラスごとに許容温度が JIS C 4003 により定められている．

耐熱クラス	最高許容温度
Y	90 ℃
A	105 ℃
E	120 ℃
B	130 ℃
F	155 ℃
H	180 ℃
N	200 ℃
R	220 ℃
−	250 ℃

問 11　ニ

光源 I [cd] から r [m] 離れた点の照度 E [lx] は，次式で表される．

$$E = \frac{I}{r^2}\,[\text{lx}]$$

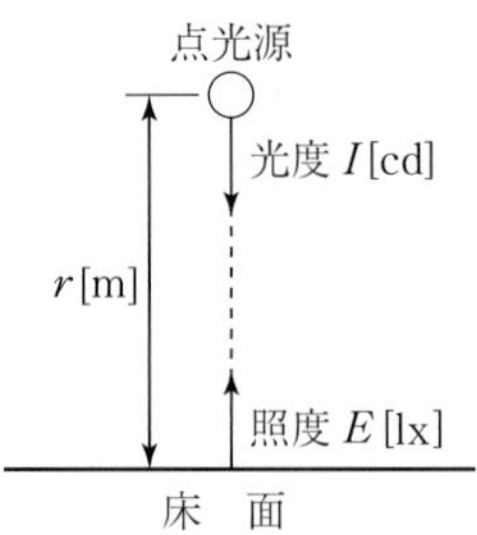

問 12　ロ

誘導電動機の周波数 f が 50 Hz，極数 P が 6 なので，同期速度 N_s[min^{-1}] を求めると，

$$N_s = 120 \times \frac{f}{P} = 120 \times \frac{50}{6} = 1\,000\,\text{min}^{-1}$$

また，滑り s が 5% なので，この誘導電動機の回転速度 N[min^{-1}] は，

$$N = N_s \times \left(1 - \frac{s}{100}\right)$$

$$= 1000 \times \left(1 - \frac{5}{100}\right) = 950\,\text{min}^{-1}$$

したがって，回転速度の差，$N_s - N$[min^{-1}] は次のように求まる．

$$N_s - N = 1\,000 - 950 = 50\,\text{min}^{-1}$$

問 13 ニ

浮動充電方式は，電源から整流器を介して，蓄電池を負荷と並列に接続する．この充電方式は，蓄電池の自己放電分や軽負荷時には充電し，重負荷時には蓄電池と整流器から負荷電流を供給する．

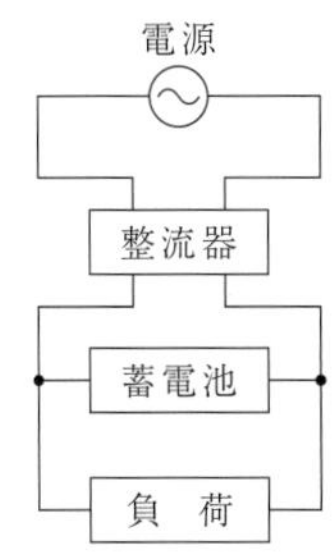

問 14 イ

写真に示す物品の名称は，ハロゲン電球である．よう素電球ともいい，電球内によう素を封入している．一般電球に比べてランプ効率が高く，小形，長寿命である．

問 15 ロ

写真に示す機器の名称は，熱動継電器である．電動機などの過負荷保護装置として用いる．過電流によりヒータの発熱を利用して動作させるので，熱動継電器と呼ばれる．なお，電磁接触器と熱動継電器を組み合わせたものを電磁開閉器という．

問 16 イ

水力発電所の出力 P は，流量を Q [m^3/s]，有効落差 H [m]，効率 η とすると次式で求まる．

$P = 9.8QH\eta$ [kW]

この式から，出力 P は流量 Q と有効落差 H に比例することが分かる．

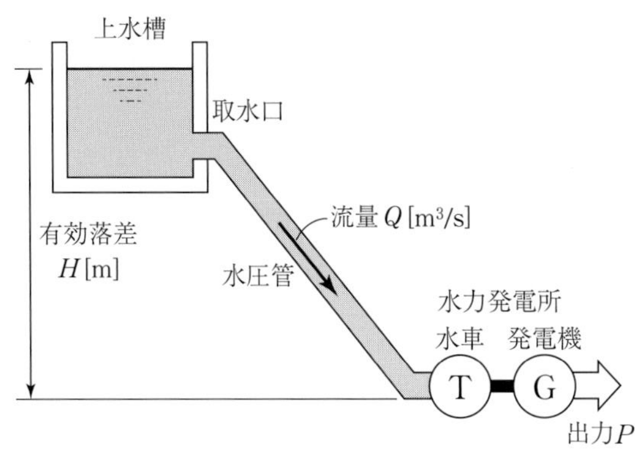

問 17 ハ

Y－Y結線は変圧器 3 台の結線で，それぞれの変圧器の 1 つの端子を結線した電気的中性点が一次側，二次側ともに 1 つずつある結線方法であるから，ハが該当する．なお，イはΔ－Δ結線，ロは変圧器 2 台の結線なのでV－V結線，ニはY－Δ結線である．

問 18 イ

架空送電の雷害対策には，アークホーンや架空地線の設置などがある．アークホーンは，がいしに取り付け，異常電圧が侵入してきたときにホーン間で放電させることで，がいしなどの送電設備を保護する．

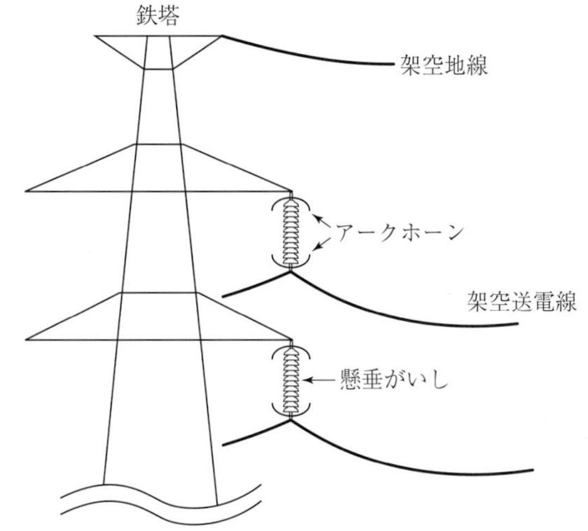

問 19 ロ

同じ容量の電力を送電する場合，送電電圧が高くなると電流は電圧に反比例して小さくなる．

$$I = \frac{P}{\sqrt{3}\,V\cos\theta}$$

電力損失 P_l は電流の 2 乗に比例するから，送電電圧が高ければ，電力損失は小さくなる．

$$P_l = 3I^2 r$$

問 20 ハ

電技解釈第 120 条により，地中電線路はケーブルを使用し，管路式，暗きょ式，直接埋設式で施設しなくてはいけない．

2016年度(平成28年度) 解答と解説

問 21　ロ

避雷器は，雷などによる異常電圧が襲来したときに内部放電させることで，大地との電圧上昇を抑えて機器を保護する装置である．

現在はギャップレス避雷器が主流で，電圧－電流特性が優れた酸化亜鉛（ZnO）素子が使用される．この素子は，通常は絶縁体であるが，雷サージが侵入した場合のみ導体となる特性があり，この性質を利用して異常電圧を抑制する．

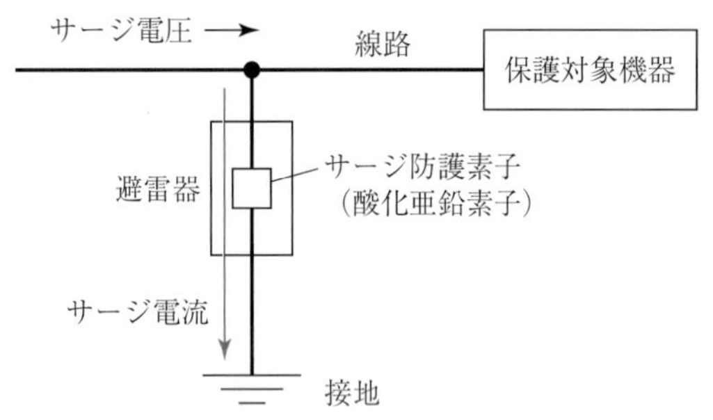

問 22　ニ

写真に示す物品は断路器で，停電作業などの際に電路を開路しておく装置である．遮断器とは違い，電流の開閉はできないので，無負荷状態で開閉を行わなくてはいけない．

問 23　イ

写真に示す物品の用途は，高調波電流を抑制するために使用することである．この物品の名称は，直流リアクトルである．

問 24　ニ

写真に示す配線器具の名称は，医用コンセントである．前面に「H」の記号があることと，接地線から判断できる．

問 25　ロ

写真に示す材料の名称は，インサートである．コンクリート天井に埋め込み，つりボルトを接続して照明器具などの機器を吊り下げるのに用いる．

問 26　ハ

油圧式パイプベンダは太い金属管の曲げ加工をする際に使用する工具である．CV ケーブルや CVT ケーブルの接続作業では使用しない．

問 27　ロ

電技解釈第 164 条により，ケーブルの支持点間の距離は，ケーブルを造営材の下面または側面に沿って取り付ける場合は 2 m 以下，接触防護措置を施した場所で垂直に取り付ける場合は 6 m 以下にしなくてはいけない．

問 28　イ

電技解釈第 163 条により，使用電圧 300 V 以下のバスダクト工事には，防護措置の有無にかかわらず D 種接地工事を施さなくてはいけない．

問 29　ニ

電技解釈第 176 条により，可燃性ガスが存在する場所では，金属管工事かケーブル工事により施設しなければならない．電動機の端子箱との接続部に可とう性を必要とする場合は，フレキシブルフィッチングを使用して施工しなければならない．

問 30　ハ

地中線用地絡継電装置付き高圧交流負荷開閉器（UGS）は，電路に地絡事故が発生した場合に，電力会社の地絡継電器よりも早く動作して波及事故を防止する装置である．UGS は高圧交流負荷開閉器なので，短絡電流を遮断する機能はない．

問 31　ロ

地下の受電室に地中ケーブルを引き込む場合は，防水処理が必要であることから，防水鋳鉄管を用いて防水措置を施さなくてはいけない．

問 32　ニ

電技解釈第 29 条により，高圧進相コンデンサの外箱には A 種接地工事を施さなくてはいけない．また，A 種接地工事は直径 2.6 mm 以上（≒断面積 5.5 mm^2）の軟銅線を使用しなくてはいけない．

問 33　イ

同一ケーブルラックに，電灯幹線と動力ケーブルを布設する場合はセパレータを設ける必要はない．セパレータは，電技解釈第 167 条により，低圧配線と弱電流電線等が接触する場合に，ケーブル間に誘導等による干渉が生じないようにする目的で設けるものである．

問 34　ハ

絶縁耐力試験は，電気設備の新設や増設工事の終了時に行う試験で，通常の年次点検では行わない．なお，絶縁耐力試験の試験基準等については，電技解釈第 15，16 条で定められている．

問 35　ハ

電技省令第 58 条，電技解釈第 14 条により，絶縁性能が定められている．ハは 0.4 MΩ 以上あるので，電気設備の技術基準に適合している．なお，イは 0.1 MΩ 以上，ロは 0.2 MΩ 以上，ニは 1 mA 以下でなくてはならない．

電路の使用電圧の区分		絶縁抵抗値
300 V 以下	対地電圧 150 V 以下	0.1 MΩ 以上
	その他の場合	0.2 MΩ 以上
300 V を超える低圧回路		0.4 MΩ 以上

問 36　ロ

平均力率は次式で求めることができる．

$$平均力率 = \frac{電力量}{\sqrt{電力量^2 + 無効電力量^2}}$$

よって，必要な計器は電力量計と無効電力量計である．

問 37　ニ

電技解釈第 28 条により，高圧計器用変成器の二次側電路には，混触などの異常発生時に危害を及ぼさないよう，D 種接地工事を施さなくてはいけない．

問 38　ニ

第一種電気工事士免状は，第一種電気工事士試験に合格するだけでなく，所定の実務経験がないと免状は交付されない．

問 39　イ

一般用電気工事業の事業者が，営業所ごとに備え付けなくてはいけない器具は，絶縁抵抗計，接地抵抗計，回路計である．低圧検電器の設置は義務付けられてはいない．

問 40　イ

定格電流 60 A の配線用遮断器は，電気用品安全法による特定電気用品の適用を受ける．なお，定格出力 0.4 kW の単相電動機は特定電気用品以外の適用を受ける．進相コンデンサは電気用品の適用を受けない．(PS) E の表示は，特定電気用品以外の電気用品であることを示す．

〔問題 2．配線図 1〕

問 41　ニ

①で示す部分は，遮断器と零相変流器の図記号なので，漏電遮断器（過電流保護付）である．零相変流器で地絡電流を検出し，遮断器が回路を遮断して電動機と配線の漏電事故を防止する．

問 42　ロ

この制御回路は，「三相誘導電動機を，押しボタンの操作により始動させ，タイマの設定時間で停止させる制御回路」と示されているため，②で示す部分には，三相誘導電動機の始動後，④に示すタイマの設定時間で停止させるための接点が必要である．このため，ロのブレーク接点（b 接点）の限時動作瞬時復帰接点が正しい．イはメーク接点（a 接点）の限時動作瞬時復帰接点，ハはメーク接点の瞬時動作限時復帰接点，ニはブレーク接点の瞬時動作限時復帰接点を示す．なお，限時動作瞬時復帰（オンディレー）とは，入力信号を受けると設定時間だけ遅れて動作し，入力信号がなくなると瞬時に復帰するタイマのことで，瞬時動作限時復帰（オフディレー）とは，入力信号を受けると瞬時に動作し，復帰するときに，設定時間だけ遅れて動作するタイマのことである．

問 43 ハ

③で示す接点の役割は，電磁接触器（MC）を自己保持するための接点である．押しボタンスイッチ（メーク接点スイッチ）を押すと電磁接触器（MC）が閉じ，同時に③の接点により自己保持され，押しボタンスイッチの接点が開放しても，三相誘導電動機が運転する回路となっている．

問 44 ニ

④で示す図記号の文字記号の「TL」は遅れ（タイムラグ）を，「R」はリレー（継電器）を示すので，「TLR」は限時継電器（タイマ）を示す．よって，時間を設定するセットダイヤルがあるニが正しい．この制御回路では，三相誘導電動機の運転時間を制御する目的でタイマが利用されている．なお，イは補助継電器（リレー），ロは電磁接触器（MC），ハはタイムスイッチであり，タイムスイッチには，時刻設定のダイヤルがある．

問 45 イ

⑤で示すブザー（BZ）の図記号は，イが正しい．熱動継電器（THR）が動作したときの警報として，ランプ表示（SL−1）と共にブザー音で異常を知らせる制御回路となっている．なお，ロはサイレン，ハは音響信号装置（ベル，ホーン等），ニは片打ベル（旧図記号で現在は削除されている．）の図記号である．

〔問題 3．配線図 2〕

問 46 ロ

①で示す図記号はコンデンサ形接地電圧検出装置（ZPD）で，零相電圧を検出するために使用する機器である．ZPD は，コンデンサで地絡故障時に発生する零相電圧を分圧して零相電圧に比例した電圧を取り出すことができ，地絡方向継電器と組み合わせて使用する．

問 47 ニ

②の機器は，高圧交流負荷開閉器（LBS），零相変流器（ZCT），コンデンサ形接地電圧検出装置（ZPD）に接続されていることから，地絡方向継電器（DGR）である．地絡方向継電器は，事故電流を零相変流器とコンデンサ形接地電圧検出装置の組み合わせで検出し，その大きさと両者の位相関係で動作する継電器である．なお，イは地絡継電器（GR），ロは短絡方向継電器（DSR），ハは不足電流継電器（UCR）である．

問 48 イ

③の図記号は電力需給用計器用変成器（VCT）なので，イが正しい．電力需給用計器用変成器とは，計器用変圧器と変流器を一つの箱に組み込んだもので，電力量計と組み合わせて，電力測定における変成装置として用いる機器のことである．

なお，ロは計器用変圧器（VT），ハは地絡継電装置付高圧交流負荷開閉器（GR 付 PAS），ニはモールド型直列リアクトル（SR）である．

問 49 ロ

④で示す図記号は不足電圧継電器（UVR）である．低圧側の電気的事故を電圧低下により検出するためのものである．キュービクルなどの受変電設備に設置され，停電を検出して非常用発電機を運転させたり，停電時に非常用照明を点灯させるなどの用途に利用される．

問 50 ニ

⑤で示す図記号は変流器（CT）である．また，配線図から個数が 2 個であることがわかる．イ，ハは零相変流器であり，この部分では使用しない．なお，この部分の結線は図のようになる．

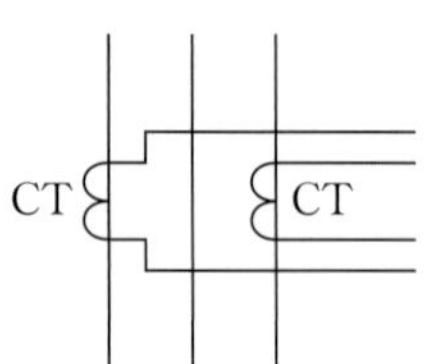

問	1	2	3	4	5	6	7	8	9	10	11	12	13	14	15	16	17	18	19	20	21	22	23	24	25
答	イ	ロ	ロ	イ	ハ	ハ	ロ	ハ	ニ	ニ	ロ	ハ	ロ	イ	イ	ロ	イ	ニ	イ	ニ	ニ	ニ	ロ	ニ	ニ

問	26	27	28	29	30	31	32	33	34	35	36	37	38	39	40	41	42	43	44	45	46	47	48	49	50
答	イ	ハ	ハ	ロ	イ	ニ	ロ	イ	ハ	ニ	ロ	ニ	ハ	イ	ハ	ハ	ロ	ロ	イ	ハ	イ	ニ	ハ	ニ	ニ

2015年度（平成27年度）第一種電気工事士 筆記試験 解答・解説

〔問題1．一般問題〕

問1 イ

温度が1℃上昇したときに電線の抵抗値が変化する割合を温度係数と呼び，α_1 で表す．

温度 t_1[℃] のときの電線の電気抵抗を R_1[Ω]，温度係数を α_1 とすると，電線の温度が t_2[℃] に上昇したときの抵抗 R_2 は次式で求められる．

$$R_2 = R_1\{1 + \alpha_1(t_2 - t_1)\}\ [\Omega]$$

α_1 は正なので R_2 は R_1 より大きくなる．

したがって，周囲温度が上昇すると電線の抵抗値は大きくなる．なお，ロ，ハ，ニの記述はそれぞれ正しい．

問2 ロ

a に直近の抵抗2個の並列回路は導線（抵抗0Ω）で短絡されているので，短絡部分を整理すると図1のようになる．

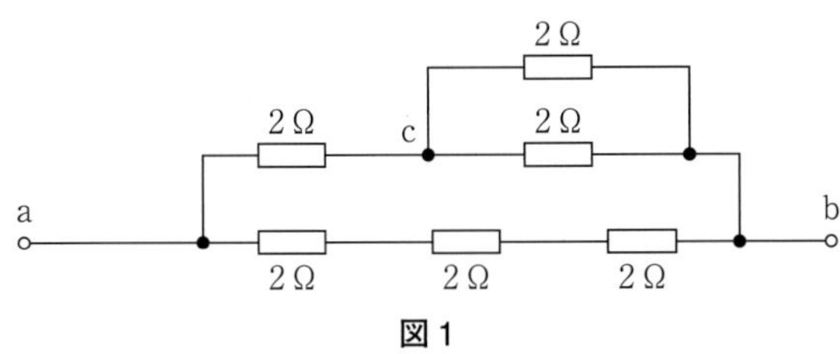

図1

図1の c-b 間の合成抵抗 R_{cb} は，

$$R_{cb} = \frac{2\times2}{2+2} = 1\Omega$$

この結果を図1にあてはめると図2のようになる．

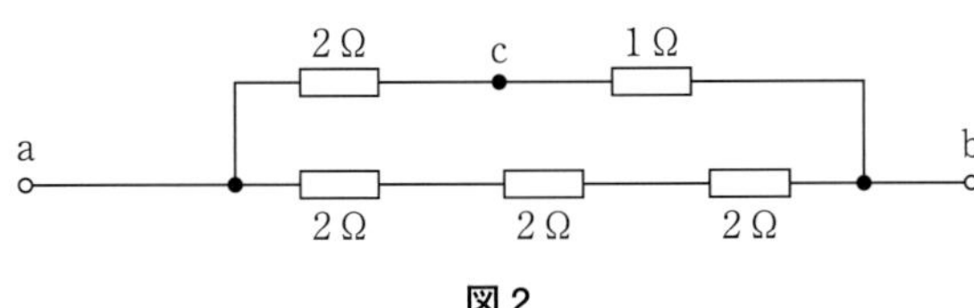

図2

図2より a-b 間の合成抵抗 R_{ab} を求めると次のようになる．

$$R_{ab} = \frac{(2+1)\times(2+2+2)}{(2+1)+(2+2+2)} = \frac{3\times6}{3+6}$$

$$= \frac{18}{9} = 2\Omega$$

問3 ロ

キルヒホッフの第2法則（電圧則）を用いる．abcd の閉回路において，電源電圧はこの回路中の電圧降下の代数和に等しいから，

$$104 = 0.2I_1 + 3.4\times30$$

I_1 を求めると次のようになる．

$$I_1 = \frac{104-3.4\times30}{0.2} = \frac{2}{0.2} = 10\,\text{A}$$

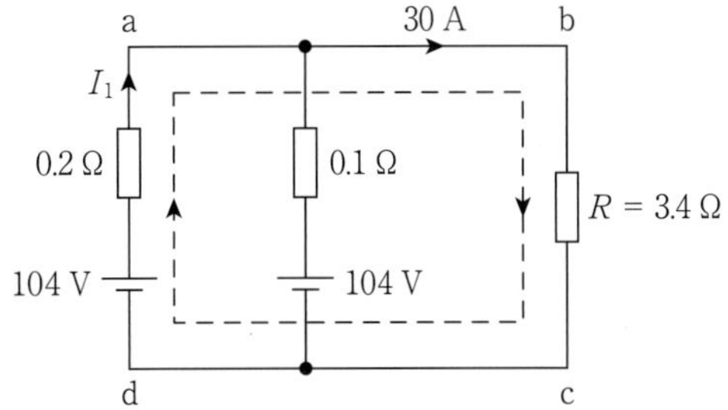

問4 イ

図1のように抵抗 R を流れる電流を I_R，リアクタンス X を流れる電流を I_X として求めると，

$$I_R = \frac{V}{R} = \frac{200}{20} = 10\,\text{A}$$

$$I = \sqrt{{I_R}^2 + {I_X}^2}$$

であるから，

$$I_X = \sqrt{I^2 - {I_R}^2} = \sqrt{20^2 - 10^2}$$

$$= \sqrt{300} = 10\sqrt{3}\ \text{A}$$

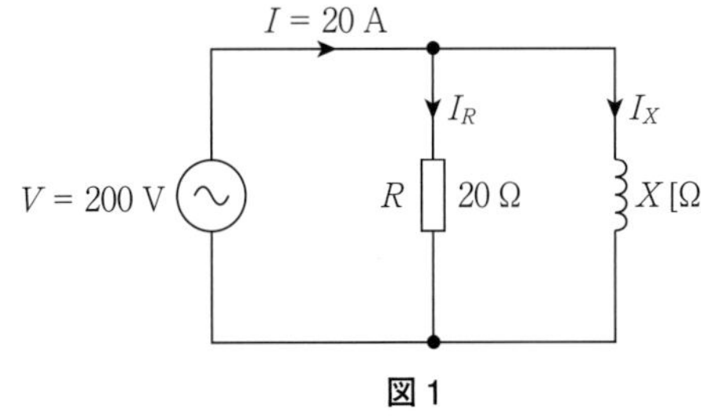

図1

これらの関係をベクトル図で表すと図2のようになる．これより力率 $\cos\theta$ を求めると，

$$\cos\theta = \frac{I_R}{I} = \frac{10}{20} = 0.5 \qquad \therefore \cos\theta = 50\%$$

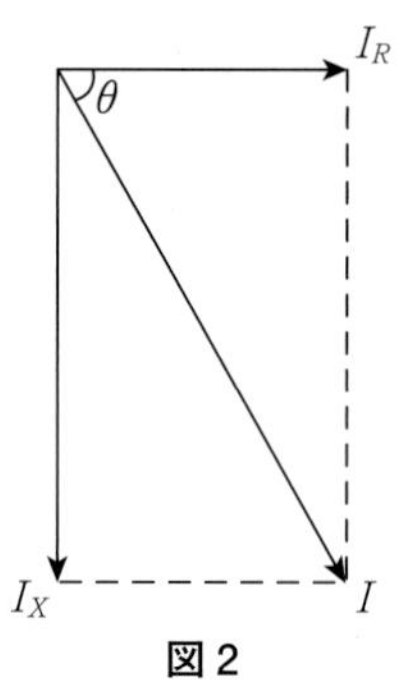

図 2

問 5　ハ

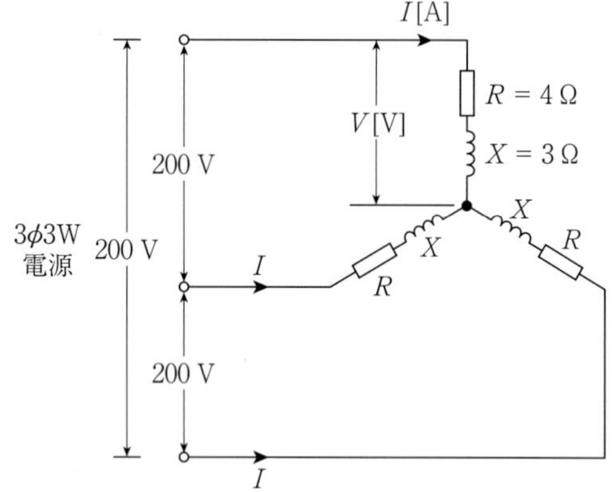

三相 Y 結線であるから，線電流と相電流は等しく I [A] である．相電圧を V [V]，抵抗を R [Ω]，リアクタンスを X [Ω] として相電流を求めると，

$$I = \frac{V}{\sqrt{R^2 + X^2}} = V \times \frac{1}{\sqrt{R^2 + X^2}}$$

$$= \frac{200}{\sqrt{3}} \times \frac{1}{\sqrt{4^2 + 3^2}} = \frac{200}{\sqrt{3}} \times \frac{1}{5}$$

$$= \frac{40}{\sqrt{3}} \mathrm{A}$$

回路の全消費電力 P は三相分であるから，次式で求められる．

$$P = 3I^2R = 3 \times \left(\frac{40}{\sqrt{3}}\right)^2 \times 4 = 6400 \mathrm{W}$$

$$= 6.4 \mathrm{kW}$$

問 6　ハ

配電線路 1 線の抵抗 r [Ω]，リアクタンスを x [Ω]，流れる電流を I [A]，負荷力率を $\cos\theta$ とすると，線路の電圧降下 $e = (V_s - V_r)$ [V] は次式で求められる．

$$e = 2I(r\cos\theta + x\sin\theta) \text{ [V]}$$

題意より，$x = 0$，$\cos\theta = 0.8$，$e = 4$V であるから，前式は

$$e = 2Ir\cos\theta$$

$$4 = 2 \times 50 \times r \times 0.8$$

$$4 = 80r$$

$$\therefore r = \frac{4}{80} = 0.05 \Omega$$

長さ 100 m の電線の抵抗が 0.05 Ω より小さければ，電圧降下は 4 V 以内になる．

22 mm² の電線では，

$$\frac{0.82}{1000} \times 100 = 0.082 \Omega > 0.05 \Omega \text{（不適）}$$

38 mm² の電線では，

$$\frac{0.49}{1000} \times 100 = 0.049 \Omega < 0.05 \Omega$$

したがって，38 mm² の電線が最小太さになる．

問 7　ロ

電技解釈第 149 条による．低圧幹線との分岐点から電線の長さが 3 m を超え 8 m 以下の箇所に過電流遮断器を設置する場合，電線の許容電流が低圧幹線を保護する過電流遮断器の定格電流の 35% 以上のものを用いなければならない．

ロは，低圧幹線との分岐点から電線の長さが 5 m の箇所に過電流遮断器が設置され，低圧幹線を保護する過電流遮断器の定格電流は 100 A であるから，電線の許容電流が $100 \times 0.35 = 35$ A 以上のもの（電線の太さ 8 mm² 以上）を用いなければならない．

問 8　ハ

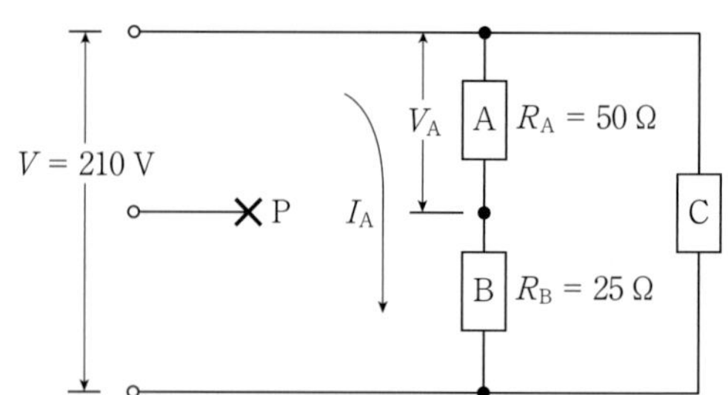

断線時を回路図に書き換えると図のようになる．A 負荷を流れる電流を I_A，加わる電圧を V_A として求めると次のようになる．

$$V_A = I_A \times R_A = \frac{V}{R_A + R_B} \times R_A$$

$$= \frac{210}{50 + 25} \times 50 = 140 \mathrm{V}$$

問 9 ニ

1日の需要電力は

$$25\{(6-0)+(24-18)\}$$
$$+100\times(12-6)+150(18-12)$$
$$=300+600+900=1800\,\text{kW·h}$$

1日の平均電力は，

$$\frac{1800}{24}=75\,\text{kW}$$

日負荷率を求めると，

$$\text{日負荷率}=\frac{1\text{日の平均電力}}{\text{最大需要電力}}\times100$$
$$=\frac{75}{150}\times100=50\%$$

需要率を求めると，

$$\text{需要率}=\frac{\text{最大需要電力}}{\text{設備容量}}\times100$$
$$=\frac{150}{375}\times100=40\%$$

問 10 ニ

LEDランプの発光原理は，p型とn型の半導体の接合部に順方向電圧を加えたときに発光する現象を利用したもので，エレクトロルミネセンスともいわれている．なお，ホトルミネセンスは，ある物質に放電などで光を照射したとき，別の可視光を発する現象で，蛍光ランプや放電ランプがこれに該当する．

問 11 ロ

三相誘導電動機の回転を逆転させるには電源の2線を入れ換える．3線を入れ換えると回転方向は元のままである．したがって，②は①の2線を入れ換えているので逆転する．また，③は①の3線を入れ換えているので，①と同方向に回転する．

問 12 ハ

電熱器の消費電力は $P=V^2/R$ より，加える電圧の2乗に比例する．

$V=100\,\text{V}$ を加えたときの消費電力を $P=1\,\text{kW}$ とし，$V'=90\,\text{V}$ を加えたときの消費電力を P' [kW] とすると，次式が成立する．

$$\frac{P'}{P}=\frac{(V')^2}{V^2}$$

P' を求めると，

$$P'=\frac{(V')^2}{V^2}\times P=\frac{90^2}{100^2}\times1=0.81\,\text{kW}$$

10分間使用したときの発生熱量 Q [kJ] は次式により求められる．

$$Q=P'\times10\times60=0.81\times10\times60$$
$$=486\,\text{kJ}$$

問 13 ロ

りん酸形燃料電池は，負極に燃料となる水素（H_2）を供給し，正極に酸化剤となる酸素（O_2）を供給して電解液の中で反応させ，電気エネルギーを得る．電解液としては，りん酸（H_3PO_4）が用いられる．燃料電池は化学エネルギーを直接電気エネルギーに変換するので，高い発電効率が得られる．

問 14 イ

一般のダウンライト（埋込形照明器具）を断熱材の下に施工すると，照明器具の発熱により火災の危険性がある．このような場所に使用するダウンライトは，日本照明工業会規格の適合品（S_B・S_{GI}・S_G 形表示マーク付）である．

問 15 イ

写真で示す電磁調理器の発熱原理は誘導加熱である．導電性物質を交番磁界中に置くと，導電性物質中には電磁誘導作用により渦電流が発生し，この渦電流による抵抗損によりジュール熱が発生する．この発熱を利用して加熱を行うのが誘導加熱である．

問 16 ロ

電線1m当たりの重量を W [N／m]，水平引張強さを T [N]，水平径間を S [m] とすると，電線のたるみ D [m] は次式で求められる．

$$D=\frac{WS^2}{8T}$$

前式を変形すると，

$$T=\frac{WS^2}{8D}$$

2015年度（平成27年度）解答と解説

たるみが $D' = 2D$ に変化したときの張力 T' は，

$$T' = \frac{WS^2}{8D'} = \frac{WS^2}{8 \times 2D} = \frac{1}{2} \times \frac{WS^2}{8D}$$

$$= \frac{1}{2} T\,[N]$$

問 17　イ

風力発電に使用されているプロペラ形風車は，水平軸形風車である．なお，垂直軸形風車にはダリウス形風車などがある．

問 18　ニ

①はボイラ給水を蒸気に変化させる蒸発管である．②はボイラで発生した飽和蒸気をさらに過熱して過熱蒸気を作り出す過熱器である．③は煙道ガスの余熱を利用して給水を加熱し，熱効率を向上させる節炭器である．

問 19　イ

各負荷の最大需要電力の和を求めると，

6(A 需要家) + 8(B 需要家) = 14kW

合成した負荷の最大需要電力は，12〜24h の時間帯に生じるので，

4(A 需要家) + 8(B 需要家) = 12kW

不等率を求めると次のようになる．

$$不等率 = \frac{各負荷の最大需要電力の和}{合成した負荷の最大需要電力}$$

$$= \frac{14}{12} \fallingdotseq 1.17$$

問 20　ニ

高圧架橋ポリエチレン絶縁ビニルシースケーブル（CV ケーブル）において，架橋ポリエチレン絶縁体内部に樹枝状の劣化が生じる現象を水トリーと呼ぶ．ケーブルの絶縁性能を低下させる原因となる．

問 21　ニ

高圧交流遮断器の遮断容量 P_S [MV·A] は次式により求められる．

$$P_S = \sqrt{3} \times 定格電圧\,[\mathrm{kV}] \times 定格遮断電流\,[\mathrm{kA}]$$

$$= \sqrt{3} \times 7.2 \times 12.5 = 155.7 \fallingdotseq 160\,\mathrm{MV \cdot A}$$

問 22　ニ

写真に示す品物の名称は，電力需給用計器用変成器である．高圧の電圧・電流を計器の入力に適した値に変成し，電力量計を作動させる．

問 23　ロ

GR 付 PAS（地絡継電装置付高圧交流負荷開閉器）は，自家用需要設備内の地絡事故を検出して高圧交流負荷開閉器を開放するシステムである．しかし，自家用需要設備内に短絡事故が発生したとき，GR 付 PAS は遮断能力がないので自動遮断することはできない．

問 24　ニ

CVT150mm^2 のケーブルを，ケーブルラック上に延線する作業に，ニの油圧式パイプベンダは一般的に使用しない．なお，イのケーブルジャッキ，ロの延線ローラ，ハのケーブルグリップは，それぞれ使用する．

問 25　ニ

写真に示す配線器具は単相 200V 30A 接地極付コンセントであるから，電技解釈第 149 条により，定格電流 20A の配線用遮断器では保護できない．

問 26　イ

絶縁電線の許容電流は，絶縁電線の連続使用に際し，絶縁被覆を構成する物質に著しい劣化をきたさないようにするための限界電流値である．

問 27　ハ

金属線ぴ工事は電技解釈第 161 条により，原則として D 種接地工事を施す．ただし，次の場合は，D 種接地工事を省略できる．

・長さ 4m 以下の金属線ぴを施設する場合．

・交流対地電圧が 150V 以下の場合において，電線を収める金属線ぴの長さが 8m 以下のものに簡易接触防護措置を施すとき，又は乾燥した場所に施設するとき．

問28 ハ

絶縁電線相互を接続する場合は，電技解釈第12条により，接続部分の電気抵抗を増加させてはならない．なお，電線の引張り強さは20%以上減少させてはならない．

問29 ロ

電技解釈第120条により，地中電線路は電線にケーブルを使用しなければならない．したがって，ロの絶縁電線の使用は誤りである．

問30 イ

①に示すCVTケーブルの終端接続部の名称は，耐塩害屋外終端接続部である．JCAA規格（日本ケーブル接続技術協会）による．

問31 ニ

引込柱に設置した避雷器の接地工事はA種接地工事である．電技解釈第17条により，この接地線の地下75cmから地表上2mまでの部分は電気用品安全法の適用を受ける合成樹脂管（厚さ2mm未満の合成樹脂管及びCD管を除く）又はこれと同等以上の絶縁効力及び強さのあるもので覆わなければならない．したがって，接地線を薄鋼電線管に収めて施設するのは不適切である．

問32 ロ

③に示すキュービクル式受電設備のケーブル引込口などに，必要以上の開口部を設けない主な理由は，鳥獣類などの小動物が侵入しないようにするためである．

問33 イ

④に示すPF･S形の主遮断装置として過電流ロック機能は必要でない．過電流ロック機能が必要なのは引込柱に施設されているGR付PASである．過電流ロック機能とは，GR付PASなどに短絡電流（過大電流）が流れたときに検知して開閉器をロック（閉じた状態を保つ）することである．その後，配電用変電所の遮断器が動作して配電線が無電圧になったことを検知して開閉器を開くことになる．

問34 ハ

可とう導体を使用する主な目的は，低圧母線に銅帯を使用したとき，過大な外力によりブッシングやがいし等の損傷を防止しようとするためである．可とう導体は母線に異常な過電流が流れたときの限流作用はない．

問35 ニ

電技解釈第17条による．一般にB種接地抵抗値の計算式は，

$$\frac{150\,\mathrm{V}}{\text{変圧器高圧側電路の1線地路電流}\,[\mathrm{A}]}[\Omega]$$

となる．ただし，変圧器の高低圧混触により，低圧側電路の対地電圧が150Vを超えた場合に，1秒以下で自動的に高圧側電路を遮断する装置を設けるときは，計算式の150Vは600Vとすることができる．同様に1秒を超え2秒以下で自動的に高圧側電路を遮断する装置を設けるときは，計算式の150Vは300Vとすることができる．

問36 ロ

高圧ケーブルの絶縁抵抗の測定を行うとき，絶縁抵抗計の保護端子（ガード端子）を使用する目的は，絶縁物の表面の漏れ電流による誤差を防ぐためである．

問37 ニ

需要家の高圧受電設備の過電流継電器の動作特性＋CBの遮断時間は，配電用変電所の過電流継電器の動作時間より短くなければならない．したがって，ニの特性が保護協調がとれている．

問38 ハ

電気用品のうち，危険及び障害の発生するおそれが少ないものは特定電気用品以外の電気用品であり，特定電気用品には，〈PS〉Eと表示されているものがある．また，定格電圧が600Vのゴム絶縁電線（公称断面積22mm^2）は，特定電気用品である．したがって，イ，ロ，ニの記述は誤りで，ハの記述は正しい．

問 39　イ

電気工事士法第3条により，自家用電気工作物（最大電力500kW未満の需要設備）のネオン工事及び非常用予備発電装置工事は，それぞれの特種電気工事資格者の認定を受けている「特種電気工事資格者」のみが従事できる．

問 40　ハ

第一種電気主任技術者のみの資格では，主任電気工事士にはなれず，第一種電気主任技術者は，一般用電気工事の作業に従事する場合には，主任電気工事士の障害発生防止のための指示に従わなければならない．

第二種電気工事士は，3年以上の実務経験があれば，主任電気工事士になれる．したがって，ハの記述が正しい．

〔問題2．配線図〕

問 41　ハ

①はケーブル端末処理であるから，イのケーブルカッタ，ロの電工ナイフ，ニのはんだごては施工に必要である．しかし，ハの合成樹脂管用カッタは不要である．

問 42　ロ

ストレスコーン部分の主な役割は，遮へい端部の電位傾度を緩和することである．ケーブルの絶縁部を段むきにした場合，図aのように電気力線は切断部に集中し，耐電圧特性を低下させる．これを改善するため，図bのようにストレスコーン部を設けて電気力線の集中を緩和させている．

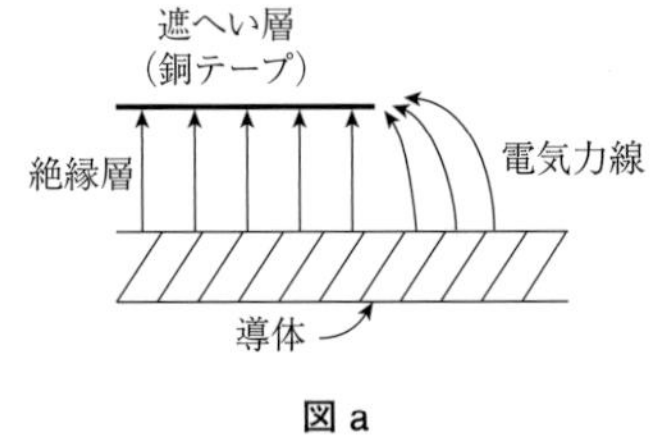

図a

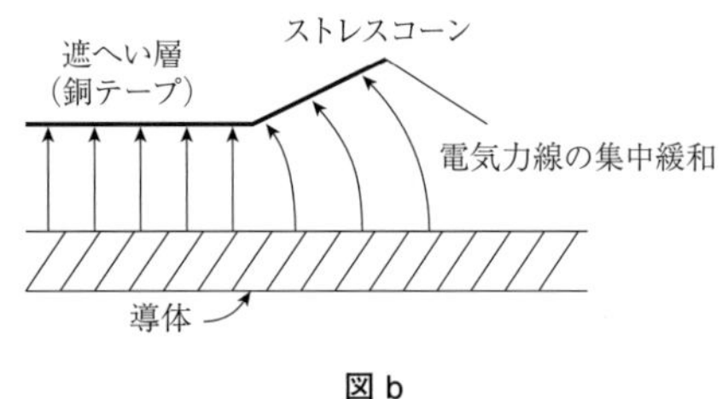

図b

問 43　ロ

③で示す装置は計器用変圧器の限流ヒューズである．使用する主な目的は，計器用変圧器の内部短絡事故が主回路に波及することを防止することである．

問 44　イ

④で示す図記号は，表示灯（パイロットランプ）であるから，イの機器を設置する．なお，ロは電圧計切換開閉器，ハはブザー，ニは押しボタンスイッチである．

問 45　ハ

⑤に設置する機器は，一般的に断路器と避雷器であるから，図記号はハである．

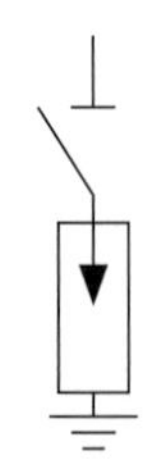

問 46　イ

⑥で示す部分に施設する機器の単線図記号 は変流器であるから，複線図はイが正しい．

問 47　ニ

⑦で示す図記号の機器は直列リアクトルであるから，役割として，イのコンデンサ回路の突入電流の抑制，ロの第5調波障害の拡大防止，ハの電圧波形のひずみの改善はそれぞれ正しい．なお，コンデンサの残留電荷を放電するのは放電コイルであり，一般的にコンデンサに内蔵されている．

問 48　ハ

⑧で示す部分は単相変圧器であり，一次側の

開閉装置がPC（高圧カットアウト）であるから，使用できる変圧器の最大容量は，高圧受電設備規1150-8より300kV·Aである．

問49 ニ

⑨で示す部分は低圧部分の配線であるから，ニの600V CVTケーブルを使用する．なお，イは6600V CVTケーブル，ロは6600V CVケーブル3心，ハは600V VVRケーブル3心である．

問50 ニ

動力制御盤内にはスターデルタ始動器の図記号があるから，⑩で示す部分で必要とする電線本数は次図のように6本である．

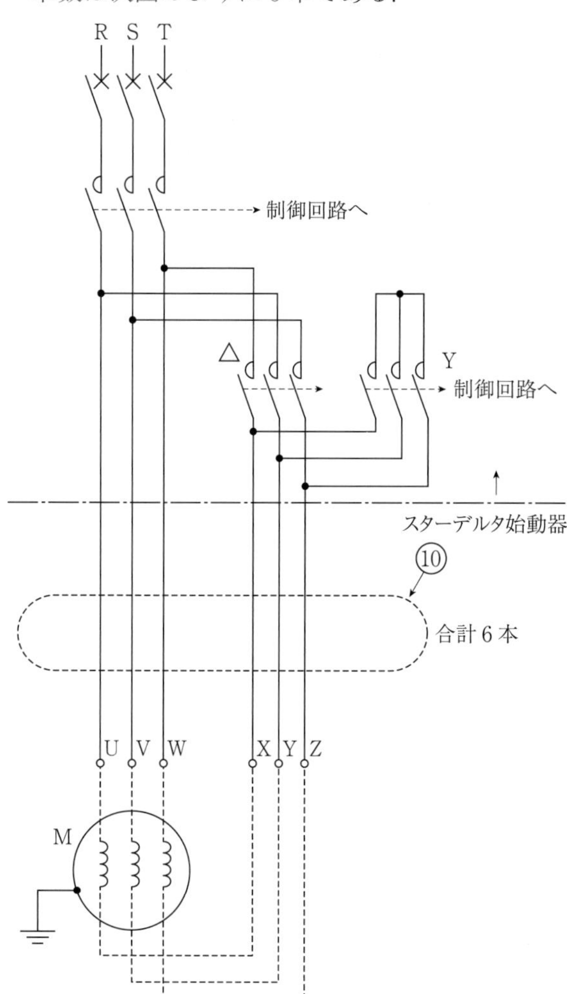

2015年度（平成27年度）解答と解説

問	1	2	3	4	5	6	7	8	9	10	11	12	13	14	15	16	17	18	19	20	21	22	23	24	25
答	イ	ハ	ハ	ニ	イ	イ	ロ	ロ	ニ	ハ	イ	ハ	ニ	ロ	イ	ニ	ロ	ロ	ニ	ハ	ハ	イ	ハ	ニ	ニ

問	26	27	28	29	30	31	32	33	34	35	36	37	38	39	40	41	42	43	44	45	46	47	48	49	50
答	ロ	イ	ニ	ハ	ロ	ニ	イ	ニ	イ	ハ	ハ	ロ	ニ	ハ	ロ	ハ	ロ	イ	ロ	ハ	イ	ロ	ニ	イ	ニ

2014年度（平成26年度）第一種電気工事士 筆記試験 解答・解説

〔問題 1．一般問題〕

問 1 イ

磁気回路を電気的等価回路で表すと図のようになる．

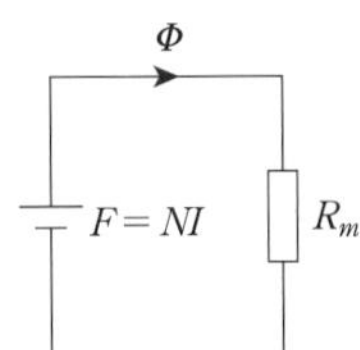

電気回路の起電力に相当するものが起磁力であり，起磁力は磁束を生じる原動力となる．巻数をN，電流をIとすると，起磁力Fは次式のように表される．

$$F = NI\,[\mathrm{A}]$$

電気回路の電流に相当するものが磁束Φであり，同一の磁極からはどのような物質中でも，同一の磁気的な線が出るものと仮想した線をいう．磁束は鉄心内を通る．磁束の単位は［Wb］である．

電気回路の抵抗に相当するものが磁気抵抗R_mであり，起磁力Fと磁束Φの比をいう．磁気抵抗の単位は「A/Wb」または$[\mathrm{H}^{-1}]$である．

磁気回路のオームの法則より，$F = \Phi R_m$が成立する．

$$\therefore\ \Phi = \frac{F}{R_m} = \frac{NI}{R_m}\,[\mathrm{Wb}]$$

したがって，鉄心内の磁束ΦはNIに比例する．

問 2 ハ

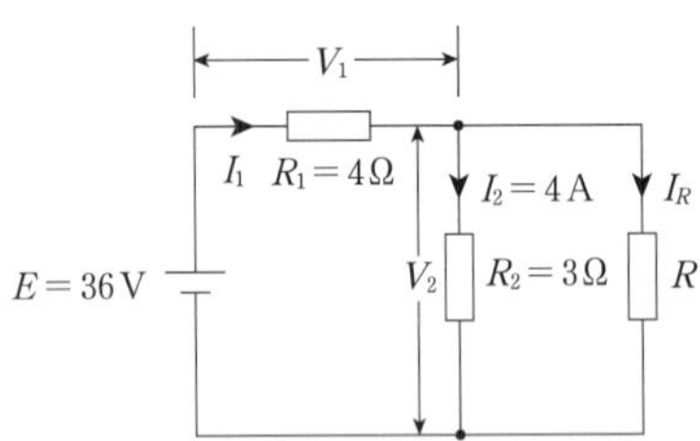

図のように岐路の電流と端子電圧を考える．

V_2を求めると，

$$V_2 = I_2R_2 = 4 \times 3 = 12\,\mathrm{V}$$

V_1を求めると，

$$V_1 = E - V_2 = 36 - 12 = 24\,\mathrm{V}$$

I_1を求めると，

$$I_1 = \frac{V_1}{R_1} = \frac{24}{4} = 6\,\mathrm{A}$$

I_Rを求めると，

$$I_R = I_1 - I_2 = 6 - 4 = 2\,\mathrm{A}$$

抵抗Rを求めると，

$$R = \frac{V_2}{I_R} = \frac{12}{2} = 6\,\Omega$$

抵抗Rにおける消費電力P_Rは次式により求められる．

$$P_R = I_R{}^2R = 2^2 \times 6 = 24\,\mathrm{W}$$

問 3 ハ

周波数をfとすると正弦波交流の角速度ωは次式により求められる．

$$\omega = 2\pi f = 2 \times 3.14 \times 50 = 314\,\mathrm{rad/s}$$

問 4 ニ

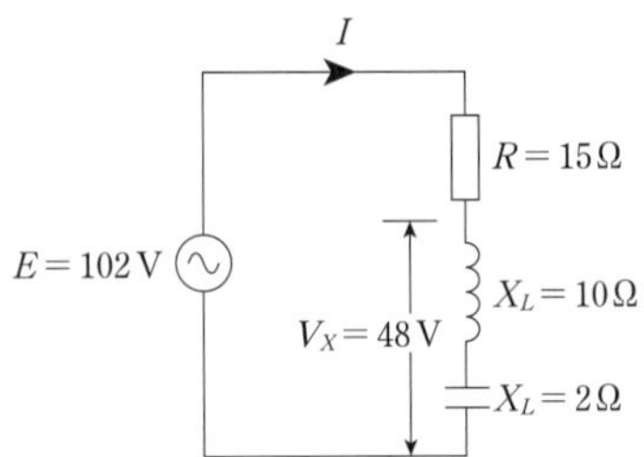

図のように合成リアクタンスに加わる電圧V_Xが48Vであるから，回路電流Iを求めると，

$$I = \frac{V_X}{X_L - X_C} = \frac{48}{10-2} = \frac{48}{8} = 6\,\mathrm{A}$$

回路の消費電力Pを求めると次のようになる．

$$P = I^2R = 6^2 \times 15 = 540\,\mathrm{W}$$

問 5 イ

1 相分の消費電力P_1は$P_1 = \dfrac{V^2}{R}\,[\mathrm{W}]$であるから，全消費電力（3 相分の消費電力）$P_3$は次式で求められる．

$$P_3 = 3 \times \frac{V^2}{R} = 3 \times \frac{V^2}{5} = \frac{3V^2}{5}\,[\mathrm{W}]$$

問6 イ

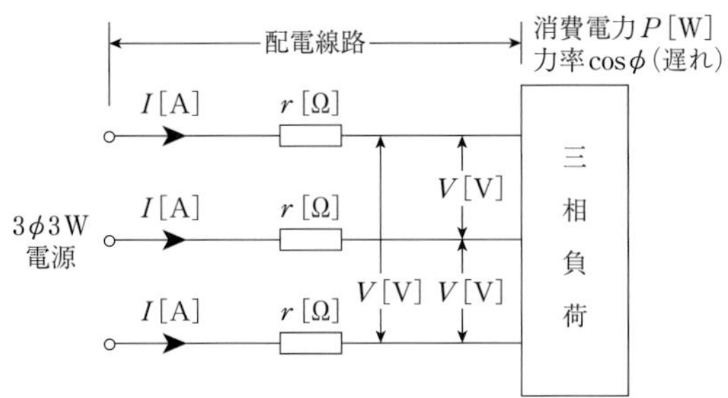

配電線路を流れる電流を I とすると消費電力 P を求める式は,

$$P=\sqrt{3}\,VI\cos\phi$$

前式より I を求めると,

$$I=\frac{P}{\sqrt{3}\,V\cos\phi}\,[\mathrm{A}]$$

配電線路の電力損失 P_l は次式で求められる.

$$P_l=3I^2r=3\times\left(\frac{P}{\sqrt{3}\,V\cos\phi}\right)^2\times r$$

$$=\frac{P^2\cdot r}{V^2\cos^2\phi}\,[\mathrm{W}]$$

問7 ロ

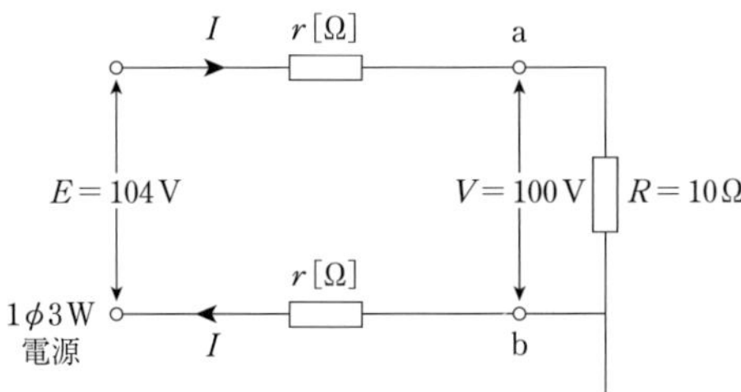

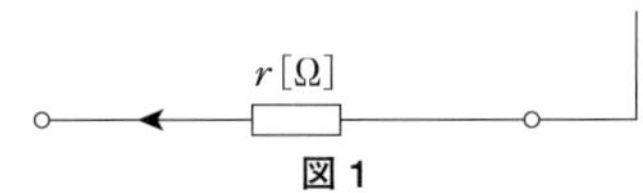

図1

スイッチAを閉じ,スイッチBを開いているときの回路は図1のようになる.図1から,この電線路の電流 I を求めると,

$$I=\frac{E}{r+R+r}=\frac{104}{2r+10}\,[\mathrm{A}] \qquad ①$$

電圧降下 $E-V$ は

$$E-V=2Ir$$

$$104-100=2Ir$$

$$\therefore\ I=\frac{4}{2r}=\frac{2}{r}\,[\mathrm{A}] \qquad ②$$

②式を①式に代入すると,

$$\frac{2}{r}=\frac{104}{2r+10}$$

$$2(2r+10)=104r$$

$$4r+20=104r$$

$$\therefore\ r=\frac{20}{100}=0.2\,[\Omega]$$

この状態からスイッチBを閉じたときの回路は図2のようになる.

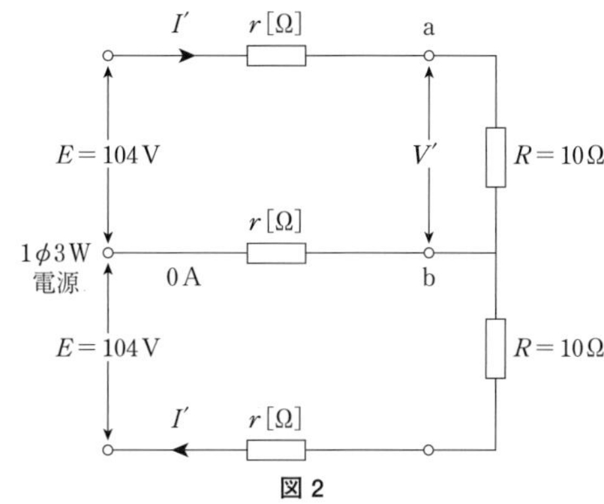

図2

このとき負荷が平衡しているので中性線に電流は流れない.したがって,中性線に電圧降下は発生しない.このときの負荷電流を I' とすると,次式が成立する.

$$E=I'(r+R)$$

$$\therefore\ I'=\frac{E}{r+R}=\frac{104}{0.2+10}=\frac{104}{10.2}\,[\mathrm{A}]$$

ab 間の電圧 V' は

$$V'=I'R=\frac{104}{10.2}\times 10=101.96$$

$$\fallingdotseq 102\,[\mathrm{V}]$$

$V'-V$ を求めると,

$$V'-V=102-100=2\,\mathrm{V}$$

したがって,負荷の端子電圧(ab 間電圧)は,約 2V 上がる.

問8 ロ

変圧器の定格容量を P_n,定格二次電圧を V_{2n} とすると定格二次電流 I_{2n} は,

$$I_{2n}=\frac{P_n}{\sqrt{3}\,V_{2n}}=\frac{150\times 10^3}{\sqrt{3}\times 210}\fallingdotseq 412.4\,[\mathrm{A}]$$

一次側に定格電圧が加わっている状態で,二次側端子間における三相短絡電流 I_s は,次式により求まる.

$$I_s=\frac{100}{\%Z}I_{2n}=\frac{100}{5}\times 412.4$$

$$=8248\,[\mathrm{A}]\fallingdotseq 8.25\,[\mathrm{kA}]$$

問9 ニ

負荷の皮相電力 S，消費電力 P，力率 $\cos\theta$ とすると次式が成りたつ．

$$P = S\cos\theta$$

$$\therefore\ S = \frac{P}{\cos\theta} = \frac{20}{0.8} = 25[\mathrm{kV \cdot A}]$$

無効電力 Q は，

$$Q = S\sin\theta = S\sqrt{1-\cos^2\theta}$$
$$= 25\sqrt{1-0.8^2}$$
$$= 25\times 0.6$$
$$= 15[\mathrm{kvar}]$$

進相コンデンサ Q_C を設置すると，

$$Q - Q_C = 15 - 15 = 0$$

となり，電源から見た無効電力は0（力率100%）となる．

進相コンデンサを設置する前の線電流 I は，

$$I = \frac{P}{\sqrt{3}\,V\cos\theta}$$

進相コンデンサ設置後の線電流 I' は，次のとおりである．ただし，負荷端子には電圧 V が加わっているものとする．

$$I' = \frac{P}{\sqrt{3}\,V\cos\theta'} = \frac{P}{\sqrt{3}\,V\times 1}$$

I' と I の比を求めると，

$$\frac{I'}{I} = \frac{P/\sqrt{3}\,V}{P/\sqrt{3}\,V\cos\theta} = \cos\theta = 0.8$$

$$\therefore\ I' = 0.8I$$

コンデンサ設置後の線電流は約80%に減少する．したがって，線電流，線路の電力損失，電源から見た負荷側の無効電力，線路の電圧降下は減少する．よって，ニは誤りである．

問10 ハ

浮動充電方式は，図のように蓄電池を整流器および負荷に接続する．蓄電池の自己放電分および，軽負荷時には充電する．重負荷時には蓄電池と整流器から負荷電流を供給する．

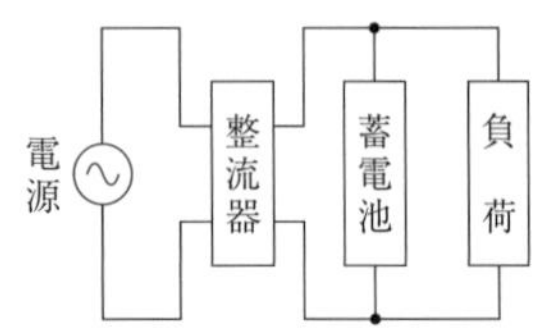

問11 イ

二次抵抗始動は，二次側（回転子側）に始動抵抗器を接続し，一次電流を制限しながら抵抗器を調整して始動トルクを大きくしていく始動法で，巻線形誘導電動機の始動法である．なお，全電圧始動，スターデルタ始動，リアクトル始動はそれぞれ三相かご形誘導電動機の始動法である．

問12 ハ

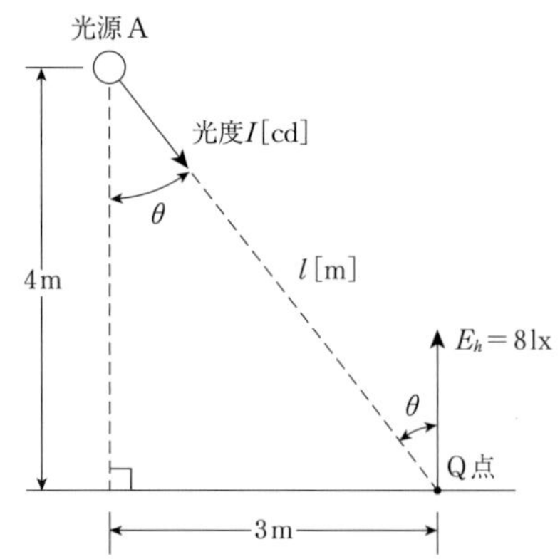

光源AとQ点の距離 l[m] は，

$$l = \sqrt{4^2+3^2} = 5\mathrm{m}$$

Q点の水平面照度 E_h は，距離の逆2乗の法則と入射角余弦の法則より求められる．

$$E_h = \frac{I}{l^2}\cos\theta = \frac{I}{5^2}\times\frac{4}{5} = \frac{4I}{125} = 8\mathrm{lx}$$

光度 I を求めると次のようになる．

$$I = \frac{8\times 125}{4} = 250\mathrm{cd}$$

問13 ニ

サイリスタ（逆阻止3端子サイリスタ）は1方向の整流しかできない．また，サイリスタはオン機能のみで，オフ機能は反対方向の電圧が加わったときに生じる．したがって，ニの波形を得ることはできない．

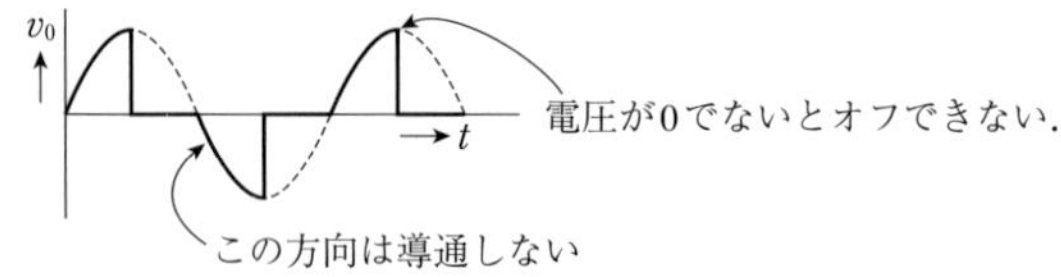

問14 ロ

写真に示す品物の名称は，コンクリートボックス（八角形）である．バックプレートがボックスと分離できる構造となっているので，アウトレットボックスとの違いがわかる．

問 15 イ

写真に示す品物の名称は，シーリングフィッチングである．ガスなどが存在する場所と他の場所を金属管工事で配線する場合，管を通じて他の場所にガスなどが移行するのを防止するために用いる．

問 16 ニ

タービン発電機は回転速度が速い（50 Hz 機 3000 min^{-1}，1500 min^{-1}）ので，回転子の直径は制約を受ける．このため回転子は，円筒回転界磁形が用いられ軸方向に長い構造になるので，一般に横軸形が採用されている．

問 17 ロ

架空送電線路において，電線の振動による素線切れを防止するのに用いられるものは，アーマロッド，ストックブリッジンダンパ，トーショナルダンパなどがある．アーマロッドは，電線支持点を中心に電線と同種の金属を巻きつけて補強したものである．

問 18 ロ

コージェネレーションシステムは，内燃力発電設備などにより発電を行い，その排熱を暖冷房や給湯等に利用することによって，総合的な熱効率を向上させるシステムである．

問 19 ニ

同一容量の単相変圧器を並行運転するために必要な条件は，①各変圧器の極性を一致させる，②各変圧器の変圧比が等しい，は必須条件である．これを満足しないと各変圧器間に循環電流が流れて焼損事故を生じる．③各変圧器のインピーダンス電圧が等しいことも必要条件である．これを満足しないと負荷を等分した運転が不可能となる．

問 20 ハ

調相設備とは，無効電力を調整する電気機械器具をいう．調相設備には，同期調相機，電力用コンデンサ，分路リアクトル，静止形無効電力補償装置などがある．

問 21 ハ

高圧交流電磁接触器は，高圧電路の開閉を電磁力を用いて行う装置である．負荷開閉の耐久性が非常に高いので，高圧電動機や電力用コンデンサの投入や開放などに用いられる．

問 22 イ

写真に示す機器の略号は PC で，名称は高圧カットアウトである．なお，CB の名称は遮断器，LBS の名称は高圧交流負荷開閉器，DS の名称は断路器である．

問 23 ハ

矢印で示す部分はストレスコーンである．この部分の主な役割は，遮へい端部の電位傾度を緩和することである．

ケーブルの絶縁部を段むきにした場合，図 a のように電気力線は切断部に集中し，耐電圧特性を低下させる．これを改善するため図 b のようにストレスコーン部を設けて電気力線の集中を緩和させている．

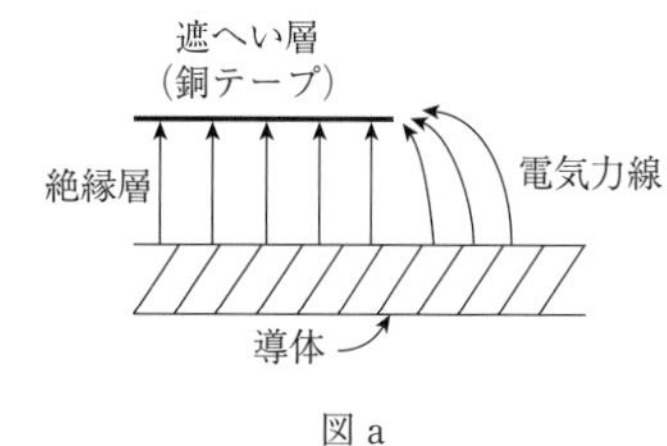

図 a

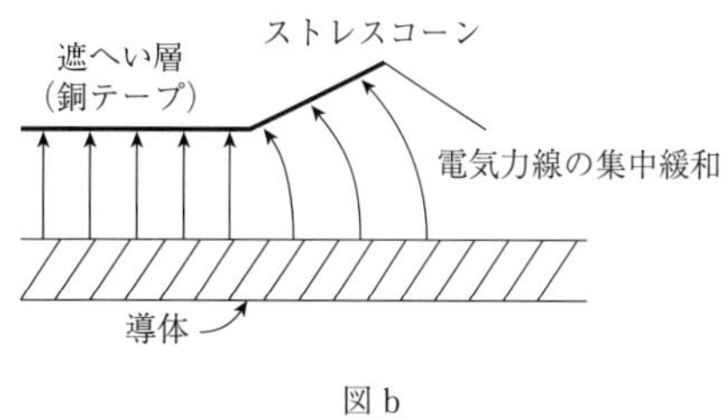

図 b

問 24 ニ

人体の体温を検知して自動的に開閉するスイッチの名称は熱線式自動スイッチである．なお，遅延スイッチは操作部を切り操作した後に遅れて動作するスイッチ，自動点滅器は cds 回路を組み込んだ小型スイッチ，リモコンセレクタスイッチは複数のリモコンスイッチを1つに組み込んで1ケ所で制御するスイッチである．

問 25 ニ

支線工事に使用する材料は，亜鉛めっき鋼より線，玉がいし，アンカである．

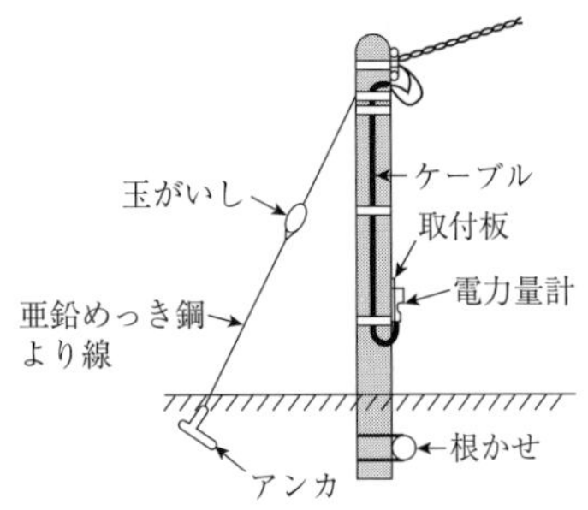

問 26 ロ

写真に示す工具の名称は，パイプベンダである．金属管の曲げ加工に用いる．

問 27 イ

人が触れるおそれのある場所で，B種接地工事の接地線は，電技解釈第17条により，地下75cmから地表上2mまでの部分は，電気用品安全法の適用を受ける合成樹脂管（厚さ2mm未満の合成樹脂管およびCD管を除く）で保護しなければならない．したがって，イは不適切である．

問 28 ニ

高圧屋内配線を，乾燥した場所であって展開した場所に施設する場合は，電技解釈第168条により，がいし引き工事，ケーブル工事によるものとする．したがって，ニは金属管工事であるから不適切である．

問 29 ハ

ライティングダクト工事においては，電技解釈第165条により，ダクトの開口部は下に向けて施設しなければならない．

問 30 ロ

施設場所が重汚損を受けるおそれのある塩害地区における屋外部分の終端処理は，JCAA規格（日本電力ケーブル接続技術協会規格）により，耐塩害屋外終端処理としなければならない．なお，軽汚損・中汚損を受けるおそれのある地区は，ゴムとう管形屋外終端処理でよい．

問 31 ニ

避雷器は，雷や開閉サージなどの過大な異常電圧が電路に加わった場合，これに伴う電流を大地に放電して異常電圧が機器に加わるのを制限するために設置する．避雷器の電源側に限流ヒューズを設けて動作した場合には，大地に雷電流を放電できないので，過大な電圧が機器に加わることになり不適切である．

問 32 イ

単相変圧器2台を使用して三相200Vの動力電源を得るには，V—V結線にすればよい．イの結線は書き換えると図のようになり，V—V結線である．

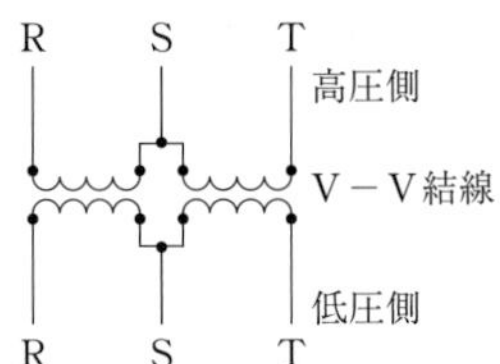

問 33 ニ

高圧受電設備規程1150-9より，高圧進相コンデンサには，高調波電流による障害防止及びコンデンサ回路の開閉による突入電流抑制のために，直列リアクトルを施設する．直列リアクトルの容量はコンデンサリアクタンスの6％または13％である．

問 34 イ

⑤に示すケーブル内で地絡が発生した場合，確実に地絡事故を検出できるケーブルシールドの接地方法はイの方法である．これは図のような理由による．

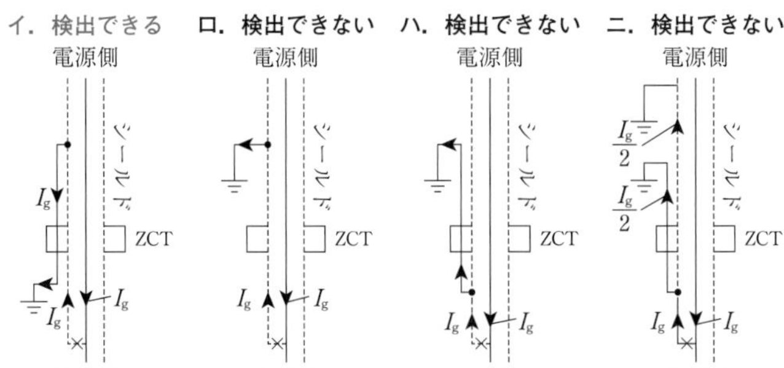

問 35　ハ

停電が困難なため低圧屋内配線の絶縁性能を漏えい電流を測定して判定する場合は，電技解釈第 14 条による．使用電圧が 100 V の電路の漏えい電流の上限値は 1 mA である．

問 36　ハ

電技解釈第 17 条により，D種接地工事を施す金属体と大地との間の電気抵抗値が 100 Ω 以下である場合はD種接地工事を施したものとみなす．

問 37　ロ

高圧受電設備の遮断器，変圧器などの高圧側機器の絶縁耐力試験は電技解釈第 16 条による．試験電圧は，最大使用電圧の 1.5 倍の交流電圧を 10 分間連続して加えるが，公称電圧が与えられたときの最大使用電圧は，

$$最大使用電圧 = 公称電圧 \times \frac{1.15}{1.1}\,[\mathrm{V}]$$

したがって試験電圧の計算式は次のようになる．

$$試験電圧 = 6600 \times \frac{1.15}{1.1} \times 1.5 = 10350\,\mathrm{V}$$

問 38　ニ

電気工事業の業務の適正化に関する法律第 20 条（主任電気工事士の職務等）による．一般用電気工事の作業に従事する者は，主任電気工事士がその職務を行うため必要があると認めてする指示に従わなければならない．したがって，ニが正しい．

問 39　ハ

電気用品安全法第 1 条，別表第 1，別表第 2 による．

イの差込み接続器（定格電圧 125 V，定格電流 15 A），ロのタイムスイッチ（定格電圧 125 V，定格電流 15 A），ニの 600 V ビニル絶縁ビニルシースケーブル（導体の公称断面積が 8 mm^2，3 心）はそれぞれ特定電気用品である．しかし，ハの合成樹脂製のケーブル配線用スイッチボックスは特定電気用品以外の電気用品である．

問 40　ロ

電気事業法第 57 条により，一般用電気工作物に電気を供給する者（電気供給者）は，一般用電気工作物が経済産業省令で定める技術基準に適合しているかどうかを調査しなければならない．

〔問題 2．配線図 1〕

問 41　ハ

①で示す押しボタンスイッチの操作で，停止状態から正転運転した後，逆転運転までの手順は次のようになる．

- **正転運転**
  PB−2　ON → MC−1コイル（自己保持）　励磁 → MC−1接触器　ON → 電動機正転運転
- **停止**
  PB−1　OFF → MC−1コイル　消磁 → MC−1接触器　OFF → 電動機停止
- **逆転運転**
  PB−3　ON → MC−2コイル（自己保持）　励磁 → MC−2接触器　ON → 電動機逆転運転

問 42　ロ

②で示す回路は，MC-1 または MC-2 により出力されるので OR 回路である．

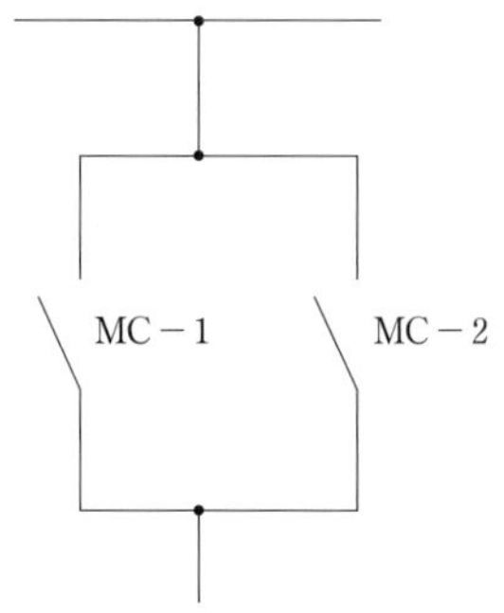

問 43　イ

SL-1 表示灯は，MC-1 の b 接点と MC-2 の b 接点が閉じているとき点灯し，MC-1 の b 接点または MC-2 の b 接点が開いているとき消

灯するので，停止表示である．

SL-2 表示灯は，MC-1 の a 接点または MC-2 の a 接点が閉じたとき点灯し，MC-1 の a 接点と MC-2 の a 接点が開いているとき消灯するので，運転表示である．

SL-3 表示灯は，THR（熱動継電器）の a 接点が閉じると点灯し，THR の a 接点が開くと消灯する．THR の a 接点は通常は開いており，電動機の故障時に閉じるので，故障表示である．

問 44　ロ

④で示す図記号は熱動継電器（サーマルリレー）であるからロの機器である．なお，イの機器はリミットスイッチ，ハの機器は補助継電器，ニの機器はタイマである．

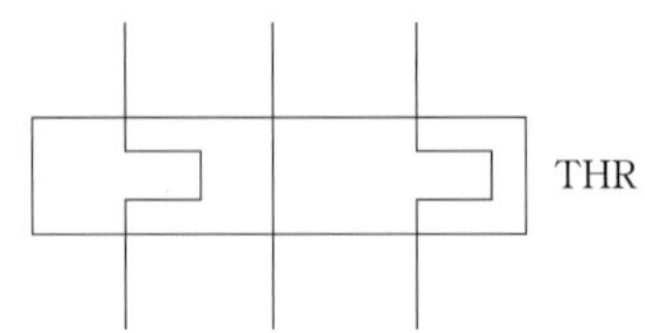

問 45　ハ

⑤で示す部分の結線図は下図のようになるので，ハが正しい．

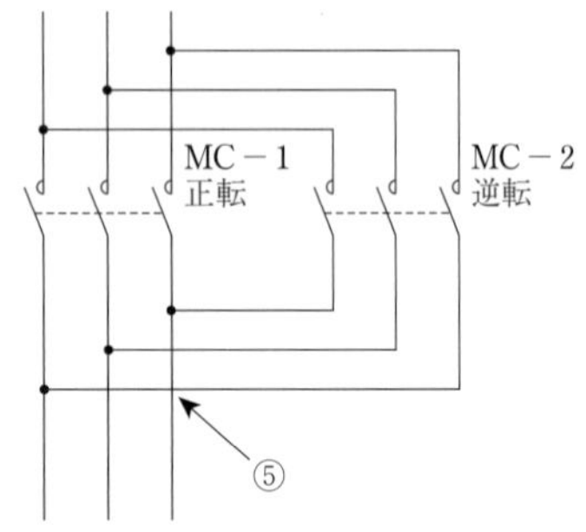

〔問題 3．配線図 2〕

問 46　イ

①で示す機器は，地絡方向継電器と接続された高圧交流負荷開閉器であるから，役割は需要家側電気設備の地絡事故を検出し，高圧交流負荷開閉器を開放することである．

問 47　ロ

②の部分の図記号▭は高圧限流ヒューズで，計器用変圧器（VT）関連の保護を行う．計器用変圧器 2 台を V―V 接続して三相電圧の変成を行い，図のように接続する．したがって，高圧限流ヒューズの必要数は 4 本である．なお，ハ，ニは低圧ヒューズである．

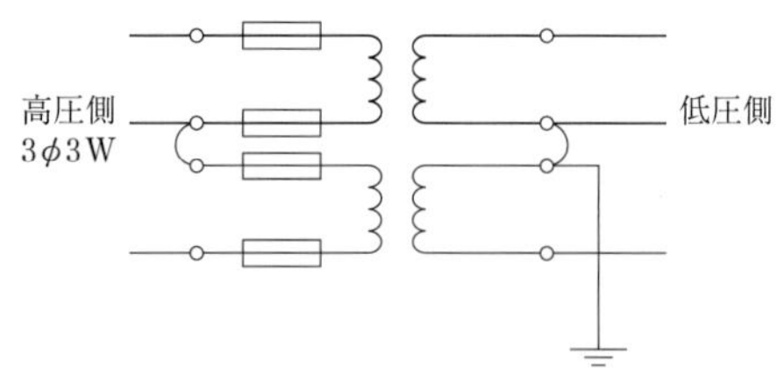

問 48　ニ

③で示す部分は遮断器と変流器に接続されているので，設置する機器は過電流継電器（OCR）であるから，図記号と略号（文字記号）の組合わせは $\boxed{I>}$ と OCR である．

問 49　イ

④に設置する機器は，単相変圧器 3 台をデルターデルタ接続して三相電圧を得るので，単相変圧器 3 台を必要とする．なお，ロとニは三相変圧器である．

問 50　ニ

⑤で示す機器の図記号○⫽は変流器である．高圧計器用変成器（計器用変圧器，変流器）の二次側電路は電技解釈第 28 条により，D 種接地工事を施す．

● 2013 年度（平成 25 年度）解答一覧 ●

問	1	2	3	4	5	6	7	8	9	10	11	12	13	14	15	16	17	18	19	20	21	22	23	24	25
答	ニ	ロ	イ	ロ	ロ	イ	ハ	ニ	イ	ニ	ロ	ロ	イ	イ	ロ	ハ	ロ	ニ	ニ	ハ	ハ	ニ	ロ	ロ	イ

問	26	27	28	29	30	31	32	33	34	35	36	37	38	39	40	41	42	43	44	45	46	47	48	49	50
答	イ	ハ	ニ	ニ	ハ	イ	ハ	ロ	ハ	イ	ハ	ロ	ニ	イ	ニ	ハ	ニ	ハ	ニ	ロ	イ	ハ	ハ	ロ	ニ

2013年度（平成25年度）第一種電気工事士 筆記試験 解答・解説

〔問題 1．一般問題〕

問 1 ニ

電界の強さは電位の傾きと定義される．電極間に加わる電圧が V，電極間距離が d であるから，電界の強さ E は次式により求まる．

$$E = \frac{V}{d}$$

したがって，電界の強さ E は電圧 V に比例する．

問 2 ロ

図のように抵抗の端子電圧と岐路電流を決める．

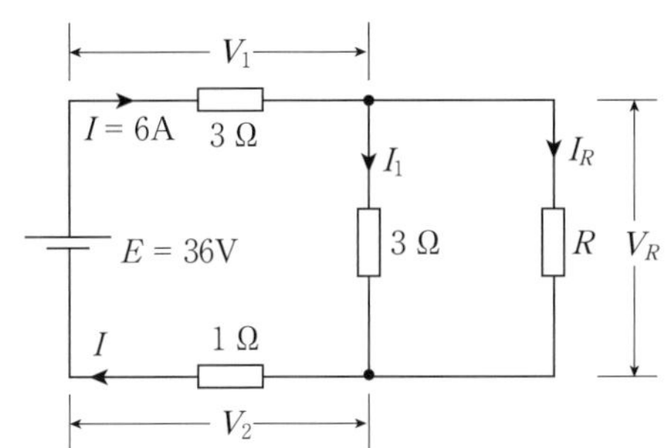

V_1，V_2 をそれぞれ求めると，

$$V_1 = I \times 3 = 6 \times 3 = 18\,\text{V}$$

$$V_2 = I \times 1 = 6 \times 1 = 6\,\text{V}$$

V_R を求めると，

$$V_R = E - (V_1 + V_2) = 36 - (18 + 6) = 12\,\text{V}$$

I_1 を求めると，

$$I_1 = \frac{V_R}{3} = \frac{12}{3} = 4\,\text{A}$$

抵抗 R に流れる電流 I_R を求めると次のようになる．

$$I_R = I - I_1 = 6 - 4 = 2\,\text{A}$$

問 3 イ

直列接続したコンデンサの合成静電容量 C_0 を求めると，

$$C_0 = \frac{C \times C}{C + C} = \frac{C}{2}\,[\text{F}]$$

このときの回路は図のようになる．図より電流 I を求めると次のようになる．

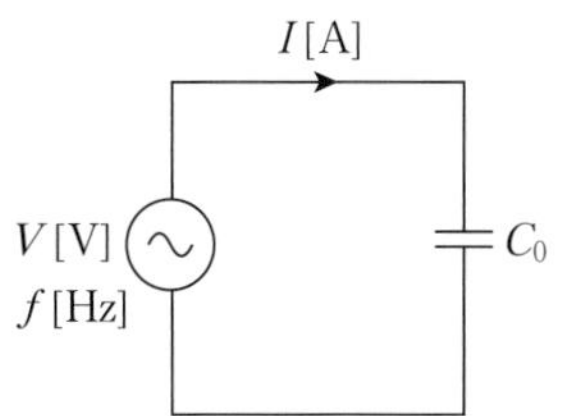

$$I = \frac{V}{\frac{1}{\omega C_0}} = \omega C_0 V = 2\pi f \times \frac{C}{2} \times V = \pi f C V\,[\text{A}]$$

問 4 ロ

抵抗 R を流れる電流 I を求めると，

$$I = \frac{E}{\sqrt{R^2 + X^2}} = \frac{100}{\sqrt{8^2 + 6^2}} = \frac{100}{10} = 10\,\text{A}$$

抵抗 R で 10 分間に発生する熱量 H は次式により求められる．

$$H = I^2 R t = 10^2 \times 8 \times 10 \times 60 = 480\,000\,\text{J} = 480\,\text{kJ}$$

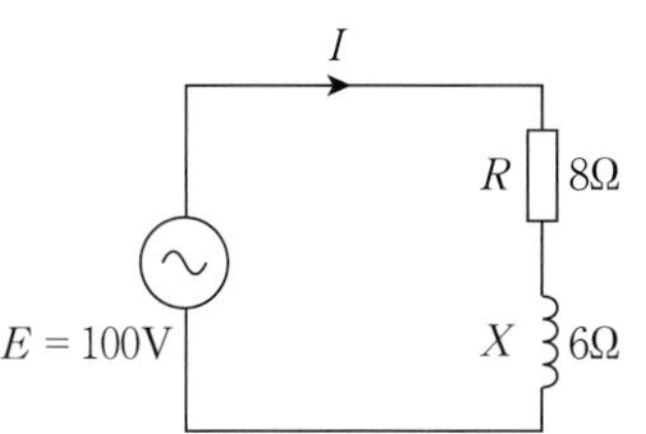

問 5 ロ

相電流 I を求めると，

$$I = \frac{V}{\sqrt{R^2 + X^2}} = \frac{V}{\sqrt{4^2 + 3^2}} = \frac{V}{5}\,[\text{A}]$$

1 相分の皮相電力 S_1 を求めると，

$$S_1 = VI = V \times \frac{V}{5} = \frac{V^2}{5}\,[\text{V·A}]$$

回路の全皮相電力（3 相分）S_3 を求めると次のようになる．

$$S_3 = 3S_1 = 3 \times \frac{V^2}{5} = \frac{3V^2}{5}\,[\text{V·A}]$$

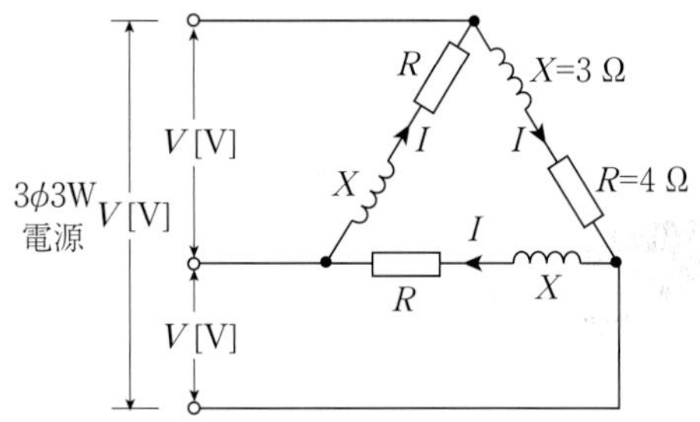

問 6 イ

負荷電力を P，負荷の端子電圧を V_r，力率を $\cos\theta$ として，配電線の電流 I を求めると，

$$I = \frac{P}{V_r\cos\theta} = \frac{800}{100 \times 0.8} = 10\,\mathrm{A}$$

負荷A，Bの大きさと力率が等しいから，中性線に電流は流れないので中性線（c–d 間）に電圧降下は発生しない．ab 間の電圧降下 e_{ab} は，配電線が抵抗のみであるから次式で求められる．

$$e_{ab} \fallingdotseq Ir\cos\theta = 10 \times 0.5 \times 0.8$$
$$= 4\,\mathrm{V}$$

電源電圧 V を求めると次のようになる．

$$V \fallingdotseq V_r + e_{ab} = 100 + 4 = 104\,\mathrm{V}$$

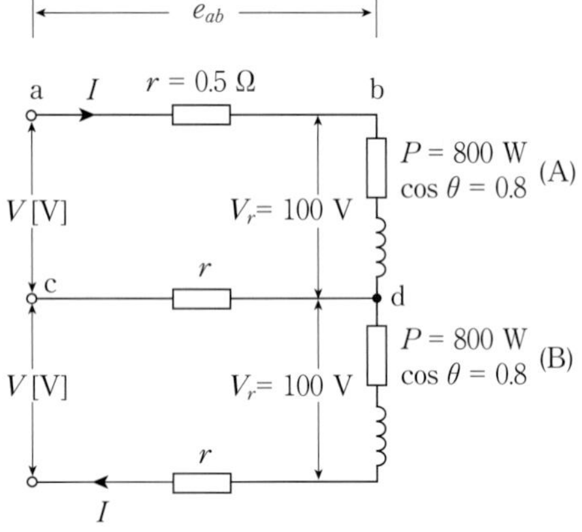

問 7 ハ

三相電力を P，負荷電圧を V_r，力率を $\cos\theta$ として，線路電流 I を求めると，

$$I = \frac{P}{\sqrt{3}\,V_r\cos\theta} = \frac{8000}{\sqrt{3} \times 200 \times 0.8}$$
$$= \frac{50}{\sqrt{3}}\,\mathrm{A}$$

配電線路の電力損失 P_l を求めると次のようになる．

$$P_l = 3I^2r = 3 \times \left(\frac{50}{\sqrt{3}}\right)^2 \times 0.1 = 250\,\mathrm{W}$$

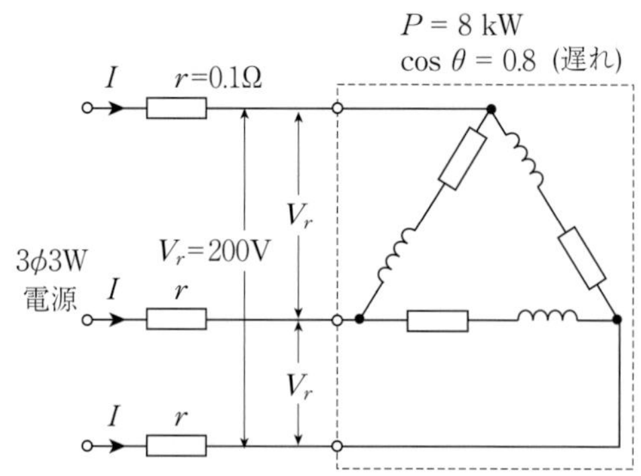

問 8 ニ

三相 3 線式配電線路で，電線 1 線当たりの抵抗を r [Ω]，リアクタンスを x [Ω]，線路に流れる電流を I [A]，負荷力率を $\cos\phi$（遅れ）とするとき，電圧降下の近似式は，

$$V_s - V_r \fallingdotseq \sqrt{3}\,I\,(r\cos\phi + x\sin\phi)\,[\mathrm{V}]$$

問 9 イ

問題図を書き換える．ここで，誘導性リアクタンスを X_L，容量性リアクタンスを X_C とすると，$X_C > X_L$ であるから合成リアクタンス X は次のようになる．

$$X = X_C - X_L = 150 - 9$$
$$= 141\,\Omega\ \text{（容量性）}$$

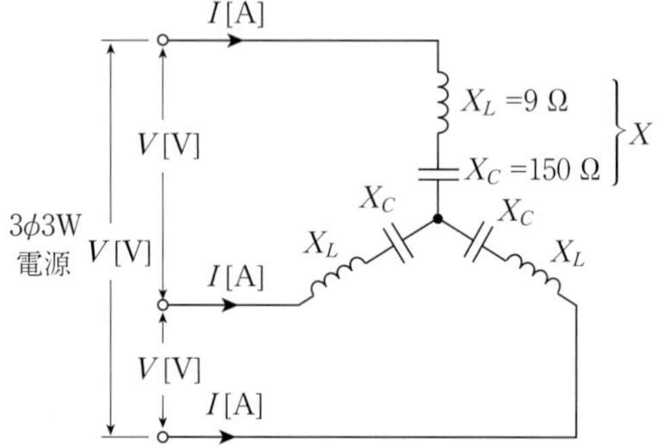

回路に流れる電流 I は次のようになる．

$$I = \frac{V}{\sqrt{3}} \times \frac{1}{X} = \frac{V}{\sqrt{3}} \times \frac{1}{141} = \frac{V}{141\sqrt{3}}\,\mathrm{A}$$

問 10 ニ

巻上荷重を W [t]，巻上速度を V [m/s]，巻上機の効率を η とすると，巻上用電動機の出力 P [kW] は，

$$P = \frac{9.8WV}{\eta}\,[\mathrm{kW}]$$

題意より，$9.8W = 1.96\,\mathrm{kN}$，$V = 60\,\mathrm{m/min} = 1\,\mathrm{m/s}$，$\eta = 0.7$ が与えられているので，

P [kW] は,

$$P = \frac{(9.8W)V}{\eta} = \frac{1.96 \times 1}{0.7} = 2.8\text{kW}$$

となる．なお，単位式で確認すると次のようになる．

$$[\text{kN}] \times \left[\frac{\text{m}}{\text{s}}\right] = \left[\frac{\text{kJ}}{\text{s}}\right] = [\text{kW}]$$

問 11　ロ

変圧器の銅損は負荷電流の 2 乗に比例するから，負荷電流が 2 倍になると，銅損は $2^2 = 4$ 倍になる．

問 12　ロ

電気機器の絶縁材料は，JIS により電気製品の絶縁の耐熱クラスごとに許容最高温度［℃］が定められている．

耐熱クラス	許容温度
Y	90 ℃
A	105 ℃
E	120 ℃
B	130 ℃
F	155 ℃
H	180 ℃
N	200 ℃
R	220 ℃
—	250 ℃

問 13　イ

アルカリ蓄電池は電解液に水酸化カリウム（KOH）や水酸化ナトリウム（NaOH）を用い，正極に水酸化ニッケル（NiO(OH)），負極にカドミウム（Cd）とした構成なので，電解液が必要である．

鉛蓄電池と比較すると，起電力は 1.2V と小さい，保守が簡単，小形密閉化が容易，重負荷特性が良い，自己放電が少ない等の特徴がある．

問 14　イ

写真に示す材料は二種金属線ぴ（レースウェイ）である．幅が 5cm 以下なら二種金属線ぴと判断できる．なお，幅が 5cm を超えていたら金属ダクトである．

問 15　ロ

写真の単相誘導電動機の矢印で示す部分の名称は固定子鉄心である．

問 16　ハ

水力発電所には水路式，ダム式，ダム水路式があり，構成は異なるが，水の流れの概要は図のようになる．

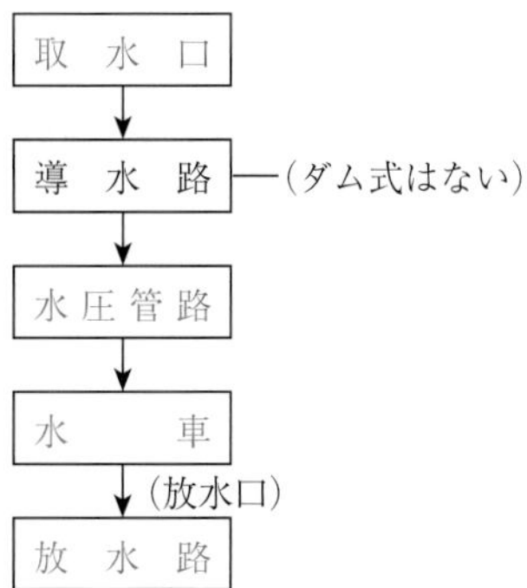

問 17　ロ

図は高圧タービンで仕事を終えた蒸気を再熱器で再度加熱して低圧タービンに送る熱サイクルを表している．

したがって，この方式は再熱サイクルである．なお，タービンから一部の蒸気を取り出してボイラへの給水を加熱する方式を再生サイクルという．両者を組み合わせたものを再熱再生サイクルという．

問 18　ニ

ディーゼル機関の動作工程は，

吸入 → 圧縮 → 爆発 → 排気　である．

問 19　ニ

変圧器の一次側タップは図のような構成になっており，タップ電圧 e_1 は，6750V，6600V，6450V，6300V，6150V に変更できるが，二次側電圧 e_2 は 105V と一定である．

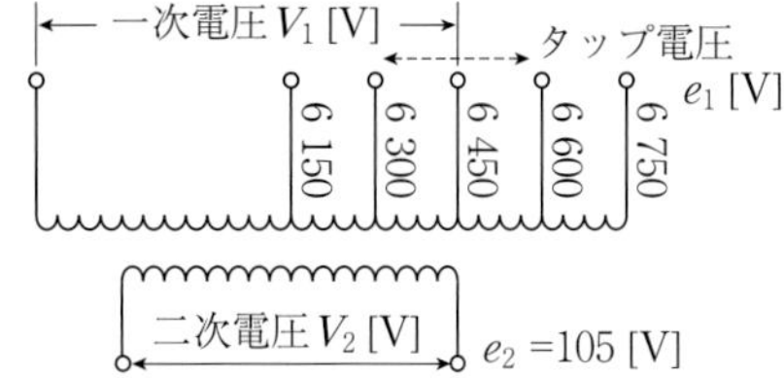

一次側に加わる電圧 V_1[V]，二次側に誘導される電圧を V_2[V] とすると，次の関係がある．

$$\frac{V_1}{V_2}=\frac{e_1}{e_2} \qquad \therefore\ V_2=\frac{e_2}{e_1}\times V_1$$

A 変圧器では，$V_1 = 6450$V であるから，$V_2 = 105$V にするには，$e_1 = 6450$V のタップを使用すると，

$$V_2=\frac{e_2}{e_1}\times V_1=\frac{105}{6450}\times 6450=105\text{V}$$

B 変圧器では，$V_1 = 6300$V であるから，$V_2 = 105$V にするには，$e_1 = 6300$V のタップを使用すると，

$$V_2=\frac{e_2}{e_1}\times V_1=\frac{105}{6300}\times 6300=105\text{V}$$

C 変圧器では，$V_1 = 6150$V であるから，$V_2 = 105$V にするには，$e_1 = 6150$V のタップを使用すると，

$$V_2=\frac{e_2}{e_1}\times V_1=\frac{105}{6150}\times 6150=105\text{V}$$

となる．したがって，ニの組合せが正しい．

問 20　ハ

高圧進相コンデンサの開閉装置として高圧カットアウト（PC）を用いる場合は，高圧受電設備規程 1150-3 表より，高圧進相コンデンサの容量を 50kvar 以下にしなければならない．50kvar を超過する場合は，高圧真空遮断器（VCB），高圧交流負荷開閉器（LBS），高圧真空電磁接触器（VMC）を用いる．

問 21　ハ

高圧受電設備の受電用遮断器が遮断しなければならない最も過酷な故障電流は，三相短絡電流である．したがって，受電用遮断器の容量を決定するのは受電点の三相短絡電流である．

問 22　ニ

写真に示す品物は高圧用の変流器であり，用途は大電流を小電流に変成する．

問 23　ロ

この部分は高圧交流負荷開閉器（LBS）のヒューズ溶断引外し機構（ストライカによる引外し装置）であり，ヒューズが 1 相でも溶断すると連動して開閉器を開放する．

問 24　ロ

ロの は単相 100V 用接地極付コンセントで，125V 15A 定格であるから，単相 200V の回路に使用できない．なお，イは 250V 20A 接地極付，ハは 250V 15A 接地極付，ニは 250V 20A コンセントである．

問 25　イ

写真に示す材料の名称は防水鋳鉄管である．水切りツバ付き防水鉄管とも呼ばれ，地中ケーブルが建築物の外壁を貫通する部分で浸水防止のために用いる．

問 26　イ

油圧式パイプベンダは金属管工事における太い管の曲げ加工に用いる．しかし，CV ケーブルまたは CVT ケーブルの接続作業には用いられない．

問 27　ハ

電技解釈第 156 条により，平形保護層工事が施設できる場所は使用電圧 300V 以下の低圧屋内配線工事で，乾燥した点検できる隠ぺい場所に限られる．したがって，展開した場所で湿気の多い場所又は水気のある場所に施設することができない．

問 28　ニ

可燃性ガスが存在する場所の低圧屋内電気設備は，電技解釈第 176 条により，金属管工事またはケーブル工事でなければならない．したがって，合成樹脂管工事は施工できない．

問 29　ニ

ケーブル工事による低圧屋内配線は電技解釈第 164 条による．ケーブルを造営材の下面または側面に沿って取り付ける場合は，ケーブルにあっては 2m（接触防護措置を施した場所において垂直に取り付ける場合は 6m）以下，キャブタイヤケーブルにあっては 1m 以下とし，か

つ，その被覆を損傷しないように取り付ける．

問 30 ハ

地中線用地絡継電装置付き高圧交流負荷開閉器（UGS）は，構内で地絡事故が発生したとき電力会社の地絡継電器より早く動作して開閉器を切る．短絡事故が発生してUGS開閉器に過大電流が流れたとき，開閉器をロックして電力会社の遮断器が切れた後，無充電の状態で自動的に開閉器を切り電力会社の再送電に支障を及ぼすことを防止する．したがって，UGSは電路の短絡電流を遮断する能力はない．

問 31 イ

高圧地中引込線については，高圧受電設備規程 1120-3（高圧地中引込線の施設）に定められている．JIS規格に適合するポリエチレン被覆鋼管，硬質塩化ビニル電線管（VE）または硬質ポリ塩化ビニル管（VP），波付硬質合成樹脂管は，舗装下面から 0.3 m 以上の埋設深さとすれば，車両その他の重量物の圧力に耐えるものとされる．したがって，イは不適切である．

問 32 ハ

B種接地工事の接地抵抗値は電技解釈第 17 条による．この設備では，高低圧の混触により低圧電路の対地電圧が 150 V を超えた場合，1 秒以内に高圧電路を自動的に遮断する装置があり，高圧側電路の 1 線地絡電流が 6 A であるから，接地抵抗値 R_B は，

$$R_B = \frac{600}{I_g} = \frac{600}{6} = 100\Omega$$

以下でなければならない．

問 33 ロ

キュービクル式高圧受電設備など受電設備には，鳥獣類などの小動物が侵入しないよう，ケーブルの引入れ口等，必要以上の開口部を設けない．

問 34 ハ

高圧ケーブル配線，低圧ケーブル配線，弱電流電線の配線が接近する場合の施工方法は電技解釈第 167 条（低圧），168 条（高圧）による．高圧ケーブルと弱電流電線の離隔距離は 15 cm 以上でなければならない．なお，イの高圧ケーブル相互の離隔距離は問わない．ロの高圧ケーブルと低圧ケーブルの離隔距離は 15 cm 以上あれば良い．ニの低圧ケーブルと弱電流電線は接触しなければ良い．

問 35 イ

電気使用場所における低圧電路の電線相互間および電路と大地との間の絶縁抵抗は，開閉器または過電流遮断器で区切ることのできる電路ごとに，次表の値以上でなければならない．（電技省令第 58 条）

電路の使用電圧の区分		絶縁抵抗値
300 V 以下	対地電圧（接地式電路においては電線と大地との間の電圧，非接地式電路においては電線間の電圧をいう．以下同じ）が 150 V 以下の場合	0.1 MΩ
	その他の場合	0.2 MΩ
300 V を超えるもの		0.4 MΩ

また，絶縁抵抗の測定が困難な場合は電技解釈第 14 条により，電路の使用電圧が加わった状態で漏えい電流が 1 mA 以下であれば良い．

問 36 ハ

人が触れるおそれがある場所に施設する機械器具の金属製外箱の接地工事は電技解釈第 29 条により，使用電圧の区分に応じて次の接地工事を施す．

機械器具の使用電圧の区分		接地工事
低　圧	300 V 以下	D種接地工事
	300 V 超過	C種接地工事
高圧又は特別高圧		A種接地工事

したがって，使用電圧 400 V の電動機の金属製の台及び外箱にはC種接地工事を施さなければならない．

問 37 ロ

高圧電路の絶縁耐力試験は電技解釈第 15 条により，最大使用電圧の 1.5 倍の交流電圧を 10 分間連続して印加しなければならない．なお，

ケーブルを使用する交流の電路では，交流試験電圧の2倍の直流電圧を用いて試験することができる．

問38 ニ

露出型コンセントを取り換える作業は，電気工事士法施行規則第2条の軽微な作業として，電気工事士法の規制を受けない．したがって，電気工事士の資格がなくても作業することができる．

問39 イ

自家用電気工作物（最大電力500kW未満）の需要設備の非常用予備発電装置に係る電気工事の作業は，電気工事士法第3条により，特種電気工事資格者（非常用予備発電装置工事資格者）でなければ従事できない．なお，ネオン工事も特種電気工事資格者（ネオン工事資格者）でなければ従事できない．

問40 ニ

電気工事業の業務の適正化に関する法律施行規則第11条による．一般用電気工事のみの業務を行う営業所で備え付けが義務付けられている器具は，絶縁抵抗計，接地抵抗計，回路計（抵抗及び交流電圧を測定できる）である．

なお，自家用電気工事の業務を行う営業所は，上記の器具の他に，低圧検電器，高圧検電器，継電器試験装置，絶縁耐力試験装置（継電器試験装置，絶縁耐力試験装置は，必要なときに使用し得る装置が講じられているものを含む）の備え付けが必要である．したがって，本問の解答はニの低圧検電器である．

〔問題2．配線図〕

問41 ハ

①で示す図記号は，熱動継電器であるから，設置する機器は熱動継電器である．三相誘導電動機の過負荷保護を行う．

問42 ニ

Ⓐの部分は停止用の押しボタンスイッチであり（押しボタンスイッチのブレーク接点），Ⓑの部分は運転用の押しボタンスイッチ（押しボタンスイッチのメーク接点）である．

問43 ハ

③で示す図記号は，限時動作瞬時復帰のメーク接点である．限時継電器（TLR）の駆動部が励磁されると，設定時間後に接点が閉じ，駆動部が消磁されると瞬時に開く接点である．

問44 ニ

④の部分は電動機の停止表示に用いる接点であるから，運転，停止用電磁接触器MCの補助接点を用いる．電動機の運転中は開，停止中は閉となるブレーク接点が適している．したがって，結線図はニである．

問45 ロ

図記号 ⊐◁ はブザーを表すので，ロの機器である．なお，イの機器はパイロットランプ，ハの機器は押ボタンスイッチ，ニの機器はベルである．

〔問題3．配線図2〕

問46 イ

①は電力需給用計器用変成器（VCT）に接続されており，取引用の電力量計であるから，イを設置する．なお，ロは100V30Aと表示されているので，一般家庭用の電力量計，ハは電力計，ニは不足電圧継電器である．

問47 ハ

②の部分の電線本数（心線数）は図に示すように，6本または7本である．

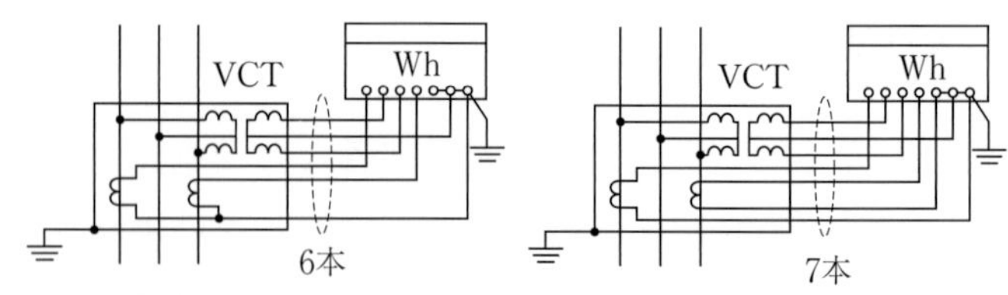

問48 ハ

③に設置する機器は，計器用変圧器（VT）と変流器（CT）の低圧側に接続されているので，電圧要素と電流要素で駆動する電力計と力率計

である．したがって，ハの組合せである．

問 49　ロ

④の図記号 ⊣⊢ は高圧進相コンデンサであるから，ロの機器を設置する．なお，イは三相変圧器，ハは単相変圧器，ニは直列リアクトルである．

問 50　ニ

⑤の部分は変圧器の外箱の接地であるから，A種接地工事を施す．接地線に人が触れるおそれがあるので，電技解釈第 17 条により，接地線の地下 75 cm から地上 2 m までの部分は合成樹脂管（CD 管を除く）又はこれと同等以上の絶縁効力及び強さがあるもので覆わなければならない．したがって，保護管で適切なのは硬質ビニル電線管である．

2024年版　第一種電気工事士学科試験模範解答集

2024年 2月 7日　第1版第1刷発行

編　者　電　気　書　院
発行者　田　中　聡

発 行 所
株式会社 電 気 書 院
ホームページ　www.denkishoin.co.jp
(振替口座　00190-5-18837)
〒101-0051　東京都千代田区神田神保町1-3ミヤタビル2F
電話(03)5259-9160／FAX(03)5259-9162

印刷　株式会社シナノパブリッシングプレス
Printed in Japan／ISBN978-4-485-20796-3

- 落丁・乱丁の際は，送料弊社負担にてお取り替えいたします.
- 正誤のお問合せにつきましては，書名・版刷を明記の上，編集部宛に郵送・FAX（03-5259-9162）いただくか，当社ホームページの「お問い合わせ」をご利用ください．電話での質問はお受けできません．また，正誤以外の詳細な解説・受験指導は行っておりません．

[本書の正誤に関するお問い合せ方法は，最終ページをご覧ください]

専門書を読み解くための **入門書** **スッキリ！がってん！シリーズ**

スッキリ！がってん！ 高圧受電設備の本

栗田晃一 著

B6 判・129 ページ　定価＝本体 1,200 円＋税
（＋送料）

ISBN 978-4-485-60038-2

私たちの周りに目を向けると，様々な場所に存在している高圧受電設備は，一般的に実態を掴むのが難しいものです．この高圧受電設とは何かについて，設備を構成する各機器類を取り上げ，写真・図などを用いてその役割を詳細に解説しています．

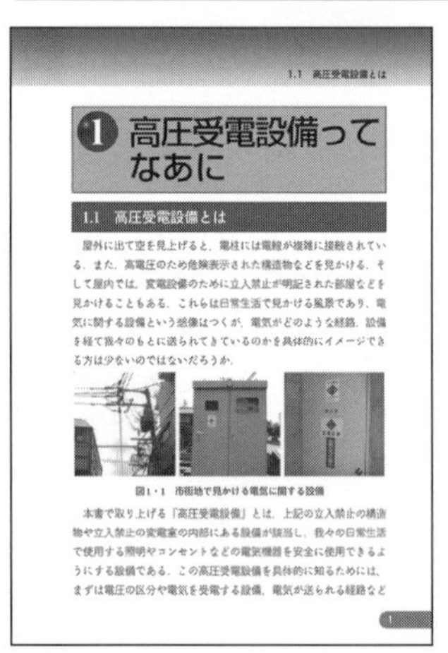

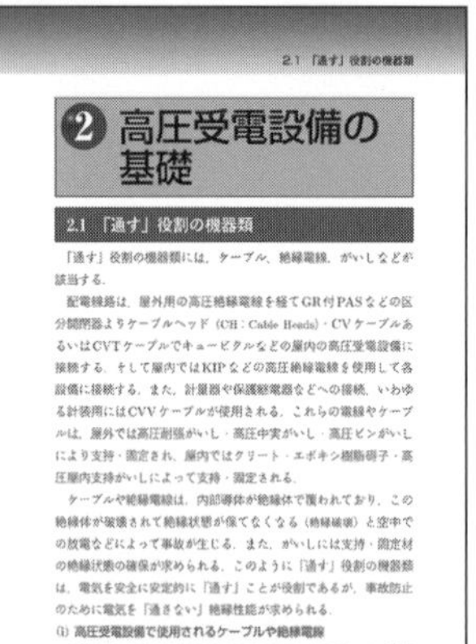

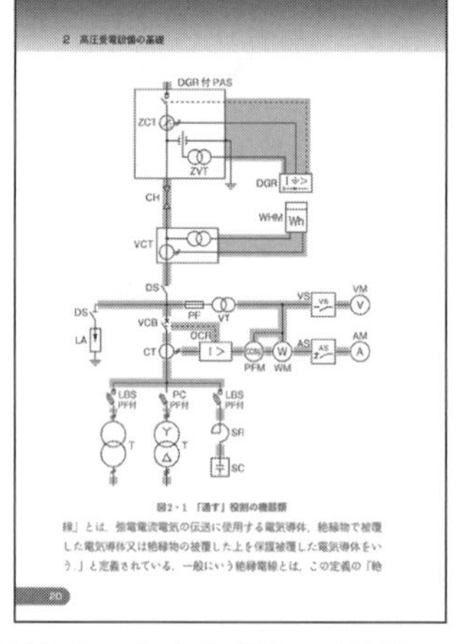

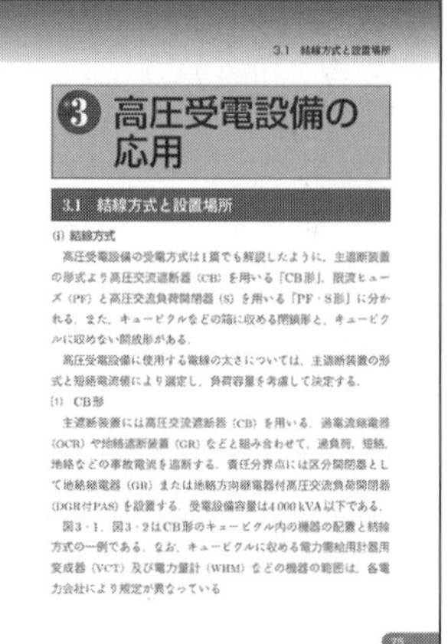

●第 1 種電気工事士筆記試験，電験 3 種などの試験範囲に該当する内容を詳細に解説しているので，これから電験 3 種を受験される方や，第 1 種電気工事士試験受験者で，配線図問題のイメージをつかみづらい方などにも最適な 1 冊です！

◆シリーズ好評発売中◆

※直接弊社にご注文いただいた場合は，送料が別途かかります．

無線通信の本
B6 判 167 ページ／阪田 史郎［著］
定価=本体 1,200 円+税

二次電池の本
B6 判 136 ページ／関 勝男［著］
定価=本体 1,200 円+税

感知器の本
B6 判 173 ページ／伊藤 尚・鈴木 和男［著］
定価=本体 1,200 円+税

有機 EL の本
B6 判 162 ページ／木村 睦［著］
定価=本体 1,200 円+税

雷の本
B6 判 91 ページ／乾 昭文［著］
定価=本体 1,000 円+税

燃料電池車の本
B6 判 149 ページ／高橋 良彦［著］
定価=本体 1,200 円+税

再生可能エネルギーの本
B6 判 198 ページ／豊島 安健［著］
定価=本体 1,200 円+税

太陽電池の本
B6 判 146 ページ／清水 正文［著］
定価=本体 1,200 円+税

プラズマの本
B6 判 121 ページ／赤松 浩［著］
定価=本体 1,200 円+税

風力発電の本
B6 判 153 ページ／箕田 充志／原 豊／上代 良文［著］
定価=本体 1,200 円+税

機械学習の本
B6 判 155 ページ／北村 拓也［著］
定価=本体 1,200 円+税

ユニバーサルデザインの本
B6 判 131 ページ／古田 均［著］
定価=本体 1,200 円+税

地熱の本
B6 判 155 ページ／江原 幸雄［著］
定価=本体 1,200 円+税

小水力発電の本
B6 判 146 ページ／橋口 清人／松原 孝史［著］
定価=本体 1,200 円+税

ニュートリノの本
B6 判 156 ページ／遠藤 友樹／関谷 洋之［著］
定価=本体 1,200 円+税

建築のインテリアの本
B6 判 226 ページ／松下 大輔［著］
定価=本体 1,400 円+税

雷サージの本
B6 判 142 ページ／株式会社サンコーシヤ［著］
定価=本体 1,200 円+税

IoT の本
B6 判 132 ページ／安本 慶一／荒川 豊／松田 裕貴［著］
定価=本体 1,200 円+税

電気英語の本
B6 判 183 ページ／春日 健／濱﨑 真一［著］
定価=本体 1,200 円+税

リチウムイオン電池の本
B6 判 147 ページ／関 勝男［著］
定価=本体 1,200 円+税

電気設備系測定器の本
B6 判 132 ページ／髙石 正規［著］
定価=本体 1,200 円+税

5G の本
B6 判 233 ページ／奥村幸彦（編著）／永田聡／今井哲朗／浦岡行治／須山聡［著］
定価=本体 1,500 円+税

ブロックチェーンの本
B6 判 140 ページ／浦岡 行治［著］
定価=本体 1,200 円+税

量子コンピュータの本
B6 判 125 ページ／森 貴洋［著］
定価=本体 1,200 円+税

多くの合格者に圧倒的な支持を得ている

New これだけシリーズ
電験3種
これだけ機械
改訂2版
深見 正・深澤 一幸 著
多くの受験者を合格に導いた1冊!
問題を解くために必要な公式・重要事項をイラストを交えてやさしく説明
合格に必須!これだけ覚えておけば十分、という事項だけを詳しく解説
電気書院

電験第3種 Newこれだけシリーズ

これだけ 機械 改訂2版

深見正 / 深澤一幸 著

A5判 487ページ 定価=本体3,100円+税

●本書の内容●

変圧器のしくみを知ろう / 変圧器を電気回路で表してみよう / 変圧器の電圧変動率を求めてみよう / 変圧器の損失と効率の計算に挑戦 / 変圧器の各種試験から何が分かる / 変圧器を三相結線してみよう / 変圧器を並行運転するには / 単巻変圧器ってなんだろう / 誘導機の構造を知ろう / 三相誘導電動機の滑り? / 三相誘導電動機の特性計算に挑戦 / 三相誘導電動機の比例推移を理解しよう / 三相誘導電動機を始動させるには / 三相誘導電動機の速度はどう変える / 単相で回る誘導電動機 / 直流機の構造を知ろう / 直流機の電機子反作用ってなんだろう / 直流発電機の基本式を求めてみよう / 直流電動機の基本式を求めてみよう / 直流電動機の始動や速度制御はどうする / 同期機の構造と種類を知ろう / 同期機の電機子反作用ってなんだろう / 同期発電機の特性曲線から何が分かる / 同期発電機の出力と電圧変動率の計算に挑戦 / 同期電動機の等価回路とフェーザ線図はどうなる / 同期電動機の特性と始動法を知ろう / パワーエレクトロニクスで使うデバイスはこれだ! / 整流装置いろいろ / 直流チョッパとインバータはこれでマスター / 照明に出てくる単位 / 照度を計算してみよう (入射角余弦の法則) / 照度を計算してみよう (距離の逆2乗の法則) / 立体角ってどんな角度 / 完全拡散面ってなんだろう / あなたもできる照明設計 / 照明器具のいろいろ / 比熱が分かれば計算ラクラク / 熱にも出てくるオームの法則 / 適度な換気で快適室温 / 熱ポンプは不思議なポンプ / 電気加熱のいろいろ / はずみ車は運動エネルギーの貯蔵庫 / ポンプの計算をしてみよう / 巻上機・エレベータの計算 / 電動機とパワーデバイスのコラボレーション / 身近で知らない電池の世界 / ファラデーの法則なしで電気化学は語れない / フィードバック制御のしくみ / 伝達関数ってなんだろう / ブロック線図はこれでマスター / ボード線図の使い道 / 有接点シーケンス回路のツボ / 論理回路はコンピュータの脳細胞 / カルノー図を使いこなそう / コンピュータの記憶の秘密 / コンピュータを働かせよう (流れ図) / プログラミング問題をゲットせよ

電験第3種 Newこれだけシリーズ

これだけ 法規 改訂4版

時井幸男 著

A5判 295ページ 定価=本体2,500円+税

●本書の内容●

電気工作物の種類を知ろう / 事業用電気工作物の保安体制ってどんなもの / 電気工事士法および電気工事業法について知ろう / 電気用品安全法について知ろう / 用語の定義を知ろう / 配線の使用電線と接続上の規制について知ろう / 電路の絶縁抵抗を知ろう / 電路, 機器の絶縁耐力について知ろう / 接地工事について知ろう / B種接地抵抗値の計算に挑戦 / 電気機械器具の施設にはどんな規制があるの / 過電流および地絡遮断器の施設について知ろう / 発変電所の施設について知ろう / 電線路について知ろう / 風圧荷重の計算に挑戦 / 支線の計算に挑戦 / 架空電線路の弛度の計算に挑戦 / 低高圧架空電線路の施設にはどんな規制があるの / 低高圧架空電線路の接近, 共架について知ろう / 屋側電線路, 引込線および連接引込線の規制について知ろう / 地中電線路の施設にはどんな規制があるの / 電気使用場所の施設と屋内電路に対する規制を知ろう / 低圧幹線および分岐回路の施設にはどんな規制があるの / 低圧および高圧屋内配線工事の種類と規制について知ろう / 高圧受電設備とその維持, 運用について知ろう / 調整池式水力発電の計算に挑戦 / 変圧器の効率について知ろう / 全日効率の計算に挑戦 / 負荷率、需要率、不等率について知ろう / 負荷率, 需要率, 不等率を使った計算に挑戦 / コンデンサを用いる計算に挑戦 / 短絡電流と過電流継電器の計算に挑戦 / 地絡電流および高調波電流の計算問題を学んで終了

株式会社 電気書院
〒101-0051
東京都千代田区神田神保町1-3 (ミヤタビル2F)
TEL (03) 5259-9160 / FAX (03) 5259-9162
http://www.denkishoin.co.jp/
電気書院 検索

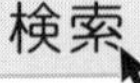

書籍の正誤について

万一，内容に誤りと思われる箇所がございましたら，以下の方法でご確認いただきますようお願いいたします．

なお，正誤のお問合せ以外の書籍の内容に関する解説や受験指導などは**行っておりません**．このようなお問合せにつきましては，お答えいたしかねますので，予めご了承ください．

正誤表の確認方法

最新の正誤表は，弊社Webページに掲載しております．書籍検索で「正誤表あり」や「キーワード検索」などを用いて，書籍詳細ページをご覧ください．

正誤表があるものに関しましては，書影の下の方に正誤表をダウンロードできるリンクが表示されます．表示されないものに関しましては，正誤表がございません．

弊社Webページアドレス
https://www.denkishoin.co.jp/

正誤のお問合せ方法

正誤表がない場合，あるいは当該箇所が掲載されていない場合は，書名，版刷，発行年月日，お客様のお名前，ご連絡先を明記の上，具体的な記載場所とお問合せの内容を添えて，下記のいずれかの方法でお問合せください．

回答まで，時間がかかる場合もございますので，予めご了承ください．

郵便で問い合わせる　郵送先
〒101-0051
東京都千代田区神田神保町1-3
ミヤタビル2F
㈱電気書院　編集部　正誤問合せ係

FAXで問い合わせる　ファクス番号　**03-5259-9162**

ネットで問い合わせる　弊社Webページ右上の「**お問い合わせ**」から
https://www.denkishoin.co.jp/

お電話でのお問合せは，承れません

(2024年1月現在)